电力行业职业技能鉴定考核指导书

电气试验工

国网河北省电力有限公司人力资源部　组织编写
《电力行业职业技能鉴定考核指导书》编委会　编

中国建材工业出版社

图书在版编目(CIP)数据

电气试验工/国网河北省电力有限公司人力资源部组织编写．--北京：中国建材工业出版社，2018.11
电力行业职业技能鉴定考核指导书
ISBN 978-7-5160-2206-1

Ⅰ.①电… Ⅱ.①国… Ⅲ.①电气设备—试验—职业技能—鉴定—自学参考资料 Ⅳ.①TM64-33

中国版本图书馆CIP数据核字（2018）第062591号

内容简介

为提高电网企业生产岗位人员理论和技能操作水平，有效提升员工履职能力，国网河北省电力有限公司根据电力行业职业技能鉴定指导书、国家电网公司技能培训规范，结合国网河北省电力有限公司生产实际，组织编写了《电力行业职业技能鉴定考核指导书》。

本书包括了电气试验工职业技能鉴定五个等级的理论试题、技能操作大纲和技能操作考核项目，规范了电气试验工各等级的技能鉴定标准。本书密切结合国网河北省电力有限公司生产实际，鉴定内容基本涵盖了当前生产现场的主要工作项目，考核操作步骤与现场规范一致，评分标准清晰明确，既可作为电气试验工技能鉴定指导书，也可作为电气试验工的培训教材。

本书是职业技能培训和技能鉴定考核命题的依据，可供劳动人事管理人员、职业技能培训及考评人员使用，也可供电力类职业技术院校教学和企业职工学习参考。

电气试验工
国网河北省电力有限公司人力资源部 组织编写
《电力行业职业技能鉴定考核指导书》编委会 编

出版发行：中国建材工业出版社
地　　址：北京市海淀区三里河路1号
邮　　编：100044
经　　销：全国各地新华书店
印　　刷：北京鑫正大印刷有限公司
开　　本：787mm×1092mm 1/16
印　　张：34.5
字　　数：700千字
版　　次：2018年11月第1版
印　　次：2018年11月第1次
定　　价：**88.00元**

本社网址：www.jccbs.com，微信公众号：zgjcgycbs

本书如有印装质量问题，由我社市场营销部负责调换，联系电话：(010) 88386906

《电气试验工》编审委员会

前　言

为进一步加强国网河北省电力有限公司职业技能鉴定标准体系建设，使职业技能鉴定适应现代电网生产要求，更贴近生产工作实际，让技能鉴定工作更好地服务于公司技能人才队伍成长，国网河北省电力有限公司组织相关专家编写了《电力行业职业技能鉴定考核指导书》（以下简称《指导书》）系列丛书。

《指导书》编委会以提高员工理论水平和实操能力为出发点，以提升员工履职能力为落脚点，紧密结合公司生产实际和设备设施现状，依据电力行业职业技能鉴定指导书、中华人民共和国职业技能鉴定规范、中华人民共和国国家职业标准和国家电网公司生产技能人员职业能力培训规范所规定的范围和内容，编制了职业技能鉴定理论试题、技能操作大纲和技能操作项目，重点突出实用性、针对性和典型性。在国网河北省电力有限公司范围内公开考核内容，统一考核标准，进一步提升职业技能鉴定考核的公开性、公平性、公正性，有效提升公司生产技能人员的理论技能水平和岗位履职能力。

《指导书》按照国家劳动和社会保障部所规定的国家职业资格五级分级法进行分级编写。每级别中由“理论试题”、“技能操作”两大部分组成。理论试题按照单选题、判断题、多选题、计算题、识图题五种题型进行选题，并以难易程度顺序组合排列。技能操作包含“技能操作大纲”和“技能操作项目”两部分内容。“技能操作大纲”系统规定了各工种相应等级的技能要求，设置了与技能要求相适应的技能培训项目与考核内容，其项目设置充分结合了电网企业现场生产实际。“技能操作项目”规定了各项目的操作规范、考核要求及评分标准，既能保证考核鉴定的独立性，又能充分发挥对培训的引领作用，具有很强的系统性和可操作性。

《指导书》最大程度地力求内容与实际紧密结合，理论与实际操作并重，既可作为技能鉴定学习辅导教材，又可作为技能培训、专业技术比赛和相关技术人员的学习辅导材料。

因编者水平有限和时间仓促，书中难免存在错误和不妥之处，我们将在今后的再版修编中不断完善，敬请广大读者批评指正。

《电力行业职业技能鉴定考核指导书》编委会

编　制　说　明

国网河北省电力有限公司为积极推进电力行业特有工种职业技能鉴定工作，更好地提升技能人员岗位履职能力，更好地推进公司技能员工队伍成长，保证职业技能鉴定考核公开、公平、公正，提高鉴定管理水平和管理效率，紧密结合各专业生产现场工作项目，组织编写了《电力行业职业技能鉴定考核指导书》（以下简称《指导书》）。

《指导书》编委会依据电力行业职业技能鉴定指导书、中华人民共和国职业技能鉴定规范、中华人民共和国国家职业标准和国家电网公司生产技能人员职业能力培训规范所规定的范围和内容进行编写，并按照国家劳动和社会保障部所规定的国家职业资格五级分级法进行分级。

一、分级原则

1. 依据考核等级及企业岗位级别

依据国家劳动和社会保障部规定，国家职业资格分为5个等级，从低到高依次为初级工、中级工、高级工、技师和高级技师。其框架结构如下图所示。

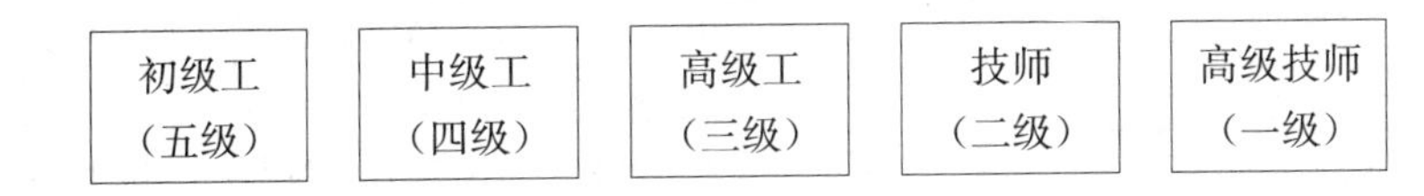

个别职业工种未全部设置5个等级，具体设置以各工种鉴定规范和国家职业标准为准。

2. 各等级鉴定内容设置

每级别中由“理论试题”、“技能操作”两大部分内容构成。

理论试题按照单选题、判断题、多选题、计算题、识图题5种题型进行选题，并以难易程度顺序组合排列。

技能操作含“技能操作大纲”和“技能操作项目”两部分。技能操作大纲系统规定了各工种相应等级的技能要求，设置了与技能要求相适应的技能培训项目与考核内容，使之完全公开、透明。其项目设置充分考虑到电网企业的实际需要，充分结合电网企业现场生产实际。技能操作项目规定了各项目的操作规范、考核要求及评分标准，既能保证考核鉴定的独立性，又能充分发挥对培训的引领作用，具有很强的针对性、系统性、操作性。

目前该职业技能知识及能力四级涵盖五级；三级涵盖五、四级；二级涵盖五、四、三级；一级涵盖五、四、三、二级。

二、试题符号含义

1. 理论试题编码含义

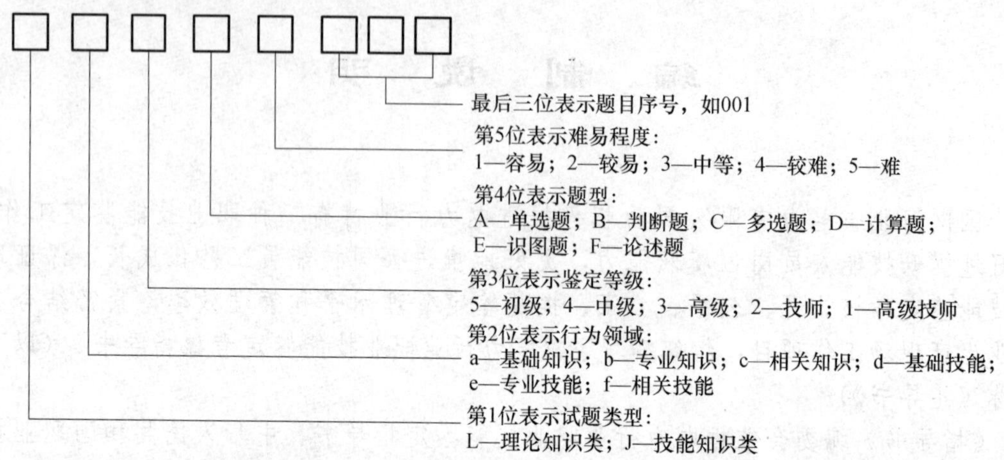

2. 技能操作试题编码含义

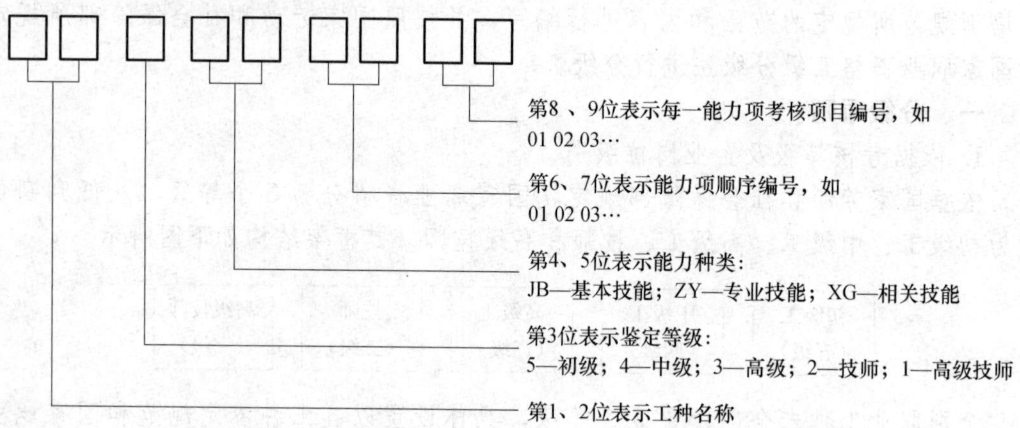

其中第1、2位表示具体工种名称，如GJ—高压线路带电检修工；SX—送电线路工；PX—配电线路工；DL—电力电缆工；BZ—变电站值班员；BY—变压器检修工；BJ—变电检修工；SY—电气试验工；JB—继电保护工；FK—电力负荷控制员；JC—用电监察员；CS—抄表核算收费员；ZJ—装表接电工；DX—电能表修校工；XJ—送电线路架设工；YA—变电一次安装工；EA—变电二次安装工；NP—农网配电营业工配电部分；NY—农网配电营业工营销部分；KS—用电客户受理员；DD—电力调度员；DZ—电网调度自动化运行值班员；CZ—电网调度自动化厂站端调试检修员；DW—电网调度自动化维护员。

三、评分标准相关名词解释

（1）行为领域：d—基础技能；e—专业技能；f—相关技能。

（2）题型：A—单项操作；B—多项操作；C—综合操作。

（3）鉴定范围：对农网配电营业工划分了配电和营销两个范围，对其他工种未明确划分鉴定范围，所以该项大部分为空。

目　　录

第一部分　初　级　工

第二部分　中　级　工

第三部分 高 级 工

第四部分 技 师

第五部分 高级技师

第一部分　初　级　工

1 理论试题

1.1 单选题

La5A1001 正弦交流电压的最大值是有效值的（　　）倍。

（A）$1/\sqrt{2}$；（B）$\sqrt{2}$；（C）$1/\sqrt{3}$；（D）$\sqrt{3}$。

答案：B

La5A1002 电流的正方向与自由电子运动的方向相（　　）。

（A）反；（B）同；（C）垂直；（D）相差一定角度。

答案：A

La5A1003 有两只以上电阻，每只电阻首尾依次连接后接入电路，各电阻流过同一电流。这种电阻的连接方式称为电阻（　　）。

（A）串联；（B）并联；（C）混联；（D）互联。

答案：A

La5A1004 两只以上电阻的两端分别接在一起后再接入电路，各电阻承受同一电压。这种电阻的连接方式称为电阻（　　）。

（A）串联；（B）并联；（C）混联；（D）互联。

答案：B

La5A1005 交流电路中，电阻值随电压的增大而（　　）。

（A）增大；（B）减小；（C）不变；（D）视电流而定。

答案：C

La5A2006 两只阻值不等的电阻并联后接入电路，则（　　）的发热量小。

（A）阻值大的；（B）阻值小的；（C）发热量一样；（D）不确定。

答案：B

La5A2007 两只阻值不等的电阻串联后接入电路，则（　　）的发热量小。

（A）阻值大的；（B）阻值小的；（C）发热量一样；（D）不确定。

答案：A

La5A2008 R 和 $2R$ 的两只电阻串联后接入电路，则阻值小的电阻发热量是阻值大的电阻发热量的（　　）倍。

（A）2；（B）3；（C）1/2；（D）1/3。

答案：C

La5A2009 R 和 $2R$ 两只电阻并联后接入电路，则阻值小的电阻发热量是阻值大的电阻发热量的（　　）倍。

（A）2；（B）3；（C）1/2；（D）1/3。

答案：A

La5A2010 欧姆定律主要讲述的的是（　　）的关系。

（A）导体电阻与导体长度、截面及导体电阻率；（B）电流与电压的正比；（C）电流与电压的反比；（D）电阻、电流和电压三者之间。

答案：D

La5A2011 已知 $i=100\sin(t+30°)$A，$t=0$ 时，i 等于（　　）A。

（A）100；（B）86.6；（C）57.7；（D）50。

答案：D

La5A2012 导体电阻的大小与（　　）无关。

（A）导体的材质；（B）导体电压的大小；（C）导体的温度；（D）导体的截面和长度。

答案：B

La5A2013 在电场中，自由电子受电场力的作用总是（　　）移动。

（A）从高电位向低电位；（B）从低电位向高电位；（C）垂直于电力线的方向；（D）主要是正电荷移动，电子保持原位。

答案：B

La5A2014 随时间按正弦规律变化的物理量的三要素是（　　）。

（A）正弦、周期、幅值；（B）瞬时值、最大值、有效值；（C）最大值、角频率、初相角；（D）幅值、时间、相角差。

答案：C

La5A2015 一根金属的电阻是 4Ω，如果从中间截断，并将这两根截断的金属并联起来，此时其电阻值是（　　）Ω。

（A）1；（B）2；（C）4；（D）8。

答案：A

La5A2016　将一根金属导线拉长，则它的电阻值将（　　）。
（A）增大；（B）减小；（C）不变；（D）视外加电压情况而定。
答案：A

La5A3017　两只阻值不等的电阻 R_1、R_2 并联电路中，如果 R_1 变大，则 R_2 的发热量会（　　）。
（A）增大；（B）减小；（C）不变；（D）不确定。
答案：C

La5A3018　电容量的大小与（　　）无关。
（A）极板的面积；（B）极板间的距离；（C）极板所带电荷；（D）极板间所用绝缘材料。
答案：C

La5A3019　由 n 只不同阻值的纯电阻组成串联电路，则电路的总电压等于（　　）。
（A）任一只电阻的电压降乘以 n；（B）各电阻电压降之和；（C）各电阻电压降之差；（D）各电阻电压降的倒数和。
答案：B

La5A3020　在（　　）电路中，电流处处相等，总电压等于各元件上电压降之和。
（A）恒流源与多个电阻组成的；（B）恒压源与多个电阻组成的；（C）多个电阻并联的；（D）多个电阻串联的。
答案：D

La5A3021　（　　）是电能的计量单位。
（A）kW；（B）kV·A；（C）kvar；（D）kW·h。
答案：D

La5A3022　kW 是（　　）的计量单位。
（A）有功功率；（B）无功功率；（C）视在功率；（D）电量。
答案：A

La5A3023　视在功率的计量单位是（　　）。
（A）V·A；（B）W；（C）J；（D）W·h。
答案：A

La5A3024　C 是（　　）的计量单位。
（A）电容量；（B）电量；（C）电荷量；（D）电能。
答案：C

La5A3025 将一根金属导线拉长，则它的电阻率将（　　）。
（A）变大；（B）不变；（C）变小；（D）不确定。
答案：B

La5A3026 温度升高，金属线的电阻会（　　）。
（A）变大；（B）不变；（C）变小；（D）不确定。
答案：A

La5A3027 温度升高，绝缘纸的电阻会（　　）。
（A）变大；（B）不变；（C）变小；（D）不确定。
答案：C

La5A3028 温度升高，绝缘纸板的直流泄漏电流会（　　）。
（A）变大；（B）不变；（C）变小；（D）不确定。
答案：A

La5A3029 电压不变，温度升高，流过金属线的电流会（　　）。
（A）变大；（B）不变；（C）变小；（D）不确定。
答案：C

La5A3030 两只不同规格的照明灯泡，（　　）更亮。
（A）相同电压等级，功率大的；（B）相同电压等级，功率小的；（C）相同功率，电压等级高的；（D）相同电压等级，电流小的。
答案：A

La5A3031 两只不同规格的照明灯泡并联在电路中，（　　）更亮。
（A）功率大的；（B）功率小的；（C）电压等级高的；（D）电流小的。
答案：A

La5A4032 两只不同规格的照明灯泡串联在电路中，（　　）更亮。
（A）功率大的；（B）功率小的；（C）电压等级高的；（D）电流小的。
答案：B

La5A4033 导体在通电情况下的发热量与（　　）无关。
（A）通过电流的大小；（B）电流通过时间的长短；（C）载流导体的电压等级；（D）导体电阻的大小。
答案：C

La5A4034　电容器的直流充电电流（或放电电流）的大小在每一瞬间都是（　　）的。

（A）相同；（B）不同；（C）恒定不变；（D）无规律。

答案：B

La5A4035　如果两台设备的额定电压相同，电阻不同，若电阻为 R 的设备额定功率为 P_1，则电阻为 $4R$ 的设备额定功率 P_2 等于（　　）。

（A）$2P_1$；（B）$4P_1$；（C）$P_1/2$；（D）$P_1/4$。

答案：D

La5A4036　如果两台设备的额定功率相同，额定电压不同，若额定电压为 110V 设备的电阻为 R，则额定电压为 220V，设备的电阻为（　　）。

（A）$2R$；（B）$R/2$；（C）$4R$；（D）$R/4$。

答案：C

La5A4037　两个不等的电阻串联在电路中，如果一只电阻阻值减小，则该电阻两端的电压会（　　）。

（A）降低；（B）升高；（C）不变；（D）不确定。

答案：A

La5A4038　两个不等的电阻并联在电路中，如果一只电阻阻值减小，则该电阻两端的电压会（　　）。

（A）降低；（B）升高；（C）不变；（D）不确定。

答案：C

La5A4039　额定功率为 100W 的三个电阻，$R_1=10\Omega$，$R_2=50\Omega$，$R_3=100\Omega$，串联接于电路中，电路中允许通过的最大电流为（　　）A。

（A）3.16；（B）4.47；（C）1；（D）0.8。

答案：C

La5A4040　两个不等的电容并联在电路中，如果一只电容的电容量减小，则该电容两端的电压会（　　）。

（A）降低；（B）升高；（C）不变；（D）不确定。

答案：C

La5A5041　两个不等的电容串联在电路中，如果一只电容的电容量减小，则该电容两端的电压会（　　）。

（A）降低；（B）升高；（C）不变；（D）不确定。

答案：B

La5A5042 三个不等的电阻，R_1、R_2 串联后再与 R_3 并联，如果 R_1 阻值减小，则流 R_3 两端的电压会（　　）。

（A）降低；（B）升高；（C）不变；（D）不确定。

答案：B

La5A5043 额定功率为 100W 的三个电阻，$R_1=10\Omega$，$R_2=50\Omega$，$R_3=100\Omega$，串联接于电路中，电路中总的电压允许值是（　　）V。

（A）220；（B）31.6；（C）70.7；（D）160。

答案：D

La5A5044 在暂态过程中，电压或电流的暂态分量按指数规律衰减到初始值的（　　）所需的时间，称为时间常数 τ。

（A）1/e；（B）1/3；（C）1/3；（D）1/5。

答案：A

La5A5045 几个相量能够进行计算必须满足的条件是：各相量应（　　）。

（A）频率相同，转向相同；（B）已知初相角，且同频率；（C）已知初相角、有效值或最大值，并且同频率旋转相量，初相角相同；（D）已知最大值、初相角、频率、转向。

答案：C

Lb5A1046 电力系统中变压器的文字符号是（　　）。

（A）TV；（B）G；（C）T；（D）F。

答案：C

Lb5A1047 兆欧表是测量（　　）的专用仪表。

（A）电功率；（B）电容量；（C）变比；（D）绝缘电阻。

答案：D

Lb5A1048 三相对称负载星形连接时，其线电流为相电流的（　　）倍。

（A）$\sqrt{2}$；（B）$\sqrt{3}$；（C）$1/\sqrt{3}$；（D）1。

答案：D

Lb5A1049 三相对称负载星形连接时，其线电压为相电压的（　　）倍。

（A）$\sqrt{2}$；（B）$\sqrt{3}$；（C）$1/\sqrt{3}$；（D）1。

答案：B

Lb5A1050 正弦交流电压的有效值是平均值的（　　）倍。

（A）1.414；（B）1.732；（C）1.11；（D）0.9009。

答案：C

Lb5A2051 正弦交流电压的有效值是以（　　）确定的。

（A）有功功率；（B）视在功率；（C）总功率；（D）最大值的 $1/\sqrt{2}$ 倍。

答案：A

Lb5A2052 绝缘介质在施加（　　）电压后，常有明显的吸收现象。

（A）直流；（B）工频；（C）高频；（D）低频。

答案：A

Lb5A2053 SF_6 断路器检漏试验应在断路器充气（　　）小时后进行。

（A）12；（B）24；（C）36；（D）48。

答案：B

Lb5A2054 测量 10kV 设备的绝缘电阻，宜采用（　　）V 兆欧表。

（A）250；（B）1000；（C）2500；（D）5000。

答案：C

Lb5A2055 在测量变压器绕组直流电阻时，下列参数必须要记录的是（　　）。

（A）环境空气湿度；（B）变压器上层油温（或绕组温度）；（C）变压器散热条件；（D）变压器油质试验结果。

答案：B

Lb5A2056 测量电力变压器的绕组绝缘电阻、吸收比或极化指数，应采用（　　）V 绝缘电阻表。

（A）500；（B）1000；（C）2500；（D）5000。

答案：D

Lb5A2057 无论何种绝缘材料，在其两端施加电压，总会有一定电流通过，这种现象也叫作绝缘体的（　　）。

（A）泄漏；（B）泄漏电流；（C）表面泄漏；（D）杂散电流。

答案：A

Lb5A2058 油浸式电抗器中绝缘油的作用是（　　）。

（A）绝缘；（B）散热；（C）绝缘和散热；（D）灭弧、绝缘和散热。

答案：C

Lb5A2059 SF_6 断路器中 SF_6 气体的作用是（　　）。

（A）绝缘；（B）散热；（C）绝缘和散热；（D）灭弧、绝缘和散热。

答案：D

Lb5A2060 测量变压器绕组直流电阻时，非被试绕组应（　　）。

（A）对地绝缘；（B）短接；（C）开路；（D）短接后接地或屏蔽。

答案：C

Lb5A2061 进行直流耐压试验后，对试品进行放电的最佳方法是（　　）。

（A）直接用导线；（B）通过电容；（C）通过电感；（D）先通过电阻接地放电，然后直接用导线。

答案：D

Lb5A3062 温度升高，变压器绕组绝缘电阻就会（　　）。

（A）变大；（B）不变；（C）变小；（D）损坏。

答案：C

Lb5A3063 能同时考验变压器的主绝缘和匝间绝缘的试验是（　　）。

（A）工频耐压试验；（B）感应耐压试验；（C）谐振耐压试验；（D）直流耐压试验。

答案：B

Lb5A3064 单臂电桥与双臂电桥最大的区别就是单臂电桥（　　）。

（A）桥臂电阻过大；（B）检流计灵敏度不够；（C）电桥直流电源容量太小；（D）测量结果包含引线电阻及接触电阻。

答案：D

Lb5A3065 系统做耐压试验时，多个设备一起进行耐压试验，试验电压选择所关联设备所能够承受电压的（　　）。

（A）最高值；（B）最低值；（C）最高值与最低值之和的平均值；（D）各试验电压之和的平均值。

答案：B

Lb5A3066 对变压器直流电阻电阻测试结果影响较大的因素是（　　）。

（A）绕组温度；（B）相对湿度；（C）环境温度；（D）变压器油质。

答案：A

Lb5A3067 新投运变压器的铁芯对地绝缘电阻不应小于（ ）MΩ。

（A）1000；（B）100；（C）10000；（D）2500。

答案：A

Lb5A3068 以下选项中对电力变压器和电抗器绕组绝缘介质损耗因数（20℃）检测宜在顶层油温（ ）℃时进行。

（A）0～50；（B）－10～40；（C）0～40；（D）－10～50。

答案：A

Lb5A3069 无励磁调压变压器变换分接位置后，应进行（ ）测试。

（A）绝缘电阻；（B）介损、大容量；（C）泄漏电流；（D）直流电阻。

答案：D

Lb5A3070 分析变压器绕组变形的试验目前主要包括绕组频率响应、（ ）和电容量三种方法。

（A）变比；（B）短路阻抗；（C）空载电流；（D）直流电阻。

答案：B

Lb5A3071 断路器主回路电阻测试电流不低于（ ）A。

（A）10；（B）20；（C）100；（D）300。

答案：C

Lb5A3072 电容型电流互感器末屏对地绝缘电阻应不低于（ ）MΩ。

（A）10000；（B）3000；（C）1000；（D）100。

答案：C

Lb5A3073 电容式电压互感器的耦合电容器电容量初值差一般不应大于±（ ）%（警示值）。

（A）2；（B）5；（C）10；（D）15。

答案：A

Lb5A3074 以下选项中对油浸式电力变压器和电抗器的绕组绝缘电阻检测项目的标准描述符合要求的是（ ）。

（A）绝缘电阻换算至同一温度下，与初值相比无显著下降；（B）极化指数不小于1.3或吸收比不小于1.5或绝缘电阻不小于10000MΩ；（C）极化指数不小于1.3且吸收比不小于1.5且绝缘电阻不小于10000 MΩ；（D）极化指数不小于1.3或吸收比不小于1.5或绝缘电阻不小于1000MΩ。

答案：A

Lb5A3075 对 SF_6断路器的主回路电阻检测项目标准描述正确的是（ ）。
（A）不大于 120$\mu\Omega$；（B）不大于 90$\mu\Omega$；（C）不大于 60$\mu\Omega$；（D）不大于制造商规定值（注意值）。
答案：D

Lb5A3076 真空断路器的绝缘电阻检测应用（ ）V 兆欧表。
（A）500；（B）1000；（C）2500；（D）5000。
答案：C

Lb5A4077 变压器铭牌上的额定容量是指（ ）。
（A）有功功率；（B）无功功率；（C）视在功率；（D）平均功率。
答案：C

Lb5A4078 在电力电缆的交接试验项目中，（ ）试验是否合格是判断电缆能否投运的主要依据。
（A）耐压；（B）泄漏电流；（C）导体电阻；（D）吸收比。
答案：A

Lb5A4079 高压开关主要由导流部分、灭弧部分、绝缘部分及（ ）组成。
（A）继电保护；（B）操动机构；（C）闭锁装置；（D）测量部分。
答案：B

Lb5A4080 无间隙金属氧化物避雷器的直流 1mA 参考电压值与初始值比较，其变化应不大于（ ）%。
（A）±10；（B）±5；（C）－5～＋10；（D）－10～＋5。
答案：B

Lb5A4081 变压器的直流电阻，与同温下产品出厂实测数值比较，相应变化不应大于（ ）%。
（A）±1；（B）±1.5；（C）±2；（D）±2.5。
答案：C

Lb5A4082 35kV 带电设备不停电时的安全距离是不小于（ ）m。
（A）1；（B）0.7；（C）0.6；（D）0.35 。
答案：A

Lb5A4083 绝缘的作用是把（ ）不同的导体分隔开来，不让电荷通过。
（A）电流；（B）电压；（C）电场；（D）电位 。
答案：D

Lb5A4084 直流耐压试验是考核设备绝缘的（　　），其试验电压较高，它对于发现设备的局部缺陷具有特殊的意义。

（A）绝缘电阻；（B）表面绝缘；（C）绝缘状况；（D）耐电强度。

答案：D

Lb5A4085 交流电气设备铭牌标明的额定电压和额定电流指的是它们的（　　）。

（A）瞬时值；（B）平均值；（C）有效值；（D）最大值。

答案：C

Lb5A5086 避雷器严重受潮后，绝缘电阻会（　　）。

（A）变小；（B）不变；（C）变大；（D）变化不太明显。

答案：A

Lb5A5087 隔离开关的主要作用是（　　）。

（A）连接电气设备；（B）切断电气设备；（C）切断短路电流；（D）使检修设备和带电设备隔离。

答案：D

Lb5A5088 线路停电作业时，应在线路开关和刀闸操作手柄上悬挂（　　）的标志牌。

（A）在此工作；（B）止步高压危险；（C）禁止合闸线路有人工作；（D）运行中。

答案：C

Lb5A5089 变压器绕组绝缘受潮后，其吸收比（　　）。

（A）变大；（B）变小；（C）不变；（D）不稳定。

答案：B

Lb5A5090 绝缘体进行耐压试验，当电压达到一定值时，这些绝缘体表面的空气发生放电，叫作（　　）。

（A）气体击穿；（B）气体放电；（C）击穿；（D）沿面放电。

答案：D

Lc5A1091 截面面积相同的铜导线比铝导线（　　）。

（A）导电性能好、力学性能差；（B）导电性能和力学性能都好；（C）力学性能好、导电性能差；（D）导电性能和力学性能都差。

答案：B

Lc5A1092 半波整流电路中，高压硅堆的最大反向工作电压，不得低于试验电压幅值的（ ）倍。

(A) 1.732；(B) 2；(C) 1.2；(D) 1.414。

答案：B

Lc5A2093 （ ）整流电路是各类整流电路中输出直流电压脉动最小的。

(A) 单相半波；(B) 单相全波；(C) 单相桥式；(D) 三相桥式。

答案：D

Lc5A2094 常用的表计中内阻较大的是（ ）。

(A) 微安表；(B) 平均值电压表；(C) 毫安表；(D) 检流计。

答案：B

Lc5A2095 两只不同规格的照明灯泡（ ）灯丝粗。

(A) 相同电压等级，功率大的；(B) 相同电压等级，功率小的；(C) 相同功率，电压等级高的；(D) 相同电压等级，电流小的。

答案：A

Lc5A2096 将1C正电荷从电源负极移到正极所做的功为1J时，则电源的（ ）。

(A) 电能是1kW·h；(B) 有功功率是1kW；(C) 电动势是1V；(D) 电流是1A。

答案：C

Lc5A2097 电流互感器在电力系统中的作用不包括（ ）。

(A) 保护；(B) 计量；(C) 测量；(D) 滤波。

答案：D

Lc5A2098 工程制图中，常用的长度单位是（ ）。

(A) 米（m）；(B) 毫米（mm）；(C) 纳米（nm）；(D) 微米（μm）。

答案：B

Lc5A2099 工作票就是准许在电气设备上（ ）的书面命令。

(A) 停电；(B) 装设接地线；(C) 攀登；(D) 工作。

答案：D

Lc5A2100 变压器呼吸器内的变色硅胶颜色为（ ）时，表明该硅胶吸附潮气已达饱和状态。

(A) 兰；(B) 白；(C) 黄；(D) 红。

答案：D

Lc5A2101 电压互感器二次测量绕组额定电压一般为（ ）V。

（A）$220/\sqrt{3}$；（B）$380/\sqrt{3}$；（C）$36/\sqrt{3}$；（D）$100/\sqrt{3}$。

答案：D

Lc5A3102 互感器的二次绕组必须一端接地，其目的是（ ）。

（A）保证人身安全；（B）确定测量范围；（C）防止二次过负荷；（D）提高测量精度。

答案：A

Lc5A3103 交流电在1s内完成的全循环次数叫作（ ）。

（A）频率；（B）周期；（C）角频率；（D）传输距离。

答案：A

Lc5A3104 电介质极化有（ ）种基本形式。

（A）3；（B）4；（C）5；（D）6。

答案：B

Lc5A3105 电介质的（ ）损耗是因介质中偶极分子反复排列相互克服摩擦力造成的。

（A）表面；（B）电导；（C）游离；（D）极化。

答案：D

Lc5A3106 利用滚动法搬运设备时，对放置滚杠的数量有一定要求，如滚杠较少，则所需要的牵引力（ ）。

（A）增加；（B）减小；（C）不变；（D）略小。

答案：A

Lc5A3107 游标卡尺的测量数值是（ ）。

（A）尺身数值；（B）游标数值；（C）计算数值；（D）尺身数值＋游标数值。

答案：D

Lc5A3108 核相就是核定两个电源之间的（ ）是否一致。

（A）相序；（B）相位；（C）相电压；（D）线电压。

答案：B

Lc5A3109 在所有电力法律法规中，具有最高法律效力的是（ ）。

（A）电力法；（B）电力供应与使用条例；（C）电力设施保护条例；（D）供电营业规则。

答案：A

Lc5A3110 把交流电转换为直流电的过程叫（　　）。

（A）变压；（B）稳压；（C）整流；（D）滤波。

答案：C

Lc5A3111 去掉直流电中的交流分量的过程叫（　　）。

（A）变压；（B）稳压；（C）整流；（D）滤波。

答案：D

Lc5A3112 电压互感器运行中二次侧不允许（　　）。

（A）短路；（B）开路；（C）并联；（D）串联。

答案：A

Lc5A3113 电流互感器运行中二次侧不允许（　　）。

（A）短路；（B）开路；（C）并联；（D）串联。

答案：B

Lc5A3114 频率与周期的关系是（　　）。

（A）成正比；（B）成反比；（C）无关；（D）非线性。

答案：B

Lc5A3115 基本电路由（　　）、连接导线、开关及负载四部分组成。

（A）电源；（B）电机；（C）电路；（D）电阻。

答案：A

Lc5A4116 温度升高，绝缘介质中的极化（　　），电导增加，绝缘电阻降低。

（A）减缓；（B）加剧；（C）均匀；（D）不均匀。

答案：B

Lc5A4117 电介质的（　　）损耗是由泄漏电流流过介质而引起的。

（A）表面；（B）电导；（C）游离；（D）极化。

答案：B

Lc5A4118 低压电力电缆的绝缘材料一般为（　　）。

（A）油浸纸；（B）交联聚乙烯；（C）聚氯乙烯；（D）聚乙烯。

答案：C

Lc5A4119 （ ）定律的主要内容是：对任何一个节点，任何一个平面或空间的封闭区域，流入的电流之和总是等于流出的电流之和。

（A）欧姆；（B）楞次；（C）基尔霍夫第一；（D）基尔霍夫第二。

答案：C

Lc5A4120 （ ）定律的主要内容是：对任何一个闭合回路，其分段电压降之和等于电动势之和。

（A）欧姆；（B）楞次；（C）基尔霍夫第一；（D）基尔霍夫第二。

答案：D

Lc5A4121 变压器中性点接地是（ ）。

（A）工作接地；（B）保护接地；（C）工作接零；（D）保护接零。

答案：A

Lc5A4122 如果触电者心跳停止而呼吸尚存，应立即对其施行（ ）进行急救。

（A）仰卧压胸法；（B）仰卧压背法；（C）胸外心脏按压法；（D）口对口呼吸法。

答案：C

Lc5A5123 线性电感元件的感抗决定于（ ）。

（A）电路电压；（B）电路电流；（C）自感系数；（D）自感系数和频率。

答案：D

Lc5A5124 电路中，节点电流的方程是（ ）。

（A）$\Sigma I=0$；（B）$\Sigma I=1$；（C）$\Sigma I=2$；（D）$\Sigma I=3$。

答案：A

Lc5A5125 铁磁材料在反复磁化过程中，磁感应强度的变化始终落后于磁场强度的变化，这种现象称为（ ）。

（A）磁化；（B）磁滞；（C）剩磁；（D）减磁。

答案：B

Jd5A1126 电力系统中变压器的功能是（ ）。

（A）生产电能；（B）消耗电能；（C）生产又消耗电能；（D）传递功率。

答案：D

Jd5A1127 用万用表检测二极管时，宜使用万用表的（　　）档。
（A）电流；（B）电压；（C）1kΩ；（D）10Ω。
答案：C

Jd5A1128 万用表的转换开关是实现（　　）的开关。
（A）各种测量及量程；（B）电流接通；（C）接通被测物实现测量；（D）电压接通。
答案：A

Jd5A1129 绝缘介质的（　　）是弹性、无损耗、形成时间极短的极化。
（A）电子式极化；（B）离子式极化；（C）偶极子极化；（D）夹层极化。
答案：A

Jd5A1130 电力设备交流耐压前后应进行（　　）测试。
（A）电容量；（B）介损因数；（C）特性试验；（D）绝缘电阻。
答案：D

Jd5A2131 用电压表测量电压时，电压表应与被测电路（　　）。
（A）串联；（B）并联；（C）混联；（D）互联。
答案：B

Jd5A2132 高压设备的（　　）接地是为了防止电气设备在绝缘损坏时，外壳带电而误伤工作人员。
（A）中性点；（B）尾端；（C）外壳；（D）低压端。
答案：C

Jd5A2133 电力设备的绝缘电阻随温度上升而（　　）。
（A）增加；（B）减小；（C）不变；（D）不确定。
答案：B

Jd5A2134 电力设备绝缘电阻测试，无特殊要求一般应记录（　　）s时的数据。
（A）10；（B）15；（C）60；（D）600。
答案：C

Jd5A2135 直流高压试验，要求施加（　　）直流高压。
（A）正极性；（B）负极性；（C）正极性或负极线；（D）试材料而定。
答案：B

Jd5A2136　高压设备发生接地时，在室内不得接近故障点4m以内，在室外不得接近故障点8m以内，以防（　　）。

(A) 放电火花烧伤人；(B) 设备爆炸伤人；(C) 突然来电；(D) 跨步电压伤人。

答案：D

Jd5A2137　用（　　）测量直流电阻时，一定要减去引线电阻。

(A) 单臂电桥；(B) 万用表；(C) 双臂电桥；(D) 直流电阻测试仪。

答案：A

Jd5A2138　直流泄漏试验和直流耐压试验（　　）。

(A) 方法不同，作用相同；(B) 方法一致，作用不同；(C) 方法和作用都相同；(D) 方法和作用都不同。

答案：B

Jd5A2139　吸收现象通常表现为电气设备的绝缘电阻随充电时间的增加而（　　）。

(A) 非线性增加；(B) 非线性降低；(C) 线性增加；(D) 线性降低。

答案：A

Jd5A2140　能够用来判断感应电动势方向的和电流所产生的磁场方向的是（　　）。

(A) 左手定责；(B) 右手定责；(C) 楞次定律；(D) 欧姆定律。

答案：B

Jd5A2141　能够判断载流体在磁场中的受力方向的是（　　）。

(A) 左手定责；(B) 右手定责；(C) 楞次定律；(D) 欧姆定律。

答案：A

Jd5A2142　测量绝缘电阻和泄漏电流的方法（　　），但表征的物理概念（　　）。

(A) 相同、相同；(B) 不同、不同；(C) 相同、不同；(D) 不同、相同。

答案：C

Jd5A3143　电力变压器中的油起（　　）作用。

(A) 散热和绝缘；(B) 散热、绝缘和灭弧；(C) 散热；(D) 绝缘。

答案：A

Jd5A3144　变压器变比是指一次电压与二次电压的（　　）。

(A) 差值；(B) 夹角；(C) 乘积；(D) 比值。

答案：D

Jd5A3145 变压器绕组直流电阻的初值差要求不大于±（　）%。
(A) 1；(B) 2；(C) 4；(D) 5。
答案：B

Jd5A3146 电力设备的绝缘电阻测试应在耐压试验（　）进行。
(A) 前；(B) 后；(C) 任意时刻；(D) 前后都应。
答案：D

Jd5A3147 湿度增大会使绝缘表面泄漏电流（　）。
(A) 增大；(B) 减小；(C) 下降；(D) 不变。
答案：A

Jd5A3148 电缆外屏蔽层的作用主要是使绝缘层和金属护套（　）。
(A) 接触良好；(B) 绝缘；(C) 导通；(D) 增加电缆强度。
答案：A

Jd5A3149 电力变压器绕组绝缘受潮后，其极化指数（　）。
(A) 变大；(B) 变小；(C) 不变；(D) 不稳定。
答案：B

Jd5A3150 直流泄漏试验是检查设备的（　），其试验电压较低。
(A) 绝缘电阻；(B) 表面绝缘；(C) 绝缘状况；(D) 耐电强度。
答案：C

Jd5A3151 变压器的接地外壳与绕组引出线的绝缘主要是通过（　）来实现的。
(A) 绝缘油；(B) 铁芯；(C) 套管；(D) 绝缘纸板。
答案：C

Jd5A3152 电力系统中不是用来传输电功率的设备是（　）。
(A) 电力变压器；(B) 断路器；(C) 母线；(D) 避雷器。
答案：D

Jd5A3153 变压器的电压比与绕组的匝数比（　）。
(A) 相同；(B) 互为倒数；(C) 成正比；(D) 成反比。
答案：A

Jd5A3154 避雷针的主要作用是（　）。
(A) 吸引雷电；(B) 避免雷电；(C) 削弱雷电；(D) 防止雷电。
答案：A

Jd5A3155 断路器的文字符号是（ ）。
（A）QS；（B）QF；（C）KG；（D）FU。
答案：B

Jd5A3156 绝缘介质在施加（ ）电压后，常有明显的电流随时间衰减的现象，这种现象称为介质的吸收现象。
（A）直流；（B）工频交流；（C）高频交流；（D）低频交流。
答案：A

Jd5A3157 用铜球间隙测量工频交流耐压试验电压，测得的是交流电压的（ ）。
（A）有效值；（B）平均值；（C）峰值；（D）瞬时值。
答案：C

Jd5A4158 断路器（ ）的大小，直接影响其通过正常工作电流时是否产生不能允许的发热及通过短路电流时的开断性能，它是反映安装检修质量的重要标志。
（A）灭弧室 SF_6 的纯度；（B）灭弧室 SF_6 的压力；（C）灭弧室的绝缘状况；（D）导电回路电阻。
答案：D

Jd5A4159 绝缘电阻测试时，根据被测试设备（ ）来选择兆欧表的电压等级。
（A）容量；（B）不同的电压等级；（C）绝缘电阻大小；（D）材料。
答案：B

Jd5A4160 电力系统中，用来测量高压回路电流的设备是（ ）。
（A）电流互感器；（B）电压互感器；（C）阻容分压器；（D）CVT。
答案：A

Jd5A4161 电力系统中，用来测量高压母线电压的设备是（ ）。
（A）电流互感器；（B）电压互感器；（C）卡钳表；（D）万用表。
答案：B

Jd5A4162 断路器合闸电阻的作用是（ ）。
（A）防止触头分合不到位；（B）改善分合闸时间；（C）限制合空线过电压；（D）改善电场分布。
答案：C

Jd5A4163 电容式电压互感器（CVT）在电力系统中的作用不包括（ ）。
（A）测量电压；（B）保护；（C）滤波；（D）防雷。
答案：D

Jd5A4164 GB 50150 规定：SF_6 气体含水量的测定应在断路器充气（ ）h 后进行。

（A）24；（B）36；（C）48；（D）72。

答案：C

Jd5A4165 220kV 及以上且 120MV·A 及以上的变压器绝缘电阻测试时，兆欧表的输出电流不宜小于（ ）mA。

（A）1；（B）2；（C）3；（D）5。

答案：C

Jd5A4166 下列试验数据不需要进行温度换算的是（ ）。

（A）绝缘电阻；（B）介损因数；（C）直流电阻；（D）极化指数。

答案：D

Jd5A5167 当变比不完全相等的两台变压器并列运行时，在两台变压器之间将（ ）。

（A）变比为两台变压器的平均值；（B）变比与输出电压高的变压器相同；（C）变比与输出电压低的变压器相同；（D）产生环流。

答案：D

Jd5A5168 变比不完全相等的两台变压器从高压侧输入、低压侧输出并列运行时，使得两台变压器空载输出电压（ ）。

（A）与变比大的相同；（B）与变比小的相同；（C）变比大的升、小的降；（D）变比小的升、大的降。

答案：C

Jd5A5169 测试数据受外界温度、湿度影响较小的试验是（ ）。

（A）变压器绝缘电阻；（B）互感器介损因数；（C）变流器泄漏电流；（D）开关分合闸时间。

答案：D

Jd5A5170 电流互感器伏安特性测试时，引起数据偏差较大的主要原因有（ ）。

（A）测试前未进行消磁；（B）调压器的容量不满足要求；（C）测试电压不满足要求；（D）互感器不合格。

答案：A

Jd5A5171 电容型套管末屏绝缘电阻测试应采用（ ）V 的兆欧表。

（A）5000；（B）2500；（C）1000；（D）500。

答案：B

Je5A1172 不宜用来测量直流电阻的是（　　）。
（A）直流电阻测试仪；（B）单臂电桥；（B）双臂电桥；（D）兆欧表。
答案：D

Je5A1173 油浸式电力变压器绕组直流泄漏电流检测项目的标准要求：绕组额定电压为 66～330kV，则直流试验电压为（　　）kV。
（A）10；（B）20；（C）40；（D）60。
答案：C

Je5A1174 电容式电压互感器分压电容器极间绝缘电阻要求不小于（　　）MΩ。
（A）100；（B）1000；（C）2500；（D）5000。
答案：D

Je5A1175 电容式电压互感器分压电容器电容量初值差要求不大于（　　）%（警示值）。
（A）±5；（B）－5～＋10；（C）2～＋5；（D）±2。
答案：D

Je5A1176 并联电容器极对外壳的绝缘电阻不应低于（　　）MΩ。
（A）2500；（B）2000；（C）1500；（D）1000。
答案：B

Je5A2177 悬式绝缘子的绝缘电阻低于（　　）MΩ 为零值绝缘子。
（A）500；（B）300；（C）100；（D）50。
答案：A

Je5A2178 悬式绝缘子的绝缘电阻测试应采用（　　）V 兆欧表。
（A）5000；（B）2500；（C）1000；（D）100。
答案：A

Je5A2179 电流互感器一次绕组的绝缘电阻不应小于（　　）MΩ。
（A）5000；（B）3000；（C）2000；（D）1000。
答案：B

Je5A2180 500kV 及以下电容型套管电容量初值差要求不大于（　　）%（警示值）。
（A）±5；（B）－5～＋10；（C）2～＋5；（D）±2。
答案：A

Je5A2181 高压电力电缆主绝缘的绝缘电阻应使用（　　）V 兆欧表测试。
（A）5000；（B）2500；（C）1000；（D）500。
答案：A

Je5A2182 金属氧化锌避雷器直流 $0.75U_{1mA}$ 下泄漏电流初值差≤（ ）或≤50μA（注意值）。

（A）±5%；（B）±10%；（C）30%；（D）50%。

答案：C

Je5A2183 电力变压器的短路阻抗检测中，试验电流可低于额定值，但不宜小于（ ）A。

（A）1；（B）3；（C）5；（D）10。

答案：C

Je5A2184 金属氧化物避雷器本体的绝缘电阻要求不小于（ ）MΩ。

（A）5000；（B）2500；（C）1000；（D）100。

答案：B

Je5A2185 35kV 交联聚乙烯电力电缆的耐压试验一般采用（ ）。

（A）工频耐压试验；（B）感应耐压试验；（C）谐振耐压试验；（D）直流耐压试验。

答案：C

Je5A2186 耐压试验用的水电阻最好采用（ ）加入水中配成。

（A）碳酸钠；（B）氯化钠；（C）碳酸钙；（D）氯化钾。

答案：A

Je5A2187 电容式电压互感器电容分压器（膜纸绝缘）介损因数不大于（ ）（注意值）。

（A）0.0025；（B）0.003；（C）0.0035；（D）0.005。

答案：A

Je5A2188 运行中 GIS 母线气室 SF_6 气体湿度（20℃）要求不大于（ ）μL/L（注意值）。

（A）500；（B）300；（C）250；（D）150。

答案：A

Je5A3189 电容型电流互感器本体绝缘电阻测试方法为（ ）。

（A）一次对末屏；（B）一次对二次；（C）一次对二次及地；（D）一次对末屏及二次。

答案：C

Je5A3190 地网接地电阻测试时，电压极应移动不少于三次，当三次测得电阻值的互差小于（ ）%时，即可取其算术平均值，作为被测接地体的接地电阻值。

（A）1；（B）5；（C）10；（D）15。

答案：B

Je5A3191 绝缘电阻测量时，绝缘电阻表的接线端子 L 接于被试设备的（　　）上。

（A）高压导体；（B）外壳；（C）接地点；（D）低压侧。

答案：A

Je5A3192 兆欧表测试时需要使用屏蔽时，屏蔽接线端子 G 应高靠近（　　）。

（A）被试品的低压端；（B）被试品的高压端；（C）正极端子 E；（D）负极端子 L。

答案：D

Je5A3193 兆欧表测试时，G 端子与（　　）端子是等电位的。

（A）正极；（B）L；（C）E；（D）零电位。

答案：B

Je5A3194 绝缘电阻测试时，如果由于被试品表面泄漏过大影响测试结果的，需要使用屏蔽，一般采用（　　）在被试品瓷套上缠绕 2～3 圈。

（A）铝箔；（B）细铁丝；（C）细铜线；（D）熔丝或软铜线。

答案：D

Je5A3195 高压试验时，要求环境温度不低于（　　）℃。

（A）0；（B）10；（C）5；（D）3。

答案：C

Je5A3196 （　　）MV·A 以上变压器，各相绕组电阻相间的差别，不大于三相平均值的 2%。

（A）1.2；（B）1.6；（C）1.9；（D）2.4。

答案：B

Je5A3197 电压互感器直流电阻试验，一次绕组直流电阻测量值，与换算到同一温度下的（　　）比较，相差不宜大于 10%。

（A）出厂值；（B）交接试验值；（C）设计值；（D）要求值。

答案：A

Je5A3198 电流互感器直流电阻试验，同型号、同规格、同批次电流互感器一、二次绕组的直流电阻和平均值的差异不宜大于（　　）%。

（A）20；（B）15；（C）4；（D）10。

答案：D

Je5A3199 电压互感器二次绕组直流电阻测量值，与换算到同一温度下的初值比较，相差不宜大于（　　）%。

（A）20；（B）15；（C）4；（D）10。

答案：B

Je5A3200 直流高压试验中，输出直流电压的（　　）不大于3%。

(A) 品质因数；(B) 谐波含量；(C) 波动因数；(D) 纹波因数。

答案：D

Je5A3201 直流试验用的设备通常有高压直流发生器、直流电压测量装置、（　　）、直流微安表及控制装置等组成。

(A) 保护电阻；(B) 保护球隙；(C) 分压电容；(D) 控制装置。

答案：A

Je5A3202 直流高压试验中的保护电阻器的主要作用是，限制放电电流，保护（　　）。

(A) 操作人员；(B) 被试设备；(C) 试验仪器；(D) 以上都不对。

答案：C

Je5A3203 橡塑电缆交流耐压要求采用（　　）Hz的试验频率。

(A) 300M～3000M；(B) 3M～30M；(C) 20k～80k；(D) 20～300。

答案：D

Je5A3204 停电试验时，10～35kV交联聚乙烯电力电缆试验电压为（　　）倍U_0，加压时间（　　）min。

(A) 1.6，5；(B) 1.6，60；(C) 2，5；(D) 2，60。

答案：C

Je5A4205 变压器电压比测量要求：所有绕组及所有分接位置进行电压比测量，变比的允许偏差在额定分接时为（　　）。

(A) ±2；(B) ±1.5；(C) ±1；(D) ±0.5。

答案：D

Je5A4206 在我国，介损电桥试验电压的中心频率是（　　）Hz。

(A) 45；(B) 50；(C) 55；(D) 60。

答案：B

Je5A4207 试验变压器的高压输出端应串接保护电阻器，其电阻的取值一般为（　　）欧/伏。

(A) 0.1～0.5；(B) 0.6～1.0；(C) 1.0～1.2；(D) 1.5。

答案：A

Je5A4208 试验变压器的保护球系串联的保护电阻器，其电阻值一般为（　　）欧/伏。

(A) 1.2；(B) 1.0；(C) 0.8；(D) 0.5。

答案：B

Je5A4209 工频交流耐压试验时，宜在试验变压器高压侧设置保护球间隙，该球间隙的放电距离应整定为（　　）倍试验电压所对应的放电距离。
（A）1.15～1.2；（B）1.2～1.5；（C）1.5；（D）2.0。
答案：A

Je5A4210 工频交流耐压试验，没有特殊要求一般耐压时间为 60s，其中耐压时间指的是（　　）。
（A）自加压开始就计时；（B）自升压至 75%电压开始计时；（C）加至试验标准电压后开始计时；（D）自升压开始直至降压至 0V 的全部时间。
答案：C

Je5A4211 介质损耗因数 tanδ 值所表述的概念正确的是（　　）。
（A）电功率的有功分量与无功分量的比值；（B）阻性电流与总电流的比值；（C）电功率的有功分量与总功率的比值；（D）容性电流与总电流的比值。
答案：A

Je5A4212 电容型套管电容量明显下降的主要原因是（　　）。
（A）内部电容严重受潮；（B）绝缘油油质严重劣化；（C）内部电容屏部分击穿；（D）油位过低。
答案：D

Je5A4213 耦合电容器电容量有较大增长的主要原因是（　　）。
（A）漏油；（B）内部轻微受潮；（C）内部单体电容击穿；（D）绝缘油油质劣化。
答案：C

Je5A4214 直流高压试验中高压硅堆上的反峰电压不能超过该硅堆的（　　）。
（A）额定正峰电压；（B）额定反峰电压；（C）最大反峰电压；（D）最大正峰电压。
答案：B

Je5A5215 下列方法，对于检测悬式绝缘子串中劣化绝缘子无效的是（　　）。
（A）测量电位分布；（B）火花间隙放电叉；（C）红外测温；（D）测量介质损耗因数 tanδ 值。
答案：D

Je5A5216 （　　）不能起到检查母线、引线或输电线路导线接头的接引质量。
（A）直流电阻测试；（B）交流电阻测试；（C）绝缘电阻测试；（D）温升试验。
答案：C

Je5A5217 变压器在进行（　　）试验时，会在铁芯产生较大剩磁。
（A）绝缘电阻；（B）直流电阻；（C）泄漏电流；（D）有载调压开关切换时间。
答案：B

Je5A5218 GIS设备不允许进行（ ）耐压试验。

（A）工频；（B）串联谐振；（C）并联谐振；（D）直流。

答案：D

Je5A5219 下列设备一般不进行交流耐压试验的是（ ）。

（A）变压器；（B）断路器；（C）避雷器；（D）互感器。

答案：C

Jf5A1220 避雷器的文字符号是（ ）。

（A）FU；（B）F；（C）L；（D）C。

答案：B

Jf5A1221 变压器外壳接地属于（ ）。

（A）保护接地；（B）工作接地；（C）保护接零；（D）工作接零。

答案：A

Jf5A1222 断路器断口电容的作用是（ ）。

（A）熄灭电弧；（B）减小电弧；（C）防止触头烧损；（D）改善电场分布。

答案：D

Jf5A2223 对称三相星形连接电源的线电压等于相电压的（ ）倍。

（A）$\sqrt{3}$；（B）1；（C）$1/\sqrt{3}$；（D）3。

答案：B

Jf5A2224 三角形连接电源的线电压等于相电压的（ ）倍。

（A）$\sqrt{3}$；（B）1；（C）$1/\sqrt{3}$；（D）3。

答案：C

Jf5A2225 220kV及以下避雷器主要是限制（ ）。

（A）操作过电压；（B）谐振过电压；（C）工频过电压；（D）雷电过电压。

答案：D

Jf5A2226 电气设备着火时，首先应该（ ）。

（A）根据设备性质选择灭火器；（B）向有关领导报告请示；（C）立即将有关设备的电源切断；（D）拨打119报火警。

答案：C

Jf5A2227 发现有人触电昏迷，应该立即（ ）。

（A）拨打120；（B）就地迅速用心肺复苏法进行抢救；（C）疏散人群；（D）通知有关领导。

答案：B

Jf5A2228 电动工具带电部分与外壳之间的绝缘电阻要求不低于（　　）MΩ。
（A）2；（B）10；（C）100；（D）500。
答案：A

Jf5A2229 高压试验工作，试验人员不得少于（　　）人。
（A）1；（B）2；（C）3；（D）4。
答案：B

Jf5A2230 试验装置的电源开关，应使用（　　）刀闸。
（A）带有漏电保护器的；（B）带有空气开关的；（C）明显断开的双极；（D）带有保险丝的。
答案：C

Jf5A2231 在进行电容器因熔断器烧断而发生的故障检查前，首先应对电容器进行放电，放电方法正确的是（　　）。
（A）采用放电棒对放电线圈高压侧进行放电；（B）在避雷器高压侧进行多次充分放电；（C）对电容器组逐相进行充分多次放电；（D）对电容器进行逐相放电，脱离的电容器需要逐个进行放电，并对其外壳和金属支架进行放电。
答案：D

Jf5A3232 变电站设立独立避雷针的目的是（　　）。
（A）防止站内与主地网连接的避雷器和避雷针防护范围不够；（B）防止雷击时对站内其他设备造成反击放电；（C）同样是保护电力设备，保护方式不同；（D）以上都正确。
答案：B

Jf5A3233 漏电保护器在（　　）的情况下才会跳闸。
（A）在人发生触电；（B）发生短路事故；（C）使用电流超过定值；（D）使用电压超过定值。
答案：A

Jf5A3234 电力变压器中油的作用不包括（　　）。
（A）散热；（B）绝缘；（C）消弧；（D）带走杂质。
答案：D

Jf5A3235 避雷器顶部安装金属环的作用是（　　）。
（A）加强避雷器的强度；（B）减小雷电冲击；（C）改善不均匀电场；（D）便于吊装。
答案：C

Jf5A3236 电力系统中，为了监测高电压的电压值，我们一般采用的设备有（　　）。
（A）变压器；（B）电压互感器；（C）电流互感器；（D）在线监测装置。
答案：B

Jf5A3237 高压断路器的操动机构不包括（ ）。

（A）分合闸电磁铁；（B）传动机构；（C）储能弹簧；（D）吹弧装置。

答案：D

Jf5A3238 检测电力设备绝缘性能的仪器不包括（ ）。

（A）开关时间特性测试仪；（B）兆欧表；（C）介损电桥；（D）直流高压发生器。

答案：A

Jf5A3239 使用电压表或电流表，应正确选择测量范围，使测量的指针移动至满刻度的（ ）附近，这样可使读数准确。

（A）1/2；（B）1/3；（C）2/3；（D）4/5。

答案：C

Jf5A3240 电力系统中各种接线对应一定的颜色，蓝色线所代表的意义下列描述不正确的是（ ）。

（A）三相线路的零线；（B）三相线路接地线；（C）三相线路的中性线；（D）直流电路中的接地中线。

答案：B

Jf5A3241 电力系统中性点非有效接地不包括（ ）。

（A）不接地；（B）经消弧线圈接地；（C）经高阻抗接地；（D）经低阻抗接地。

答案：D

Jf5A3242 下列不属于绝缘介质的有（ ）。

（A）变压器油；（B）穿墙套管；（C）SF_6 气体；（D）硅钢片。

答案：D

Jf5A3243 变压器的电压比指的是变压器在（ ）时一次电压与二次电压的比值。

（A）负载运行；（B）空载运行；（C）满载运行；（D）欠载运行。

答案：B

Jf5A3244 中性点直接接地系统的优点有（ ）。

（A）发生单相接地时，其他两相对地电压不升高，可以降低绝缘成本；（B）可以限制相电流，减少对周围通讯线路干扰；（C）可以减少单相接地故障时流过接地点的电流；（D）发生单相接地时，不容易构成短路回路，故障电流小。

答案：A

Jf5A3245 地网接地电阻过大的主要原因不正确的有（ ）。

（A）接地体严重腐蚀；（B）接地扁铁焊接处氧化开焊；（C）土壤电阻率不合格；（D）测试时测试线的长度过短。

答案：D

Jf5A4246 变压器型号 SFPZ-63000/110 中字母含义错误的是（　　）。

（A）S 表示三绕组；（B）F 表示油浸风冷；（C）P 表示强油循环；（D）Z 表示有载调压。

答案：A

Jf5A4247 YH5WR-48/134 型氧化锌避雷器，由型号我们可以知道下述表述错误的是（　　）。

（A）避雷器的标称放电电流为 5kA；（B）此避雷器为无间隙瓷质氧化锌避雷器；（C）额定电压为 48kV；（D）雷电冲击电流下残压为 134kV。

答案：B

Jf5A4248 LN3-40.5 断路器表示的意义是（　　）。

（A）额定电压为 40.5kV 户外用 SF_6 断路器；（B）额定电压为 40.5kV 室内用的真空断路器；（C）额定电压为 40.5kV 室外用的少油断路器；（D）额定电压为 40.5kV 室内用的 SF_6 断路器。

答案：D

Jf5A4249 能够用来测量直流高压的方法有（　　）。

（A）电阻分压器测量法；（B）电容分压器测量法；（C）试验变压器低压侧测量法；（D）电压互感器测量法。

答案：A

Jf5A4250 接地体的连接应采用搭接焊，其扁钢的搭接长度应为（　　）。

（A）扁钢宽度的 3 倍并三面焊接；（B）扁钢宽度的 2.5 倍并三面焊接；（C）扁钢宽度的 2 倍并三面焊接；（D）扁钢宽度的 1 倍并三面焊接。

答案：C

Jf5A4251 在人进入 SF_6 配电装置前必须先通风（　　）min。

（A）20；（B）15；（C）10；（D）5。

答案：B

Jf5A4252 500kV 油浸式变压器充油后至少需要静置（　　）h，将内部的气泡完全排除后才能进行绝缘试验。

（A）24；（B）36；（C）48；（D）72。

答案：D

Jf5A5253 直流试验电压的脉动因数等于该直流电压的脉动幅值与（　　）之比。

（A）最大值；（B）最小值；（C）有效值；（D）算术平均值。

答案：D

Jf5A5254 当线圈中的电流（　　）时，线圈两端产生自感电动势。

（A）很大时；（B）很小时；（C）不变时；（D）变化时。

答案：D

1.2 判断题

La5B1001 任何电荷在电场中都要受到电场力的作用。(√)

La5B1002 电流通过导体所产生的热量跟电流强度的平方、导体的电阻和电流通过导体的时间成正比。(√)

La5B1003 把一个试验电荷放到电场里，试验电荷就会受到力的作用，这种力称为电场力。(√)

La5B1004 电路中的电流永远是从高电位流向低电位。(×)

La5B1005 电路中各点电位的高低是绝对的。(×)

La5B1006 电路中各点电位的高低是相对的。(√)

La5B1007 同一个电荷在电力线较密的地方受到的电场力较大。(√)

La5B1008 描述磁场的磁力线，是一组既不中断又互不相交，却各自闭合，既无起点又无终点的回线。(√)

La5B1009 磁阻的大小与磁路的长度成反比。(×)

La5B1010 描述电场的电力线总是起始于正电荷，终止于负电荷；电力线既不闭合、不间断，也不相交。(√)

La5B1011 基尔霍夫第二定律（电压定律）指明的是：电路中，沿任一回路循一个方向，在任一时刻其各段的电压代数和恒等于零。(√)

La5B1012 通过一个线圈的电流越大，产生的磁场越强，穿过线圈的磁力线也越多。(√)

La5B1013 物体失去电子后，便带有负电荷，获得多余电子时，便带有正电荷。(×)

La5B1014 正弦电压 $u=141.4\sin(\omega t-30^\circ)$ 的相量为 $141.4/-30^\circ$。(×)

La5B1015 正电荷的运动方向规定为电流的正方向，它与自由电子运动的方向相同。(×)

La5B1016 基本电路由电源、连接导线、开关及负载四部分组成。(√)

La5B1017 基尔霍夫定律：任何一个线性含源二端网络，对外电路来说，可以用一条有源支路来等效替代，该有源支路的电动势等于含源二端网络的开路电压，其阻抗等于含源二端网络化成无源网络后的入端阻抗。(×)

La5B1018 非正弦交流电的有效值等于各次谐波有效值平方和的平方根。(√)

La5B1019 单位正电荷由高电位移向低电位时，电场力对它所做的功，称为电动势。(×)

La5B1020 单位正电荷由低电位移向高电位时，非电场力对它所做的功，称为电压。(×)

La5B1021 导体所在磁场的磁力线方向，用发电机右手定则来判断。(×)

La5B1022 电动机左手定则是用来判断导体电流的方向。(×)

La5B1023 电阻值不随电压、电流的变化而变化的电阻称为非线性电阻，其伏安特性曲线是曲线。(×)

La5B1024 电阻值随电压、电流的变化而变化的电阻称为线性电阻，其伏安特性曲线是直线。（×）

La5B1025 当分别从两线圈的某一端通入电流时，若这两电流产生的磁通是互相加强的，则这两端称为异名端。（×）

La5B1026 电场中任意一点的电场强度，在数值上等于放在该点的单位正电荷所受电场力的大小；电场强度的方向是正电荷受力的方向。（√）

La5B1027 戴维南定理：任何一个线性含源二端网络，对外电路来说，可以用一条有源支路来等效替代，该有源支路的电动势等于含源二端网络的开路电压，其阻抗等于含源二端网络化成无源网络后的入端阻抗。（√）

La5B1028 在磁铁内部，磁力线是从 N 极到 S 极。（×）

La5B1029 两平行导线通过同方向电流时，导线就相互排斥；如通过电流方向相反，导线就互相吸引。（×）

La5B1030 直流电的图形符号是“～”，交流电的图形符号是“－”。（×）

La5B1031 在工程技术上，常选大地作为零电位点。（√）

La5B1032 交流电路中任一瞬间的功率称为瞬时功率。（√）

La5B1033 额定功率为 10W 的三个电阻，$R_1=10\Omega$，$R_2=40\Omega$，$R_3=250\Omega$，串联接于电路中，电路中允许通过的最大电流为 200mA。（√）

La5B1034 电荷的有规则运动称为电流。电流强度是以单位时间内通过导体截面的电荷量来表示，习惯上简称为电流。（√）

La5B1035 电阻值随电流、电压的变化而变化的电阻称为非线性电阻，其伏安特性为一直线。（×）

La5B1036 一个不带电的物体，如果靠近带电体，虽然并未接触，不带电的物体也会带电，这种现象称为静电感应。（√）

La5B1037 线圈的同名端只决定于两线圈的实际绕向和相对位置。（√）

La5B1038 空气的电阻比导体的电阻大得多，可视为开路，而气隙中的磁阻比磁性材料的磁阻大，但不能视为开路。（√）

La5B1039 磁阻的大小与磁路的长度的平方成正比。 （×）

La5B2040 场强越大的地方，电势也越大。（×）

La5B2041 电场中电势为零的地方，场强一定为零。（×）

La5B2042 顺着电场方向电势逐点降低。（√）

La5B2043 在没有外力作用时，正电荷在电场中的运动总是从电势高的地方到电势低的地方。（√）

La5B2044 自感电动势的大小与线圈中的电流大小成正比。（×）

La5B2045 电路就是电流所流经的路径。（√）

La5B2046 电流的大小用电荷量的多少来度量，称为电流强度。（×）

La5B2047 “千瓦·小时”是电能的计量单位。（√）

La5B2048 在串联电路中，流过各串联元件的电流相等，各元件上的电压则与各自的阻抗成正比。（√）

La5B2049 在并联电路中，各支路两端电压相等，总电流等于各支路电流之和。(√)

La5B2050 在串联电路中，电流处处相等，总电压等于各组件上电压降之和。(√)

La5B2051 自感电动势的大小和穿过线圈磁通的变化率成反比，自感电动势的方向反抗线圈中磁通的变化。(×)

La5B2052 直导体在磁场中运动一定会产生感应电动势。(×)

La5B2053 在并联电路中，电流处处相等，总电压等于各组件上电压降之和。(×)

La5B2054 两只阻值不等的电阻串联后接入电路，则阻值小的发热量小。(√)

La5B2055 电阻的并联，就是将两只或两只以上电阻，将每只电阻的一端依次与另一只电阻的一端连接后接入电路，各电阻流过同一电流。(×)

La5B2056 由 n 只不同阻值的纯电阻组成并联电路，则电路的总电流等于各支路电流的倒数和。(×)

La5B2057 电感在直流电路中相当于短路，在交流电路中，电感将产生自感电动势，阻碍电流的变化。(√)

La5B2058 通过线圈的电流大小、方向均恒定不变时，线圈自感电动势等于零。(√)

La5B2059 几个电阻两端承受的电压是相同的，可以判断这几个电阻的联接方式是并联的。(×)

La5B2060 在真空介质中，两点电荷之间的作用力与两点电荷电量的乘积成正比，与它们之间的距离平方成反比。(√)

La5B2061 在简单电路中，没有电流就没有电压，有电压就一定有电流。(×)

La5B2062 电磁感应过程中，回路所产生的电动势是由通过回路的磁通量决定的。(×)

La5B2063 随时间按正弦规律变化的物理量的要素是瞬时值、最大值。(×)

La5B2064 线圈感应电动势与穿过该线圈的磁通量的变化率成反比。(√)

La5B2065 自感电动势的方向总是力图阻碍线圈中的磁通发生变化。(√)

La5B2066 当线圈加以直流电时，其感抗为零，线圈相当于“短路”。(√)

La5B2067 并联电路中，流过各并联元件的电流相等，各元件上的电压则与各自的阻抗成正比。(×)

La5B2068 并联电路中，各并联元件的电流、电压均相等。(×)

La5B2069 载流导体的发热量与导体电阻的大小无关。(×)

La5B3070 在一个电路中，选择不同的参考点，则两点间的电压也不同。(×)

La5B3071 节点电流定律也叫基尔霍夫第一定律。(√)

La5B3072 所谓电压就是把单位正电荷 q 自 M 点移至 N 点的过程中，电场力所做的功 A，即 $U_{MN}=A$。(√)

La5B3073 几个电阻串联后的总电阻等于各串联电阻的总和。(√)

La5B3074 几个电阻并联后的总电阻等于各并联电阻的倒数和。(×)

La5B3075 用支路电流法列方程时，所列方程的个数与支路数目相等。(√)

La5B3076 电场力在单位时间里所做的功，称为电功率，其表达式是 $P=A/t$，它的基本单位是 W（瓦）。(√)

La5B3077 导体电阻的大小与导体的截面面积和长度无关。(×)

La5B3078 载流导体周围的磁场方向与产生该磁场的载流导体中的电流方向无关。(×)

La5B3079 基尔霍夫第一定律（电流定律）指明的是：对于电路中的任何节点，在任一时刻流出（或流入）该节点的电流代数和恒等于零。(√)

La5B3080 电阻值不随电流、电压的变化而变化的电阻称为线性电阻，其伏安特性为一直线。(√)

La5B3081 电场力所做的功叫电功率。(×)

La5B3082 不管怎样改变一个导体的形状，它的电阻始终不变。(×)

La5B3083 不管怎样改变一个导体的形状，它的电阻率始终不变。(√)

La5B3084 几个电阻中通过的是相同的电流，可以断定这几个电阻的连接方式是串联的。(×)

La5B3085 在相同温度下，流过相同材料、同截面、同长度导体的交流和直流的电阻相同。(√)

La5B3086 导线通过交流电时，电流在导线截面上的分布是均匀的。(×)

La5B3087 电感线圈中的电流不能突变，电容器上的电压不能突变。(√)

La5B3088 功率因数角 φ 有正负之分，以说明电路是感性还是容性。当 $\varphi>0°$ 时，为容性，功率因数超前；当 $\varphi<0°$ 时，为感性，功率因数滞后。(×)

La5B3089 能量是物体所具有的做功的能力，自然界的能量既可创造，也可消灭，还可转换。(×)

La5B3090 在直流回路中电动势的代数和等于电阻上电压之和。(×)

La5B3091 正弦交流电的三要素是最大值、初相位、角频率。(√)

La5B3092 所谓对称三相负载就是三相电流有效值相等，三个相电压相等，相位角互差 120°。(×)

La5B3093 对称三相电压、电流的瞬时值或相量之和不为零。(×)

La5B3094 三相频率相同、幅值相等、互差 120°的正弦电动势，称为对称三相电动势。(√)

Lb5B1095 在边长为 1cm 的正方体电介质两对面上量得的电阻值，称为该电介质的表面电阻率。(×)

Lb5B1096 电介质的电导可分为离子电导和电子电导。离子电导是电介质在电场或外界因素影响下产生。电子电导是离子与电介质分子碰撞、游离激发出来的。(√)

Lb5B1097 热力学温标的温度用 K 表示。热力学温度以绝对零度为零度。绝对零度是表示物体的最低极限温度。绝对零度时，物体的分子和原子停止了运动。(√)

Lb5B1098 表示绝对零度时：0K＝－273℃；表示温差和温度间隔时：1K＝1℃。(√)

Lb5B1099 电介质绝缘电阻与温度的关系是随温度升高而增大。(×)

Lb5B1100 介质的表面电阻率与材料的表面状况及周围环境有很大关系，而体积电阻率与试样尺寸无关，只决定于材质。(√)

Lb5B1101 根据直流泄漏电流测量值及其施加的直流试验电压值，可以换算出试品的绝缘电阻值。(√)

Lb5B1102 变压器二次电流与一次电流之比，等于二次绕组匝数与一次绕组匝数之比。(×)

Lb5B1103 变压器绕组匝间绝缘属于纵绝缘。(√)

Lb5B1104 介质绝缘电阻通常具有负的温度系数。(√)

Lb5B1105 绝缘电阻随温度上升而减小。(√)

Lb5B1106 变压器一次绕组电流与二次绕组电流之比等于一次绕组电压与二次绕组电压之比的倒数。(√)

Lb5B1107 变压器额定相电压之比等于其对应相匝数之比。(√)

Lb5B2108 加在导体两端的直流电压与通过导体电流的比值叫作该导体的直流电阻。(√)

Lb5B2109 绝缘介质在施加直流电压后，常有明显的电流随时间增大的现象，这种现象称为介质的吸收现象。(×)

Lb5B2110 吸收现象通常表现为电气设备的绝缘电阻随充电时间的增加而降低。(×)

Lb5B2111 绝缘电阻随温度上升而增大。(×)

Lb5B2112 吸收现象通常表现为电气设备的绝缘电阻随充电时间的增加而增加。(√)

Lb5B2113 绝缘介质在施加直流电压后，常有明显的电流随时间衰减的现象，这种现象称为介质的吸收现象。(√)

Lb5B2114 在直流高压试验中，试验回路的电流随时间增加得非常迅速的现象是绝缘的吸收现象造成的。(×)

Lb5B3115 流过介质的总电流中，电容电流衰减最慢，吸收电流衰减最快，电导电流基本不变。(×)

Lb5B3116 在电介质上加直流电压时出现吸收现象，它是由称为电容电流的弹性极化、称为吸收电流的偶极子极化所引起，这一过程称为吸收现象。(×)

Lb5B3117 设备绝缘在直流电压下，其吸收电流的大小只与时间有关，与设备绝缘结构、介质种类及温度无关。(×)

Lb5B3118 绝缘的吸收电流与时间的关系是幂函数衰减关系。(×)

Lb5B3119 大容量试品的吸收电流 i 随时间衰减较快。(×)

Lb5B3120 因为红外线有穿透性，所以可以在雷、雨、雾、雪等天气状态下检测。(×)

Lb5B3121 红外热像仪只能测量玻璃表面的温度，而不能透过玻璃测量。(√)

Lb5B3122 电介质老化主要有电、热、化学、机械作用等几种原因。(√)

Lb5B3123 SF_6 气体具有很强的负电性，容易和电子结合形成负离子，从而加速放电的形成和发展。(×)

Lb5B4124 在绝缘结构中介电系数是影响电气设备绝缘状况的重要因素。(√)

Lb5B4125 因绝缘材料内部的电压分布不同而引起的局部放电现象不同。直流电压下绝缘材料内部电压分布是由介电常数决定的，而交流电压下则基本是由电阻率决定的。(×)

Lb5B4126 由不同介电系数的绝缘介质组成的绝缘体，介电系数大的介质所承受的电场强度低。（√）

Lb5B4127 由不同介电系数的绝缘介质组成的绝缘体，介电系数大的介质所承受的电场强度高。（×）

Lb5B4128 绝缘层中的电压分布与绝缘的绝缘电阻有关，当绝缘劣化时，绝缘电阻减小。（√）

Lb5B4129 温度升高，绝缘介质中的极化加剧，电导增加，绝缘电阻降低。（√）

Lb5B4130 在交流电压下，两种不同介电系数的绝缘介质串联使用时，介电系数大的介质上承受电场强度低，而介电系数小的介质上承受电场强度高。（√）

Lb5B4131 由不同介电系数的绝缘介质组成的绝缘体，介电系数小的介质所承受的电场强度低。（×）

Lb5B4132 由不同介电系数的绝缘介质组成的绝缘体，介电系数小的介质所承受的电场强度高。（√）

Lb5B4133 在交流电压下，两种不同介电系数的绝缘介质串联使用时，介电系数小的介质上承受的电压高。（√）

Lb5B4134 在交流电压下，两种不同介电系数的绝缘介质串联使用时，介电系数小的介质上承受电压小。（×）

Lb5B4135 在交流电压下，两种不同介电系数的绝缘介质串联使用时，介电系数大的介质上承受电压高。（×）

Lb5B5136 介质的绝缘电阻随温度升高而减少，金属材料的电阻随温度升高而增加。（√）

Lb5B5137 温度升高，绝缘介质中的极化减缓，电阻增加，绝缘电阻上升。（×）

Lc5B1138 变压器油枕油位计的＋40 油位线是表示环境温度在＋40℃时的油标准位置线。（√）

Lc5B1139 Yzn11 或 YNzn11 接线的配电变压器中性线电流的允许值为额定电流的40％。（√）

Lc5B1140 变压器油主要是由许多不同分子量的碳氢化合物组成的混合物，基本以烷烃、环烷烃和少部分芳香烃为主。（√）

Lc5B1141 超声波是一种电磁波，可在真空中传播。（×）

Lc5B1142 当变色硅胶的颜色由浅红色变成淡蓝色时，表示硅胶已潮湿到饱和程度，需取出干燥。（×）

Lc5B1143 在变压器绕组的端部加静电板和绝缘角环，是为了加强变压器的纵绝缘。（×）

Lc5B1144 Yyn0 或 YNyn0 接线的配电变压器中性线电流的允许值为额定电流的40％。（×）

Lc5B1145 变压器正常运行时，其铁芯需一点接地，不允许有两点或两点以上接地。（√）

Lc5B1146 SF_6 气体是一种无色、无味、无臭、无毒、不燃的惰性气体，化学性质稳定。（√）

Lc5B1147 SF_6 气体无色、无味、无毒，却不能维持生命。(√)

Lc5B1148 变压器中使用的是 A 级绝缘材料，运行中，只要控制变压器的上层油温不超过 A 级绝缘材料的极限温度，就不影响变压器的使用寿命。(×)

Lc5B1149 变色硅胶颜色为红时，表明该硅胶吸潮已达饱和状态。(√)

Lc5B1150 SF_6 气体密度比空气大，因而具有强烈窒息性。(√)

Lc5B1151 25 号变压器油的凝固点是 25℃。(×)

Lc5B1152 45 号变压器油的凝固点是−45℃。(√)

Lc5B1153 中性点直接接地的低压电网中，电力设备外壳与零线连接，称为接零保护，简称接零。电力设备外壳不与零线连接，而与独立的接地装置连接，称为接地保护，简称接地。(√)

Lc5B1154 金具的机械载荷试验判定准则是：在达到规定的机械损伤载荷，并保持 60s，金具没有出现永久变形，则试验通过。(×)

Lc5B2155 变压器和互感器一、二次侧都是交流，所以并无绝对极性，但有相对极性。(√)

Lc5B2156 相同截面面积的铜导线比铝导线力学性能好、导电性能差。(×)

Lc5B2157 当人的手接触到发生短路的设备外壳时，人的手与脚之间所承受到的电压是接触电压。(√)

Lc5B2158 当人离接地体 10m 以外时，跨步电压接近于零。(×)

Lc5B2159 超声波是指频率高于 100kHz 的声波。(×)

Lc5B2160 距接地设备水平距离 0.8m，与沿设备金属外壳（或构架）垂直于地面高度为 1.8m 处的两点间的电压称为接触电压。(√)

Lc5B2161 高压设备的外壳接地是为了防止电气设备在绝缘损坏时，外壳带电而误伤工作人员。(√)

Lc5B2162 我国电网频率为 50Hz，周期为 0.02s。(√)

Lc5B2163 高压设备发生接地时，在室内不得接近故障点 4m 以内，在室外不得接近故障点 8m 以内。(√)

Lc5B3164 电力生产消费大致流程为：汽轮机或水轮机带动发电机转动，发出电能，通过变压器、电力线路输送、分配电能，电动机、电炉、电灯等用电设备消费电能。(√)

Lc5B3165 SF_6 断路器中，SF_6 气体的作用是绝缘和散热。(×)

Lc5B3166 油浸式变压器中绝缘油的作用是绝缘和散热。(√)

Lc5B3167 10kV 及以下电流互感器的主绝缘结构大多为干式。(√)

Lc5B3168 变压器空载运行时绕组中的电流称为额定电流。(×)

Lc5B3169 变压器是根据电磁原理制成的。(√)

Lc5B3170 一般把变压器接交流电源的绕组叫作一次绕组，把与负载相连的绕组叫作二次绕组。(√)

Lc5B3171 大型变压器低压侧一般接成三角形是为了减小电压波形畸变。(√)

Jd5B1172 一次设备停电，保护装置及二次回路无工作时，保护装置可不停用，但其跳其他运行开关的出口压板应解除。(√)

Jd5B1173 电气设备保护接地的作用主要是保护设备的安全。(×)

Jd5B1174 兆欧表是测量电气设备绝缘电阻的一种仪表，它发出的电压越高，测量绝缘电阻的范围越大。(√)

Jd5B1175 电气仪表按工作原理分有电磁式、电动式、磁电式、感应式、整流式、热电式、电子式、静电式仪表等几种形式。(√)

Jd5B1176 在电工技术中，如无特别说明，交流电动势、电压和电流都是指它们的平均值。交流仪表上电压和电流的刻度一般也是指平均值。(×)

Jd5B1177 红外热像仪可以直接检测气体的温度。(×)

Jd5B1178 不能反映被测量真实有效值的是静电式仪表。(×)

Jd5B1179 兆欧表的内部结构主要由电源和测量机构两部分组成，测量机构常采用磁电式流比计。(√)

Jd5B1180 用直流电桥测量直流电阻，其测得值的精度和准确度与电桥比例臂的位置选择有关。(√)

Jd5B1181 电流表的内阻很大，电压表的内阻很小。(×)

Jd5B1182 电流 $50A=5\times10^{4}mA=5\times10^{7}\mu A=5\times10^{-2}kA$。(√)

Jd5B1183 电压 $220V=2.2\times10^{5}mV=2.2\times10^{8}\mu V=2.2\times10^{-1}kV$。(√)

Jd5B1184 交联电缆的内半导体屏蔽层是为了改善电场分布。(√)

Jd5B1185 电阻 $50\Omega=5\times10^{7}\mu\Omega=5\times10^{-5}M\Omega$。(√)

Jd5B1186 使用钳形电流表时，应注意钳形电流表的电压等级。测量时戴绝缘手套，站在绝缘垫上，不得触及其他设备，以防短路或接地。(√)

Jd5B1187 变压器原副边都是交流，所以并无绝对极性，但有相对极性和相位。(√)

Jd5B1188 用游标卡尺测量工件尺寸时，测量数值是尺身数值＋游标数值。(√)

Jd5B1189 用兆欧表测量电气设备的绝缘电阻时，测量结束后应先断开火线，再停止摇动兆欧表手柄转动或关断兆欧表电源。(√)

Jd5B1190 通常兆欧表的额定电压越高，绝缘电阻的测量范围越宽，指示的绝对值越高。(√)

Jd5B2191 兆欧表输出的电压是脉动的直流电压。(√)

Jd5B2192 用电流表测量电流时，电流表应与被测电路串联。(√)

Jd5B2193 用电压表测量电压时，电压表应与被测电路串联。(×)

Jd5B2194 用电压表测量电压时，电压表应与被测电路并联。(√)

Jd5B2195 用电流表测量电流时，电流表应与被测电路并联。(×)

Jd5B2196 兆欧表和万用表都能测量绝缘电阻，基本原理是一样的，只是适用范围不同。(×)

Jd5B2197 某单相变压器的一、二次绕组匝数之比等于 50，二次侧额定电压是 400V，则一次侧额定电压是 20000V。 (√)

Jd5B2198 直流单臂电桥主要用来测量 1Ω～100MΩ 的中值电阻。(×)

Jd5B2199 交流电气设备铭牌标明的额定电压和额定电流指的是它们的有效值。(√)

Jd5B2200 仪表的准确度等级越高，测得的数值越准确。(×)

Jd5B2201 测量变压器分接开关触头接触电阻，应使用单臂电桥。(×)

Jd5B2202 单臂电桥不能测量小电阻的主要原因是桥臂电阻过大。(×)

Jd5B2203 直流双臂电桥基本上不存在接触电阻和接线电阻的影响，所以，测量小阻值电阻可获得比较准确的测量结果。(√)

Jd5B2204 测量电力变压器的绕组绝缘电阻、吸收比或极化指数，宜采用兆欧表2500V或5000V。(√)

Jd5B2205 双臂电桥可以排除接触电阻对测量结果的影响，常用于对小阻值电阻的精确测量。(√)

Jd5B2206 直流电桥电源电压降低时，其灵敏度将降低，测量误差将加大。(√)

Jd5B2208 测量电压互感器的一次绕组的直流电阻应使用单臂电桥，测量二次绕组的直流电阻应使用双臂电桥。(√)

Jd5B2209 测量电流互感器一次绕组的直流电阻时，应使用双臂电桥，测量二次绕组的直流电阻应使用单臂电桥。(×)

Jd5B2210 对有介质吸收现象的大型电机、变压器等设备，其绝缘电阻、吸收比和极化指数的测量结果，与所用兆欧表的电压高低、容量大小及刻度上限值等无关。(×)

Jd5B2211 测量直流高压必须用不低于0.5级的表计、0.5级的分压器进行。(×)

Jd5B2212 用双臂电桥测量直流电阻时，要减去引线电阻。(×)

Jd5B2213 用双臂电桥测量直流电阻时，不要减去引线电阻。(√)

Jd5B2214 测绝缘电阻过程中不应用布或手擦拭兆欧表的表面玻璃。因为用布或手擦拭兆欧表的表面玻璃，会因摩擦产生静电荷，影响测量结果。(√)

Jd5B2215 测得某容量5000kV·A的变压器低压绕组（d接）三个线间直流电阻分别为$R_{ab}=0.571\Omega$，$R_{bc}=0.585\Omega$，$R_{ca}=0.569\Omega$。其直流电阻是合格的。(×)

Jd5B3216 电容器极板间的距离与电容器的电容C的大小有关。(√)

Jd5B3217 用兆欧表测量电气设备的绝缘电阻时应根据被测试设备不同的容量，正确选用相应电压等级的兆欧表。(×)

Jd5B3218 允许持久地施加在交流无间隙金属氧化物避雷器端子间的工频电压有效值称为该避雷器的持续运行电压。(√)

Jd5B3219 交流无间隙金属氧化物避雷器在通过直流1mA参考电流时，测得的避雷器端子间的直流电压平均值称为该避雷器的工频参考电压。(×)

Jd5B3220 交流无间隙金属氧化物避雷器的额定电压，就是允许持久地施加在避雷器端子间的工频电压有效值。(×)

Jd5B3221 用兆欧表测量电气设备的绝缘电阻时应根据被测试设备不同的电压等级，正确选用相应电压等级的兆欧表。(√)

Je5B1222 测量电气设备的绝缘电阻时一般要加直流电压，绝缘电阻与温度没有关系。(×)

Je5B1223 吸收比是指60s与15s时绝缘电阻读数的比值。 (√)

Je5B1224 金属监督质量抽检是指对设备或部件在采购、建设、运维、改造等阶段开展的一系列质量检测活动，包括入厂抽检、送样抽检和专项抽检。(√)

Je5B1225 为了使变压器试验时，尽量减少损伤，在进行试验时必须遵守一定的顺序。比如：先绝缘强度试验，再绝缘特性试验。（×）

Je5B1225 测量绝缘电阻可以有效地发现固体绝缘非贯穿性裂纹。（×）

Je5B1226 绝缘电阻和吸收比（或极化指数）能反映发电机或油浸式变压器绝缘的受潮程度，是判断绝缘是否受潮的一个重要指标。（√）

Je5B1227 绝缘的吸收比能够反映各类设备绝缘除受潮、脏污以外的所有局部绝缘缺陷。（×）

Je5B1228 金属技术监督是指通过有效的检测和评价，掌握设备及部件的质量状况，并采取有效措施进行防范处理和管理的一系列活动。（√）

Je5B1229 测量断路器导电回路电阻，可以不考虑被测电路自感效应的影响。（√）

Je5B1230 测量导电回路电阻时，为了消除引线电阻影响，电流线要接在电压线内侧。（×）

Je5B1231 电力电缆的绝缘电阻与电缆的长度无关。（×）

Je5B1232 通常说的变压器无载分接开关，可以在变压器空载状态下调整分接头位置。（×）

Je5B1233 有的高压变压器的绝缘电阻绝对值很高，所以没有吸收现象。（×）

Je5B1234 接地装置流过工频电流时的电阻值称为工频接地电阻。（√）

Je5B1235 测量大电容量的设备绝缘电阻时，测量完毕后为防止电容电流反充电损坏绝缘电阻表，先断开绝缘电阻表与设备的连接，再停止绝缘电阻表。（√）

Je5B1236 用兆欧表测量绝缘电阻时，兆欧表的L端（表内发电机负极）接地，E端（表内发电机正极）接被试物。（×）

Je5B1237 变压器油质状况对变压器绕组直流电阻的测得值有影响。（×）

Je5B2238 空气湿度对绝缘电阻测量结果影响不大。（×）

Je5B2239 高压试验现场应装设遮栏或围栏，向外悬挂适当数量的“止步，高压危险!”标示牌，并派人看守；被试设备两端不在同一点时，另一端还应派人看守；非试验人员不得进入试验现场。（√）

Je5B2240 对于容量较大的变压器即使一分钟的绝缘电阻绝对值很高，而吸收比小于1.3，也说明绝缘状况不良。（×）

Je5B2241 因为接地体的接地电阻值随地中水分增加而减少，如果在刚下过雨不久就去测量接地电阻，得到的数值必然偏小，为避免这种假像，不应在雨后不久就测接地电阻，尤其不能在大雨或久雨之后立即进行这项测试。（√）

Je5B2242 发电机和电力变压器绕组绝缘受潮后，其吸收比变大。（×）

Je5B2243 进行与温度有关的各项试验时，应同时测量记录被试品的温度、周围空气的温度和湿度。（√）

Je5B2244 雷电时，严禁测量线路绝缘电阻。（√）

Je5B2245 进行绝缘试验时，被试品温度不应低于－5℃，且空气相对湿度一般不低于80％。（×）

Je5B2246 测量绝缘电阻吸收比（或极化指数）时，应用绝缘工具先将高压端引线接通试品，然后驱动兆欧表至额定转速，同时记录时间；在分别读取 15s 和 60s（或 1min 和 10min）时的绝缘电阻后，应先停止兆欧表转动，再断开兆欧表与试品的高压连接线，将试品接地放电。(×)

Je5B2247 从避雷针的接地装置测得的是工频接地电阻；当雷击泄漏时，呈现的是冲击接地电阻。(√)

Je5B2248 测量电压互感器绝缘电阻时非被试绕组、外壳应接地。(√)

Je5B2249 测量变压器绕组的直流电阻的目的是：检查绕组接头及引线焊接质量，分接开关接触是否良好；匝间绝缘是否有短路。(√)

Je5B2250 测量变压器绕组直流电阻时除抄录其铭牌参数编号之外，还应记录环境空气湿度。(×)

Je5B2251 高压断路器导电回路电阻的大小，不仅影响其通过正常工作电流时是否产生不能允许的发热及通过短路电流时的开断性能，也对分合闸同期性能有影响。(×)

Je5B2252 在安装验收中，为了检查母线、引线或输电线路导线接头的质量，可选用测量绝缘电阻的方法。(×)

Je5B2253 接地电阻的测量宜在雨后不久进行。 (×)

Je5B2254 高压断路器导电回路电阻的大小，直接影响其通过正常工作电流时是否产生不能允许的发热及通过短路电流时的开断性能，它是反映安装检修质量的重要标志。(√)

Je5B2255 高压试验前必须认真检查试验接线、表计倍率、量程、调压器零位及仪表的开始状态，均正确无误，通知有关人员离开被试设备，并取得试验负责人许可，方可加压，加压过程中应有人监护并呼唱。 (√)

Je5B3256 对于极化指数而言，绝缘良好时，温度升高，其值增大。(×)

Je5B3257 变压器绕组连同套管的吸收比和极化指数不进行温度换算。(√)

Je5B3258 变压器温度上升，绕组直流电阻变小。(×)

Je5B3259 有载调压分接开关切换开关筒上的静触头压力偏小时，可能造成变压器绕组直流电阻偏大。(×)

Je5B3260 变压器分接开关引线接触不良，会导致所有分接头位置的直流电阻偏大。(×)

Je5B3261 无载调压变压器在切换分接头后应测量其绕组的直流电阻。(√)

Je5B3262 温度对绝缘介质的绝缘电阻影响很大，一般随温度的升高而增大，随温度的降低而减小。(×)

Je5B3263 根据测得设备绝缘电阻的大小，可以初步判断设备绝缘是否有贯穿性缺陷、整体受潮、贯穿性受潮或脏污。(√)

Je5B3264 有 n 个试品并联在一起测量绝缘电阻，测得值为 R，则单个试品的绝缘电阻都等于 R。(×)

Je5B3265 变压器绝缘普遍受潮以后，绕组绝缘电阻变小、吸收比和极化指数变大。(×)

Je5B3266 发电机或油浸式变压器绝缘受潮后，其绝缘的吸收比（或极化指数）增大。(×)

Je5B3267 设备容量越小，吸收电流和电容电流越大，绝缘电阻随时间升高的现象就越显著。（×）

Je5B3268 电力变压器绝缘受潮后，其传导电流及吸收电流同时增大。（√）

Je5B5269 采用消磁法和助磁法测量绕组电阻时，消磁法使电感减小，助磁法使电感增加。（×）

Je5B5270 绝缘受潮的变压器，R60″与 R15″之差通常在数十兆欧以下，且最大值不会超过 200MΩ（R60″与 R15″分别为持续加压测试至第 60 秒和第 15 秒时绝缘电阻的测得值）。（√）

Je5B5271 变压器铁芯穿心螺栓绝缘电阻过低，会造成变压器整体绝缘电阻试验不合格。（×）

Je5B5272 注意值是指状态量达到该数值时，设备已存在缺陷并有可能发展为故障。（×）

Je5B5273 测量直流电阻是求取绕组的纯电阻，如果用普通的整流电源，其交流成分能带来一定数量的交流阻抗含量，这样就增大了测量误差。（√）

Je5B5274 变压器绕组绝缘受潮对变压器绕组直流电阻的测得值有影响。（×）

Jf5B1275 在小电流、低电压的电路中，隔离开关具有一定的自然灭弧能力。（√）

Jf5B1276 1kV 以下中性点不接地系统中的电气设备应采用保护接零。（×）

Jf5B1277 在使用互感器时应注意电流互感器的二次回路不准短路，电压互感器的二次回路不准开路。（×）

Jf5B1278 在三相四线的低压电网中，电气设备外壳采用了保护接地，可有效地防止人体触电的危险。（×）

Jf5B1279 任何电力设备均允许在暂时无继电保护的情况下运行。（×）

1.3 多选题

La5C1001 导体电阻的大小与（ ）有关。

（A）导体的电阻率；（B）导体的截面和长度；（C）导体的温度；（D）导体电位的高低。

答案：ABC

La5C1002 电容器的电容 C 的大小与（ ）有关。

（A）电容器极板的面积；（B）电容器极板间的距离；（C）电容器极板所带电荷和极板间电压；（D）电容器极板间所用绝缘材料的介电常数。

答案：ABD

La5C1003 基本电路由（ ）组成。

（A）电源；（B）连接导线；（C）开关；（D）负载。

答案：ABCD

La5C1004 载流导体的发热量与（ ）有关。

（A）通过电流的大小；（B）电流通过时间的长短；（C）载流导体的电压等级；（D）导体电阻的大小。

答案：ABD

La5C1005 磁电式仪表不能测量的是被测量的（ ）值。

（A）有效；（B）峰；（C）瞬时；（D）平均。

答案：ABC

La5C1006 时间按正弦规律变化的物理量的三要素是（ ）。

（A）角频率；（B）最大值；（C）初相角；（D）时间差。

答案：ABC

La5C2007 几个正弦量用相量进行计算时，必须满足的条件是：各相量应是（ ）。

（A）同频率，同转向；（B）已知初相角；（C）已知有效值或最大值；（D）相序相同。

答案：ABC

Lb5C2008 高压试验加压前应注意（ ）。

（A）加压前必须认真检查试验接线、表计倍率、量程、调压器零位及仪表的开始状态均正确无误；（B）通知有关人员离开被试设备；（C）加压过程中应有人监护并呼唱；（D）并取得试验负责人许可，方可加压。

答案：ABCD

Lb5C2009 使用钳形电流表时应注意（ ）。

（A）钳形电流表的电流等级；（B）测量时戴绝缘手套，站在绝缘垫上，不得触及其他设备，以防短路或接地；（C）观测表计时，要特别注意保持头部与带电部分的安全距离。（D）钳形电流表的电压等级。

答案：BCD

Lb5C2010 现场绝缘试验导则规定：（ ）。耐压试验后，迅速均匀降压到零，然后切断电源。

（A）交流耐压试验时，升压速度自80%试验电压开始应均匀升压；（B）交流耐压试验时，升压速度自75%试验电压开始应均匀升压；（C）以约为每秒2%试验电压的速率升压至规定电压；（D）以约为每秒5%试验电压的速率升压至规定电压。

答案：BC

Lb5C2011 以下对绝缘电阻试验环境条件描述正确的是（ ）。

（A）环境温度不宜低于0℃；（B）环境相对湿度不宜大于80%；（C）现场区域满足试验安全距离要求；（D）风速不大于5级。

答案：BC

Lb5C2012 影响介质绝缘强度的因素有（ ）。

（A）电压的作用；（B）温度的作用；（C）机械力的作用；（D）化学的作用。

答案：ABCD

Lb5C2013 影响绝缘电阻测量的因素有（ ）。

（A）温度；（B）湿度；（C）气压；（D）放电时间。

答案：ABD

Lb5C2014 测量高压断路器导电回路电阻的意义（ ）。

（A）通过正常工作电流时是否产生不能允许的发热；（B）通过短路电流时开关的开断性能；（C）反映安装检修质量的重要标志；（D）通过开断电流时开关的开断性能。

答案：ABC

Lb5C2015 测量变压器直流电阻时应注意（ ）。

（A）测量仪表的准确度应不低于10级；（B）连接导线应有足够的截面，且接触必须良好；（C）准确测量绕组的温度或变压器顶层油温度；（D）无法测定绕组或油温度时，测量结果只能按三相是否平衡进行比较判断，绝对值只作参考。

答案：BCD

Lb5C2016 用绝缘电阻表测量电气设备的绝缘电阻时应注意（ ）。

（A）根据被测试设备不同的电压等级，正确选用相应电压等级的绝缘电阻表；（B）使用时应将绝缘电阻表水平放置；（C）测量大容量电气设备绝缘电阻时，测量前被试品应充分放电，以免残余电荷影响测量的准确性；（D）指针平稳或达到规定时间后再读取测量数值。

答案：ABCD

Lb5C2017 绝缘电阻试验对待测设备的要求说法错误的是（ ）。

（A）设备处于运行状态；（B）设备外观清洁、干燥、无异常，必要时可对被试品表面进行打磨，以消除表面的影响；（C）设备上无其他外部作业；（D）运行中未发现其他异常。

答案：ABD

Lb5C2018 六氟化硫封闭式组合电器测量主回路的导电电阻（ ）。

（A）宜采用电流不小于100A的直流压降法；（B）宜采用电流不小于10A的直流压降法；（C）测试结果不应超过产品技术条件规定值的11倍；（D）测试结果不应超过产品技术条件规定值的12倍。

答案：AD

Lb5C2019 绝缘试验应在良好天气且被试物及仪器周围（ ）的条件下进行。

（A）温度不宜低于5℃；（B）温度不宜低于10℃；（C）空气相对湿度不宜高于80%；（D）空气相对湿度不宜高于85%。

答案：AC

Lb5C2020 用电桥法测量变压器直流电阻时，电源开关和检流计开关的操作顺序是（ ）。

（A）使用时先合检流计开关，再合电源开关；（B）读数后断开时拉开电源开关前，先断开检流计；（C）使用时先合上电源开关，等电流稳定后，方可合上检流计开关；（D）读数后断开时先断开检流计开关，再断开电源开关。

答案：BC

Lb5C2021 关于吸收比说法正确的是（ ）。

（A）吸收比是测60s的绝缘电阻值与15s时的绝缘电阻值之比；（B）吸收比可以反映局部缺陷；（C）测量吸收比能发现绝缘受潮；（D）吸收比能发现整体缺陷。

答案：AC

Lb5C2022 在测量泄漏电流时，（ ）排除被试品表面泄漏电流的影响。

（A）采用抗干扰能力强的表计；（B）用干燥的毛巾或加入酒精、丙酮等对被试品表面擦拭；(C) 在被试品表面涂上一圈硅油；(D) 采用屏蔽线使表面泄漏电流通过屏蔽线不流入测量仪表；(E) 用电吹风干燥试品表面。

答案：ABCD

Lb5C3023 直流泄漏试验应注意（ ）。

(A) 试验必须在履行安全工作规程所要求的一切手续后进行；(B) 试验前先进行试验设备的空升试验，测出试具及引线的泄漏电流，并记录下来。确定设备无问题后，将被试品接入试验回路进行试验；(C) 试验时电压逐段上升，并相应的读取泄漏电流值，每升压一次，待微安表指示稳定后（即加上电压 1min）读取相应的泄漏电流，画出伏安特性曲线；(D) 试验前应检查接线、仪表量程、调压器零位，试验后先将调压器退回零位，再切断电源，将被试品接地放电。

答案：ABCD

Lb5C3024 测量直流高压有（ ）方法。

(A) 用电容分压器或阻容分压器测量；(B) 高压静电电压表；(C) 用球隙测量；(D) 在试验变压器低压侧测量。

答案：BCD

Lb5C3025 测量直流高压允许用（ ）的表计、分压器进行。

(A) 2 级；(B) 0.2 级；(C) 1.0 级；(D) 0.5 级。

答案：BCD

Lb5C3026 测量工频交流耐压试验电压有（ ）。

(A) 在试验变压器低压侧测量；(B) 用电压互感器测量；(C) 用高电阻串联微安表测量；(D) 用高压静电电压表测量。

答案：ABD

Lb5C3027 对电气设备进行交流耐压试验之前，应进行（ ）工作。

(A) 检查风冷系统是否良好、接头是否紧固；(B) 将套管表面擦净、并打开各放气堵，将残留的气体放净；(C) 检查被试设备外壳是否良好接地、各处零部件应处于正常位置；(D) 利用其他绝缘试验进行综合分析判断该设备的绝缘是否良好。

答案：BCD

Lb5C3028 GB 50150 规定，油断路器绝缘拉杆的绝缘电阻值，在常温下不应低于以下标准：（ ）。

(A) 额定电压 20～35kV 时为 1200MΩ；(B) 额定电压 20～35kV 时为 3000MΩ；(C) 额定电压 63～220kV 时为 6000MΩ；(D) 额定电压 63～220kV 时为 5000MΩ。

答案：BC

Lb5C3029 大修时，变压器铁芯检测的项目包括（ ）。

（A）将铁芯和夹件的接地片断开，测试铁芯对上、下夹件（支架）、方铁和底脚的绝缘电阻是否合格；（B）将绕组钢压板与上夹件的接地片拆开，测试每个压板对压钉的绝缘电阻是否合格；（C）测试穿芯螺栓或绑扎钢带对铁芯和夹件的绝缘电阻是否合格；（D）检查绕组引出线与铁芯的距离。

答案：ABCD

Lb5C3030 对一台110kV级电流互感器，预防性试验应做（ ）项目。

（A）绕组及末屏的绝缘电阻；（B）tanδ值及电容量测量；（C）油中溶解气体色谱分析；（D）油试验。

答案：ABCD

Lb5C3031 耦合电容器和电容式电压互感器的电容分压器的例行试验项目有（ ）。

（A）极间绝缘电阻；（B）电容值tanδ值测量；（C）渗漏油检查；（D）低压端对地绝缘电阻。

答案：ABCD

Lb5C3032 电容式电压互感器的电容分压器交接试验应做的项目有（ ）。

（A）极间绝缘电阻；（B）电容值测量；（C）tanδ值；（D）油中溶解气体色谱分析及油试验。

答案：ABC

Lb5C3033 110kV级电流互感器预防性试验应做的项目有（ ）。

（A）一次绕组的直流电阻；（B）局部放电；（C）绕组及末屏的绝缘电阻；（D）tanδ值及电容量测量；（E）油中溶解气体色谱分析及油试验。

答案：CDE

Lb5C3034 交接试验规程规定：二次回路的每一支路和断路器、隔离开关的操动机构的电源回路等的绝缘电阻（ ）。

（A）均不应小于1MΩ；（B）均不应小于2MΩ；（C）在比较潮湿的地方，可不小于01MΩ；（D）在比较潮湿的地方，可不小于05MΩ。

答案：AD

Lb5C3035 变压器在试验或运行中，变压器铁芯及其他所有金属构件要可靠接地的原因是（ ）。

（A）在磁场中铁芯和接地金属件会产生悬浮电位；（B）在电场中铁芯和接地金属件所处的位置不同，产生的电位相同；（C）当金属件之间或金属件对其他部件的电位差超过其间的绝缘强度时，就会放电；（D）在电场中铁芯和接地金属件会产生悬浮电位。

答案：CD

Lc5C3036　对注油设备应使用（　　）灭火。

（A）泡沫灭火器；（B）干燥的砂子；（C）二氧化碳灭火器；（D）四氯化碳干粉灭火器。

答案：AB

Lc5C3037　变压器在运行中温度不正常地升高，可能是由（　　）原因造成的。

（A）气温不正常地升高；（B）分接开关接触不良；（C）绕组匝间短路；（D）铁芯有局部短路；（E）油冷却系统有故障；（F）负载急剧变化。

答案：BCDE

Lc5C3038　常用的液体绝缘材料有（　　）。

（A）变压器油；（B）电缆油；（C）电容器油；（D）水。

答案：ABC

Lc5C3039　铁芯只允许一点接地的原因是（　　）。

（A）多点接地会产生循环电流，损耗增加；（B）多点接地会产生循环电流，损耗减少；（C）多点接地可能使接地片烧断；（D）铁芯多点接地会造成绕组对地放电。

答案：AC

Lc5C3040　SF_6 气体（　　）后进行。

（A）含水量的测定应在断路器充气 24h；（B）含水量的测定应在断路器充气 48h；（C）密封试验时泄漏值的测量应在断路器充气 12h；（D）密封试验时泄漏值的测量应在断路器充气 24h。

答案：BD

Lc5C3041　下列观点能体现变压器的基本工作原理的有（　　）。

（A）一次侧和二次侧通过电磁感应而实现了能量的传递；（B）铁芯中的交变磁通在变压器一次、二次绕组的单匝上感应电动势的大小是相同的；（C）当二次侧接上负载时，二次侧电流也产生磁动势，而主磁通由于外加电压不变而趋于不变，随之在一次侧增加电流，使磁动势达到平衡，实现了能量的传递；（D）一次、二次侧感应电动势之比等于一次、二次侧匝数之比。

答案：ABCD

Lc5C3042　变压器主要部件有器身、绝缘套管和（　　）。

（A）灭火装置；（B）调压装置；（C）油箱及冷却装置；（D）保护装置。

答案：BCD

Lc5C3043　变压器器身包括铁芯和（　　）等部件。

（A）绕组；（B）绝缘部件；（C）套管；（D）引线。

答案：ABD

Lc5C3044　（　　）是发生放电最基本的原因。

（A）外施电压高低、波形；（B）绝缘结构；（C）环境条件；（D）外施电压极性。

答案：ABD

Lc5C3045　常用的气体绝缘材料有（　　）。

（A）空气；（B）六氟化硫；（C）乙炔；（D）氧气。

答案：AB

Lc5C4046　气体绝缘的全封闭组合电器（GIS）的优点是（　　）。

（A）大大缩小了电气设备的占地面积与空间体积；（B）安装困难；（C）全封闭组合电器运行安全可靠；（D）SF_6 气体及其混合气体绝缘性能不稳定，无氧化问题，可以延长断路器的检修周期。

答案：AC

Lc5C4047　变压器调压装置的作用是（　　）。

（A）变换线圈的分接头；（B）改变高低线圈的匝数；（C）改变高低线圈的匝数比；（D）调整电压，使电压保持稳定。

答案：ABC

Lc5C4048　高压断路器的主要作用是（　　）。

（A）能切断或闭合高压线路的空载电流；（B）能切断与闭合高压线路的负荷电流；（C）能切断与闭合高压线路的故障电流；（D）与继电保护配合，可快速切除故障，保证系统安全运行。

答案：ABCD

Lc5C4049　变压器交接试验中的套管中的电流互感器试验要求，各绕组（　　）应与出厂试验结果相符。

（A）角差；（B）比差；（C）角度；（D）比例。

答案：AB

Lc5C4050　变压器油的作用是（　　）。

（A）绝缘；（B）熄灭电弧；（C）防止腐蚀；（D）散热。

答案：AD

Lc5C4051 变压器型号 SFPSZ-63000/110 中两个 S 代表（ ）。

（A）第 1 个 S 表示三绕组；（B）第 1 个 S 表示三相；（C）第 2 个 S 表示三相；（D）第 2 个 S 表示三绕组。

答案：BD

Lc5C4052 变压器套管的作用有（ ）。

（A）将变压器内部高、低压引线引到油箱外部；（B）作为引线对地绝缘；（C）是变压器载流元件之一；（D）固定引线。

答案：ABCD

Lc5C4053 变压器油在变压器中的主要作用是（ ）。

（A）绝缘；（B）防腐；（C）熄弧；（D）散热。

答案：AD

Lc5C4054 变压器的调压装置分为（ ）。

（A）有级调压装置；（B）无级调压装置；（C）无励磁调压装置；（D）有载调压装置。

答案：CD

Lc5C4055 高压套管在电气性能方面通常要满足（ ）。

（A）防雨性能良好；（B）长期工作电压下不发生有害的局部放电；（C）1min 工频耐压试验下不发生滑闪放电；（D）工频干试或冲击试验电压下不击穿；（E）防污性能良好。

答案：BCDE

Lc5C4056 在变压器油中添加抗氧化剂的作用是（ ）。

（A）有助与变压器油的流动性；（B）延长油的使用寿命；（C）提高变压器油的防腐能力；（D）减缓油的劣化速度。

答案：BD

Jd5C4057 金属氧化物避雷器绝缘电阻测量中，35kV 以上电压用 5000V 兆欧表（ ）。

（A）绝缘电阻不小于 2500MΩ；（B）绝缘电阻不小于 1000MΩ；（C）基座绝缘电阻不低于 100MΩ；（D）基座绝缘电阻不低于 2MΩ。

答案：AC

Je5C4058 66kV 及以上的电容型套管，应测量“抽压小套管”对法兰或“测量小套管”对法兰的绝缘电阻，应（ ）。

（A）采用 1000V 兆欧表测量；（B）采用 2500V 兆欧表测量；（C）绝缘电阻值不应低于 1000MΩ；（D）绝缘电阻值不应低于 2500MΩ。

答案：BC

Je5C5059 消除电场干扰方法有（ ）。

（A）使用移相器消除干扰法；（B）选相倒相法；（C）在被试品上加屏蔽环或罩，将电场干扰屏蔽掉；（D）分级加压法。

答案：ABCD

Je5C5060 对回路电阻过大的断路器，应重点检查（ ）。

（A）静触头座与支座、中间触头与支座之间的连接螺钉是否上紧，弹簧是否压平，检查有无松动或变色；（B）动触头、静触头和中间触头的触指有无缺损或烧毛，表面镀层是否完好；（C）各触指的弹力是否均匀合适；（D）触指后面的弹簧有无脱落或退火、变色。

答案：ABCD

Je5C5061 变压器直流电阻三相不平衡系数偏大的常见原因有（ ）。

（A）分接开关接触不良。这主要是由于分接开关内部不清洁，电镀层脱落，弹簧压力不够等原因造成；（B）变压器套管的导电杆与引线接触不良，螺钉松动等；（C）焊接不良。由于引线和绕组焊接处接触不良造成电阻偏大；多股并绕绕组，其中有几股线没有焊上或脱焊，此时电阻可能偏大；（D）三角形接线一相断线；（E）变压器绕组局部匝间、层、段间短路或断线。

答案：ABCDE

Je5C5062 影响地网腐蚀的主要因素有（ ）。

（A）土壤的理化性质；（B）接地体的铺设方式；（C）接地极的形状；（D）周围是否存在基建残留物。

答案：ABCD

Je5C5063 高压试验现场应做好（ ）现场安全措施。

（A）试验现场应装设遮栏或围栏；（B）向外悬挂“止步，高压危险!”的标示牌，并派人看守；（C）被试设备两端不在同一点时，另一端还应派人看守；（D）非试验人员不得进入试验现场。

答案：ABCD

Je5C5064 断路器操动机构直流或交流的分闸电磁铁（ ）。

（A）在其线圈端钮处测得的电压大于额定值的65%时，应可靠地分闸；（B）在其线圈端钮处测得的电压大于额定值的80%时，应可靠地分闸；（C）当此电压小于额定值的30%时，不应分闸；（D）当此电压小于额定值的50%时，不应分闸。

答案：AC

1.4 计算题

La5D1001 一个 $R=X_1\Omega$ 的电阻通过 $I=1A$ 的电流，消耗的功率 $P=$____ W。

X_1取值范围：5～15 的整数

计算公式： $P=I^2R=X_1$

La5D1002 一个 $R=X_1\Omega$ 的电阻加上 $U=20V$ 电压，所消耗的功率 $P=$____ W。(计算结果保留 1 位小数)

X_1取值范围：15～30 的整数

计算公式： $P=\frac{U^2}{R}=\frac{20^2}{X_1}=\frac{400}{X_1}$

La5D1003 已知人体电阻 R_{min}为 $X_1\Omega$，又知通过人体的电流 I 超过 0.005A 就会发生危险，则安全工作电压 $U=$____ V。

X_1取值范围：6000，6500，7000，7500，8000

计算公式： $U=IR_{min}=0.005X_1$

La5D1004 试求截面面积 $S=95mm^2$、长 $L=120km$ 的铜质电缆，在温度 $t_2=X_1$℃时的电阻 $R_0=$____ Ω。(铜在 $t_1=20$℃时的电阻率 $\rho=0.0175\times10^{-6}$，电阻温度系数 $a=0.004/$℃)(计算结果保留 2 位小数)

X_1取值范围：0，1，2，3，4

计算公式： $R_0=R_{20}[1+\alpha(t_2-t_1)]=\rho\frac{L}{S}[1+\alpha(t_2-t_1)]=0.0175\times10^{-6}$

$$\times\frac{120\times10^3}{95\times10^{-6}}\times[1+0.004\times(X_1-20)]=\frac{386.4+1.68X_1}{19}$$

La5D2005 已知一正弦电动势 e 的三要素：$E_m=200V$，$w=314rad/s$，$\varphi=-\pi/6rad$，计算 $t=X_1$时，$e=$____ V。(计算结果保留 2 位小数)

X_1取值范围：0，1，2，3，4

计算公式： $e=200\sin\left(314X_1-\frac{\pi}{6}\right)$

La5D2006 已知某电源频率 $f=X_1$ Hz，其角频率 $w=$____ rad/s，周期 $T=$____ s。(计算结果保留 2 位小数)

X_1取值范围：100～150 的整数

计算公式： $w=2\pi f=2\times3.14\times X_1=6.28X_1$；

$$T=\frac{1}{f}=\frac{1}{X_1}$$

La5D2007 白炽灯上标明“220V、X_1W”，则该灯泡灯丝上的电阻 $R=$____ Ω。（计算结果保留 2 位小数）

X_1取值范围：15、60、75、100、200

计算公式：$R=\frac{U^2}{P}=\frac{220^2}{X_1}$

La5D2008 将 220V、40W 的灯泡接在 $U=X_1$ V 的电源上，此时灯泡的功率 $P=$____ W。（设灯丝为线性电阻）（计算结果保留整数）

X_1 取值范围：100，110，120，130

计算公式：$P=\frac{U^2}{R}=\frac{X_1^2}{\frac{220^2}{40}}=\frac{X_1^2}{1210}$

Lb5D2009 已知某正弦交流电压的有效值 U 为 X_1V，其最大值 $U_m=$____ V，平均值 $U_{av}=$____ V。（计算结果保留 1 位小数。）

X_1取值范围：200～300 的整数

计算公式：$U_m=\sqrt{2}\times U=\sqrt{2}X_1$

$$U_{av}=\frac{U}{1.11}=\frac{X_1}{1.11}$$

La5D3010 有一正弦电压 $u=100\sin(\omega t-45°)$V。在 $t=X_1$s 时，电压的瞬时值 $u_i=$____ V。（已知电源频率 f 为 50Hz）（计算结果保留 2 位小数）

X_1取值范围：0.02，0.03，0.04，0.05

计算公式：$u_i=100\sin(\omega t-45°)=100\sin\left(2\pi ft-\frac{\pi}{4}\right)=100\sin\left(100\times\pi\times X_1-\frac{\pi}{4}\right)$

La5D3011 一段长 X_1 m 的金属电阻丝，测得其电阻为 0.324Ω，截面面积为 5.5mm²，金属电阻丝的电阻率 $\rho=$____ Ω·mm²/m。（计算结果保留 4 位小数）

X_1取值范围：90～110 的整数

计算公式：$\rho=R\frac{S}{L}=\frac{0.324\times5.5}{X_1}=\frac{1.782}{X_1}$

La5D3012 求 X_1m 长，截面面积为 20mm² 的铝导线的电阻值为____ Ω。（铝的电阻率 $\rho=0.0283$Ω·mm²/m）（计算结果保留 3 位小数）

X_1取值范围：150～250 的整数

计算公式：$R=\rho\frac{L}{S}=\frac{0.0283}{20}X_1$

La5D3013 为修万用表，需绕制一个 X_1Ω 的电阻，若选用截面面积为 0.21mm² 的锰铜丝，需要 $L=$____ m。（锰铜丝的电阻率 $\rho=0.42$Ω·mm²/m）（计算结果保留 1 位小数）

X_1取值范围：2，3，4，5，6

计算公式：$L=\frac{RS}{\rho}=\frac{X_1\times 0.21}{0.42}=\frac{X_1}{2}$

La5D4014 有一台变压器，其额定容量 $S_e=X_1$ kV·A，额定电压 $U_{1e}/U_{2e}=35/10.5$kV，联结组别为 Y、d11 联接，试求高压绕组的额定电流 $I_{1e}=$____ A，低压绕组的额定电流 $I_{2e}=$____ A。（计算结果保留 1 位小数）

X_1取值范围：1500，1600，1800，2000

计算公式：$I_{1e}=\frac{S_e}{\sqrt{3}U_{1e}}=\frac{X_1}{35\sqrt{3}}$

$$I_{2e}=\frac{S_e}{\sqrt{3}U_{2e}}=\frac{X_1}{10.5\sqrt{3}}$$

Lb5D2015 某单相变压器的 $S_N=X_1$ kV·A，$U_{1N}/U_{2N}=10/0.4$kV，则高压侧的额定电流 I_{1N}为____ A，低压侧的额定电流 $I_{2N}=$____ A。

X_1取值范围：100，250，300，400

计算公式：$I_{1N}=\frac{S_N}{U_{1N}}=\frac{X_1}{10}$；

$$I_{2N}=\frac{S_N}{U_{2N}}=\frac{X_1}{0.4}$$

Lb5D3016 某台电力变压器的额定电压为 220/121/11kV，连接组别为 YN，yn，d11，已知高压绕组为 X_1匝，则变压器的中压绕组匝数 $N_2=$____匝；低压绕组匝数 $N_3=$____匝。（计算结果保留整数）

X_1取值范围：3000～3500 的整数

计算公式：$N_2=\frac{X_1}{220}\times 121=\frac{11}{20}X_1$

$$N_3=\frac{X_1}{220}\times 11\times\sqrt{3}=\frac{\sqrt{3}}{20}X_1$$

Lb5D3017 某变压器变比为（35000±5）%/10000V，接线组别为 Yd11，低压绕组 $N_2=X_1$匝，计算高压绕组在第Ⅰ分接上的匝数 $N_{Ⅰ}=$____匝，在第Ⅱ分接上的匝数 $N_{Ⅱ}=$____匝，在第Ⅲ分接上的匝数 $N_{Ⅲ}=$____。（计算结果保留整数）

X_1取值范围：140～160 的整数

计算公式：$N_{Ⅰ}=\frac{U_1N_2}{\sqrt{3}U_2}=\frac{1.05\times 35000\times X_1}{\sqrt{3}\times 10000}=1.225\sqrt{3}X_1$

$$N_{Ⅱ}=\frac{U_1N_2}{\sqrt{3}U_2}=\frac{35000\times X_1}{\sqrt{3}\times 10000}=\frac{3.5}{\sqrt{3}}X_1$$

$$N_{Ⅲ}=\frac{U_1N_2}{\sqrt{3}U_2}=\frac{0.95\times 35000\times X_1}{\sqrt{3}\times 10000}=\frac{3.325}{\sqrt{3}}X_1$$

Lb5D3018 某台三相变压器，额定容量 S_N 为 X_1 kV·A，一、二次额定电压分别为 $U_{1N}=110$kV，$U_{2N}=10.5$kV，则一次侧额定电流 $I_{1N}=$____ A，二次侧额定电流 $I_{2N}=$____ A。（计算结果保留整数）

X_1取值范围：20000～40000 的整数

计算公式： $I_{1N}=\dfrac{S_N}{\sqrt{3}U_{1N}}=\dfrac{X_1}{110\sqrt{3}}$

$$I_{2N}=\frac{S_N}{\sqrt{3}U_{2N}}=\frac{X_1}{10.5\sqrt{3}}$$

Lb5D3019 两个同频率正弦量 u_1、u_2的有效值各为 X_1V、30V，则（1）在 u_1和 u_2同相时，u_1+u_2的有效值 $u_w=$____ V；（2）在 u_1和 u_2反相时，u_1+u_2的有效值 $u_k=$____ V；（3）在 u_1和 u_2相位相差 90°时，u_1+u_2的有效值 $u_y=$____ V。（计算结果保留 2 位小数）

X_1取值范围：40，45，50，60，70

计算公式：（1）$u_w=X_1+30$；（2）$u_k=X_1-30$；（3）$u_y=\sqrt{X_1{}^2+30^2}$

Lb5D3020 电阻 $R=X_1\Omega$、电感 $L=160$mH 的线圈与电容 $C=127\mu$F 串联后，接到电压$U=220$V、频率 $f=50$Hz 的工频电源上，则电路中的电流 $I=$____ A。（计算结果保留 2 位小数）

X_1取值范围：10～20 的整数

计算公式： $I=\dfrac{U}{Z}=\dfrac{U}{\sqrt{R^2+\left(\omega L-\dfrac{1}{\omega C}\right)^2}}$

$$=\frac{220}{\sqrt{X_1{}^2+\left(2\times3.14\times50\times160\times10^{-3}-\dfrac{1}{2\times3.14\times50\times127\times10^{-6}}\right)^2}}$$

Lb5D4021 一把 $U_1=220$V、$P_1=75$W 的电烙铁，将这把电烙铁接在 $U=X_1$V 的交流电源上，它消耗的功率 $P=$____ W。（计算结果保留 2 位小数）

X_1取值范围：100～150 的整数

计算公式： $P=\dfrac{U^2}{R}=\dfrac{U^2}{\dfrac{U_1^2}{P_1}}=\dfrac{X_1^2}{\dfrac{220^2}{75}}=\dfrac{3}{1936}X_1^2$

Lb5D5022 电路如下图所示，已知 $E_1=130$V，$R_1=X_1\Omega$，$E_2=117$V，$R_2=0.6\Omega$，$R_3=24\Omega$，用节点电压法计算各支路的电流 $I_1=$____ A，$I_2=$____ A，$I_3=$____ A。（计算结果保留 1 位小数）

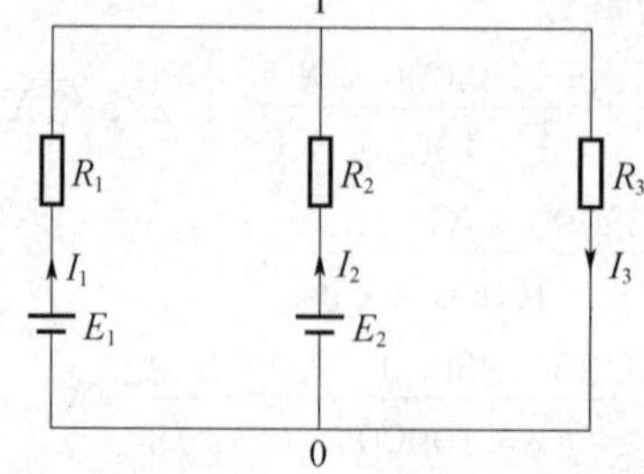

X_1取值范围：1，2，3，4，5

计算公式： $$I_1=\frac{E_1-U_{10}}{R_1}=\frac{130-\dfrac{\dfrac{E_1}{R_1}+\dfrac{E_2}{R_2}}{\dfrac{1}{X_1}+\dfrac{1}{R_2}+\dfrac{1}{R_3}}}{X_1}=\frac{130-\dfrac{\dfrac{130}{X_1}+\dfrac{117}{0.6}}{\dfrac{1}{X_1}+\dfrac{1}{0.6}+\dfrac{1}{24}}}{X_1}=\frac{650}{24+41X_1}$$

$$I_2=\frac{E_2-U_{10}}{R_2}=\frac{117-\dfrac{\dfrac{E_1}{R_1}+\dfrac{E_2}{R_2}}{\dfrac{1}{X_1}+\dfrac{1}{R_2}+\dfrac{1}{R_3}}}{0.6}=\frac{117-\dfrac{\dfrac{130}{X_1}+\dfrac{117}{0.6}}{\dfrac{1}{X_1}+\dfrac{1}{0.6}+\dfrac{1}{24}}}{0.6}=\frac{585X_1-1560}{72+123X_1}$$

$$I_3=\frac{\dfrac{\dfrac{E_1}{R_1}+\dfrac{E_2}{R_2}}{\dfrac{1}{X_1}+\dfrac{1}{R_2}+\dfrac{1}{R_3}}}{R_3}=\frac{\dfrac{\dfrac{130}{X_1}+\dfrac{117}{0.6}}{\dfrac{1}{X_1}+\dfrac{1}{0.6}+\dfrac{1}{24}}}{24}=\frac{130+195X_1}{24+41X_1}$$

Lb5D5023 如下图所示电路中，$C_1=6\mu F$，$C_2=4\mu F$，$C_3=12\mu F$，$U=X_1 V$，计算储存于电容器 C_1 的电能 $W_1=$____ J，电容器 C_2 的电能 $W_2=$____ J，电容器 C_3 的电能 $W_3=$____ J。（计算结果保留 6 位小数）

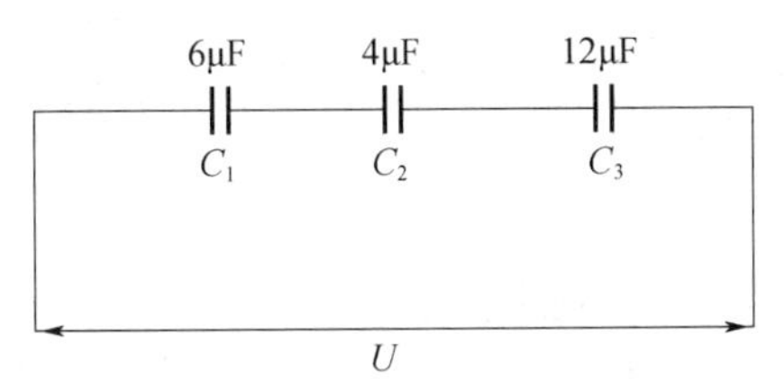

X_1取值范围：100～120 的整数

计算公式： $$W_1=\frac{1}{2}C_1U_1^2=\frac{1}{2}C_1\left(\frac{Q_1}{C_1}\right)^2=\frac{1}{2}C_1\left(\frac{CU}{C_1}\right)^2$$

$$=\frac{1}{2}\times6\times10^{-6}\times\left(\frac{\dfrac{X_1}{\dfrac{1}{6\times10^{-6}}+\dfrac{1}{4\times10^{-6}}+\dfrac{1}{12\times10^{-6}}}}{6\times10^{-6}}\right)^2=\frac{10^{-6}}{3}X_1^2$$

$$W_2=\frac{1}{2}C_2U_2^2=\frac{1}{2}C_2\left(\frac{Q_2}{C_2}\right)^2=\frac{1}{2}C_2\left(\frac{CU}{C_2}\right)^2$$

$$=\frac{1}{2}\times4\times10^{-6}\times\left(\frac{\dfrac{X_1}{\dfrac{1}{6\times10^{-6}}+\dfrac{1}{4\times10^{-6}}+\dfrac{1}{12\times10^{-6}}}}{4\times10^{-6}}\right)^2=\frac{10^{-6}}{2}X_1^2$$

$$W_3=\frac{1}{2}C_3U_3^2=\frac{1}{2}C_3\left(\frac{Q_3}{C_3}\right)^2=\frac{1}{2}C_3\left(\frac{CU}{C_3}\right)^2$$

$$=\frac{1}{2}\times12\times10^{-6}\times\left(\frac{X_1}{\dfrac{\dfrac{1}{6\times10^{-6}}+\dfrac{1}{4\times10^{-6}}+\dfrac{1}{12\times10^{-6}}}{12\times10^{-6}}}\right)^2=\frac{10^{-6}}{6}X_1^2$$

Lb5D5024 已知某串联谐振试验电路的电路参数电容 $C=0.56\mu F$，电感 $L=X_1 H$，电阻 $R=58\Omega$，该电路的谐振频率 $f=$____ Hz，品质因数 $Q=$____。（计算结果保留 2 位小数）

X_1取值范围：16，17，18，19，20

计算公式：$f=\frac{1}{2\pi\sqrt{LC}}=\frac{1}{2\pi\sqrt{X_1\times0.56\times10^{-6}}}$

$$Q=\frac{1}{R}\sqrt{\frac{L}{C}}=\frac{1}{58}\times\sqrt{\frac{X_1}{0.56\times10^{-6}}}$$

Lc5D3025 用直径为 0.31mm 的铜导线（$\rho=0.0175\Omega\cdot mm^2/m$）绕制变压器的一次侧绕组 254 匝，平均每匝长 X_1m；计算该变压器一次侧绕组的电阻 $R_1=$____ Ω。（计算结果保留 2 位小数）

X_1取值范围：0.21～0.29 带 2 位小数的值

计算公式：$R_1=\rho\frac{l}{S}=\rho\frac{l_0N_1}{\pi\left(\frac{d_1}{2}\right)^2}=0.0175\times\frac{X_1\times254}{3.14\times\left(\frac{0.31}{2}\right)^2}=\frac{8890000}{150877}X_1$

Lc5D3026 用直径为 0.87mm 的铜导线（$\rho=0.0175\Omega\cdot mm^2/m$）绕制变压器的二次侧绕组 68 匝，平均每匝长 X_1m，计算该变压器二次侧绕组的电阻 $R_2=$____ Ω。（计算结果保留 2 位小数）

X_1取值范围：0.30～0.38 带 2 位小数的值

计算公式：$R_2=\rho\frac{l}{S}=\rho\frac{l_0N_2}{\pi\left(\frac{d_2}{2}\right)^2}=0.0175\times\frac{X_1\times68}{3.14\times\left(\frac{0.87}{2}\right)^2}=\frac{2380000}{1188333}X_1$

Lc5D2027 一台变压器的油箱长 l 为 1.5m，高 h 为 1.5m，宽 b 为 0.8m，油箱内放置体积 V_2为 $X_1 m^3$的实体变压器身，计算油箱内最多能注变压器油 $G=$____ t。（变压器油的相对密度 r 为 $0.9t/m^3$）（计算结果保留 2 位小数）

X_1取值范围：0.8，0.9，1.0，1.1

计算公式：$G=(l\times b\times h-V_2)r=(1.5\times0.8\times1.5-X_1)\times0.9=1.62-0.9X_1$

Jd5D1028 一台单相变压器，$U_{1N}=220V$，$f=50Hz$，$N_1=X_1$匝，铁芯截面面积 $S=35cm^2$，主磁通的最大值 $\phi_m=$____ Wb，磁通密度最大值 $B_m=$____ T。（计算结果保留 6 位小数）

X_1取值范围：190～210 的整数

计算公式：$\varphi_m=\dfrac{U_{1N}}{4.44f_{N_1}}=\dfrac{220}{4.44\times50\times X_1}=\dfrac{1.1}{1.11\times X_1}$

$$B_m=\frac{\varphi_m}{S}=\frac{\dfrac{U_{1N}}{4.44f_{N_1}}}{35\times10^{-4}}=\frac{\dfrac{220}{4.44\times50\times X_1}}{35\times10^{-4}}=\frac{\dfrac{1.1}{1.11\times X_1}}{35\times10^{-4}}=\frac{1.1\times10^4}{35\times1.11\times X_1}$$

Jd5D2029 将一个电阻为 $X_1\Omega$ 的电炉联接到电压 220V 的电源上，计算流过电炉的电流 $I=$____ A。(计算结果保留 2 位小数)

X_1取值范围：30～50 的整数

计算公式：$I=\dfrac{U}{R}=\dfrac{220}{X_1}$

Jd5D3030 一台三相变压器的 $S_N=X_1$kV·A，$U_{1N}/U_{2N}=220/11$kV，Yd 联结，计算额定电流 $I_{1N}=$____ A，$I_{2N}=$____ A。(计算结果保留整数)

X_1取值范围：60000～80000 的整数

计算公式：$I_{1N}=\dfrac{S_N}{\sqrt{3}U_{1N}}=\dfrac{X_1}{\sqrt{3}\times220}$

$$I_{2N}=\frac{S_N}{\sqrt{3}U_{2N}}=\frac{X_1}{\sqrt{3}\times11}$$

Jd5D4031 一台三相变压器的 $S_N=60000$kV·A，$U_{1N}/U_{2N}=220/11$kV，Yd 联结，低压绕组匝数 $N_2=X_1$匝，计算高压绕组匝数 $N_1=$____匝。(计算结果保留整数)

X_1取值范围：900～1100 的整数

计算公式：$N_1=\dfrac{1}{\sqrt{3}}\times\dfrac{U_{1N}}{U_{2N}}\times N_2=\dfrac{1}{\sqrt{3}}\times\dfrac{220}{11}\times X_1=\dfrac{20}{\sqrt{3}}X_1$

Jd5D5032 某电力变压器额定容量为 X_1kV·A，$U_{1N}=35$kV，$U_{2N}=11$kV，YNd11 联结，计算：(1) 该变压器高压侧的额定电流 $I_{1N}=$____ A，低压侧的额定电流 $I_{2N}=$____ A；(2) 额定负载时，高压绕组中流过的电流 $I_1=$____ A，低压绕组中流过的电流 $I_2=$____ A。(计算结果保留整数)

X_1取值范围：8000，9000，10000

计算公式为：(1) $I_{1N}=\dfrac{S_N}{\sqrt{3}U_{1N}}=\dfrac{X_1}{\sqrt{3}\times35}$； $I_{2N}=\dfrac{S_N}{\sqrt{3}U_{2N}}=\dfrac{X_1}{\sqrt{3}\times11}$；

(2) $I_1=I_{1N}=\dfrac{S_N}{\sqrt{3}U_{1N}}=\dfrac{X_1}{\sqrt{3}\times35}$； $I_2=\dfrac{1}{\sqrt{3}}I_{2N}=\dfrac{1}{\sqrt{3}}\dfrac{S_N}{\sqrt{3}U_{2N}}=\dfrac{X_1}{33}$

Jd5D5033 如下图所示，当长 $l=X_1$m 的导线以 $v=10$m/s 的速度垂直于磁场的方向在纸面上向右运动时，产生的磁感应电动势 E 为 4.5V，方向已标在图上，试确定磁通密度 $B=$____ T。(计算结果保留 1 位小数)

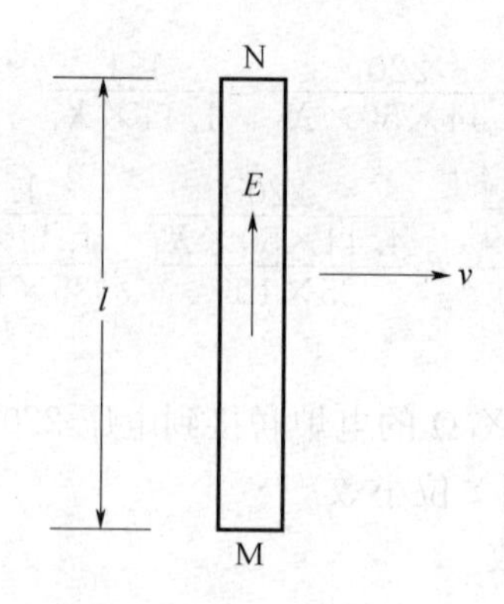

X_1取值范围：0.35～0.55 的带 2 位小数的值

计算公式：$B=\frac{E}{lv}=\frac{4.5}{X_1\times10}=\frac{9}{20X_1}$

Je5D1034 一台 SFSL1-31500/110 变压器，测得其 110kV 侧直流电阻 R_a 为 X_1 Ω，油温 t_a 为 15℃，将 R_a 换算为 20℃时的电阻值 $R_{20℃}$＝____ Ω。（铝导线的温度系数 $T=225$）（计算结果保留 2 位小数）

X_1取值范围：0.91～0.99 的带 2 位小数的值

计算公式：$R_{20}=R_a\frac{T+t_x}{T+t_a}=X_1\frac{225+20}{225+15}=\frac{49}{48}X_1$

Je5D2035 一台 SFPSZB1-120000/220 变压器，测得其 220kV 侧直流电阻 $R_a=X_1$ Ω，油温 $t_a=34$℃，试将其换算为 $t_x=20$℃时的电阻值 $R_{20℃}$＝____ Ω。（铜导线温度系数 $T=235$）（计算结果保留 3 位小数）

X_1取值范围：0.171～0.179 的带 3 位小数的值

计算公式：$R_{20}=R_a\frac{T+t_x}{T+t_a}=X_1\frac{235+20}{235+34}=\frac{255}{269}X_1$

Je5D3036 已知变压器的一次绕组 $N_1=X_1$ 匝，电源电压 $E_1=3200$V，$f=50$Hz；二次绕组的电压 $E_2=250$V，计算二次绕组 N_2＝____匝。（计算结果保留整数）

X_1取值范围：310～330 的整数

计算公式：$N_2=\frac{E_2}{E_1}\times N_1=\frac{250}{3200}X_1$

Je5D3037 某一电缆长 $L=5.4$km，测得其绝缘电阻为 $R_t=X_1$ MΩ，土壤温度为 30℃，电缆 30℃时的绝缘电阻温度换算系数 K_t 为 1.41，则该电缆在 20℃时每千米的绝缘电阻 R＝____ MΩ。

X_1取值范围：250～350 的整数

计算公式：$R=R_tK_tL=X_1\times1.41\times5.4=X_1\times7.614$

Je5D4038 某一变压器绕组为铜线圈，在 $t_a=43℃$时测得 AO 线圈直流电阻 $R_{43℃}=X_1\Omega$，试换算到 $t_x=20℃$时 AO 线圈直流电阻 $R_{20℃}=$____ Ω。（注：铜绕组 $T=235$）（计算结果保留 3 位小数）

X_1取值范围：1.002，1.008，1.012，1.015，1.016

计算公式：$R_{20℃}=R_{43℃}\times\dfrac{T+t_x}{T+t_a}=\dfrac{235+20}{235+43}X_1=\dfrac{255}{278}X_1$

1.5 识图题

La5E1001 电路中下图表示的是（ ）。

（A）灯泡；（B）电压源；（C）警示；（D）禁止停车。

答案：A

La5E2002 下图表示的是（ ）。

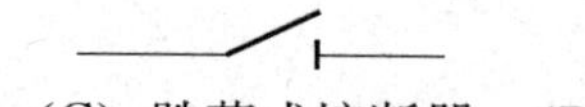

（A）断路器；（B）隔离开关；（C）跌落式熔断器；（D）闭合触点。

答案：B

La5E3003 下图表示的是（ ）。

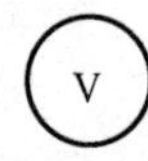

（A）电压表；（B）电流表；（C）检流计；（D）发动机。

答案：A

La5E4004 下图表示的是（ ）。

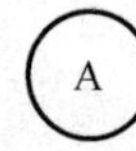

（A）电压表；（B）电流表；（C）检流计；（D）发动机。

答案：B

La5E5005 下图表示的是（ ）。

（A）接地；（B）接零；（C）漏电保护；（D）水深危险。

答案：A

Lb5E2006 下图表示的是（ ）。

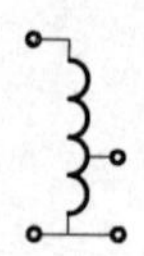

（A）变压器；（B）电抗器；（C）调压器；（D）消弧线圈。

答案：C

Lb5E3007 下图是（　　）的原理图。

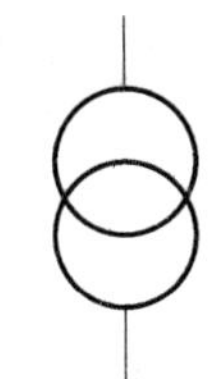

（A）变压器；（B）电抗器；（C）调压器；（D）绝缘子。

答案：A

Lb5E4008 下图是（　　）的原理图。

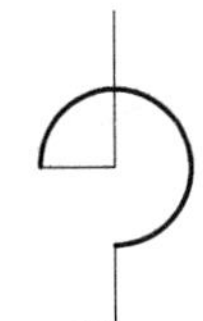

（A）变压器；（B）电抗器；（C）调压器；（D）消弧线圈。

答案：B

Jd5E2009 下图所示的图形符号表示的是（　　）。

（A）发动机；（B）自耦调压器；（C）自耦变压器；（D）电压互感器。

答案：C

Jd5E3010 下图中表示消弧线圈的是（　　）。

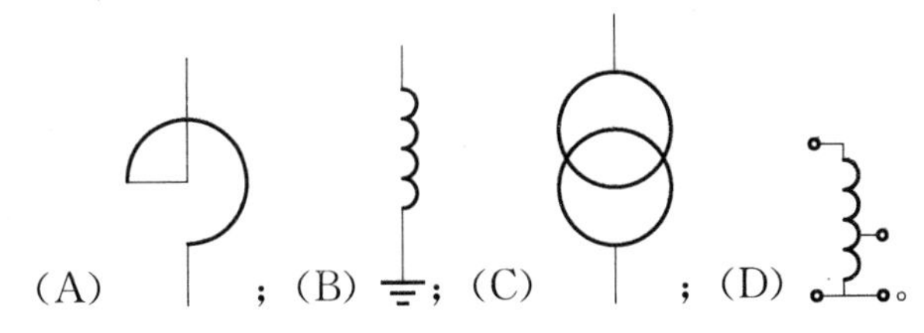

答案：B

Jd5E4011 下图所示的图形符号表示的是（　　）。

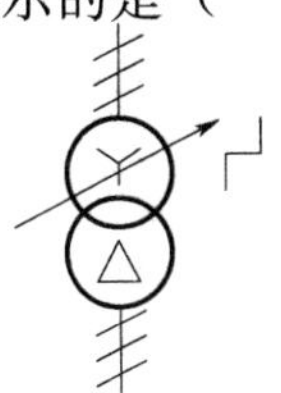

（A）星形-三角形联结的双绕组变压器；（B）星形-三角形联结的三相绕组变压器；（C）星形-三角形联结的具有有载分接开关的三相双绕组变压器；（D）星形-三角形联结的具有有载分接开关的双绕组变压器。

答案：C

Je5E3012　下图表示的是（　　）原理图。

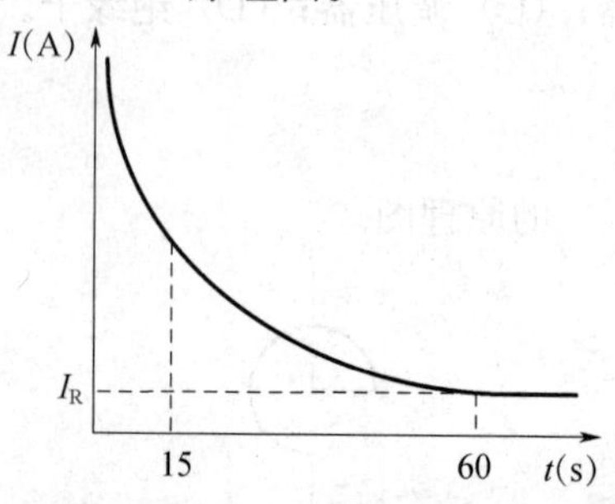

（A）地网电阻测试；（B）绝缘子交流耐压；（C）变压器吸收比测试；（D）短路电流测试。

答案：C

2 技能操作

2.1 技能操作大纲

电气试验工（初级工）技能鉴定技能操作考核大纲

等级	考核方式	能力种类	能力项	考核项目	考核主要内容
初级工	技能操作	专业技能	01. 绝缘电阻测试	01. 氧化锌避雷器绝缘电阻测试	（1）熟悉氧化锌避雷器绝缘电阻测试接线方法。 （2）熟悉绝缘电阻测试完成后的放电方法。 （3）能够初步判断被试品的绝缘电阻是否合格。 （4）能够查找和排除简单的异常情况
				02. 真空断路器绝缘电阻测试	（1）熟悉真空断路器绝缘电阻测试接线方法。 （2）熟悉绝缘电阻测试完成后的放电方法。 （3）能够初步判断被试品的绝缘电阻是否合格。 （4）能够查找和排除简单的异常情况
				03. 电磁式电压互感器绝缘电阻测试	（1）熟悉电压互感器本体、二次绕组间及对地的绝缘电阻测试的原理及接线方法。 （2）熟悉如何在测试中初步判断接线是否良好。 （3）能够查找和排除简单的异常情况
				04. 电流互感器绝缘电阻测试	（1）熟悉电流互感器本体绝缘电阻、末屏绝缘电阻及二次绕组间及对地的绝缘电阻测试的原理及接线方法。 （2）熟悉绝缘电阻测试完成后的放电方法。 （3）能够初步判断被试品的绝缘电阻是否合格。 （4）能够查找和排除简单的异常情况
			02. 电容量测试	01. 并联电容器电容量测试	（1）熟悉并联电容器电容量的测试方法及注意事项。 （2）能够初步判断被试品的电容量是否合格。 （3）能够查找和排除简单的异常情况

续表

等级	考核方式	能力种类	能力项	考核项目	考核主要内容
初级工	技能操作	专业技能	03. 回路电阻测试	01. 断路器回路电阻测试	(1) 熟悉断路器回路电阻测试接线方法及注意事项。 (2) 能够初步判断被试品的回路电阻是否合格。 (3) 能够查找和排除简单的异常情况
			04. 直流电阻测试	01. 空心电抗器直流电阻测试	(1) 熟悉空心电抗器直流电阻测试接线方法。 (2) 熟悉直流电阻测试完成后的放电方法。 (3) 能够初步判断被试品的直流电阻是否合格。 (4) 能够查找和排除简单的异常情况
				02. 穿墙式电流互感器直流电阻测试	(1) 熟悉穿墙式电流互感器直流电阻测试接线方法及注意事项。 (2) 熟悉直流电阻测试完成后的放电方法。 (3) 能够初步判断被试品的直流电阻是否合格。 (4) 能够查找和排除简单的异常情况
				03. 10kV 变压器直流电阻测试	(1) 熟悉变压器绕组直流电阻的接线方法。 (2) 能够根据被试设备电阻的不同选择适当的测试电流。 (3) 分析试验结果
			05. 泄漏电流测试	01. 10kV 变压器高压侧直流泄漏电流试验	(1) 熟悉 10kV 变压器高压侧直流泄漏电流测试接线方法。 (2) 了解微安表不同接线方法适用范围。 (3) 能够初步判断被试品的泄漏电流是否合格。 (4) 能够查找和排除简单的异常情况

2.2 技能鉴定操作

2.2.1 SY5ZY0101 氧化锌避雷器绝缘电阻测试

一、作业

（一）工器具、材料、设备

（1）工器具：2500V 兆欧表 1 块、温湿度计 1 块、35kV 验电器 1 个、放电棒 1 套、绝缘手套 1 双、绝缘垫 1 块、安全围栏 2 盘、活动扳手 1 把。

（2）材料：4mm^2 多股裸铜线接地线（20m）1 盘、抹布 1 块、空白试验报告 1 份。

（3）设备：35kV 金属氧化锌避雷器 1 个。

（二）安全要求

（1）考生进入现场要求正确穿戴工作服、绝缘鞋和安全帽。

（2）试验前必须对被试品进行验电、放电、接地，变更接线及试验结束后必须对被试品进行充分放电。

（3）试验前认真检查试验接线，不发生人身触电危险，不发生人为损坏仪器、设备的安全事件。

（4）考生试验时必须站在绝缘垫上，并与带电部分保持足够的安全距离。

（三）操作步骤及工艺要求（含注意事项）

1. 准备工作

（1）根据要求，准备所使用的仪器仪表、工器具及所需试验线、接地线等材料。

（2）准备被试品历年的试验数据，了解设备运行工况。

（3）检查试验仪器、验电器、放电棒、绝缘垫等，确认均完好并处于检验周期内。

（4）办理开工手续。

（5）对被试品进行验电、放电，并接地。

（6）清理避雷器表面的脏污，检查避雷器是否存在开裂、外绝缘损伤等情况。

（7）记录避雷器的铭牌、以往试验数据及不良工况等。

2. 实际操作步骤

（1）根据试验要求摆放好温湿度计、兆欧表、绝缘垫等工器具，设置好安全围栏。

（2）检查兆欧表工作状态是否良好。

（3）将兆欧表的 E 接至避雷器下法兰处，L 接至避雷器顶部，选择 2500V 档位进行测试，读取 1min 的数据。

（4）测试完毕，关闭试验按钮，待兆欧表自动放电完毕后，关闭兆欧表电源，先断开兆欧表的 L 测试线，然后断开 E 测试线，然后利用放电棒对避雷器进行充分放电。

（5）记录绝缘电阻数据、当前环境温度、相对湿度。

3. 试验结束后的工作

（1）拆除所有试验接线、接地线、短路线等。

（2）将试验仪器仪表、工器具等清理干净，规放整齐。

（3）撤掉所设置的安全围栏，将现场恢复到测试前的状态。

（4）工作结束后汇报试验情况及结果。

（5）编写试验报告。

4．注意事项

（1）试验接线应整洁、明了，无两根测试线在一起缠绕的现象。

（2）避雷器底座应接地良好。

（3）绝缘电阻小于2500MΩ时，应分析原因，并使用兆欧表的屏蔽线G排除环境温湿度、表面脏污等的影响。

二、考核

（一）考核场地

（1）试验场地应具有足够的安全距离，面积不小于9m²。

（2）现场的试验线、接地线、短路线应满足试验要求，放电棒、验电器、绝缘垫、温湿度表、兆欧表在数量上满足考生的需求。

（3）现场设置1套桌椅，可供考生出具试验报告。

（4）设置1套评判用的桌椅和计时秒表。

（二）考核时间

（1）试验操作时间不超过30min。

（2）试验仪器、工器具等准备时间不超过5min，该时间计入操作考核时间。

（3）试验报告的出具时间不超过20min，该时间不计入操作考核时间。

（三）考核要点

（1）现场安全文明生产。

（2）仪器仪表、工器具状态检查。

（3）被试品的外观、运行工况检查。

（4）仪器仪表的使用方法及安全注意事项等是否符合规范要求。

（5）是否熟悉避雷器绝缘电阻试验方法。

（6）整体操作过程是否符合要求，有无安全隐患。

（7）试验报告是否符合要求。

三、评分标准

行业：电力工程　　　　　　　　工种：电气试验工　　　　　　　　等级：五

编号	SY5ZY0101	行为领域	d	鉴定范围		电气试验初级工	
考核时限	30min	题型	A	满分	100分	得分	
试题名称	氧化锌避雷器绝缘电阻测试						
考核要点及其要求	（1）现场安全文明生产。 （2）仪器仪表、工器具状态检查。 （3）被试品的外观、运行工况检查。 （4）仪器仪表的使用方法及安全注意事项等是否符合规范要求。 （5）是否熟悉避雷器绝缘电阻试验方法。 （6）整体操作过程是否符合要求，有无安全隐患。 （7）试验报告是否符合要求						

续表

现场设备、工器具、材料	(1) 工器具：2500V 兆欧表1块、温湿度计1块、35kV 验电器1个、放电棒1套、绝缘手套1双、绝缘垫1块、安全围栏2盘、活动扳手1把。 (2) 材料：$4mm^2$ 多股裸铜线接地线（20m）1盘、抹布1块、空白试验报告1份。 (3) 设备：35kV 金属氧化锌避雷器1个
备注	

评分标准

序号	考核项目名称	质量要求	分值	扣分标准	扣分原因	得分
1	着装	正确穿戴安全帽、工作服、绝缘鞋	5	(1) 未穿工装、戴安全帽、穿绝缘鞋，每项扣1分。 (2) 着装、穿戴不规范，每处扣1分。 (3) 本小项5分扣完为止		
2	准备工作	正确选择仪器仪表、工器具及材料	10	(1) 每选错、漏选一项，扣2分。 (2) 未进行外观检查，未检查检验合格日期，每项扣2分。 (3) 本小项10分扣完为止		
3	安全措施	(1) 设置安全围栏	2	未设置安全围栏，扣2分		
		(2) 对被试品进行验电、放电、接地	8	(1) 未对被试品进行验电、放电，每项扣2分。 (2) 验电、放电时未戴绝缘手套，每项扣1分。 (3) 避雷器底座未接地，扣2分		
4	绝缘电阻试验	(1) 办理工作开工	2	(1) 未办理工作开工，扣1分。 (2) 未了解被试品的运行工况及以查找往试验数据，扣1分		
		(2) 检查被试品状况	2	未检查被试品外观有无裂纹、绝缘损坏状况，扣2分		
		(3) 清理避雷器	2	未进行避雷器表面清理，扣2分		
		(4) 摆放温湿度计	5	(1) 未摆放温湿度计，扣2分。 (2) 摆放位置不正确，扣1分		
		(5) 兆欧表检查	6	(1) 未检查兆欧表电量，扣3分。 (2) 未检查兆欧表分别在零位和无穷大指示是否正确，扣3分		

续表

序号	考核项目名称	质量要求	分值	扣分标准	扣分原因	得分
4	绝缘电阻试验	（6）试验接线	10	（1）接线错误致使试验无法进行，扣10分。 （2）L、E试验线接反者，扣5分。 （3）其他接线不规范，每项扣3分。 （4）本小项10分扣完为止		
		（7）绝缘电阻测试	30	（1）考生未站在绝缘垫上进行测试，扣5分。 （2）兆欧表选择试验电压不正确，扣5分。 （3）测试前未进行高声呼唱，扣5分。 （4）测试时间不正确，扣5分。 （5）测试结束后未对被试品进行充分放电，扣5分。 （6）测试过程中其他不规范行为，每项扣2分。 （7）试验不合格未进行分析、整改，扣3分。 （8）本小项30分扣完为止		
		（8）记录温湿度	2	未记录环境温度和相对湿度，扣2分		
		（9）试验操作应在30min内完成		（1）试验操作每超出10min，扣10分。 （2）本大项55分扣完为止		
5	办理完工	（1）拆除接线	2	（1）未拆除试验接线、接地线，每项扣1分。 （2）本小项2分扣完为止		
		（2）清理现场	3	（1）未将现场恢复到测试前的状态，扣2分。 （2）每遗留一件物品，扣1分。 （3）本小项3分扣完为止		
6	出具试验报告	（1）环境参数齐备	3	未填写环境温度、相对湿度，扣3分		
		（2）设备铭牌数据齐备	2	铭牌数据不正确，扣2分		
		（3）试验报告正确完整	10	（1）试验数据不正确，扣3分。 （2）判断依据未填写或不正确，扣3分。 （3）报告结论分析不正确或未填写试验是否合格，扣3分。 （4）报告没有填写考生姓名，扣1分		
		（4）试验报告应在20min内完成		（1）试验报告完成时间每超出5min扣2分。 （2）本大项15分扣完为止		

2.2.2 SY5ZY0102 真空断路器绝缘电阻测试

一、作业

（一）工器具、材料、设备

（1）工器具：2500V 兆欧表 1 块、温湿度计 1 块、10kV 验电器 1 个、放电棒 1 套、绝缘手套 1 双、绝缘垫 1 块、安全围栏 2 盘、活动扳手 1 把。

（2）材料：$4mm^2$ 多股裸铜线接地线（20m）1 盘、$4mm^2$ 多股软铜线短路线（1m）4 根、抹布 1 块、空白试验报告 1 份。

（3）设备：10kV 真空断路器 1 组。

（二）安全要求

（1）考生进入现场要求正确穿戴工作服、绝缘鞋和安全帽。

（2）试验前必须对被试品进行验电、放电、接地，变更接线及试验结束后必须对被试品进行充分放电。

（3）试验前认真检查试验接线，不发生人身触电危险，不发生人为损坏仪器、设备的安全事件。

（4）考生试验时必须站在绝缘垫上，并与带电部分保持足够的安全距离。

（三）操作步骤及工艺要求（含注意事项）

1. 准备工作

（1）根据要求，准备所使用的仪器仪表、工器具及所需试验线、接地线等材料。

（2）准备被试品历年的试验数据，了解设备运行工况。

（3）检查试验仪器、验电器、放电棒、绝缘垫等，确认均完好并处于检验周期内。

（4）办理开工手续。

（5）对被试品进行验电、放电，并接地。

（6）清理被试品表面的脏污，检查断路器是否存在外绝缘损伤等情况。

（7）记录断路器的铭牌、以往试验数据及不良工况等。

2. 实际操作步骤

（1）根据试验要求摆放好温湿度计、兆欧表、绝缘垫等工器具，设置好安全围栏。

（2）检查兆欧表工作状态是否良好。

（3）分别在合闸状态下测试断路器相对地的绝缘电阻、分闸状态下测试断路器断口绝缘电阻值，选择 2500V 档位进行测试，读取 1min 的数据。

（4）测试完毕，关闭试验按钮，待兆欧表自动放电完毕后，关闭兆欧表电源，先断开兆欧表的 L 测试线，然后断开 E 测试线，然后利用放电棒对被试品进行充分放电。

（5）记录绝缘电阻数据、当前环境温度、相对湿度。

3. 试验结束后的工作

（1）拆除所有试验接线、接地线、短路线等。

（2）将试验仪器仪表、工器具等清理干净，规放整齐。

（3）撤掉所设置的安全围栏，将现场恢复到测试前的状态。

（4）工作结束后汇报试验情况及结果。

（5）编写试验报告。

4. 注意事项

（1）试验接线应整洁、明了，无两根测试线在一起缠绕的现象。

（2）断路器底座、非被试相及非被试端应接地良好。

（3）绝缘电阻小于3000MΩ时，应分析原因，并使用兆欧表的屏蔽线G排除环境温湿度、表面脏污等的影响。

二、考核

（一）考核场地

（1）试验场地应具有足够的安全距离，面积不小于$9m^2$。

（2）现场的试验线、接地线、短路线应满足试验要求，放电棒、验电器、绝缘垫、温湿度表、兆欧表在数量上满足考生的需求。

（3）现场设置1套桌椅，可供考生出具试验报告。

（4）设置1套评判用的桌椅和计时秒表。

（二）考核时间

（1）试验操作时间不超过30min。

（2）试验仪器、工器具等准备时间不超过5min，该时间不计入考核时间。

（3）试验报告的出具时间不超过20min，该时间不计入操作时间。

（三）考核要点

（1）现场安全文明生产。

（2）仪器仪表、工器具状态检查。

（3）被试品的外观、运行工况检查。

（4）仪器仪表的使用方法及安全注意事项等是否符合规范要求。

（5）是否熟悉断路器相间及对地、断口间绝缘电阻试验方法。

（6）整体操作过程是否符合要求，有无安全隐患。

（7）试验报告是否符合要求。

三、评分标准

行业：电力工程　　　　工种：电气试验工　　　　等级：五

编号	SY5ZY0102	行为领域	d	鉴定范围		电气试验初级工	
考核时限	30min	题型	B	满分	100分	得分	
试题名称	真空断路器绝缘电阻测试						
考核要点及其要求	（1）现场安全文明生产。 （2）仪器仪表、工器具状态检查。 （3）被试品的外观、运行工况检查。 （4）仪器仪表的使用方法及安全注意事项等是否符合规范要求。 （5）是否熟悉断路器相间及对地、断口间绝缘电阻试验方法。 （6）整体操作过程是否符合要求，有无安全隐患。 （7）试验报告是否符合要求						

续表

现场设备、工器具、材料	（1）工器具：2500V兆欧表1块、温湿度计1块、10kV验电器1个、放电棒1套、绝缘手套1双、绝缘垫1块、安全围栏2盘、活动扳手1把。 （2）材料：$4mm^2$多股裸铜线接地线（20m）1盘、$4mm^2$多股软铜线短路线（1m）4根、抹布1块、空白试验报告1份。 （3）设备：10kV真空断路器1组
备注	

评分标准

序号	考核项目名称	质量要求	分值	扣分标准	扣分原因	得分
1	着装	正确穿戴安全帽、工作服、绝缘鞋	5	（1）未穿工装、戴安全帽、穿绝缘鞋，每项扣1分。 （2）着装、穿戴不规范，每处扣1分。 （3）本小项5分扣完为止		
2	准备工作	正确选择仪器仪表、工器具及材料	10	（1）每选错、漏选一项，扣2分。 （2）未进行外观检查，未检查检验合格日期，每项扣2分。 （3）本小项10分扣完为止		
3	安全措施	（1）设置安全围栏	2	未设置安全围栏，扣2分		
		（2）对被试品进行验电、放电、接地	8	（1）断路器未进行进行验电、放电，每项扣2分。 （2）验电、放电时未戴绝缘手套，每项扣2分。 （3）断路器底座接地，扣2分。 （4）本小项8分扣完为止		
4	真空断路器绝缘电阻试验	（1）办理工作开工	2	（1）未办理工作开工，扣1分。 （2）未了解被试品的运行工况及查找以往试验数据，扣1分		
		（2）检查被试品状况	2	未检查被试品外观有无裂纹、绝缘损坏状况，扣2分		
		（3）清理被试品	2	未进行断路器表面清理，扣2分		
		（4）摆放温湿度计	2	（1）未摆放温湿度计，扣2分。 （2）摆放位置不正确，扣1分		
		（5）兆欧表检查	5	（1）未检查兆欧表电量，扣2分。 （2）未检查兆欧表分别在零位和无穷大指示是否正确，扣3分		

续表

序号	考核项目名称	质量要求	分值	扣分标准	扣分原因	得分
4	真空断路器绝缘电阻试验	（6）真空断路器相间及对地绝缘电阻测试	20	（1）接线错误致使试验无法进行，扣20分。 （2）L、E试验线接反者，扣5分。 （3）非被试相未接地，扣5分。 （4）断路器未在合闸状态下进行测试，扣5分。 （5）其他项目不规范，如试验电压设置不正确、未进行呼唱、测试时间不正确等，每项扣3分。 （6）本小项20分扣完为止		
		（7）真空断路器断口绝缘电阻测试	20	（1）接线不正确，不能测试出真空断路器断口绝缘电阻者，扣20分。 （2）L、E试验线接反者扣5分。 （3）断路器未在分闸状态下进行测试，扣5分。 （4）非被试一端未短路接地，扣5分。 （5）其他项目不规范，如试验电压设置不正确、未进行呼唱、测试时间不正确等，每项扣3分。 （6）本小项20分扣完为止		
		（8）记录温湿度	2	未记录环境温度和相对湿度，扣2分		
		（9）试验操作应在30min内完成		（1）试验操作每超出10min扣10分。 （2）本大项55分扣完为止		
5	办理完工	清理现场、办理完工	5	（1）未将现场恢复到测试前的状态，扣2分。 （2）每遗留一件物品，扣1分。 （3）本小项5分扣完为止		
6	出具试验报告	（1）环境参数齐备	3	未填写环境温度、相对湿度，扣3分		
		（2）设备铭牌数据齐备	2	铭牌数据不正确，扣2分		
		（3）试验报告正确完整	10	（1）试验数据不正确，扣3分。 （2）判断依据未填写或不正确，扣3分。 （3）报告结论分析不正确或未填写试验是否合格，扣3分。 （4）报告没有填写考生姓名，扣1分		
		（4）试验报告应在20min内完成		（1）试验报告每超出5min扣2分。 （2）本大项15分扣完为止		

2.2.3 SY5ZY0103 电磁式电压互感器绝缘电阻测试

一、作业

（一）工器具、材料、设备

（1）工器具：2500V 兆欧表 1 块、温湿度计 1 块、110kV 验电器 1 个、放电棒 1 套、绝缘手套 1 双、绝缘垫 1 块、安全围栏 2 盘、活动扳手 1 把。

（2）材料：$4mm^2$ 多股裸铜线接地线（20m）1 盘、$4mm^2$ 多股软铜线短路线（1m）5 根、抹布 1 块、空白试验报告 1 份。

（3）设备：110kV 电磁式电压互感器 1 台。

（二）安全要求

（1）考生进入现场要求正确穿戴工作服、绝缘鞋和安全帽。

（2）试验前必须对被试品进行验电、放电、接地，变更接线及试验结束后必须对被试品进行充分放电。

（3）试验前认真检查试验接线，不发生人身触电危险、不发生人为损坏仪器、设备的安全事件。

（4）考生试验时必须站在绝缘垫上，并与带电部分保持足够的安全距离。

（三）操作步骤及工艺要求（含注意事项）

1. 准备工作

（1）根据要求，准备所使用的仪器仪表、工器具及所需的试验线、接地线等材料。

（2）准备被试品历年的试验数据，了解设备运行工况。

（3）检查试验仪器、验电器、放电棒、绝缘垫等，确认均完好并处于检验周期内。

（4）办理开工手续。

（5）对被试品进行验电、放电并接地。

（6）清理被试品表面的脏污，检查电压互感器是否存在外绝缘损伤等情况。

（7）记录电压互感器的铭牌、以往试验数据及不良工况等。

2. 实际操作步骤

（1）根据试验要求摆放好温湿度计、兆欧表、绝缘垫等其他工器具，设置好安全围栏。

（2）检查兆欧表工作状态是否良好。

（3）分别在测试电压互感器本体、二次绕组间及对地的绝缘电阻值，选择 2500V 档位进行测试，读取 1min 的数据。

（4）测试完毕，关闭试验按钮，待兆欧表自动放电完毕后，关闭兆欧表电源，先断开兆欧表的 L 测试线，然后断开 E 测试线，然后利用放电棒对被试品进行充分放电。

（5）记录绝缘电阻数据、当前环境温度、相对湿度。

3. 试验结束后的工作

（1）拆除所有试验接线、接地线、短路线等。

（2）将试验仪器仪表、工器具等清理干净，规放整齐。

（3）撤掉所设置的安全围栏，将被测试设备及现场恢复到测试前的状态。

（4）工作结束后汇报试验情况及结果。

（5）编写试验报告。

4. 注意事项

（1）试验接线应整洁、明了，无两根测试线在一起缠绕现象。

（2）电压互感器外壳、非被试二次绕组应接地良好。

（3）绝缘电阻过低时，应分析原因，并使用兆欧表的屏蔽线 G 排除环境温湿度、表面脏污等的影响。

二、考核

（一）考核场地

（1）试验场地应具有足够的安全距离，面积不小于 9m^2。

（2）现场的试验线、接地线、短路线应满足试验要求，放电棒、验电器、绝缘垫、温湿度表、兆欧表数量上满足考生的需求。

（3）现场设置 1 套桌椅，可供考生出具试验报告。

（4）设置 1 套评判用的桌椅和计时秒表。

（二）考核时间

（1）试验操作时间不超过 30min。

（2）试验仪器、工器具等准备时间不超过 5min，该时间不计入考核时间。

（3）试验报告的出具时间不超过 20min，该时间不计入操作时间。

（三）考核要点

（1）现场安全文明生产。

（2）仪器仪表、工器具状态检查。

（3）被试品的外观、运行工况检查。

（4）仪器仪表的使用方法及安全注意事项等是否符合规范要求。

（5）是否熟悉电压互感器本体、二次绕组间及对地绝缘电阻试验方法。

（6）整体操作过程是否符合要求，有无安全隐患。

（7）试验报告是否符合要求。

三、评分标准

行业：电力工程 **工种：电气试验工** **等级：五**

编号	SY5ZY0103	行为领域	e	鉴定范围		电气试验初级工	
考核时限	30min	题型	B	满分	100 分	得分	
试题名称	电磁式电压互感器绝缘电阻测试						
考核要点及其要求	（1）现场安全文明生产。 （2）仪器仪表、工器具状态检查。 （3）被试品的外观、运行工况检查。 （4）仪器仪表的使用方法及安全注意事项等是否符合规范要求。 （5）是否熟悉电压互感器本体、二次绕组间及对地绝缘电阻试验方法。 （6）整体操作过程是否符合要求，有无安全隐患。 （7）试验报告是否符合要求						

续表

现场设备、工器具、材料	(1) 工器具：2500V 兆欧表 1 块、温湿度计 1 块、110kV 验电器 1 个、放电棒 1 套、绝缘手套 1 双、绝缘垫 1 块、安全围栏 2 盘、活动扳手 1 把。 (2) 材料：4mm^2 多股裸铜线接地线（20m）1 盘、4mm^2 多股软铜线短路线（1m）5 根、抹布 1 块、空白试验报告 1 份。 (3) 设备：110kV 电磁式电压互感器 1 台
备注	

评分标准

序号	考核项目名称	质量要求	分值	扣分标准	扣分原因	得分
1	着装	正确穿戴安全帽、工作服、绝缘鞋	5	(1) 未穿工装、戴安全帽、穿绝缘鞋，每项扣 1 分。 (2) 着装、穿戴不规范，每处扣 1 分。 (3) 本项分值扣完为止		
2	准备工作	正确选择仪器仪表、工器具及材料	10	(1) 每选错、漏选一项扣 2 分。 (2) 未进行外观检查，未检查检验合格日期，每项扣 2 分。 (3) 本项分值扣完为止		
3	安全措施	(1) 设置安全围栏	2	未设置安全围栏扣 2 分		
		(2) 对被试品进行验电、放电、接地	8	(1) 未对被试品进行验电、放电，每项扣 2 分。 (2) 验电、放电时未戴绝缘手套，每项扣 2 分。 (3) 电压互感器底座未接地，扣 2 分。 (4) 本项分值扣完为止		
4	绝缘电阻试验	(1) 办理工作开工	2	(1) 未办理工作开工，扣 1 分。 (2) 未了解被试品的运行工况及查找以往试验数据，扣 1 分		
		(2) 检查被试品状况	2	未检查被试品外观有无裂纹、绝缘损坏状况扣 2 分		
		(3) 清理被试品	2	未进行被试品表面清理，扣 2 分		
		(4) 摆放温湿度计	2	(1) 未摆放温湿度计，扣 2 分。 (2) 摆放位置不正确，扣 1 分		
		(5) 兆欧表检查	5	(1) 未检查兆欧表电量，扣 2 分。 (2) 未检查兆欧表分别在零位和无穷大指示是否正确，扣 3 分		

续表

序号	考核项目名称	质量要求	分值	扣分标准	扣分原因	得分
4	绝缘电阻试验	(6) 电压互感器本体绝缘电阻测试	20	(1) 接线错误致使试验无法进行，扣20分。 (2) L、E试验线接反，扣5分。 (3) 测试时没有将互感器首尾短接，扣10分。 (4) 二次绕组未短接接地，扣5分。 (5) 其他项目不规范，如试验电压设置不正确、未进行呼唱、测试时间不正确等，每项扣3分。 (6) 本项分值扣完为止		
		(7) 二次绕组间及对地绝缘电阻测试	20	(1) 接线错误致使试验无法进行，扣20分。 (2) L、E试验线接反，扣5分。 (3) 末屏未接地，扣5分。 (4) 非被试二次绕组未短路接地，扣5分。 (5) 其他项目不规范，如试验电压设置不正确、未进行呼唱、测试时间不正确、二次绕组测试漏项等，每项扣3分。 (6) 本项分值扣完为止		
		(8) 记录温湿度	2	未记录环境温度和相对湿度，扣2分		
		(9) 试验操作应在30min内完成		(1) 试验操作每超出10min，扣10分。 (2) 本项扣完55分为止		
5	办理完工	清理现场	5	(1) 未将现场恢复到测试前的状态，扣2分。 (2) 每遗留一件物品，扣1分。 (3) 本项分值扣完为止		
6	出具试验报告	(1) 环境参数齐备	3	未填写环境温度、相对湿度，扣3分		
		(2) 设备参数齐备	2	铭牌数据不正确，扣2分		
		(3) 试验报告正确完整	10	(1) 试验数据不正确，扣3分。 (2) 判断依据未填写或不正确，扣3分。 (3) 报告结论分析不正确或未填写试验是否合格，扣3分。 (4) 报告没有填写考生姓名，扣1分		
		(4) 试验报告应在20min内完成		(1) 试验报告每超出5min扣2分。 (2) 本项扣完15分为止		

2.2.4 SY5ZY0104 电流互感器绝缘电阻测试

一、作业

（一）工器具、材料、设备

（1）工器具：2500V 兆欧表 1 块、温湿度计 1 块、110kV 验电器 1 个、放电棒 1 套、绝缘手套 1 双、绝缘垫 1 块、安全围栏 2 盘、活动扳手 1 把。

（2）材料：4mm^2 多股裸铜线接地线（20m）1 盘、4mm^2 多股软铜线短路线（1m）5 根、抹布 1 块、空白试验报告 1 份。

（3）设备：110kV 电容型电流互感器 1 台。

（二）安全要求

（1）考生进入现场要求正确穿戴工作服、绝缘鞋和安全帽。

（2）试验前必须对被试品进行验电、放电、接地，变更接线及试验结束后必须对被试品进行充分放电。

（3）试验前认真检查试验接线，不发生人身触电危险、不发生人为损坏仪器、设备的安全事件。

（4）考生试验时必须站在绝缘垫上，并与带电部分保持足够的安全距离。

（三）操作步骤及工艺要求（含注意事项）

1. 准备工作

（1）根据要求，准备所使用的仪器仪表、工器具及所需的试验线、接地线等材料。

（2）准备被试品历年的试验数据，了解设备运行工况。

（3）检查试验仪器、验电器、放电棒、绝缘垫等，确认均完好并处于检验周期内。

（4）办理开工手续。

（5）对被试品进行验电、放电并接地。

（6）清理被试品表面的脏污，检查电流互感器是否存在外绝缘损伤等情况。

（7）记录电流互感器的铭牌、以往试验数据及不良工况等。

2. 实际操作步骤

（1）根据试验要求摆放好温湿度计、兆欧表、绝缘垫等其他工器具，设置好安全围栏。

（2）检查兆欧表工作状态是否良好。

（3）分别在测试电流互感器本体、末屏对地、二次绕组间及对地的绝缘电阻值，选择 2500V 档位进行测试，读取 1min 的数据。

（4）测试完毕，关闭试验按钮，待兆欧表自动放电完毕后，关闭兆欧表电源，先断开兆欧表的 L 测试线，再断开 E 测试线，然后利用放电棒对被试品进行充分放电。

（5）记录绝缘电阻数据、当前环境温度、相对湿度。

3. 试验结束后的工作

（1）拆除所有试验接线、接地线、短路线等。

（2）将试验仪器仪表、工器具等清理干净，规放整齐。

（3）撤掉所设置的安全围栏，将被测试设备及现场恢复到测试前的状态。

（4）工作结束后汇报试验情况及结果。

(5) 编写试验报告。

4. 注意事项

(1) 试验接线应整洁、明了，无两根测试线在一起缠绕现象。

(2) 电流互感器外壳、末屏、非被试二次绕组应接地良好。

(3) 绝缘电阻过低时，应分析原因，并使用兆欧表的屏蔽线G排除环境温湿度、表面脏污等的影响。

二、考核

(一) 考核场地

(1) 试验场地应具有足够的安全距离，面积不小于 $9m^2$。

(2) 现场的试验线、接地线、短路线应满足试验的要求，放电棒、验电器、绝缘垫、温湿度表、兆欧表数量上满足考生的需求。

(3) 现场设置1套桌椅，可供考生出具试验报告。

(4) 设置1套评判用的桌椅和计时秒表。

(二) 考核时间

(1) 试验操作时间不超过30min。

(2) 试验仪器、工器具等准备时间不超过5min，该时间不计入考核时间。

(3) 试验报告的出具时间不超过20min，该时间不计入操作时间。

(三) 考核要点

(1) 现场安全文明生产。

(2) 仪器仪表、工器具状态检查。

(3) 被试品的外观、运行工况检查。

(4) 仪器仪表的使用方法及安全注意事项等是否符合规范要求。

(5) 是否熟悉电流互感器本体、末屏、二次绕组间及对地绝缘电阻试验方法。

(6) 整体操作过程是否符合要求，有无安全隐患。

(7) 试验报告是否符合要求。

三、评分标准

行业：电力工程　　　　工种：电气试验工　　　　等级：五

编号	SY5ZY0104	行为领域	e	鉴定范围		电气试验初级工	
考核时限	30min	题型	B	满分	100分	得分	
试题名称	电流互感器绝缘电阻测试						
考核要点及其要求	(1) 现场安全文明生产。 (2) 仪器仪表、工器具状态检查。 (3) 被试品的外观、运行工况检查。 (4) 仪器仪表的使用方法及安全注意事项等是否符合规范要求。 (5) 是否熟悉电流互感器本体、末屏、二次绕组间及对地绝缘电阻试验方法。 (6) 整体操作过程是否符合要求，有无安全隐患。 (7) 试验报告是否符合要求						

续表

现场设备、工器具、材料	（1）工器具：2500V兆欧表1块、温湿度计1块、110kV验电器1个、放电棒1套、绝缘手套1双、绝缘垫1块、安全围栏2盘、活动扳手1把。 （2）材料：$4mm^2$多股裸铜线接地线（20m）1盘、$4mm^2$多股软铜线短路线（1m）5根、抹布1块、空白试验报告1份。 （3）设备：110kV电容型电流互感器1台
备注	

评分标准

序号	考核项目名称	质量要求	分值	扣分标准	扣分原因	得分
1	着装	正确穿戴安全帽、工作服、绝缘鞋	5	（1）未穿工装、戴安全帽、穿绝缘鞋，每项扣1分。 （2）着装、穿戴不规范，每处扣1分。 （3）本项分值扣完为止		
2	准备工作	正确选择仪器仪表、工器具及材料	10	（1）每选错、漏选一项扣2分。 （2）未进行外观检查，未检查检验合格日期，每项扣2分。 （3）本项分值扣完为止		
3	安全措施	（1）设置安全围栏	2	未设置安全围栏扣2分		
		（2）对被试品进行验电、放电、接地	8	（1）互感器未进行验电、放电，每项扣2分。 （2）验电、放电时未戴绝缘手套，每项扣2分。 （3）电流互感器外壳未接地，扣2分。 （4）本项分值扣完为止		
4	绝缘电阻试验	（1）办理工作开工	2	（1）未办理工作开工，扣1分。 （2）未了解被试品的运行工况及查找以往试验数据，扣1分		
		（2）检查被试品状况	2	未检查被试品外观有无裂纹、绝缘损坏状况扣2分		
		（3）清理被试品	2	未进行被试品表面清理，扣2分		
		（4）摆放温湿度计	2	（1）未摆放温湿度计，扣2分。 （2）摆放位置不正确，扣1分		
		（5）兆欧表检查	5	（1）未检查兆欧表电量，扣2分。 （2）未检查兆欧表分别在零位和无穷大指示是否正确，扣3分。		

续表

序号	考核项目名称	质量要求	分值	扣分标准	扣分原因	得分
4	绝缘电阻试验	(6) 电流互感器本体绝缘电阻测试	15	(1) 接线错误致使试验无法进行，扣15分。 (2) L、E试验线接反，扣5分。 (3) 测试时末屏未、二次绕组未短接接地，每项扣5分。 (4) 其他项目不规范，如试验电压设置不正确、未进行呼唱等，每项扣3分。 (5) 本项分值扣完为止		
		(7) 电流互感器末屏绝缘电阻测试	10	(1) 接线错误致使试验无法进行，扣10分。 (2) L、E试验线接反，扣5分。 (3) 二次绕组未短接接地，扣5分。 (4) 其他项目不规范，如试验电压设置不正确、未进行呼唱等，每项扣3分。 (5) 本项分值扣完为止		
		(8) 二次绕组间及对地绝缘电阻测试	15	(1) 接线错误致使试验无法进行，扣15分。 (2) L、E试验线接反，扣5分。 (3) 末屏、非被试二次绕组未短接接地，扣5分。 (4) 其他项目不规范，如试验电压设置不正确、未进行呼唱等，每项扣3分。 (5) 本项分值扣完为止		
		(9) 记录温湿度	2	未记录环境温度和相对湿度，扣2分		
		(10) 试验操作应在30min内完成		(1) 试验操作每超出10min扣10分。 (2) 本项扣完55分为止		
5	办理完工	清理现场	5	(1) 未将现场恢复到测试前的状态，扣2分。 (2) 每遗留一件物品，扣1分。 (3) 本项分值扣完为止		

续表

序号	考核项目名称	质量要求	分值	扣分标准	扣分原因	得分
6	出具试验报告	(1)环境参数齐备	3	未填写环境温度、相对湿度，扣3分		
		(2)设备参数齐备	2	铭牌数据不正确，扣2分		
		(3)试验报告正确完整	10	(1)试验数据不正确，扣3分。 (2)判断依据未填写或不正确，扣3分。 (3)报告结论分析不正确或未填写试验是否合格，扣3分。 (4)报告没有填写考生姓名，扣1分		
		(4)试验报告应在20min内完成		(1)试验报告完成时间每超出5min扣2分。 (2)本项扣完15分为止		

2.2.5 SY5ZY0201 并联电容器电容量测试

一、作业

（一）工器具、材料、设备

（1）工器具：电容电感测试仪 1 套、温湿度计 1 块、10kV 验电器 1 个、放电棒 1 套、绝缘手套 1 双、绝缘垫 1 块、220V 检修电源箱（带漏电保护器）1 套、安全围栏 2 盘、活动扳手 1 把。

（2）材料：4mm^2 多股裸铜线接地线（20m）1 盘、4mm^2 多股软铜线短路线（1m）1 根、抹布 1 块、空白试验报告 1 份。

（3）设备：12kV 并联电容器 1 个。

（二）安全要求

（1）考生进入现场要求正确穿戴工作服、绝缘鞋和安全帽。

（2）开始工作前使用万用表检查试验电源电压是否为 220V，漏电保护器是否正确动作。

（3）试验前必须对被试品进行验电、放电、接地，变更接线及试验结束后必须对被试品进行充分放电。

（4）试验前认真检查试验接线，不发生人身触电危险、不发生人为损坏仪器、设备的安全事件。

（5）考生试验时必须站在绝缘垫上，并与带电部分保持足够的安全距离。

（三）操作步骤及工艺要求（含注意事项）

1. 准备工作

（1）根据要求，准备所使用的仪器仪表、工器具及所需的试验线、接地线等材料。

（2）准备被试品历年的试验数据，了解设备运行工况。

（3）检查试验仪器、验电器、放电棒、绝缘垫等，确认均完好并处于检验周期内。

（4）办理开工手续。

（5）对被试品进行验电、放电，并将被试品外壳接地。

（6）清理被试品表面的脏污，检查被试品是否存在外绝缘损伤等情况。

（7）记录电容器的铭牌、以往试验数据及不良工况等。

2. 实际操作步骤

（1）根据试验要求摆放好温湿度计、电容电感测试仪、绝缘垫、检修电源箱等其他工器具，设置好安全围栏。

（2）使用万用表检查检修电源是否符合要求，手动操作检查漏电保护器能否可靠动作。

（3）检查电容电感测试仪、钳型电流表及其试验线工作状态是否良好。

（4）将仪器按要求接地良好，测试线分别接至电容器两极上，钳型电流表卡在被试电容器的套管上，进行测试。

（5）测试完毕，记录测试数据，关闭仪器电源并拉开检修电源小闸刀，利用放电棒对被试品进行充分放电，拆除试验接线。

（6）记录测试数据、当前环境温度、相对湿度。

3. 试验结束后的工作

（1）拆除所有接地线、短路线等。

（2）将试验仪器仪表、工器具等清理干净，规放整齐。

（3）撤掉所设置的安全围栏，将被测试设备及现场恢复到测试前的状态。

（4）工作结束后汇报试验情况及结果。

（5）编写试验报告。

4．注意事项

（1）试验接线应整洁、明了，无两根测试线在一起缠绕现象。

（2）电容器外壳应接地良好。

（3）电容量与铭牌电容量及初始值比较超出规程要求（电容器的电容量偏差应在－5％～10％，且初值差不超过±5％）时，应查明原因。

二、考核

（一）考核场地

（1）试验场地应具有足够的安全距离，面积不小于 $9m^2$。

（2）现场的试验线、接地线、短路线应满足试验要求，放电棒、验电器、绝缘垫、温湿度表、电容电感测试仪数量上满足考生的需求。

（3）现场设置 1 套桌椅，可供考生出具试验报告。

（4）设置 1 套评判用的桌椅和计时秒表。

（二）考核时间

（1）试验操作时间不超过 30min。

（2）试验仪器、工器具等准备时间不超过 5min，该时间不计入考核时间。

（3）试验报告的出具时间不超过 20min，该时间不计入操作时间。

（三）考核要点

（1）现场安全文明生产。

（2）仪器仪表、工器具状态检查。

（3）被试品的外观、运行工况检查。

（4）仪器仪表的使用方法及安全注意事项等是否符合规范要求。

（5）是否熟悉电容电感测试仪的使用及电容器电容量的试验方法。

（6）整体操作过程是否符合要求，有无安全隐患。

（7）试验报告是否符合要求。

三、评分标准

行业：电力工程　　　　工种：电气试验工　　　　等级：五

编号	SY5ZY0201	行为领域	e	鉴定范围		电气试验初级工	
考核时限	30min	题型	A	满分	100 分	得分	
试题名称	并联电容器电容量测试						
考核要点及其要求	（1）现场安全文明生产。 （2）仪器仪表、工器具状态检查。 （3）被试品的外观、运行工况检查。 （4）仪器仪表的使用方法及安全注意事项等是否符合规范要求。 （5）是否熟悉电容电感测试仪的使用及电容器电容量的试验方法。 （6）整体操作过程是否符合要求，有无安全隐患。 （7）试验报告是否符合要求						

续表

现场设备、工器具、材料	(1) 工器具：电容电感测试仪1套、温湿度计1块、10kV验电器1个、放电棒1套、绝缘手套1双、绝缘垫1块、220V检修电源箱（带漏电保护器）1套、安全围栏2盘、活动扳手1把。 (2) 材料：4mm^{2}多股裸铜线接地线（20m）1盘、4mm^{2}多股软铜线短路线（1m）1根、抹布1块、空白试验报告1份。 (3) 设备：12kV电容器1台
备注	

评分标准

序号	考核项目名称	质量要求	分值	扣分标准	扣分原因	得分
1	着装	正确穿戴安全帽、工作服、绝缘鞋	5	(1) 未穿工装、戴安全帽、穿绝缘鞋，每项扣1分。 (2) 着装、穿戴不规范，每处扣1分。 (3) 本项分值扣完为止		
2	准备工作	正确选择仪器仪表、工器具及材料	10	(1) 每选错、漏选一项，扣2分。 (2) 未进行外观检查，未检查检验合格日期，每项扣2分。 (3) 本项分值扣完为止		
3	安全措施	(1) 设置安全围栏	1	未设置安全围栏扣1分		
		(2) 检查检修电源电压、漏电保护器是否符合要求	2	(1) 未测试检修电源电压扣1分。 (2) 未检查漏电保护器能否可靠动作，扣1分		
		(3) 对被试品进行验电、放电、接地	7	(1) 未对被试品进行验电、放电，每项扣2分。 (2) 验电、放电时未戴绝缘手套，每项扣1分。 (3) 电容器外壳未接地，扣2分。 (4) 本项分值扣完为止		
4	电容量测试	(1) 办理工作开工	2	(1) 未办理工作开工，扣1分。 (2) 未了解被试品的运行工况及查找以往试验数据，扣1分		
		(2) 检查被试品状况	2	未检查被试品外观状况扣2分		
		(3) 清理被试品	2	未进行被试品表面清理，扣2分		
		(4) 摆放温湿度计	2	(1) 未摆放温湿度计，扣2分。 (2) 摆放位置不正确，扣1分		
		(5) 检查要求状态	5	未检查仪器、钳型电流表、试验线状态，扣5分		

续表

序号	考核项目名称	质量要求	分值	扣分标准	扣分原因	得分
4	电容量测试	（6）电容量测试	40	（1）接线错误致使试验无法进行，扣40分。 （2）钳型电流表档位不正确扣10分。 （3）其他项目不规范，如仪器未接地、未进行呼唱等，每项扣5分。 （4）本项分值扣完为止		
		（7）记录温湿度	2	未记录环境温度和相对湿度，扣2分		
		（8）试验操作应在30min内完成		（1）试验操作每超出10min扣10分。 （2）本项扣完55分为止		
5	办理完工	清理现场	5	（1）未将现场恢复到测试前的状态，扣3分。 （2）每遗留一件物品，扣1分。 （3）本项分值扣完为止		
6	出具试验报告	（1）环境参数齐备	3	未填写环境温度、相对湿度，扣3分		
		（2）设备参数齐备	2	铭牌数据不正确，扣2分		
		（3）试验报告正确完整	10	（1）试验数据不正确，扣3分。 （2）判断依据未填写或不正确，扣3分。 （3）报告结论分析不正确或未填写试验，扣3分。 （4）报告没有填写考生姓名，扣1分		
		（4）试验报告应在20min内完成		（1）试验报告完成时间每超出5min扣2分。 （2）本项扣完15分为止		

2.2.6 SY5ZY0301 断路器回路电阻测试

一、作业

（一）工器具、材料、设备

（1）工器具：回路电阻测试仪1套、温湿度计1块、35kV验电器1个、放电棒1套、绝缘手套1双、绝缘垫1块、220V检修电源箱（带漏电保护器）1套、安全围栏2盘、活动扳手1把。

（2）材料：$4mm^2$ 多股裸铜线接地线（20m）1盘、抹布1块、空白试验报告1份。

（3）设备：35kV断路器1台。

（二）安全要求

（1）考生进入现场要求正确穿戴工作服、绝缘鞋和安全帽。

（2）开始工作前使用万用表检查试验电源电压是否为220V，手动检查漏电保护器是否正确动作。

（3）试验前必须对被试品进行验电、放电、接地，变更接线及试验结束后必须对被试品进行充分放电。

（4）试验前认真检查试验接线，不发生人身触电危险、不发生人为损坏仪器、设备的安全事件。

（5）考生试验时必须站在绝缘垫上，并与带电部分保持足够的安全距离。

（三）操作步骤及工艺要求（含注意事项）

1. 准备工作

（1）根据要求，准备所使用的仪器仪表、工器具及所需的试验线、接地线等材料。

（2）准备被试品历年的试验数据，了解设备运行工况。

（3）检查试验仪器、验电器、放电棒、绝缘垫等，确认均完好并处于检验周期内。

（4）办理开工手续。

（5）对被试品进行验电、放电，并将被试品外壳接地。

（6）清理被试品表面的脏污，检查断路器是否存在外绝缘损伤、端子接触不良等情况。

（7）记录断路器的铭牌、以往试验数据及不良工况等。

2. 实际操作步骤

（1）根据试验要求摆放好温湿度计、回路电阻测试仪、绝缘垫、检修电源箱等其他工器具，设置好安全围栏。

（2）使用万用表检查检修电源是否符合要求，手动操作检查漏电保护器能否可靠动作。

（3）检查仪器及其测试线状态是否良好。

（4）将仪器按要求接地，两套测试线分别接至断路器两端的接线端子上，电流线应接在电压线的外侧，并且电流线夹与电压线夹的金属部分不能接触，选用不小于100A的测试电流进行测试。

（5）测试完毕，记录测试数据，关闭仪器电源并拉开检修电源小闸刀，利用放电棒对被试品进行充分放电，拆除试验接线。

（6）记录测试数据及当前的环境温度、相对湿度。

3. 试验结束后的工作

（1）拆除所有接地线、试验线等。

（2）将试验仪器仪表、工器具等清理干净，规放整齐。

（3）撤掉所设置的安全围栏，将被测试设备及现场恢复到测试前的状态。

（4）工作结束后汇报试验情况及结果。

（5）编写试验报告。

4. 注意事项

（1）试验接线应整洁、明了，无两根测试线在一起缠绕现象。

（2）断路器底座应接地良好。

（3）回路电阻超出厂家要求值时，应查明原因，检查断路器接线板连接是否牢固。

二、考核

（一）考核场地

（1）试验场地应具有足够的安全距离，面积不小于 $9m^2$。

（2）现场的试验线、接地线、短路线应满足试验要求，放电棒、验电器、绝缘垫、温湿度表、回路电阻测试仪数量上满足考生的需求。

（3）现场设置 1 套桌椅，可供考生出具试验报告。

（4）设置 1 套评判用的桌椅和计时秒表。

（二）考核时间

（1）试验操作时间不超过 30min。

（2）试验仪器、工器具等准备时间不超过 5min，该时间不计入考核时间。

（3）试验报告的出具时间不超过 20min，该时间不计入操作时间。

（三）考核要点

（1）现场安全文明生产。

（2）仪器仪表、工器具状态检查。

（3）被试品的外观、运行工况检查。

（4）仪器仪表的使用方法及安全注意事项等是否符合规范要求。

（5）是否熟悉回路电阻测试仪的使用及回路电阻的试验方法。

（6）整体操作过程是否符合要求，有无安全隐患。

（7）试验报告是否符合要求。

三、评分标准

行业：电力工程　　　　工种：电气试验工　　　　等级：五

编号	SY5ZY0301	行为领域	e	鉴定范围		电气试验初级工	
考核时限	30min	题型	A	满分	100 分	得分	
试题名称	断路器回路电阻测试						
考核要点及其要求	（1）现场安全文明生产。 （2）仪器仪表、工器具状态检查。 （3）被试品的外观、运行工况检查。 （4）仪器仪表的使用方法及安全注意事项等是否符合规范要求。 （5）是否熟悉回路电阻测试仪的使用及回路电阻的试验方法。 （6）整体操作过程是否符合要求，有无安全隐患。 （7）试验报告是否符合要求						

续表

现场设备、工器具、材料	(1) 工器具：回路电阻测试仪1套、温湿度计1块、35kV验电器1个、放电棒1套、绝缘手套1双、绝缘垫1块、220V检修电源箱（带漏电保护器）1套、安全围栏2盘、活动扳手1把。 (2) 材料：$4mm^2$ 多股裸铜线接地线（20m）1盘、抹布1块、空白试验报告1份。 (3) 设备：35kV断路器1台
备注	

评分标准

序号	考核项目名称	质量要求	分值	扣分标准	扣分原因	得分
1	着装	正确穿戴安全帽、工作服、绝缘鞋	5	(1) 未穿工装、戴安全帽、穿绝缘鞋，每项扣1分。 (2) 着装、穿戴不规范，每处扣1分。 (3) 本项分值扣完为止		
2	准备工作	正确选择仪器仪表、工器具及材料	10	(1) 每选错、漏选一项，扣2分。 (2) 未进行外观检查，未检查检验合格日期，每项扣2分。 (3) 本项分值扣完为止		
3	安全措施	(1) 设置安全围栏	1	未设置安全围栏，扣1分		
		(2) 检查检修电源电压、漏电保护器是否符合要求	2	(1) 未测试检修电源电压，扣1分。 (2) 未检查漏电保护器能否可靠动作，扣1分		
		(3) 对被试品进行验电、放电、接地	7	(1) 未对被试品进行验电、放电，每项扣2分。 (2) 验电、放电时未戴绝缘手套，每项扣1分。 (3) 断路器底座未接地，扣2分。 (4) 本项分值扣完为止		
4	电容量测试	(1) 办理工作开工	2	(1) 未办理工作开工，扣1分。 (2) 未了解被试品的运行工况及查找以往试验数据，扣1分		
		(2) 检查被试品状况	2	未检查被试品外观有无裂纹、绝缘损坏状况扣2分		
		(3) 清理被试品	2	未进行被试品表面清理，扣2分		
		(4) 摆放温湿度计	2	(1) 未摆放温湿度计，扣2分。 (2) 摆放位置不正确，扣1分		
		(5) 检查要求状态	5	未检查回路电阻测试仪的状态，扣5分		

续表

序号	考核项目名称	质量要求	分值	扣分标准	扣分原因	得分
4	电容量测试	（6）回路电阻测试	40	（1）接线错误致使试验无法进行，扣40分。 （2）电流线未接在电压线外侧，扣5分。 （3）电流线夹与电压线夹接触，扣10分。 （4）其他项目不规范，如仪器未接地、未进行呼唱等，每项扣5分。 （5）本项分值扣完为止		
		（7）记录温湿度	5	未记录环境温度和相对湿度，扣5分		
		（8）试验操作应在30min内完成		（1）试验操作每超出10min扣10分。 （2）本项扣完55分为止		
5	办理完工	清理现场	5	（1）未将现场恢复到测试前的状态，扣3分。 （2）每遗留一件物品，扣1分。 （3）本项分值扣完为止		
6	出具试验报告	（1）环境参数齐备	3	未填写环境温度、相对湿度，扣3分		
		（2）设备参数齐备	2	铭牌数据不正确，扣2分		
		（3）试验报告正确完整	10	（1）试验数据不正确，扣3分。 （2）判断依据未填写或不正确，扣3分。 （3）报告结论分析不正确或未填写试验是否合格，扣3分。 （4）报告没有填写考生姓名，扣1分		
		（4）试验报告应在20min内完成		（1）试验报告每超出5min扣2分。 （2）本项扣完15分为止		

2.2.7 SY5ZY0401 空心电抗器直流电阻测试

一、作业

（一）工器具、材料、设备

（1）工器具：直流电阻测试仪1套、温湿度计1块、10kV验电器1个、放电棒1套、绝缘手套1双、绝缘垫1块、220V检修电源箱（带漏电保护器）1套、安全围栏2盘、活动扳手1把。

（2）材料：$4mm^2$ 多股裸铜线接地线（20m）1盘、抹布1块、空白试验报告1份。

（3）设备：10kV空心电抗器1台。

（二）安全要求

（1）考生进入现场要求正确穿戴工作服、绝缘鞋和安全帽。

（2）开始工作前使用万用表检查试验电源电压是否为220V，手动检查漏电保护器是否正确动作。

（3）试验前必须对被试品进行验电、放电、接地，变更接线及试验结束后必须对被试品进行充分放电。

（4）试验前认真检查试验接线，不发生人身触电危险、不发生人为损坏仪器、设备的安全事件。

（5）考生试验时必须站在绝缘垫上，并与带电部分保持足够的安全距离。

（三）操作步骤及工艺要求（含注意事项）

1. 准备工作

（1）根据要求，准备所使用的仪器仪表、工器具及所需的试验线、接地线等材料。

（2）准备被试品历年的试验数据，了解设备运行工况。

（3）检查试验仪器、验电器、放电棒、绝缘垫等，确认均完好并处于检验周期内。

（4）办理开工手续。

（5）对被试品进行验电、放电，并将底座接地。

（6）清理被试品表面的脏污，检查电抗器是否存在绑带损伤开裂、断裂、绕组断股等情况。

（7）记录电抗器的铭牌、以往试验数据及不良工况等。

2. 实际操作步骤

（1）根据试验要求摆放好温湿度计、直流电阻测试仪、绝缘垫、检修电源箱等其他工器具，设置好安全围栏。

（2）使用万用表检查检修电源是否符合要求，手动操作检查漏电保护器能否可靠动作。

（3）检查仪器及其测试线状态是否良好。

（4）将仪器按要求接地，根据绕组直流电阻的大小选择相应的电流档位进行测试，测试值换算至同温度下初值差不应大于±2%。

（5）测试完毕，记录测试数据，按仪器的复位键进行放电，放电完毕后关闭仪器电源并拉开检修电源小闸刀，利用放电棒对被试品进行充分放电，拆除试验接线。

（6）记录测试数据及当前的环境温度、相对湿度。

3. 试验结束后的工作

（1）拆除所有接地线、试验线等。

（2）将试验仪器仪表、工器具等清理干净，规放整齐。

（3）撤掉所设置的安全围栏，将被测试设备及现场恢复到测试前的状态。

（4）工作结束后汇报试验情况及结果。

（5）编写试验报告。

4. 注意事项

（1）试验接线应整洁、明了，无两根测试线在一起缠绕现象。

（2）电抗器底座应接地良好。

（3）直流电阻初值差超出±2%时，应查明原因，检查接线连接是否良好。

二、考核

（一）考核场地

（1）试验场地应具有足够的安全距离，面积不小于 $9m^2$。

（2）现场的试验线、接地线、短路线应满足试验要求，放电棒、验电器、绝缘垫、温湿度表、直流电阻测试仪数量上满足考生的需求。

（3）现场设置 1 套桌椅，可供考生出具试验报告。

（4）设置 1 套评判用的桌椅和计时秒表。

（二）考核时间

（1）试验操作时间不超过 30min。

（2）试验仪器、工器具等准备时间不超过 5min，该时间不计入考核时间。

（3）试验报告的出具时间不超过 20min，该时间不计入操作时间。

（三）考核要点

（1）现场安全文明生产。

（2）仪器仪表、工器具状态检查。

（3）被试品的外观、运行工况检查。

（4）仪器仪表的使用方法及安全注意事项等是否符合规范要求。

（5）是否熟悉直流电阻测试仪的使用及直流电阻的测试方法。

（6）整体操作过程是否符合要求，有无安全隐患。

（7）试验报告是否符合要求。

三、评分标准

行业：电力工程　　　　**工种：电气试验工**　　　　**等级：五**

编号	SY5ZY0401	行为领域	e	鉴定范围		电气试验初级工	
考核时限	30min	题型	A	满分	100 分	得分	
试题名称	空心电抗器直流电阻测试						
考核要点及其要求	（1）现场安全文明生产。 （2）仪器仪表、工器具状态检查。 （3）被试品的外观、运行工况检查。 （4）仪器仪表的使用方法及安全注意事项等是否符合规范要求。 （5）是否熟悉直流电阻测试仪的使用及直流电阻的测试方法。 （6）整体操作过程是否符合要求，有无安全隐患。 （7）试验报告是否符合要求						

续表

现场设备、工器具、材料	（1）工器具：直流电阻测试仪1套、温湿度计1块、10kV验电器1个、放电棒1套、绝缘手套1双、绝缘垫1块、220V检修电源箱（带漏电保护器）1套、安全围栏2盘、活动扳手1把。 （2）材料：$4mm^2$多股裸铜线接地线（20m）1盘、抹布1块、空白试验报告1份。 （3）设备：10kV空心电抗器1台
备注	

评分标准

序号	考核项目名称	质量要求	分值	扣分标准	扣分原因	得分
1	着装	正确穿戴安全帽、工作服、绝缘鞋	5	（1）未着工装、戴安全帽、穿绝缘鞋，每项扣1分。 （2）着装、穿戴不规范，每处扣1分。 （3）本项分值扣完为止		
2	准备工作	正确选择仪器仪表、工器具及材料	10	（1）每选错、漏选一项，扣2分。 （2）未进行外观检查，未检查检验合格日期，每项扣2分。 （3）本项分值扣完为止		
3	安全措施	（1）设置安全围栏	1	未设置安全围栏，扣1分		
		（2）检查检修电源电压、漏电保护器是否符合要求	2	（1）未测试检修电源电压，扣1分。 （2）未检查漏电保护器能否可靠动作，扣1分		
		（3）对被试品进行验电、放电、接地	7	（1）未对被试品进行验电、放电，每项扣2分。 （2）验电、放电时未戴绝缘手套，每项扣1分。 （3）电抗器底座未接地，扣2分。 （4）本项分值扣完为止		
4	电抗器绕组直流电阻测试	（1）办理工作开工	3	（1）未办理工作开工，扣2分。 （2）未了解被试品的运行工况及查找以往试验数据，扣1分		
		（2）检查被试品状况	2	未检查被试品外观有无开裂、电抗器有无鼓包、散股情况，扣2分		
		（3）摆放温湿度计	2	（1）未摆放温湿度计，扣2分。 （2）摆放位置不正确，扣1分		
		（4）检查要求状态	5	未检查直流电阻测试仪的状态，扣5分		

续表

序号	考核项目名称	质量要求	分值	扣分标准	扣分原因	得分
4	电抗器绕组直流电阻测试	（5）直流电阻测试	40	（1）接线错误致使试验无法进行，扣40分。 （2）其他项目不规范，如仪器未接地、未进行呼唱等，每项扣5分。 （3）本项分值扣完为止		
		（6）记录温湿度	3	未记录环境温度和相对湿度，扣3分		
		（7）试验操作应在30min内完成		（1）试验操作每超出10min扣10分。 （2）本项扣完55分为止		
5	办理完工	清理现场	5	（1）未将现场恢复到测试前的状态，扣3分。 （2）每遗留一件物品，扣1分。 （3）本项分值扣完为止		
6	出具试验报告	（1）环境参数齐备	3	未填写环境温度、相对湿度，扣2分		
		（2）设备参数齐备	2	铭牌数据不正确，扣1分		
		（3）试验报告正确完整	10	（1）试验数据不正确，扣2分。 （2）判断依据未填写或不正确，扣2分。 （3）报告结论分析不正确或未填写试验是否合格，扣2分。 （4）直流电阻值未按要求进行温度换算并求初值差，扣2分。 （5）报告没有填写考生姓名，扣2分。 （6）本项分值扣完为止		
		（4）试验报告应在20min内完成		（1）试验报告每超出5min扣2分。 （2）本项扣完15分为止		

2.2.8 SY5ZY0402 穿墙式电流互感器直流电阻测试

一、作业

（一）工器具、材料、设备

（1）工器具：直流电阻测试仪1套、温湿度计1块、10kV验电器1个、放电棒1套、绝缘手套1双、绝缘垫1块、220V检修电源箱（带漏电保护器）1套、安全围栏2盘、活动扳手1把。

（2）材料：4mm^2 多股裸铜线接地线（20m）1盘、抹布1块、空白试验报告1份。

（3）设备：10kV穿墙式电流互感器1台。

（二）安全要求

（1）考生进入现场要求正确穿戴工作服、绝缘鞋和安全帽。

（2）开始工作前使用万用表检查试验电源电压是否为220V，手动检查漏电保护器是否正确动作。

（3）试验前必须对被试品进行验电、放电、接地，变更接线及试验结束后必须对被试品进行充分放电。

（4）试验前认真检查试验接线，不发生人身触电危险、不发生人为损坏仪器、设备的安全事件。

（5）考生试验时必须站在绝缘垫上，并与带电部分保持足够的安全距离。

（三）操作步骤及工艺要求（含注意事项）

1. 准备工作

（1）根据要求，准备所使用的仪器仪表、工器具及所需的试验线、接地线等材料。

（2）准备被试品历年的试验数据，了解设备运行工况。

（3）检查试验仪器、验电器、放电棒、绝缘垫等，确认均完好并处于检验周期内。

（4）办理开工手续。

（5）对被试品进行验电、放电，并将电流互感器法兰处接地。

（6）清理被试品表面的脏污，检查互感器是否存在外绝缘损坏等情况。

（7）记录互感器的铭牌、以往试验数据及不良工况等。

2. 实际操作步骤

（1）根据试验要求摆放好温湿度计、直流电阻测试仪、绝缘垫、检修电源箱等其他工器具，设置好安全围栏。

（2）使用万用表检查检修电源是否符合要求，手动操作检查漏电保护器能否可靠动作。

（3）检查仪器及其测试线状态是否良好。

（4）将仪器按要求接地，分别测试各二次绕组的直流电阻值，根据绕组直流电阻值的大小选择相应的电流档位进行测试，直流电阻值换算至同温度下初值差不大于10%。

（5）测试完毕，记录测试数据，按仪器的复位键进行放电，放电完毕后关闭仪器电源并拉开检修电源小闸刀，利用放电棒对被试品进行充分放电，拆除试验接线。

（6）记录测试数据及当前的环境温度、相对湿度。

3. 试验结束后的工作

（1）拆除所有接地线、试验线等。

（2）将试验仪器仪表、工器具等清理干净，规放整齐。

(3) 撤掉所设置的安全围栏，将被测试设备及现场恢复到测试前的状态。

(4) 工作结束后汇报试验情况及结果。

(5) 编写试验报告。

4. 注意事项

(1) 试验接线应整洁、明了，无两根测试线在一起缠绕现象。

(2) 互感器法兰应接地良好。

(3) 换算至相同温度下，直流电阻初值差超过 10%，应查明原因，检查接线连接是否良好。

二、考核

(一) 考核场地

(1) 试验场地应具有足够的安全距离，面积不小于 $9m^2$。

(2) 现场的试验线、接地线、短路线应满足试验要求，放电棒、验电器、绝缘垫、温湿度表、直流电阻测试仪数量上满足考生的需求。

(3) 现场设置 1 套桌椅，可供考生出具试验报告。

(4) 设置 1 套评用的判桌椅和计时秒表。

(二) 考核时间

(1) 试验操作时间不超过 30min。

(2) 试验仪器、工器具等准备时间不超过 5min，该时间不计入考核时间。

(3) 试验报告的出具时间不超过 20min，该时间不计入操作时间。

(三) 考核要点

(1) 现场安全文明生产。

(2) 仪器仪表、工器具状态检查。

(3) 被试品的外观、健康状况检查。

(4) 仪器仪表的使用方法及安全注意事项等是否符合规范要求。

(5) 是否熟悉直流电阻测试仪的使用及直流电阻的测试方法。

(6) 整体操作过程是否符合要求，有无安全隐患。

(7) 试验报告是否符合要求。

三、评分标准

行业：电力工程　　　　工种：电气试验工　　　　等级：五

编号	SY5ZY0402	行为领域	e	鉴定范围		电气试验初级工	
考核时限	30min	题型	A	满分	100 分	得分	
试题名称	穿墙式电流互感器直流电阻测试						
考核要点及其要求	(1) 现场安全文明生产。 (2) 仪器仪表、工器具状态检查。 (3) 被试品的外观、运行工况检查。 (4) 仪器仪表的使用方法及安全注意事项等是否符合规范要求。 (5) 是否熟悉直流电阻测试仪的使用及直流电阻的测试方法。 (6) 整体操作过程是否符合要求，有无安全隐患。 (7) 试验报告是否符合要求						

续表

现场设备、工器具、材料	(1) 工器具：直流电阻测试仪1套、温湿度计1块、10kV验电器1个、放电棒1套、绝缘手套1双、绝缘垫1块、220V检修电源箱（带漏电保护器）1套、安全围栏2盘、活动扳手1把。 (2) 材料：$4mm^2$ 多股裸铜线接地线（20m）1盘、抹布1块、空白试验报告1份。 (3) 设备：10kV穿墙式电流互感器直流电阻1支
备注	

评分标准

序号	考核项目名称	质量要求	分值	扣分标准	扣分原因	得分
1	着装	正确穿戴安全帽、工作服、绝缘鞋	5	(1) 未穿工装、戴安全帽、穿绝缘鞋，每项扣1分。 (2) 着装、穿戴不规范，每处扣1分。 (3) 本项分值扣完为止		
2	准备工作	正确选择仪器仪表、工器具及材料	10	(1) 每选错、漏选一项，扣2分。 (2) 未进行外观检查，未检查检验合格日期，每项扣2分。 (3) 本项分值扣完为止		
3	安全措施	(1) 设置安全围栏	1	未设置安全围栏，扣1分		
		(2) 检查检修电源电压、漏电保护器是否符合要求	2	(1) 未测试检修电源电压，扣1分。 (2) 未检查漏电保护器是否能够可靠动作，扣1分		
		(3) 对被试品进行验电、放电、接地	7	(1) 未对被试品进行验电、放电，每项扣1分。 (2) 验电、放电时未戴绝缘手套，每项扣2分。 (3) 互感器法兰未接地，扣2分。 (4) 本项分值扣完为止		
4	互感器二次绕组直流电阻测试	(1) 办理工作开工	3	(1) 未办理工作开工，扣2分。 (2) 未了解被试品的运行工况及查找以往试验数据，扣1分		
		(2) 检查被试品状况	2	未检查被试品外观有无外绝缘损坏等情况，扣2分		
		(3) 摆放温湿度计	2	(1) 未摆放温湿度计，扣2分。 (2) 摆放位置不正确，扣1分		
		(4) 检查要求状态	5	未检查直流电阻测试仪的状态，扣5分		

续表

序号	考核项目名称	质量要求	分值	扣分标准	扣分原因	得分
4	互感器二次绕组直流电阻测试	(5) 二次绕组直流电阻测试	40	(1) 接线错误致使试验无法进行，扣40分。 (2) 其他项目不规范，如仪器未接地、未进行呼唱、漏测某二次绕组等，每项扣5分。 (3) 本项分值扣完为止		
		(6) 记录温湿度	5	未记录环境温度和相对湿度，扣5分		
		(7) 试验操作应在30min内完成		(1) 试验操作每超出10min，扣10分。 (2) 本项扣完55分为止		
5	办理完工	清理现场	5	(1) 未将现场恢复到测试前的状态，扣3分。 (2) 每遗留一件物品，扣1分。 (3) 本项分值扣完为止		
6	出具试验报告	(1) 环境参数齐备	3	未填写环境温度、相对湿度，扣3分		
		(2) 设备参数齐备	2	铭牌数据不正确，扣2分		
		(3) 试验报告正确完整	10	(1) 试验数据不正确，扣3分。 (2) 判断依据未填写或不正确，扣3分。 (3) 报告结论分析不正确或未填写试验是否合格，扣3分。 (4) 报告没有填写考生姓名，扣1分。 (5) 本项分值扣完为止		
		(4) 试验报告应在20min内完成		(1) 试验报告每超出5min扣2分。 (2) 本项扣完15分为止		

2.2.9 SY5ZY0403 10kV 变压器直流电阻测试

一、作业

（一）工器具、材料、设备

（1）工器具：直流电阻测试仪 1 套、温湿度计 1 块、10kV 验电器 1 个、放电棒 1 套、绝缘手套 1 双、绝缘垫 1 块、220V 检修电源箱（带漏电保护器）1 套、安全围栏 2 盘、活动扳手 1 把。

（2）材料：$4mm^2$ 多股裸铜线接地线（20m）1 盘、抹布 1 块、空白试验报告 1 份。

（3）设备：10kV 变压器 1 台。

（二）安全要求

（1）考生进入现场要求正确穿戴工作服、绝缘鞋和安全帽。

（2）开始工作前使用万用表检查试验电源电压是否为 220V，手动检查漏电保护器是否正确动作。

（3）试验前必须对被试品进行验电、放电、接地，变更接线及试验结束后必须对被试品进行充分放电。

（4）试验前认真检查试验接线，不发生人身触电危险、不发生人为损坏仪器、设备的安全事件。

（5）考生试验时必须站在绝缘垫上，并与带电部分保持足够的安全距离。

（三）操作步骤及工艺要求（含注意事项）

1. 准备工作

（1）根据要求，准备所使用的仪器仪表、工器具及所需的试验线、接地线等材料。

（2）准备被试品历年的试验数据，了解设备运行工况。

（3）检查试验仪器、验电器、放电棒、绝缘垫等，确认均完好并处于检验周期内。

（4）办理开工手续。

（5）对被试品进行验电、放电，并将外壳接地。

（6）清理被试品表面的脏污，检查变压器是否存在缺油、漏油及套管绝缘损坏等情况。

（7）记录变压器的铭牌、以往试验数据及不良工况等。

2. 实际操作步骤

（1）根据试验要求摆放好温湿度计、直流电阻测试仪、绝缘垫、检修电源箱等其他工器具，设置好安全围栏。

（2）使用万用表检查检修电源是否符合要求，手动操作检查漏电保护器能否可靠动作。

（3）检查仪器及其测试线状态是否良好。

（4）将仪器按要求接地，分别测试当前分节位置的高压侧、低压侧各绕组的直流电阻，测试电流不应大于 10A。

（5）每相测试完毕，记录测试数据，按仪器的复位键进行放电，放电完毕后关闭仪器电源后再近些更换接线，所有绕组测试完毕并放电结束后，关闭仪器电源并拉开检修电源小闸刀，利用放电棒对被试品进行充分放电，拆除试验接线。

（6）记录测试数据及当前的环境温度、相对湿度以及变压器的上层油温。

3. 试验结束后的工作

（1）拆除所有接地线、试验线等。

（2）将试验仪器仪表、工器具等清理干净，规放整齐。

（3）撤掉所设置的安全围栏，将被测试设备及现场恢复到测试前的状态。

（4）工作结束后汇报试验情况及结果。

（5）编写试验报告。

4. 注意事项

（1）试验接线应整洁、明了，变压器外壳应接地良好。

（2）三相变压器绕组为 Y 联结无中性点引出时，应测量其线电阻，例如 AB、BC、CA。如有中性点引出时，应测量其相电阻，例如 AO、BO、CO。绕组为三角形联结时，应测定其线电阻。

（3）连接导线应有足够截面，且接触必须良好，绕组电阻测定时，应记录绕组温度或上层油温。

（4）为了与出厂及历次测量的数据比较，应将不同温度下测量的数值比较，将不同温度下测量的直流电阻换算到同一温度，以便比较。

（5）1.6MV·A 以上变压器，各相绕组电阻相间的差别，不大于三相平均值的 2%（警示值）。无中性点引出的绕组，线间差别不应大于三相平均值的 1%（注意值）。1.6MV·A 及以下变压器，相间差别一般不大于三相平均值的 4%（警示值）。线间差别一般不大于三相平均值的 2%（注意值）。同相初值差不超过±2%（警示值）。如果相（线）间差或初值差超过要求值，应查明原因。

二、考核

（一）考核场地

（1）试验场地应具有足够的安全距离，面积不小于 $9m^2$。

（2）现场的试验线、接地线、短路线应满足试验要求，放电棒、验电器、绝缘垫、温湿度表、直流电阻测试仪数量上满足考生的需求。

（3）现场设置 1 套桌椅，可供考生出具试验报告。

（4）设置 1 套评判用的桌椅和计时秒表。

（二）考核时间

（1）试验操作时间不超过 30min。

（2）试验仪器、工器具等准备时间不超过 5min，该时间不计入考核时间。

（3）试验报告的出具时间不超过 20min，该时间不计入操作时间。

（三）考核要点

（1）现场安全文明生产。

（2）仪器仪表、工器具状态检查。

（3）被试品的外观、运行工况检查。

（4）仪器仪表的使用方法及安全注意事项等是否符合规范要求。

（5）是否熟悉直流电阻测试仪的使用及变压器直流电阻的测试方法。

（6）整体操作过程是否符合要求，有无安全隐患。

（7）试验报告是否符合要求。

三、评分标准

行业：电力工程　　　　工种：电气试验工　　　　等级：五

编号	SY5ZY0403	行为领域	e	鉴定范围		电气试验初级工	
考核时限	30min	题型	B	满分	100分	得分	
试题名称	10kV变压器直流电阻测试						
考核要点及其要求	（1）现场安全文明生产。 （2）仪器仪表、工器具状态检查。 （3）被试品的外观、运行工况检查。 （4）仪器仪表的使用方法及安全注意事项等是否符合规范要求。 （5）是否熟悉直流电阻测试仪的使用及变压器直流电阻的测试方法。 （6）整体操作过程是否符合要求，有无安全隐患。 （7）试验报告是否符合要求						
现场设备、工器具、材料	（1）工器具：直流电阻测试仪1套、温湿度计1块、10kV验电器1个、放电棒1套、绝缘手套1双、绝缘垫1块、220V检修电源箱（带漏电保护器）1套、安全围栏2盘、活动扳手1把。 （2）材料：$4mm^2$多股裸铜线接地线（20m）1盘、抹布1块、空白试验报告1份。 （3）设备：10kV变压器1台						
备注	要求只进行当前分节的直流电阻测试，不需要调分节						

评分标准

序号	考核项目名称	质量要求	分值	扣分标准	扣分原因	得分
1	着装	正确穿戴安全帽、工作服、绝缘鞋	5	（1）未穿工装、戴安全帽、穿绝缘鞋，每项扣1分。 （2）着装不规范，每处扣1分。 （3）本项分值扣完为止		
2	准备工作	正确选择仪器仪表、工器具及材料	10	（1）每选错、漏选一项，扣2分。 （2）未进行外观检查，未检查检验合格日期，每项扣2分。 （3）本项分值扣完为止		
3	安全措施	（1）设置安全围栏	1	未设置安全围栏，扣1分		
		（2）检查检修电源电压、漏电保护器是否符合要求	2	（1）未测试检修电源电压，扣1分。 （2）未检查漏电保护器能否可靠动作，扣1分		
		（3）对被试品进行验电、放电、接地	7	（1）未对被试品进行验电、放电，扣1分。 （2）验电、放电时未戴绝缘手套，扣3分。 （3）变压器外壳未接地，扣3分		

续表

序号	考核项目名称	质量要求	分值	扣分标准	扣分原因	得分
4	变压器绕组直流电阻测试	（1）办理工作开工	3	（1）未办理工作开工，扣2分。 （2）未了解被试品的运行工况及查找以往试验数据，扣1分		
		（2）检查被试品状况	2	未检查变压器外绝缘有无损伤、变压器有无漏油、油位是否适合试验等情况扣2分		
		（3）摆放温湿度计	2	（1）未摆放温湿度计，扣2分。 （2）摆放位置不正确，扣1分		
		（4）检查要求状态	5	未检查直流电阻测试仪的状态，扣5分		
		（5）高压绕组直流电阻测试	20	（1）试验接线不正确，扣20分。 （2）测试高压绕组时，低压绕组短路接地者侧，扣10分。 （3）测试完毕后未进行仪器自动放电便变更接线者，扣10分。 （4）其他项目不规范，如仪器未接地、未进行呼唱等，每项扣5分。 （5）本项分值扣完为止		
		（6）低压绕组直流电阻测试	20	（1）试验接线不正确，扣20分。 （2）测试低压绕组时，高压绕组短路接地者侧，扣10分。 （3）测试完毕后未进行仪器自动放电便变更接线者，扣10分。 （4）其他项目不规范，如仪器未接地、未进行呼唱等，每项扣5分。 （5）本项分值扣完为止		
		（7）记录温湿度	3	未记录环境温度和相对湿度，扣3分		
		（8）试验操作应在30min内完成		（1）试验操作每超出10min，扣10分。 （2）本项扣完55分为止		
5	办理完工	清理现场	5	（1）未将现场恢复到测试前的状态，扣3分。 （2）每遗留一件物品，扣1分。 （3）本项分值扣完为止		

续表

序号	考核项目名称	质量要求	分值	扣分标准	扣分原因	得分
6	出具试验报告	（1）环境参数齐备	3	未填写环境温度、相对湿度，扣3分。		
		（2）设备参数齐备	2	铭牌数据不正确，扣2分		
		（3）试验报告正确完整	10	（1）试验数据不正确，扣2分。 （2）判断依据未填写或不正确，扣2分。 （3）报告结论分析不正确或未填写试验是否合格，扣2分。 （4）直流电阻值未计算分析，扣2分。 （5）报告没有填写考生姓名，扣2分。 （6）本项分值扣完为止		
		（4）试验报告应在20min内完成		（1）试验报告每超出5min扣2分。 （2）本项扣完15分为止		

2.2.10 SY5ZY0501 10kV变压器高压侧直流泄漏电流试验

一、作业

（一）工器具、材料、设备

（1）工器具：20kV直流高压发生器1套、温湿度计1块、10kV验电器1个、放电棒1套、绝缘手套1双、绝缘垫1块、220V检修电源箱（带漏电保护器）1套、安全围栏2盘、活动扳手1把。

（2）材料：4mm^{2}多股裸铜线接地线（20m）1盘、4mm^{2}多股裸铜线短路线（1m）2根、抹布1块、空白试验报告1份。

（3）设备：10kV变压器1台。

（二）安全要求

（1）考生进入现场要求正确穿戴工作服、绝缘鞋和安全帽。

（2）开始工作前使用万用表检查试验电源电压是否为220V，手动检查漏电保护器是否正确动作。

（3）试验前必须对被试品进行验电、放电、接地，变更接线及试验结束后必须对被试品进行充分放电。

（4）试验前认真检查试验接线，不发生人身触电危险、不发生人为损坏仪器、设备的安全事件。

（5）考生试验时必须站在绝缘垫上，并与带电部分保持足够的安全距离。

（三）操作步骤及工艺要求（含注意事项）

1. 准备工作

（1）根据要求，准备所使用的仪器仪表、工器具及所需的试验线、接地线等材料。

（2）准备被试品历年的试验数据，了解设备运行工况。

（3）检查试验仪器、高压微安表、验电器、放电棒、绝缘垫等，确认均完好并处于检验周期内。

（4）办理开工手续。

（5）对变压器进行验电、放电，并将变压器外壳接地，高压绕组短接，低压绕组短接接地。

（6）清理被试品表面的脏污，检查变压器是否存在外绝缘损坏、漏油，油位是否满足要求等情况。

（7）记录变压器的铭牌、以往试验数据及不良工况等。

2. 实际操作步骤

（1）根据试验要求摆放好温湿度计、直流高压发生器、绝缘垫、检修电源箱等其他工器具，设置好安全围栏。

（2）使用万用表检查检修电源是否符合要求，手动操作检查漏电保护器能否可靠动作。

（3）检查仪器及其测试线状态是否良好。

（4）将仪器按要求接地，操作台距离倍压桶有足够的安全距离，将高压微安表通过保护电阻安装在直流高压发生器上，设置过压整定值为12kV。

（5）在未进行试验接线时进行过压试验，在确保升压旋钮在零位后，打开仪器电源，按下高压通按钮后，开始升压至 12kV，保证仪器能够自动断开高压。

（6）通过放电棒对直流高压发生器进行充分放电，然后将高压测试线接至变压器高压侧，在确保升压旋钮在零位后，打开仪器电源，按下高压通按钮后，开始升压至 10kV，保持 1min，泄漏电流无明显摆动，记录 1min 时的泄漏电流值。

（7）测试完毕，记录测试数据，降压至零位，按下高压断按钮，直流高压发生器自动放电完毕后关闭仪器电源，并拉开检修电源小闸刀，对被试品进行多次充分放电，然后将接地线直接接至高压试验线上继续放电，最后拆除所有试验接线。

（8）记录测试数据及当前的环境温度、相对湿度。

3. 试验结束后的工作

（1）拆除所有接地线、短接线等。

（2）将试验仪器仪表、工器具等清理干净，规放整齐。

（3）撤掉所设置的安全围栏，将被测试设备及现场恢复到测试前的状态。

（4）工作结束后汇报试验情况及结果。

（5）编写试验报告。

4. 注意事项

（1）试验接线应整洁、明了，高压线应短平直。

（2）变压器外壳及低压绕组应接地良好。

（3）泄漏电流过大或摆动过大时，应查明原因，检查接线连接是否良好。

二、考核

（一）考核场地

（1）试验场地应具有足够的安全距离，面积不小于 $9m^2$。

（2）现场的试验线、接地线、短路线应满足试验要求，放电棒、验电器、绝缘垫、温湿度表、直流电阻测试仪数量上满足考生的需求。

（3）现场设置 1 套桌椅，可供考生出具试验报告。

（4）设置 1 套评判用的桌椅和计时秒表。

（二）考核时间

（1）试验操作时间不超过 30min。

（2）试验仪器、工器具等准备时间不超过 5min，该时间不计入考核时间。

（3）试验报告的出具时间不超过 20min，该时间不计入操作时间。

（三）考核要点

（1）现场安全文明生产。

（2）仪器仪表、工器具状态检查。

（3）被试品的外观、运行工况检查。

（4）仪器仪表的使用方法及安全注意事项等是否符合规范要求。

（5）是否熟悉直流高压发生器的使用及泄漏电流的测试方法。

（6）整体操作过程是否符合要求，有无安全隐患。

（7）试验报告是否符合要求。

三、评分标准

行业：电力工程　　　　　　　　　　工种：电气试验工　　　　　　　　　　等级：五

编号	SY5ZY0501	行为领域	e	鉴定范围		电气试验初级工	
考核时限	30min	题型	A	满分	100 分	得分	
试题名称	10kV 变压器高压侧直流泄漏电流试验						
考核要点及其要求	（1）现场安全文明生产。 （2）仪器仪表、工器具状态检查。 （3）被试品的外观、运行工况检查。 （4）仪器仪表的使用方法及安全注意事项等是否符合规范要求。 （5）是否熟悉直流高压发生器的使用及泄漏电流的测试方法。 （6）整体操作过程是否符合要求，有无安全隐患。 （7）试验报告是否符合要求						
现场设备、工器具、材料	（1）工器具：20kV 直流高压发生器 1 套、温湿度计 1 块、10kV 验电器 1 个、放电棒 1 套、绝缘手套 1 双、绝缘垫 1 块、220V 检修电源箱（带漏电保护器）1 套、安全围栏 2 盘、活动扳手 1 把。 （2）材料：4mm^2 多股裸铜线接地线（20m）1 盘、4mm^2 多股裸铜线短路线（1m）2 根、抹布 1 块、空白试验报告 1 份。 （3）设备：10kV 变压器 1 台						
备注							

评分标准

序号	考核项目名称	质量要求	分值	扣分标准	扣分原因	得分
1	着装	正确穿戴安全帽、工作服、绝缘鞋	5	（1）未穿工装、戴安全帽、穿绝缘鞋，每项扣 1 分。 （2）着装、穿戴不规范，每处扣 1 分。 （3）本项分值扣完为止		
2	准备工作	正确选择仪器仪表、工器具及材料	10	（1）每选错、漏选一项，扣 2 分。 （2）未进行外观检查，未检查检验合格日期，每项扣 2 分。 （3）本项分值扣完为止		
3	安全措施	（1）设置安全围栏	1	未设置安全围栏，扣 1 分		
		（2）检查检修电源电压、漏电保护器是否符合要求	2	（1）未测试检修电源电压，扣 1 分。 （2）未检查漏电保护器能否可靠动作，扣 1 分		
		（3）对被试品进行验电、放电、接地	7	（1）未对被试品进行验电、放电，每项扣 1 分。 （2）验电、放电时未戴绝缘手套，每项扣 1 分。 （3）变压器外壳未接地，扣 2 分。 （4）变压器低压侧未短接接地，扣 2 分。 （5）本项分值扣完为止		

续表

序号	考核项目名称	质量要求	分值	扣分标准	扣分原因	得分
4	变压器直流泄漏电流测试	（1）办理工作开工	5	（1）未办理工作开工，扣3分。 （2）未了解被试品的运行工况及查找以往试验数据，扣2分		
		（2）检查被试品状况	5	未检查被试品外观有无外绝缘损坏等情况，扣5分		
		（3）摆放温湿度计	5	（1）未摆放温湿度计，扣5分。 （2）摆放位置不正确，扣2分		
		（4）检查要求状态	5	未检查直流高压发生器的状态，扣5分		
		（5）直流泄漏电流测试	40	（1）接线错误致使试验无法进行，扣40分。 （2）未设定过压保护，扣10分。 （3）未进行空升验证过压保护正确动作，10分。 （4）变压器高压侧未短接，扣10分 （5）其他项目不规范，如仪器未接地、未进行呼唱、高压微安表使用不正确等，每项扣5分。 （6）本项分值扣完为止		
		（6）记录温湿度	3	未记录环境温度和相对湿度，扣5分		
		（7）试验操作应在30min内完成		（1）试验操作每超出10min扣10分。 （2）本项扣完55分为止		
5	办理完工	清理现场	5	（1）未将现场恢复到测试前的状态，扣3分。 （2）每遗留一件物品，扣1分。 （3）本项分值扣完为止		
6	出具试验报告	（1）环境参数齐备	3	未填写环境温度、相对湿度，扣3分		
		（2）设备参数齐备	2	铭牌数据不正确，扣2分		
		（3）试验报告正确完整	10	（1）试验数据不正确，扣3分。 （2）判断依据未填写或不正确，扣3分。 （3）报告结论分析不正确或未填写试验是否合格，扣3分。 （4）报告没有填写考生姓名，扣1分。 （5）本项分值扣完为止		
		（4）试验报告应在20min内完成		（1）试验报告每超出5min，扣2分。 （2）本项扣完15分为止		

第二部分　中　级　工

1 理论试题

1.1 单选题

La4A1001 一根粗细均匀的导线，电阻为 R，将其从中间剪断，并联起来使用时电阻变为（ ）。

（A）$R/4$；（B）$R/2$；（C）R；（D）$2R$。

答案：A

La4A1002 两只电阻 R_1 和 R_2 串联后接入电路，$R_1=2R_2$，则电阻 R_1 发热量是电阻 R_2 发热量的（ ）倍。

（A）1；（B）1/2；（C）2；（D）1/3。

答案：C

La4A1003 两只电阻 R_1 和 R_2 并联后接入电路，$R_1=2R_2$，则电阻 R_1 发热量是电阻 R_2 发热量的（ ）倍。

（A）1；（B）1/2；（C）2；（D）1/3。

答案：B

La4A1004 变压器的文字符号是（ ）。

（A）TV；（B）G；（C）T；（D）F。

答案：C

La4A1005 电压互感器的文字符号是（ ）。

（A）TV；（B）G；（C）T；（D）F。

答案：A

La4A2006 两只阻值不等的电阻 R_1、R_2 并联电路中，如果 R_1 变大，则 R_2 的发热量会（ ）。

（A）增大；（B）减小；（C）不变；（D）不确定。

答案：C

La4A2007 直流电压下，由电介质的弹性极化所决定的电流称为（ ）。

（A）泄漏电流；（B）电导电流；（C）吸收电流；（D）电容电流。

答案：D

La4A2008 直流电压下，由电介质的电导所决定的电流就是（　）。
（A）电容电流；（B）吸收电流；（C）泄漏电流；（D）转移电流。

答案：C

La4A2009 交流电压下，介质损耗主要是由（　）决定的。
（A）容性电流；（B）阻性电流；（C）表面泄漏电流；（D）总电流。

答案：B

La4A2010 欧姆定律是反应电路中（　）三者关系的定律。
（A）电流、电压、电阻；（B）电流、电动势、电位；（C）电流、电动势、电导；（D）电流、电动势、电抗。

答案：A

La4A2011 两点之间的电位之差称为（　）。
（A）电位；（B）电势差；（C）电压；（D）电压差。

答案：C

La4A2012 将一根金属导线拉长，则它的电阻率将（　）。
（A）变大；（B）不变；（C）变小；（D）不确定。

答案：B

La4A2013 温度升高，金属线的电阻会（　）。
（A）变大；（B）不变；（C）变小；（D）不确定。

答案：A

La4A2014 温度升高，绝缘纸的电阻会（　）。
（A）变大；（B）不变；（C）变小；（D）不确定。

答案：C

La4A2015 温度升高，绝缘纸板的直流泄漏电流会（　）。
（A）变大；（B）不变；（C）变小；（D）不确定。

答案：A

La4A2016 电压不变，温度升高，流过金属线的电流会（　）。
（A）变大；（B）不变；（C）变小；（D）不确定。

答案：C

La4A3017 电容器的直流充电电流（或放电电流）的大小在每一瞬间都是（　　）的。

（A）相同；（B）不同；（C）恒定不变；（D）无规律。

答案：B

La4A3018 如果两台设备的额定电压相同，电阻不同，若电阻为 R 的设备额定功率为 P_1，则电阻为 $4R$ 的设备额定功率 P_2 等于（　　）。

（A）$2P_1$；（B）$4P_1$；（C）$P_1/2$；（D）$P_1/4$。

答案：D

La4A3019 如果两台设备的额定功率相同、额定电压不同，若额定电压为 110V 设备的电阻为 R，则额定电压为 220V 的设备的电阻为（　　）。

（A）$2R$；（B）$R/2$；（C）$4R$；（D）$R/4$。

答案：C

La4A3020 两个不等的电阻串联在电路中，如果一只电阻阻值减小，则该电阻两端的电压会（　　）。

（A）降低；（B）升高；（C）不变；（D）不确定。

答案：A

La4A3021 两个不等的电阻并联在电路中，如果一只电阻阻值减小，则该电阻两端的电压会（　　）。

（A）降低；（B）升高；（C）不变；（D）不确定。

答案：C

La4A3022 额定功率为 100W 的三个电阻，$R_1=10\Omega$，$R_2=50\Omega$，$R_3=100\Omega$，串联接于电路中，电路中允许通过的最大电流为（　　）A。

（A）3.16；（B）4.47；（C）1；（D）0.8。

答案：C

La4A3023 两个不等的电容并联在电路中，如果一只电容的电容量减小，则该电容两端的电压会（　　）。

（A）降低；（B）升高；（C）不变；（D）不确定。

答案：C

La4A3024 两个不等的电容串联在电路中，如果一只电容的电容量减小，则该电容两端的电压会（　　）。

（A）降低；（B）升高；（C）不变；（D）不确定。

答案：B

La4A3025 三个不等的电阻，R_1、R_2 并联后再与 R_3 并联，如果 R_1 阻值减小，则流 R_3 两端的电压会（ ）。

（A）降低；（B）升高；（C）不变；（D）不确定。

答案：B

La4A3026 额定功率为 100W 的三个电阻，$R_1=10\Omega$，$R_2=50\Omega$，$R_3=100\Omega$，串联接于电路中，电路中总的电压允许值是（ ）V。

（A）220；（B）31.6；（C）70.7；（D）160。

答案：D

La4A3027 在暂态过程中，电压或电流的暂态分量按指数规律衰减到初始值的（ ）所需的时间，称为时间常数 τ。

（A）1/e；（B）1/3；（C）1/3；（D）1/5。

答案：A

La4A3028 几个相量能够进行计算必须满足的条件是，各相量应（ ）。

（A）频率相同，转向相同；（B）已知初相角，且同频率；（C）已知初相角、有效值或最大值，并且同频率旋转相量，初相角相同；（D）已知最大值、初相角、频率、转向。

答案：C

La4A3029 对于带有线性电感的电路，当电流的幅值增加时，则表明电感的磁场能量（ ）。

（A）正在存储；（B）正在释放；（C）为零；（D）没有变化。

答案：A

La4A3030 对交流电路中电感线圈的无功功率是指（ ）时的瞬时功率。

（A）电流最大；（B）电压最大；（C）电流与电压曲线交叉点；（D）电流与电压乘积最大值。

答案：D

La4A3031 对交流电路中电容器的无功功率是指（ ）时的瞬时功率。

（A）电流最大；（B）电压最大；（C）电流与电压曲线交叉点；（D）电流与电压乘积最大值。

答案：D

La4A3032 电容器在单位电压作用下所能储存的电荷量叫作该电容器的（ ）。

（A）电容量；（B）电压；（C）电流；（D）电荷。

答案：A

La4A4033 R、L、C电路中，发生谐振的条件是（　　）。

（A）$U_L=U_C$；（B）$I_L=I_C$；（C）$X_L=X_C$；（D）$L=C$。

答案：C

La4A4034 R、L、C电路处于谐振状态时，能量交换发生在（　　）之间。

（A）电源与电路；（B）电源与电容；（C）电源与电感；（D）电容与电感。

答案：D

La4A4035 R、L、C组成的并联电路谐振时，电路的总电流为（　　）。

（A）无穷大；（B）等于零；（C）等于非谐振状态时的总电流；（D）等于电源电压U与电阻R的比值。

答案：D

La4A4036 交流电路中，功率因数是指（　　）。

（A）有功功率与无功功率的比值；（B）有功功率与视在功率的比值；（C）无功功率与视在功率的比值；（D）无功功率与有功功率的比值。

答案：B

La4A4037 三相对称电路中，有功功率的计算公式为（　　）。

（A）$3U_1I_1\cos_{\varphi}$；（B）$3U_1I_1$；（C）$\sqrt{3}U_1I_1\cos_{\varphi}$；（D）$\sqrt{3}U_1I_1$。

答案：C

La4A4038 关于变压器变比说法错误的是（　　）。

（A）变压器的变比与原副绕组的匝数比相同；（B）变压器变比与电压频率的大小有关；（C）变压器变比与电流比成反比；（D）变压器变比与电压大小无关。

答案：B

La4A4039 电力系统中变压器的功能是（　　）。

（A）生产电能；（B）消耗电能；（C）生产又消耗电能；（D）传递功率。

答案：D

La4A4040 隔离开关的文字符号是（　　）。

（A）QS；（B）QF；（C）KG；（D）FU。

答案：A

La4A4041 电力系统中，用来测量高压回路电流的设备是（　　）。

（A）电流互感器；（B）电压互感器；（C）阻容分压器；（D）CVT。

答案：A

La4A5042 电力系统用来测量高压母线电压的设备是（ ）。

（A）电流互感器；（B）电压互感器；（C）卡钳表；（D）万用表。

答案：B

La4A5043 CVT在电力系统中的作用不包括（ ）。

（A）测量电压；（B）保护；（C）滤波；（D）防雷。

答案：D

La4A5044 金属氧化锌避雷器与阀式避雷器相比有着最大的优点是（ ）。

（A）生产成本低；（B）通流能力大、阀片不易老化；（C）非线性电阻特性、通流能力大；（D）残压水平高、通流能力大。

答案：C

La4A5045 在绝缘介质上施加直流电压后，由绝缘介质的电导所决定的电流就是（ ）。

（A）电容电流；（B）吸收电流；（C）泄漏电流；（D）转移电流。

答案：C

La4A5046 对电介质施加直流电压时，由电介质的弹性极化所决定的电流称为（ ）。

（A）泄漏电流；（B）电导电流；（C）吸收电流；（D）电容电流。

答案：D

Lb4A1047 工作人员在进行工作中正常活动范围与35kV设备带电部分的安全距离为（ ）m。

（A）1；（B）0.7；（C）0.6；（D）0.35。

答案：C

Lb4A1048 110kV带电设备不停电时的安全距离是不小于（ ）m。

（A）1.5；（B）1；（C）2；（D）0.7。

答案：A

Lb4A1049 35kV户外配电装置的裸露部分在跨越人行过道或作业区时，若导电部分对地高度分别小于（ ）m，该裸露部分两侧和底部应装设护网。

（A）2.16；（B）2.8；（C）2.9；（D）3.0。

答案：C

Lb4A1050 室外高压设备发生接地时，人员不得接近故障点（ ）m以内。
（A）2；（B）4；（C）6；（D）8。
答案：D

Lb4A1051 周期性交流电路中，波形因数等于（ ）。
（A）有效值/平均值；（B）最大值/有效值；（C）瞬时值/有效值；（D）最大值/平均值。
答案：A

Lb4A2052 直流试验电压的脉动因数等于该直流电压的脉动幅值与（ ）之比。
（A）最大值；（B）最小值；（C）有效值；（D）算术平均值。
答案：D

Lb4A2053 直流试验电压的脉动幅值等于（ ）。
（A）最大值和最小值之差的二分之一；（B）最大值与平均值之差；（C）最小值与平均值之差；（D）最大值和最小值之差。
答案：A

Lb4A2054 R、L、C组成的串联电路处于谐振状态时，电容C两端的电压等于（ ）。
（A）电源电压与电路品质因数Q的乘积；（B）电容器额定电压的Q倍；（C）无穷大；（D）电源电压。
答案：A

Lb4A2055 R、L、C组成的串联电路处于谐振状态时，电路的总电流为（ ）。
（A）无穷大；（B）等于零；（C）等于非谐振状态时的总电流；（D）等于电源电压U与电阻R的比值。
答案：D

Lb4A2056 R、L、C组成的并联电路处于谐振状态时，电容C两端的电压等于（ ）。
（A）电源电压与电路品质因数Q的乘积；（B）电容器额定电压；（C）电源电压与电路品质因数Q的比值；（D）电源电压。
答案：D

Lb4A2057 三相对称负载星形连接时，其线电流为相电流的（ ）倍。
（A）$\sqrt{2}$；（B）$\sqrt{3}$；（C）$1/\sqrt{3}$；（D）1。
答案：D

Lb4A2058 三相对称负载星形连接时，其线电压为相电压的（ ）倍。

（A）$\sqrt{2}$；（B）$\sqrt{3}$；（C）$1/\sqrt{3}$；（D）1。

答案：B

Lb4A2059 正弦交流电压的有效值是平均值（ ）倍。

（A）1.414；（B）1.732；（C）1.11；（D）0.9009。

答案：C

Lb4A2060 正弦交流电压的最大值是有效值的（ ）倍。

（A）$\sqrt{2}$；（B）$\sqrt{3}$；（C）$1/\sqrt{2}$；（D）$1/\sqrt{3}$。

答案：A

Lb4A2061 油浸式电抗器中绝缘油的作用是（ ）。

（A）散热和灭弧；（B）绝缘和灭弧；（C）散热和绝缘；（D）散热、绝缘和灭弧。

答案：C

Lb4A2062 SF_6 断路器中 SF_6 气体的作用是（ ）。

（A）绝缘和散热；（B）灭弧和散热；（C）绝缘和散热；（D）灭弧、绝缘和散热。

答案：D

Lb4A2063 测量变压器绕组直流电阻时，非被试绕组应（ ）。

（A）对地绝缘；（B）短接；（C）开路；（D）短接后接地或屏蔽。

答案：C

Lb4A3064 在测量变压器绕组直流电阻时，下列参数必须要记录的是（ ）。

（A）环境空气湿度；（B）变压器上层油温（或绕组温度）；（C）变压器散热条件；（D）变压器油质试验结果。

答案：B

Lb4A3065 对变压器直流电阻进行电阻测试，结果影响较大的因素是（ ）。

（A）绕组温度；（B）相对湿度；（C）环境温度；（D）变压器油质。

答案：A

Lb4A3066 进行直流耐压试验后，对试品进行放电的最佳方法是（ ）。

（A）直接用导线；（B）通过电容；（C）通过电感；（D）先通过电阻接地放电，然后直接用导线。

答案：D

Lb4A3067 无论何种绝缘材料，在其两端施加电压，总会有一定电流通过，这种现象叫作绝缘体的（　　）。

（A）泄漏；（B）泄漏电流；（C）表面泄漏；（D）杂散电流。

答案：A

Lb4A3068 温度升高，变压器绕组绝缘电阻就会（　　）。

（A）变大；（B）不变；（C）变小；（D）损坏。

答案：C

Lb4A3069 绝缘介质在施加（　　）电压后，常有明显的吸收现象。

（A）直流；（B）工频；（C）高频；（D）低频。

答案：A

Lb4A3070 绝缘介质的吸收现象是指流经介质的电流逐渐减小的现象，各电流分量中大小始终保持不变的是（　　）。

（A）容性电流；（B）吸收电流；（C）阻性电流；（D）感性电流。

答案：C

Lb4A3071 系统耐压试验时，多个设备一起进行耐压试验，试验电压选择所关联设备所能够承受电压的（　　）。

（A）最高值；（B）最低值；（C）最高值与最低值之和的平均值；（D）各试验电压之和的平均值。

答案：B

Lb4A3072 能同时考验变压器的主绝缘和匝间绝缘的试验是（　　）。

（A）工频耐压试验；（B）感应耐压试验；（C）谐振耐压试验；（D）直流耐压试验。

答案：B

Lb4A3073 单臂电桥与双臂电桥最大的区别就是单臂电桥（　　）。

（A）桥臂电阻过大；（B）检流计灵敏度不够；（C）电桥直流电源容量太小；（D）测量结果包含引线电阻及接触电阻。

答案：D

Lb4A3074 兆欧表测试线中，（　　）电位相等。

（A）G 与 E；（B）G 与 L；（C）L 与 E；（D）G 与地。

答案：B

Lb4A3075 用电压表测量电压时，电压表应与被测电路（　　）。

（A）串联；（B）并联；（C）混联；（D）互联。

答案：B

Lb4A3076 测量变压器绕组直流电阻时，电压测试线与电流测试线使用正确的是（　　）。

（A）电压测试线接在电流测试线的内侧；（B）电压测试线接在电流测试线的外侧；（C）电压测试线与电流测试线应短接在一起；（D）以上都可以。

答案：A

Lb4A3077 磁感应强度 B 与导体的长度 L、导体内的电流 I 及导体所受的电磁力 F 的关系式为 $B=F/IL$，该式所反映的物理量间的依赖关系是（　　）。

（A）B 由 F、I 和 L 决定；（B）F 由 B、I 和 L 决定；（C）I 由 B、F 和 L 决定；（D）L 由 B、F 和 I 决定。

答案：B

Lb4A3078 在接地体径向地面上，水平距离为（　　）m 的两点间的电压称为跨步电压。

（A）0.4；（B）0.6；（C）0.8；（D）1.0。

答案：C

Lb4A3079 距接地设备水平距离 0.8m，与沿设备金属外壳（或构架）垂直于地面高度为（　　）m 处的两点间的电压称为接触电压。

（A）1.2；（B）1.6；（C）1.8；（D）2.0。

答案：C

Lb4A4080 电容器的电流 $i=C\mathrm{d}u/\mathrm{d}t$，当 $u>0$，$\mathrm{d}u/\mathrm{d}t>0$ 时，则表明电容器正在（　　）。

（A）放电；（B）充电；（C）反方向充电；（D）反方向放电。

答案：B

Lb4A4081 涡流可能在变压器、电抗器中存在并造成危害，它是由（　　）引起的。

（A）电磁感应；（B）交变电场；（C）交变磁场；（D）电子极化。

答案：A

Lb4A4082 变压器铁芯材质多为多层硅钢片叠装而成，其目的是为了（　　）。

（A）加强机械强度；（B）便于拆装；（C）便于散热；（D）减小涡流。

答案：D

Lb4A4083 交流电的（　　）是指热效应方面，与相应的直流电具有相同的效果。

（A）平均值；（B）有效值；（C）最大值；（D）最小值。

答案：B

Lb4A4084 交流电的三要素是（　　）。

（A）电压、电流、电阻；（B）电源、开关、负载；（C）瞬时值、频率、相位角；（D）最大值、频率、初相角。

答案：D

Lb4A4085 变压器 Yd11 接线时，一次线电压落后二次侧线电压（　　）。

（A）30；（B）45；（C）60；（D）330。

答案：A

Lb4A4086 互感器加装膨胀器的适合天气条件为（　　）。

（A）晴天；（B）雨天；（C）阴天；（D）多云。

答案：A

Lb4A4087 在变压器负载损耗和空载损耗测量的参数中，试验电源频率不会影响（　　）。

（A）空载损耗和空载电流；（B）绕组电阻损耗和短路阻抗的电阻分量；（C）负载损耗和短路阻抗；（D）附加损耗和短路阻抗的电抗分量。

答案：B

Lb4A4088 变压器铁芯接地的作用是（　　）。

（A）导磁；（B）屏蔽漏磁；（C）防止铁芯产生悬浮电位；（D）防止铁芯产生涡流。

答案：C

Lb4A4089 变压器的阻抗电压由（　　）试验获得。

（A）空载；（B）短路；（C）耐压；（D）极性。

答案：B

Lb4A5090 非正弦交流电的有效值等于（　　）。

（A）各次谐波有效值之和的平均值；（B）各次谐波有效值平方和的平方根；（C）各次谐波有效值之和的平方根；（D）一个周期内的平均值乘以 1.11。

答案：B

Lb4A5091 正弦交流电路发生并联谐振时，电路的总电流与电源电压间的相位关系是（ ）。

（A）相位相同；（B）相位相反；（C）电流滞后；（D）电压滞后。

答案：A

Lb4A5092 沿面放电是指固体介质表面的气体发生放电，沿面放电电压与所处电场关系为（ ）。

（A）场强越均匀，放电电压越高；（B）场强越均匀，放电电压越低；（C）场强越均匀，放电电压为零；（D）两者无关。

答案：A

Lb4A5093 变压器绕组匝间绝缘属于变压器的（ ）。

（A）主绝缘；（B）纵绝缘；（C）内绝缘；（D）外绝缘。

答案：B

Lb4A5094 规程规定电力变压器、互感器交接及大修后的交流耐压试验电压值均比出厂值低，这主要是考虑（ ）。

（A）试验容量大，现场难以满足；（B）试验电压高，现场不易满足；（C）设备绝缘的积累效应；（D）绝缘裕度不够。

答案：C

Lc4A1095 某变压器的一、二次绕组匝数之比等于20。二次侧额定电压是400V，则一次侧额定电压是（ ）V。

（A）8000；（B）10000；（C）12000；（D）15000。

答案：A

Lc4A1096 稳压管的最大稳定电流是指，在稳定范围内允许流过管子的（ ）电流。

（A）稳定；（B）最大；（C）最小；（D）相关。

答案：B

Lc4A1097 我国民法规定的“高压”是指（ ）的电压。

（A）220V及以上；（B）1000V及以上；（C）3500V及以上；（D）10000V及以上。

答案：A

Lc4A2098 为了改善断路器多断口之间的均压性能，多在断口上（ ）。

（A）并联电阻；（B）并联电容；（C）并联电感；（D）串联电容。

答案：B

Lc4A2099 铝合金制的设备接头过热会使其呈（　　）色。
（A）黑；（B）白；（C）灰；（D）灰白。
答案：D

Lc4A2100 家用220V灯泡，可否将它接在220V的直流电源上（　　）。
（A）可以；（B）不可以；（C）会烧毁；（D）不确定。
答案：A

Lc4A2101 三相异步电动机正、反转是通过（　　）实现的。
（A）改变电流方向；（B）改变电源相序；（C）改变电机结构；（D）改变电源频率。
答案：B

Lc4A2102 电动机的额定功率是指在额定运行状态下（　　）。
（A）电源侧的输入功率；（B）电动机消耗功率；（C）电动机发热功率；（D）电动机输出机械功率。
答案：D

Lc4A2103 交流电路中，电阻所消耗的功为（　　）。
（A）有功功率；（B）无功功率；（C）视在功率；（D）机械功率。
答案：A

Lc4A2104 用户受电端的供电质量应当符合（　　）标准。
（A）电力行业；（B）省级；（C）省级或电力行业；（D）国家级或电力行业。
答案：C

Lc4A2105 高频阻波器在电网中起（　　）的作用。
（A）限制潜供电流；（B）补偿线路电流；（C）阻止高频电流向变电所母线分流；（D）阻碍过电压行波沿线路侵入变电所、降低入侵波陡度。
答案：C

Lc4A2106 绝缘材料导电性质是（　　）性的。
（A）分子；（B）电子；（C）离子；（D）粒子。
答案：C

Lc4A3107 金属导体导电性质是（　　）性的。
（A）分子；（B）电子；（C）离子；（D）粒子。
答案：A

Lc4A3108 电容器在电路中的作用是（　　）。

（A）通直流阻交流；（B）通交流阻直流；（C）通低频阻高频；（D）交流和直流均不能通过。

答案：B

Lc4A3109 母线截面的选择原则：工作电流的大小、机械强度、热稳定，以及运行中的（　　）。

（A）过电流；（B）过电压；（C）电晕；（D）操作方式。

答案：C

Lc4A3110 电网大功率的输送电能到远方大用户时，如果用（　　），将造成巨大的能量损失。

（A）较高的电压，较高的电流；（B）较低的电压，较高的电流；（C）较高的电压，较低的电流；（D）较低的电压，较低的电流。

答案：B

Lc4A3111 供电质量指标包括（　　）。

（A）电流－频率；（B）电压－频率；（C）电压－电流；（D）电压－负荷。

答案：B

Lc4A3112 电流互感器二次侧 K_2 端的接地属于（　　）接地。

（A）工作；（B）保护；（C）防雷；（D）外壳。

答案：B

Lc4A3113 交联聚乙烯电力电缆的型号中，其绝缘材料的代号为（　　）。

（A）Y；（B）YJ；（C）PVC；（D）V。

答案：B

Lc4A3114 电流 I 通过电阻 R 的导体，在时间 t 内所产生的热量 $Q=0.24I^2Rt$，这是（　　）定律。

（A）牛顿第一；（B）牛顿第二；（C）欧姆；（D）焦耳－楞次。

答案：D

Lc4A3115 我们常说的家用电压为220V，这个值是交流电的（　　）。

（A）最大值；（B）有效值；（C）瞬时值；（D）恒定值。

答案：B

Lc4A3116 互感器的二次绕组必须有一端接地，其作用是（　　）。

（A）确定测量范围；（B）提高测量精度；（C）保证人身安全；（D）防止二次过负荷。

答案：C

Lc4A3117 绝缘油在电弧作用下将产生（　　）气体。

（A）甲烷、乙烯；（B）氢、乙炔；（C）一氧化碳；（D）二氧化碳。

答案：B

Lc4A3118 R、L、C 串联电路处于谐振状态时，电阻 R 两端的电压等于（　　）。

（A）电源电压与电路品质因数 Q 的乘积；（B）电容器额定电压的 Q 倍；（C）无穷大；（D）电源电压。

答案：D

Lc4A3119 计算复杂电路中某一支路的电流用（　　）比较简单。

（A）支路电流法；（B）等效电源原理；（C）叠加原理法；（D）线性电路原理。

答案：A

Lc4A4120 在计算复杂电路的各种方法中，最基本的方法是（　　）法。

（A）回路电流；（B）支路电流；（C）叠加原理；（D）戴维南原理。

答案：B

Lc4A4121 流入任意一节点的电流必定等于流出该节点的电流，这是（　　）定律。

（A）基尔霍夫第一；（B）基尔霍夫第二；（C）欧姆；（D）楞次。

答案：A

Lc4A4122 当某电路有 n 个节点，m 条支路时，用基尔霍夫第一定律可以列出 $n-1$ 个独立的电流方程，（　　）个独立的回路电压方程。

（A）$m-(n-1)$；（B）$m-n$；（C）$m-n-1$；（D）$m+n+1$。

答案：A

Lc4A4123 改变导体的形状，它的（　　）始终不改变。

（A）电阻；（B）大小；（C）体积；（D）电阻率。

答案：D

Lc4A4124 直流试验电压的脉动是指对电压（　　）的周期性波动。

（A）峰值；（B）最大值；（C）最小值；（D）算术平均值。

答案：D

Lc4A4125 电力线用（ ）表示。

（A）一段曲线；（B）封闭曲线；（C）直线；（D）放射线。

答案：D

Lc4A4126 交流电压或电流在任意时刻的数值叫作（ ）。

（A）最大值；（B）有效值；（C）瞬时值；（D）平均值。

答案：C

Lc4A5127 电容量的大小与（ ）无关。

（A）电容器两个极板的距离；（B）电容器两个极板的面积；（C）两个极板介质的介电常数；（D）两个极板间的电压差。

答案：D

Lc4A5128 电容器随着施加电压的升高，电容量会（ ）。

（A）变大；（B）变小；（C）不变；（D）先升高后不变。

答案：C

Lc4A5129 当线圈中磁通增大时，感应电流的磁通方向（ ）。

（A）与原磁通方向相反；（B）与原磁通方向相同；（C）与原磁通方向无关；（D）与线圈尺寸大小有关。

答案：A

Jd4A1130 在电力生产过程中，需要严格遵循安全生产管理制度和（ ）。

（A）安全技术操作规程；（B）安全手册；（C）生产法规；（D）生产岗位职责。

答案：A

Jd4A1131 因安全事故受到损害的作业人员依法享有工伤社保，依法按照相关民事法律尚有获得赔偿权利的，（ ）向本单位提出赔偿要求。

（A）无权；（B）有权；（C）不可以；（D）因情况而定。

答案：B

Jd4A1132 为避免（ ）危险，交流电源测量接地装置的接地电阻时，辅助电流接地极附近应隔离。

（A）人身触电；（B）设备爆炸；（C）仪器过电流；（D）设备短路。

答案：A

Jd4A1133 任何危及人身、（ ）安全的紧急情况，作业人员有权拒绝违章指挥和强令冒险作业。

（A）设备和仪器；（B）仪器和电网；（C）电网和设备；（D）电网和生产。

答案：C

Jd4A1134 导体的有效长度与磁场中载流导体的受力大小有关，受力与其（　　）。

（A）成正比；（B）成反比；（C）无关；（D）的1/2成正比。

答案：A

Jd4A2135 磁路的长度影响磁阻的大小，磁阻与其（　　）。

（A）成正比；（B）成反比；（C）无关；（D）成非线性关系。

答案：A

Jd4A2136 SF_6 断路器中起绝缘灭弧作用的是（　　）。

（A）真空灭弧室；（B）气体；（C）绝缘油；（D）吹弧装置。

答案：B

Jd4A2137 电压互感器正常运行时二次侧不能（　　）。

（A）开路；（B）短路；（C）接地；（D）悬空。

答案：B

Jd4A2138 电压等级在1000V及以下的电力设备，测量其绝缘电阻时，宜用（　　）V绝缘电阻表。

（A）250；（B）1000；（C）2500；（D）5000。

答案：B

Jd4A2139 电力变压器的绕组绝缘电阻、吸收比或极化指数的测量宜采用（　　）V绝缘电阻表。

（A）500或1000；（B）1000～5000；（C）500～2500；（D）2500或5000。

答案：D

Jd4A2140 针对GIS的耐压试验而言，决不能使用（　　）。

（A）正弦交流电压；（B）雷电冲击电压；（C）操作冲击电压；（D）直流电压。

答案：D

Jd4A2141 高压断路器为达到均压效果而采取的措施是（　　）。

（A）并联电抗器；（B）串联电抗器；（C）并联电容器；（D）串联电容器。

答案：C

Jd4A2142 电力变压器绝缘普遍受潮后，同时变小的有（　　）。

（A）绕组直流电阻、吸收比和极化指数；（B）绕组绝缘电阻、吸收比和极化指数；（C）直流泄漏电流、绕组绝缘电阻和吸收比；（D）直流泄漏电流、绕组绝缘电阻和极化指数。

答案：B

Jd4A2143 规程规定：氧化锌避雷器的直流 1mA 参考电压下要求与初值比，变化应不大于（ ）。

（A）±1%；（B）±2%；（C）±3%；（D）±5%。

答案：D

Jd4A2144 交流耐压试验中，电流互感器交接和大修后加压值与出厂值相比（ ）。

（A）试验电压低；（B）试验电压高；（C）试验电压一样；（D）是出厂值的 1.1 倍。

答案：A

Jd4A2145 变压器绕组直流电阻测试一般采用的试验电流不超过（ ）A。

（A）5；（B）10；（C）15；（D）20。

答案：D

Jd4A2146 断路器回路电阻测试，以下测试电流不合适的是（ ）A。

（A）50；（B）100；（C）200；（D）300。

答案：A

Jd4A3147 1000kV 电力变压器铁芯接地电流检测小于等于（ ）mA。

（A）30；（B）300；（C）200；（D）100。

答案：B

Jd4A3148 SF_6 湿度检测应在充气完毕静置（ ）h 后。

（A）24；（B）12；（C）48；（D）72。

答案：A

Jd4A3149 电流互感器末屏绝缘电阻不应小于（ ）MΩ。

（A）100；（B）1000；（C）2000；（D）3000。

答案：B

Jd4A3150 避雷器底座绝缘电阻一般不应小于（ ）MΩ。

（A）100；（B）1000；（C）2000；（D）3001。

答案：A

Jd4A3151 被试品在加压的过程中因为表面脏污、受潮而产生泄漏电流，其对介损和电容量的测量值影响是（ ）。

（A）试品电容量越大，影响越大；（B）试品电容量越小，影响越小；（C）试品电容量越小，影响越大；（D）与试品电容量的大小无关。

答案：C

Jd4A3152 66kV 变压器直流泄漏测试时的试验电压应为（　　）kV。

（A）10；（B）20；（C）25；（D）40。

答案：B

Jd4A3153 电力变压器的电压比是指变压器在（　　）运行时，一次电压与二次电压的比值。

（A）空载；（B）负载；（C）短路；（D）欠载。

答案：A

Jd4A3154 电压等级在 3kV 及以下的交流电动机，测量其绝缘电阻时，宜用（　　）V 绝缘电阻表。

（A）250；（B）1000；（C）2500；（D）5000。

答案：B

Jd4A3155 变压器泄漏电流试验，一般记录施加电压（　　）s 的稳定值。

（A）15；（B）60；（C）600。

答案：B

Jd4A3156 为了防止误合，可在刀刃或刀座上加（　　）。

（A）绝缘罩；（B）防雨罩；（C）护套；（D）短线。

答案：A

Jd4A3157 电气试验中，一般连接电压回路的导线截面面积不得小于（　　）mm^2。

（A）1.5；（B）2.0；（C）2.5；（D）3.0。

答案：A

Jd4A3158 测量高压电缆各相电流时，电缆头线间距离应在（　　）mm 以上。

（A）30；（B）300；（C）200；（D）100。

答案：B

Jd4A3159 1000kV 油浸式电力变压器油中溶解气体含量乙炔小于等于（　　）μL/L。

（A）0.5；（B）1.0；（C）0.3；（D）0.7。

答案：A

Jd4A3160 铁芯绝缘电阻测量采用（　　）V 兆欧表。

（A）250；（B）1000；（C）2500；（D）5000。

答案：C

Jd4A3161 测量电抗器二次回路绝缘电阻采用（　　）V 兆欧表。

（A）250；（B）1000；（C）2500；（D）5000。

答案：B

Jd4A3162 容量 100MV·A 以上或电压等级 220kV 以上的变压器，短路阻抗初值差不超过（　　）%。

（A）±1.0；（B）±1.6；（C）±2.0；（D）±2.5。

答案：B

Jd4A4163 容量 100MV·A 及以下且电压等级 220kV 以下的变压器，短路阻抗初值差不超过（　　）%。

（A）±1.0；（B）±1.6；（C）±2.0；（D）±2.5。

答案：C

Jd4A4164 SF_6 断路器测量辅助回路和控制回路的绝缘电阻宜采用（　　）V 兆欧表。

（A）250；（B）1000；（C）2500；（D）5000。

答案：B

Jd4A4165 绕组频率响应试验主要是测试变压器（　　）的试验手段。

（A）电容参数；（B）电抗参数；（C）绕组变形；（D）谐振耐压。

答案：C

Jd4A4166 在（　　）形式的电网中容易发生单相弧光接地过电压。

（A）中性点直接接地；（B）中性点经消弧线圈接地；（C）中性点经小电阻接地；（D）中性点不接地。

答案：D

Jd4A4167 变压器的空载损耗体现的是变压器的（　　）。

（A）绕组电阻损耗；（B）铁芯损耗；（C）附加损耗；（D）介质损耗。

答案：B

Jd4A4168 组合电器的主回路绝缘电阻宜采用（　　）V 绝缘电阻表。

（A）250V；（B）1000；（C）2500；（D）5000。

答案：C

Jd4A4169 当电流互感器的末屏绝缘电阻不能满足要求时，可通过测量末屏介质损耗因数做进一步判断，测量电压为（　　）kV，其测量值要求小于（　　）。

(A) 1，0.015；(B) 1，0.01；(C) 2，0.01；(D) 2，0.015。

答案：D

Jd4A4170 进行套管绝缘电阻测试时，采用屏蔽线时，一般屏蔽线应接在（ ）附近。

(A) 套管法兰；(B) 套管末屏；(C) 套管出线端子；(D) 套管中部。

答案：C

Jd4A4171 在220kV电压等级下，作业人员与带电设备之间必须保持的最小安全距离为（ ）m。

(A) 1.5；(B) 2.0；(C) 3.0；(D) 4.0。

答案：C

Jd4A5172 绝缘电阻及直流泄漏电流试验，很难发现的缺陷是（ ）。

(A) 贯穿性缺陷；(B) 绝缘整体受潮；(C) 贯穿性受潮或脏污；(D) 整体老化和局部缺陷。

答案：D

Jd4A5173 介损、电容量试验，很难发现的缺陷是（ ）。

(A) 绝缘局部受潮；(B) 绝缘整体受潮；(C) 绝缘劣化变质；(D) 小体积被试设备的局部缺陷。

答案：A

Jd4A5174 普通万用表的交流档，测量结果反映的是（ ）。

(A) 峰值，定度也按峰值；(B) 有效值，定度也按有效值；(C) 平均值，定度是按正弦波的有效值；(D) 平均值，定度是按正弦波的有效值。

答案：C

Jd4A5175 直流试验电压值指的是直流电压的（ ）。

(A) 最大值；(B) 最小值；(C) 峰值；(D) 算术平均值。

答案：D

Jd4A5176 运行中的变压器铁芯要求（ ）。

(A) 一点接地；(B) 两点接地；(C) 多点接地；(D) 不接地。

答案：A

Je4A1177 110kV及以下的油浸式变压器、电抗器及消弧线圈耐压前的油静置时间是（ ）h。

(A) ≥6；(B) 12；(C) 24；(D) 48。

答案：C

Je4A1178 进行外施交流耐压试验，充气设备在耐压试验前应处于（ ）压力。

（A）闭锁；（B）报警；（C）额定；（D）最大。

答案：C

Je4A1179 外施交流耐压试验测量用电压表应用（ ）电压表。

（A）高压静电；（B）交流均值；（C）交流有效值；（D）交流峰值。

答案：D

Je4A1180 某设备一部分组件的绝缘试验值为 $\tan\delta_1=0.05$，$C_1=250\text{pF}$；其余部分绝缘试验值为 $\tan\delta_2=0.004$，$C_2=10000\text{pF}$，则该设备整体绝缘试验时，其总的 $\tan\delta$ 值与（ ）接近。

（A）0.003；（B）0.005；（C）0.02；（D）0.04。

答案：B

Je4A1181 在变压器负载损耗和空载损耗测量的参数中，（ ）参数受试验电源频率的影响可忽略不计。

（A）空载损耗和空载电流；（B）负载损耗和短路阻抗；（C）绕组电阻损耗和短路阻抗的电阻分量；（D）附加损耗和短路阻抗的电抗分量。

答案：C

Je4A2182 变压器空载试验中，额定空载损耗 P_0 及空载电流 I_0 的计算值和变压器额定电压 U_N 与试验施加电压 U_0 比值（U_N/U_0）具备一定关系，下列表述中正确的是，（ ）。（其中，U_0 的取值范围在 0.1～1.05 倍 U_N 之间）。

（A）P_0、I_0 与（U_N/U_0）成正比；（B）P_0 与（U_N/U_0）成正比；I_0 与（U_N/U_0）成正比；（C）当（U_N/U_0）$=1.0$ 时，P_0 及 I_0 的计算值等于试验测得值；（D）P_0、I_0 与（U_N/U_0）无明显关系。

答案：C

Je4A2183 n 个试品的单个介质损耗因数分别为 $\tan\delta1$、$\tan\delta2$、$\tan\delta3$、…、$\tan\delta n$，则将它们并联在一起总 $\tan\delta$ 值为 $\tan\delta1$、…、$\tan\delta n$ 中的（ ）。

（A）最大值；（B）最小值；（C）平均值；（D）介于最大最小值之间。

答案：D

Je4A2184 交流耐压试验是破坏性试验，会对某些设备绝缘形成破坏性的积累效应。下列设备中，基本没有积累效应的是（ ）。

（A）变压器；（B）互感器；（C）电力电缆；（D）纯瓷套管和绝缘子。

答案：D

Je4A2185 变压器绝缘普遍受潮以后，测试绕组绝缘电阻、吸收比和极化指数将（　　）。

（A）均变小；（B）均变大；（C）绝缘电阻变小，吸收比和极化指数变大；（D）绝缘电阻变大，吸收比和极化指数变小。

答案：A

Je4A2186 将 n 个试品并联在一起测量直流泄漏电流值为 I，则流过每个试品的泄漏电流为（　　）。

（A）不大于 I；（B）不小于 I；（C）都等于 I；（D）等于 I/n。

答案：A

Je4A2187 交接规程规定：20～35kV 油浸式电压压感器绕组 tanδ 值不大于（　　）。

（A）0.02；（B）0.025；（C）0.03；（D）0.035。

答案：C

Je4A2188 规程规定电力设备交接及大修后的现场交流耐压试验电压值应为出厂值的（　　）%。

（A）75；（B）80；（C）85；（D）90。

答案：B

Je4A2189 高压设备发生接地时，在室外不得接近故障点（　　）m 以内。

（A）4；（B）6；（C）8；（D）10。

答案：C

Je4A2190 设备二次回路绝缘电阻测试应用 1000V 兆欧表测试，测试值不低于（　　）MΩ。

（A）1；（B）2；（C）5；（D）10。

答案：B

Je4A2191 金属氧化物避雷器底座的绝缘电阻要求不小于（　　）MΩ。

（A）1000；（B）100；（C）10；（D）5。

答案：B

Je4A2192 工频耐压试验不能考核设备全部绝缘，下列选项可以考核到的是（　　）。

（A）线圈匝间工频绝缘损伤；（B）高压线圈与低压线圈引线之间绝缘薄弱；（C）高压线圈与高压分接接线之间的绝缘薄弱；（D）低压线圈与高压分接接线之间的绝缘薄弱。

答案：B

Je4A2193 吸收比是测量（　　）时绝缘电阻之比。

（A）15s和60s；（B）15s和30s；（C）60s和10min；（D）15s和10min。

答案：A

Je4A3194 高压设备绝缘介质损失角 tanδ 值的测量，一般选用的试验设备是（　　）。

（A）QS1型西林电桥；（B）电容表；（C）万用表；（D）电压表。

答案：A

Je4A3195 介质损失角试验的局限性是（　　）。

（A）对局部缺陷反应灵敏，对整体缺陷反应不灵敏；（B）对整体缺陷反应灵敏，对局部缺陷反应不灵敏；（C）对整体缺陷和局部缺陷都不灵敏；（D）对局部缺陷和整体缺陷反应都灵敏。

答案：B

Je4A3196 变压器的直流电阻测试时，非被试绕组应（　　）。

（A）短路接地；（B）短路但不接地；（C）拆除所有接线；（D）将中性点接地。

答案：C

Je4A3197 进行直流电阻试验，待试设备上无其他（　　）。

（A）外部作业；（B）脏污；（C）附件；（D）接地线。

答案：A

Je4A3198 直流电阻试验分析时，每次所测电阻值都应换算至同一（　　）下进行比较。

（A）湿度；（B）温度；（C）压力；（D）仪器。

答案：B

Je4A3199 油浸式电力变压器和电抗器、SF_6 气体变压器直流电阻试验标准，1.6MV·A及以下变压器，相间差别一般不大于三相平均值的（　　）%。

（A）1；（B）2；（C）3；（D）4。

答案：D

Je4A3200 电容量和介质损耗因数试验标准中，220kV电力变压器20℃时的介质损耗因数要求不大于（　　）。

（A）0.01；（B）0.02；（C）0.007；（D）0.008。

答案：D

Je4A3201 试验人员测量变压器绕组直流电阻时应记录铭牌参数编号，还应记录（　　）。

（A）环境湿度；（B）变压器上层油温；（C）变压器散热条件；（D）变压器油质。

答案：B

Je4A3202 进行绝缘电阻试验，必要时可对被试品表面进行（　　）处理，以消除表面的影响。

（A）刷漆；（B）打磨；（C）清洁；（D）涂胶。

答案：C

Je4A3203 绝缘电阻试验时，对电压等级220kV及以上且容量为120MV·A及以上变压器测试时，宜采用输出电流不小于（　　）mA的绝缘电阻表。

（A）1；（B）3；（C）10；（D）20。

答案：B

Je4A3204 下列对绝缘电阻试验接线描述错误的是（　　）。

（A）测量时，绝缘电阻表的接线端子L接于被试设备的外壳上；（B）接地端子E接于被试设备的外壳或接地点上；（C）屏蔽端子G接于设备的屏蔽环上，以消除表面泄漏电流的影响；（D）被试品上的屏蔽环应接在接近加压的高压端而远离接地部分，减少屏蔽对地的表面泄漏，以免造成绝缘电阻表过负荷。

答案：A

Je4A3205 电流互感器绕组及末屏的绝缘电阻试验标准值描述正确的是（　　）。

（A）一次绕组：35kV及以上，大于5000 MΩ或与上次测量值相比无显著变化；（B）一次绕组：35kV及以上，大于3000 MΩ或与上次测量值相比无显著变化；（C）末屏对地（电容型）：大于3000MΩ（注意值）；（D）末屏对地（电容型）：大于2000MΩ（注意值）。

答案：B

Je4A3206 试品绝缘表面脏污、受潮，对试品tanδ值和C的测量结果会产生较大影响，下列说法正确的是（　　）。

（A）试品电容量越大，影响越大；（B）试品电容量越小，影响越小；（C）试品电容量越小，影响越大；（D）与试品电容量的大小无关。

答案：C

Je4A3207 外施交流耐压试验对环境的要求是（　　）。

（A）环境温度不宜低于0℃；（B）环境相对湿度不宜大于85%；（C）现场区域满足试验安全距离要求；（D）环境温度不宜低于10℃。

答案：C

Je4A3208 在进行变压器绕组频率响应试验时，铁芯必须（ ）。
（A）接地；（B）悬空；（C）与外壳短接；（D）以上说法均不对。

答案：A

Je4A3209 绕组频率响应试验变更接线时，下列说法正确的是（ ）。
（A）应首先断开试验电源，放电，并将升压设备的高压部分放电、短路接地；（B）应首先将升压设备的高压部分放电、短路接地，然后断开试验电源；（C）变更试验接线过程不需要监护；（D）以上说法均不正确。

答案：A

Je4A4210 电容式电压互感器绝缘电阻测试，低压端对地绝缘电阻不低于（ ）MΩ。
（A）10；（B）100；（C）200；（D）300。

答案：B

Je4A4211 泄漏试验时，微安表有多种安放位置，被试品一端接地，微安表应接在（ ）。
（A）高压侧；（B）低压侧；（C）任意侧；（D）被试品与接地侧间。

答案：A

Je4A4212 交接绝缘试验时，被试物温度及仪器周围温度应不低于5℃，空气相对湿度应不高于（ ）%。
（A）60；（B）70；（C）85；（D）90。

答案：C

Je4A4213 变压器空载损耗试验的目的是测量变压器的（ ）。
（A）铁芯损耗；（B）介质损耗；（C）附加损耗；（D）绕组电阻损耗。

答案：A

Je4A4214 无间隙金属氧化物避雷器在75%U_{1mA}下的泄漏电流应不大于（ ）μA。
（A）10；（B）25；（C）50；（D）100。

答案：C

Je4A4215 不拆高压引线进行泄漏电流试验，直流高压输出端串接微安表，（ ）直接接微安表或串接限流电阻后接微安表接地。
（A）低压端；（B）高压端；（C）母线端；（D）线路端。

答案：A

Je4A4216 直流参考电压（$U_{n\text{mA}}$）及在 $0.75U_{n\text{mA}}$ 泄漏电流测试前应进行测试仪器（ ）整定并检验仪器在整定值能否可靠动作。

（A）过压；（B）过流；（C）过负荷；（D）灵敏度。

答案：A

Je4A4217 泄漏电流测试线应使用（ ），测试线与避雷器夹角应尽量大。

（A）铜线；（B）铝线；（C）屏蔽线；（D）钢线。

答案：C

Je4A4218 高压试验作业人员在全部加压过程中，下列做法错误的是（ ）

（A）集中精力；（B）有人监护并呼唱；（C）操作人员站在绝缘垫上；（D）可离开设备。

答案：D

Je4A4219 电流表、电流互感器及其他测量测量仪表的接线和拆卸，需要断开（ ）者应将此回路所连接的设备和仪器全部停电，才能进行。

（A）低压回路；（B）高压回路；（C）控制回路；（D）二次回路。

答案：B

Je4A5220 电容式电压互感器二次侧电压失压，下列试验与查找原因无关的是（ ）。

（A）电压比试验；（B）测量主电容的介损、电容量；（C）测量分压电容的介损、电容量；（D）测量极性。

答案：D

Je4A5221 为防止在当高压侧电网发生单相接地故障时，自耦变压器（ ）出现过电压，自耦变压器中性点必须接地。

（A）高压侧；（B）中压侧；（C）低压侧；（D）高、低压侧。

答案：B

Je4A5222 进行短路阻抗试验时，试验装置的电源开关，应使用（ ）。

（A）有明显断开点的双极刀闸；（B）单极刀闸；（C）普通刀闸；（D）以上说法均不对。

答案：A

Je4A5223 在进行短路阻抗测试前，应将变压器本体的电流互感器二次（ ）。

（A）悬空；（B）接地；（C）短接；（D）以上均不正确。

答案：C

Je4A5224 短路阻抗试验应将被测绕组对应的不加压侧所有接线端全部（　　），被试品试验接线并检查确认接线正确。

（A）短接；（B）接地；（C）甩空；（D）中性点接地。

答案：A

Jf4A1225 工作票应由（　　）填写。

（A）工作负责人；（B）工作班成员；（C）技术人员；（D）专责。

答案：A

Jf4A1226 当球间距不大于球半径时，常用的测量球隙是典型的（　　）电场间隙。

（A）均匀；（B）不均匀；（C）稍不均匀；（D）极不均匀。

答案：C

Jf4A1227 电气设备使用的纯净 SF_6 气体（　　）的。

（A）有毒；（B）有害；（C）蓝色；（D）无毒。

答案：D

Jf4A2228 Yz11 或 YNz11 配电变压器中性线电流的允许值为额定电流的（　　）%。

（A）40；（B）50；（C）60；（D）70。

答案：A

Jf4A2229 变电站构架上避雷针的接地线应（　　）。

（A）不与站内接地网相连；（B）直接与站内接地网相连；（C）直接与站内接地网相连并加装集中接地装置；（D）不与站内接地网相连但应加装集中接地装置。

答案：C

Jf4A2230 操作波的极性会对变压器外绝缘产生影响，正极性闪络电压相比负极性（　　）。

（A）高；（B）低；（C）高很多；（D）一样。

答案：B

Jf4A2231 固体绝缘发生击穿后，其绝缘性能（　　）。

（A）永不能恢复；（B）高温烘烤恢复；（C）随时间自主恢复；（D）不受击穿影响。

答案：A

Jf4A2232 绝缘油的介电常数 $\varepsilon=2.2$，电气强度 E 可达（　　）kV/cm。

（A）40～60；（B）60～80；（C）80～120；（D）120～180。

答案：C

Jf4A2233 变压器冲击合闸试验应在被试变压器（　　）进行。

（A）高压侧；（B）中压测；（C）低压侧；（D）任意侧。

答案：A

Jf4A2234 电缆 WSY-10/3×185 表示（　　）。

（A）10kV 三芯交联聚乙烯电缆户内热缩终端头电缆；（B）10kV 三芯交联聚乙烯电缆户外热缩终端头电缆；（C）10kV 三芯交联聚乙烯电缆热缩接头；（D）10kV 三芯油浸低绝缘电缆热缩接头。

答案：B

Jf4A2235 断路器开断电容器组时，可能出现（　　）。

（A）较大的涌流；（B）较大的截流；（C）雷电过电压；（D）重燃过电压。

答案：A

Jf4A2236 电磁型操作机构断路器的合闸线圈动作电压应不低于额定电压的（　　）%。

（A）70；（B）75；（C）80；（D）90。

答案：C

Jf4A3237 在防雷措施中，独立避雷针接地装置的工频接地电阻一般不大于（　　）Ω。

（A）5；（B）10；（C）15；（D）20。

答案：B

Jf4A3238 交流无间隙金属氧化物避雷器的额定电压是指（　　）。

（A）安装地点的电网额定相电压；（B）安装地点的电网额定线电压；（C）允许持久地施加在避雷器端子间的工频电压有效值；（D）施加到避雷器端子间的最大允许工频电压有效值。

答案：D

Jf4A3239 不同电解质介电系数不同，变压器油的介电系数比空气高（　　）倍多。

（A）1；（B）2；（C）3；（D）4。

答案：B

Jf4A3240 变压器空载损耗主要包括（ ）。

（A）漏磁通产生损耗和线圈电阻产生的损耗；（B）铁芯的磁滞损耗和线圈电阻产生的损耗；（C）铁芯的磁滞损耗和涡流损失；（D）漏磁通产生损耗和涡流损失。

答案：C

Jf4A3241 SF_6 气体成分要求 SO_2 含量不大于（ ）μL/L，H_2S 含量不大于（ ）μL/L。

（A）1、1；（B）0.5、0.5；（C）1.5、1.5；（D）2、2。

答案：A

Jf4A3242 220kV 变压器油击穿电压不小于（ ）kV。

（A）30；（B）35；（C）40；（D）45。

答案：C

Jf4A3243 红外检测时，被测设备应为（ ）设备。

（A）停电；（B）检修；（C）带电；（D）部分带电。

答案：C

Jf4A3244 变压器油中受潮，特别是含有带水分的（ ）对绝缘油的绝缘强度，影响最为严重。

（A）气泡；（B）纤维（棉纱或纸类）；（C）金属颗粒；（D）灰尘。

答案：B

Jf4A3245 电缆线路相当于一个电容器，停电后的线路上还存在有剩余电荷，对地仍有（ ），因此必须经过充分放电后，才可以用手接触。

（A）电位差；（B）等电位；（C）电流；（D）很小电位。

答案：A

Jf4A3246 运行中的 SF_6 断路器灭弧室的气体湿度要求不应大于（ ）μL/L。

（A）150；（B）250；（C）300；（D）500。

答案：C

Jf4A3247 变压器进水受潮时，油中溶解气体色谱分析含量偏高的气体组分是（ ）。

（A）氢气；（B）乙炔；（C）甲烷；（D）一氧化碳。

答案：A

Jf4A3248 测量电力电容器电容量，发现变大，主要原因是（ ）。

（A）介质受潮；（B）元间短路；（C）电容器漏油；（D）介质受潮或元间短路。

答案：D

Jf4A3249 变压器在额定电压下二次侧开路时，其铁芯中消耗的功率称为（ ）。

（A）铁损；（B）铜损；（C）线损；（D）短路损耗。

答案：A

Jf4A4250 在一定的正弦交流电压 U 作用下，理想元件 R、L、C 电路发生并联谐振时，电路的总电流将（ ）。

（A）为零；（B）无穷大；（C）等于非谐振状态时电流；（D）等于 U/R。

答案：D

Jf4A4251 外施交流耐压试验工作不得少于（ ）人。

（A）1；（B）2；（C）3；（D）4。

答案：B

Jf4A4252 外施交流耐压试验时，要求环境温度不低于（ ）℃。

（A）0；（B）5；（C）3；（D）10。

答案：B

Jf4A4253 进行红外热像检测时，行走中注意（ ），防止踩踏设备管道。

（A）头部；（B）上方；（C）脚下；（D）两侧。

答案：C

Jf4A4254 电容型设备介质损耗因数和电容量带电测试应在良好的天气下进行，户外作业风力大于（ ）级时，不宜进行该项工作。

（A）4；（B）5；（C）6；（D）7。

答案：B

Jf4A4255 高压试验应填用（ ）。

（A）变电站（发电厂）第一种工作票；（B）变电站（发电厂）第二种工作票；（C）变电站（发电厂）带电作业工作票；（D）变电站（发电厂）电力电缆工作票。

答案：A

Jf4A4256 高压试验装置的金属外壳应可靠接地，高压引线应尽量（ ）。

（A）加长；（B）缩短；（C）增高；（D）降低。

答案：B

Jf4A5257 高压试验变更接线或试验结束时，应断开试验电源、放电，并将升压设备的高压部分（ ）。

（A）放电；（B）短路；（C）短路接地；（D）放电、短路接地。

答案：D

Jf4A5258 下列常见介质中，亲水性物质有（　　）。

（A）聚乙烯；（B）石蜡；（C）硅橡胶；（D）电瓷。

答案：D

Jf4A5259 电动机铭牌上的温升是指（　　）。

（A）电动机工作的环境温度；（B）电动机的最高工作温度；（C）电动机的最低工作温度；（D）电动机绕组最高允许温度和环境温度之差值。

答案：D

1.2 判断题

La4B1001 容抗随频率的升高而增大，感抗随频率的下降而增大。(×)

La4B1002 一只电灯与电容C并联后经开关S接通电源。当开关S断开时，电灯表现为在开关拉开瞬间更亮一些，然后慢慢地熄灭。(×)

La4B1003 电容在直流电路中相当于断路，但在交流电路中，则有交流容性电流通过。(√)

La4B1004 一个线性电感元件的感抗决定于自感系数和频率。(√)

La4B1005 在纯电阻负载的正弦交流电路中，电阻消耗的功率总是正值，通常用平均功率表示，平均功率的大小等于瞬时功率最大值的一半。(√)

La4B1006 交流电的频率越高，则电容器的容抗越大；电抗器的感抗越小。(×)

La4B1007 容性无功功率与感性无功功率两者的表达形式相同，性质也相同。(×)

La4B1008 自感系数 L 与线圈结构及材料性质有关。(√)

La4B1009 理想电压源是指具有一定的电源电压 E，而其内阻为零的电源。(√)

La4B1010 理想电流源是指内阻为无限大，能输出恒定电流 I 的电源。(√)

La4B1011 电源产生的电功率总等于电路中负载接受的电功率和电源内部损耗的电功率之和。(×)

La4B2012 某部分电路的端电压瞬时值为 u，电流的瞬时值为 i，并且两者有一致的正方向时，其瞬时功率 $p=ui$，则当 $p>0$ 时，表示该电路向外部电路送出能量；$p<0$ 时，表示该电路从外部电路吸取能量。(×)

La4B3013 过渡过程只能出现在直流电路中，在交流电路中，因电压电流都在随时间变化，没有稳态，因此没有过渡过程。(×)

La4B3014 R、L、C 串联电路中，已知 $U_R=100V$，$U_L=100V$，$U_C=100V$，则总电压有效值是 100V。(√)

La4B3015 一个正弦交流串联电路，当 L、C 参数确定后，对应的 ω_0、f_0、T_0 就随之确定。(√)

La4B3016 在 R、L、C 并联的交流电路中，如总电压相位落后于总电流相位时，则表明 $X_C>X_L$。(×)

La4B3017 R、L、C 串联，接入一个频率可变的电源，开始 $1/\omega_{0C}=\omega_{0L}$，当频率变高时，电路呈感性。(√)

La4B3018 一个周期性非正弦量也可以表示为一系列频率不同，幅值不相等的正弦量的和（或差）。(√)

La4B3019 用二功率表法测量三相三线电路的有功功率时，不管电压是否对称，负载是否平衡，都能正确测量。(√)

La4B3020 几个不同的成奇数倍的谐波正弦量可以合成一个周期性变化的非正弦量。(√)

La4B3021 对三相四线制系统，不能用两只功率表测量三相功率。(√)

La4B3022 理想电压源与理想电流源的外特性曲线是垂直于坐标轴的直线，两者是不能进行等效互换的。(√)

La4B3023 恒流源的电流不随负载而变，电流对时间的函数是固定的，而电压随与之连接的外电路不同而不同。(√)

La4B3024 带有线性电感的电路，当 $|i|$ 增加时，则表明电感的磁场能量正在存储。(√)

La4B3025 电容 C 经电阻 R 放电时，电路放电电流的变化规律为按正弦函数变化。(×)

La4B3026 将 R、L 串联接通直流电源时，电阻 R 阻值越大，阻碍电流通过的能力越强，因而电路从初始的稳定状态到新的稳定状态所经历的过渡过程也就越长。(×)

La4B3027 叠加原理对线性电路和非线性电路都适用。(×)

La4B3028 在 R、L 串联电路中，当接通直流电源时，电阻值越大，阻碍电流变化的作用也就越大，过渡过程也就越长。(×)

La4B3029 有电感 L 或电容 C 构成的电路中，从一个稳定状态换到另一个稳定状态，总是要产生过渡过程的。(√)

La4B3030 在三相三线制电路中，不论负载对称与否，均可使用两个功率表的方法测量三相功率。(√)

La4B3031 在三相四线制电路中，不论负载对称与否，均可使用两个功率表的方法测量三相功率。(×)

La4B3032 交流电的频率越高，电容器的容抗越大。(×)

La4B4033 在 R、L 串联电路接通正弦电源的过渡过程中，电路瞬间电流的大小与电压合闸时初相角 Ψ 及电路的阻抗角 φ 有关。当 $\Psi-\varphi=0$ 或 180°时，电流最大。(×)

Lb4B1034 在直流电压作用下的介质损耗是电导引起的损耗。(√)

Lb4B1035 介质损耗使绝缘内部产生热量，介损越大则在绝缘内部产生的热量越多。(√)

Lb4B1036 一个由两部分并联组成的绝缘，其整体的 $\tan\delta$ 值等于该两部分的 $\tan\delta 1$ 值与 $\tan\delta 2$ 值之和。(×)

Lb4B1037 若干并联等值电路的 $\tan\delta$ 值总是小于等于各并联电路的支路中最大 $\tan\delta$ 值。(×)

Lb4B1038 若干并联等值电路的 $\tan\delta$ 值总是介于并联电路中各支路最大与最小 $\tan\delta$ 值之间。(√)

Lb4B1039 电容器的直流充电电流（或放电电流）的大小在每一瞬间都是相同的。(×)

Lb4B1040 介质损耗的向量图中 $\tan\delta$ 值表示阻性电流和总电流的比值。(×)

Lb4B1041 由极性分子组成的电介质称为极性电介质。(√)

Lb4B1042 由非极性分子组成的电介质称为极性电介质。(×)

Lb4B2043 超声波在介质内的传播速度只与超声波本身的特性有关，与材料的特性无关。(×)

Lb4B2044 变压器绕组连同套管的直流泄漏电流与所加电压不成线性关系。（×）

Lb4B2045 通过介质损失角正切值的测量就可以判断绝缘介质的状态。（√）

Lb4B2046 超高压输电线或母线上电晕的产生是由于导线周围的电场强度太强而引起的。（√）

Lb4B2047 测量电气设备外绝缘形成的电容，在高电压作用下的能量损耗是介质损耗。（√）

Lb4B2048 在电场作用下，电介质所发生的极化现象中，多发生于采用分层介质或不均匀介质的绝缘结构中；极化的过程较缓慢，极化时间约几秒、几十秒甚至更长，发生于直流及低频（0～1000Hz）范围内，需消耗能量的极化，称为夹层式极化。（√）

Lb4B2049 良好的设备绝缘的泄漏电流与外施直流电压的关系是近似的线性关系。（√）

Lb4B2050 泄漏电流随温度上升而减小。（×）

Lb4B3051 泄漏电流随温度上升而增大。（√）

Lb4B3052 电介质极化有四种基本形式：电子式极化、离子式极化、偶极子极化、夹层式极化。（√）

Lb4B3053 金属氧化物避雷器总泄漏电流主要由流过阀片的电容电流、电阻电流和流过绝缘体的电导电流三部分组成。（√）

Lb4B3054 当被试设备确定和运行方式不变的情况下，干扰电流的大小和方向即可视为不变。（√）

Lb4B3055 超高压通常指330kV及以上、1000kV以下的电压。（√）

Lb4B3056 电场作用下，电介质发生的极化现象中，发生于偶极子结构的电介质中，极化时间10^{-2}～10^{-10}s；而且是非弹性的；需消耗一定能量的极化，称为偶极子极化。（√）

Lb4B3057 在四种电介质的基本极化形式中，只有电子式极化没有能量损耗。（×）

Lb4B3058 极化时间最短的是离子式极化。（×）

Lb4B3059 介质的电子式极化是弹性、无损耗、形成时间极短的极化。（√）

Lb4B3060 电介质极化有四种基本形式：电子式极化、分子式极化、偶极子极化、夹层式极化。（×）

Lb4B3061 介质的偶极子极化是非弹性、无损耗的极化。（×）

Lb4B3062 按照国际惯例，特高压是指交流1000kV及以上和直流±800kV以上的电压等级。（√）

Lb4B3063 极性介质由被束缚的带电离子构成。在外电场的作用下极性物质的极化现象显著，介电系数较大。（√）

Lb4B3064 任何一种绝缘材料，在其两端施加电压，总会有一定电流通过，这种现象也叫作绝缘体的泄漏。（√）

Lb4B3065 介质损耗随温度增加而增大。（√）

Lb4B3066 对电介质施加直流电压时，由电介质的弹性极化所决定的电流称为电导电流。（×）

Lb4B3067 电力电缆的泄漏电流测量，同直流耐压试验相比，尽管它们在发掘缺陷的作用上有些不同，但实际上它仍然是直流耐压试验的一部分。(√)

Lb4B4068 测量绝缘体的泄漏电流时，采用半波整流电路，电路中存在着充放电过程。(√)

Lb4B4069 影响固体电介质绝缘劣化和热击穿的一个重要原因是介质损耗。(√)

Lb4B4070 介质损耗随温度的变化与介质的结构无关。(×)

Lb4B4071 多层介质在电压作用下，当到达稳态时，层间电压与各层间电阻成正比，与电导成反比。(√)

Lb4B4072 测量绝缘电阻和泄漏电流的方法不同，但表征的物理概念相同。(√)

Lb4B4073 当有机绝缘材料由中性分子构成时，不存在偶极子极化，这类材料主要是电导损耗，其 $\tan\delta$ 值小。(√)

Lb4B4074 极性介质的损耗由电导损耗和极化损耗所组成。(√)

Lb4B4075 SF_6 气体中混有水分主要危害是：在温度降低时可能凝结成露水附着在零件表面，在绝缘件表面可能产生沿面放电而引起事故，其他方面无危害。(×)

Lb4B4076 在交流或冲击电压作用下，各层绝缘所承受的电压大小与各层绝缘的电容成反比，即各绝缘层中的电场强度是和各层绝缘材料的介电常数 ε 成反比的。(√)

Lb4B4077 用于电缆和电机的绝缘材料，要求其介电系数小，以避免电缆和电机工作时产生较大的电容电流。(√)

Lb4B4078 在相近的运行和检测条件下，同一家族设备的同一状态量不应有明显差异，否则应进行显著性差异分析。(√)

Lb4B5079 施加电压于棒—板电极间，随电压升高，在曲率半径小的棒电极附近电场强度最小。(×)

Lb4B5080 介质损耗值既反映了绝缘本身的状态，又可反映绝缘由良好状况向劣化状况转化的过程。(√)

Lc4B1081 变压器的接线组别决定了变压器的一次和二次电压（或电流）的相位差。(√)

Lc4B1082 变电站配电装置构架上避雷针的集中接地装置应与主接地网连接，且该连接点距 10kV 及以下设备与主接地网连接点沿接地极的长度不应小于 30m。(×)

Lc4B1083 变电站装设限流电抗器的主要目的是防止母线电压过高。(×)

Lc4B1084 在电力系统中，接地体有垂直接地体和水平接地体两种基本形式。(√)

Lc4B1085 接地体和接地线的总和称为接地系统。(×)

Lc4B1086 通常所说的负载大小是指负载电流的大小。(√)

Lc4B1087 电流互感器与电压互感器二次允许互相连接。(×)

Lc4B1088 并列运行的变压器联结组别不一定必须相同。(×)

Lc4B1089 联结组别是表示变压器一、二次绕组的连接方式及线电压之间的相位差，以时钟表示。(√)

Lc4B1090 在不影响设备运行的条件下，对设备状况连续或定时自动地进行监测，称为在线监测。(√)

Lc4B1091 变电站装设限流电抗器的主要目的是当线路或母线发生故障时，使短路电流限制在断路器允许的开断范围内。(√)

Lc4B2092 两台变比相同的电流互感器，当一次线圈串联，二次线圈也串联使用时，则总的变比增大一倍。(×)

Lc4B3093 SF_6 气体具有优良的灭弧性能和导电性能。(×)

Lc4B3094 负载功率因数较低时，电源设备的容量就不能被充分利用，并在送电线路上引起较大的电压降和功率损失。(√)

Lc4B4095 金属表面的漆膜、尘埃、涂料会显著影响到物体的红外发射率。(√)

Lc4B4096 红外线是一种电磁波，它在电磁波连续频谱中的位置处于无线电波与可见光之间的区域。(√)

Jd4B1097 $100\mu F=1\times10^{8}pF=1\times10^{-4}F=1\times10^{5}nF$。(√)

Jd4B1098 磁电式仪表测量的是被测量的瞬时值。(×)

Jd4B2099 示波器只能用来观察信号波形，不能测量信号幅度的大小。(×)

Jd4B2100 交流电桥平衡的条件是两组对边桥臂阻抗绝对值的乘积相等。(×)

Jd4B2101 YO-$220/\sqrt{3}$-0.00275 耦合电容器，在正常运行中的电流为 200～300mA。(×)

Jd4B2102 已知 LCLWD3-220 电流互感器的 C_x 约为 800pF，则正常运行中其电流约为 30～40mA。(√)

Jd4B2103 根据绝缘电阻表铭牌额定电压及其测得的绝缘电阻值，可以换算出试品的直流泄漏电流值。(×)

Jd4B2104 电缆线路的电容，比同电压等级、相同长度和截面的架空线路的电容小。(×)

Jd4B2105 电工仪表的准确度等级以仪表最大相对误差来表示。(×)

Jd4B2106 磁电式微安表使用后应将其两个接线端子用导线短接。 (√)

Jd4B2107 经常工作的水电阻最好采用食盐加入水中配成。(×)

Jd4B2108 经常工作的水电阻最好避免采用碳酸钠加入水中配成。(×)

Jd4B3109 当工频电压作用于金属氧化物避雷器时，其中容性电流的大小，并不影响发热，而阻性电流则是造成金属氧化物电阻片发热的原因。(√)

Jd4B3110 红外测温仪是以被测目标的红外辐射能量与温度成一定函数关系的原理而制成的仪器。(√)

Jd4B3111 红外热成像仪的组成包括：扫描一聚光的光学系统、红外探测器、电子系统和显示系统等。(√)

Jd4B3112 用红外线测温仪测量电气设备的运行温度时，温度低时测得准，温度高时测不准。(×)

Je4B1113 测量介质损失角正切值是绝缘试验的主要项目之一。它在发现绝缘整体受潮、劣化变质以及小体积被试设备的某些局部缺陷方面比较灵敏有效。(√)

Je4B1114 一般情况下，变压器油越老化，其 $\tan\delta$ 值随温度变化越显著。(√)

Je4B1115 进行互感器的联结组别和极性试验时，检查出的联结组别或极性必须与铭

牌的记载及外壳上的端子符号相符。(√)

Je4B1116 通常采用交流法测量变压器的接线组别。(×)

Je4B2117 如测得变压器铁芯绝缘电阻很小或接近零，则表明铁芯多点接地。(√)

Je4B2118 变压器油色谱分析，一氧化碳（CO）、二氧化碳（CO_2）含量异常增大应怀疑涉及固体绝缘。(√)

Je4B2119 影响接地电阻的主要因素有土壤电阻率、接地体的尺寸形状及埋入深度、接地线与接地体的连接等。(√)

Je4B2120 对运行的氧化锌避雷器采用带电测试手段主要是测量运行中氧化锌避雷器的泄漏全电流值。(×)

Je4B2121 电气设备温度下降，其绝缘的直流泄漏电流变小。(√)

Je4B2122 当电容器元件有少量损坏时，只要测试绝缘电阻、介质损耗和电容量都能及早发现电容器内部存在的严重缺陷。(×)

Je4B2123 测量接地电阻时电流极、电压极应布置在与线路或地下金属管道平行的方向上。(×)

Je4B2124 SF_6 断路器和 GIS 的 SF_6 气体年漏气率允许值为不大于 3%。(×)

Je4B2125 用交流电源测量接地装置的接地电阻时，在辅助电流接地极附近行走的人可能会发生触电危险。(√)

Je4B2126 变压器进水受潮后，其绝缘的等值相对电容率 ε_r 变小，使测得的电容量 C_x 变小。(×)

Je4B2127 少油电容型设备如耦合电容器、互感器、套管等，严重缺油后，测量的电容量 C_x 变大。(×)

Je4B2128 电容型设备如耦合电容器、套管、电流互感器等，其电容屏间绝缘局部层次击穿短路后，测得的电容量 C_x 变大。(√)

Je4B2129 用三极法测量土壤电阻率只反映了接地体附近的土壤电阻率。(√)

Je4B2130 变压器油的介电系数比空气高 2 倍多。(√)

Je4B2131 四极法测得的土壤电阻率与电极间的距离无关。(×)

Je4B2132 测量接地电阻时电流极、电压极应布置在与线路或地下金属管道垂直的方向上。(√)

Je4B2133 测量接地电阻时被测的接地装置应与避雷线断开。(√)

Je4B2134 油纸电容型电流互感器的介质损耗，一般应按充油设备的温度换算方式进行温度换算。(×)

Je4B2135 绝缘油击穿电压的高低与油自身含有杂质、水分有关。(√)

Je4B2136 测量小容量试品的介质损耗时，为了测量准确，应尽量增大高压引线与试品间的杂散电容，在气候条件较差的情况下尤为重要。(×)

Je4B2137 测量介质损耗因数，通常不能发现整体受潮。(×)

Je4B2138 采用交流电流表、电压表法测量接地电阻时，电极的布置宜用三角形布置法，电压表应使用高内阻电压表。(√)

Je4B2139 在一般情况下，介质损耗 $\tan\delta$ 值试验主要反映设备绝缘的整体缺陷，而

对局部缺陷反映不灵敏。（√）

Je4B2140 测量高压电容型套管的介质损耗因数时，将高压电容型套管水平放置在妥善接地的套管架上进行。（×）

Je4B2141 测量装在三相变压器上的任一相电容型套管的 tanδ 值和电容时，其所属绕组的三相线端与中性点（有中性点引出者）必须短接一起加压，其他非被测绕组则短接接地，否则会造成较大的误差。（√）

Je4B2142 温度在 60～80℃时，绝缘油耐压达到最大值，当温度高于 80℃，绝缘油中的水分形成气泡，耐压值又下降了。（√）

Je4B2143 测量接地电阻时，当仪表的灵敏度过高时，可将电极的位置提高，使其插入土中浅些。当仪表灵敏度不够时，可给电压极和电流极插入点注入水而使其湿润，以降低辅助接地棒的电阻。（√）

Je4B2144 用末端屏蔽法测量串级式电压互感器 tanδ 值的具体接法是：高压绕组 A 端加压，X 端和底座接地；二次测量绕组和辅助绕组均短接后与电桥 Cx 引线相连；电桥按正接线方式工作。（×）

Je4B2145 为了消除表面泄漏的影响，在做直流泄漏试验时，通常采用屏蔽法。（√）

Je4B2146 异常状态即单项（或多项）状态量趋势接近标准限值方向发展，但未超过标准限值仍可以继续运行，应加强运行中的监视。（√）

Je4B2147 变压器绝缘受潮后电容值随温度升高而增大。（√）

Je4B2148 对于非真空注油及真空注油的套管，测量其 tanδ 值时，一般都采取注油后静置一段时间且多次排气后再进行测量，防止测出的 tanδ 值偏大。（√）

Je4B2149 温度略高于 0℃时，油中水呈悬浮胶状，绝缘油耐压值最高。（×）

Je4B2150 热像仪距离越近，拍摄的热图也越清晰。（×）

Je4B2151 无间隙金属氧化物避雷器在 75％直流 1mA 参考电压下的泄漏电流应不大于 100μA。（×）

Je4B2152 进行直流泄漏或直流耐压试验时，若微安表的指示值随时间逐渐下降，可能是试品绝缘老化。（×）

Je4B2153 测量大电容量、多组件组合的电力设备绝缘的 tanδ 值，对反映局部缺陷较灵敏。（×）

Je4B2154 几个试品并联在一起进行试验时，若测得泄漏电流为 I，则流过每一个试品的电流都小于 I。（√）

Je4B2155 介质损耗因数 tanδ 值试验，可以发现设备绝缘整体受潮、劣化变质、以及小体积设备绝缘的某些局部缺陷。（√）

Je4B2156 湿度增大，绝缘表面易吸附潮气形成水膜，表面泄漏电流增大，影响测量准确性。（√）

Je4B2157 金属氧化物避雷器进水受潮初期即会出现全电流阻性电流较大幅度增加的现象。（×）

Je4B2158 SF_6 气体中 CF_4 含量的增加可认为是由于环氧隔板附近火花放电所引起，检测其含量，可预知是否存在火花放电。（×）

Je4B2159 电容型套管的电容值及 tanδ 值，应用正接法测量。(√)

Je4B2160 变压器进水受潮时，油中溶解气体色谱分析含量偏高的气体组分是氢气。(√)

Je4B2161 受潮的变压器油的击穿电压一般随温度升高而上升，但温度达 80℃及以上时，击穿电压反而下降。(√)

Je4B2162 对高压电容式绝缘结构的套管、互感器及耦合电容器，不仅要监测其绝缘介质损耗因数，还要监测其电容量的相对变化。(√)

Je4B2163 测量发电厂和变电站的接地电阻时，其电极若采用直线布置法，则接地体边缘至电流极之间的距离，一般应取接地体最大对角线长度的 4～5 倍，至电压极之间的距离取上述距离的 0.5～0.6 倍。(√)

Je4B2164 金属氧化物避雷器在运行工作电压下的阻性电流约为几十到数百微安。(√)

Je4B2165 对二次回路，1kV 及以下配电装置和电力布线测量绝缘电阻，并兼有进行耐压试验的目的时，当回路绝缘电阻在 10MΩ 以上者，可采用 2500V 绝缘电阻表一并进行测试，试验持续时间 1min。(√)

Je4B2166 现场测量直流泄漏电流，微安表的接线方式有三种：①串接在试品的高电位端；②串接在试品绝缘的低电位端（可对地绝缘者）；③串接在直流试验装置输出侧的低电位端。其中，方式③的测量误差最小。(×)

Je4B2167 SF_6 气体泄漏检查分定性和定量两种检查形式。(√)

Je4B2168 做直流泄漏试验易发现贯穿性受潮、脏污及导电通道一类的绝缘缺陷。(√)

Je4B2169 测量变压器变压比的试验方法有双电压表法、变比电桥法、标准互感器法三种。(√)

Je4B2170 测量接地电阻时，电压极应移动不少于三次，当三次测得电阻值的互差小于 10%时，即可取其算术平均值，作为被测接地体的接地电阻值。

(×)

Je4B3171 从理论上讲，环境温度降低时，SF_6 电气设备内气体中水分含量会变大。(×)

Je4B3172 SF_6 电气设备中气体的压力虽然比大气压力大，但只要设备存在漏点，空气中的水分仍会缓慢地渗透到设备内部。(√)

Je4B3173 一台变压器色谱三比值编码组合为 2、0、1，则该变压器可能存在电弧放电故障。(√)

Je4B3174 进行直流泄漏或直流耐压试验时，若微安表的指示值随时间逐渐上升，可能是试品有局部放电。(×)

Je4B3175 在有强电场干扰的现场，测量试品介质损耗因数 tanδ 值，采用变频测量方法测量的稳定性、重复性及准确性较差。(×)

Je4B3176 大型变压器测量直流泄漏电流容易发现局部缺陷，而测量 tanδ 值不易发现局部缺陷。(√)

Je4B3177 测量变压器的 tanδ 值和吸收比 K 时，铁芯不需接地。(×)

Je4B3178 绝缘油击穿试验的电极采用球型电极。(×)

Je4B3179 充油电气设备在正常运行条件下，会产生少量的 H_2、低分子烃类气体和碳的氧化物等。(√)

Je4B3180 当温度升高至 500℃以上时，绝缘油分解急剧增加，乙烯增长显著。(√)

Je4B3181 SF_6 气体一旦被液化，其绝缘、灭弧性能迅速下降，所以 SF_6 断路器不允许工作温度低于实际压力下的液化温度。(√)

Je4B3182 对一台 LCWD2-110 电流互感器，根据其主绝缘的绝缘电阻 10000MΩ、tanδ 值为 0.33%；末屏对地绝缘电阻 60MΩ、tanδ 值为 16.3%，诊断意见为主绝缘良好，可继续运行。(×)

Je4B3183 当变压器的气体继电器出现报警信号时，首先考虑的检测项目是：绝缘电阻、吸收比、极化指数和介质损耗。(×)

Je4B3184 温度低于 5℃时，受潮设备的介质损耗试验测得的 tanδ 值误差较大，这是由于水在油中的溶解度随温度降低而降低，在低温下水析出并沉积在底部，甚至成冰，此时测出的 tanδ 值显然不易检出缺陷。(√)

Je4B3185 采用介损电桥的正、反接线进行测量时，一般应以正接线测量结果作为分析判断绝缘状况的依据。(√)

Je4B3186 采用介质损电桥的正、反接线进行测量时，其介质损耗的测量结果是相同的。(×)

Je4B3187 测量小容量试品的介质损耗时，要求高压引线与试品的夹角不小于 90°。(√)

Je4B3188 工频参考电压是无间隙金属氧化物避雷器的重要参数之一，它表明阀片的伏安特性曲线饱和点的位置。运行一定时期后，工频参考电压的变化能直接反映避雷器的老化、变质程度。(√)

Je4B3189 氧化锌避雷器进行工频参考电压测量时，是以一定的阻性电流有效值为参考电流。(×)

Je4B3190 测量电气设备的泄漏电流比兆欧表发现电气设备的绝缘缺陷的有效性高，这是因为微安表的灵敏度高。(×)

Je4B3191 变压器内出现的故障往往是单一某种类型的故障。(×)

Je4B3192 如果绝缘内部的缺陷不是集中性的而是分布性的，则测 tanδ 值有时反映就不灵敏。(√)

Je4B3193 击穿强度高、介质损耗因数 tanδ 值小的绝缘油，体积电阻也一定小。(×)

Je4B3194 绝缘油的击穿电压与油中是否含水和杂质有关，而与电极的形状大小无关。(×)

Je4B3195 常把绝缘油的击穿理论叫“小桥理论”，若油中含有气泡，则击穿强度降低，若油中溶有 H_2、CH_4 等气体，也会影响击穿强度。(×)

Je4B3196 自激法、末端屏蔽法、末端加压法测量串级式电压互感器 tanδ 值时，二、三次线圈必须短接。(×)

Je4B3197 常规法测量串级式电压互感器 tanδ 值时，二、三次线圈必须短接。（√）

Je4B4198 应用红外辐射探测诊断方法，能够以非接触、实时、快速和在线监测方式获取设备状态信息，是判定电力设备是否存在热缺陷，特别是外部热缺陷的有效方法。（√）

Je4B4199 红外诊断电力设备内部缺陷是通过设备外部温度分布场和温度的变化，进行分析比较或推导来实现的。（√）

Je4B4200 紫外成像技术主要检测电气设备是否存在外表面放电故障。（√）

Je4B4201 由于红外辐射不可能穿透设备外壳，因而红外诊断方法，不适用于电力设备内部由于电流效应或电压效应引起的热缺陷诊断。（×）

Je4B4202 用末端屏蔽法测量 220kV 串级式电压互感器的 tanδ 值，在试品底座法兰对地绝缘，电桥正接线、C_x 引线接试品 x、xD 及底座条件下，其测得值主要反映处于下铁芯下芯柱的的 1/4 一次绕组及下铁芯支架对二次绕组及地的绝缘状况。（×）

Je4B4203 采用末端屏蔽法是测量串级式电压互感器介损的方法之一。其方法是高压端 A 加压，X 端和底座接地，二、三次短路后，引入电桥，采用正接线。（×）

Je4B4204 运行变压器轻瓦斯保护动作，收集到黄色不易燃的气体，可判断此变压器有本体故障。（√）

Je4B4205 用末端屏蔽法测量 110kV 串级式电压互感器的 tanδ 值时，在试品底座法兰接地、电桥正接线、C_x 引线接试品 x、xD 端条件下，其测得值主要反映的是处于铁芯下芯柱的 1/2 一次绕组对二次绕组之间的绝缘状况。（×）

Je4B4206 通常情况下，电气设备受潮后，绝缘电阻和电容量都减小。（×）

Je4B5207 距离系数是红外测温仪的主要性能参数，距离系数越小，表明性能越高，允许被测目标越小。（×）

Je4B5208 总烃包括甲烷、乙烷、乙烯、乙炔四种气体。（√）

Je4B5209 多节串联使用的金属氧化物避雷器，如果其中一节进水受潮，热像图的特征是：进水节温度低，其他节温度高。（×）

Je4B5210 试品绝缘表面脏污、受潮，在试验电压下产生表面泄漏电流，对试品 tanδ 值和电容测量结果的影响程度是试品电容量越大，影响越大。（×）

Je4B5211 当设备各部分的介质损耗因数差别较大时，其综合的 tanδ 值接近于并联电介质中电容量最大部分的介质损耗数值。（√）

Je4B5212 高压绕组主绝缘的 tanδ 值，直流泄漏电流和绝缘电阻值超标，与变压器高压绕组直流电阻的测得值无关。（√）

Jf4B1213 单相变压器连接成三相变压器组时，其接线组应取决于一、二次侧绕组的绕向和首尾的标记。（√）

Jf4B1214 变压器过负荷运行时，也可以调节有载调压装置的分接开关。（×）

Jf4B1215 电压互感器的一次中性点接地属于保护接地。（×）

Jf4B1216 高压断路器断口并联电容器的作用是提高功率因数。（×）

Jf4B1217 将一台三相变压器的相别标号 A、C 互换一下，那么该变压器的接线组别就会改变。（√）

Jf4B1218 用来提高功率因数的电容器组的接线方式有三角形连接、星形连接。(√)

Jf4B1219 变压器无励磁调压分接开关，在变压器空载运行时，可以进行变换分接头调压。(×)

Jf4B2220 只重视断路器的灭弧及绝缘等电气性能是不够的，在运行中断路器的机械性能也很重要。(√)

Jf4B2221 在使用互感器时应注意二次回路的完整性，极性及接地可以不必考虑。(×)

Jf4B2222 电容式电压互感器的中间变压器的一次绕组断线后，不会引起爆炸。(√)

Jf4B2223 运行中的110kV和220kV电磁式电压互感器，一次绕组断线后，若不及时退出运行，会引起互感器爆炸。(√)

1.3 多选题

La4C1001 下列关于交流电和直流电说法正确的是（　　）。

（A）直流电是方向不随时间变化的电流；（B）交流电是大小和方向随时间做周期性变化的电流；（C）直流电一定是大小和方向不随时间变化的电流。

答案：**AB**

La4C1002 在纯电感电路中，电压与电流的关系是（　　）。

（A）纯电感电路的电压与电流频率相同；（B）电流的相位超前外电压90°；（C）电压与电流有效值的关系也具有欧姆定律的形式；（D）电流的相位滞后外电压90°。

答案：**ACD**

Lb4C1003 电工仪表测量误差的表达形式一般分为（　　）。

（A）绝对误差；（B）相对误差；（C）引用误差；（D）基本误差。

答案：**ABC**

Lb4C1004 在（　　）应增加变压器巡视检查次数。

（A）雷雨季节特别是雷雨后；（B）高温季节、高峰负载期间；（C）新设备或经过检修、改造的变压器在投运72h内；（D）气象突变。

答案：**ABC**

Lb4C1005 电力设备绝缘带电测试的优点有（　　）。

（A）不受停电时间限制；（B）在运行电压下检测，有利于检测出内部绝缘缺陷；（C）可以实现微机监控的自动检测，可以测得较多的带电测试数据，进行统计分析；（D）试验的有效性差；（E）检测的有效性较高。

答案：**ABCE**

Lb4C1006 常规停电试验的不足有（　　）。

（A）试验时需要停电；（B）试验时间集中、工作量大；（C）试验电压低、不易发现设备缺陷；（D）试验的有效性差；（E）检测的有效性较高。

答案：**ABCD**

Lb4C2007 有载调压切换装置的检查和试验，应符合下列规定：在变压器无电压下，（　　）。其中，电动操作时电源电压为额定电压的85%及以上。操作无卡涩、连动程序，电气和机械限位正常。

（A）手动操作不少于2个循环；（B）手动操作不少于3个循环；（C）电动操作不少于5个循环；（D）电动操作不少于10个循环。

答案：**AC**

Lb4C2008 对中性点分级绝缘的变压器，由于不能采用外施高压进行工频交流耐压试验，其（ ）均由感应耐压试验来考核。

（A）主绝缘；（B）纵绝缘；（C）差绝缘；（D）外绝缘

答案：AB

Lb4C2009 35kV 变压器的充油套管不允许在无油状态下做交流耐压试验，但允许做（ ）。

（A）tanδ 值试验；（B）泄漏电流试验；（C）直流耐压试验；（D）局部放电试验。

答案：AB

Lb4C2010 配电变压器的巡视内容有（ ）。

（A）套管是否清洁，有无裂纹、损伤、放电痕迹；（B）油温、油色、油面是否正常；（C）呼吸器是否正常；（D）配变台架周围有无杂草丛生、杂物堆积。

答案：ABCD

Lb4C2011 变压器吊芯检查前应做（ ）试验。

（A）空、负载试验；（B）绝缘电阻、泄漏电流试验；（C）主变压器要做 tanδ 值；（D）高低压直流电阻；（E）绝缘油耐压。

答案：BCDE

Lb4C2012 GB 50150《电气装置安装工程 电气设备交接试验标准》规定：在额定电压下，对变电所及线路的并联电抗器连同线路的冲击合闸试验，应进行（ ），应无异常现象。

（A）5 次；（B）3 次；（C）每次间隔时间为 5min；（D）每次间隔时间为 10min。

答案：AC

Lb4C2013 GB 50150《电气装置安装工程 电气设备交接试验标准》规定，电磁式电压互感器的励磁曲线测量，应符合下列要求：对于中性点直接接地的电压互感器（N 端接地），电压等级（ ）。

（A）35kV 及以下电压等级的电压互感器最高测量点为 150%；（B）35kV 及以下电压等级的电压互感器最高测量点为 190%；（C）66kV 及以上的电压互感器最高测量点为 130%；（D）66kV 及以上的电压互感器最高测量点为 150%。

答案：BD

Lb4C2014 1600kV·A 及以下电压等级三相变压器，测量绕组连同套管的直流电阻，合格判断标准为（ ）。

（A）各相测得值的相互差值应小于平均值的 2%；（B）各相测得值的相互差值应小于平均值的 4%；（C）线间测得值的相互差值应小于平均值的 2%；（D）线间测得值的相互

差值应小于平均值的1%。

答案：BC

Lb4C2015 为了对试验结果做出正确的判断，必须考虑下（ ）方面的情况。

（A）把试验结果和有关标准的规定值相比较。符合标准要求的为合格，否则应查明原因，消除缺陷；（B）和过去的试验记录进行比较。如试验结果与历年记录相比无显著变化，或者历史记录本身有逐渐的微小变化，说明情况正常；（C）对三相设备进行三相之间试验数据的对比，不应有显著的差异；（D）和同类设备的试验结果相对比，不应有显著差异；（E）气象条件和试验条件等对试验的影响。

答案：ABCDE

Lb4C2016 电压互感器直流电阻测量值，与换算到同一温度下的出厂值比较（ ）。

（A）一次绕组直流电阻测量值，相差不宜大于10%；（B）一次绕组直流电阻测量值，相差不宜大于5%；（C）二次绕组直流电阻测量值，相差不宜大于15%；（D）二次绕组直流电阻测量值，相差不宜大于10%。

答案：AC

Lb4C2017 交接试验时，真空断路器合闸过程中触头接触后的弹跳时间要求是（ ）。

（A）40.5kV以下断路器不应大于2ms；（B）40.5kV以下断路器不应大于3ms；（C）40.5kV及以上断路器不应大于5ms；（D）40.5kV及以上断路器不应大于3ms。

答案：AD

Lb4C2018 GB 50150《电气装置安装工程　电气设备交接试验标准》规定，并联电容器电极对外壳交流耐压试验电压值；额定电压10kV并联电容器（ ）。

（A）出厂试验电压42kV；（B）出厂试验电压55kV；（C）交接试验电压31.5kV；（D）交接试验电压41.25kV。

答案：AC

Lb4C2019 1600kV·A以上电压等级三相变压器，测量绕组连同套管的直流电阻。合格判断标准为（ ）。

（A）各相测得值的相互差值应小于平均值的2%；（B）各相测得值的相互差值应小于平均值的4%；（C）线间测得值的相互差值应小于平均值的2%；（D）线间测得值的相互差值应小于平均值的1%。

答案：AD

Lb4C2020 GB 50150《电气装置安装工程 电气设备交接试验标准》规定，交接试验时，220kV 油浸式电流互感器（ ）。

（A）绕组 tanδ 允许值为不大于 0.6%；（B）绕组 tanδ 允许值为不大于 0.8%；（C）末屏为不大于 6%；（D）末屏为不大于 2%。

答案：AD

Lb4C3021 测量大电容量、多元件组合的电力设备绝缘的（ ）。

（A）泄漏电流对反映局部缺陷不灵敏；（B）tanδ 值对反映局部缺陷灵敏；（C）tanδ 值对反映局部缺陷不灵敏；（D）泄漏电流对反映局部缺陷灵敏。

答案：AC

Lb4C3022 下列各项中，（ ）属于改善电场分布的措施。

（A）变压器绕组上端增加静电屏；（B）瓷套和瓷棒外装增爬裙；（C）设备高压端装均压环；（D）电缆主绝缘外加屏蔽层。

答案：ACD

Lb4C3023 现场直流耐压试验电压测量系统一般有（ ）。

（A）电容分压器与低压电压表的测量系统；（B）电阻分压器与低压电压表的测量系统；（C）高压静电电压表；（D）高阻值电阻器与直流微安表串联的测量系统。

答案：BCD

Lb4C3024 变压器是一种静止的电气设备，借助电磁感应作用，把一种电压的交流电能转变为（ ）的交流电能。

（A）同频率；（B）不同频率；（C）一种电压；（D）几种电压。

答案：ACD

Lb4C3025 变压器进行工频耐压试验前应具备（ ）条件。

（A）绝缘特性试验全部合格；（B）变压器上部清洁、无异物；（C）变压器内应有足够的油面，注油后按电压等级要求静放足够的时间，套管及其他应放气的地方都放气完毕；（D）所有不试验的绕组均应短路接地；（E）引线接头紧固。

答案：ACD

Lb4C3026 对变压器进行感应耐压试验的目的是（ ）。

（A）试验全绝缘变压器的纵绝缘；（B）试验全绝缘变压器的主绝缘；（C）试验分级绝缘变压器的部分主绝缘；（D）试验分级绝缘变压器的纵绝缘。

答案：ACD

Lb4C3027 在空气相对湿度较大时，进行电力设备例行试验，造成测量值与实际值差别的主要原因有（　　）。

（A）感应电压的影响；（B）水膜的影响；（C）电场畸变的影响；（D）电晕的影响。

答案：BC

Lb4C3028 电介质极化有（　　）几种基本形式。

（A）电子式极化；（B）离子式极化；（C）偶极子极化；（D）夹层式极化。

答案：ABCD

Lb4C3029 交流电压作用下的电介质损耗主要包括（　　）。

（A）电导损耗；（B）游离损耗；（C）电阻损耗；（D）极化损耗。

答案：ABD

Lb4C3030 放电的形式按是否贯通两极间的全部绝缘，可以分为（　　）。

（A）辉光放电；（B）局部放电；（C）沿面放电；（D）击穿。

答案：BD

Lb4C3031 绝缘击穿放电根据放电的现象特征可分为（　　）。

（A）辉光放电；（B）局部放电；（C）沿面放电；（D）爬电；（E）闪络。

答案：ACDE

Lb4C3032 对变压器吸收比无影响的因素为（　　）。

（A）铁芯、插板质量；（B）真空干燥程度、零部件清洁程度和器身在空气中暴露时间；（C）线圈导线的材质；（D）变压器油的标号。

答案：ACD

Lb4C3033 绝缘的作用就是（　　）移动，这是高电压技术中最关键的问题。

（A）只让电荷沿导线方向；（B）不让电荷沿导线方向；（C）只让电荷沿绝缘方向；（D）不让电荷往其他任何方向。

答案：AD

Lb4C3034 变压器的内绝缘包括（　　）。

（A）绕组绝缘；（B）分接开关绝缘；（C）引线绝缘；（D）套管绝缘。

答案：ABC

Lb4C3035 金属氧化物避雷器保护性能的优点是（　　）。

（A）允许通流能力大；（B）允许通流能力小；（C）无串联间隙；（D）续流小。

答案：ACD

Lb4C3036 高电压技术研究的内容有（　　）几个方面。

（A）绝缘问题的研究；（B）过电压问题的研究；（C）高电压试验与测量技术的研究；（D）电瓷防污闪问题的研究；（E）电力输送的研究。

答案：ABCD

Lb4C3037 影响操作过电压的因素有（　　）。

（A）断路器性能；（B）中性点运行方式；（C）电网结构；（D）系统容量及参数。

答案：ABCD

Lb4C3038 工频参考电流下的工频参考电压测量结束，以下做法正确的是（　　）。

（A）降压为零；（B）断开电源；（C）对试品进行充分放电；（D）挂接地线

答案：ABCD

Lb4C3039 现场测量 tanδ 值时，往往出现－tanδ 值，产生－tanδ 值的原因有（　　）。

（A）电场干扰；（B）磁场干扰；（C）标准电容器受潮；（D）存在 T 形干扰网络。

答案：ABCD

Lb4C3040 测量介质损失角正切值是绝缘试验的主要项目之一。它在发现如下缺陷方面比较灵敏有效（　　）。

（A）绝缘局部受潮；（B）绝缘整体受潮；（C）绝缘劣化变质；（D）小体积被试设备的局部缺陷。

答案：BCD

Lb4C4041 对大容量、多元件组合体的电力设备，测量 tanδ 值必须（　　）的介质损耗因数值的大小上检验其局部缺陷。

（A）整体试验；（B）解体试验；（C）从各元件；（D）从整体。

答案：BC

Lb4C4042 测量（　　）的电力设备绝缘的 tanδ 值，对反映局部缺陷不灵敏。

（A）大电容量；（B）小电容量；（C）单元件；（D）多元件组合。

答案：AD

Lb4C4043 GB 50150《电气装置安装工程　电气设备交接试验标准》规定，变压器绕组连同套管的长时感应电压试验带局部放电测量：（　　）。

（A）对电压等级 220kV 及以上，在新安装时，必须进行现场局部放电试验；（B）对电压等级 110kV 及以上，在新安装时，必须进行现场局部放电试验；（C）对于电压等级为 35kV 的变压器，当对绝缘有怀疑时，应进行局部放电试验；（D）对于电压等级为 110kV 的变压器，当对绝缘有怀疑时，应进行局部放电试验。

答案：AD

Lb4C4044 交接试验时，测量断路器内 SF_6 的气体含水量（20℃的体积分数）（ ）。

（A）与灭弧室相通的气室应小于 100μL/L；（B）与灭弧室相通的气室应小于 150μL/L；（C）不与灭弧室相通的气室，应小于 250μL/L；（D）不与灭弧室相通的气室，应小于 500μL/L。

答案：BC

Lb4C4045 通过负载试验可以发现变压器的缺陷有（ ）。

（A）硅钢片间绝缘不良；（B）铁芯极间、片间局部短路烧损；（C）变压器各金属结构件（如电容环、压板、夹件等）或油箱箱壁中，由于漏磁通所致的附加损耗过大；（D）油箱盖或套管法兰等的涡流损耗过大；（E）铁芯多点接地；（F）其他附加损耗的增加；（G）绕组的并绕导线有短路或错位。

答案：CDFG

Lb4C4046 变压器空载损耗的增加主要原因有（ ）。

（A）电流流过线圈形成的电阻损耗；（B）铁芯磁路对接部位缝隙过大；（C）穿芯螺栓、轭铁梁等部分的绝缘损坏；（D）选用质量差的硅钢片及硅钢片间短路。

答案：BCD

Lb4C4047 不拆高压引线进行例行试验，当前应解决的难题有（ ）。

（A）与被试设备相连的其他设备均能耐受施加的试验电压；（B）被试设备在有其他设备并联的情况下，测量精度不受影响；（C）抗强电场干扰的试验接线；（D）电压等级越高，设备感应电压也越高。

答案：ABC

Lc4C4048 铁芯多点接地的原因可能是（ ）。

（A）铁芯夹件纸板距心柱太近硅钢片翘起触及夹件肢板；（B）夹件对地绝缘损坏，使绝缘电阻降为零；（C）铁芯与下垫脚间的纸板脱落；（D）穿心螺杆的钢套过长与铁轭硅钢片相碰。

答案：ACD

Lc4C4049 变压器铁芯绝缘损坏会造成（ ）后果。

（A）变压器运行声音变大；（B）产生环流；（C）事故；（D）局部过热。

答案：BCD

Lc4C4050 电介质极化有（ ）几种基本形式。

（A）电子式极化；（B）离子式极化；（C）偶极子极化；（D）夹层式极化

答案：ABCD

Lc4C4051 在中性点不接地系统发生单相接地故障时，有很大的电容性电流流经故障点，使接地电弧不易熄灭，有时会扩大为相间短路。在不接地系统中性点加装消弧线圈可以（ ）。

（A）防止系统谐振；（B）有助于使故障电弧迅速熄灭；（C）使接地电弧自动熄灭；（D）用电感电流补偿电容电流。

答案：BD

Lc4C5052 变压器并联运行应满足（ ）条件。

（A）绕组数相同；（B）一、二次侧额定电压分别相等；（C）阻抗电压标幺值（或百分数）相等；（D）额定容量相等；（E）联接组标号相同。

答案：BCE

Lc4C5053 绝缘击穿放电的成因有（ ）。

（A）电击穿；（B）局部放电；（C）热击穿；（D）化学击穿。

答案：ACD

Lc4C5054 关于同极性端说法正确的是（ ）。

（A）同极性端是一个线圈的两端；（B）交变的主磁通作用下感应电动势的两线圈，在某一瞬时同极性端的电位同正或同负；（C）两个绕组的同极性端，在变压器的结构上位置一定相同；（D）同极性端就是同名端。

答案：BD

Lc4C5055 变压器绕组损坏大致有（ ）原因。

（A）制造工艺不良；（B）运行维护不当变压器进水受潮；（C）遭受雷击造成绕组过电压；（D）外部短路，绕组受电动力冲击产生严重变形或匝间短路；（E）大型强油冷却的变压器，油泵故障、叶轮磨损、金属进入变压器本体。

答案：ABCDE

Lc4C5056 关于保护间隙描述正确的是（ ）。

（A）保护间隙是由一个带电极和一个接地极构成；（B）两极之间相隔一定距离构成间隙；（C）它平时串联在被保护设备旁；（D）在过电压侵入时，间隙先行击穿，把雷电流引入大地，从而保护了设备。

答案：ABD

Lc4C5057 变压器负载损耗的大小与（ ）成正比。

（A）流过绕组的电流；（B）流过绕组的电流的平方；（C）绕组的电阻；（D）绕组的阻抗。

答案：BC

Jf4C5058 继电保护的基本任务是（ ）。

（A）防止大型输变电设备绝缘发生故障，保证系统正常运行；（B）在电网发生足以损坏设备、危及电网安全运行的故障时，使被保护设备及时脱离电网，使备用设备自动投入运行；（C）对系统中的非正常状态及时发出报警信号，便于及时处理，使之恢复正常；（D）对电力系统实行自动化和远动化。

答案：BCD

Jf4C5059 属于电力变压器主保护的有（ ）。

（A）瓦斯保护；（B）差动保护；（C）过电流保护；（D）负序电流保护。

答案：AB

Jf4C5060 属于电力变压器后备保护的有（ ）。

（A）瓦斯保护；（B）差动保护；（C）零序过电流保护；（D）过负荷保护；（E）零序过电压保护。

答案：CDE

1.4 计算题

La4D1001 电路如下图所示，已知 $E_1=20V$，$R_1=X_1\Omega$，$R_2=20\Omega$，$R_3=3\Omega$，$R_4=7\Omega$。计算（1）支路电流 $I_1=$____ A，$I_2=$____ A，$I_3=$____ A，$I_4=$____ A。（2）各电阻吸收的功率 $P_1=$____ W，$P_2=$____ W，$P_3=$____ W，$P_4=$____ W。（计算结果保留 2 位小数）

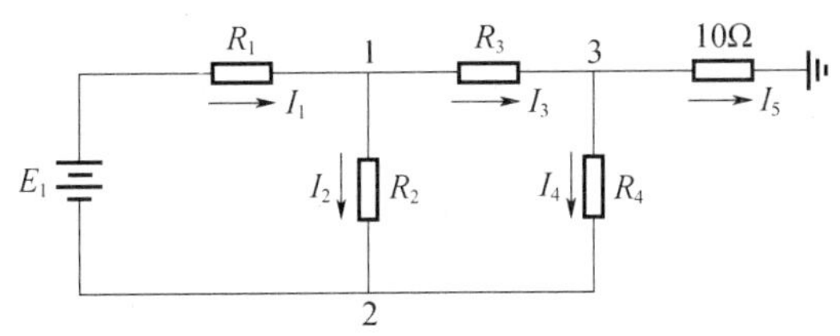

X_1取值范围：15～25 的整数

计算公式：（1）$$I_1=\frac{E_1}{R_1+R_2//(R_3+R_4)}=\frac{20}{X_1+\frac{20\times(3+7)}{20+3+7}}=\frac{60}{3X_1+20}$$

$$I_2=\frac{R_3+R_4}{R_2+R_3+R_4}I_1=\frac{R_3+R_4}{R_2+R_3+R_4}\times\frac{E_1}{R_1+R_2//(R_3+R_4)}$$

$$=\frac{3+7}{20+3+7}\times\frac{20}{X_1+\frac{20\times(3+7)}{20+3+7}}=\frac{20}{3X_1+20}$$

$$I_3=I_4=I_1-I_2=\frac{60}{3X_1+20}-\frac{20}{3X_1+20}=\frac{40}{3X_1+20}$$

（2）$$P_1=I_1^2R_1=I_1^2X_1=\left(\frac{60}{3X_1+20}\right)^2\times X_1$$

$$P_2=I_2^2R_2=\left(\frac{20}{3X_1+20}\right)^2\times 20$$

$$P_3=I_3^2R_3=\left(\frac{40}{3X_1+20}\right)^2\times 3$$

$$P_4=I_4^2R_4=\left(\frac{40}{3X_1+20}\right)^2\times 7$$

La4D2002 在 50Hz、380V 的单相电路中，接有感性负载，负载的功率 $P=X_1$kW，功率因数 $\cos\varphi=0.6$，计算电路中的电流 $I=$____ A。（计算结果保留 2 位小数）

X_1取值范围：10～30 的整数

计算公式：$$I=\frac{P}{U\cos\varphi}=\frac{X_1\times10^3}{380\times0.6}=\frac{250X_1}{57}$$

La4D2003 有一个由电阻、电压、电容串联的电路，已知 $R=12\Omega$，$X_L=15\Omega$，$X_C=6\Omega$，电源电压 $U=X_1$V，则电路中的总电流 $I=$____ A，电阻上的压降 $U_R=$____ V，电感

上的压降U_L=____V，电容上的压降U_C=____V，有功功率P=____W。（计算结果保留整数）

X_1取值范围：100～300的整数

计算公式：$I=\frac{U}{Z}=\frac{U}{\sqrt{R^2+(X_L-X_C)^2}}=\frac{X_1}{\sqrt{12^2+(15-6)^2}}=\frac{X_1}{15}$

$U_R=IR=\frac{U}{Z}R=\frac{U}{\sqrt{R^2+(X_L-X_C)^2}}R=\frac{X_1}{\sqrt{12^2+(15-6)^2}}\times 12=\frac{4}{5}X_1$

$U_L=IX_L=\frac{U}{Z}X_L=\frac{U}{\sqrt{R^2+(X_L-X_C)^2}}X_L=\frac{X_1}{\sqrt{12^2+(15-6)^2}}\times 15=X_1$

$U_C=IX_C=\frac{U}{Z}X_C=\frac{U}{\sqrt{R^2+(X_L-X_C)^2}}X_C=\frac{X_1}{\sqrt{12^2+(15-6)^2}}\times 6=\frac{2}{5}X_1$

$P=U_RI=(IR)\left(\frac{U}{Z}\right)=\frac{U}{Z}R\ \frac{U}{Z}=\frac{U^2}{(\sqrt{R^2+(X_L-X_C)^2})^2}R=\frac{12X_1^2}{12^2+(15-6)^2}=\frac{4}{75}X_1^2$

La4D2004 在下图所示的桥形电路中，已知E_1=11V时，$I_1=X_{1mA}$，问电动势E降至6V时，I=____mA。（计算结果保留2位小数）

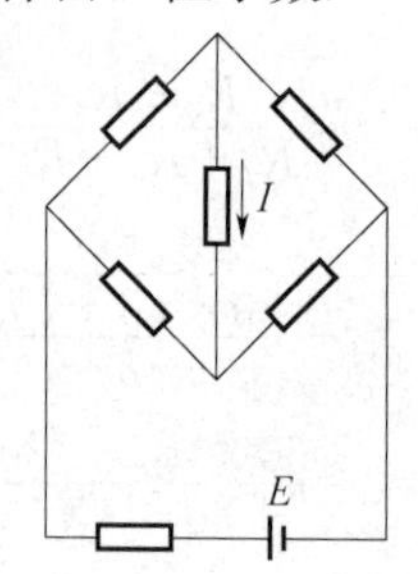

X_1取值范围：50～60的整数

计算公式：$I=\frac{E_2}{E_1}I_1=\frac{6}{11}X_1$

La4D3005 如图所示R、L、C并联电路，已知$R=50\Omega$，$L=X_1$mH，$C=40\mu$F，U=220V，求谐振频率f_0=____Hz。（计算结果保留2位小数）

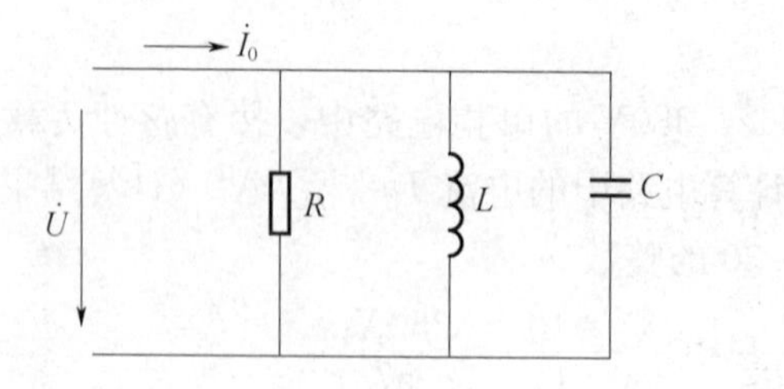

X_1取值范围：10～20的整数

计算公式：$f_0=\frac{1}{2\pi\sqrt{LC}}=\frac{1}{2\times 3.14\sqrt{X_1\times 10^{-3}\times 40\times 10^{-6}}}=\frac{1}{12.56\times 10^{-4}\sqrt{X_1}}$

La4D3006 假定三相对称线电压 $U_L=380V$，三角形对称负载 $Z=(X_1+j9)\Omega$，试求各相电流 $I_{ph}=$____ A，线电流 $I_L=$____ A。(计算结果保留 2 位小数)

X_1取值范围：8～15 的整数

计算公式： $I_{ph}=\frac{U_L}{Z}=\frac{380}{\sqrt{{X_1}^2+9^2}}$；

$$I_L=\sqrt{3}I_{ph}=\sqrt{3}\frac{U_L}{Z}=\frac{380\sqrt{3}}{\sqrt{{X_1}^2+9^2}}$$

La4D3007 有一对称三相电路，线电压 U_L为 X_1V，负载为星形连接，每相负载阻抗为：电阻 $R=6\Omega$ 与感抗 $X_L=8\Omega$ 相串联，则电路中的相电压 $U_\varphi=$____ V，线电流 $I_L=$____ A。(计算结果保留整数)

X_1取值范围：300～500 的整数

计算公式： $U_\varphi=\frac{U_L}{\sqrt{3}}=\frac{X_1}{\sqrt{3}}$；

$$I_L=I_\varphi=\frac{U_\varphi}{Z}=\frac{\frac{U_L}{\sqrt{3}}}{\sqrt{R^2+X_L^2}}=\frac{\frac{X_1}{\sqrt{3}}}{\sqrt{6^2+8^2}}=\frac{X_1}{10\sqrt{3}}$$

La4D3008 有一对称三相电路，线电压 U_L为 X_1V，负载为三角形连接，每相负载阻抗为电阻 $R=6\Omega$ 与感抗 $X_L=8\Omega$ 相串联，则电路中的线电流 $I_L=$____ A，相电流 $I_\varphi=$____ A。(计算结果保留 1 位小数)

X_1取值范围：300～500 的整数

计算公式： $I_\varphi=\frac{U_\varphi}{Z}=\frac{U_L}{\sqrt{R^2+X_L^2}}=\frac{X_1}{\sqrt{6^2+8^2}}=\frac{X_1}{10}$；

$$I_L=\sqrt{3}I_\varphi=\sqrt{3}\frac{U_\varphi}{Z}=\frac{\sqrt{3}U_L}{\sqrt{R^2+X_L^2}}=\frac{\sqrt{3}X_1}{\sqrt{6^2+8^2}}=\frac{\sqrt{3}X_1}{10}$$

La4D3009 有一万用表头是一只 $I_A=50\mu A$ 的微安表，内阻 $r_0=X_1\Omega$，如将它装成量程为 2.5mA 的电流表，需要并联电阻 $R=$____ Ω。(计算结果保留 1 位小数)

X_1取值范围：900～1000 的整数

计算公式： $R=\frac{r_0(I-I_R)}{I_R}=\frac{r_0I_A}{I_R}=\frac{X_1\times50\times10^{-6}}{2.5\times10^{-3}-50\times10^{-6}}=\frac{X_1}{49}$

La4D3010 有一万用表头是一只 $I_A=50\mu A$ 的微安表，内阻 $r_0=X_1\Omega$，用它来测量 250V 电压，需要串联电阻 $R=$____ Ω。

X_1取值范围：900～1000 的整数

计算公式： $R=\frac{U_Rr_0}{U-U_R}=\frac{U_Rr_0}{U_A}=\frac{(U-U_A)r_0}{U_A}=\frac{(250-50\times10^{-6}\times X_1)\times X_1}{50\times10^{-6}\times X_1}$

$$=\frac{5-10^{-6}\times X_1}{10^{-6}}$$

La4D4011 某一电路，两电阻并联，已知总电流 $A=4\text{A}$，R_1电阻为 $X_1\Omega$，R_2电阻为 $X_2\Omega$，计算 R_1电阻中通过的电流 $I_1=$____ A，R_2电阻中通过的电流 $I_2=$____ A。（计算结果保留 1 位小数）

X_1取值范围：500～700 的整数；

X_2取值范围：900～1100 的整数

计算公式：$I_1=I\times\frac{R_2}{R_1+R_2}=4\times\frac{X_2}{X_1+X_2}$

$$I_2=I\times\frac{R_1}{R_1+R_2}=4\times\frac{X_1}{X_1+X_2}$$

La4D5012 如下图所示的并联谐振电路，已知电阻 $R=X_1\Omega$，电容 $C=10.5\mu\text{F}$，电感 $L=40\text{mH}$，求谐振角频率 $\omega_0=$____ rad/s。（计算结果保留整数）

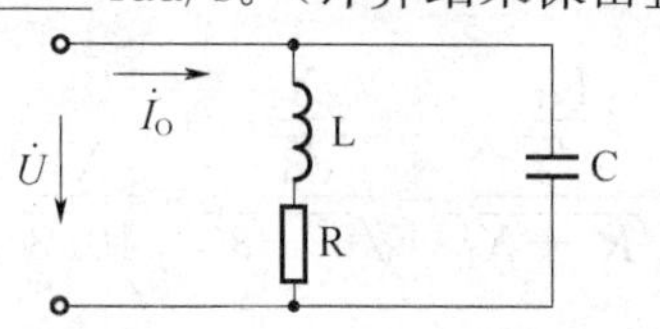

X_1取值范围：8，9，10，11，12

计算公式：$\omega_0=\frac{1}{\sqrt{LC}}\sqrt{1-\frac{CR^2}{L}}=\frac{1}{\sqrt{40\times10^{-3}\times10.5\times10^{-6}}}\sqrt{1-\frac{10.5\times10^{-6}\times X_1^2}{40\times10^{-3}}}$

$$=\frac{1}{\sqrt{42}\times10^{-4}}\sqrt{1-\frac{105\times10^{-4}\times X_1^2}{40}}$$

La4D5013 已知一台 SJ-100/10 变压器，测得 $t_1=10℃$时的负载损耗为 $X_1\text{W}$，阻抗电压 $U_{k10℃}=4.2\%$，试求 t_2为 75℃时的阻抗电压 $U_{k75℃}=$____。（温度系数 T=235）（计算结果保留 2 位小数）

X_1取值范围：1300～1500 的整数

计算公式：$U_{k75℃}=\sqrt{U_{k10℃}^2+\left(\frac{P_{k10℃}}{10S_N}\right)^2(K^2-1)}\%$

$$=\sqrt{U_{k10℃}^2+\left(\frac{P_{k10℃}}{10S_N}\right)^2\left(\left(\frac{T+t_2}{T+t_1}\right)^2-1\right)}\%=\sqrt{4.2^2+\frac{1443X_1^2}{49^2\times10^6}}\%$$

Lb4D1014 有一星形连接的三相对称负载，接于线电压 $U_L=X_1\text{V}$ 的三相对称电源，负载中流过的电流 $I_L=8\text{A}$，负载功率因数 $\cos\varphi=0.8$，则三相中的总功率 $P=$____ W。（计算结果保留整数）

X_1取值范围：100～300 的整数。

计算公式：$P=\sqrt{3}U_LI_L\cos\varphi=\sqrt{3}\times X_1\times8\times0.8=\sqrt{3}\times X_1\times6.4$

Lb4D1015 如下图所示的分压器电路中，$U=X_1$V，在开关 S 闭合的情况下，滑动触头在中点 c 位置时输出电压 $U_{ex}=$____ V。(计算结果保留 2 位小数。)

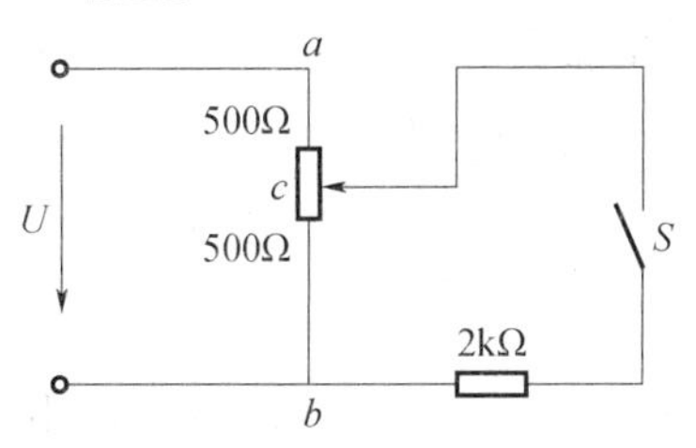

X_1的取值范围：10～20 的整数

计算公式：$U_{ex}=\dfrac{X_1}{500+\dfrac{500\times2000}{500+2000}}\times\dfrac{500\times2000}{500+2000}=\dfrac{4X_1}{9}$

Lb4D1016 电阻 $R=X_1\Omega$，电感 $X_L=60\Omega$，容抗 $X_C=20\Omega$ 组成串联电路，接在电压 $U=250$V 的电源上，则视在功率 $S=$____ V·A，有功功率 $P=$____ W，无功功率 $Q=$____ W。(计算结果保留 2 位小数)

X_1取值范围：10～30 的整数

计算公式：$S=UI=U\dfrac{U}{Z}=\dfrac{U^2}{\sqrt{R^2+(X_L-X_C)^2}}=\dfrac{250^2}{\sqrt{X_1{}^2+(60-20)^2}}=\dfrac{250^2}{\sqrt{X_1{}^2+1600}}$

$$P=I^2R=\left(\frac{U}{Z}\right)^2R=\left(\frac{U}{\sqrt{R^2+(X_L-X_C)^2}}\right)^2R=\left(\frac{250}{\sqrt{X_1{}^2+(60-20)^2}}\right)^2X_1$$

$$=\frac{250^2}{X_1{}^2+1600}X_1$$

$$Q=I^2(X_L-X_C)=\left(\frac{U}{Z}\right)^2(X_L-X_C)=\left(\frac{U}{\sqrt{R^2+(X_L-X_C)^2}}\right)^2(X_L-X_C)$$

$$=\left(\frac{250}{\sqrt{X_1{}^2+(60-20)^2}}\right)^2(60-20)=\frac{2500000}{X_1{}^2+1600}$$

Lb4D2017 某台电力变压器绕组的绝缘电阻在 40℃时测量为 X_1MΩ，换算到 20℃时的绝缘电阻值 $R_{20℃}=$____ MΩ。(注：$\alpha_{20℃}=0.0174$。)(计算结果保留整数)

X_1取值范围：1000～2000 的整数

计算公式：$R_{20℃}=R_{40℃}\times10^{\alpha(t_{40℃}-t_{20℃})}=X_1\times10^{0.0174(40-20)}$

Lb4D2018 三相电动机额定功率 P 为 X_1kW，额定电压为 220V，Y 接法，电源电压为 380V，电动机功率因数为 0.85，其线电流 $I_L=$____ A。(计算结果保留 1 位小数)

X_1取值范围：2.5～5 带 1 位小数的值

计算公式：$I_L=\dfrac{P}{\sqrt{3}U_L\cos\varphi}=\dfrac{X_1\times10^3}{\sqrt{3}\times380\times0.85}$

Lb4D2019 用一只内阻 R_0 为 $X_1\Omega$，量程 $U_1=150V$ 的电压表来测量 $U_2=600V$ 的电压，必须串接 $R=$____ Ω 的电阻。

X_1 取值范围：2000～2200 的整数

计算公式：$R=\dfrac{U_R}{I_R}=\dfrac{U_2-U_1}{\dfrac{U_1}{R_0}}=\dfrac{600-150}{\dfrac{150}{X_1}}=3X_1$

Lb4D2020 一直流毫伏表的满刻度 $U_e=100mV$，内阻 R 为 34Ω，试验时，毫伏表指示 U 为 X_1mV，计算通过毫伏表的电流 $I=$____ mA。（计算结果保留 2 位小数）

X_1 取值范围：60～100 的整数

计算公式：$I=\dfrac{U_e}{R}\times\dfrac{U}{U_e}=\dfrac{U}{R}=\dfrac{X_1}{34}$

Lb4D2021 一直流毫安表满刻度为 500mA，内阻 R 为 0.2Ω，实测电流 I 为 X_{1mA}，则在毫安表两端的电压 $U=$____ V。

X_1 取值范围：350～450 的整数

计算公式：$U=R\times I=0.2\times X_1\times10^{-3}=0.0002X_1$

Lb4D2022 一只表头内阻 R_0 为 $X_1\Omega$，量程为 $U=100mV$，若将其改配成一电流表，可测 $I=10A$，试问要配分流器电阻 $R_x=$____ Ω。（计算结果保留 2 位小数）

X_1 取值范围：100～150 的整数

计算公式：$R_X=\dfrac{U}{I_{R_x}}=\dfrac{U}{I-I_{R_0}}=\dfrac{U}{I-\dfrac{U}{R_0}}=\dfrac{100\times10^{-3}}{10-\dfrac{100\times10^{-3}}{X_1}}=\dfrac{0.1X_1}{10X_1-0.1}$

Lb4D2023 一直流电压表的量程为 $U_0=150V$，内阻 $R_0=X_1\Omega$，将量程扩大到 $U=650V$，则应串联的外附电阻 $R_1=$____ Ω。

X_1 取值范围：2250，2400，2700，3000，3300

$$R_1=R\times\frac{R_0}{U_0}-R_0=650\times\frac{X_1}{150}-X_1=\frac{10}{3}X_1$$

Lb4D2024 直流微安表和一高电阻串联测量直流高压，当微安表读数为 1000μA，串联高阻 $R=X_1M\Omega$，试问被测电压 $U=$____ kV。

X_1 取值范围：50～100 的整数

计算公式：$U=IR=1000\times10^{-6}\times X_1\times10^6\times10^{-3}=X_1$

Lb4D3025 在 50Hz、220V 电路中，接有感性负载，当它取用功率 $P=X_1kW$ 时，功率因数 $\cos\varphi_1=0.6$，今欲将功率因数提高至 $\cos\varphi_2=0.9$，求并联电容器的电容值 $C=$____ μF。（计算结果保留整数）

X_1的取值范围：8，9，10，11，12

计算公式：

$$C=\frac{Q-Q'}{\omega u^2}=\frac{\frac{P}{\cos\varphi_1}\times\sin\varphi_1-\frac{P}{\cos\varphi_2}\times\sin\varphi_2}{\omega u^2}$$

$$=\frac{\frac{X_1\times10^3}{0.6}\times\sqrt{1-0.6^2}-\frac{X_1\times10^3}{0.9}\times\sqrt{1-0.9^2}}{2\times3.14\times50\times220^2}\times10^6=\frac{6X_1-5\sqrt{1-0.9^2}X_1}{68389.2}\times10^6$$

Lb4D3026 将一个感性负载接于110V、50Hz的交流电源时，电路中的电流I为X_1 A，消耗功率$P=600$W。计算负载中的$\cos\varphi=$____，$R=$____ Ω，$X_L=$____ Ω。（计算结果保留2位小数）

X_1取值范围：8、9、10、11、12

计算公式： $\cos\varphi=\frac{P}{UI}=\frac{600}{110\times X_1}$

$$R=\frac{P}{I^2}=\frac{600}{X_1^{\ 2}}$$

$$X_L=\frac{P\times\sin\varphi}{\cos\varphi I^2}=\frac{P\times\sqrt{1-(\cos\varphi)^2}}{\cos\varphi I^2}=\frac{P\times\sqrt{1-\left(\frac{P}{UI}\right)^2}}{\frac{P}{UI}I^2}$$

$$=\frac{600\times\sqrt{1-\left(\frac{600}{110\times X_1}\right)^2}}{\frac{600}{110\times X_1}X_1^{\ 2}}=\frac{110\times\sqrt{1-\left(\frac{60}{11\times X_1}\right)^2}}{X_1}$$

Lb4D3027 一个功率P为X_1 kW的负载，功率因数$\cos\varphi=0.8$。试求负载在$t=0.25$h内所消耗的电能$A=$____ kW·h，视在功率$S=$____ kV·A，无功功率$Q=$____ kV·A。

X_1取值范围：300～500的整数

计算公式： $A=Pt=0.25X_1$

$$S=\frac{P}{\cos\varphi}=\frac{X_1}{0.8}=1.25X_1$$

$$Q=\sqrt{S^2-P^2}=\sqrt{(1.25X_1)^2-X_1^2}=0.75X_1$$

Lb4D3028 有一感性负载，功率$P=X_1$ kW，$\cos\varphi_1=0.5$，接到工频220V电源上。如果将功率因数提高到$\cos\varphi_2=0.9$，则并联电容前后电流的变化值$\Delta I=$____ A。（计算结果保留2位小数）

X_1取值范围：10～20的整数

计算公式： $\Delta I=I_1-I_2=\frac{P}{U\cos\varphi_1}-\frac{P}{U\cos\varphi_2}=\frac{400}{99}X_1$

Lb4D3029 一台 XDJ-550/35 消弧线圈，已知电流调节范围是从 $I_{min}=X_1 \sim I_{max}=25A$，采用并联补偿的方法试验伏安特性，计算需要进行全补偿时补偿电容的最小值 C_{min}=____ μF。(计算结果保留 2 位小数)

X_1取值范围：12.1～12.9 的带 1 位小数的值

计算公式： $C_{min}=\frac{I_{min}}{\omega U}=\frac{X_1}{314\times\frac{35}{\sqrt{3}}\times10^3}\times10^6=\frac{\sqrt{3}}{10.99}X_1$

Lb4D3030 已知三相对称电源的相电压 U_{ph} 为 220V，A 相接入一只 $U=220V$、$P=X_1W$ 的灯泡，B 相和 C 相各接入一只 $U=220V$、$P=X_2W$ 的灯泡，中线的阻抗不计，A 相灯泡的电阻为 R，B、C 相灯泡的电阻为 R' 电路连接如下图所示，则 A 相灯泡中的电流 I_A=____ A，B 相灯泡中的电流 I_B=____ A，C 相灯泡中的电流 I_C=____ A。(计算结果保留 2 位小数)

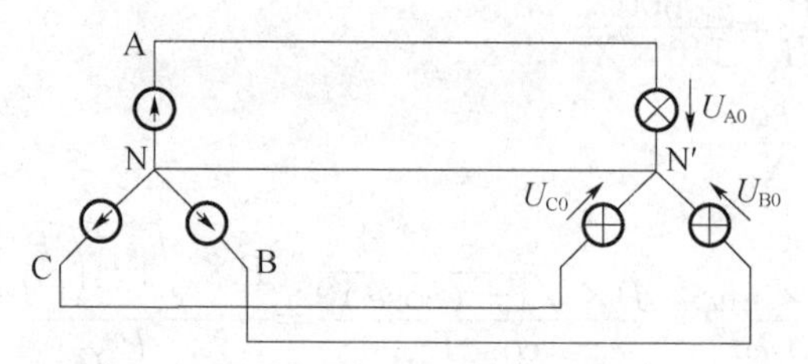

X_1取值范围：30～50 的整数

X_2取值范围：90～110 的整数

计算公式： $I_A=\frac{U_{ph}}{R}=\frac{U_{ph}}{\frac{U^2}{X_1}}=\frac{U_{ph}X_1}{U^2}=\frac{220X_1}{220^2}=\frac{X_1}{220}$

$$I_B=I_C=\frac{U_{ph}}{R'}=\frac{U_{ph}}{\frac{U^2}{X_2}}=\frac{U_{ph}X_2}{U^2}=\frac{220X_2}{220^2}=\frac{X_2}{220}$$

Lb4D3031 蓄电池组每只内阻 R_0 为 0.005Ω，110 只电池串联后电压 U 为 220V。蓄电池到断路器合闸线圈的导线电阻 R_1 为 X_1Ω，断路器合闸电源为 100A，当断路器合闸时，合闸线圈两端的电压 U_1=____ V。(计算结果保留整数)

X_1取值范围：0.05～0.25 带 2 位小数的值

计算公式： $U_1=U-U_0=U-IR=U-I(110R_0+R_1)$

$$=220-100\times(110\times0.005+X_1)=220-100\times(0.55+X_1)$$

Lb4D3032 某只电流互感器额定变比 $Nn=300/5$，准确级为 0.5 级，标准电流互感器额定变比 $Nn=300/5$，准确级为 0.2 级，检验时，$I_e=5A$ 时，$I_N=X_1A$，被试电流互感器的实际变比 n=____，比差 V=____，电流绝对误差△I=____ A。(计算结果保留 2 位小数)

X_1取值范围：4.9～4.95带2位小数的值

计算公式： $n=\frac{300}{X_1}$

$$V=\frac{n_N-n}{n_N}\times 100\%=\frac{60-\frac{300}{X_1}}{60}\times 100\%=\left(1-\frac{5}{X_1}\right)\times 100\%$$

$$\Delta I=n_N I_e-nI_e=60\times 5-\frac{300}{X_1}\times 5$$

Lb4D3033 一台JDJJ$_1$电压互感器，$U_{1N}/U_{2N}=(35000/\sqrt{3})/(100/\sqrt{3})$，准确级为0.5级，容量150V·A，进行变比和比差测量，被测电压互感器$U_N=X_1$V（额定负载），被试电压互感器的实际变比K_N=____，比差$\Delta K\%$=____。（计算结果保留2位小数）

X_1取值范围：56.8～57.4带1位小数的值

计算公式： $K'_N=\frac{\frac{35000}{\sqrt{3}}}{X_1}=\frac{35000}{\sqrt{3}X_1}$

$$\Delta K\%=\frac{K_N-K'_N}{K_N}\times 100\%=\frac{350-\frac{35000}{\sqrt{3}X_1}}{350}\times 100\%=\left(1-\frac{100}{\sqrt{3}X_1}\right)\times 100\%$$

Lb4D3034 有一只量限为0～100A的0.5级电流表，当指针指在$I_x=5$A刻度时，标准表的实际值为$I_0=X_1$A，问该刻度的绝对误差Δ=____A，相对误差r=____。（计算结果保留3位小数）

X_1取值范围：4.95，4.96，4.97，4.98，4.99

计算公式： $\Delta=I_x-I_0=5-X_1$

$$r=\frac{I_x-I_0}{I_0}\times 100\%=\frac{5-X_1}{X_1}\times 100\%$$

Lb4D3035 有一50mA表头，其本身量限U_d为100V，当用该表头测量的最大电压U为X_1V时，应取附加电阻R_f=____Ω。（计算结果保留整数）

X_1取值范围：300，400，500，600

计算公式： $R_f=\frac{U-U_d}{I_d}=\frac{X_1-100}{0.05}$

Lb4D3036 当直流电流表动圈电阻$R_d=1000\Omega$，满刻度电流I_d为50μA，若使仪表满刻度电流I为X_1A，分流电阻R_s应选____Ω。（计算结果保留2位小数）

X_1取值范围：2～3带1位小数的值

计算公式： $R_s=\frac{R_d}{\frac{I}{I_d}-1}=\frac{1000}{\frac{X_1}{50\times 10^{-6}}-1}=\frac{0.05}{X_1-50\times 10^{-6}}$

Lb4D3037 低功率因数瓦特表，$\cos\varphi=0.2$，额定电压 $U=150$V，额定电流 $I_N=5$A，满刻度 $\alpha_m=150$ 格，试问在测量时当指针指在 X_1 格，这时功率 $P'=$____ W。（计算结果保留整数）

X_1 取值范围：60～120 的整数

计算公式：$P'=X_1\times\frac{UI_N\cos\varphi}{\alpha_m}=X_1\times\frac{150\times5\times0.2}{150}=X_1$

La4D3038 某电路两电阻并联，已知总电流为 $I=2$A，R_1 电阻为 $X_1\Omega$，R_2 电阻为 500Ω，R_1 电阻中通过的电流 $I_1=$____ A，R_2 电阻中通过的电流 $I_2=$____ A。（计算结果保留 2 位小数）

X_1 取值范围：250～350 的整数

计算公式：$I_1=I\times\frac{R_2}{R_1+R_2}=\frac{1000}{X_1+500}$

$$I_2=I\times\frac{R_1}{R_1+R_2}=\frac{2X_1}{X_1+500}$$

Lb4D3039 选择适当的分流器与最大刻度为 $U_0=50$mV、内阻 R_0 为 $X_1\Omega$ 的直流电压表配用，使其对 $I=150$A 的电流值的指示为最大刻度，此时分流器的阻值 $R=$____ Ω。（计算结果保留 6 位小数）

X_1 取值范围：10～20 的整数

计算公式：$R=\frac{50\times10^{-3}}{150-\frac{50\times10^{-3}}{X_1}}=\frac{10^{-3}\times X_1}{3X_1-10^{-3}}$

Lb4D3040 选择适当的分压器与最大刻度为 $U_0=50$mV、内阻 R_0 为 $X_1\Omega$ 的直流电压表配用，使其对 600V 的电压值的指示为最大刻度，此时分压器的阻值 $R=$____ Ω。

X_1 取值范围：10～20 的整数

计算公式：$R=(600-50\times10^{-3})\times\frac{X_1}{0.05}=11999X_1$

Lb4D4041 采用半波整流测试 110kV 变压器泄漏电流，试验电压 U 为 X_1kV，试验变压器的额定变比 n_{ye} 为 50/0.2，则试验变压器低压侧的电压 $U_2=$____ V。（计算结果保留 1 位小数）

X_1 取值范围：20～40 的整数

计算公式：$U_2=\frac{U}{\sqrt{2}n_{ye}}=\frac{X_1\times10^3}{\sqrt{2}\times\frac{50}{0.2}}=2\sqrt{2}X_1$

Lb4D4042 做 220kV 电流互感器交流耐压试验，用 $D=50$cm 的球隙测量电压，试验电压 U_s 为 X_1kV，（设定空气相对密度 δ 等于校正系数 K，为 0.96）。试求球隙的标准放电电压值 $U=$____ kV。（计算结果保留 1 位小数）

X_1取值范围：300～360 的整数

计算公式：$U=\sqrt{2}U_sK=\sqrt{2}U_s\delta=\sqrt{2}X_1\dfrac{0.386P}{273+30}=\sqrt{2}\times0.96\times X_1$

Lb4D5043 一台 SF-31500/110 变压器在 11℃时测得负载损耗 P_k为 145.6kW，绕组的铜损耗 P_{kr}为 X_1kW，计算变压器在 11℃时的负载损耗的附加损耗 P_{kx}=____ kW。（计算结果保留 1 位小数）

X_1取值范围：133.5～135.5 带 1 位小数的值

计算公式：$P_{kx}=P_k-P_{kr}=145.6-X_1$

Lb4D5044 一台 YDR-0.015/220 电容式电压互感器，分压电容 C_2为 $X_1\mu$F，输出电压 13000V，试计算分压电容器的输出容量 Q 为____ V·A。（计算结果保留整数）

X_1取值范围：0.0426，0.0427，0.0428，0.0429

计算公式：$Q=\omega C_2U^2=314\times X_1\times10^{-6}\times13000^2=53066X_1$

Lc4D3045 已知某 220kV 断路器切除三相故障短路电流为 X_1kA。试计算断路器切除故障时短路容量 S=____ MV·A。（计算结果保留整数）

X_1取值范围：40～50 的整数

计算公式：$S=220\times10^3\times\sqrt{3}\times X_1\times10^3\times10^{-6}=220\sqrt{3}X_1$

Lc4D3046 某型断路器，额定电压 U_e为 110kV，额定电流 I_e为 1200A，额定开断电流 I_{kde}为 X_1kA，这种型式断路器的额定开断容量 S_{kde}=____ MV·A。（计算结果保留整数。）

X_1取值范围：20～30 的整数

计算公式：$S_{kde}=\sqrt{3}U_eI_{kde}=\sqrt{3}\times110\times10^3\times X_1\times10^3\times10^{-6}=\sqrt{3}\times110\times X_1$

Lc4D3047 多级铁芯柱的直径为 X_1mm，铁芯的填充系数为 0.93，硅钢片的叠片系数为 0.94，铁芯的截面面积 S=____ m^2。（计算结果保留 4 位小数）

X_1取值范围：490～510 的整数

计算公式：$S=\pi\times\left(\dfrac{X_1\times10^{-3}}{2}\right)^2\times0.93\times0.94=0.21855\times\pi\times10^{-6}\times X_1^2$

Jd4D1048 有一台星形连接的三相电炉，每相电阻丝的电阻 $R=X_1$W，接到线电压 U_L=380V 的三相电源上，计算相电流 I_{ph}=____ A。（计算结果保留 1 位小数）

X_1取值范围：30～60 的整数

计算公式：$I_{ph}=\dfrac{U_{ph}}{R}=\dfrac{\frac{U_L}{\sqrt{3}}}{R}=\dfrac{\frac{380}{\sqrt{3}}}{X_1}$

Jd4D1049 一电感线圈，其中电阻 $R=15\Omega$，电感 $L=20mH$。试问通过线圈的电流 $I=X_1$A 时，频率 $f=50Hz$，所需要电源电压 $U=$____V，电感线圈的有功功率 $P=$____W，无功功率 $Q=$____ V·A，视在功率 $S=$____ V·A。(计算结果保留 2 位小数)

X_1取值范围：15～25 的整数

计算公式： $U=IZ=X_1\sqrt{R^2+X_L{}^2}=X_1\sqrt{15^2+6.28^2}$

$P=I^2R=X_1^2\times 15$

$Q=I^2X_L=X_1^2\times 2\times 3.14\times 50\times 20\times 10^{-3}=6.28X_1^2$

$S=\sqrt{P^2+Q^2}=\sqrt{(I^2R)^2+(I^2X_L)^2}=\sqrt{(X_1^2\times 15)^2+(6.28X_1^2)^2}$

$=X_1^2\sqrt{15^2+6.28^2}$

Jd4D1050 现有电容量 C_1为 200μF 和电容量 C_2为 X_1μF 的两只电容器，则将两只电容器串联起来后的总电容量 $C=$____ μF，电容器串联以后若在两端加 1000V 电压，则 C_1两端的电压 $U_1=$____ V，C_2两端的电压 $U_2=$____ V。(计算结果保留 2 位小数)

X_1取值范围：300～400 的整数

计算公式： $C=\dfrac{C_1C_2}{C_1+C_2}=\dfrac{200\times X_1}{200+X_1}$

$U_1=\dfrac{C_2}{C_1+C_2}U=\dfrac{1000X_1}{200+X_1}$

$U_2=\dfrac{C_1}{C_1+C_2}U=\dfrac{200000}{200+X_1}$

Jd4D2051 有一电阻、电感、电容串联谐振电路，知电阻 R 为 $X_1\Omega$，电感 L 为 0.13mH，电容 C 为 558pF，外加电压 U 为 5mV，电路在谐振时的电流 $I=$____ mA。(计算结果保留 1 位小数)

X_1取值范围：5～10 的整数

计算公式： $I=\dfrac{U}{R}=\dfrac{5}{X_1}$

Jd4D3052 某电容器单台容量为 X_1kV·A，额定电压 $11/\sqrt{3}$kV，额定频率 60Hz。现要在某变电站 10 kV 母线上装设一组星形连接的、容量为 4800kV·A 的电容器组，需用这种电容器 $N=$____台。(计算结果保留整数)

X_1取值范围：120，180，240，320

计算公式： $N=\dfrac{Q}{Q_{C_2}}=\dfrac{Q}{\dfrac{f_2}{f_1}Q_{C_1}}=\dfrac{4800}{\dfrac{50}{60}\times X_1}=\dfrac{5760}{X_1}$

Jd4D3053 一台三相电动机接成星形，输入功率 S 为 X_1kW，线电压 U_L为 380V，功率因数 $\cos\varphi$ 为 0.8，计算相电流 $I_{ph}=$____ A，每相阻抗 $Z=$____ Ω。(计算结果保留 2 位小数)

X_1取值范围：10～20 的整数

计算公式： $I_{ph}=I_L=\frac{S}{\sqrt{3}U_L\cos\varphi}=\frac{X_1\times10^3}{\sqrt{3}\times380\times0.8}$

$$Z=\frac{U_{ph}}{I_{ph}}=\frac{\frac{380}{\sqrt{3}}}{\frac{X_1\times10^3}{\sqrt{3}\times380\times0.8}}=\frac{115.52}{X_1}$$

Jd4D3054 某变压器做负载试验时，室温为15℃，测得短路电阻 $r_k=5\Omega$，短路电抗 $x_k=X_1\Omega$，求75℃时的短路阻抗 $Z_{k75℃}=$____ Ω。（该变压器线圈为铝导线）（计算结果保留2位小数）

X_1 取值范围：50～60的整数

计算公式： $Z_{k75℃}=\sqrt{r_{k75℃}^2+x_k^2}=\sqrt{\left(\frac{225+75}{225+15}r_k\right)^2+x_k^2}=\sqrt{\left(\frac{225+75}{225+15}\times5\right)^2+X_1^2}$

Jd4D3055 某变压器做负载试验时，室温为25℃，测得短路电阻 $r_k=3\Omega$，短路电抗 $x_k=X_1\Omega$，求75℃时的短路阻抗 $Z_{k75℃}=$____ Ω（该变压器线圈为铜导线）（计算结果保留2位小数）

X_1 取值范围：30～40的整数

计算公式： $Z_{k75℃}=\sqrt{r_{k75℃}^2+x_k^2}=\sqrt{\left(\frac{235+75}{235+25}r_k\right)^2+x_k^2}=\sqrt{\left(\frac{235+75}{235+25}\times3\right)^2+X_1^2}$

Jd4D3056 有一台320kV·A的变压器，其分接开关在Ⅰ位置时，电压比 k_1 为10.5/0.4；在Ⅱ位置时，电压比 k_1' 为10/0.4；在Ⅲ位置时，电压比 k_1'' 为9.5/0.4。已知二次绕组匝数 N_2 为 X_1，问分接开关在Ⅰ、Ⅱ、Ⅲ位置时，一次绕组的匝数 $N_1=$____匝，$N_1'=$____匝，$N_1''=$____匝。（计算结果保留整数）

X_1 取值范围：30～50的整数

计算公式： $N_1=k_1N_2=\frac{10.5}{0.4}X_1$

$$N_1'=k_1'N_2=\frac{10}{0.4}X_1$$

$$N_1''=k_1''N_2=\frac{9.5}{0.4}X_1$$

Jd4D3057 某台SFPZ-40000kV·A/110kV变压器，连接组别号为YN，d11，10kV低压侧绕组直流电阻值在 $t=27℃$ 时分别测得 $R_{a\text{-}b}=0.006151\Omega$，$R_{b\text{-}c}=X_1\Omega$，$R_{c\text{-}a}=0.006165\Omega$，计算绕组电阻的不平衡系数 $\delta\%=$____。（计算结果保留2位小数）

X_1 取值范围：0.006151，0.006153，0.006155，0.006158，0.006160

计算公式： $\delta\%=\frac{R_{max}-R_{min}}{R_P}\times100\%=\frac{R_{c\text{-}a}-R_{a\text{-}b}}{\frac{1}{3}(R_{a\text{-}b}+R_{b\text{-}c}+R_{c\text{-}a})}\times100\%$

$$=\frac{0.006165-0.006151}{\frac{1}{3}(0.006151+X_1+0.006165)}\times 100\%=\frac{0.000042}{0.012316+X_1}\times 100\%$$

Jd4D3058 额定电压为380V的小型三相异步电动机的功率因数 $\cos\varphi=0.85$，效率 η 为0.88，在电动机输出功率 P 为 X_1kW时，电动机从电源取用电流 $I_L=$____ A。(计算结果保留2位小数。)

X_1取值范围：2～3带1位小数的值

计算公式：$I_L=\frac{S'}{\sqrt{3}U_L\cos\varphi}=\frac{\frac{P}{\eta}}{\sqrt{3}\times 380\times 0.85}=\frac{\frac{X_1\times 10^3}{0.88}}{\sqrt{3}\times 380\times 0.85}=\frac{X_1}{0.28424\sqrt{3}}$

Jd3D3059 一台SJ-30/10型变压器，测得 $t_a=12℃$时的负载损耗 $P_{k12℃}=X_1$W，计算 $t_X=75℃$时的损耗 $P_{k75℃}=$____ W。(铜导线温度系数 T 为235)(计算结果保留整数)

X_1取值范围：600～700的整数

计算公式：$P_{k75℃}=P_{k12℃}\frac{T+t_X}{T+t_a}=X_1\times\frac{235+75}{235+12}=\frac{310}{247}X_1$

Jd3D3060 一台SFZL1-20000/110型的三相变压器，测得其高压侧绕组电阻为 $R_{AO}=1.438\Omega$，$R_{BO}=X_1\Omega$，$R_{CO}=1.439\Omega$，计算绕组电阻的不平衡系数 $\gamma=$____。(计算结果保留整数。)

X_1取值范围：1.55～1.65带2位小数的值

计算公式：$\gamma=\frac{R_{max}-R_{min}}{R_P}\times 100\%=\frac{R_{max}-R_{min}}{\frac{1}{3}(R_{AO}+R_{BO}+R_{CO})}\times 100\%$

$$=\frac{X_1-1.438}{\frac{1}{3}(1.438+X_1+1.439)}\times 100\%=\frac{X_1-1.438}{\frac{1}{3}(2.877+X_1)}\times 100\%$$

Jd4D4061 已知变压器的一次绕组 $N_1=X_1$匝，电源电压 $E_1=3200$V，$f=50$Hz，二次绕组的电压 $E_2=X_2$V，负荷电阻 $R_2=0.2$W，负荷感抗 $X_L=0.04$W，铁芯截面面积 $S=480\text{cm}^2$，计算最大磁通密度 $B_m=$____ T，一次功率 $P_1=$____ kW。(计算结果保留3位小数)

X_1取值范围：310～330的整数

X_2取值范围：245～255的整数

计算公式：$B_m=\frac{E_1}{4.44\times f\times N_1\times S\times 10^{-4}}=\frac{3200}{4.44\times 50\times X_1\times 480\times 10^{-4}}=\frac{1000}{3.33\times X_1}$

$$P_1=E_1I_1\cos\varphi=E_1\times\frac{\frac{E_2}{Z_2}\times\frac{E_2}{E_1}\times N_1}{N_1}\times\frac{R_2}{Z_2}$$

$$=\frac{E_2^2\times R_2}{(\sqrt{R_2^2+X_L^2})^2}=\frac{X_2\times X_2\times 0.2}{(\sqrt{0.2^2+0.04^2})^2}\times 10^{-3}=\frac{X_2^2}{208}$$

Jd4D4062 如图所示，用振荡曲线测得断路器的刚分，刚合点在波腹 a 点附近，已知 S_1 的距离是 2cm，S_2 的距离是 X_1cm，试求断路器刚分、刚合的速度 v=____ m/s。（试验电源频率为 50Hz）（计算结果保留 1 位小数）

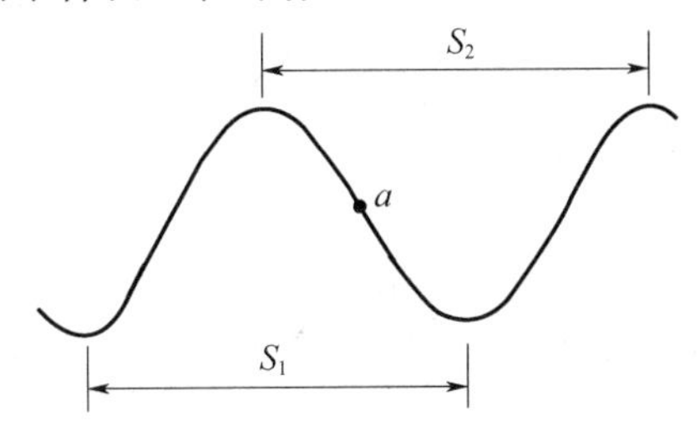

X_1 取值范围：2.0～2.3 带 1 位小数的值

计算公式：$v=\frac{S_1+S_2}{2\times 0.01}=\frac{2+X_1}{2\times 0.01}\times 10^{-2}=\frac{2+X_1}{2}$

Jd4D4063 某 OY220/$\sqrt{3}$ 耦合电容器，电容量 $C=X_1\mu F$，在最高运行电压 U 下运行的电流值 I=____ A。（额定频率 f_N 为 50Hz）（计算结果保留 3 位小数）

X_1 取值范围：0.00250～0.00280 带 5 位小数的值

计算公式：$I=\omega CU=2\pi f_N CU=2\times 3.14\times 50\times X_1\times 10^{-6}\times\frac{1.15\times 220\times 10^3}{\sqrt{3}}$

$$=\frac{79.442\times X_1}{\sqrt{3}}$$

Jd4D4064 若采用电压、电流表法测量 U_N=10kV、Q_C=334kV·A 的电容器的电容量，试计算加压在 $U_s=X_1$V 时，电流表的读数 I=____ A。（计算结果保留 3 位小数）

X_1 取值范围：100～300 的整数

计算公式：$I=\omega CU_s=\omega\frac{Q_C}{\omega U_N^2}U_s=3.34\times 10^{-3}\times X_1$

Jd4D4065 一台变压器额定容量 S_N 为 X_1 kV·A，额定电压比 U_{1N}/U_{2N} 为 35/10.5kV，联结组别为 YNd11，计算高压绕组的额定电流 I_{1N} 为____ A，低压绕组的额定电流 I_{2N} 为____ A。（计算结果保留 1 位小数。）

X_1 取值范围：1000～2000 的整数

计算公式：$I_{1N}=\frac{S_N}{\sqrt{3}U_{1N}}=\frac{X_1}{\sqrt{3}\times 35}$

$$I_{2N}=\frac{S_N}{\sqrt{3}U_{2N}}=\frac{X_1}{\sqrt{3}\times 10.5}$$

Jd4D4066 一台单相变压器，$S_N=20000kV\cdot A$，$U_{1N}/U_{2N}=(220/\sqrt{3})/11kV$，$f_N=50Hz$，绕组由铜线绕制，在15℃时做短路试验，电压加在高压侧，测得$U_k=X_1kV$，$I_k=157.4A$，$P_k=X_2kW$，试求折算到高压侧的短路参数Z_k、r_k、x_k，则折算到75℃时的值为____。(计算结果保留2位小数)

X_1取值范围：9.19～9.29带2位小数的值

X_2取值范围：126，127，128，129，130

计算公式：$Z_k=\frac{U_k}{I_{1N}}=\frac{U_k}{\frac{S_N}{U_{1N}}}=\frac{X_1\times 10^3}{\frac{20000\times 10^3}{\frac{220}{\sqrt{3}}\times 10^3}}=\frac{11}{\sqrt{3}}X_1$

$$r_k=\frac{P_k}{I_{1N}^2}=\frac{P_k}{\left(\frac{S_N}{U_{1N}}\right)^2}=\frac{X_2\times 10^3}{\left[\frac{20000\times 10^3}{\frac{220}{\sqrt{3}}\times 10^3}\right]^2}=\frac{121}{3000}X_2$$

$$x_k=\sqrt{Z_k^2-r_k^2}==\sqrt{\left(\frac{11}{\sqrt{3}}X_1\right)^2-\left(\frac{X_2\times 121}{3000}\right)^2}=11\sqrt{\frac{1}{3}X_1^2-\frac{121}{3000^2}X_2^2}$$

$$r_{k75℃}=r_{k15℃}K_t=\frac{P_k}{I_{1N}^2}\times\frac{T+t_x}{T+t_a}=\frac{P_k}{\left(\frac{S_N}{U_{1N}}\right)^2}\times\frac{T+t_x}{T+t_a}=\frac{X_2\times 10^3}{\left(\frac{1000\sqrt{3}}{11}\right)^2}\times\frac{235+75}{235+15}=\frac{3751}{75000}X_2$$

$$Z_{k75℃}=\sqrt{r_{k75℃}^2+x_k^2}=\sqrt{\frac{3751^2}{75000^2}X_2^2+\frac{121}{3}X_1^2-\frac{121^2}{3000^2}X_2^2}=\sqrt{\frac{4919376}{75000^2}X_2^2+\frac{121}{3}X_1^2}$$

Jd4D4067 某电阻、电容元件串联电路，经测量功率P为X_1W，电压U为220V，电流I为4.2A，求电阻$R=$____Ω，电容$C=$____μF。(计算结果保留2位小数)

X_1取值范围：300～350的整数

计算公式：$R=\frac{P}{I^2}=\frac{X_1}{17.64}$

$$C=\frac{1}{2\pi fX_C}=\frac{1}{2\pi f\frac{Q}{I^2}}=\frac{1}{2\pi f\frac{\sqrt{(UI)^2-P^2}}{I^2}}=\frac{8.82}{157\times\sqrt{924^2-X_1^2}}\times 10^6$$

Jd4D4068 某变压器测得星形连接侧的直流电阻为$R_{ab}=X_1\Omega$，$R_{bc}=0.572\Omega$，$R_{ca}=0.56\Omega$，计算相电阻$R_a=$____Ω，$R_b=$____Ω，$R_c=$____Ω。(计算结果保留4位小数)

X_1取值范围：0.561～0.565带3位小数的值

计算公式：

$$R_a=\frac{1}{2}(R_{ab}+R_{ca}-R_{bc})=\frac{1}{2}(X_1+0.56-0.572)=\frac{X_1}{2}-0.006$$

$$R_b=\frac{1}{2}(R_{ab}+R_{bc}-R_{ca})=\frac{1}{2}(X_1+0.572-0.56)=\frac{X_1}{2}+0.006$$

$$R_c=\frac{1}{2}(R_{bc}+R_{ca}-R_{ab})=\frac{1}{2}(0.572+0.56-X_1)=0.566-\frac{X_1}{2}$$

Jd4D5069 有一交流电压为U=200V单相负载，其功率因数$\cos\varphi$=0.8，该负载消耗的有功功率$P=X_1$kW，这个负载的等效电阻R=____Ω。(计算结果保留1位小数)

X_1取值范围：3，4，5，6

计算公式：$R=\frac{U}{I}\cos\varphi=\frac{U}{\frac{P}{U\cos\varphi}}\times\cos\varphi=\frac{200}{\frac{X_1\times10^3}{200\times0.8}}\times0.8=\frac{25.6}{X_1}$

Jd4D5070 一台S11-200/10的变压器做温升试验，当温度t_m=13℃时，测得一次绕组的直流电阻$R_1=X_1\Omega$，当试验结束时，测得一次绕组的直流电阻R_2=3.88Ω，试计算该绕组的平均温升Δt_p=____℃。(T为常数，对于铜线为235)(计算结果保留1位小数)

X_1取值范围：2.91～2.99的带2位小数的值

计算公式：$\Delta t_p=t_p-t_m=\frac{R_2}{R_1}(T+t_m)-T-t_m$

$$=\frac{3.88}{X_1}(235+13)-235-13=\frac{962.24}{X_1}-248$$

Jd4D5071 一台SFSZL-31500/110，YNyn0d11的变压器额定电压$U_{1N}/U_{2N}/U_{3N}$=110/38.5/10.5kV，额定电流$I_{1N}/I_{2N}/I_{3N}$=165/472/1732A，额定频率f_N=50Hz，空载电流I_0=0.8%，$P_0=X_1$kW，采用单相电源进行空载试验，低压侧加压至U=10.5kV，为把试验容量S限制在50kV·A以下，利用电容器进行补偿，其接线图如下图所示，试验时需要补偿的功率Q_L=____kV·A，电流I=____A，补偿电容量$C\geqslant$____μF。(计算结果保留1位小数)

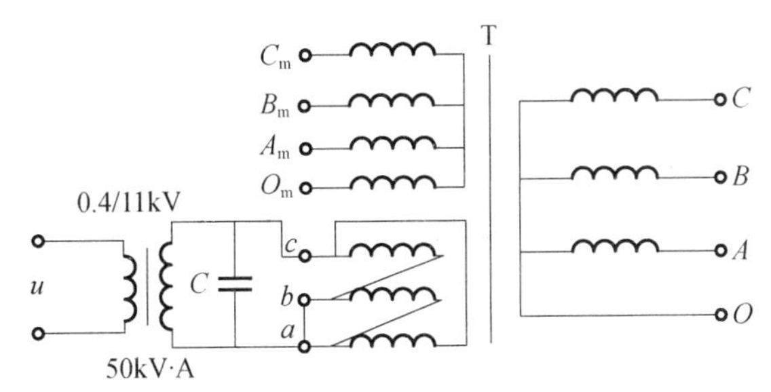

X_1取值范围：30～40的整数

计算公式：$Q_L=\sqrt{S^2-P_0^2}=\sqrt{50^2-X_1^2}$

$$I=I'_0-\frac{Q_L}{U_{3N}}=I_{3N}I_0-\frac{\sqrt{S^2-P_0^2}}{U_{3N}}=13.86-\frac{\sqrt{50^2-X_1^2}}{10.5}$$

$$C=\frac{I}{2\pi f_N U}=\frac{13.86-\frac{\sqrt{50^2-X_1^2}}{10.5}}{2\times3.14\times50\times10.5\times10^{-3}}\times10^6=\frac{13.86-\frac{\sqrt{50^2-X_1^2}}{10.5}}{3.297}$$

Jd4D5072 某一负载电压U为220V，功率P为X_1kW，功率因数$\cos\varphi_1$=0.75，现将功率因数提高到$\cos\varphi_2$=0.95，所需并联的电容值C=____μF。(计算结果保留整数)

X_1取值范围：10，11，12，13，15

计算公式： $C=\frac{P}{\omega U^2}(\tan\varphi_1-\tan\varphi_2)$

$$=\frac{X_1\times10^3}{314\times220^2}[\tan(\arccos0.75)-\tan(\arccos0.95)]\times10^6$$

$$=36.4X_1$$

Jf4D3073 某断路器跳闸线圈烧坏，应重绕线圈，已知线圈内径 d_1 为 27mm，外径 d_2 为 61mm，裸线线径 d 为 0.57mm，原线圈电阻 R 为 $X_1\Omega$，铜电阻率为 $0.0175\Omega\cdot mm^2/m$，该线圈的匝数 n=____匝。（计算结果保留整数）

X_1取值范围：20～30 的整数

计算公式： $n=\frac{L}{\pi D_{av}}=\frac{RS}{\pi D_{av}\rho}=\frac{R\pi\left(\frac{d}{2}\right)^2}{\pi\left(\frac{d_1+d_2}{2}\right)\rho}=\frac{16245}{154}X_1$

1.5 识图题

La4E1001 下图所示的图形符号表示的是（　　）。

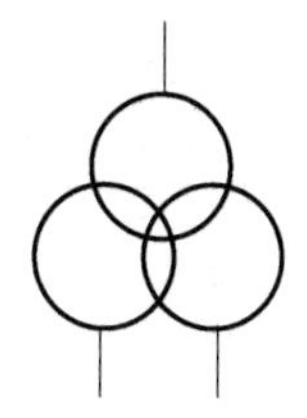

（A）三相调压器；（B）三绕组变压器；（C）三相发电机；（D）三相电动机。

答案：B

La4E2002 下图所示的图形符号表示的是（　　）。

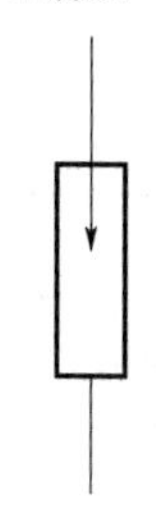

（A）避雷器；（B）熔断器；（C）电阻器；（D）阻尼器。

答案：A

La4E3003 下图是（　　）的原理图。

（A）调压器；（B）消弧线圈；（C）电抗器；（D）变压器。

答案：B

La4E3004 下图所示的图形符号表示的是（　　）。

（A）保险；（B）隔离开关；（C）断路器；（D）继电器。

答案：C

La4E3005 下图所示的图形符号表示的是（　　）。

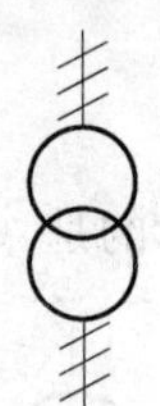

（A）双绕组变压器；（B）三相双绕组变压器；（C）单绕组变压器；（D）自耦变压器。

答案：B

La4E4006 下图是（　　）的运行原理图。

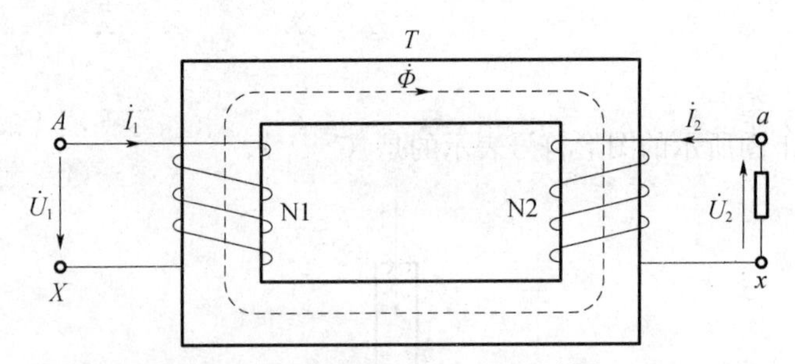

（A）断路器；（B）变压器；（C）发电机；（D）避雷器。

答案：B

La4E5007 下图中，若减小 R_2 电阻值，则电流表示数（　　）。

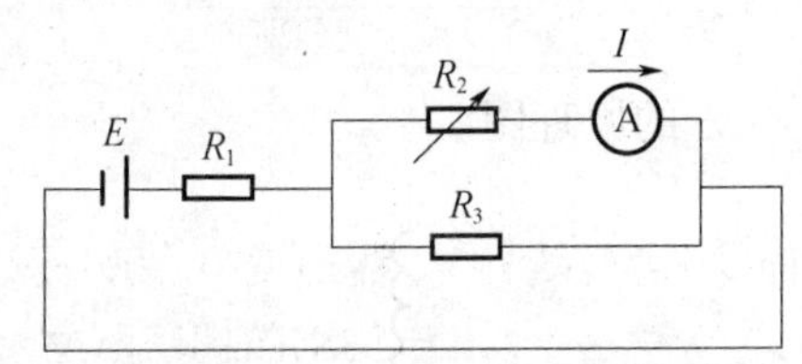

（A）增大；（B）减小；（C）不变；（D）先变大在变小。

答案：A

Lb4E1008 下图是（　　）的原理图。

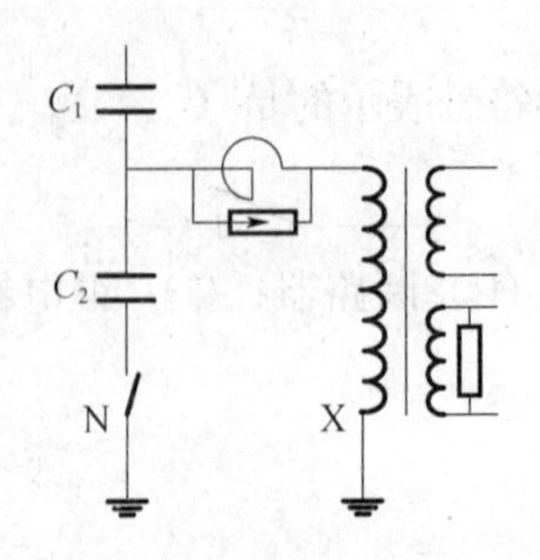

（A）电流互感器；（B）电容分压器；（C）电磁式电压互感器；（D）电容式电压互感器。

答案：D

Lb4E2009 下图中 F 是（ ）。

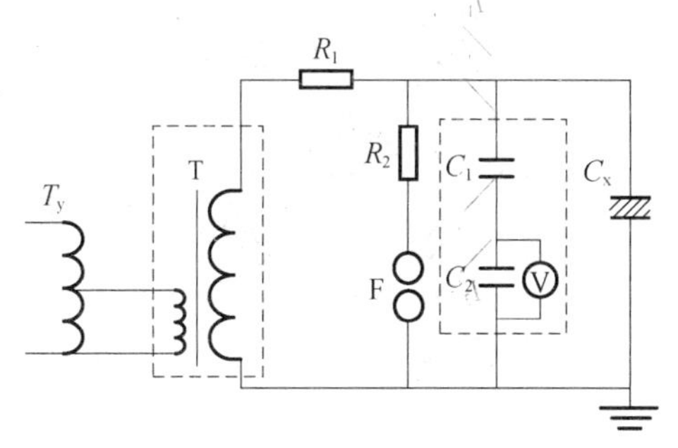

（A）水阻；（B）保护电阻；（C）放电间隙；（D）球隙。

答案：D

Lb4E2010 下图是测试（ ）的接线图。

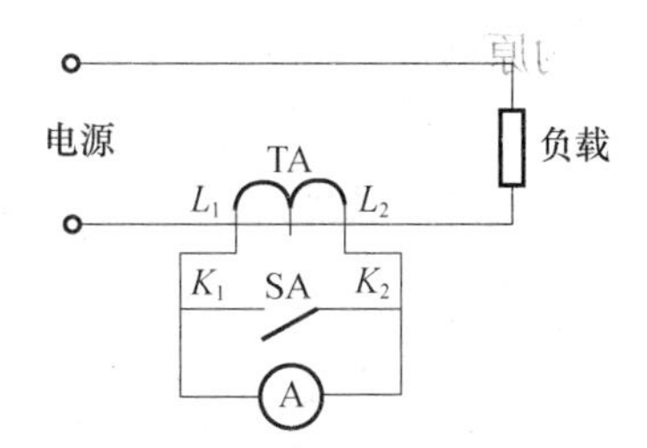

（A）电流互感器测电流；（B）测试变比；（C）测试电压；（D）测试相序。

答案：A

Lb4E3011 下图是（ ）仪器的原理图。

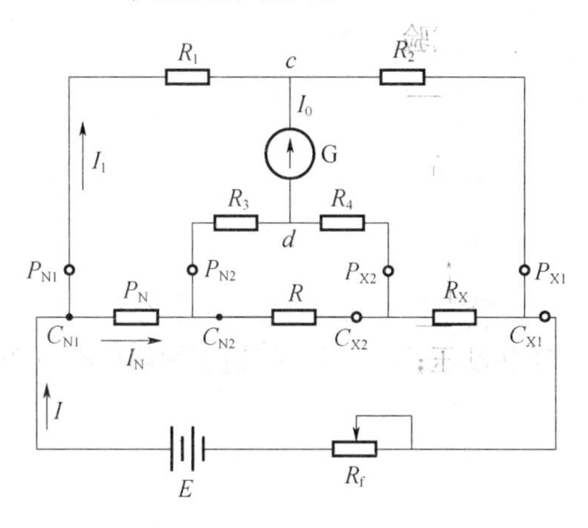

（A）电桥；（B）兆欧表；（C）单臂电桥；（D）双臂电桥。

答案：D

Lb4E3012 下图是（　　）的原理图。

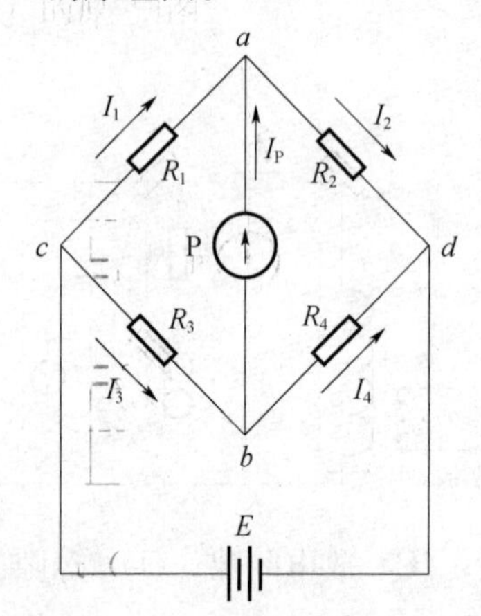

（A）双臂电桥；（B）单臂电桥；（C）西林电桥；（D）回路电阻测试仪。

答案：B

Lb4E4013 下图是（　　）的原理图。

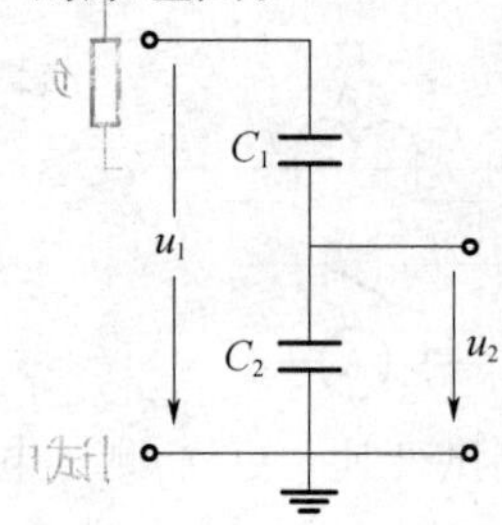

（A）套管；（B）电容式电压互感器；（C）电容分压器；（D）阻容分压器。

答案：C

Lb4E5014 下图是（　　）试验的原理图。

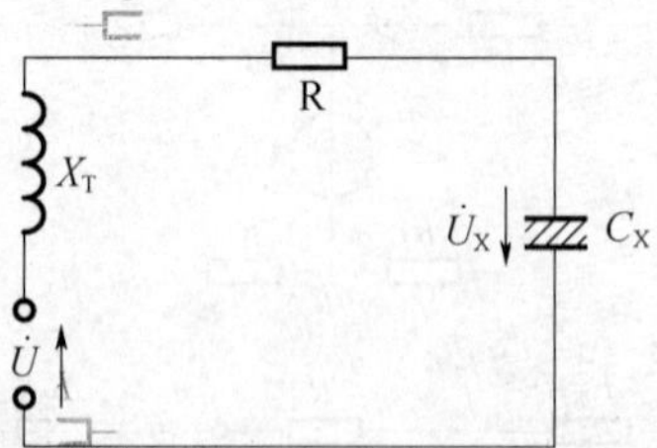

（A）谐振耐压；（B）工频耐压；（C）倍频感应耐压；（D）工频放电试验。

答案：A

Lc4E2015　下图为电容式电压互感器的原理图，其中 r 的主要主要是为了（　　）。

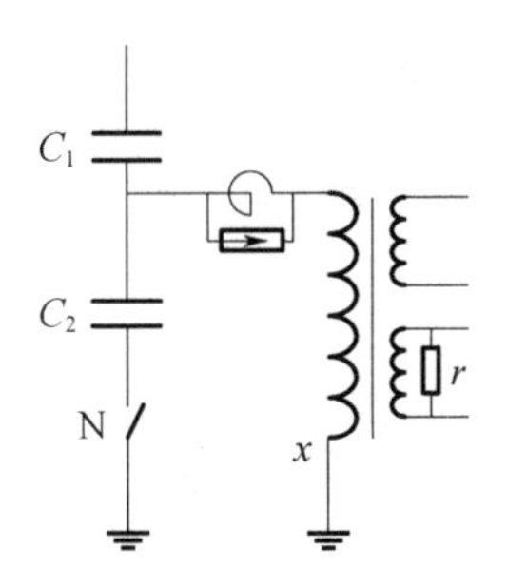

（A）防止互感器内部谐振过电压；（B）防止二次线圈通流过高；（C）调节二次电压的相位角；（D）调节二次线圈的电压比。

答案：A

Lc4E3016　下图为变压器（　　）的等效电路图。

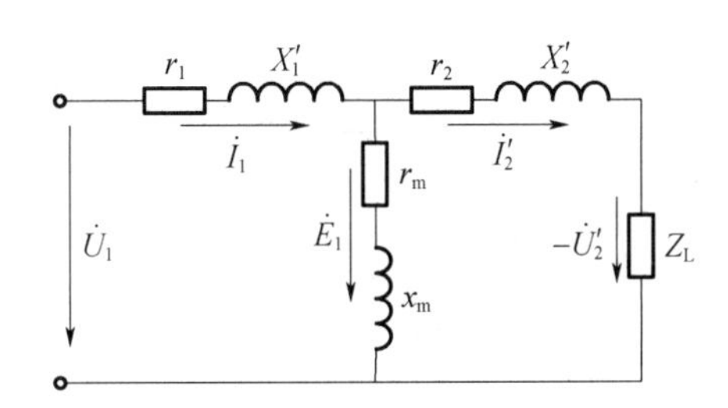

（A）T 形；（B）L 形；（C）π 型；（D）并联。

答案：A

Lc4E4017　下图为变压器（　　）的等效电路图。

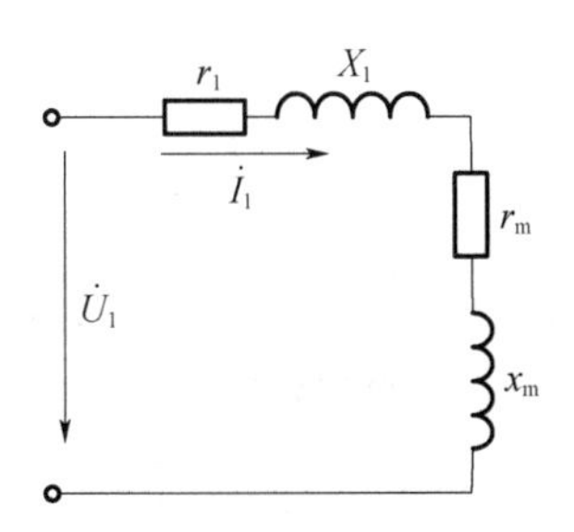

（A）空载运行；（B）短路运行；（C）负载运行；（D）投切。

答案：A

Jd4E2018 下图表示的变压器绕组接线组别为（ ）。

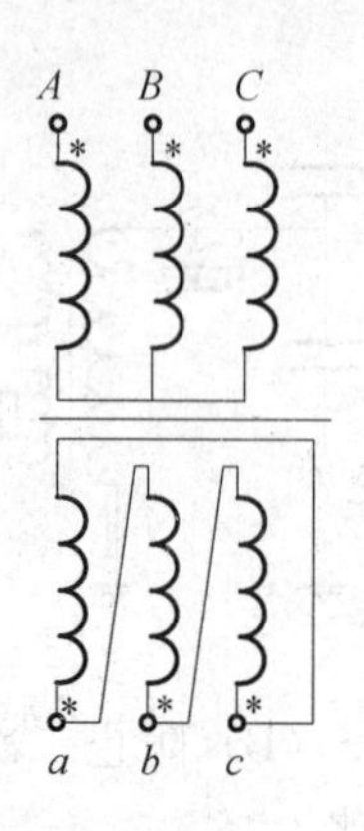

（A）Yd1；（B）Yd5；（C）Yd7；（D）Yd11。

答案：D

Jd4E2019 下图为绝缘介质局部放电的等值电路图，图中 C_0 代表的是（ ）。

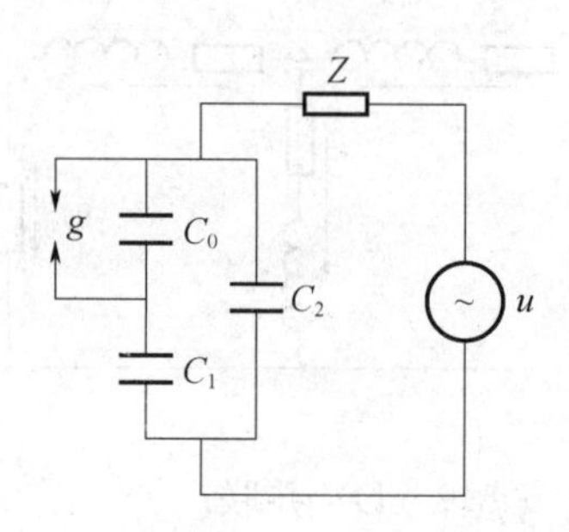

（A）绝缘介质；（B）颗粒；（C）气泡；（D）导电物质。

答案：C

Jd4E3020 下图为三台变压器（ ）的接线图。

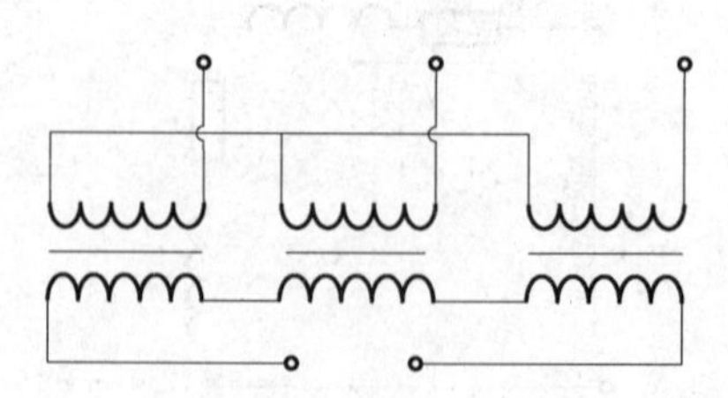

（A）串联；（B）并列；（C）三相电源；（D）获得三倍频电源。

答案：D

Jd4E3021 下图为变压器绕组连接方式，其绕组组别是（　　）。

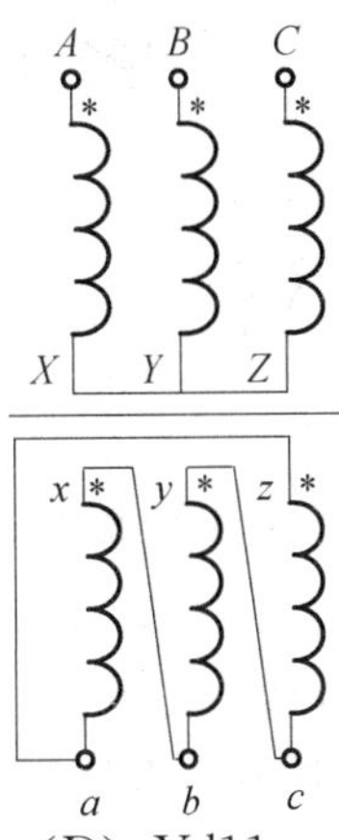

（A）Yd1；（B）Yd5；（C）Yd7；（D）Yd11。

答案：C

Jd4E4022 下图为变压器交流耐压试验的回路向量图，图中 $\dot{U}$，$\dot{U}_X$，$\dot{U}_R$，$\dot{U}_T$分别表示为（　　）。

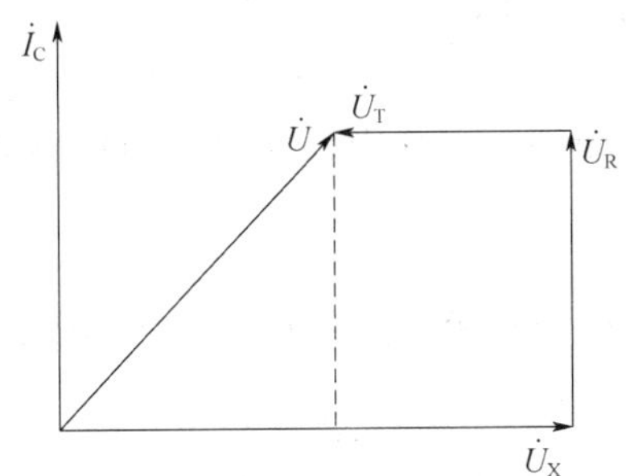

（A）外加试验电压、被试变压器上电压、试验变压器电阻的电压降、试验变压器漏抗电压降；（B）被试变压器上电压、外加试验电压、试验回路电阻电压降、试验变压器漏抗电压降；（C）外加试验电压、被试变压器上电压、试验回路电阻电压降、试验变压器漏抗电压降；（D）外加试验电压、被试变压器上电压、试验回路电阻电压降、试验回路等值电抗电压降。

答案：C

Jd4E4023 下图表示的是（　　）原理图。

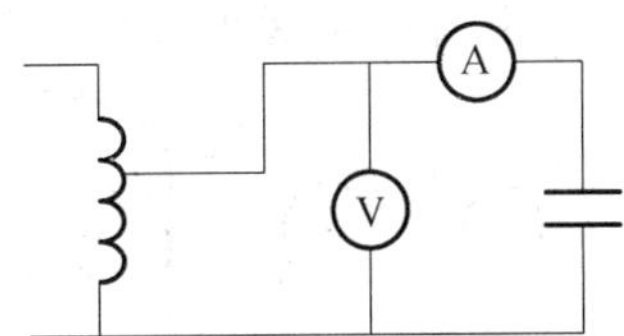

（A）交流耐压试验；（B）伏安特性试验；（C）交流法测试电容量；（D）感应耐压试验。

答案：C

Jd4E5024 下图为（ ）整流图。

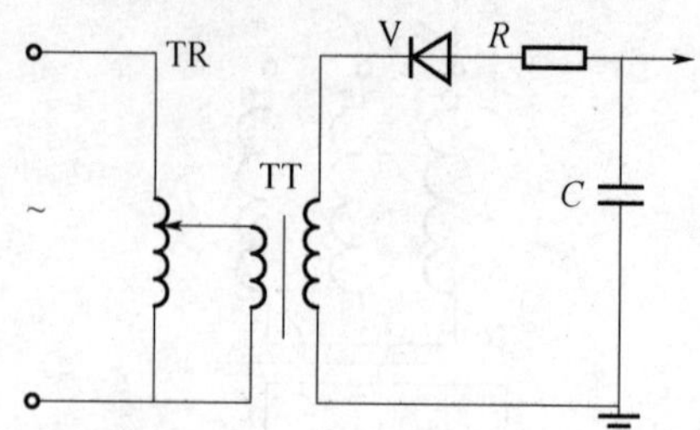

（A）全波整流；（B）倍压整流；（C）串级整流；（D）半波整流。

答案：D

Je4E1025 下图是（ ）的原理图。

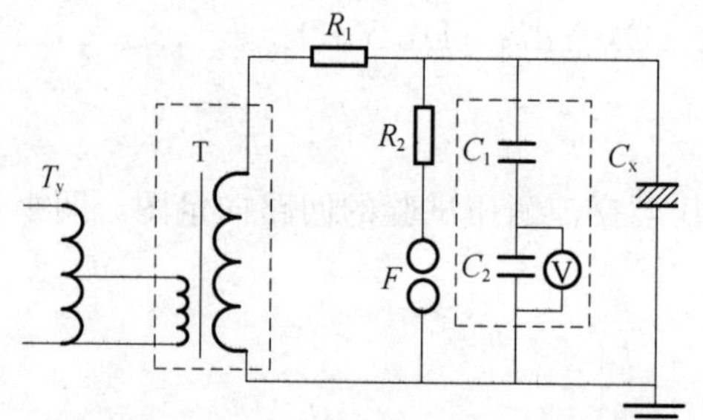

（A）泄漏电流；（B）工频耐压；（C）感应耐压；（D）局部放电。

答案：B

Je4E2026 下图为交流耐压的原理图，其中起保护球隙作用的是（ ）。

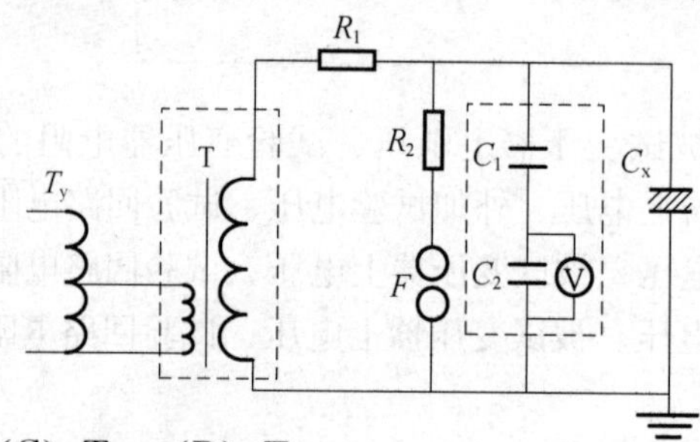

（A）R_1；（B）R_2；（C）Ty；（D）T。

答案：B

Je4E2027 下图是双瓦特表、三电流表测试变压器（ ）的接线图。

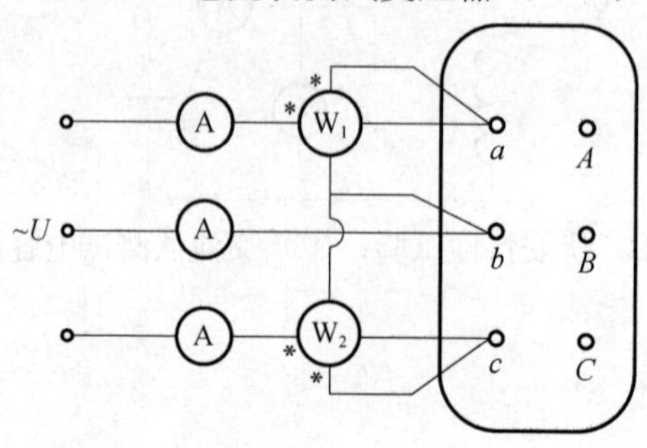

（A）变比；（B）直阻；（C）三相空载损耗；（D）三相短路损耗。

答案：C

Je4E3028　下图是（　　）的原理图。

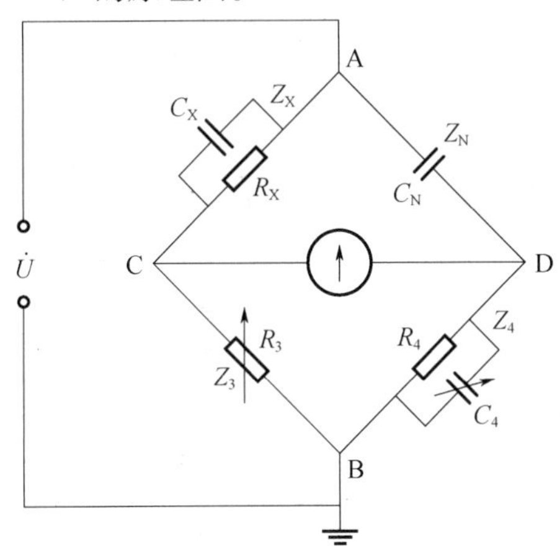

（A）QS1 型西林电桥正接线测量 tanδ 值；（B）QS_1 型西林电桥反接线测量 tanδ 值；（C）单臂电桥；（D）双臂电桥。

答案：A

Je4E3029　下图是（　　）的原理图。

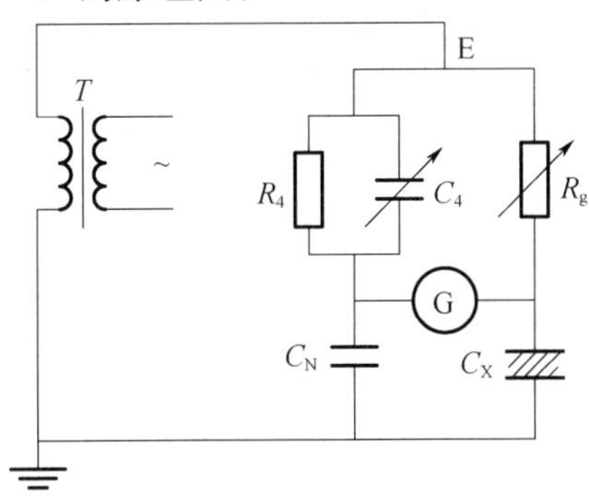

（A）测量介损的正接线法；（B）测量介损的反接线法；（C）末端屏蔽间接法测量介损；（D）末端屏蔽直接法测量介损。

答案：B

Je4E4030　下图是测试极性的原理图，当合上刀闸 S 后，E_1、E_2 方向一致，则极性为（　　）。

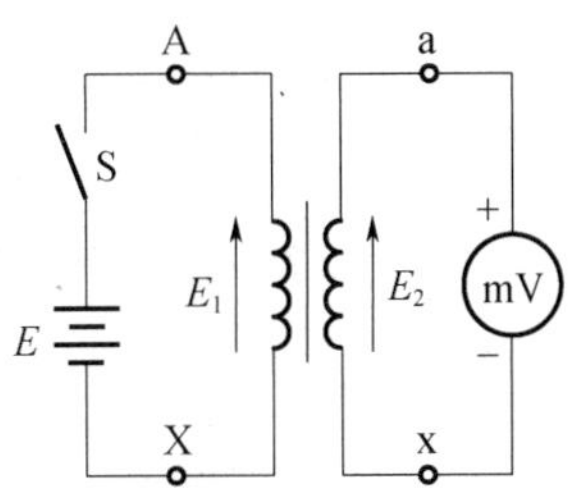

（A）同级性；（B）反极性；（C）极性和 E_1，E_2 无关；（D）无法判断。

答案：A

Jf4E2031　下图中 L 为消弧线圈，T 为（　　）。

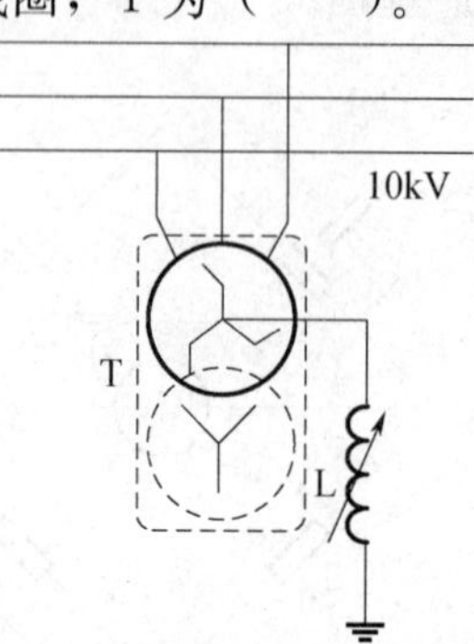

（A）配电变压器；（B）电源变压器；（C）中性点电抗器；（D）接地变压器。

答案：D

Jf4E3032　下图是（　　）的原理图。

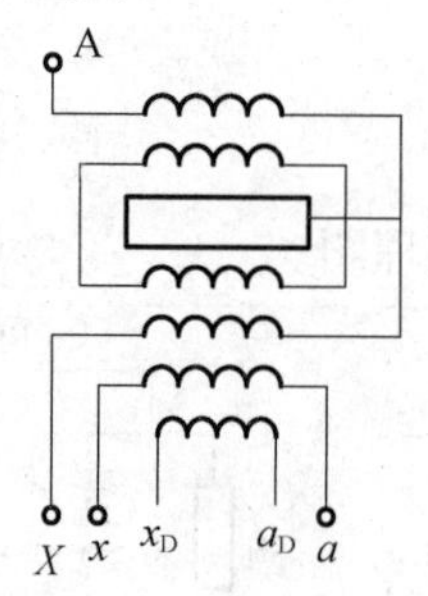

（A）220kV 单相电流互感器；（B）110kV 单相电流互感器；（C）220kV 串级式单相电压互感器；（D）110kV 串级式单相电压互感器。

答案：D

Jf4E3033　下图是（　　）的原理图。

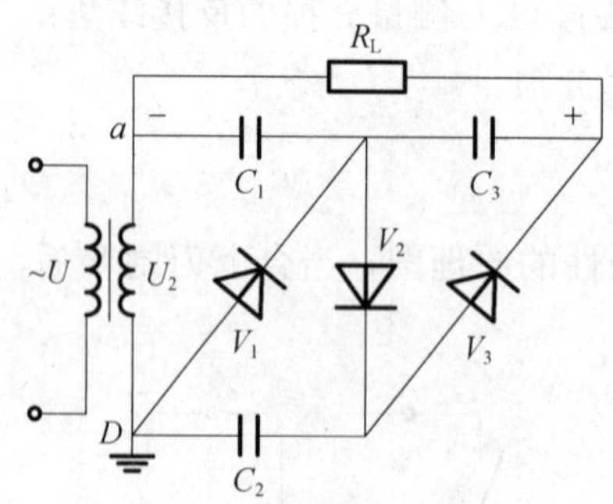

（A）二级倍压整流电路；（B）三级倍压整流电路；（C）感应耐压试验；（D）局部放电试验。

答案：B

Jf4E4034 下图是（　　）的原理图。

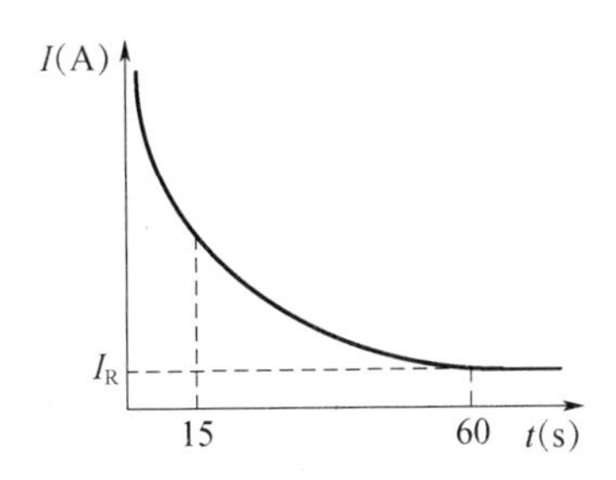

（A）介质吸收曲线；（B）容升现象；（C）绝缘积累效应；（D）局部放电。

答案：A

2 技能操作

2.1 技能操作大纲

电气试验工（中级工）技能鉴定技能操作考核大纲

等级	考核方式	能力种类	能力项	考核项目	考核主要内容
中级工	技能操作	专业技能	01. 绝缘电阻测试	01. 电容式电流互感器绝缘电阻测试	（1）熟悉电流互感器本体绝缘电阻、末屏绝缘电阻及二次绕组间及对地的绝缘电阻测试的原理及接线方法。 （2）熟悉绝缘电阻测试完成后的放电方法。 （3）根据测试结果分析被试设备的状况。 （4）能够查找和排除简单的异常情况
				02. 110kV 电磁式电压互感器绝缘电阻测试	（1）熟悉电压互感器本体、二次绕组间及对地的绝缘电阻测试的原理及接线方法。 （2）熟悉如何在测试中初步判断接线是否良好。 （3）能够查找和排除简单的异常情况
				03. 10kV 电力电缆主绝缘电阻测试	（1）熟悉电缆绝缘电阻测试接线方法。 （2）熟悉绝缘电阻测试完成后的放电方法。 （3）根据测试结果分析被试设备的状况。 （4）能够查找和排除简单的异常情况
			02. 直流电阻测试	01. 110kV 串级式电压互感器直流电阻测试	（1）熟悉串级式电压互感器直流电阻的接线方法。 （2）能够根据被试设备电阻的不同选择适当的测试电流。 （3）分析试验结果
				02. 10kV 变压器直流电阻测试	（1）熟悉变压器绕组直流电阻的接线方法。 （2）能够根据被试设备电阻的不同选择适当的测试电流。 （3）分析试验结果
			03. 回路电阻测试	01. 35kV 断路器回路电阻测试	（1）熟悉断路器回路电阻测试接线方法。 （2）熟悉回路电阻测试完成后的放电方法。 （3）根据测试结果分析被试设备的状况。 （4）能够查找和排除简单的异常情况

续表

等级	考核方式	能力种类	能力项	考核项目	考核主要内容
中级工	技能操作	专业技能	04. 介损、电容量测试	01. 110kV 电容型电流互感器介损、电容量测试	(1) 掌握电容型电流互感器介损、电容量测试方法及注意事项。 (2) 熟练掌握介损测试仪的使用方法。 (3) 根据测试结果分析被试设备的状况
				02. 35kV 电磁式电压互感器常规反接线介损、电容量测试	(1) 熟悉电磁式电压互感器常规试验项目及所使用的仪器。 (2) 掌握电磁式电压互感器介损、电容量测试方法及注意事项。 (3) 根据测试结果分析被试设备的状况。 (4) 能够查找和排除简单的异常情况
				03. 耦合电容器介损、电容量测试	(1) 正确选用工器具、材料、设备及线材。 (2) 熟练掌握介损测试仪的使用方法。 (3) 正确完成试验记录及报告
			05. 泄漏电流测试	01. 35kV 氧化锌避雷器直流试验	(1) 熟悉避雷器直流泄漏电流测试接线方法。 (2) 熟悉泄漏电流测试完成后的放电方法。 (3) 能够初步判断被试品的泄漏电流是否合格。 (4) 能够查找和排除简单的异常情况

2.2 技能操作项目

2.2.1 SY4ZY0101 电容式电流互感器绝缘电阻测试

一、作业

（一）工器具、材料、设备

（1）工器具：2500V 兆欧表 1 块、温湿度计 1 块、110kV 验电器 1 个、放电棒 1 套、绝缘手套 1 双、绝缘垫 1 块、安全围栏 2 盘、活动扳手 1 把。

（2）材料：4mm^2 多股裸铜线接地线（20m）1 盘、4mm^2 多股软铜线短路线（1m）5 根、抹布 1 块、空白试验报告 1 份。

（3）设备：110kV 电容型电流互感器 1 台。

（二）安全要求

（1）考生进入现场要求正确穿戴工作服、绝缘鞋和安全帽。

（2）试验前必须对被试品进行验电、放电、接地，变更接线及试验结束后必须对被试品进行充分放电。

（3）试验前认真检查试验接线，不发生人身触电危险，不发生人为损坏仪器、设备的安全事件。

（4）考生试验时必须站在绝缘垫上，并与带电部分保持足够的安全距离。

（三）操作步骤及工艺要求（含注意事项）

1. 准备工作

（1）根据要求，准备所使用的仪器仪表、工器具及所需试验线、接地线等材料。

（2）准备被试品历年的试验数据，了解设备运行工况。

（3）检查试验仪器、验电器、放电棒、绝缘垫等，确认均完好并处于检验周期内。

（4）办理开工手续。

（5）对被试品进行验电、放电，并接地。

（6）清理被试品表面的脏污，检查电流互感器是否存在外绝缘损伤等情况。

（7）记录电流互感器的铭牌、以往试验数据及不良工况等。

2. 实际操作步骤

（1）根据试验要求摆放好温湿度计、兆欧表、绝缘垫等工器具，设置好安全围栏。

（2）检查兆欧表工作状态是否良好。

（3）分别在测试电流互感器本体、末屏对地、二次绕组间及对地的绝缘电阻值，选择 2500V 档位进行测试，读取 1min 的数据。

（4）测试完毕，关闭试验按钮，待兆欧表自动放电完毕后，关闭兆欧表电源，先断开兆欧表的 L 测试线，然后断开 E 测试线，最后利用放电棒对被试品进行充分放电。

（5）记录绝缘电阻数据、当前环境温度、相对湿度。

3. 试验结束后的工作

（1）拆除所有试验接线、接地线、短路线等。

（2）将试验仪器仪表、工器具等清理干净，规放整齐。

（3）撤掉所设置的安全围栏，将被试设备及现场恢复到测试前的状态。

（4）工作结束后汇报试验情况及结果。

（5）编写试验报告。

4. 注意事项

（1）试验接线应整洁、明了，无两根测试线在一起缠绕的现象。

（2）电流互感器外壳、末屏、非被试二次绕组应接地良好。

（3）绝缘电阻过低时，应分析原因，并使用兆欧表的屏蔽线“G”排除环境温湿度、表面脏污等的影响。

二、考核

（一）考核场地

（1）试验场地应具有足够的安全距离，面积不小于 $9m^2$。

（2）现场的试验线、接地线、短路线应满足试验要求，放电棒、验电器、绝缘垫、温湿度表、兆欧表在数量上满足考生的需求。

（3）现场设置1套桌椅，可供考生出具试验报告。

（4）设置1套评判用的桌椅和计时秒表。

（二）考核时间

（1）试验操作时间不超过30min。

（2）试验仪器、工器具等准备时间不超过5min，该时间不计入考核时间。

（3）试验报告出具时间不超过20min，该时间不计入操作时间。

（三）考核要点

（1）现场安全文明生产。

（2）仪器仪表、工器具状态检查。

（3）被试品的外观、运行工况检查。

（4）仪器仪表的使用方法及安全注意事项等是否符合规范要求。

（5）是否熟悉电流互感器本体、末屏、二次绕组间及对地绝缘电阻试验方法。

（6）整体操作过程是否符合要求，有无安全隐患。

（7）试验报告是否符合要求。

三、评分标准

行业：电力工程　　　　　　工种：电气试验工　　　　　　等级：四

编号	SY4ZY0101	行为领域	d	鉴定范围		电气试验中级工	
考核时限	30min	题型	B	满分	100分	得分	
试题名称	电容式电流互感器绝缘电阻测试						
考核要点及其要求	（1）现场安全文明生产。 （2）仪器仪表、工器具状态检查。 （3）被试品的外观、运行工况检查。 （4）仪器仪表的使用方法及安全注意事项等是否符合规范要求。 （5）是否熟悉电流互感器本体、末屏、二次绕组间及对地绝缘电阻试验方法。 （6）整体操作过程是否符合要求，有无安全隐患。 （7）试验报告是否符合要求						
现场设备、工器具、材料	（1）工器具：2500V兆欧表1块、温湿度计1块、110kV验电器1个、放电棒1套、绝缘手套1双、绝缘垫1块、安全围栏2盘、活动扳手1把。 （2）材料：$4mm^2$ 多股裸铜线接地线（20m）1盘、$4mm^2$ 多股软铜线短路线（1m）5根、抹布1块、空白试验报告1份。 （3）设备：110kV电容型电流互感器1台						
备注							

续表

序号	考核项目名称	评分标准 质量要求	分值	扣分标准	扣分原因	得分
1	着装	正确佩戴安全帽、工作服、绝缘鞋	5	（1）未穿工装、戴安全帽、穿绝缘鞋，每项扣1分。 （2）着装、穿戴不规范，每处扣1分。 （3）本小项5分扣完为止		
2	准备工作	正确选择仪器仪表、工器具及材料	10	（1）每选错、漏选一项，扣2分。 （2）未进行外观检查，未检查合格日期，每项扣2分。 （3）本小项10分扣完为止		
3	安全措施	（1）设置安全围栏	2	未设置安全围栏，扣2分		
		（2）对被试品进行验电、放电、接地	8	（1）未对被试品进行验电、放电，每项扣2分。 （2）验电、放电时未戴绝缘手套，每项扣1分。 （3）电流互感器外壳未接地，扣2分。 （4）本小项8分扣完为止		
4	绝缘电阻试验	（1）办理工作开工	2	（1）未办理工作开工，扣1分。 （2）未了解被试品的运行工况及查找以往试验数据，扣1分		
		（2）检查被试品状况	2	未检查被试品外观有无裂纹、绝缘损坏状况，扣2分		
		（3）清理被试品	2	未进行被试品表面清理，扣2分		
		（4）摆放温湿度计	2	（1）未摆放温湿度计，扣2分。 （2）摆放位置不正确，扣1分		
		（5）兆欧表检查	5	（1）未检查兆欧表电量，扣2分。 （2）未检查兆欧表分别在零位和无穷大指示是否正确，扣3分		
		（6）电流互感器本体绝缘电阻测试	15	（1）接线错误致使试验无法进行，扣15分。 （2）L、E试验线接反者，扣5分。 （3）测试时末屏、二次绕组未短接接地，每项扣5分。 （4）其他项目不规范，如试验电压设置不正确、未进行呼唱等，每项扣3分。 （5）本小项15分扣完为止		

续表

序号	考核项目名称	质量要求	分值	扣分标准	扣分原因	得分
4	绝缘电阻试验	（7）电流互感器末屏绝缘电阻测试	10	（1）接线错误致使试验无法进行，扣10分。 （2）L、E试验线接反者，扣5分。 （3）二次绕组未短接接地，扣5分。 （4）其他项目不规范，如试验电压设置不正确、未进行呼唱等，每项扣3分。 （5）本小项10分扣完为止		
		（8）二次绕组间及对地绝缘电阻测试	15	（1）接线错误致使试验无法进行，扣15分。 （2）L、E试验线接反者，扣5分。 （3）末屏、非被试二次绕组未短接接地，每项扣5分。 （4）其他项目不规范，如试验电压设置不正确、未进行呼唱等，每项扣3分。 （5）本小项15分扣完为止		
		（9）记录温湿度	2	未记录环境温度和相对湿度，扣2分		
		（10）试验操作应在30min内完成		（1）试验操作每超出10min，扣10分。 （2）本大项55分扣完为止		
5	办理完工	清理现场	5	（1）未将现场恢复到测试前的状态，扣2分。 （2）每遗留一件物品，扣1分。 （3）本小项5分扣完为止		
6	出具试验报告	（1）环境参数齐备	3	未填写环境温度、相对湿度，扣3分		
		（2）设备参数齐备	2	铭牌数据不正确，扣2分		
		（3）试验报告正确完整	10	（1）试验数据不正确，扣3分。 （2）判断依据未填写或不正确，扣3分。 （3）报告结论分析不正确或未填写试验是否合格，扣3分。 （4）报告没有填写考生姓名，扣1分		
		（4）试验报告应在20min内完成		（1）试验报告每超出5min扣2分。 （2）本大项15分扣完为止		

2.2.2 SY4ZY0102 110kV 电磁式电压互感器绝缘电阻测试

一、作业

（一）工器具、材料、设备

（1）工器具：2500V 兆欧表 1 块、温湿度计 1 块、110kV 验电器 1 个、放电棒 1 套、绝缘手套 1 双、绝缘垫 1 块、安全围栏 2 盘、活动扳手 1 把。

（2）材料：4mm^2 多股裸铜线接地线（20m）1 盘、4mm^2 多股软铜线短路线（1m）4 根、抹布 1 块、空白试验报告 1 份。

（3）设备：110kV 电磁式电压互感器 1 台。

（二）安全要求

（1）考生进入现场要求正确穿戴工作服、绝缘鞋和安全帽。

（2）试验前必须对被试品进行验电、放电、接地，变更接线及试验结束后必须对被试品进行充分放电。

（3）试验前认真检查试验接线，不发生人身触电危险，不发生人为损坏仪器、设备的安全事件。

（4）考生试验时必须站在绝缘垫上，并与带电部分保持足够的安全距离。

（三）操作步骤及工艺要求（含注意事项）

1. 准备工作

（1）根据要求，准备所使用的仪器仪表、工器具及所需的试验线、接地线等材料。

（2）准备被试品历年的试验数据，了解设备运行工况。

（3）检查试验仪器、验电器、放电棒、绝缘垫等，确认均完好并处于检验周期内。

（4）办理开工手续。

（5）对被试品进行验电、放电并接地。

（6）清理被试品表面的脏污，检查电压互感器是否存在外绝缘损伤等情况。

（7）记录电压互感器的铭牌、以往试验数据及不良工况等。

2. 实际操作步骤

（1）根据试验要求摆放好温湿度计、兆欧表、绝缘垫等其他工器具，设置好安全围栏。

（2）检查兆欧表工作状态是否良好。

（3）分别在测试电压互感器本体、二次绕组间及对地的绝缘电阻值，选择 2500V 档位进行测试，读取 1min 的数据。

（5）本体绝缘电阻测试：AX 短接接 L，E 接地，二次绕组短接接地，2500V 测试。二次绕组间及对地绝缘电阻测试：被试二次绕组短接接 L，E 接地，X 接地，非被试二次绕组短接接地，2500V 测试。

（6）测试完毕，关闭试验按钮，待兆欧表自动放电完毕后，关闭兆欧表电源，先断开兆欧表的 L 测试线，再断开 E 测试线，然后利用放电棒对被试绕组进行充分放电。

（7）记录绝缘电阻数据、当前环境温度、相对湿度。

3. 试验结束后的工作

（1）拆除所有试验接线、接地线、短路线等。

（2）将试验仪器仪表、工器具等清理干净，规放整齐。

（3）撤掉所设置的安全围栏，将被测试设备及现场恢复到测试前的状态。

（4）工作结束后汇报试验情况及结果。

（5）编写试验报告。

4. 注意事项

（1）试验接线应整洁、明了，无两根测试线在一起缠绕现象。

（2）电压互感器外壳、非被试二次绕组应接地良好。

（3）绝缘电阻过低时，应分析原因，并使用兆欧表的屏蔽线 G 排除环境、表面脏污等的影响。

二、考核

（一）考核场地

（1）试验场地应具有足够的安全距离，面积不小于 $9m^2$。

（2）现场的试验线、接地线、短路线应满足试验的要求，放电棒、验电器、绝缘垫、温湿度表、兆欧表数量上满足考生的需求。

（3）现场设置 1 套桌椅，可供考生出具试验报告。

（4）设置 1 套评判用的桌椅和计时秒表。

（二）考核时间

（1）考核时间为 30min。

（2）试验仪器、工器具等准备时间不超过 5min，该时间不计入考核时间。

（3）试验报告的出具时间不超过 20min，该时间不计入操作时间。

（三）考核要点

（1）现场安全文明生产。

（2）仪器仪表、工器具状态检查。

（3）被试品的外观、运行工况检查。

（4）仪器仪表的使用方法及安全注意事项等是否符合规范要求。

（5）是否熟悉电压互感器本体、二次绕组间及对地绝缘电阻试验方法。

（6）整体操作过程是否符合要求，有无安全隐患。

（7）试验报告是否符合要求。

三、评分标准

行业：电力工程　　　　工种：电气试验工　　　　等级：四

编号	SY4ZY0102	行为领域	e	鉴定范围		电气试验中级工	
考核时限	30min	题型	B	满分	100 分	得分	
试题名称	110kV 电磁式电压互感器绝缘电阻测试						
考核要点及其要求	（1）现场安全文明生产。 （2）仪器仪表、工器具状态检查。 （3）被试品的外观、运行工况检查。 （4）仪器仪表的使用方法及安全注意事项等是否符合规范要求。 （5）是否熟悉电压互感器本体、二次绕组间及对地绝缘电阻试验方法。 （6）整体操作过程是否符合要求，有无安全隐患。 （7）试验报告是否符合要求						

续表

现场设备、工器具、材料	（1）工器具：2500V兆欧表1块、温湿度计1块、110kV验电器1个、放电棒1套、绝缘手套1双、绝缘垫1块、安全围栏2盘、活动扳手1把。 （2）材料：$4mm^2$多股裸铜线接地线（20m）1盘、$4mm^2$多股软铜线短路线（1m）4根、抹布1块、空白试验报告1份。 （3）设备：110kV电磁式电压互感器1台
备注	

评分标准

序号	考核项目名称	质量要求	分值	扣分标准	扣分原因	得分
1	着装	正确穿戴安全帽、工作服、绝缘鞋	5	（1）未穿工装、戴安全帽、穿绝缘鞋，每项扣1分。 （2）着装、穿戴不规范，每处扣1分。 （3）本项分值扣完为止		
2	准备工作	正确选择仪器仪表、工器具及材料	10	（1）每选错、漏选一项，扣2分。 （2）未进行外观检查，未检查检验合格日期，每项扣2分。 （3）本项分值扣完为止		
3	安全措施	（1）设置安全围栏	2	未设置安全围栏扣2分		
		（2）对被试品进行验电、放电、接地	8	（1）未对被试品进行验电、放电，每项扣2分。 （2）验电、放电时未戴绝缘手套，每项扣2分。 （3）电压互感器底座未接地，扣2分。 （4）本项分值扣完为止		
4	绝缘电阻试验	（1）办理工作开工	2	（1）未办理工作开工，扣1分。 （2）未了解被试品的运行工况及查找以往试验数据，扣1分		
		（2）检查被试品状况	2	未检查被试品外观有无裂纹、绝缘损坏状况扣2分		
		（3）清理被试品	2	未进行被试品表面清理，扣2分		
		（4）摆放温湿度计	2	（1）未摆放温湿度计，扣2分。 （2）摆放位置不正确，扣1分		
		（5）兆欧表检查	5	（1）未检查兆欧表电量是否充足，或检查方法不正确，扣2分。 （2）未检查兆欧表分别在零位和无穷大指示是否正确，扣3分		

续表

序号	考核项目名称	质量要求	分值	扣分标准	扣分原因	得分
4	绝缘电阻试验	（6）电压互感器本体绝缘电阻测试	20	（1）接线错误致使试验无法进行，扣20分。 （2）L、E试验线接反，扣5分。 （3）测试时未将互感器首尾短接，扣10分。 （4）二次绕组未短接接地，扣5分。 （5）其他项目不规范，如试验电压设置不正确、未进行呼唱、测试时间不正确等，每项扣3分。 （6）本项分值扣完为止		
		（7）二次绕组间及对地绝缘电阻测试	20	（1）接线错误致使试验无法进行，扣20分。 （2）*L*、*E*试验线接反，扣5分。 （3）末屏未接地，扣5分。 （4）非被试二次绕组未短路接地，扣5分。 （5）其他项目不规范，如试验电压设置不正确、未进行呼唱、测试时间不正确、二次绕组测试漏项等，每项扣3分。 （6）本项分值扣完为止		
		（8）记录温湿度	2	未记录环境温度和相对湿度，扣2分		
		（9）试验操作应在30min内完成		（1）试验操作每超出10min，扣10分。 （2）本项扣完55分为止		
5	办理完工	清理现场	5	（1）未将现场恢复到测试前的状态，扣2分。 （2）每遗留一件物品，扣1分。 （3）本项分值扣完为止		
6	出具试验报告	（1）环境参数齐备	3	未填写环境温度、相对湿度，扣3分		
		（2）设备参数齐备	2	铭牌数据不正确，扣2分		
		（3）试验报告正确完整	10	（1）试验数据不正确，扣3分。 （2）判断依据未填写或不正确，扣3分。 （3）报告结论分析不正确或未填写试验是否合格，扣3分。 （4）报告没有填写考生姓名，扣1分		
		（4）试验报告应在20min内完成		（1）试验报告每超出5min扣2分。 （2）本项扣完15分为止		

2.2.3 SY4ZY0103 10kV电力电缆主绝缘电阻测试

一、作业

（一）工器具、材料、设备

（1）工器具：2500V兆欧表1块、温湿度计1块、10kV验电器1个、放电棒1套、绝缘手套1双、绝缘垫1块、安全围栏2盘、活动扳手1把。

（2）材料：4mm^2 多股裸铜线接地线（20m）1盘、4mm^2 多股软铜线短路线（1m）2根、抹布1块、空白试验报告1份。

（3）设备：10kV电力电缆（三相一体）1条。

（二）安全要求

（1）考生进入现场要求正确穿戴工作服、绝缘鞋和安全帽。

（2）试验前必须对被试品进行验电、放电、接地，变更接线及试验结束后必须对被试品进行充分放电。

（3）试验前认真检查试验接线，不发生人身触电危险，不发生人为损坏仪器、设备的安全事件。

（4）进行测试时，必须确保电力电缆的另一端附近人员已经撤出。

（5）考生试验时必须站在绝缘垫上，并与带电部分保持足够的安全距离。

（三）操作步骤及工艺要求（含注意事项）

1. 准备工作

（1）根据要求，准备所使用的仪器仪表、工器具及所需的试验线、接地线等材料。

（2）准备被试品历年的试验数据，了解设备运行工况。

（3）检查试验仪器、验电器、放电棒、绝缘垫等，确认均完好并处于检验周期内。

（4）办理开工手续。

（5）对被试品进行验电、放电并接地。

（6）检查电缆是否存在外绝缘损伤等情况。

（7）记录电缆的铭牌、以往试验数据及不良工况等。

2. 实际操作步骤

（1）根据试验要求摆放好温湿度计、兆欧表、绝缘垫等其他工器具，设置好安全围栏。

（2）检查兆欧表工作状态是否良好。

（3）分别每一相对地的绝缘电阻，其他两相接地，选择2500V档位进行测试，读取1min的数据。

（4）测试完毕，关闭试验按钮，待兆欧表自动放电完毕后，关闭兆欧表电源，先断开兆欧表的L测试线，再断开E测试线，然后利用放电棒对被试品进行充分放电。

（5）记录绝缘电阻数据、当前环境温度、相对湿度。

3. 试验结束后的工作

（1）拆除所有试验接线、接地线、短路线等。

（2）将试验仪器仪表、工器具等清理干净，规放整齐。

（3）撤掉所设置的安全围栏，将现场恢复到测试前的状态。

（4）工作结束后汇报试验情况及结果。

（5）编写试验报告。

4. 注意事项

（1）试验接线应整洁、明了，无两根测试线在一起缠绕现象。

（2）断路器底座、非被试相及非被试端应接地良好。

（3）绝缘电阻过低时，应分析原因，并使用兆欧表的屏蔽线 G 排除环境温湿度、表面脏污等的影响。

二、考核

（一）考核场地

（1）试验场地应具有足够的安全距离，面积不小于 $9m^2$，电缆另一端必须有防止人员进入的安全措施，或安排专人负责监护。

（2）现场的试验线、接地线、短路线应满足试验的要求，放电棒、验电器、绝缘垫、温湿度表、兆欧表数量上满足考生的需求。

（3）现场设置 1 套桌椅，可供考生出具试验报告。

（4）设置 1 套评判用的桌椅和计时秒表。

（二）考核时间

（1）考核时间为 30min。

（2）试验仪器、工器具等准备时间不超过 5min，该时间不计入考核时间。

（3）试验报告的出具时间不超过 20min，该时间不计入考核时间。

（三）考核要点

（1）现场安全文明生产。

（2）仪器仪表、工器具状态检查。

（3）被试品的外观、运行工况检查。

（4）仪器仪表的使用方法及安全注意事项等是否符合规范要求。

（5）是否熟悉电力电缆绝缘电阻试验方法。

（6）整体操作过程是否符合要求，有无安全隐患。

（7）试验报告是否符合要求。

三、评分标准

行业：电力工程　　　　工种：电气试验工　　　　等级：四

编号	SY4ZY0103	行为领域	e	鉴定范围		电气试验中级工	
考核时限	30min	题型	B	满分	100 分	得分	
试题名称	10kV 电力电缆主绝缘电阻测试						
考核要点及其要求	（1）现场安全文明生产。 （2）仪器仪表、工器具状态检查。 （3）被试品的外观、运行工况检查。 （4）仪器仪表的使用方法及安全注意事项等是否符合规范要求。 （5）是否熟悉电力电缆绝缘电阻试验方法。 （6）整体操作过程是否符合要求，有无安全隐患。 （7）试验报告是否符合要求						

续表

现场设备、工器具、材料	(1) 工器具：2500V兆欧表1块、温湿度计1块、10kV验电器1个、放电棒1套、绝缘手套1双、绝缘垫1块、安全围栏2盘、活动扳手1把。 (2) 材料：$4mm^2$ 多股裸铜线接地线（20m）1盘、$4mm^2$ 多股软铜线短路线（1m）2根、抹布1块、空白试验报告1份。 (3) 设备：10kV电力电缆（三相一体）1条
备注	

评分标准

序号	考核项目名称	质量要求	分值	扣分标准	扣分原因	得分
1	着装	正确穿戴安全帽、工作服、绝缘鞋	5	(1) 未穿工装、戴安全帽、穿绝缘鞋，每项扣1分。 (2) 着装、穿戴不规范，每处扣1分。 (3) 本项分值扣完为止		
2	准备工作	正确选择仪器仪表、工器具及材料	10	(1) 每选错、漏选一项，扣2分。 (2) 未进行外观检查，未检查检验合格日期，每项扣2分。 (3) 本项分值扣完为止		
3	安全措施	(1) 设置安全围栏	2	未设置安全围栏扣2分		
		(2) 对被试品进行验电、放电、接地	8	(1) 未对被试品进行验电、放电，每项扣2分。 (2) 验电、放电时未戴绝缘手套，每项扣2分		
4	绝缘电阻试验	(1) 办理工作开工	3	(1) 未办理工作开工，扣2分。 (2) 未了解被试品的运行工况及查找以往试验数据，扣1分		
		(2) 检查被试品状况	2	未检查被试品外观有绝缘损坏状况，扣2分		
		(3) 摆放温湿度计	3	(1) 未摆放温湿度计，扣3分。 (2) 摆放位置不正确，扣2分		
		(4) 兆欧表检查	5	(1) 未检查兆欧表电量，扣2分。 (2) 未检查兆欧表分别在零位和无穷大指示是否正确，扣3分		

续表

序号	考核项目名称	质量要求	分值	扣分标准	扣分原因	得分
4	绝缘电阻试验	(5) 电力电缆主绝缘电阻测试	35	(1) 接线错误致使试验无法进行,扣35分。 (2) L、E试验线接反扣10分。 (3) 非被试相未接地扣10分。 (4) 其他项目不规范,如试验电压设置不正确、未进行呼唱、测试时间不正确等,每项扣5分。 (5) 本项分值扣完为止		
		(6) 记录温湿度	2	未记录环境温度和相对湿度,扣2分		
		(7) 试验操作应在30min内完成		(1) 试验操作每超出10min,扣10分。 (2) 本项扣完55分为止		
5	办理完工	清理现场、办理完工	5	(1) 未将现场恢复到测试前的状态,扣2分。 (2) 每遗留一件物品,扣1分。 (3) 本项分值扣完为止		
6	出具试验报告	(1) 环境参数齐备	3	未填写环境温度、相对湿度,扣3分		
		(2) 设备铭牌数据齐备	2	铭牌数据不正确,扣2分		
		(3) 试验报告正确完整	10	(1) 试验数据不正确,扣3分。 (2) 判断依据未填写或不正确,扣3分。 (3) 报告结论分析不正确或未填写试验是否合格,扣3分。 (4) 报告没有填写考生姓名,扣1分		
		(4) 试验报告应在20min内完成		(1) 试验报告每超出5min扣2分。 (2) 本项扣完15分为止		

2.2.4 SY4ZY0201 110kV 串级式电压互感器直流电阻测试

一、作业

（一）工器具、材料、设备

（1）工器具：直流电阻测试仪 1 套、温湿度计 1 块、110kV 验电器 1 个、放电棒 1 套、绝缘手套 1 双、绝缘垫 1 块、220V 检修电源箱（带漏电保护器）1 套、安全围栏 2 盘、活动扳手 1 把。

（2）材料：4mm² 多股裸铜线接地线（20m）1 盘、抹布 1 块、空白试验报告 1 份。

（3）设备：110kV 串级式电压互感器 1 台。

（二）安全要求

（1）考生进入现场要求正确穿戴工作服、绝缘鞋和安全帽。

（2）开始工作前使用万用表检查试验电源电压是否为 220V，手动检查漏电保护器是否正确动作。

（3）试验前必须对被试品进行验电、放电、接地，变更接线及试验结束后必须对被试品进行充分放电。

（4）试验前认真检查试验接线，不发生人身触电危险，不发生人为损坏仪器、设备的安全事件。

（5）考生试验时必须站在绝缘垫上，并与带电部分保持足够的安全距离。

（三）操作步骤及工艺要求（含注意事项）

1. 准备工作

（1）根据要求，准备所使用的仪器仪表、工器具及所需的试验线、接地线等材料。

（2）准备被试品历年的试验数据，了解设备运行工况。

（3）检查试验仪器、验电器、放电棒、绝缘垫等，确认均完好并处于检验周期内。

（4）办理开工手续。

（5）对被试品进行验电、放电，并将电压互感器金属底座接地。

（6）清理被试品表面的脏污，检查电压互感器是否存在缺油、漏油及瓷绝缘损坏等情况。

（7）记录变压器的铭牌、以往试验数据及不良工况等。

2. 实际操作步骤

（1）根据试验要求摆放好温湿度计、直流电阻测试仪、绝缘垫、检修电源箱等其他工器具，设置好安全围栏。

（2）使用万用表检查检修电源是否符合要求，手动操作检查漏电保护器是否能够可靠动作。

（3）检查仪器及其测试线状态是否良好。

（4）将仪器按要求接地，根据电压互感器直流电阻的大小，使用相应的电流档位，分别进行一次绕组及每个二次绕组的直流电阻测试。

（5）一次绕组直流电阻测试：测试互感器高压接线端 A 与高压尾端 N 间的直流电阻，换算至相同温度下，初值差不应大于±10%。

（6）二次绕组直流电阻测试：分别测试每个二次绕组 a、n 间的直流电阻，换算至相同温度下，初值差不应大于±15%。

（7）记录测试数据及当前的环境温度、相对湿度。

3. 试验结束后的工作

（1）拆除所有接地线、试验线等。

（2）将试验仪器仪表、工器具等清理干净，规放整齐。

（3）撤掉所设置的安全围栏，将被测试设备及现场恢复到测试前的状态。

（4）工作结束后汇报试验情况及结果。

（5）编写试验报告。

4. 注意事项

（1）试验接线应整洁、明了，变压器外壳应接地良好。

（2）连接导线应有足够截面，且接触必须良好，绕组电阻测定时，应记录绕组温度或上层油温。

（3）为了与出厂及历次测量的数据进行比较，应将不同温度下测量的数值比较，将不同温度下测量的直流电阻换算到同一温度，以便进行比较。

（4）一次绕组直流电阻初值差超过±10%时应查明原因，二次绕组直流电阻初值差超过±15%时应查明原因。

二、考核

（一）考核场地

（1）试验场地应具有足够的安全距离，面积不小于 $9m^2$。

（2）现场的试验线、接地线、短路线应满足试验要求，放电棒、验电器、绝缘垫、温湿度表、直流电阻测试仪数量上满足考生的需求。

（3）现场设置 1 套桌椅，可供考生出具试验报告。

（4）设置 1 套评判用的桌椅和计时秒表。

（二）考核时间

（1）考核时间为 30min。

（2）试验仪器、工器具等准备时间不超过 5min，该时间不计入考核时间。

（3）试验报告的出具时间不超过 20min，该时间不计入操作时间。

（三）考核要点

（1）现场安全文明生产。

（2）仪器仪表、工器具状态检查。

（3）被试品的外观、运行工况检查。

（4）仪器仪表的使用方法及安全注意事项等是否符合规范要求。

（5）是否熟悉直流电阻测试仪的使用及变压器直流电阻的测试方法。

（6）整体操作过程是否符合要求，有无安全隐患。

（7）试验报告是否符合要求。

三、评分标准

行业：电力工程 **工种：电气试验工** **等级：四**

编号	SY4ZY0201	行为领域	d	鉴定范围		电气试验中级工	
考核时限	30min	题型	B	满分	100分	得分	
试题名称	10kV串级式电压互感器直流电阻测试						
考核要点及其要求	（1）现场安全文明生产。 （2）仪器仪表、工器具状态检查。 （3）被试品的外观、运行工况检查。 （4）仪器仪表的使用方法及安全注意事项等是否符合规范要求。 （5）是否熟悉直流电阻测试仪的使用及变压器直流电阻的测试方法。 （6）整体操作过程是否符合要求，有无安全隐患。 （7）试验报告是否符合要求						
现场设备、工器具、材料	（1）工器具：直流电阻测试仪1套、温湿度计1块、110kV验电器1个、放电棒1套、绝缘手套1双、绝缘垫1块、220V检修电源箱（带漏电保护器）1套、安全围栏2盘、活动扳手1把。 （2）材料：$4mm^2$多股裸铜线接地线（20m）1盘、抹布1块、空白试验报告1份。 （3）设备：110kV串级式电压互感器1台						
备注							

评分标准

序号	考核项目名称	质量要求	分值	扣分标准	扣分原因	得分
1	着装	正确穿戴安全帽、工作服、绝缘鞋	5	（1）未穿工装、戴安全帽、穿绝缘鞋，每项扣1分。 （2）着装不规范，每处扣1分。 （3）本项分值扣完为止		
2	准备工作	正确选择仪器仪表、工器具及材料	10	（1）每选错、漏选一项，扣2分。 （2）未进行外观检查，未检查检验合格日期，每项扣2分。 （3）本项分值扣完为止		
3	安全措施	（1）设置安全围栏	1	未设置安全围栏，扣1分		
		（2）检查检修电源电压、漏电保护器是否符合要求	2	（1）未测试检修电源电压，扣1分。 （2）未检查漏电保护器是否能够可靠动作，扣1分		
		（3）对被试品进行验电、放电、接地	7	（1）未对被试品进行验电、放电，每项扣2分。 （2）验电、放电时未戴绝缘手套，每项扣1分。 （3）电压互感器底座未接地，扣2分。 （4）本项分值扣完为止		

续表

序号	考核项目名称	质量要求	分值	扣分标准	扣分原因	得分
4	串级式电压互感器直流电阻测试	（1）办理工作开工	3	（1）未办理工作开工，扣2分。 （2）未了解被试品的运行工况及查找以往试验数据，扣1分		
		（2）检查被试品状况	2	未检查被试品外观有无开裂、电抗器有无鼓包、散股情况扣2分		
		（3）摆放温湿度计	3	（1）未摆放温湿度计，扣3分。 （2）摆放位置不正确，扣2分		
		（4）检查要求状态	5	未检查直流电阻测试仪的状态，扣5分		
		（5）一次绕组直流电阻测试	20	（1）接线错误致使试验无法进行，扣20分。 （2）试完毕后未进行仪器自动放电便变更接线者扣10分。 （3）其他项目不规范，如仪器未接地、未进行呼唱等，每项扣5分。 （4）本项分值扣完为止		
		（6）二次绕组直流电阻测试	20	（1）接线错误致使试验无法进行，扣20分。 （2）试完毕后未进行仪器自动放电便变更接线者，扣10分。 （3）其他项目不规范，如仪器未接地、未进行呼唱、漏检二次绕组等，每项扣5分。 （4）本项分值扣完为止		
		（7）记录温湿度	2	未记录环境温度和相对湿度，扣2分		
		（8）试验操作应在30min内完成		（1）试验操作每超出10min扣10分。 （2）本项扣完55分为止		
5	办理完工	清理现场	5	（1）未将现场恢复到测试前下的状态，扣3分。 （2）每遗留一件物品，扣1分。 （3）本项分值扣完为止		

续表

序号	考核项目名称	质量要求	分值	扣分标准	扣分原因	得分
6	出具试验报告	（1）环境参数齐备	3	未填写环境温度、相对湿度，扣3分		
		（2）设备参数齐备	2	铭牌数据不正确，扣2分		
		（3）试验报告正确完整。	10	（1）试验数据不正确，扣2分。 （2）判断依据未填写或不正确，扣2分。 （3）报告结论分析不正确或未填写试验是否合格，扣2分。 （4）直流电阻值未进行计算分析，扣2分。 （5）报告没有填写考生姓名，扣2分。 （6）本项分值扣完为止		
		（4）试验报告应在20min内完成		（1）试验报告每超出5min扣2分。 （2）本项扣完15分为止		

2.2.5 SY4ZY0202 10kV 变压器直流电阻测试

一、作业

（一）工器具、材料、设备

（1）工器具：直流电阻测试仪 1 套、温湿度计 1 块、10kV 验电器 1 个、放电棒 1 套、绝缘手套 1 双、绝缘垫 1 块、220V 检修电源箱（带漏电保护器）1 套、安全围栏 2 盘、活动扳手 1 把。

（2）材料：4mm^2 多股裸铜线接地线（20m）1 盘、抹布 1 块、空白试验报告 1 份。

（3）设备：10kV 变压器 1 台。

（二）安全要求

（1）考生进入现场要求正确穿戴工作服、绝缘鞋和安全帽。

（2）开始工作前使用万用表检查试验电源电压是否为 220V，手动检查漏电保护器是否正确动作。

（3）试验前必须对被试品进行验电、放电、接地，变更接线及试验结束后必须对被试品进行充分放电。

（4）试验前认真检查试验接线，不发生人身触电危险，不发生人为损坏仪器、设备的安全事件。

（5）考生试验时必须站在绝缘垫上，并与带电部分保持足够的安全距离。

（三）操作步骤及工艺要求（含注意事项）

1. 准备工作

（1）根据要求，准备所使用的仪器仪表、工器具及所需的试验线、接地线等材料。

（2）准备被试品历年的试验数据，了解设备运行工况。

（3）检查试验仪器、验电器、放电棒、绝缘垫等，确认均完好并处于检验周期内。

（4）办理开工手续。

（5）对被试品进行验电、放电，并将外壳接地。

（6）清理被试品表面的脏污，检查变压器是否存在缺油、漏油及套管绝缘损坏等情况。

（7）记录变压器的铭牌、以往试验数据及不良工况等。

2. 实际操作步骤

（1）根据试验要求摆放好温湿度计、直流电阻测试仪、绝缘垫、检修电源箱等其他工器具，设置好安全围栏。

（2）使用万用表检查检修电源是否符合要求，手动操作检查漏电保护器是否能够可靠动作。

（3）检查仪器及其测试线状态是否良好。

（4）将仪器按要求接地，分别测试当前分节位置的高压侧、低压侧各绕组的直流电阻，测试电流不应大于 10A。

（5）每相测试完毕，记录测试数据，按仪器的复位键进行放电，放电完毕后关闭仪器电源，再进行更换接线，所有绕组测试完毕并放电结束后，关闭仪器电源并拉开检修电源小闸刀，利用放电棒对被试品进行充分放电，拆除试验接线。

（6）记录测试数据及当前的环境温度、相对湿度以及变压器的上层油温。

3. 试验结束后的工作

（1）拆除所有接地线、试验线等。

（2）将试验仪器仪表、工器具等清理干净，规放整齐。

（3）撤掉所设置的安全围栏，将被测试设备及现场恢复到测试前的状态。

（4）工作结束后汇报试验情况及结果。

（5）编写试验报告。

4. 注意事项

（1）试验接线应整洁、明了，变压器外壳应接地良好。

（2）三相变压器绕组为Y联结无中性点引出时，应测量其线电阻，例如AB、BC、CA。如有中性点引出时，应测量其相电阻，例如AO、BO、CO。绕组为三角形联结时，应测定其线电阻。

（3）连接导线应有足够截面，且接触必须良好，绕组电阻测定时，应记录绕组温度或上层油温。

（4）为了与出厂及历次测量的数据比较，应将不同温度下测量的数值进行比较，将不同温度下测量的直流电阻换算到同一温度，以便进行比较。

（5）1.6MV·A以上变压器，各相绕组电阻相间的差别，不大于三相平均值的2%（警示值）。无中性点引出的绕组，线间差别不应大于三相平均值的1%（注意值）。1.6MV·A及以下变压器，相间差别一般不大于三相平均值的4%（警示值）。线间差别一般不大于三相平均值的2%（注意值）。同相初值差不超过±2%（警示值）。如果相（线）间差或初值差超过要求值，应查明原因。

二、考核

（一）考核场地

（1）试验场地应具有足够的安全距离，面积不小于$9m^2$。

（2）现场的试验线、接地线、短路线应满足试验要求，放电棒、验电器、绝缘垫、温湿度表、直流电阻测试仪数量上满足考生的需求。

（3）现场设置1套桌椅，可供考生出具试验报告。

（4）设置1套评判用的桌椅和计时秒表。

（二）考核时间

（1）考核时间为30min。

（2）试验仪器、工器具等准备时间不超过5min，该时间不计入考核时间。

（3）试验报告的出具时间不超过20min，该时间不计入操作时间。

（三）考核要点

（1）现场安全文明生产。

（2）仪器仪表、工器具状态检查。

（3）被试品的外观、运行工况检查。

（4）仪器仪表的使用方法及安全注意事项等是否符合规范要求。

（5）是否熟悉直流电阻测试仪的使用及变压器直流电阻的测试方法。

（6）整体操作过程是否符合要求，有无安全隐患。

（7）试验报告是否符合要求。

三、评分标准

行业：电力工程　　　　　　　　工种：电气试验工　　　　　　　　等级：四

编号	SY4ZY0202	行为领域	d	鉴定范围		电气试验中级工	
考核时限	30min	题型	B	满分	100分	得分	
试题名称	10kV变压器直流电阻测试						
考核要点及其要求	（1）现场安全文明生产。 （2）仪器仪表、工器具状态检查。 （3）被试品的外观、运行工况检查。 （4）仪器仪表的使用方法及安全注意事项等是否符合规范要求。 （5）是否熟悉直流电阻测试仪的使用及变压器直流电阻的测试方法。 （6）整体操作过程是否符合要求，有无安全隐患。 （7）试验报告是否符合要求						
现场设备、工器具、材料	（1）工器具：直流电阻测试仪1套、温湿度计1块、10kV验电器1个、放电棒1套、绝缘手套1双、绝缘垫1块、220V检修电源箱（带漏电保护器）1套、安全围栏2盘、活动扳手1把。 （2）材料：4mm^{2}多股裸铜线接地线（20m）1盘、抹布1块、空白试验报告1份。 （3）设备：10kV变压器1台						
备注	要求只进行当前分节的直流电阻测试，不需要调分节						

评分标准

序号	考核项目名称	质量要求	分值	扣分标准	扣分原因	得分
1	着装	正确穿戴安全帽、工作服、绝缘鞋	5	（1）未穿工装、戴安全帽、穿绝缘鞋，每项扣1分。 （2）着装不规范，每处扣1分。 （3）本项分值扣完为止		
2	准备工作	正确选择仪器仪表、工器具及材料	10	（1）每选错、漏选一项，每项扣2分。 （2）未进行外观检查，未检查检验合格日期，每项扣2分。 （3）本项分值扣完为止		
3	安全措施	（1）设置安全围栏	1	未设置安全围栏，扣1分		
		（2）检查检修电源电压、漏电保护器是否符合要求	2	（1）未测试检修电源电压，扣1分。 （2）未检查漏电保护器是否能够可靠动作，扣1分		
		（3）对被试品进行验电、放电、接地	7	（1）变压器未进行验电、放电，每项扣2分。 （2）验电、放电时未戴绝缘手套，每项扣1分。 （3）变压器外壳未接地，扣2分。 （4）本项分值扣完为止		

续表

序号	考核项目名称	质量要求	分值	扣分标准	扣分原因	得分
4	变压器绕组直流电阻测试	（1）办理工作开工	3	（1）未办理工作开工，扣2分。 （2）未了解被试品的运行工况及查找以往试验数据，扣1分		
		（2）检查被试品状况	2	未检查变压器外绝缘有无损伤、变压器有无漏油、油位是否适合试验等情况，扣2分		
		（3）摆放温湿度计	3	（1）未摆放温湿度计，扣3分。 （2）摆放位置不正确，扣1分		
		（4）检查要求状态	5	未检查直流电阻测试仪的状态，扣5分		
		（5）高压绕组直流电阻测试	20	（1）接线不正确，扣20分。 （2）测试高压绕组时，低压绕组短路接地者侧，扣10分。 （3）测试完毕后未进行仪器自动放电便变更接线者，扣10分。 （4）其他项目不规范，如仪器未接地、未进行呼唱等，每项扣5分。 （5）本项分值扣完为止		
		（6）低压绕组直流电阻测试	20	（1）接线不正确，扣20分。 （2）测试低压绕组时，高压绕组短路接地者侧，扣10分。 （3）测试完毕后未进行仪器自动放电便变更接线者，扣10分。 （4）其他项目不规范，如仪器未接地、未进行呼唱等，每项扣5分。 （5）本项分值扣完为止		
		（7）记录温湿度	2	未记录环境温度和相对湿度，扣2分		
		（8）试验操作应在30min内完成		（1）试验操作每超出10min扣10分。 （2）本项扣完55分为止		
5	办理完工	清理现场	5	（1）未将现场恢复到测试前的状态，扣3分。 （2）每遗留一件物品，扣1分。 （3）本项分值扣完为止		

续表

序号	考核项目名称	质量要求	分值	扣分标准	扣分原因	得分
6	出具试验报告	（1）环境参数齐备	3	未填写环境温度、相对湿度，扣3分		
		（2）设备参数齐备	2	铭牌数据不正确，扣2分		
		（3）试验报告正确完整	10	（1）试验数据不正确，扣2分。 （2）判断依据未填写或不正确，扣2分。 （3）报告结论分析不正确或未填写试验是否合格，扣2分。 （4）直流电阻值未计算分析，扣2分。 （5）报告没有填写考生姓名，扣2分。 （6）本项分值扣完为止		
		（4）试验报告应在20min内完成		（1）试验报告每超出5min扣2分。 （2）本项扣完15分为止		

2.2.6　SY4ZY0301　35kV 断路器回路电阻测试

一、作业

（一）工器具、材料、设备

（1）工器具：回路电阻测试仪 1 套、温湿度计 1 块、35kV 验电器 1 个、放电棒 1 套、绝缘手套 1 双、绝缘垫 1 块、220V 检修电源箱（带漏电保护器）1 套、安全围栏 2 盘、活动扳手 1 把。

（2）材料：$4mm^2$ 多股裸铜线接地线（20m）1 盘、抹布 1 块、空白试验报告 1 份。

（3）设备：35kV 断路器 1 台。

（二）安全要求

（1）考生进入现场要求正确穿工作服、绝缘鞋和戴安全帽。

（2）开始工作前使用万用表检查试验电源电压是否为 220V，手动检查漏电保护器是否正确动作。

（3）试验前必须对被试品进行验电、放电、接地，变更接线及试验结束后必须对被试品进行充分放电。

（4）试验前认真检查试验接线，不发生人身触电危险，不发生人为损坏仪器、设备的安全事件。

（5）考生试验时必须站在绝缘垫上，并与带电部分保持足够的安全距离。

（三）操作步骤及工艺要求（含注意事项）

1. 准备工作

（1）根据要求，准备所使用的仪器仪表、工器具及所需的试验线、接地线等材料。

（2）准备被试品历年的试验数据，了解设备运行工况。

（3）检查试验仪器、验电器、放电棒、绝缘垫等，确认均完好并处于检验周期内。

（4）办理开工手续。

（5）对被试品进行验电、放电，并将被试品外壳接地。

（6）清理被试品表面的脏污，检查断路器是否存在外绝缘损伤、端子接触不良等情况。

（7）记录断路器的铭牌、以往试验数据及不良工况等。

2. 实际操作步骤

（1）根据试验要求摆放好温湿度计、回路电阻测试仪、绝缘垫、检修电源箱等其他工器具，设置好安全围栏。

（2）使用万用表检查检修电源是否符合要求，手动操作检查漏电保护器是否能够可靠动作。

（3）检查仪器及其测试线状态是否良好。

（4）将仪器按要求接地，两套测试线分别接至断路器两端的接线端子上，电流线应接在电压线的外侧，并且电流线夹与电压线夹的金属部分不能接触，选用不小于 100A 的测试电流进行测试。

（5）测试完毕，记录测试数据，关闭仪器电源并拉开检修电源小闸刀，利用放电棒对被试品进行充分放电，拆除试验接线。

（6）记录测试数据及当前的环境温度、相对湿度。

3. 试验结束后的工作

（1）拆除所有接地线、试验线等。

（2）将试验仪器仪表、工器具等清理干净，规放整齐。

（3）撤掉所设置的安全围栏，将被测试设备及现场恢复到测试前的状态。

（4）工作结束后汇报试验情况及结果。

（5）编写试验报告。

4. 注意事项

（1）试验接线应整洁、明了，无两根测试线在一起缠绕现象。

（2）断路器底座应接地良好。

（3）回路电阻超出厂家要求值时，应查明原因，检查断路器接线板连接是否牢固。

二、考核

（一）考核场地

（1）试验场地应具有足够的安全距离，面积不小于 $9m^2$。

（2）现场的试验线、接地线、短路线应满足试验要求，放电棒、验电器、绝缘垫、温湿度表、回路电阻测试仪数量上满足考生的需求。

（3）现场设置 1 套桌椅，可供考生出具试验报告。

（4）设置 1 套评判用的桌椅和计时秒表。

（二）考核时间

（1）考核时间为 30min。

（2）试验仪器、工器具等准备时间不超过 5min，该时间不计入考核时间。

（3）试验报告的出具时间不超过 20min，该时间不计入操作时间。

（三）考核要点

（1）现场安全文明生产。

（2）仪器仪表、工器具状态检查。

（3）被试品的外观、运行工况检查。

（4）仪器仪表的使用方法及安全注意事项等是否符合规范要求。

（5）是否熟悉回路电阻测试仪的使用及回路电阻的试验方法。

（6）整体操作过程是否符合要求，有无安全隐患。

（7）试验报告是否符合要求。

三、评分标准

行业：电力工程　　　　工种：电气试验工　　　　等级：四

编号	SY4ZY0301	行为领域	d	鉴定范围		电气试验中级工	
考核时限	30min	题型	A	满分	100 分	得分	
试题名称	35kV 断路器回路电阻测试						

考核要点及其要求	(1) 现场安全文明生产。 (2) 仪器仪表、工器具状态检查。 (3) 被试品的外观、运行工况检查。 (4) 仪器仪表的使用方法及安全注意事项等是否符合规范要求。 (5) 是否熟悉回路电阻测试仪的使用及回路电阻的试验方法。 (6) 整体操作过程是否符合要求，有无安全隐患。 (7) 试验报告是否符合要求
现场设备、工器具、材料	(1) 工器具：回路电阻测试仪1套、温湿度计1块、35kV验电器1个、放电棒1套、绝缘手套1双、绝缘垫1块、220V检修电源箱（带漏电保护器）1套、安全围栏2盘、活动扳手1把。 (2) 材料：$4mm^2$ 多股裸铜线接地线（20m）1盘、抹布1块、空白试验报告1份。 (3) 设备：35kV断路器1台
备注	

评分标准

序号	考核项目名称	质量要求	分值	扣分标准	扣分原因	得分
1	着装	正确穿戴安全帽、工作服、绝缘鞋	5	(1) 未穿工装、戴安全帽、穿绝缘鞋，每项扣1分。 (2) 着装、穿戴不规范，每处扣1分。 (3) 本项分值扣完为止		
2	准备工作	正确选择仪器仪表、工器具及材料	10	(1) 每选错、漏选一项，扣2分。 (2) 未进行外观检查，未检查检验合格日期，每项扣2分。 (3) 本项分值扣完为止		
3	安全措施	(1) 设置安全围栏	1	未设置安全围栏，扣1分		
		(2) 检查检修电源电压、漏电保护器是否符合要求	2	(1) 未测试检修电源电压，扣1分。 (2) 未检查漏电保护器是否能够可靠动作，扣1分		
		(3) 对被试品进行验电、放电、接地	7	(1) 未对被试品进行验电、验电，每项扣1分。 (2) 验电、放电时未戴绝缘手套，每项扣2分。 (3) 断路器底座未接地，扣2分。 (4) 本项分值扣完为止		

续表

序号	考核项目名称	质量要求	分值	扣分标准	扣分原因	得分
4	断路器回路电阻测试	（1）办理工作开工	2	（1）未办理工作开工，扣2分。 （2）未了解被试品的运行工况及查找以往试验数据，扣1分		
		（2）检查被试品状况	2	未检查被试品外观有无裂纹、绝缘损坏状况扣2分		
		（3）清理被试品	2	未进行被试品表面清理，扣2分		
		（4）摆放温湿度计	2	（1）未摆放温湿度计，扣2分。 （2）摆放位置不正确，扣1分		
		（5）检查要求状态	5	未检查回路电阻测试仪的状态，扣5分		
		（6）回路电阻测试	40	（1）接线错误致使试验无法进行，扣40分。 （2）电流线未接在电压线外侧，扣10分。 （3）电流线夹与电压线夹接触，扣10分。 （4）其他项目不规范，如仪器未接地、未进行呼唱等，每项扣10分。 （5）本项分值扣完为止		
		（7）记录温湿度	2	未记录环境温度和相对湿度，扣2分		
		（8）试验操作应在30min内完成		（1）试验操作每超出10min扣10分。 （2）本项扣完55分为止		
5	办理完工	清理现场	5	（1）未将现场恢复到测试前的状态，扣3分。 （2）每遗留一件物品，扣1分。 （3）本项分值扣完为止		
6	出具试验报告	（1）环境参数齐备	3	未填写环境温度、相对湿度，扣3分		
		（2）设备参数齐备	2	铭牌数据不正确，扣2分		
		（3）试验报告正确完整	10	（1）试验数据不正确，扣3分。 （2）判断依据未填写或不正确，扣3分。 （3）报告结论分析不正确或未填写试验是否合格，扣3分。 （4）报告没有填写考生姓名，扣1分		
		（4）试验报告应在20min内完成		（1）试验报告每超出5min扣2分。 （2）本项扣完15分为止		

2.2.7 SY4ZY0401 110kV 电容型电流互感器介损、电容量测试

一、作业

（一）工器具、材料、设备

（1）工器具：介损电桥 1 套、温湿度计 1 块、110kV 验电器 1 个、放电棒 1 套、绝缘手套 1 双、绝缘垫 1 块、220V 检修电源箱（带漏电保护器）1 套、安全围栏 2 盘、活动扳手 1 把。

（2）材料：$4mm^2$ 多股裸铜线接地线（20m）1 盘、$4mm^2$ 多股裸铜线短接线（1m）4 根、抹布 1 块、空白试验报告 1 份。

（3）设备：110kV 电容型电流互感器 1 台。

（二）安全要求

（1）考生进入现场要求正确穿戴工作服、绝缘鞋和安全帽。

（2）开始工作前使用万用表检查、试验电源电压是否为 220V，手动检查漏电保护器是否正确动作。

（3）试验前必须对被试品进行验电、放电、接地，变更接线及试验结束后必须对被试品进行充分放电。

（4）试验前认真检查试验接线，不发生人身触电危险、不发生人为损坏仪器、设备的安全事件。

（5）考生试验时必须站在绝缘垫上，并与带电部分保持足够的安全距离。

（三）操作步骤及工艺要求（含注意事项）

1. 准备工作

（1）根据要求，准备所使用的仪器仪表、工器具及所需的试验线、接地线等材料。

（2）准备被试品历年的试验数据，了解设备运行工况。

（3）检查试验仪器、验电器、放电棒、绝缘垫等，确认均完好并处于检验周期内。

（4）办理开工手续。

（5）对被试品进行验电、放电，并将电流互感器储油柜外壳接地，末屏接地，二次绕组短接接地。

（6）清理被试品表面的脏污，检查互感器是否存在外绝缘损坏等情况。

（7）记录互感器的铭牌、以往试验数据及不良工况等。

2. 实际操作步骤

（1）根据试验要求摆放好温湿度计、介损电桥、绝缘垫、检修电源箱等其他工器具，设置好安全围栏。

（2）使用万用表检查检修电源是否符合要求，手动操作检查漏电保护器是否能够可靠动作。

（3）检查仪器及其测试线状态是否良好。

（4）将仪器按要求接地，采用正接线法测试一次绕组对末屏的介损、电容量：将一次端子短接接电桥高压试验线，拆除末屏接地，将电桥 Cx 线接电流互感器末屏，二次绕组全部短接接地。设置试验方法为正接线 10kV，采用变频测试，将“高压通”开关打开，按测试按钮进行测试。

（5）测试完毕，将“高压通”开关断开，记录所测介损因数和电容量后，关闭电桥电源，并拉开检修电源小闸刀，利用放电棒对被试品进行充分放电，拆除试验接线。

（6）记录测试数据及当前的环境温度、相对湿度。

3. 试验结束后的工作

（1）拆除所有接地线、试验线等。

（2）将试验仪器仪表、工器具等清理干净，规放整齐。

（3）撤掉所设置的安全围栏，将被测试设备及现场恢复到测试前的状态。

（4）工作结束后汇报试验情况及结果。

（5）编写试验报告。

4. 注意事项

（1）试验接线应整洁、明了，高压测试线应悬空，并避免与接地线、Cx 线接触。

（2）互感器储油柜外壳应接地良好。

（3）介损因数不大于 0.01，电容量初值差不超过±5%。

二、考核

（一）考核场地

（1）试验场地应具有足够的安全距离，面积不小于 $9m^2$。

（2）现场的试验线、接地线、短路线应满足试验要求，放电棒、验电器、绝缘垫、温湿度表、介损电桥数量上满足考生的需求。

（3）现场设置 1 套桌椅，可供考生出具试验报告。

（4）设置 1 套评判用的桌椅和计时秒表。

（二）考核时间

（1）考核时间为 30min。

（2）试验仪器、工器具等准备时间不超过 5min，该时间不计入考核时间。

（3）试验报告的出具时间不超过 20min，该时间不计入操作时间。

（三）考核要点

（1）现场安全文明生产。

（2）仪器仪表、工器具状态检查。

（3）被试品的外观、运行工况检查。

（4）仪器仪表的使用方法及安全注意事项等是否符合规范要求。

（5）是否熟悉介损电桥正接线测试方法及操作流程。

（6）整体操作过程是否符合要求，有无安全隐患。

（7）试验报告是否符合要求。

三、评分标准

行业：电力工程 **工种：电气试验工** **等级：四**

编号	SY4ZY0401	行为领域	e	鉴定范围		电气试验中级工	
考核时限	30min	题型	A	满分	100 分	得分	
试题名称	110kV 电容型电流互感器介损、电容量测试						

续表

考核要点及其要求	(1) 现场安全文明生产。 (2) 仪器仪表、工器具状态检查。 (3) 被试品的外观、运行工况检查。 (4) 仪器仪表的使用方法及安全注意事项等是否符合规范要求。 (5) 是否熟悉介损电桥正接线测试方法及操作流程。 (6) 整体操作过程是否符合要求，有无安全隐患。 (7) 试验报告是否符合要求
现场设备、工器具、材料	(1) 工器具：介损电桥1套、温湿度计1块、110kV验电器1个、放电棒1套、绝缘手套1双、绝缘垫1块、220V检修电源箱（带漏电保护器）1套、安全围栏2盘、活动扳手1把。 (2) 材料：$4mm^2$ 多股裸铜线接地线（20m）1盘、$4mm^2$ 多股裸铜线短接线（1m）4根、抹布1块、空白试验报告1份。 (3) 设备：110kV电容型电流互感器1台
备注	

评分标准

序号	考核项目名称	质量要求	分值	扣分标准	扣分原因	得分
1	着装	正确穿戴安全帽、工作服、绝缘鞋	5	(1) 未穿工装、戴安全帽、穿绝缘鞋，每项扣1分。 (2) 着装、穿戴不规范，每处扣1分。 (3) 本项分值扣完为止		
2	准备工作	正确选择仪器仪表、工器具及材料	10	(1) 每选错、漏选一项，扣2分。 (2) 未进行外观检查，未检查检验合格日期，每项扣2分。 (3) 本项分值扣完为止		
3	安全措施	(1) 设置安全围栏	1	未设置安全围栏，扣1分		
		(2) 检查检修电源电压、漏电保护器是否符合要求	2	(1) 未测试检修电源电压，扣1分。 (2) 未检查漏电保护器是否能够可靠动作，扣1分		
		(3) 对被试品进行验电、放电、接地	7	(1) 未对被试品进行验电、放电，每项扣1分。 (2) 验电、放电时未戴绝缘手套，每项扣1分。 (3) 互感器外壳、二次绕组未接地，每项扣2分。 (4) 本项分值扣完为止		

续表

序号	考核项目名称	质量要求	分值	扣分标准	扣分原因	得分
4	电流互感器介损、电容量测试	（1）办理工作开工	3	（1）未办理工作开工，扣2分。 （2）未了解被试品的运行工况及查找以往试验数据，扣1分		
		（2）检查被试品状况	2	未检查被试品外观有无外绝缘损坏等情况，扣2分		
		（3）摆放温湿度计	3	（1）未摆放温湿度计，扣3分。 （2）摆放位置不正确，扣1分		
		（4）检查要求状态	5	未检查介损电桥的状态，扣5分		
		（5）介损、电容量测试	40	（1）接线错误致使试验无法进行，扣40分。 （2）未采用正接线方法测试，扣10分。 （3）试验完毕未关闭“高压通”开关便进行接线变更的，扣10分。 （4）其他项目不规范，如仪器未接地、未进行呼唱、试验线摆放混乱、操作不规范等，每项扣5分。 （5）本项分值扣完为止		
		（6）记录温湿度	2	未记录环境温度和相对湿度，扣2分		
		（7）试验操作应在30min内完成		（1）试验操作每超出10min扣10分。 （2）本项扣完55分为止		
5	办理完工	清理现场	5	（1）未将现场恢复到测试前的状态，扣3分。 （2）每遗留一件物品，扣1分。 （3）本项分值扣完为止		
6	出具试验报告	（1）环境参数齐备	3	未填写环境温度、相对湿度，扣3分。		
		（2）设备参数齐备	2	铭牌数据不正确，扣2分		
		（3）试验报告正确完整	10	（1）试验数据不正确，扣3分。 （2）判断依据未填写或不正确，扣3分。 （3）报告结论分析不正确或未填写试验是否合格，扣3分。 （4）报告没有填写考生姓名，扣1分。 （5）本项分值扣完为止		
		（4）试验报告应在20min内完成		（1）试验报告每超出5min扣2分。 （2）本项扣完15分为止		

2.2.8 SY4ZY0402 35kV 电磁式电压互感器常规反接线介损、电容量测试

一、作业

（一）工器具、材料、设备

（1）工器具：介损电桥 1 套、温湿度计 1 块、35kV 验电器 1 个、放电棒 1 套、绝缘手套 1 双、绝缘垫 1 块、220V 检修电源箱（带漏电保护器）1 套、安全围栏 2 盘、活动扳手 1 把。

（2）材料：$4mm^2$ 多股裸铜线接地线（20m）1 盘、$4mm^2$ 多股裸铜线短接线（1m）4 根、抹布 1 块、空白试验报告 1 份。

（3）设备：35kV 电磁式电压互感器 1 台。

（二）安全要求

（1）考生进入现场要求正确穿戴工作服、绝缘鞋和安全帽。

（2）开始工作前使用万用表检查试验电源电压是否为 220V，手动检查漏电保护器是否正确动作。

（3）试验前必须对被试品进行验电、放电、接地，变更接线及试验结束后必须对被试品进行充分放电。

（4）试验前认真检查试验接线，不发生人身触电危险，不发生人为损坏仪器、设备的安全事件。

（5）考生试验时必须站在绝缘垫上，并与带电部分保持足够的安全距离。

（三）操作步骤及工艺要求（含注意事项）

1. 准备工作

（1）根据要求，准备所使用的仪器仪表、工器具及所需的试验线、接地线等材料。

（2）准备被试品历年的试验数据，了解设备运行工况。

（3）检查试验仪器、验电器、放电棒、绝缘垫等，确认均完好并处于检验周期内。

（4）办理开工手续。

（5）对被试品进行验电、放电，并将电压互感器储油柜外壳接地，二次绕组短接接地。

（6）清理被试品表面的脏污，检查互感器是否存在外绝缘损坏等情况。

（7）记录互感器的铭牌、以往试验数据及不良工况等。

2. 实际操作步骤

（1）根据试验要求摆放好温湿度计、介损电桥、绝缘垫、检修电源箱等其他工器具，设置好安全围栏。

（2）使用万用表检查检修电源是否符合要求，手动操作检查漏电保护器是否能够可靠动作。

（3）检查仪器及其测试线状态是否良好。

（4）将仪器按要求接地，采用常规反接线接线法测试电压互感器介损、电容量：将互感器一次绕组高压端 A 与一次绕组尾端 X 短接接电桥高压试验线，二次绕组全部短接接地。设置试验方法为反接线 2kV，采用变频测试，将“高压通”开关打开，按测试按钮进行测试。

（5）测试完毕，将“高压通”开关断开，记录所测介损因数和电容量后，关闭电

桥电源，并拉开检修电源小闸刀，利用放电棒对被试品进行充分放电，拆除试验接线。

（6）记录测试数据及当前的环境温度、相对湿度。

3. 试验结束后的工作

（1）拆除所有接地线、试验线等。

（2）将试验仪器仪表、工器具等清理干净，规放整齐。

（3）撤掉所设置的安全围栏，将被测试设备及现场恢复到测试前的状态。

（4）工作结束后汇报试验情况及结果。

（5）编写试验报告。

4. 注意事项

（1）试验接线应整洁、明了，高压测试线应悬空，并避免与接地线接触。

（2）互感器储油柜外壳应接地良好，二次绕组全部短接接地。

（3）介损因数及电容量初值差不宜过大。

二、考核

（一）考核场地

（1）试验场地应具有足够的安全距离，面积不小于 $9m^2$。

（2）现场的试验线、接地线、短路线应满足试验要求，放电棒、验电器、绝缘垫、温湿度表、介损电桥数量上满足考生的需求。

（3）现场设置 1 套桌椅，可供考生出具试验报告。

（4）设置 1 套评判用的桌椅和计时秒表。

（二）考核时间

（1）考核时间为 30min。

（2）试验仪器、工器具等准备时间不超过 5min，该时间不计入考核时间。

（3）试验报告出具时间不超过 20min，该时间不计入操作时间。

（三）考核要点

（1）现场安全文明生产。

（2）仪器仪表、工器具状态检查。

（3）被试品的外观、运行工况检查。

（4）仪器仪表的使用方法及安全注意事项等是否符合规范要求。

（5）是否熟悉介损电桥反接线测试方法及操作流程。

（6）整体操作过程是否符合要求，有无安全隐患，试验电压不超过 2kV。

（7）试验报告是否符合要求。

三、评分标准

行业：电力工程　　　　　　　　工种：电气试验工　　　　　　　　等级：四

编号	SY4ZY0402	行为领域	e	鉴定范围		电气试验中级工	
考核时限	30min	题型	A	满分	100 分	得分	
试题名称	35kV 电磁式电压互感器常规反接线介损、电容量测试						

考核要点及其要求	(1) 现场安全文明生产。 (2) 仪器仪表、工器具状态检查。 (3) 被试品的外观、运行工况检查。 (4) 仪器仪表的使用方法及安全注意事项等是否符合规范要求。 (5) 是否熟悉介损电桥反接线测试方法及操作流程。 (6) 整体操作过程是否符合要求，有无安全隐患，试验电压不超过 2kV。 (7) 试验报告是否符合要求
现场设备、工器具、材料	(1) 工器具：介损电桥 1 套、温湿度计 1 块、35kV 验电器 1 个、放电棒 1 套、绝缘手套 1 双、绝缘垫 1 块、220V 检修电源箱（带漏电保护器）1 套、安全围栏 2 盘、活动扳手 1 把。 (2) 材料：$4mm^2$ 多股裸铜线接地线（20m）1 盘、$4mm^2$ 多股裸铜线短接线（1m）4 根、抹布 1 块、空白试验报告 1 份。 (3) 设备：35kV 电磁式电压互感器 1 台
备注	

评分标准

序号	考核项目名称	质量要求	分值	扣分标准	扣分原因	得分
1	着装	正确穿戴安全帽、工作服、绝缘鞋	5	(1) 未穿工装、戴安全帽、穿绝缘鞋，每项扣 1 分。 (2) 着装、穿戴不规范，每处扣 1 分。 (3) 本项分值扣完为止		
2	准备工作	正确选择仪器仪表、工器具及材料	10	(1) 每选错、漏选一项，扣 2 分。 (2) 未进行外观检查，未检查检验合格日期，每项扣 2 分。 (3) 本项分值扣完为止		
3	安全措施	(1) 设置安全围栏	1	未设置安全围栏，扣 1 分		
		(2) 检查检修电源电压、漏电保护器是否符合要求	2	(1) 未测试检修电源电压，扣 1 分。 (2) 未检查漏电保护器是否能够可靠动作，扣 1 分		
		(3) 对被试品进行验电、放电、接地	7	(1) 未对被试品进行验电、放电，每项扣 1 分。 (2) 验电、放电时未戴绝缘手套，每项扣 1 分。 (3) 互感器外壳及二次绕组未接地，每项扣 2 分。 (4) 本项分值扣完为止		

续表

序号	考核项目名称	质量要求	分值	扣分标准	扣分原因	得分
4	介损、电容量测试	(1) 办理工作开工	3	(1) 未办理工作开工，扣2分。 (2) 未了解被试品的运行工况及查找以往试验数据，扣1分		
		(2) 检查被试品状况	2	未检查被试品外观有无外绝缘损坏等情况，扣2分		
		(3) 摆放温湿度计	3	(1) 未摆放温湿度计，扣3分。 (2) 摆放位置不正确，扣1分		
		(4) 检查要求状态	5	未检查介损电桥的状态，扣5分		
		(5) 介损、电容量测试	40	(1) 接线错误致使试验无法进行，扣40分。 (2) 未采用反接线方法测试扣10分。 (3) 试验电压设置超过2kV，扣10分。 (4) 试验完毕未关闭“高压通”开关便进行接线变更的，扣10分。 (5) 其他项目不规范，如仪器未接地、未进行呼唱、试验线摆放混乱、操作不规范等，每项扣5分。 (6) 本项分值扣完为止		
		(6) 记录温湿度	2	未记录环境温度和相对湿度，扣2分		
		(7) 试验操作应在30min内完成		(1) 试验操作每超出10min扣10分。 (2) 本项扣完55分为止		
5	办理完工	清理现场	5	(1) 未将现场恢复到测试前的状态，扣3分。 (2) 每遗留一件物品，扣1分。 (3) 本项分值扣完为止		
6	出具试验报告	(1) 环境参数齐备	3	未填写环境温度、相对湿度，扣3分		
		(2) 设备参数齐备	2	铭牌数据不正确，扣2分		
		(3) 试验报告正确完整	10	(1) 试验数据不正确，扣3分。 (2) 判断依据未填写或不正确，扣3分。 (3) 报告结论分析不正确或未填写试验是否合格，扣3分。 (4) 报告没有填写考生姓名，扣1分。 (5) 本项分值扣完为止		
		(4) 试验报告应在20min内完成		(1) 试验报告每超出5min扣2分。 (2) 本项扣完15分为止		

2.2.9 SY4ZY0403 耦合电容器介损、电容量测试

一、作业

（一）工器具、材料、设备

（1）工器具：温湿度计1块、万用表1块、220V电源线盘1个、接地线1盘、安全围栏1个、“在此工作!”标示牌1块、绝缘垫1块、220kV验电器1个、放电棒1根、介损测试仪1台、电工常用工具。

（2）材料：抹布1块。

（3）设备：耦合电容器1台。

（二）安全要求

（1）现场设置安全围栏和标示牌。

（2）试验时使用安全防护用品。

（3）试验前后对被试品充分放电，确保人身与设备安全。

（4）试验时，要求测试人员及其他人员不得触摸测试接地引下线，测试仪器应可靠接地。

（5）被试设备放电接地后方可更改试验接线。

（6）试验结束后断开试验电源。

（三）操作步骤及工艺要求（含注意事项）

1. 准备工作

（1）准备工作票及作业指导卡。

（2）试验前应对工具进行检查，确认完好无损并处于试验周期以内。

（3）试验前应对仪器线材进行检查，确认仪器线材完好并处于试验周期以内。

（4）进入作业现场应将使用的绝缘工具放置在绝缘垫上。

2. 实际操作步骤

（1）核对现场安全措施。

（2）做好验电、放电和接地等工作。

（3）试验现场应装设安全遮栏，防止无关人员进入试验区。

（4）接电源，确认其为220V及380V。

（5）合理布置介损测试仪、接地线和放电棒位置。将介损测试仪接地端接地，用专用线正确连接。拆开耦合电容器低压端接地线，仪器测试线接到耦合电容器低压端，高压线接到耦合电容器高压电极，处理好角度，尽量呈90°，二次绕组短接接地，耦合电容器外壳接地。

（6）启动仪器，选择正接线，试验电压10kV，打开高压，测量耦合电容器电容量和介损。

（7）测量完毕，先断开高压，记录数据后关闭仪器开关，再关闭电源开关，对被试品放电。

（8）整理试验数据。

（9）完工整理现场。

（10）编写试验报告。

3. 要求

根据 Q/GDW 1168—2013《输变电设备状态检修试验规程》的规定：

（1）油纸绝缘介损一般不大于 0.005。

（2）膜纸复合绝缘介损一般不大于 0.002。

二、考核

（一）考核场地

（1）考核场地应比较开阔，具有足够的安全距离，具备试验所需 220V 电源、380V 电源、接地桩。

（2）本项目可在室内外进行，应具有照明、通风、电源、接地设施。

（3）设置评判及写报告用的桌椅和计时秒表。

（二）考核时间

（1）考核时间为 30min。

（2）选用工器具、材料、设备，准备时间为 5min，该时间不计入考核计时。

（3）许可开工后记录考核开始时间，现场清理完毕，上交试验报告，记录结束时间。

（三）考核要点

（1）现场安全及文明生产。

（2）检查安全工器具。

（3）检查仪器设备状态。

（4）检查被试设备外观，了解被试品状况。

（5）熟悉耦合电容器介损试验项目及相关标准要求。

（6）熟悉介损测试仪的使用方法。

（7）试验报告真实完备。

三、评分标准

行业：电力工程　　　　工种：电气试验工　　　　等级：四

高级工号	SY4ZY0403	行为领域	e	鉴定范围		电气试验中级工	
考核时限	30min	题型	A	满分	100 分	得分	
试题名称	耦合电容器介损、电容量测量						
考核要点及其要求	（1）现场安全及文明生产。 （2）检查安全工器具。 （3）检查仪器设备状态。 （4）检查被试设备外观，了解被试品状况。 （5）熟悉耦合电容器介损试验项目及相关标准要求。 （6）熟悉介损测试仪的使用方法。 （7）试验报告真实完备						
现场设备、工器具、材料	（1）工器具：秒表 1 块、温湿度计 1 块、万用表 1 块、220V 电源线盘 1 个、接地线 1 盘、安全围栏 1 个、“在此工作！”标示牌 1 块、绝缘垫 1 块、220kV 验电器 1 个、介损测试仪 1 台、放电棒 1 根。 （2）材料：抹布 1 块。 （3）设备：耦合电容器 1 台						
备注	考生自备工作服、绝缘鞋、安全帽、线手套						

续表

评分标准						
序号	考核项目名称	质量要求	分值	扣分标准	扣分原因	得分
1	着装	正确穿戴安全帽、工作服、绝缘鞋	5	未穿工装，扣5分；着装不规范，每处扣1分		
2	工器具、材料准备	(1) 正确选择工器具、材料	1	错选、漏选、物件未检查扣1分		
		(2) 核实安全措施	1	未核实安全措施扣1分		
		(3) 试验设备合理进场，并检查设备校验情况	4	未检查安全工具（验电器、绝缘手套、绝缘垫、放电棒）合格标签的，每处扣1分；未检查设备检验合格日期的，每处扣1分。扣完为止		
		(4) 正确接地	4	未检查接地桩扣1分，未用锉刀处理扣1分，使用缠绕接地扣3分		
		(5) 对被试品验电、充分放电	4	未使用验电器对被试品验电扣2分，未对被试品充分放电扣3分，扣完为止		
		(6) 正确接入试验电源	3	未正确设置万用表档位（应为交流，大于220V）扣1分；未在接入电源前分别检查空气断路器分闸时上端、下端电压扣1分；未检查电源线插头处电压扣1分		
		(7) 正确设置遮栏	1	设备全部进场后，未设全封闭围栏扣1分		
		(8) 对被试品外观进行检查、清扫被试品表面	1	未检查外观扣1分；未清扫被试品表面扣1分		
		(9) 放置干湿温度计	1	未在距被试品最近遮栏处放置干湿温度计扣1分		
3	介损和电容量测量	(1) 合理布置介损测试仪、接地线和放电棒位置	2	未合理布置，安全距离不符合要求扣2分		
		(2) 将介损测试仪接地端接地，二次绕组短接接地，用专用线正确连接	5	介损测试仪未接地扣2分；二次绕组未短接接地，扣3分		
		(3) 拆开末屏接地线，高压线接到末屏端，处理好角度，尽量呈90°	3	未处理好角度扣3分，接线错误扣3分		

续表

序号	考核项目名称	质量要求	分值	扣分标准	扣分原因	得分
3	介损和电容量测量	（4）检查试验接线，正确无误	2	未检查试验接线扣2分		
		（5）升压前呼唱	2	升压前未呼唱扣2分		
		（6）升压过程中右手始终放在“内高压允许”上，测量结束后，先断开“内高压允许”，再断开仪器开关，最后断开电源开关，加压过程中考生应站在绝缘垫上	25	升压过程中右手未始终放在“内高压允许”上扣10分，断电顺序错误扣10分，考生未站在绝缘垫上扣5分		
		（7）用带限流电阻的放电棒对耦合电容器充分放电	3	先通过电阻放电，再直接放电，次序错误扣3分		
		（8）拆除测量线	3	未拆除测量线扣3分		
		（9）取下接地棒	2	未取下接地棒扣2分		
		（10）拆除地线	3	未拆除地线扣3分		
4	工器具、设备使用	工器具、设备使用正确，不发生掉落现象	5	工器具、设备使用不正确，每处扣1分。工器具、设备发生掉落现象，每次扣1分		
5	安全文明生产	（1）工作票、作业指导卡填写正确，无错误、漏填或涂改现象	2	填写不规范、涂改每处扣2分，扣完为止		
		（2）清理测试线	1	未清理扣1分		
		（3）恢复现场状况	1	未将现场恢复至初始状况扣1分		
		（4）试验设备出场	1	有设备遗留扣1分		
6	试验记录及报告	（1）环境参数齐备	3	环境参数（温度、湿度、天气）欠缺扣1分		
		（2）设备参数齐备	3	设备参数（型号、厂家、出厂序号）欠缺扣1分		
		（3）试验数据齐备	3	试验数据欠缺每缺一项扣1分		
		（4）试验方法正确	3	未使用正确的试验方法扣3分		
		（5）试验结论正确	3	试验结论不正确扣3分		

2.2.10 SY4ZY0501 35kV 氧化锌避雷器直流试验

一、作业

（一）工器具、材料、设备

（1）工器具：120kV 直流高压发生器 1 套、温湿度计 1 块、35kV 验电器 1 个、放电棒 1 套、绝缘手套 1 双、绝缘垫 1 块、220V 检修电源箱（带漏电保护器）1 套、安全围栏 2 盘、活动扳手 1 把。

（2）材料：4mm^2 多股裸铜线接地线（20m）1 盘、4mm^2 多股裸铜线短路线（1m）1 根、抹布 1 块、空白试验报告 1 份。

（3）设备：35kV 氧化锌避雷器 1 支。

（二）安全要求

（1）考生进入现场要求正确穿戴工作服、绝缘鞋和安全帽。

（2）开始工作前使用万用表检查试验电源电压是否为 220V，手动检查漏电保护器是否正确动作。

（3）试验前必须对被试品进行验电、放电、接地，变更接线及试验结束后必须对被试品进行充分放电。

（4）试验前认真检查试验接线，不发生人身触电危险、不发生人为损坏仪器、设备的安全事件。

（5）考生试验时必须站在绝缘垫上，并与带电部分保持足够的安全距离。

（三）操作步骤及工艺要求（含注意事项）

1. 准备工作

（1）根据要求，准备所使用的仪器仪表、工器具及所需的试验线、接地线等材料。

（2）准备被试品历年的试验数据，了解设备运行工况。

（3）检查试验仪器、高压微安表、验电器、放电棒、绝缘垫等，确认均完好并处于检验周期内。

（4）办理开工手续。

（5）对避雷器进行验电、放电，并将避雷器底座接地。

（6）清理被试品表面的脏污，检查避雷器是否存在外绝缘损坏等情况。

（7）记录避雷器的铭牌、以往试验数据及不良工况等。

2. 实际操作步骤

（1）根据试验要求摆放好温湿度计、直流高压发生器、绝缘垫、检修电源箱等其他工器具，设置好安全围栏。

（2）使用万用表检查检修电源是否为 220V，手动操作检查漏电保护器是否能够可靠动作。

（3）检查仪器及其测试线状态是否良好。

（4）将仪器按要求接地，操作台距离倍压桶有足够的安全距离，将高压微安表通过保护电阻安装在直流高压发生器上，设置过压整定值为 80kV。

（5）在未进行试验接线时进行过压试验，在确保升压旋钮在零位后，打开仪器电源，按下高压通按钮后，开始升压至 80kV，保证仪器能够自动断开高压。

（6）通过放电棒对直流高压发生器进行充分放电，然后将避雷器下法兰接地，将高压测试线接至避雷器高压侧，在确保升压旋钮在零位后，打开仪器电源，按下高压通按钮后，开匀升压至微安表为1000μA，记录此时的电压值 U_{1mA}。

（7）如果有初始值，则需要降压至零位，按照初始 U_{1mA} 的75%电压进行升压，测量泄漏电流值。如果没有初始值，则只需按下“75%电压”按钮，记录此时的泄漏电流值即可。

（8）试验完毕，降压值零位，按下高压断按钮，等直流高压发生器自动放电完毕后关闭仪器电源，并拉开检修电源小闸刀，利用放电棒通过放电电阻对被试品进行多次充分放电，然后将接地线直接接至高压试验线上继续放电，最后拆除所有试验接线。

（9）记录测试数据及当前的环境温度、相对湿度。

3. 试验结束后的工作

（1）拆除所有接地线、短接线等。

（2）将试验仪器仪表、工器具等清理干净，规放整齐。

（3）撤掉所设置的安全围栏，将被测试设备及现场恢复到测试前的状态。

（4）工作结束后汇报试验情况及结果。

（5）编写试验报告。

4. 注意事项

（1）试验接线应整洁、明了，高压线应短平直。

（2）避雷器底座及下法兰应接地良好。

（3）U_{1mA} 初值差不超过±5%且不低于73kV。75% U_{1mA} 泄漏电流≤50μA，且初值差≤30%。

二、考核

（一）考核场地

（1）试验场地应具有足够的安全距离，面积不小于 $9m^2$。

（2）现场的试验线、接地线、短路线应满足试验要求，放电棒、验电器、绝缘垫、温湿度表、直流电阻测试仪数量上满足考生的需求。

（3）现场设置1套桌椅，可供考生出具试验报告。

（4）设置1套评判用的桌椅和计时秒表。

（二）考核时间

（1）考核时间为30min。

（2）试验仪器、工器具等准备时间不超过5min，该时间不计入考核时间。

（3）试验报告的出具时间不超过20min，该时间不计入操作时间。

（三）考核要点

（1）现场安全文明生产。

（2）仪器仪表、工器具状态检查。

（3）被试品的外观、运行工况检查。

（4）仪器仪表的使用方法及安全注意事项等是否符合规范要求。

（5）是否熟悉直流高压发生器的使用及泄漏电流的测试方法。

（6）整体操作过程是否符合要求，有无安全隐患。

（7）试验报告是否符合要求。

三、评分标准

行业：电力工程 **工种：电气试验工** **等级：四**

编号	SY4ZY0501	行为领域	e	鉴定范围		电气试验中级工	
考核时限	30min	题型	B	满分	100分	得分	
试题名称	35kV氧化锌避雷器直流试验						
考核要点及其要求	（1）现场安全文明生产。 （2）仪器仪表、工器具状态检查。 （3）被试品的外观、运行工况检查。 （4）仪器仪表的使用方法及安全注意事项等是否符合规范要求。 （5）是否熟悉直流高压发生器的使用及泄漏电流的测试方法。 （6）整体操作过程是否符合要求，有无安全隐患。 （7）试验报告是否符合要求						
现场设备、工器具、材料	（1）工器具：120kV直流高压发生器1套、温湿度计1块、35kV验电器1个、放电棒1套、绝缘手套1双、绝缘垫1块、220V检修电源箱（带漏电保护器）1套、安全围栏2盘、活动扳手1把。 （2）材料：$4mm^2$多股裸铜线接地线（20m）1盘、$4mm^2$多股裸铜线短路线（1m）1根、抹布1块、空白试验报告1份。 （3）设备：35kV氧化锌避雷器1支						
备注							

评分标准

序号	考核项目名称	质量要求	分值	扣分标准	扣分原因	得分
1	着装	正确穿戴安全帽、工作服、绝缘鞋	5	（1）未穿工装、戴安全帽、穿绝缘鞋，每项扣1分。 （2）着装、穿戴不规范，每处扣1分。 （3）本项分值扣完为止		
2	准备工作	正确选择仪器仪表、工器具及材料	10	（1）每选错、漏选一项，扣2分。 （2）未进行外观检查，未检查检验合格日期，每项扣2分。 （3）本项分值扣完为止		
3	安全措施	（1）设置安全围栏	1	未设置安全围栏，扣1分		
		（2）检查检修电源电压、漏电保护器是否符合要求	2	（1）未测试检修电源电压，扣1分。 （2）未检查漏电保护器是否能够可靠动作，扣1分		
		（3）对被试品进行验电、放电、接地	7	（1）未对被试品进行验电、放电，每项扣1分。 （2）验电、放电时未戴绝缘手套，每项扣1分。 （3）避雷器底座未接地扣2分。 （4）本项分值扣完为止		

续表

序号	考核项目名称	质量要求	分值	扣分标准	扣分原因	得分
4	避雷器直流试验	（1）办理工作开工	3	（1）未办理工作开工，扣2分。 （2）未了解被试品的运行工况及查找以往试验数据，扣1分		
		（2）检查被试品状况	2	未检查被试品外观有无外绝缘损坏等情况，扣2分		
		（3）摆放温湿度计	3	（1）未摆放温湿度计，扣3分。 （2）摆放位置不正确，扣1分		
		（4）检查要求状态	5	未检查直流高压发生器的状态，扣5分		
		（5）直流 U_{1mA} 及泄漏电流试验	40	（1）接线错误致使试验无法进行，扣40分。 （2）未设定过压保护，扣10分。 （3）未进行空升验证过压保护正确动作，扣10分。 （4）避雷器下法兰未接地，扣10分。 （5）其他项目不规范，如仪器未接地、未进行呼唱、高压微安表使用不正确等，每项扣5分。 （6）本项分值扣完为止		
		（6）记录温湿度	2	未记录环境温度和相对湿度，扣2分		
		（7）试验操作应在30min内完成		（1）试验操作每超出10min扣10分。 （2）本项扣完55分为止		
5	办理完工	清理现场	5	（1）未将现场恢复到测试前的状态，扣3分。 （2）每遗留一件物品，扣1分。 （3）本项分值扣完为止		
6	出具试验报告	（1）环境参数齐备	3	未填写环境温度、相对湿度，扣3分		
		（2）设备参数齐备	2	铭牌数据不正确，扣2分		
		（3）试验报告正确完整	10	（1）试验数据不正确，扣3分。 （2）判断依据未填写或不正确，扣3分。 （3）报告结论分析不正确或未填写试验是否合格，扣3分。 （4）报告没有填写考生姓名，扣1分。 （5）本项分值扣完为止		
		（4）试验报告应在20min内完成		（1）试验报告每超出5min扣2分。 （2）本项扣完15分为止		

第三部分　高　级　工

1 理论试题

1.1 单选题

La3A1001 将一根金属导线拉长，则它的电阻率将（　　）。

（A）变大；（B）不变；（C）变小；（D）不确定。

答案：B

La3A1002 已知 $R=4\Omega$，$X_L=20\Omega$，$X_C=23\Omega$，将它们串联时，总阻抗 Z 等于（　　）Ω。

（A）47；（B）7；（C）5；（D）4。

答案：C

La3A2003 正弦电路电感电流计算正确的是（　　）。

（A）$i=u/X_L$；（B）$I=U/\omega L$；（C）$I=U\omega L$；（D）$I=UX_L$。

答案：B

La3A2004 某工频正弦电流，当 $t=0$，$i(0)=5A$ 为最大值，则该电流解析式是（　　）。

（A）$i=5\sqrt{2}\sin(100\pi t-90°)$；（B）$i=5\sqrt{2}\sin(100\pi t+90°)$；（C）$i=5\sin(100\pi t+90°)$；（D）$i=5\sin(100\pi t)$。

答案：C

La3A2005 变压器的文字符号是（　　）。

（A）TV；（B）G；（C）T；（D）F。

答案：C

La3A2006 由电容 C 与电阻 R 组成的串联回路，其回路的放电特性为（　　）。

（A）按照正弦函数规律衰减；（B）按照正弦函数规律增加；（C）按照指数规律衰减；（D）按照指数规律增加。

答案：C

La3A2007 大容量被试品工频耐压时，被试品击穿后试验电流的电流表指示下降，说明（　　）。

（A）被试品容抗＝试验变压器漏抗；（B）被试品容抗＞2倍的试验变压器漏抗；（C）被试品容抗＝2倍的试验变压器漏抗；（D）被试品容抗＜2倍的试验变压器漏抗。

答案：D

La3A3008 对电介质施加直流电压时，由电介质的弹性极化所决定的电流称为（　　）。

（A）电导电流；（B）电容电流；（C）泄漏电流；（D）阻性电流。

答案：B

La3A3009 一般造成绝缘油绝缘强度降低的主要因素是（　　）。

（A）绝缘油中氢气高；（B）绝缘油中含有杂质和水分；（C）绝缘油中溶解气体多；（D）绝缘油中pH值高。

答案：B

La3A3010 高压断路器铭牌中的额定开断短路电流是指（　　）。

（A）最大短路电流有效值；（B）最大短路电流峰值；（C）额定运行电流；（D）最大负荷电流。

答案：A

La3A3011 大容量变压器测量（　　），容易发现局部绝缘缺陷。

（A）绝缘电阻；（B）$\tan\delta$值；（C）吸收比；（D）直流泄漏电流。

答案：D

La3A3012 电力变压器中绝缘油的作用是（　　）。

（A）绝缘、灭弧；（B）绝缘、屏蔽；（C）绝缘、散热；（D）散热、除锈。

答案：C

La3A3013 温度升高时，变压器的直流电阻变化趋势为（　　）。

（A）保持不变；（B）变小；（C）变大；（D）按指数规律变化。

答案：C

La3A3014 绝缘良好的电气设备，其$\tan\delta$值随电压的升高，其变化趋势为（　　）。

（A）明显的升高；（B）明显的降低；（C）没有明显的增加；（D）呈指数规律递增。

答案：C

La3A4015 变压器铭牌上的额定容量指的是（　　）。

（A）有功功率；（B）无功功率；（C）最大功率；（D）视在功率。

答案：D

La3A4016 一段导线，其电阻为 R，将其从中对折合并成一段新的导线，则其电阻为（　　）。

（A）R；（B）$2R$；（C）$R/2$；（D）$R/4$。

答案：D

La3A4017 一只电灯与电容 C 并联后经开关 S 接通电源。当开关 S 断开时，电灯表现为（　　）。

（A）保持亮度不变；（B）缓慢的熄灭；（C）先变得更亮，然后缓慢熄灭；（D）瞬间熄灭。

答案：B

La3A4018 GIS 设备中 SF_6 的作用是（　　）。

（A）绝缘；（B）绝缘、散热；（C）绝缘、灭弧和散热；（D）密封、防水。

答案：C

La3A5019 工频高压试验变压器的特点为额定输出（　　）。

（A）电压高、电流大；（B）电压高、电流小；（C）电流大、电压低；（D）电流小、电压低。

答案：B

La3A5020 电容器在充放电过程中，其电压、电流变化规律描述正确的是（　　）。

（A）极两端电压不会发生突变；（B）电流保持不变；（C）储存电能发生突变；（D）极两端电压、电流发生突变。

答案：A

Lb3A1021 电压互感器耐压局部放电试验时，测量阻抗与被试品串联还是与耦合电容器串联，主要是考虑（　　）。

（A）测试时局部放电信号大小是否满足要求；（B）末屏接地是否容易打开；（C）流过阻抗的电流是否满足阻抗要求；（D）外界干扰源的大小和性质。

答案：C

Lb3A1022 GIS 设备不能进行直流耐压试验的原因是（　　）。

（A）GIS 设备内有电磁式电压互感器，直流无法升压；（B）直流的单极性容易使灰尘聚集在盆式绝缘子上，投运后容易引起放电；（C）由于直流高压对 SF_6 气体成分造成破坏，使其分解产生腐蚀性物质，破坏内部绝缘；（D）直流高压不能模拟运行状态，所以要使用交流耐压。

答案：B

Lb3A2023 介损、电容量试验，很难发现的缺陷是（　　）。

（A）绝缘局部受潮；（B）绝缘整体受潮；（C）绝缘劣化变质；（D）小体积被试设备的局部缺陷。

答案：A

Lb3A2024 剩磁对变压器试验项目没有影响，如（　　）。

（A）测量电压比；（B）测量直流电阻；（C）短路测量；（D）空载测量。

答案：C

Lb3A2025 在测量电缆时，直流微安表出现周期性摆动，可能是被试电缆的绝缘中有局部的（　　）缺陷。

（A）受潮；（B）有杂质；（C）有空隙；（D）断线。

答案：C

Lb3A2026 测量大型变压器时，（　　）数值是介于各等效并联分支中的最大值和最小值之间。

（A）吸收比；（B）极化指数；（C）$\tan\delta$ 值；（D）直流电阻。

答案：C

Lb3A2027 变压器油色谱测试结果显示总烃高，其中乙炔为主要成分，则判断变压器故障可能是（　　）。

（A）电弧放电；（B）连接接头过热；（C）受潮；（D）绕组变形。

答案：A

Lb3A2028 *RL* 串联连接电路中，若 $R_1>R_2$，$L_1=L_2$，则此不同电路的时间常数关系是（　　）。

（A）$\tau_1=\tau_2$；（B）$\tau_1<\tau_2$；（C）$\tau_1>\tau_2$；（D）不确定。

答案：B

Lb3A3029 测量220kV及以上高压电容型套管的介质损耗因数和电容量时，（　　）情况下测试结果相差较大。

（A）套管的放置位置不同；（B）测试人员不同；（C）电源位置不同；（D）仪器的摆放位置不同。

答案：A

Lb3A3030 现场对电气设备进行工频耐压试验时，球隙保护电阻值一般选择原则为（　　）。

（A）1.5Ω/V；（B）1Ω/V；（C）0.5Ω/V；（D）1.5Ω/V。

答案：B

Lb3A3031　对高压电容型套管的介质损耗因数和电容量测试时，要求（　　）放置在接地的套管架上进行。

（A）随意；（B）水平；（C）垂直；（D）倾斜。

答案：C

Lb3A3032　在电磁式电压互感器的（　　），以达到防止和限制铁磁谐振过电压。

（A）开口三角形绕组中加装一个阻尼电阻 R，使 $R \leqslant 0.4XT$（互感器的励磁感抗）；（B）开口三角形绕组中加装一个阻尼电阻 R，使 $R \geqslant 0.4XT$（互感器的励磁感抗）；（C）中性点绕组中加装一个阻尼电阻 R，使 $R \leqslant 0.2XT$（互感器的励磁感抗）；（D）中性点绕组中加装一个阻尼电阻 R，使 $R \geqslant 0.2XT$（互感器的励磁感抗）。

答案：A

Lb3A3033　套管试验中，当 $\tan\delta$ 值随温度增加明显增大或试验电压从 10kV 升到 $U_m/\sqrt{3}$，$\tan\delta$ 值增量超过（　　）时，不应继续运行。

（A）$\pm 0.1\%$；（B）$\pm 0.2\%$；（C）$\pm 0.3\%$；（D）$\pm 0.4\%$。

答案：C

Lb3A3034　进行红外测温工作时，检测与负荷电流有关的设备时，应最好选择在（　　）负荷下检测。

（A）最大；（B）最低；（C）无关系；（D）一般。

答案：A

Lb3A3035　正弦交流电路在并联谐振状态时，电路中总电流与电源电压间的相位关系是（　　）。

（A）相位相同；（B）相位相反；（C）电流滞后于电压；（D）电流超前于电压。

答案：A

Lb3A3036　固体介质所处电场越均匀，则固体介质的沿面放电电压（　　）。

（A）越高；（B）越低；（C）不变化；（D）无规律。

答案：A

Lb3A4037　一个电容量为 $50\mu F$ 的电容器，若在电容器两极板之间施加 50V 的电压，则该电容器储存的电荷为（　　）。

（A）0；（B）0.025；（C）0.0025；（D）1。

答案：C

Lb3A4038 变压器的线圈直流电阻值随油温度升高而（ ）。

（A）呈指数变化；（B）升高；（C）降低；（D）不变化。

答案：B

Lb3A4039 变压器的绝缘电阻值随温度升高而（ ）。

（A）呈指数变化；（B）升高；（C）降低；（D）不变化。

答案：C

Lb3A4040 跨步电压是指在接地体水平径向地面上，距离为（ ）m 的两点间的电压。

（A）1；（B）0.5；（C）0.8；（D）1.1。

答案：C

Lb3A5041 电容器在交流和直流回路中的特性为（ ）。

（A）通交流、通直流；（B）断交流、断直流；（C）通交流、断直流；（D）通直流、断交流。

答案：C

Lb3A5042 橡塑电缆交流耐压要求采用（ ）Hz 的试验频率。

（A）300M～3000M；（B）3M～30M；（C）20k～80k；（D）20～300。

答案：D

Lc3A1043 变压器绕组频率响应测试时，其扫频范围应为（ ）。

（A）10kHz～1MHz；（B）1kHz～10MHz；（C）1kHz～1MHz；（D）0.1kHz～0.1MHz。

答案：C

Lc3A2044 变压器交接试验变比测试时，应在（ ）分接进行测试。

（A）最大、最小；（B）额定；（C）最大、最小、额定；（D）所有。

答案：D

Lc3A2045 红外测温图像特征判断法，主要适用于（ ）设备。

（A）电压致热型；（B）电流致热型；（C）电磁效应；（D）电动力效应。

答案：A

Lc3A2046 绝缘电阻试验前，应检查绝缘电阻表是否正常，并选择被试设备相应的（ ）档位。

（A）测量电压；（B）测量电流；（C）测量电阻；（D）测量电容。

答案：A

Lc3A3047 绝缘电阻试验工作完成后，应在（　　）个工作日内完成检测报告并整理录入 PMS 系统。

（A）7；（B）10；（C）15；（D）30。

答案：C

Lc3A3048 油浸式电力变压器、电抗器、SF_6 气体变压器铁芯绝缘电阻与（　　）比较无明显变化。

（A）以前试验结果；（B）设计值；（C）理论计算值；（D）型式试验值。

答案：A

Lc3A3049 外施交流耐压试验尽量采用自耦式调压器，若容量不够，可采用（　　）调压器。

（A）移圈式；（B）励磁式；（C）感应式；（D）光电式。

答案：A

Lc3A3050 外施交流耐压试验时，与（　　）串联的保护电阻器，其电阻值通常取 1Ω/V。

（A）避雷器；（B）电流互感器；（C）电压互感器；（D）保护球隙。

答案：D

Lc3A3051 变压器变比测试时，额定分接要求的初值差为不大于（　　）%。

（A）±1；（B）±0.5；（C）±0.1；（D）±5。

答案：B

Lc3A4052 高压试验，变更试验接线或试验结束时，应先断开试验电源、放电，并将升压设备的高压部分（　　）。

（A）放电；（B）短路接地；（C）放电、短路；（D）放电、短路接地。

答案：D

Lc3A4053 使用携带型仪器测量，连接电流回路的导线截面，应适合所测电流数值。连接电压回路的导线截面面积不得小于（　　）mm^2。

（A）0.5；（B）1.0；（C）1.2；（D）1.5。

答案：D

Lc3A4054 电力系统中变压器的主要作用是（　　）。

（A）隔离不同电压等级的电能；（B）实现电能在不同电压下的传输；（C）过滤系统中的直流分量；（D）消除潜供电流。

答案：B

Lc3A5055 电气工具和用具应由专人保管，每（　）应由电气试验单位进行定期检查。

（A）3个月；（B）6个月；（C）9个月；（D）12个月。

答案：B

Jd3A1056 变电站接地网接地电阻要求不正确的是（　）。

（A）有效接地系统电力设备接地电阻一般不大于1Ω；（B）非有效接地系统电力设备接地电阻一般不大于10Ω；（C）独立避雷针接地网接地电阻一般不大于10Ω；（D）1kV以下电力设备的接地电阻一般不大于4Ω。

答案：A

Jd3A1057 规程规定电力变压器、互感器交接及大修后的交流耐压试验电压值均比出厂值低，这主要是考虑（　）。

（A）试验容量大，现场难以满足；（B）试验电压高，现场不易满足；（C）设备绝缘的积累效应；（D）绝缘裕度不够。

答案：C

Jd3A1058 非正弦交流电的有效值等于（　）。

（A）各次谐波有效值之和的平均值；（B）各次谐波有效值平方和的平方根；（C）各次谐波有效值之和的平方根；（D）一个周期内的平均值乘以1.11。

答案：B

Jd3A2059 试验变压器的高压输出端应串接保护电阻器，其电阻的取值一般为（　）Ω/V。

（A）0.1～0.5；（B）0.6～1.0；（C）1.0～1.2；（D）1.5。

答案：A

Jd3A2060 施加（　）电压后，绝缘介质常有明显的吸收现象。

（A）交流；（B）直流；（C）工频；（D）高频。

答案：B

Jd3A2061 下列设备一般不进行交流耐压试验的是（　）。

（A）变压器；（B）断路器；（C）避雷器；（D）互感器。

答案：C

Jd3A2062 双臂电桥的主要特点是（　），常用于对小阻值电阻的精确测量。

（A）可排除测试导线电阻对测量结果的影响；（B）无法排除测试导线电阻对测量结果的影响；（C）减小排除测试导线电阻对测量结果的影响；（D）可增大测试导线电阻对

测量结果的影响。

答案：A

Jd3A2063 无间隙金属氧化物避雷器现场试验一般不进行（　　）试验。

(A) 交流耐压；(B) 绝缘电阻；(C) 泄漏电流；(D) 非线性伏安特性的拐点电压。

答案：A

Jd3A2064 *R*、*L*、*C* 串联电路，若保持电源频率固定不变，可用（　　）的方法使电路发生谐振。

(A) 改变电压大小；(B) 改变电阻 *R* 大小；(C) 改变通电时间；(D) 改变电路电感 *L* 或电容 *C* 参数。

答案：D

Jd3A3065 进行谐振耐压试验时，若试验变压器的电压和电流都不能满足试验要求，则应进行（　　）。

(A) 串联谐振；(B) 并联谐振；(C) 串并联谐振；(D) 铁磁谐振。

答案：C

Jd3A3066 进行谐振耐压试验时，若试验变压器的电压不能满足试验要求，而电流满足要求，则应进行（　　）。

(A) 串联谐振；(B) 并联谐振；(C) 串并联谐振；(D) 铁磁谐振。

答案：A

Jd3A3067 进行谐振耐压试验时，若试验变压器的电流不能满足试验要求，而电压满足要求，则应进行（　　）。

(A) 串联谐振；(B) 并联谐振；(C) 串并联谐振；(D) 铁磁谐振。

答案：B

Jd3A3068 测量小容量试品的介质损耗因数时，为保证测试准确，要求高压引线与试品的夹角不小于（　　）。

(A) 45°；(B) 60°；(C) 75°；(D) 90°。

答案：D

Jd3A3069 在不均匀电场中，一般电晕起始电压（　　）击穿电压。

(A) 低于；(B) 高于；(C) 等于；(D) 时高时低。

答案：A

Jd3A3070 三相对称电路中，有功功率的计算公式为（　　）。

(A) $3U_1I_1\cos\varphi$；(B) $3U_1I_1$；(C) $\sqrt{3}U_1I_1\cos\varphi$；(D) $\sqrt{3}U_1I_1$。

答案：C

Jd3A3071 无间隙金属氧化物避雷器的直流 1mA 参考电压值试验是为了测试避雷器的（　　）。

(A) 耐受电压；(B) 直流耐受电压；(C) 泄漏电流；(D) 非线性伏安特性的拐点电压。

答案：D

Jd3A4072 测量接地电阻时，电压极应移动不少于三次。当三次测得电阻值的互差小于（　　）时，即可取其算术平均值，作为被测接地体的接地电阻值。

(A) 1%；(B) 5%；(C) 10%；(D) 15%。

答案：B

Jd3A4073 （　　）避雷器能够限制操作过电压。

(A) 排气式（管型）；(B) 普通阀型；(C) 无间隙金属氧化物；(D) 所有类型。

答案：C

Jd3A4074 电容器的电流 $I=C\cdot du/dt$，当 $u>0$，$du/dt>0$ 时，则表明电容器正在（　　）。

(A) 充电；(B) 放电；(C) 饱和状态；(D) 无法判断。

答案：A

Jd3A4075 高压试验应填用（　　）。

(A) 变电站（发电厂）带电作业工作票；(B) 变电站（发电厂）第一种工作票；(C) 变电站（发电厂）第二种工作票；(D) 变电站（发电厂）电力电缆工作票。

答案：B

Jd3A5076 电缆耐压试验前，应先对设备（　　）。

(A) 短路；(B) 接地；(C) 充分放电；(D) 擦拭干净。

答案：C

Jd3A5077 交流电的三要素是（　　）。

(A) 电压、电流、电阻；(B) 电源、开关、负载；(C) 瞬时值、频率、相位角；(D) 最大值、频率、初相角。

答案：D

Jd3A5078 兆欧表测试线中，（　　）电位相等。

（A）G与E；（B）G与L；（C）L与E；（D）G与地。

答案：B

Je3A1079 使用绝缘电阻表测量高压设备绝缘电阻，应由（　　）进行。

（A）一人；（B）二人；（C）三人；（D）四人。

答案：B

Je3A1080 局部放电测量时，所用的引线长度应与（　　）时的引线长度保持一致。

（A）出厂试验；（B）耐压试验；（C）方波校正；（D）绝缘试验。

答案：C

Je3A2081 110kV电磁式电压互感器例行试验时，其二次绕组采用（　　）V兆欧表进行绝缘电阻测试。

（A）500；（B）1000；（C）2500；（D）5000。

答案：B

Je3A2082 交流耐压试验时，回路中的过流继电器的动作电流一般整定为（　　）倍的试验变压器的额定电流。

（A）0.9；（B）1；（C）1.3～1.5；（D）2。

答案：C

Je3A2083 接地导通测试是测量接地引下线导通与地网（或相邻设备）之间的（　　）值来检查其连接情况，从而判断出引下线与地网的连接状况是否良好。

（A）直流电阻；（B）交流电阻；（C）容性电流；（D）零序阻抗。

答案：A

Je3A2084 使用钳形电流表测量高压电缆各相电流，电缆头线间距离应大于（　　）mm，且绝缘良好、测量方便者，方可进行。

（A）100；（B）150；（C）200；（D）300。

答案：D

Je3A2085 变压器的工频交流耐压试验考察了（　　）间的绝缘耐压强度。

（A）绕组层间；（B）绕组匝间；（C）各个绕组；（D）高压、中压、低压对油箱、铁芯接地部分。

答案：D

Je3A2086 操作冲击耐压试验，其波形时间满足要求的是（ ）。

（A）波前时间为 25μs，波长时间为 2500μs；（B）波前时间为 250μs，波长时间为 250μs；（C）波前时间为 250μs，波长时间为 2500μs；（D）波前时间为 2500μs，波长时间为 250μs。

答案：C

Je3A3087 变压器绕组绝缘介质损耗因数测量宜在顶层油温低于（ ）℃且高于零度时进行，测量时记录顶层油温和空气相对湿度。

（A）20；（B）50；（C）70；（D）90。

答案：B

Je3A3088 GIS 组合电器交流耐压试验时，电磁式电压互感器和金属氧化物避雷器应与主回路断开，耐压结束后，恢复连接，并应进行（ ）的试验。

（A）电压为 Um、时间为 5min；（B）电压为 Um、时间为 1min；（C）电压为 $Um/\sqrt{3}$、时间为 5min；（D）电压为 $Um/\sqrt{3}$、时间为 1min。

答案：C

Je3A3089 对大容量的设备进行绝缘电阻测试时，测试结束后为防止电容电流反充电损坏绝缘电阻表，应该（ ）。

（A）先断开绝缘电阻表与设备的连接，再停止绝缘电阻表；（B）先停止绝缘电阻表，再断开绝缘电阻表与设备的连接；（C）断开绝缘电阻表与设备的连接和停止绝缘电阻表同时操作；（D）先对设备进行放电，再停止绝缘电阻表。

答案：A

Je3A3090 避雷器直流泄漏试验时，先对升压设备进行过压保护整定，过压整定系数为（ ）倍。

（A）0.9；（B）1.1～1.2；（C）2；（D）3。

答案：B

Je3A3091 绝缘电阻表测量时，屏蔽端 G 使用时应在被试品表面缠绕 2～3 圈细铁丝，并靠近（ ）。

（A）L 端；（B）被试品中部；（C）E 端；（D）任何位置。

答案：A

Je3A3092 避雷器直流试验测试 75%U_{1mA}下泄漏电流时，U_{1mA}电压指的是（ ）。

（A）本次测试的 U_{1mA}电压；（B）历次测试的 U_{1mA}电压平均值；（C）U_{1mA}电压初始值或厂家规定值；（D）无要求。

答案：C

Je3A3093 对带有电磁式电压互感器的GIS进行耐压试验时，应采用（　　）方法进行。

（A）工频耐压；（B）高频耐压；（C）低频耐压；（D）直流耐压。

答案：B

Je3A3094 电力设备绝缘的击穿或闪络、放电取决于交流试验电压（　　）。

（A）有效值；（B）瞬时值；（C）峰值；（D）平均值。

答案：C

Je3A4095 油浸式电力变压器和电抗器的感应耐压的时间应在（　　）s。

（A）15～60；（B）20～60；（C）15～120；（D）20～120。

答案：A

Je3A4096 已知一被试品的电容量为C_x(F)，其工频耐压试验电压为U_{exp}(V)，试验变压器的容量应为（　　）V·A。(U_N为试验变压器高压侧额定电压，单位是V。)

（A）$S \geqslant (1/\omega C_x) U_{exp} U_N$；（B）$S \geqslant \omega C_x U_{exp} U_N$；（C）$S \geqslant \omega C_x U_{exp} U_{exp}$；（D）$S \geqslant \omega C_x U_N U_N$。

答案：B

Je3A4097 采用高压介损电桥测试容性试品$\tan\delta$值时，所测数值偏小，甚至会出现$-\tan\delta$值，现场无电磁场干扰，其原因可能为（　　）。

（A）试品受潮；（B）标准电容器受潮；（C）试品内部放电；（D）试验电压过高。

答案：B

Je3A4098 若某一容性设备可等效分为两部分，分别测试一部分介损电容量$\tan\delta_1=5\%$，$C_1=250$pF，另一部分介损电容量$\tan\delta_2=0.4\%$，$C_2=10000$pF。据此推算此容性设备整体的介损值$\tan\delta$值最可能为（　　）。

（A）0.2%；（B）0.5%；（C）4.7%；（D）5.2%。

答案：B

Je3A4099 被试品绝缘试验前应先用干净的抹布擦拭设备表面，主要是为了（　　）。

（A）标准化流程；（B）测试速度快；（C）避免表面脏污等影响测试准确性；（D）防止设备外壳带电。

答案：C

Je3A5100 一台变压器做温升试验，当温度$t_m=20$℃时，测得一次绕组的直流电阻为251mΩ，温升试验结束时，测得一次绕组的直流电阻为328mΩ，则该绕组的平均温升Δt_p为（　　）℃。

(A) 58.2；(B) 78.2；(C) 80.2；(D) 98.2。

答案：B

Je3A5101 绝缘电阻表使用时，屏蔽端G使用时应尽量靠近L端而不是E端，主要原因为（　　）。

(A) 屏蔽线长度不够；(B) 避免绝缘电阻表过负荷；(C) 测试更精确；(D) 测试速度快。

答案：B

Jf3A1102 母线电源频率减小时，电流互感器的（　　）。

(A) 比值差和相位差均增大；(B) 比值差和相位差均减小；(C) 比值差增大、相位差减小；(D) 无法判断。

答案：A

Jf3A2103 高压断路器断口并联电容是为了（　　）。

(A) 分流；(B) 均压；(C) 增加灭弧能力；(D) 提高功率因数。

答案：B

Jf3A2104 运行中的SF_6设备，分解物检测中SO_2含量的注意值是（　　）$\mu L/L$。

(A) ≤0.1；(B) ≤0.5；(C) ≤1；(D) ≤2。

答案：C

Jf3A2105 电容器的电容量$C=Q/U$（Q为储存的电荷量；U为电容器两端电压），对此公式下列描述正确的是（　　）。

(A) Q变大，C变大；(B) Q变小，C变小；(C) C是常量，不随Q、U而变；(D) U变大，C变小。

答案：C

Jf3A3106 《电力安全工作规程》规定填用电力电缆第一种工作票的工作应经（　　）许可。

(A) 运维人员；(B) 调控人员；(C) 工区领导；(D) 工作负责人。

答案：B

Jf3A3107 稳定运行的电力系统若在A相发生金属性接地短路时，故障点的零序电压（　　）。

(A) 超前于A相电压90°；(B) 滞后于A相电压90°；(C) 与A相电压同相位；(D) 与A相电压相位差180°。

答案：D

Jf3A3108 红外测温检测电流致热型设备一般应在不低于（ ）的额定负荷下进行。

（A）10%；（B）30%；（C）50%；（D）60%。

答案：B

Jf3A3109 若变压器设计不当致使轭铁中某一部分磁通密度过大，则造成的影响为（ ）。

（A）绕组直流电阻偏大；（B）绕组对地绝缘降低；（C）短路阻抗增大；（D）空载损耗增加。

答案：D

Jf3A3110 高压直流试验时，每告一段落或试验结束时，应将设备（ ）。

（A）直接接地；（B）过小电阻接地；（C）放电一次并短接接地；（D）放电数次并短接接地。

答案：D

Jf3A4111 下列属于变压器主保护的是（ ）。

（A）冷却系统的保护；（B）零序过电流、零序过电压保护；（C）瓦斯保护、差动保护；（D）复合电压闭锁过流保护。

答案：C

Jf3A4112 220kV 油浸式变压器在充满合格油后需静置一定时间后方可进行耐压试验。若无明确要求，静置时间应满足（ ）。

（A）≥12h；（B）≥36h；（C）≥48h；（D）≥72h。

答案：C

Jf3A4113 220kV SF_6 断路器灭弧气室在运行中的 SF_6 气体湿度要求≤（ ）$\mu L/L$（20℃，0.1MPa）。

（A）100；（B）150；（C）300；（D）500。

答案：C

Jf3A5114 220kV SF_6 断路器灭弧气室交接试验的 SF_6 气体湿度要求≤（ ）$\mu L/L$（20℃，0.1MPa）。

（A）100；（B）150；（C）300；（D）500。

答案：B

1.2 判断题

La3B1001 时间常数是衡量电路过渡过程进行快慢的物理量，时间常数值大，表示过渡过程所经历的时间越短。(×)

La3B1002 电容 C 通过电阻 R 放电的时间常数 $\tau=RC$。(√)

La3B1003 恒压源的电压不随负载而变，电压对时间的函数是固定的，而电流随与之连接的外电路不同而不同。(√)

La3B1004 电容器在稳态直流电路中相当于断路。(√)

La3B1005 变压器的主磁通随负载电流变化而变化。(×)

La3B1006 电路稳定状态的改变是由于电路中电源或无源元件的接入或断开、信号的突然注入和电路中参数的变化等引起的。(√)

La3B2007 对于线性的三相电路，可以利用叠加原理，将不对称的三相电压（或电流）分解成正序、负序和零序三相对称分量来计算，这种方法称为对称分量法。(√)

La3B2008 非正弦交流电动势作用于 RC 电路时，如果各次谐波电压大小相同，那么各次谐波电流也相等。(×)

La3B3009 电压、电流的波形发生畸变时，通常用其基波有效值 F_1 与整个波形的有效值 F 的比值来描述其畸变程度，称为该波形的畸变率 kd，即 $kd=F_1/F$。(√)

La3B3010 非正弦交流电流通过电感元件时，低次谐波电流分量不易畅通，高次谐波电流分量较为畅通。(×)

La3B3011 在稳态直流电路中，互感和自感都不起作用，其原因是直流磁通量不大，互感应电动势产生相当于短路。(×)

Lb3B1012 SF_6 气体断路器的 SF_6 气体在常压下，绝缘强度比空气大 3 倍。(×)

Lb3B1013 电晕放电是一种气体局部放电形式。(√)

Lb3B1014 一般在电气设备内高电位的金属部件或者处于地电位的金属部件上容易发生悬浮电位放电。(√)

Lb3B1015 为了使制造的电容器体积小、质量轻，在选择电介质时，要求其介电系数小。(×)

Lb3B1016 直流试验电压值指的是直流电压的算术平均值。(√)

Lb3B1017 直流泄漏试验和直流耐压试验相比，其作用基本相同。(×)

Lb3B2018 在不均匀电场中，电晕起始电压低于击穿电压。(√)

Lb3B2019 瓷套和瓷棒外装增爬裙属于改善电场分布的措施。(×)

Lb3B2020 在间距不变的条件下，均匀电场的击穿电压大于不均匀电场的击穿电压。(√)

Lb3B2021 消弧线圈可以减小单相接地时的电容电流，但不能降低非故障相和中性点的对地电压。(√)

Lb3B2022 沿固体介质表面的放电电压比在空气中的放电电压低。(√)

Lb3B2023 要造成击穿，必须要有足够的电压和充分的电压作用时间。(√)

Lb3B2024 气体绝缘的最大优点是击穿后，外加电场消失，绝缘状态很快恢复。(√)

Lb3B2025 当绝缘材料发生击穿放电则永远失去介电强度。(×)

Lb3B2026 设一层绝缘纸的击穿电压为 U，则 n 层同样绝缘纸的电气强度为 nU。(×)

Lb3B2027 用串级整流方式产生的直流高电压，其脉动因数与直流发生器的串接级数及负载（试品）泄漏电流成正比，与滤波电容、整流电源频率及直流电压的大小成反比。(√)

Lb3B2028 直流试验电压的脉动因数等于电压的最大值与最小值之差除以算术平均值。(×)

Lb3B2029 温度对击穿电压的影响不大。(×)

Lb3B2030 电力电缆在直流电压作用下，绝缘中的电压分布是按电阻分布的。(√)

Lb3B2031 金属氧化物避雷器在运行中劣化主要是指电气特性和物理状态发生变化，这些变化使其伏安特性漂移，热稳定性破坏，非线性系数改变，电阻局部劣化等。(√)

Lb3B2032 直流试验电压的脉动因数等于该直流电压的脉动幅值与算术平均值之比。(√)

Lb3B2033 工频高电压经高压硅堆半波整流产生的直流高电压，其脉动因数与试品直流泄漏电流的大小成反比，与滤波电容（含试品电容）及直流电压的大小成正比。(×)

Lb3B3034 巴申定律指出低气压下，气体击穿电压 U_1 是气体压力 p 与极间距离 S 乘积的函数，即 $U_1=f(pS)$，并且函数曲线有一个最小值。(√)

Lb3B3035 因为变压器的容量比互感器类大得多，所以绝缘水平高，耐压强度高。(×)

Lb3B3036 当绝缘子串普遍受到污秽影响时，沿面电阻将使绝缘子串分布电压变得更不均匀。(×)

Lb3B3037 在电场中，造成碰撞游离的主要因素是正离子。(×)

Lb3B3038 固体介质的击穿场强最高，液体介质次之，气体介质的最低。(×)

Lb3B3039 导体的波阻抗决定于其单位长度的电感和电容的变化量，而与线路的长度无关。(√)

Lb3B3040 悬式绝缘子串的电压分布是线性关系。(×)

Lb3B3041 SF_6 气体绝缘的一个重要特点是电场的均匀性对击穿电压的影响远比空气的小。(×)

Lb3B3042 电力系统发生短路时，电网总阻抗会增大。(×)

Lb3B3043 固体绝缘材料吸水后的介电系数比干燥状态下的介电系数减小。(×)

Lb3B3044 在直流电压作用下的介质损耗主要是指电子极化引起的损耗。(×)

Lb3B3045 变压器金属附件如箱壳等，在运行中局部过热与漏磁通引起的附加损耗大小无关。(×)

Lb3B3046 直流泄漏试验是检查设备的绝缘状况，其试验电压较高，直流耐压试验是考核设备绝缘的耐电强度，其试验电压较低。(×)

Lb3B3047 断路器分合闸不同期，将造成线路或变压器的非全相接入或切断，从而可能出现危害绝缘的过电压。(√)

Lb3B3048 断路器分合闸不同期，将造成线路或变压器的非全相接入或切断，从而可能出现严重的不平衡电流。（×）

Lb3B3049 SF_6 气体绝缘的负极性击穿电压较正极性击穿电压低。（√）

Lb3B3050 电极表面状况和导电微粒对 SF_6 气体绝缘的击穿电压无影响。（×）

Lb3B4051 当两台阻抗电压不等的变压器并联运行时，若让阻抗电压小的变压器满载，阻抗电压大的变压器就欠载，便不能获得充分利用。（√）

Lb3B4052 当两台阻抗电压不等的变压器并联运行时，阻抗电压大的变压器满载，阻抗电压小的变压器就要欠载。（×）

Lb3B4053 球-球或球-板间隙都属于极不均匀电场。（×）

Lb3B4054 当开关的动触头和静触头分开的时候，在高电场的作用下，触头周围的介质粒子发生电离、热游离、碰撞游离，从而产生电弧。（√）

Lb3B5055 污闪过程包括积污、潮湿、干燥和局部电弧发展四个阶段。（√）

Lb3B5056 流注理论未考虑光游离的现象。（×）

Lb3B5057 影响介质绝缘强度的因素除了与所加电压的高低有关外，还与电压的波形、极性、频率、作用时间、电压上升的速度和电极的形状等有关。（√）

Lc3B1058 电流互感器、断路器、变压器等可不考虑系统短路电流产生的动稳定和热稳定效应。（×）

Lc3B1059 电力变压器真空注油时，应从箱体的上部注入。（×）

Lc3B1060 变比相等，短路电压相等的 Yd11 及 Dy11 两台变压器不能并列运行。（×）

Lc3B1061 对于中性点直接接地的电网，若变压器中性点的绝缘水平与电网的额定电压相同，则中性点可以不用避雷器或保护间隙来保护。（×）

Lc3B1062 变压器的铁芯是由厚度为 0.35～0.5（或以下）mm 的硅钢片叠成，为了减小涡流损耗，硅钢片应涂绝缘漆。（√）

Lc3B1063 消弧线圈常采用过补偿运行。（√）

Lc3B1064 雷雨时，站到离避雷针近一些的地方可以防止雷击。（×）

Lc3B1065 两台变压器中性点并用一台消弧线圈有利于补偿电容电流。（×）

Lc3B1066 断路器切断小电感性或电容性电流，无论是对断路器本身还是对被切断的负载都无危害。（×）

Lc3B1067 变压器空载时，一次绕组中没有电流通过。（×）

Lc3B1068 电压互感器、避雷器、耦合电容器等应考虑系统短路电流产生的动稳定和热稳定效应。（×）

Lc3B2070 变电站装设了并联电容器后，上一级线路输送的无功功率将减少。（√）

Lc3B2071 当电网电压降低时，应增加系统中的无功出力；当系统频率降低时，应增加系统中的有功出力。（√）

Lc3B3072 污秽等级是依据污源特性和瓷件表面的等值盐密，并结合运行经验划分的。（√）

Lc3B3073 耦合电容器是载波通道的主要结合设备，它与结合滤波器共同构成高频信

号的通路，并将电力线的工频高电压和大电流与通信设备隔开，以保证人身设备的安全。（√）

Lc3B3074 对人工污秽试验的基本要求是等效性好、重复性好、简单易行。（√）

Lc3B3075 电力系统在高压线路进站串阻波器，防止载波信号衰减，利用的是阻波器并联谐振，使其阻抗对载波频率为无穷大。（√）

Lc3B3076 绝缘子表面污层的等值盐密，不仅反映设备的污秽状况，而且是污闪发展的唯一条件。（×）

Lc3B3077 等值附盐密度简称等值盐密，其含义是把绝缘子表面的导电污物密度转化等值为单位面积上含有多少毫克的盐（NaCl）。（√）

Lc3B4078 变压器的激磁涌流是幅值很高的稳态正弦电流。（×）

Lc3B5069 单相变压器接通正弦交流电源时，如果合闸时电压初相角 $\psi=0°$，则其空载励磁涌流将会很小。（×）

Lc3B5056 单相变压器接通正弦交流电源时，如果合闸瞬间加到一次绕组的电压恰巧为最大值，则其空载励涌流将会很大。（×）

Jd3B1079 R、L、C 并联，接入一个频率可变的电源，开始时 $I_R=10A$，$I_L=15A$，$I_C=15A$ 总电路呈阻性，当频率上升时，电路呈容性。（√）

Jd3B1080 移圈式调压器的输出电压由零逐渐升高时，其输出容量是先增加后减小。（√）

Jd3B1081 自耦调压器的输出容量和输出电压的大小有关，输出电流的最大值的限制和输出电压无关。（√）

Jd3B1082 试验变压器波形畸变的根本原因是调压器和试验变压器的漏抗以及电容负载所造成的。（×）

Jd3B1083 试验变压器短路阻抗越小，容升越高。（×）

Jd3B1084 工频高压试验变压器的特点是额定输出电压低，电流大。（×）

Jd3B1085 交流高压试验电压测量装置（系统）的测量误差不应大于1%。（×）

Jd3B1086 110kV 套管若是由 25 个相等的电容串联组成，当发生 5 个电容元件击穿后，其余每个元件上的电压将增加 1/5。（×）

Jd3B1087 在没有示波器的情况下可用一块电磁式（或电动式）电压表和一块整流式电压表检验交流电压的波形是否为正弦波形。（√）

Jd3B1088 自耦调压器平滑地调节输出电压时，额定输出容量不变，输出电压低，输出电流就大。（×）

Jd3B1089 自耦调压器的优点是体积小，质量轻，波形较好。（√）

Jd3B1090 采用自耦调压器调压时，使用前检查是否在零位是为了防止误加压。（√）

Jd3B2091 能测定高次谐波电流的指示仪表是电动系仪表。（×）

Jd3B2092 测量球间隙在布置时应垂直布置。（×）

Jd3B2093 一般情况下要求测量球隙的金属球直径大于球隙距离。（√）

Jd3B2094 用静电电压表测量工频高电压时，测得的是电压的平均值。（×）

Jd3B2095 用铜球间隙测量工频交流耐压试验电压，测得的是交流电压的有效值。（×）

Jd3B3096 对一试品进行交流耐压的试验，使用电容分压器进行电压测量，分压器低压臂所接电压表应选择精度不低于0.5级的电磁式电压表。(×)

Jd3B4097 进行工频耐压试验采用移卷调压器调压时，由于其空载电流及漏抗较大，往往会造成试验变压器输出电压波形畸变。(√)

Jd3B4098 进行工频耐压试验，从设备效率和试验电压波形两个因素考虑，选用移圈调压器比选用接触调压器好。(×)

Jd3B4099 试验变压器的铁芯越饱和（即电压越接近额定值），调压器的漏抗越大，波形畸变就越严重。(√)

Je3B1100 电力变压器进行交流耐压试验时，应按绕组电压等级选取试验电压。(×)

Je3B1101 特高频与超声波局部放电检测法能够像脉冲电流法一样对试品局部放电进行量化描述。(×)

Je3B1102 超声波局部放电检测法可灵敏地发现变压器器身内部放电、固体绝缘内部放电。(×)

Je3B1103 超声波在SF_6中衰减的大小与声波频率有关，频率越高衰减越小。(×)

Je3B1104 声波是一种机械振动波，它是当发生局部放电时，在放电区域中分子间产生剧烈的撞击，这种撞击在宏观上产生了一种压力所形成。(√)

Je3B1105 根据传感器安装位置不同，GIS特高频局部放电检测方法可分为内置式与外置式两种。(√)

Je3B1106 对已有单独试验记录的若干不同试验电压的电力设备，在单独试验有困难时，可以连在一起进行耐压试验。此时，试验电压应采用所连接设备中试验电压的最低值。(√)

Je3B1107 变压器、互感器绝缘受潮会使直流电阻下降，总损耗明显增加。(×)

Je3B1108 进行交流耐压试验前后应测其绝缘电阻，以检查耐压试验前后被测试设备的绝缘状态。(√)

Je3B1109 变压器铁芯及其金属构件必须可靠接地是为了防止变压器在运行或试验时，由于静电感应而在铁芯或其他金属构件中产生悬浮电位，造成对地放电。(√)

Je3B1110 电流互感器一次绕组与母线等一起进行交流耐压试验时，其试验电压应采用相连设备中的最高试验电压。(×)

Je3B2111 变压器外施工频电压试验能够考核变压器主绝缘强度、检查局部缺陷，能发现主绝缘受潮、开裂、绝缘距离不足等缺陷。(√)

Je3B2112 变压器正式投入运行前做冲击合闸试验，一般规定，新变压器投入，冲击合闸5次；大修后投入，冲击合闸3次。(√)

Je3B2113 在现场直流电压绝缘试验中，为了防止外绝缘的闪络和易于发现绝缘受潮等缺陷，通常采用负极性直流电压。(√)

Je3B2114 进行电压互感器的伏安特性试验时，调压器输出波形的畸变往往是由于电压互感器的励磁电流引起的。(×)

Je3B2115 电力电缆的直流耐压试验采用正极性输出，可以提高试验的有效性。(×)

Je3B2116 因为纯瓷套管、支柱绝缘子结构简单而且没有累积效应，所以耐压强度比

变压器高。(√)

Je3B2117 在直流电压下，电力电缆的各层绝缘所承受的电压与各层的绝缘电阻值成反比。(×)

Je3B2118 通过色谱法检测CO和CO_2，并根据其含量的变化，就可判断故障是否涉及固体绝缘材料。(√)

Je3B2119 在交流耐压试验中，并联谐振可以减少试验变压器的容量，方法是与试品并接高压电抗器。(√)

Je3B2120 在交流耐压试验的升压过程中，电压应徐徐上升，如有时突然急剧上升，一定是试品被击穿。(×)

Je3B2121 在直流试验前后对大容量试品进行短路接地放电，是为了使试验结果准确和保证人身安全。(√)

Je3B2122 对大容量的设备进行直流耐压试验后，应先采用电阻放电方式，再直接接地。(√)

Je3B2123 当变压器的气体继电器内有气体聚集时，应取气样进行分析，这些气体的组分和含量是判断设备是否存在故障及故障性质的主要依据之一。(√)

Je3B2124 交流耐压试验对纯瓷的套管和绝缘子几乎没有破坏性积累效应。(√)

Je3B2125 做直流耐压试验时，如被试品电容量较大，升压速度要注意适当放慢，让被试品上的电荷慢慢积累。在放电时，要注意安全，一般要使用绝缘杆通过放电电阻来放电，并且注意放电要充分，放电时间要足够长，否则剩余电荷会对下次测试带来影响。(√)

Je3B2126 变压器铁芯多点接地主要原因是变压器在现场装配及安装中不慎遗落金属异物，造成多点接地或铁轭与夹件短路、芯柱与夹件相碰等。(√)

Je3B2127 工频交流耐压试验是考验被试品绝缘承受工频过电压能力的有效方法，能有效地发现绝缘缺陷。(√)

Je3B2128 进行电力电缆直流耐压时，当缆芯接正极性时，击穿电压较接负极性时高。(√)

Je3B2129 进行工频交流耐压试验时，升压应从零开始，不可冲击合闸。(√)

Je3B2130 在进行直流高压试验时，应采用正极性直流电压。(×)

Je3B2131 若母线上接有避雷器，对母线进行耐压试验时，必须将避雷器退出。(√)

Je3B2132 采用半波整流方式进行直流耐压试验时，通常应将整流硅堆的负极接至试品高压端。(×)

Je3B2133 在试验变压器低压侧测量工频交流耐压试验电压，只适用于负荷容量比电源容量小得多、测量准确要求不高的情况。(√)

Je3B2134 变压器做交流耐压试验时，非被试绕组一定要短路接地。(√)

Je3B2135 在直流耐压试验的半波整流电路中，高压硅堆的最大反向工作电压，不得低于试验电压幅值的1.414倍。(×)

Je3B2136 在做交流耐压试验时，非被试绕组处于被试绕组的电场中，如不接地，其对地的电位，由于感应可能达到不能允许的数值，且有可能超过试验电压，所以非被试绕

组必须接地。(√)

Je3B2137 变压器做交流耐压试验时，非被试绕组不一定要接地。(×)

Je3B2138 做直流耐压时，如被试品电容量较小，升压速度要注意适当放慢，让被试品上的电荷慢慢积累。(×)

Je3B2139 在试验变压器低压侧测量工频交流耐压试验电压，测量准确性较高。(×)

Je3B3141 变压器内部有潜伏性故障，变压器油中会含有气体，当有受潮、局部放电、过热故障时，一般都会产生 H_2。(√)

Je3B3142 变压器分接开关引起的故障全是裸金属过热。(×)

Je3B3143 110kV 及以上电压等级变压器只有在遭受出口短路、近区多次短路后，才需要做绕组变形测试。(×)

Je3B3144 互感器进水受潮后，将引起固体绝缘的场强分布的改变，由此导致电场分布的不均。(√)

Je3B3145 超低频（0.1Hz）交流耐压试验，其主要优点是电压分布等于工频，而试验设备体积又与直流耐压试验时相仿，可兼顾两者。(×)

Je3B3146 绝缘油的 $\tan\delta$ 值随温度升高而降低，越是老化的油，其 $\tan\delta$ 值随温度的变化也越快。(×)

Je3B3147 绝缘油随着故障点的温度升高而裂解生成烃类的顺序是：炔烃、烯烃和烷烃。(×)

Je3B3148 主要特征气体是 CH_4、C_2H_4 的故障类型是火花放电。(×)

Je3B3149 主要特征气体是 CH_4、C_2H_4、CO、CO_2 的故障类型是油和纸过热。(√)

Je3B3150 区分过热和放电两种故障的主要指标是乙烷。(×)

Je3B3151 乙炔一般在温度为 800～1200℃时生成。(√)

Je3B3152 SF_6 气体湿度较高时，易发生水解反应生成酸性物质，对设备造成腐蚀；加上受电弧作用，易生成有毒的低氟化物。故对灭弧室及其相通气室的气体湿度必须严格控制，在交接、大修后及运行中应分别不大于 150×10^{-6} 及 300×10^{-6}（体积分数）。(√)

Je3B3153 在现场对电气设备进行工频耐压试验时，在球隙上串一电阻 R_2，其作用是避免被试品因过电压而损坏。(×)

Je3B3154 变压器接地网的接地电阻大小与接地网面积无关。(×)

Je3B3155 电容型绝缘结构的设备，当末屏处产生悬浮电位时，介质参数的明显表征是 $\tan\delta$ 值升高。(×)

Je3B3156 进行交流耐压试验时，试品的端电压有容升现象，这是因为试验变压器的漏抗压降和试品的电压向量相反的缘故。(√)

Je3B3157 进行大容量被试品工频耐压时，当被试品击穿时，用于监视试验电流的电流表指示一定是上升的。(×)

Je3B3158 电力电缆做直流耐压试验时，其绝缘中的电压是按电容分布的。(×)

Je3B3159 交流耐压试验电压波形应是正弦或接近正弦，两个半波应完全一样，且波顶因数即峰值与有效值之比应等于±0.07。(√)

Je3B3160 进行交流耐压试验，当试验电压达到规定值时，若试验电流与电压不发生

突然变化，产品内部没有放电声，试验无异常，即可认为试验合格。（√）

Je3B3161 规程规定电力变压器，电压、电流互感器交接及大修后的交流耐压试验电压值均比出厂值低，这主要是考虑绝缘裕度不够。（×）

Je3B3162 对于容量较大的试品，如电缆、发电机、变压器等做直流泄漏电流及直流耐压试验时，通常不用滤波电容器。（√）

Je3B3163 试验变压器带电容性负荷后，因漏抗会引起容升，而且电容负荷越大，容升也越大。（√）

Je3B4164 绝缘纸等固体绝缘材料在温度为120～130℃的情况下长期运行，产生的主要气体是氢、乙炔。（×）

Je3B4165 绝缘纸等固体绝缘材料在温度为300～800℃时，除了产生CO和CO_2以外，还会产生H_2和烃类气体。（√）

Je3B4166 可用CO和CO_2的产气速率和绝对值来判断变压器固体绝缘老化状况。（√）

Je3B4167 当油纸绝缘电缆存在局部空隙缺陷，进行交流耐压试验时，交流电压大部分分布在与缺陷相关的部位上，因此更容易暴露电缆的局部缺陷。（×）

Je3B4168 进行工频耐压试验时，如果在试验变压器低压绕组上突然加试验电压的全电压，将会在试品上出现高电压。（√）

Je3B4169 进行交流耐压试验时，试品的端电压有容升现象，这是因为试验变压器的漏抗压降和试品的电压相量相反的缘故。（×）

Je3B4170 由于串级式电压互感器绕组是电感线圈，所以做倍频感应耐压试验时，无需考虑电压容升。（×）

Je3B4171 目前对电力变压器进行绕组变形试验主要有阻抗法、低压脉冲法及直流电阻法三种。（×）

Je3B4172 在交流耐压试验时，真空断路器断口内发生电晕蓝光放电，则表明断口绝缘不良，不能使用。（√）

Je3B4173 变压器围屏引起的故障是固体绝缘沿面油的击穿。（×）

Je3B4174 在外施交流耐压试验中，存在着发生串联谐振过电压的可能，它是由试验变压器漏抗与试品电容串联构成的。（√）

Je3B5175 工频高电压通常采用试验变压器来产生；对电容量较大的被试品，可以采用串联谐振回路产生高电压；对于电力变压器、电压互感器等具有绕组的被试品，可以采用100～300Hz的中频电源对其低压侧绕组激磁在高压绕组感应产生高电压。（√）

Je3B5176 将两台试验变压器串级进行交流耐压试验时，若第一级试验变压器串级绕组极性接反，会造成最终输出试验电压为零。（√）

Je3B5177 对运行中变压器进行油中溶解气体色谱分析，有任一组分含量超过注意值则可判定为变压器存在过热性故障。（×）

Je3B5178 在进行交流耐压试验后，必须进行各项非破坏性试验，如测量绝缘电阻、吸收比、介质损耗tanδ值时、直流泄漏电流等，对各项试验结果进行综合分析，以决定该设备是否受潮或含有缺陷。（×）

Jf3B1179 电压互感器一次绕组和二次绕组都接成星形且中性点都接地时，二次绕组中性点接地称为工作接地。(×)

Jf3B1180 断路器控制回路中，防跳继电器的作用是防止断路器跳跃和保护出口继电器触点。(√)

Jf3B1181 超高压输电线路及变电站，采用分裂导线与采用相同截面的单根导线相比较，分裂导线通流容量大些、对地电容大些。(√)

Jf3B2182 气体继电器保护是变压器绕组对地短路的唯一保护。(×)

Jf3B2183 电力变压器装设的各种继电保护装置中，属于主保护的是瓦斯保护、差动保护。(√)

Jf3B2184 反映变压器故障的保护一般有过电流、差动、瓦斯和中性点零序保护。(√)

Jf3B2185 能满足系统稳定及设备的安全要求，能以最快的速度有选择地切除被保护设备和线路故障的继电保护，称为主保护。(√)

Jf3B2186 电压互感器的开口三角回路中一般要装熔断器保护。(×)

Jf3B3187 SF_6 气体断路器含水量超标时，应将 SF_6 气体放净，重新充入新气。(×)

Jf3B3188 低温对 SF_6 断路器不利，当温度低于某一使用压力下的临界温度，SF_6 气体将液化，但对绝缘和灭弧能力无影响。(×)

Jf3B3189 当变比不完全相等的两台变压器从高压侧输入，低压侧输出并列运行时，在两台变压器之间将产生环流，使得两台变压器空载输出电压变比小的升、大的降。(×)

Jf3B3190 气体继电器保护是变压器绕组相间短路的唯一保护。(×)

1.3 多选题

La3C1001 关于公式 $P=I^2R$，理解正确的是（　　）。

（A）R 越大，P 越大，是对在电路中电流不变而言的；（B）在电阻串联的电路中流过各电阻的电流一样，这时 R 越大，P 越大；（C）电阻一定时电流越大功率越大。

答案：ABC

La3C1002 关于软磁性材料说法正确的是（　　）。

（A）软磁材料是指剩磁和矫顽力均很小的铁磁材料；（B）易去磁、易磁化；（C）不易去磁；（D）磁滞回线较窄。

答案：ABD

La3C1003 提高功率因数有（　　）重要意义。

（A）在总功率不变的条件下，功率因数越大，则电源供给的有功功率越大；（B）提高功率因数，可以充分利用输电与发电设备；（C）提高功率因数，可以提高总功率。

答案：AB

La3C1004 三相变压器的零序阻抗大小与（　　）无关。

（A）其正序阻抗大小；（B）其负序阻抗大小；（C）变压器铁芯截面面积大小；（D）变压器绕组联结方式及铁芯结构。

答案：ABC

Lb3C1005 按照变压器使用中的各阶段不同，变压器试验可分为（　　）。

（A）检修试验；（B）出厂试验；（C）安装试验；（D）预防性试验。

答案：ABCD

Lb3C1006 出厂试验是主要确定变压器（　　）。

（A）电气性能；（B）绝缘特性；（C）技术参数；（D）耐压水平。

答案：AC

Lb3C1007 大修结束后、变压器带电前，有载调压开关应做的试验检查是（　　）。

（A）拍摄开关切换过程的录波图，检查切换是否完好，符合规定程序；（B）检查过渡电阻的阻值，偏差一般不应超出设计值的±10%；（C）手摇及电动调整两个完整的调压循环，不应有卡涩、滑档的现象，调到始端或终端时，闭锁装置能有效制动；（D）档位要一致。远方指示、开关本体（顶盖上）指示、操动机构箱上的指示，必须指示同一档位。

答案：ABCD

Lb3C2008 变压器特性试验的内容包括温升、突然短路、空载、短路，及（　　）试验。

（A）变比；（B）接线组别；（C）工频及感应耐压；（D）直流电阻。

答案：ABD

Lb3C2009 变压器大修后，空载、短路损耗及总损耗值，与国家标准规定的数值比较，允许偏差是（　　）。

（A）空载损耗允许偏差5%；（B）空载、短路损耗分别允许偏差+15%；（C）总损耗允许偏差+10%；（D）短路损耗允许偏差+15%。

答案：BC

Lb3C2010 容量为160kV·A及以上所有变压器的直流电阻不平衡率，国家标准规定的允许偏差是（　　）。

（A）相间2%；（B）相间4%；（C）如无中性点引出线时，线间2%；（D）如无中性点引出线时，线间为1%（10kV侧允许不大于2%）。

答案：AD

Lb3C2011 为保证红外成像检测结果的正确，防止太阳照射与背景辐射影响，户外设备检测应选择在（　　）。

（A）日落2小时后；（B）阴天；（C）最好在白天；（D）最好在晚上。

答案：ABD

Lb3C2012 带电进行劣化绝缘子的检测，可以选用（　　）的方法。

（A）测量电位分布；（B）火花间隙放电叉；（C）测量介质损耗因数tanδ值；（D）热红外检测。

答案：ABD

Lb3C2013 以下属于变压器绝缘试验的内容的是（　　）。

（A）直流电阻及变比试验；（B）变压器油试验及工频耐压和感应耐压试验；（C）对U_m不小于220kV变压器还做局部放电试验；（D）温升及突然短路试验EU_m不小于300kV在线端应做全波及操作波冲击试验。

答案：BCE

Lb3C2014 介损试验中，要求标准电容不随（　　）而变化。

（A）温度；（B）湿度；（C）频率；（D）测试电压。

答案：ABCD

Lb3C2015 影响土壤电阻率的因素有（　　）。

（A）土壤的成分；（B）土壤的密度；（C）土壤的含水量。

答案：ABC

Lb3C2016　容量为1600kV·A及以下所有变压器的直流电阻不平衡率，国家标准规定的允许偏差是（　　）。

（A）相间2%；（B）相间4%；（C）如无中性点引出线时，线间2%；（D）如无中性点引出线时，线间为1%。

答案：BC

Lb3C2017　为了对试验结果做出正确的分析，必须考虑（　　）方面的情况。

（A）把试验结果和有关标准的规定值相比较；（B）和过去的试验记录进行比较；（C）对三相设备进行三相之间试验数据的对比，不应有显著的差异；（D）和同类设备的试验结果相对比，不应有显著差异。

答案：ABCD

Lb3C2018　变压器试验项目大致分为（　　）两类。

（A）例行试验；（B）型式试验；（C）绝缘试验；（D）特性试验。

答案：CD

Lb3C2019　变压器空载试验的目的是（　　）。

（A）测量变压器的阻抗电压百分数；（B）发现磁路中的局部或整体缺陷；（C）变压器在感应耐压试验后，绕组是否有匝间短路；（D）变压器在工频耐压试验后，绕组是否有匝间短路；（E）测量铁芯中的空载电流和空载损耗。

答案：BCE

Lb3C2020　出厂试验除了做绝缘、介质绝缘、介质损失角、泄漏电流、直流电阻及油耐压、工频及感应耐压试验等，还要做（　　）试验，由此确定变压器能否出厂。

（A）U_m不小于300kV的变压器，在线端应做全波及操作波的冲击试验；（B）空载损耗、短路损耗；（C）变比及接线组别；（D）突发短路试验。

答案：ABC

Lb3C2021　单相电弧接地过电压不会发生在（　　）。

（A）中性点直接接地电网中；（B）中性点不直接接地电网中；（C）中性点绝缘电网中；（D）中性点经消弧线圈接地的电网中。

答案：ABD

Lb3C2022　同步发电机及调相机的运行特性包括（　　）。

（A）外特性；（B）空载特性；（C）短路特性；（D）调节特性。

答案：ABCD

Lb3C2023 例行试验合格的耦合电容器，在运行中发生爆炸的原因主要有（ ）。

（A）电容芯子烘干不好；（B）元件卷制后没有及时转入压装；（C）卷制中碰破电容器纸；（D）胶圈密封不严。

答案：ABCD

Lb3C2024 交流耐压试验会使一些设备的绝缘形成内部劣化的累积效应，（ ）对交流耐压试验有劣化的累积效应。

（A）变压器；（B）隔离开关；（C）互感器；（D）电力电缆。

答案：ACD

Lb3C3025 良好的绝缘油是非极性介质，油的 tanδ 值主要是（ ）。

（A）松弛损耗；（B）电导损耗；（C）随温度升高而增大；（D）随温度升高而减小。

答案：BC

Lb3C3026 在电场的作用下，介质内部的电子带着从电场获得的能量，急剧地碰撞它附近的（ ），使之游离。

（A）分子；（B）原子；（C）离子；（D）电子。

答案：BC

Lb3C3027 为减少耦合电容器的爆炸事故发生，应连续监测或带电（ ）的变化情况。

（A）测量绝缘电阻；（B）测量电容电流；（C）测量介质损耗；（D）分析电容量。

答案：BD

Lb3C3028 液体的绝缘材料有（ ）。

（A）变压器油；（B）电缆油；（C）电容器油；（D）水。

答案：ABC

Lb3C3029 组合电介质在交、直流电压下分布情况为（ ）。

（A）在直流电压的作用下，其电压是按电阻分布的；（B）在直流电压的作用下，其电压是按电容分布的；（C）在直流电压的作用下，其电压是按电感分布的；（D）交流电压的波形、频率在绝缘介质内的电压分布符合交流电压下实际情况。

答案：AD

Lb3C3030 设备内故障产生的主要特征气体是（ ）。

（A）高温过热主要产生氢；（B）电晕放电主要产生乙炔；（C）电弧放电主要产生乙炔；（D）高温过热主要产生乙烯。

答案：CD

Lb3C3031　用谐振法进行试验有（　　）方式。

（A）串联谐振法；（B）并联谐振法；（C）串并联谐振法；（D）铁磁谐振法。

答案：ABC

Lb3C3032　铁磁谐振回路里，可能出现（　　）。

（A）基波谐振；（B）高次谐波谐振；（C）分次谐波谐振；（D）引起基波相序的翻转。

答案：ABCD

Lb3C3033　干扰电流的大小及相位取决于（　　）。

（A）干扰源和被试设备之间的阻抗；（B）干扰源和被试设备之间的耦合电容；（C）干扰源上电压的高低和频率；（D）干扰源上电流的高低和相位。

答案：BCD

Lb3C3034　示波器主要由（　　）组成。

（A）Y 轴系统；（B）X 轴系统；（C）显示部分；（D）电源部分。

答案：ABCD

Lb3C3035　电力设备除了承受工作电压的作用外，还会遇到（　　）的作用。

（A）雷电过电压；（B）操作过电压；（C）感应电压；（D）谐振过电压。

答案：ABD

Lb3C3036　在固体绝缘、液体绝缘以及液固组合绝缘上进行局部放电测量，（　　）。

（A）交流电压下比直流电压下的局部放电的脉冲重复率高；（B）交流电压下比直流电压下的局部放电的脉冲重复率低；（C）直流电压下绝缘材料内部电压发布是由电阻率决定的；（D）交流电压下绝缘材料内部电压发布是由介电常数决定的。

答案：ACD

Lb3C3037　变压器铁芯多点接地故障的表现特征有（　　）。

（A）过热造成的温升，使变压器油分解，产生的气体溶解于油中，引起变压器油性能下降，油中总烃大大超标；（B）油中气体不断增加并析出，可能导致气体继电器动作发信号甚至使变压器跳闸；（C）运行电压下的铜损绝对值增大；（D）铁芯局部过热，使铁芯损耗增加，甚至烧坏。

答案：ABD

Lb3C3038　通过对电容型绝缘结构的电流互感器进行（　　）时，会发现绝缘末屏引线在内部发生的断线或不稳定接地缺陷。

（A）一次绕组直流电阻测量及变比检查试验；（B）油中溶解气体色谱分析；（C）局部放电测量；（D）绕组主绝缘及末屏绝缘的 $\tan\delta$ 值和绝缘电阻测量。

答案：BCD

Lb3C3039 为保证红外成像检测结果的正确，防止太阳照射与背景辐射的影响。户外设备应选择（ ），来采集环境温度参数，可在一定程度上弥补环境温度变化带来的检测误差。

（A）日出后；（B）日落后；（C）阴天；（D）日出前。

答案：BCD

Lb3C3040 进行变压器直流电阻试验能够（ ）。

（A）检查档位是否正确；（B）检查绕组回路是否有短路、开路或接错线；（C）检查绕组的接线方式是否正确；（D）核对绕组所用导线的规格是否符合设计要求。

答案：BD

Lb3C3041 通过空载试验可以发现变压器的（ ）缺陷。

（A）硅钢片间绝缘不良；（B）油箱盖或套管法兰等的涡流损耗过大；（C）穿心螺栓或绑扎钢带、压板、上铁轭等的绝缘部分损坏，形成短路；（D）磁路中硅钢片松动、错位、气隙太大。

答案：ACD

Lb3C3042 测量变压器直流电阻时应注意（ ）。

（A）使用双臂电桥时电压引线不能过短以防引起误差；（B）测量仪表的准确度应不低于15级；（C）连接导线应有足够的截面，且接触必须良好；（D）准确测量绕组的温度或变压器顶层油温度。

答案：CD

Lb3C3043 在电阻不平衡率的计算公式 $\Delta R\%=[(R_{max}-R_{min})/R_{cp}]\times 100\%$ 中 $\Delta R\%$ 表示线间差或相间差的百分数，另外三个量表示（ ）。

（A）R_{max} 表示三相实测值中最大电阻值；（B）R_{min} 表示三相实测值中最小电阻值；（C）R_{cp} 表示三相实测值中的平均电阻值；（D）R_{cp} 表示三相实测值中的和。

答案：ABC

Lb3C3044 做GIS交流耐压试验时应特别注意（ ）。

（A）GIS内部的电压互感器、电流互感器的耐压试验应参照相应的试验标准执行；（B）当试验电源容量有限时，可将GIS用其内部的断路器或隔离开关分断成几个部分分别进行试验。同时，不试验的部分应接地，并保证断路器断口，断口电容器或隔离开关断口上承受的电压不超过允许值；（C）GIS内部的避雷器在进行耐压试验时应与被试回路断开；（D）规定的试验电压应施加在每一相导体和金属外壳之间，每次只能一相加压，其他相导体和接地金属外壳相连接。

答案：ABCD

Lb3C3045 变压器的铁芯未可靠接地，将造成（　　）的测量结果。

（A）tanδ 值偏小；（B）tanδ 值偏大；（C）吸收比 *K* 偏大；（D）吸收比 *K* 偏小。

答案：BD

Lb3C3046 变压器短路损耗可以认为就是绕组的电阻损耗，是因为（　　）。

（A）短路试验所加的电压很低；（B）铁芯中的磁通密度很小；（C）铁芯中的损耗相对于绕组中的电阻损耗可以忽略不计；（D）短路试验时没有空载损耗。

答案：ABC

Lb3C3047 交、直流耐压试验不能互相代替是因为（　　）。

（A）交流、直流电压在绝缘层中的分布不同，直流电压是按电导分布的，反映绝缘内个别部分可能发生过电压的情况；（B）交流电压是按与绝缘电阻并存的分布电容成反比分布的，反映各处分布电容部分可能发生过电压的情况；（C）绝缘在直流电压作用下耐压强度比在交流电压下要低；（D）绝缘在直流电压作用下耐压强度比在交流电压下要高。

答案：ABD

Lb3C4048 影响绝缘电阻测试值的因素主要有（　　）。

（A）被测试品的绝缘结构；（B）试验时的温度；（C）导体与绝缘的接触面积、测试方法；（D）被测试品的颜色。

答案：ABC

Lb3C4049 氧化锌避雷器 U_{1mA}及 0.75U_{1mA}泄漏电流规程要求为（　　）。

（A）U_{1mA}实测值与初值差不超过±5%且不低于现行国家标准 GB 11032 规定值（注意值）；（B）0.75U_{1mA}泄漏电流初值差≤30%；（C）0.75U_{1mA}泄漏电流≤50μA（注意值）；（D）U_{1mA}偏低或 0.75U_{1mA}下泄漏电流偏大时，应先排除电晕和外绝缘表面泄漏电流的影响。

答案：ABCD

Lb3C4050 红外检测应选择（　　）天气进行。

（A）无雨；（B）无雾；（C）无雪；（D）无风。

答案：ABCD

Lb3C4051 测试受潮后变压器，其数据（　　）。

（A）绝缘电阻降低；（B）吸收比降低；（C）tanδ 值增大；（D）电流减小。

答案：ABC

Lb3C4052 高压试验中使用的直流电压，是由（　　）来表示的。

（A）极性；（B）平均值；（C）频率；（D）纹波系数。

答案：ABD

Lb3C4053 红外成像检测时，应注意（ ）。

（A）检测和负荷电流有关的设备时，应选择满负荷下检测；（B）检测和负荷电流有关的设备时，应选择低负荷下检测；（C）检测和电压有关的绝缘时，应保证在额定电压下，电流越大越好；（D）检测和电压有关的绝缘时，应保证在额定电压下，电流越小越好。

答案：AD

Lb3C4054 电力电缆的直流泄漏电流试验时，微安表指针有时会有周期性摆动。排除电缆终端头脏污及试验电源不稳定原因外，其主要原因有（ ）。

（A）被试电缆的绝缘中有局部的贯通性缺陷；（B）被试电缆的绝缘中有局部的孔隙性缺陷；（C）绝缘中部分电容经过被击穿的间隙放电；（D）局部的尖端放电。

答案：BC

Lb3C4055 短路阻抗 $Z_k\%$的大小对变压器（ ）有影响。

（A）短路电流；（B）对变压器的使用效率的影响；（C）对并联运行的影响；（D）对电压变化率的影响。

答案：ACD

Lb3C4056 变压器空载损耗基本上是（ ）之和。

（A）分接开关产生损耗；（B）铁芯的磁滞损耗；（C）铁芯的涡流损失；（D）线圈电阻产生的损耗。

答案：BC

Lb3C4057 变压器油在（ ）作用下会氧化、分解而析出固体游离碳。

（A）高温；（B）磁场；（C）电场；（D）电弧。

答案：AD

Lc3C4058 变压器在运行中产生气泡的原因有（ ）。

（A）油在高电压作用下析出气体；（B）密封不严；（C）局部过热引起绝缘材料分解产生气体；（D）油中杂质水分在高电场作用下电解。

答案：ABCD

Lc3C4059 下列物质中，（ ）是亲水性物质。

（A）石蜡；（B）绝缘纸；（C）玻璃；（D）聚乙烯。

答案：BC

Lc3C4060 下列物质中，（ ）是憎水性物质。

（A）石蜡；（B）绝缘纸；（C）玻璃；（D）聚乙烯。

答案：AD

Lc3C5061 以下属于有机固体绝缘材料的是（　　）。

（A）纸；（B）棉纱；（C）木材；（D）塑料。

答案：ABCD

Lc3C5062 为了使输出电压波形接近正弦波，容量较大的三相柱式铁芯变压器应采用（　　）。

（A）Yy0 接线；（B）Yd11 接线；（C）Dy11 接线。

答案：BC

Lc3C5063 需要对橡塑绝缘电力电缆线路电缆进行主绝缘交流耐压试验的情况是（　　）。

（A）新做终端；（B）新做接头；（C）受其他试验项目警示；（D）需要检验主绝缘强度时。

答案：ABCD

Lc3C5064 运行中金属氧化物避雷器劣化的主要征兆有（　　）。

（A）在运行电压下，泄漏电流阻性分量峰值的绝对值增大；（B）在运行电压下，泄漏电流谐波分量明显增大；（C）运行电压下的有功损耗绝对值增大；（D）运行电压下的总泄漏电流的绝对值增大，但不一定明显。

答案：ABCD

Lc3C5065 高压断路器按灭弧原理分为（　　）断路器。

（A）油；（B）空气；（C）真空；（D）六氟化硫。

答案：ABCD

Lc3C5066 电力设备绝缘在运行中长期受着（　　）的作用会逐渐发生劣化。

（A）电场；（B）温度；（C）磁场；（D）机械振动。

答案：ABD

Lc3C5067 固体绝缘材料包括（　　）。

（A）无机固体绝缘材料；（B）有机固体绝缘材料；（C）憎水性固体绝缘材料；（D）亲水性固体绝缘材料。

答案：AB

1.4 计算题

La3D1001 一只表头内阻为50Ω，50mV，要扩大到$U_{RX}=X_1$V需串联$R_X=$____Ω的电阻。

X_1取值范围：100～150的整数

计算公式：$R_X=\frac{U_{RX}\times 50}{0.05}=\frac{(X_1-0.05)\times 50}{0.05}=1000X_1-50$

La3D2002 有两只直流电流表A_1和A_2，A_1的测量上限是$I_1=10$A，满量程时，其端钮电压$U_1=X_1$mV。A_2的测量上限是$I_2=10$A，满量程时，其端钮间电压$U_2=50$mV。当将两只电流表并联后接至$I=15$A的电路时，A_1电流表的读数$I_1=$____A。（计算结果保留整数）

X_1取值范围：70～80的整数

计算公式：$I_1=I\frac{r_2}{r_1+r_2}=I\times\frac{\frac{U_2}{I_2}}{\frac{U_1}{I_1}+\frac{U_2}{I_2}}=15\times\frac{\frac{50\times 10^{-3}}{10}}{\frac{X_1\times 10^{-3}}{10}+\frac{50\times 10^{-3}}{10}}=\frac{750}{X_1+50}$

La3D3003 三相配电线路末端，接有功率因数为0.8的X_1kW负荷，受电端的线电压$U_e=6$kV，线路每一相的电阻和感抗分别为5Ω和4Ω，则送电端的电压$U_N=$____V。（计算结果保留整数）

X_1取值范围：450～500的整数

计算公式：$U_N=U_e+\sqrt{3}I(R\cos\varphi+X_L\sin\varphi)=U_e+\sqrt{3}\frac{P}{\sqrt{3}U_e\cos\varphi}(R\cos\varphi+X_L\sin\varphi)$

$=6\times 10^3+\frac{4}{3}X_1$

La3D4004 如果使用10000/100V电压互感器，15/5A的电流互感器及150V、5A、$\cos\varphi=1$、满刻度$\alpha_m=150$格的瓦特表，测量单相功率，瓦特表指示$\alpha=X_1$格时，实测有功功率$P=$____W。

X_1取值范围：70～90的整数

计算公式：$P=\alpha pK_VK_I=\alpha\frac{U_NI_N\cos\varphi}{\alpha_m}K_VK_I=X_1\frac{150\times 5\times 1}{150}\times\frac{10000}{100}\times\frac{15}{5}=1500X_1$

La3D5005 如下图所示，其对称负载Z连成三角形，已知：电源线电压$U_2=220$V，电流表读数I_2为X_1A，三相总功率P为4.5kW，则每相负载的电阻$R=$____Ω，电抗$X_L=$____Ω。（计算结果保留1位小数。）

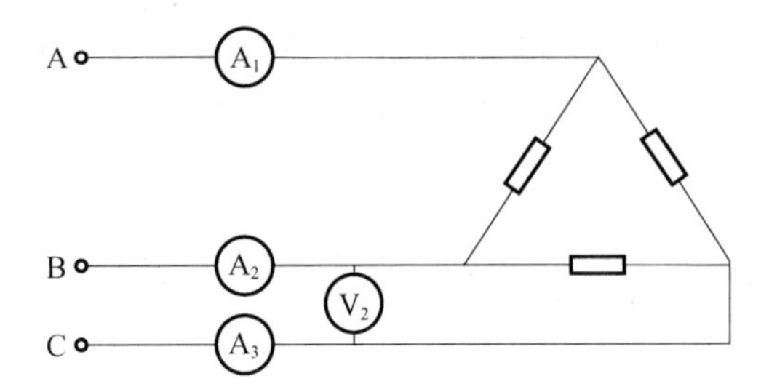

X_1取值范围：16.3～17.3的带1位小数的值

计算公式：$R=Z\cos\varphi=\dfrac{U_2}{I}\cos\varphi=\dfrac{U_2}{\dfrac{I_2}{\sqrt{3}}}\times\dfrac{4.5\times10^3}{\sqrt{3}U_2I_2}=\dfrac{4500}{X_1^2}$

$$X_L=Z\sin\varphi=\frac{U_2}{I}\sqrt{1-(\cos\varphi)^2}=\frac{U_2}{\dfrac{I_2}{\sqrt{3}}}\sqrt{1-\left(\frac{P}{\sqrt{3}U_2I_2}\right)^2}=\frac{20\sqrt{3}}{X_1^2}\sqrt{121X_1^2-16875}$$

Lb3D1006 有一交流接触器，其线圈额定电压$U_N=380$V，额定电流$I_N=30$mA，频率$f=50$Hz，线圈的电阻$R=X_1$kΩ，试求线圈的电感$L=$____H。（计算结果保留2位小数）

X_1取值范围：1.1～1.6的带1位小数的值

计算公式：$L=\dfrac{X_L}{2\pi f}=\dfrac{\sqrt{Z^2-R^2}}{2\pi f}=\dfrac{\sqrt{\left(\dfrac{U_N}{I_N}\right)^2-R^2}}{2\pi f}=\dfrac{\sqrt{\left(\dfrac{380}{30\times10^{-3}}\right)^2-10^6X_1{}^2}}{2\times3.14\times50}$

$$=\frac{500\times\sqrt{\dfrac{1444}{9}-X_1{}^2}}{157}$$

Lb3D2007 某R、L、C串联电路，$R=50\Omega$，$L=X_1$mH，$C=0.159\mu$F，$U=20$V，计算电路谐振频率$f_0=$____Hz；谐振时，$X_L=$____Ω，电容上的压降$U_C=$____V。（计算结果保留整数）

X_1取值范围：155～160的整数

计算公式：$f_0=\dfrac{1}{2\pi\sqrt{LC}}=\dfrac{1}{2\times3.14\times\sqrt{X_1\times10^{-3}\times0.159\times10^{-6}}}$

$$=\frac{1}{6.28\times\sqrt{X_1\times0.159\times10^{-9}}};$$

$$X_L=\omega L=2\times\pi\times f_0\times X_1\times10^{-3}=2\times\pi\times\frac{1}{2\pi\sqrt{LC}}\times X_1\times10^{-3}=\frac{X_1}{\sqrt{X_1\times0.159\times10^{-3}}}$$

$$U_C=\frac{I}{\omega C}=\frac{\dfrac{U}{R}}{2\times\pi\times\dfrac{1}{2\pi\sqrt{LC}}\times0.159\times10^{-6}}=\frac{2\times\sqrt{X_1\times159}}{0.795}$$

Lb3D3008 在某一串联谐振电路中，已知电感为 X_1mH，则电容 $C=$____ pF 时，才能使电路对于 $f_0=150$kHz 的电源频率发生谐振。(计算结果保留 2 位小数)

X_1取值范围：20～40 的整数

计算公式：$$C=\frac{1}{\omega_0^2 L}\times 10^{12}=\frac{1}{(2\pi f_0)^2 L}\times 10^{12}=\frac{1}{4\times\pi^2\times(150\times 10^3)^2\times X_1\times 10^{-3}}\times 10^{12}$$
$$=\frac{10^5}{9\times\pi^2\times X_1}$$

Lb3D3009 电阻 $R=10\Omega$，$L=X_1\mu$H 的线圈和 $C=100$pF 的电容并联组成谐振电路，激励为正弦电流源 I_s，有效值为 1μA；计算谐振时的角频率 $\omega_0=$____ rad/s。(计算结果保留整数)

X_1取值范围：90～110 的整数

计算公式：$$\omega_o=\sqrt{\frac{1}{LC}-\frac{R^2}{L^2}}=\sqrt{\frac{1}{X_1\times 10^{-6}\times 100\times 10^{-12}}-\frac{10^2}{(X_1{}^2\times 10^{-12})}}=\frac{\sqrt{100X_1-1}}{X_1\times 10^{-7}}$$

Lb3D3010 电阻 $R=10\Omega$，$L=X_1\mu$H 的线圈和 $C=100$pF 的电容并联组成谐振电路，激励为正弦电流源 I_s，有效值为 1μA；计算线圈的品质因数 $Q=$____，线圈电流 $I_L=$____ μA，电容电流 $I_C=$____ μA。(计算结果保留整数)

X_1取值范围：90～110 的整数

计算公式：$$Q=\frac{\omega_0 L}{R}=\frac{L\sqrt{\frac{1}{LC}-\frac{R^2}{L^2}}}{R}=\frac{X_1\times 10^{-6}\times\frac{\sqrt{100X_1-1}}{X_1\times 10^{-7}}}{10}=\sqrt{100X_1-1}$$
$$I_L=I_C=QI_s\times 10^6=\sqrt{100X_1-1}\times 10^{-6}\times 10^6=\sqrt{100X_1-1}$$

Lb3D3011 电阻 $R=10\Omega$，$L=X_1\mu$H 的线圈和 $C=100$pF 的电容并联组成谐振电路，激励为正弦电流源 I_s，有效值为 1μA；计算阻抗 $Z_0=$____ Ω，端口电压 $U=$____ V。(计算结果保留 1 位小数)

X_1取值范围：90～110 的整数

计算公式：$$Z_0=\frac{L}{RC}=\frac{X_1\times 10^{-6}}{10\times 100\times 10^{-12}}=10^3 X_1$$
$$U=Z_0 I_s=10^3\times X_1\times 1\times 10^{-6}=10^{-3}X_1$$

Lb3D3012 一台 220kV 电容式电压互感器，主电容 C_1为 0.005μF，分压电容 C_2为 $X_1\mu$F，则计算分压比 $K=$____，分压电容 C_2上承受的电压 $U_2=$____ kV。(计算结果保留 1 位小数)

X_1取值范围：0.0435～0.0440 的带 4 位小数的值

计算公式：$$K=\frac{C_1+C_2}{C_1}=\frac{0.005+X_1}{0.005}$$

$$U_2=\frac{U_\varphi}{K}=\frac{\frac{220}{\sqrt{3}}}{\frac{0.005+X_1}{0.005}}=\frac{1.1}{\sqrt{3}(0.005+X_1)}$$

Lb3D3013 某试品交流耐压 30kV，其电容量为 X_1pF，现用 50/0.2kV 的试验变压器进行试验，试计算试变的调压器容量 S'=____ kV·A。(计算结果保留 3 位小数)

X_1取值范围：4700～4900 的整数

计算公式：$S'=0.7\omega CU^2\times10^{-3}=0.7\times314\times X_1\times10^{-12}\times(30\times10^3)^2\times10^{-3}$
$=1978.2\times X_1\times10^{-7}$

Lb3D3014 用铜球（一球接地）测量某一试验变压器的输出高电压值，$T=27$℃，空气相对密度 δ 计算得 0.941，击穿电压 $U_{f0}=X_1$kV，试问变压器的输出电压 U_f=____ kV。(计算结果保留 1 位小数)

X_1取值范围：55～59 的整数

计算公式：$U_f=\frac{\delta\times U_{f0}}{\sqrt{2}}=\frac{0.941\times X_1}{\sqrt{2}}$

Lb3D3015 一台电容分压器高压臂 C_1 由四节（$n=4$）100kV、$C_{10}=0.0066\mu$F 的电容器串联组成，低压臂 CV_2 由二节 2.0kV，$C_{20}=2.0\mu$F 的电容器并联组成，测量电压 U_1 为交流 X_1kV，计算低压臂上的电压值 U_2 为____ V。(计算结果保留整数)

X_1取值范围：350～450 的整数

计算公式：$U_2=\frac{U_1}{\frac{C_1+C_2}{C_1}}=\frac{U_1}{\frac{\frac{C_{10}}{n}+2\times C_{20}}{\frac{C_{10}}{n}}}=\frac{X_1\times10^3}{\frac{\frac{0.0066}{4}+2\times2.0}{\frac{0.0066}{4}}}=\frac{3.3}{8.0033}X_1$

Lb3D4016 一台 35kV/10kV 油浸变压器，容量 16000kV·A，高压对地电容 X_1pF，现用串联谐振法进行高压侧交流耐压试验，串联电抗器 18 kV /5A，电感量 90H。谐振时的频率 f_0=____ Hz。(计算结果保留整数)

X_1取值范围：8000～9000 的整数

计算公式：$f_0=\frac{1}{2\pi\sqrt{LC}}=\frac{1}{2\times3.14\times\sqrt{90\times X_1\times10^{-12}}}=\frac{1}{18.84\times10^{-6}\times\sqrt{10X_1}}$

Lb3D4017 若在线测量 220kV 耦合电容器的电压、电流分别为 $U=X_1$kV、$I_C=$130mA，试计算电容量 C_x=____ μF。(计算结果保留 6 位小数)

X_1取值范围：128，129，130，131，132

计算公式：$C_x=\frac{I_C}{wU}\times10^6=\frac{130}{314X_1}=\frac{65}{157X_1}$

Lb3D4018 对某大型电力变压器进行分解试验时，测量其高压侧A相套管的电容和介质损耗分别为 $C_1=1000\text{pF}$，$\tan\delta_1=5\%$；测得高压绕组对中、低压和地间的电容量及介质损耗分别为 $C_2=X_1\text{pF}$，$\tan\delta_2=0.2\%$，若测量此变压器的整体 $\tan\delta$，测量值 $\tan\delta=$____。(计算结果保留4位小数)

X_1取值范围：19000～20000的整数

计算公式： $\tan\delta=\dfrac{C_1\tan\delta_1+C_2\tan\delta_2}{C_1+C_2}=\dfrac{1000\times5\%+X_1\times0.2\%}{1000+X_1}=\dfrac{50+X_1\times0.002}{1000+X_1}$

Lb3D4019 某台 $U_N=220\text{kV}$ 电流互感器，试验测得主电容 $C_x=X_1\text{pF}$，$\tan\delta=0.72\%$，则在额定最高工作电压 U_m下的介质功率损耗 $P=$____W。(计算结果保留2位小数)

X_1取值范围：1150～1200的整数

计算公式： $P=U_m^2\omega C_x\tan\delta=\left(1.15\dfrac{U_N}{\sqrt{3}}\right)^2\omega C_x\tan\delta$

$$=\left(1.15\times\frac{220\times10^3}{\sqrt{3}}\right)^2\times314\times X_1\times10^{-12}\times0.0072$$

$$=31.74\times484\times314\times10^{-8}\times X_1$$

Lb3D5020 某三相变压器，变比为35/10.5kV，高压绕组的试验电压 $U_s=X_1\text{kV}$，高压对低压及地的电容 $C_x=3950\text{pF}$，试验变压器的变比 K 为150/0.5kV，漏抗 $Z_K=86400\Omega$，则容升电压 $U_L=$____V，试验变压器低压侧应加的电压 $U_2=$____V。(计算结果保留1位小数)

X_1取值范围：68～85的整数

计算公式： $U_L=U_s\omega C_x Z_K=X_1\times10^3\times314\times3950\times10^{-12}\times86400=107.16192X_1$

$$U_2=\frac{U_s-U_L}{K}=\frac{X_1\times10^3-107.16192X_1}{\frac{150\times10^3}{0.5\times10^3}}=\frac{223.20952}{75}X_1$$

Lb3D5021 某台16000kV·A变压器的35kV电压线圈要进行 $U_s=X_1\text{kV}$ 的交接工频耐压试验，而当试验变压器高压侧达到72kV时，其低压侧的电压值 $U=$____V。(注：已知试验变压器为100kV/500V，$S_N=25\text{kV}\cdot\text{A}$，短路阻抗22.5%和被试变压器35kV线圈对其他线圈及地电容 C_x为10000PF)(计算结果保留整数)

X_1取值范围：60～72的整数

计算公式： $U=\dfrac{U_s-\Delta U}{K}=\dfrac{U_s-U_S\omega C_x\dfrac{U_N^2}{S_N}Z_k\%}{K}$

$$=\frac{X_1\times10^3-X_1\times10^3\times314\times10000\times10^{-12}\times\frac{(100\times10^3)^2}{25\times10^3}\times22.5\%}{\frac{100\times10^3}{500}}=3.587X_1$$

Lc3D2022 两台额定容量均为 10000kV·A 的同型号变压器并列运行，阻抗电压分别为 7.2 和 6.8，总的负荷容量为 X_1kV·A，则阻抗电压为 7.2 的变压器所带负荷 $S_1=$____ kV·A。(计算结果保留整数)

X_1取值范围：10000～20000 的整数

计算公式：$S_1=S\dfrac{U_{k2}\%}{U_{k1}\%+U_{k2}\%}=X_1\times\dfrac{6.8}{7.2+6.8}=\dfrac{3.4}{7}X_1$

Jd3D1023 如果进行感应耐压试验的频率 $f=X_1$Hz，则试验时间 $t=$____ s。

X_1取值范围：200，250，300，400

计算公式：$t=60\times\dfrac{100}{f}=\dfrac{6000}{X_1}$

Jd3D2024 一台 KSGJY-100/6 的变压器做温升试验，当温度 t_m 为 13℃时，测得一次绕组的直流电阻 $R_1=2.96\Omega$，当试验结束时，测得一次绕组的直流电阻 $R_2=X_1\Omega$，温度为 t_P，则该绕组的平均温升 $\Delta t_p=$____℃。(对于铜绕组，$T=235$)(计算结果保留 1 位小数)

X_1取值范围：3.68～3.98 带 2 位小数的值

计算公式：$\Delta t_p=t_p-t_m=\dfrac{R_2}{R_1}(T+t_m)-T-t_m=\dfrac{X_1}{2.96}(235+13)-235-13$

$$=\frac{248}{2.96}X_1-248$$

Jd3D2025 对称三相感性负载接在线电压 $U_L=380$V 的三相对称电源上，测得负载的线电流 $I_L=12$A，功率 $P=X_1$kW，则功率因数 $\cos\varphi=$____，无功功率 $Q=$____ kV·A。(计算结果保留 3 位小数)

X_1取值范围：5～6 的带 1 位小数的值

计算公式：$\cos\varphi=\dfrac{P}{\sqrt{3}I_LU_L}=\dfrac{X_1\times10^3}{\sqrt{3}\times12\times380}=\dfrac{X_1\times25}{\sqrt{3}\times114}$

$$Q=\sqrt{3}I_LU_L\sin\varphi\times10^{-3}=\sqrt{3}\times12\times380\times\sin\left(\arccos\frac{X_1\times10^3}{\sqrt{3}\times12\times380}\right)\times10^{-3}$$

Jd3D2026 SJ-20/10 型三相变压器，绕组都为星形连接，高压侧额定电压 $U_{1N}=10$kV，低压侧额定电压 $U_{2N}=0.4$kV，变压器的额定容量 $S_N=X_1$kV·A，计算该台变压器高压侧的相电流 $I_{1ph}=$____ A，线电流 $I_{1L}=$____ A，低压侧的 $I_{2ph}=$____ A，$I_{2L}=$____ A。(计算结果保留 2 位小数)

X_1取值范围：15～25 的整数

计算公式：$I_{1ph}=I_{1L}=\dfrac{S_N}{\sqrt{3}U_{1L}}=\dfrac{X_1}{\sqrt{3}\times10}$

$$I_{2ph}=I_{2L}=\frac{S_N}{\sqrt{3}U_{2L}}=\frac{X_1}{\sqrt{3}\times0.4}$$

Jd3D2027 对称三相负载连接成三角形，接到线电压 $U_{\mathrm{L}}=380\mathrm{V}$ 的三相电源上，测得线电流 $I_{\mathrm{L}}=X_1\mathrm{A}$，三相功率 $P=4.5\mathrm{kW}$，计算每相负载的电阻 $R=$____ Ω，感抗 $X_{\mathrm{L}}=$____ Ω。（计算结果保留 1 位小数）

X_1取值范围：16.3～17.9 带 1 位小数的值

计算公式： $R=\dfrac{P}{I_{\mathrm{ph}}^2}=\dfrac{\frac{1}{3}P}{\left(\frac{I_L}{\sqrt{3}}\right)^2}=\dfrac{\frac{1}{3}\times 4.5\times 10^3}{\frac{X_1^2}{3}}=\dfrac{4.5\times 10^3}{X_1^2}$

$$X_{\mathrm{L}}=\sqrt{Z^2-R^2}=\sqrt{\left(\frac{U_{\mathrm{ph}}}{I_{\mathrm{ph}}}\right)^2-R^2}=\sqrt{\left(\frac{380}{\frac{X_1}{\sqrt{3}}}\right)^2-\left(\frac{4.5\times 10^3}{X_1^2}\right)^2}$$

$$=\frac{20}{X_1}\sqrt{1083-\frac{50265}{X_1^2}}$$

Jd3D2028 用一套工频调感串联谐振耐压试验装置对 110kV 电缆进行 50Hz 工频交流耐压试验。设已知电缆每千米的电容量 $C_0=X_1\mathrm{mF/km}$，串联谐振耐压试验装置共配有两台的 200kV 可调电抗器，每台可调电抗器的最小电感值 $L_1=600\mathrm{H}$，用这套试验装置能进行最长 $l=$____ m 的该型电缆的工频交流耐压试验（$f=50\mathrm{Hz}$）。（计算结果保留整数）

X_1取值范围：0.11～0.15 带两位小数的值

计算公式： $l=\dfrac{C}{C_0}=\dfrac{\frac{1}{\omega^2 L}}{C_0}=\dfrac{\frac{1}{(2\times 3.14\times 50)^2\times\frac{L_1}{2}}}{X_1\times 10^{-9}}=\dfrac{1}{314^2\times 3\times X_1\times 10^{-7}}$

Jd3D2029 下图所示为中性点经消弧线圈接地的电力网发生单相直接接地。已知，频率 $f=50\mathrm{Hz}$，$C=X_1\mu\mathrm{F}$，求满足完全补偿的消弧线圈的电感值 $L=$____ H。（计算结果保留 2 位小数）

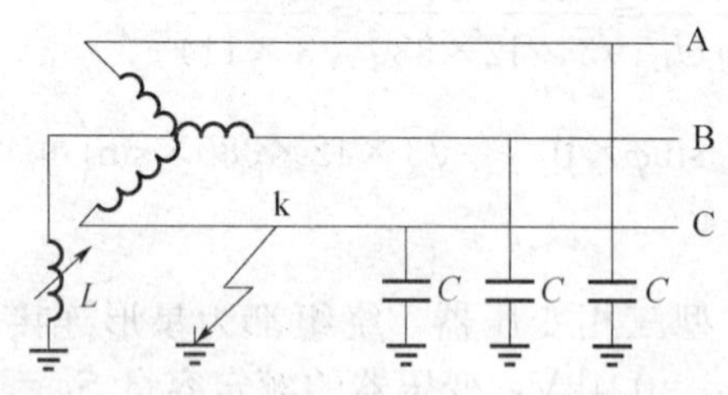

X_1取值范围：2，3，4

计算公式： $L=\dfrac{1}{\omega^2 3C}=\dfrac{1}{314^2\times 3\times X_1\times 10^{-6}}=\dfrac{1}{0.295788\times X_1}$

Jd3D2030 某三相对称电路，线电压 $U_{\mathrm{L}}=380\mathrm{V}$，三相对称负载接成星形，每相负载为 $R=X_1\Omega$，感抗 $X_{\mathrm{L}}=8\Omega$，则相电流 $I_{\mathrm{ph}}=$____ A。（计算结果保留 2 位小数）

X_1取值范围：4，5，6，7，8

计算公式：$I_{ph}=\frac{U_{ph}}{Z}=\frac{\frac{U_L}{\sqrt{3}}}{Z}=\frac{\frac{380}{\sqrt{3}}}{\sqrt{X_1^2+8^2}}\frac{380}{\sqrt{3X_1^2+192}}$

Jd3D2031 某三相对称电路，线电压U_L=380V，三相对称负载接成星形，每相负载为$R=X_1\Omega$，感抗$X_L=8\Omega$，负载消耗的总功率P=____ W。（计算结果保留2位小数）

X_1取值范围：4，5，6，7，8

计算公式：$P=3I^2R=3\times\left(\frac{\frac{U_L}{\sqrt{3}}}{Z}\right)^2\times X_1=\frac{380^2\times X_1}{X_1^2+64}$

Jd3D2032 有两个电容器，其电容量$C_1=4\mu F$，$C_2=6\mu F$，串接后接于X_1V直流电源上，则它们的总电荷量Q=____ C。

X_1取值范围：110～130的整数

计算公式：$Q=CU=\frac{C_1\times C_2}{C_1+C_2}U=\frac{4\times 6}{4+6}\times 10^{-6}\times X_1=24\times 10^{-7}\times X_1$

Jd3D2033 单相变压器二次侧额定电压U_{2N}=220V端子上接有$R=X_1\Omega$的电阻，若在一次侧端子施加电压，当一次电流I=3A时，所加电压U_1=2160V，如图所示，则一次额定电压U_{1N}=____ V，假设变压器的电抗及损耗忽略不计。（计算结果保留整数）

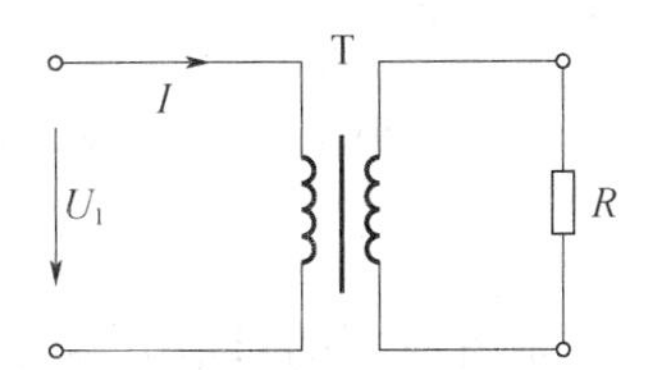

X_1取值范围：0.311～0.319的带3位小数的值

计算公式：$U_{1N}=220\sqrt{\frac{U_1}{IR}}=220\times\sqrt{\frac{2160}{3\times X_1}}=2640\times\sqrt{\frac{5}{X_1}}$

Jd3D3034 某输电线路全长$L=X_1$ km，测得导线直流电阻R_{AB}=0.75Ω，R_{BC}=0.74Ω，R_{AC}=0.76Ω，则每相每千米导线的电阻值分别R'_A=____ Ω/km，R'_B=____ Ω/km，R'_C=____ Ω/km。（计算结果保留4位小数）

X_1取值范围：20～30的整数

计算公式：

$$R'_A=\frac{R_A}{L}=\frac{\frac{1}{2}(R_{AB}+R_{AC}-R_{BC})}{L}=\frac{\frac{1}{2}(0.75+0.76-0.74)}{X_1}=\frac{0.77}{2X_1}$$

$$R'_B=\frac{R_B}{L}=\frac{\frac{1}{2}(R_{AB}+R_{BC}-R_{AC})}{L}=\frac{\frac{1}{2}(0.75+0.74-0.76)}{X_1}=\frac{0.73}{2X_1}$$

$$R'_C=\frac{R_C}{L}=\frac{\frac{1}{2}(R_{BC}+R_{AC}-R_{AB})}{L}=\frac{\frac{1}{2}(0.74+0.76-0.75)}{X_1}=\frac{0.75}{2X_1}$$

Jd3D3035 某条钢芯铝绞线的输电线路，全长54km，测得气温在 $t_a=X_1$℃时导线直流电阻 $R_{AB}=1.5\Omega$，$R_{BC}=1.48\Omega$，$R_{AC}=1.52\Omega$，则导线在 $t_x=50$℃时，A 相直流电阻 R_A =____ Ω，B 相直流电阻 R_B=____ Ω，C 相直流电阻 R_C=____ Ω。（铝导线温度系数 T 为225）（计算结果保留3位小数）

X_1取值范围：20～30的整数

计算公式：

$$R_A=\frac{T+t_x}{T+t_a}\times\frac{1}{2}(R_{AB}+R_{AC}-R_{BC})=\frac{225+50}{225+X_1}\times\frac{1}{2}(1.5+1.52-1.48)=\frac{211.75}{225+X_1}$$

$$R_B=\frac{T+t_x}{T+t_a}\times\frac{1}{2}(R_{AB}+R_{BC}-R_{AC})=\frac{225+50}{225+X_1}\times\frac{1}{2}(1.5+1.48-1.52)=\frac{200.75}{225+X_1}$$

$$R_C=\frac{T+t_x}{T+t_a}\times\frac{1}{2}(R_{BC}+R_{AC}-R_{AB})=\frac{225+50}{225+X_1}\times\frac{1}{2}(1.48+1.52-1.5)=\frac{206.25}{225+X_1}$$

Jd3D3036 将 X_1V的电压施加在20 μF的电容器上时，此时电容器所储存的电荷 Q=____ C，所具有的电场能量 W_C=____ J。

X_1取值范围：450～550的整数

计算公式：$Q=CU=20\times10^{-6}\times X_1$

$$W_C=\frac{1}{2}CU^2=\frac{1}{2}\times20\times10^{-6}\times X_1^2=10^{-5}\times X_1^2$$

Jd3D4037 某台LCWD-220电流互感器的对地电容量 C 为 X_1pF，计算在最高运行电压下的对地电容电流值 I_C=____ A。（计算结果保留4位小数）

X_1取值范围：600～900的整数

计算公式：$I_C=\omega CU_m=1.15\frac{U_N}{\sqrt{3}}\omega C=\frac{79442}{\sqrt{3}}\times X_1\times10^{-9}$

Jd3D5038 某台SJ8-50/10变压器，测得20℃时负载损耗为 X_1W，则换算到75℃时的负载损耗 $P_{k75℃}$=____ W。（注：铜绕组 T=235）（计算结果保留2位小数）

X_1取值范围：800～900的整数

计算公式：$P_{k75℃}=K_tP_{k20℃}=\frac{T+t_x}{T+t_d}P_{k20℃}=\frac{235+75}{235+20}\times X_1=\frac{62}{51}X_1$

Jd3D5039 有一台SFLl-50000/110双绕组变压器，短路损耗为 X_1kW，计算该变压器绕组的电阻 R=____ Ω。（计算结果保留2位小数）

X_1取值范围：225～235的整数

计算公式：$R=\frac{P_D}{S_e^2}U_e^2=\frac{X_1\times10^3}{(50000\times10^3)^2}\times(110\times10^3)^2=\frac{121X_1}{25000}$

Jd3D5040 有一台 SFL1-50000/110 双绕组变压器，高低压侧的阻抗压降为 $X_1\%$，计算该变压器绕组的漏抗 $X=$____ Ω。(计算结果保留 2 位小数)

X_1取值范围：10.1～10.9 的带 1 位小数的值

计算公式：$X=\frac{(U_D\%U_e^2)}{S_e}=\frac{X_1\%\times110^2\times10^6}{50000\times10^3}=242\times X_1\%$

Je3D1041 某变电站 $U_N=35$kV 软导线各相瓷瓶串分别采用 $n=4$ 片，沿面爬距 L_0 为 X_1mm 的悬式绝缘子挂装，则其沿面爬电比距 $\lambda=$____ cm/kV。(计算结果保留 2 位小数)

X_1取值范围：293，294，295，296，297

计算公式 $\lambda=\frac{L}{U_m}=\frac{nL_0}{1.15U_N}=\frac{4\times X_1\times10^{-1}}{1.15\times35}=\frac{4X_1}{402.5}$

Je3D1042 为了测量变压器在温升试验中的铁芯温度，埋入一铜线圈于铁芯表面。温度 $t_1=16$℃时线圈电阻 $R_1=X_1\Omega$，当温升试验结束时，测得线圈电阻 $R_2=25.14\Omega$，温度为 t_2，则铁芯的温升 Δt 为____℃。(对于铜绕组，$T=235$)(计算结果保留 1 位小数)

X_1取值范围：18.5～20.5 带 1 位小数的值

计算公式：

$$\Delta t=t_2-t_1=\frac{R_2}{R_1}(T+t_1)-T-t_1=\frac{25.14}{X_1}(235+16)-235-16=\frac{6310.14}{X_1}-251$$

Je3D2043 10kV 系统每相对地电容 C_0 为 $X_1\mu$F，当发生单相接地时，计算接地电流 $I_j=$____ A。(计算结果保留 2 位小数)

X_1取值范围：1.5～3.5 带 1 位小数的值

计算公式：$I_j=3\omega C_0\frac{U_N}{\sqrt{3}}=\sqrt{3}\omega C_0U_N=\sqrt{3}\times3.14\times X_1$

Je3D3044 一台 35kV 变压器，试验电压 $U_s=X_1$kV，额定频率 $f_N=50$Hz，测得绕组对地电容 $C_x=0.01$mF，试验变压器 S_N 为 20kV·A，U_N 为 100/0.5kV，则计算试验时所需试验变压器容量 $S=$____ kV·A。

X_1取值范围：75～85 的整数

计算公式：$S=\frac{\omega C_xU_sU_N}{1000}=\frac{2\pi f_NC_xU_sU_N}{1000}$

$$=\frac{2\times3.14\times50\times0.01\times10^{-6}\times X_1\times10^3\times100\times10^3}{1000}=0.314X_1$$

Je3D3045 某电气设备的对地电容为$C= X_1$pF，在工频电压作用下测得$\tan\delta=0.01$，若已知所加的工频电压大小为32kV，计算该设备绝缘电介质消耗的有功功率$P=$____W，所吸收的无功功率$Q=$____V·A。（计算结果保留2位小数）

X_1取值范围：3000～3200的整数

计算公式：$P=U^2\omega C\tan\delta=(32\times10^3)^2\times314\times X_1\times10^{-12}\times0.01=321536\times10^{-8}\times X_1$

$$Q=\frac{P}{\tan\delta}=\frac{U^2\omega C\tan\delta}{\tan\delta}=(32\times10^3)^2\times314\times X_1\times10^{-12}=321536\times10^{-6}\times X_1$$

Je3D4046 某变电站35kV侧中性点装设了一台消弧线圈，在35kV系统发生单相接地时补偿电流$I_L= X_1$A，则这台消弧线圈的电感$X_L=$____kΩ。（计算结果保留2位小数）

X_1取值范围：15～25的整数

计算公式：$X_L=\frac{U_L}{I_L}=\frac{\frac{35}{\sqrt{3}}}{X_1}=\frac{35}{\sqrt{3}X_1}$

Je3D4047 设有三台三相变压器并列运行，其额定电压均为35/10.5kV，其他规范如下：(1) 容量$S_{1N}=1000$kV·A，阻抗电压$U_{k1}\%=6.25$；(2) 容量$S_{2N}=1800$kV·A，阻抗电压$U_{k2}\%=6.6$；(3) 容量$S_{3N}=2400$kV·A，阻抗电压$U_{k3}\%=7.0$。当总负载为X_1kV·A时，各变压器所供给的负载$P_{1f}=$____kV·A，$P_{2f}=$____kV·A，$P_{3f}=$____kV·A。（计算结果保留整数）

X_1取值范围：4000～5000的整数

计算公式：

$$P_{1f}=\frac{P}{\frac{P_1}{U_{k1}\%}+\frac{P_2}{U_{k2}\%}+\frac{P_3}{U_{k3}\%}}\times\frac{P_1}{U_{k1}\%}$$

$$=\frac{X_1}{\frac{1000}{6.25}+\frac{1800}{6.6}+\frac{2400}{7}}\times\frac{1000}{6.25}=\frac{924\times X_1}{4479}$$

$$P_{2f}=\frac{P}{\frac{P_1}{U_{k1}\%}+\frac{P_2}{U_{k2}\%}+\frac{P_3}{U_{k3}\%}}\times\frac{P_2}{U_{k2}\%}=\frac{X_1}{\frac{1000}{6.25}+\frac{1800}{6.6}+\frac{2400}{7}}\times\frac{1800}{6.6}=\frac{525\times X_1}{1493}$$

$$P_{3f}=\frac{P}{\frac{P_1}{U_{k1}\%}+\frac{P_2}{U_{k2}\%}+\frac{P_3}{U_{k3}\%}}\times\frac{P_3}{U_{k3}\%}=\frac{X_1}{\frac{1000}{6.25}+\frac{1800}{6.6}+\frac{2400}{7}}\times\frac{2400}{7}=\frac{660\times X_1}{1493}$$

Je3D4048 某工厂到发电厂距离为$L=X_1$km，由三相送电，每千米输电线的电阻$R_0=0.17\Omega$，如输送功率为$P=20000$kW，$\cos\varphi=1$，则输电线的电压$U=110$kV时，输电线的功率损耗$\Delta P=$____kW。（计算结果保留1位小数）

X_1取值范围：25～35的整数

计算公式：$\Delta P=3I^2R=3\times\left(\frac{P}{\sqrt{3}U\cos\varphi}\right)^2(R_0\times L)=\frac{68\times10^4}{121}\times X_1\times10^{-3}$

Je3D4049 某台电力变压器需进行 X_1kV 的工频耐压试验，tanδ 值试验时测得其等值电容 $C_x=4200$pF。现有数台容量不同的 100/0.4(kV)工频试验变压器，应选择一台额定容量 $S\geqslant$____ V·A 的试验变压器才能满足试验的要求。(计算结果保留整数)

X_1取值范围：68～72 的整数

计算公式： $S=100\times10^3\times\omega\times C_x\times U_s\times10^{-3}$

$$=100\times10^3\times314\times4200\times10^{-12}\times X_1\times10^3\times10^{-3}=0.13188\times X_1$$

Je3D4050 在进行变压器投切实验时，为了录取过电压值，常利用变压器上电容套管进行测量，已知线电压 $U_L=220$kV，套管高压与测量端间电容 $C_1=X_1$pF，若输入录波器的电压 U_2 不高于 300V，则分压电容 $C_2\geqslant$____ μF。(设过电压值不超过 $3U_{max}$)(计算结果保留 3 位小数)

X_1取值范围：390～430 的整数

计算公式：

$$C_2=\frac{(3U_{max}-U_2)C_1}{U_2}=\frac{\left(3\times\frac{1.15\times220\times10^3}{\sqrt{3}}-300\right)X_1\times10^{-12}}{300}\times10^6$$

$$=\left(\frac{X_1\times253}{\sqrt{3}}-0.1X_1\right)\times10^{-5}$$

Je3D4051 某台 10kV、80kV·A 电力电容器，测试其电容量加压 $U_s=X_1$V，工频电压测得电流 $I=165$mA，实测电容量 $C=$____ μF，电容值偏差 $\Delta C\%=$____。(注：规定容量偏差在−5%～+10%范围内为合格)(计算结果保留 2 位小数)

X_1取值范围：170～220 的整数

计算公式： $C=\frac{I}{\omega U_s}\times10^6=\frac{165\times10^3}{314X_1}$

$$\Delta C\%=\frac{C-C_N}{C_N}\times100\%=\frac{\frac{I}{wU_s}-\frac{Q}{wU_N^2}}{C_N}\times100\%$$

$$=\frac{\frac{165\times10^{-3}}{314X_1}-\frac{80\times10^3}{314\times(10\times10^3)^2}}{\frac{80\times10^3}{314\times(10\times10^3)^2}}\times100\%=\frac{825-4X_1}{4X_1}\times100\%$$

Je3D4052 某台 35kV 变压器，试验电压 $U_T=X_1$kV，测得绕组对地电容 $C=0.01$μF，试验变压器的：$S_T=25$kV·A、100/0.5kV，试计算试验变压器的输入电流 $I_2=$____ A。

X_1取值范围：75～85 的整数

计算公式： $I_2=KI_C=K\omega CU_T=\frac{100}{0.5}\times314\times0.01\times10^{-6}\times X_1\times10^3=0.628X_1$

Je3D4053 某台 35kV 变压器，试验电压 $U_T = X_1$ kV，测得绕组对地电容 $C_x =$ 0.01μF，现有试验变压器 S_T＝25kV・A、100/0.5kV，计算试验时所需试验变压器容量 P＝____ kV・A。

X_1取值范围：75～85 的整数

计算公式：$P=\frac{\omega C_x U_T U_N}{1000}=\frac{314\times 0.01\times 10^{-6}\times X_1\times 10^3\times 100\times 10^3}{1000}=\frac{314X_1}{1000}$

Je3D5054 一台 15000kV・A 变压器，其 35kV 侧电压线圈要进行 $U_s = X_1$kV 的工频耐压试验，已知试验变压器参数，S_N＝25kV・A，电压比为 100kV/500V，短路阻抗 $U_k\%$＝22.5%，被试变压器 35kV 线圈对地电容 C＝13000pF。

（1）当试验变压器低压侧间接法测得 X_1kV 时，被试品上实际电压 U_c＝____ kV；

（2）为保证被试品两端电压为 X_1kV 时，在试验变压器低压侧应监视的电压值 U_d＝____ V。（计算结果保留 1 位小数）

X_1取值范围：68～85 的整数

计算公式：

$$U_c = (U_s+\Delta U)\times 10^{-3} = (U_s+IX_k)\times 10^{-3}$$

$$=\left[U_s+\frac{U_s}{\frac{1}{\omega C}-\frac{U_N^2}{S_N}\times U_k\%}\times\frac{U_N^2}{S_N}\times U_k\%\right]\times 10^{-3}$$

$$=\left[X_1\times 10^3+\frac{X_1\times 10^3}{\frac{1}{314\times 13000\times 10^{-12}}-\frac{100000^2}{25\times 10^3}\times 22.5\%}\times\frac{100000^2}{25\times 10^3}\times 22.5\%\right]\times 10^{-3}$$

$$=\frac{X_1\times 244978}{154978}$$

$$U_d=\frac{U_c-IX_k}{K}=\frac{U_c-\frac{U_c}{X_c}X_k}{K}=\frac{X_1\times 10_3-\frac{X_1\times 10^3}{\frac{1}{314\times 13000\times 10^{-12}}}\times\frac{100000^2}{25\times 10^3}\times 22.5\%}{\frac{100000}{500}}$$

$$=3.1631X_1$$

Jf3D3055 某用户的有功负荷 P 为 400kW，无功负荷 Q_0 为 X_1kV・A，现要求用户功率因数提高到 0.9，则该用户应装设无功补偿电容器的容量 Q_1＝____ kV・A。

X_1取值范围：280～310 的整数

计算公式：$Q_1=Q_0-\sqrt{S^2-P^2}=Q_0-\sqrt{\left(\frac{P}{\cos\varphi}\right)^2-P^2}$

$$=X_1-\sqrt{\left(\frac{400}{0.9}\right)^2-400^2}=X_1-193$$

1.5 识图题

La3E1001 下图是（ ）的原理图。

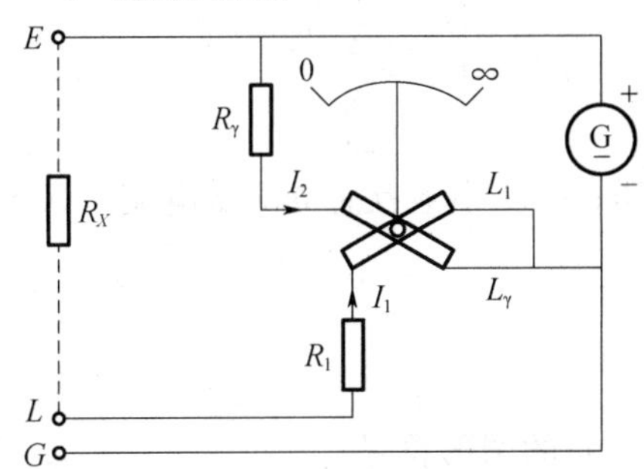

（A）单臂电桥；（B）兆欧表；（C）电流表；（D）电压表。

答案：B

La3E2002 下图是（ ）的原理图。

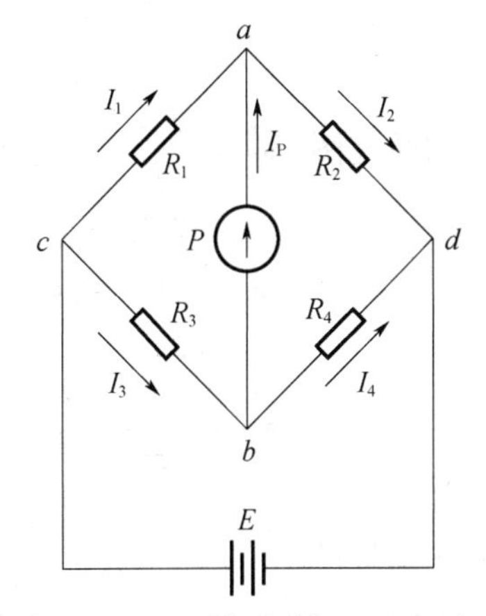

（A）单臂电桥；（B）兆欧表；（C）双臂电桥；（D）电压表。

答案：A

La3E2003 下图是（ ）的图形符号。

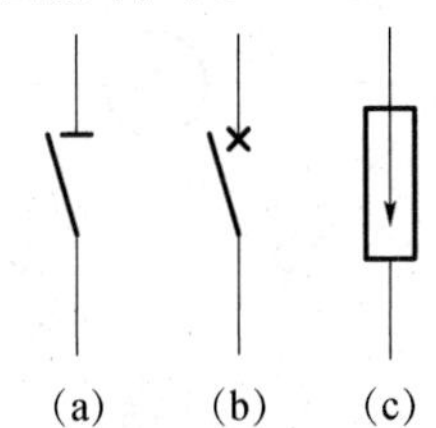

（A）断路器、隔离开关、熔断器；（B）断路器、隔离开关、避雷器；（C）隔离开关、接地开关、避雷器；（D）隔离开关、断路器、避雷器。

答案：D

La3E3004 下图是（　　）的原理图。

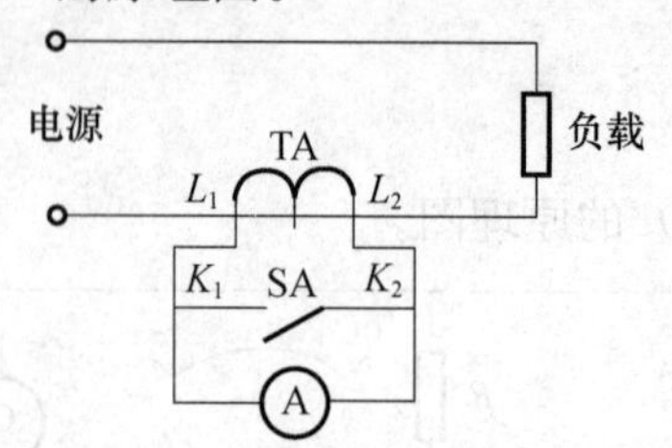

（A）电压互感器测试电压；（B）电流互感器测试电流；（C）功率表测试功率；（D）兆欧表测试绝缘电阻。

答案：**B**

La3E3005 右图是（　　）的图形符号。

（A）单相双绕组变压器；

（B）三相双绕组变压器；

（C）三相单绕组变压器；

（D）单相自耦变压器。

答案：**B**

La3E4006 右图是（　　）的原理图。

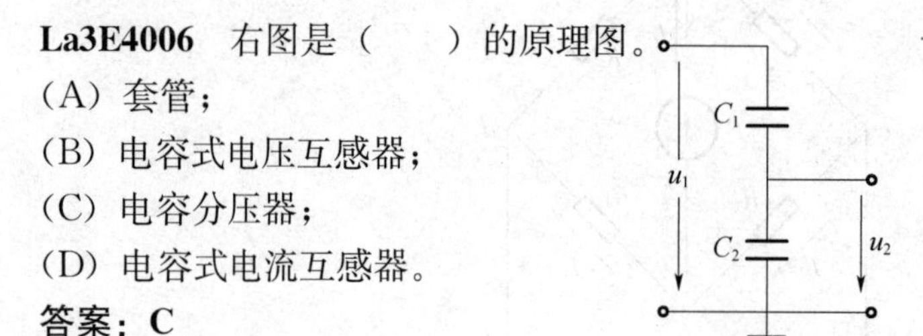

（A）套管；

（B）电容式电压互感器；

（C）电容分压器；

（D）电容式电流互感器。

答案：**C**

Lb3E1007 下图是（　　）的原理图。

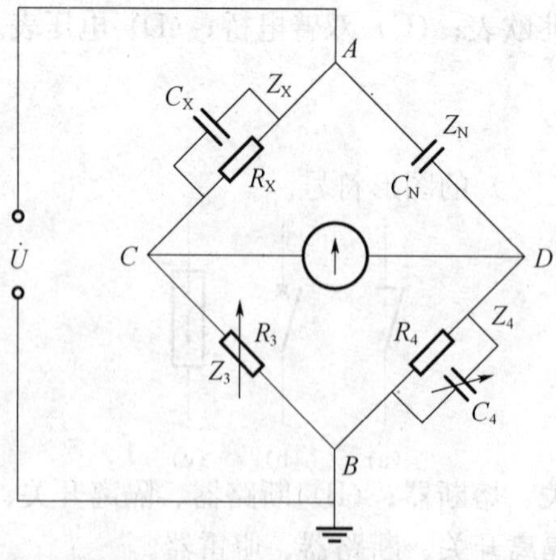

（A）双臂电桥；（B）单臂电桥；（C）西林电桥；（D）兆欧表。

答案：**C**

Lb3E2008　下图是（　　）的原理图。

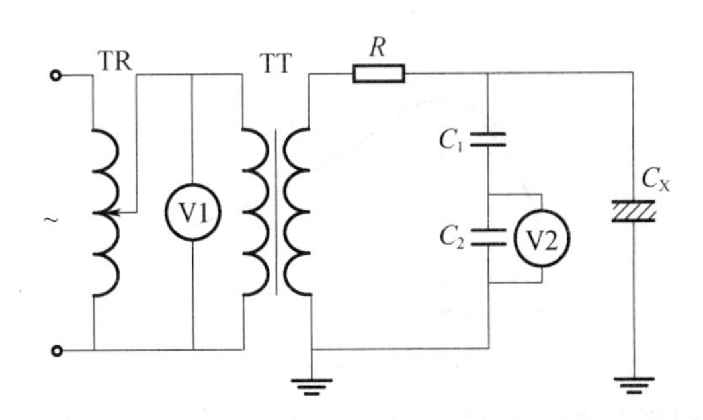

（A）串联谐振耐压试验；（B）工频耐压试验；（C）直流泄漏试验；（D）空载试验。

答案：B

Lb3E2009　下图表示的是（　　）试验项目接线图。

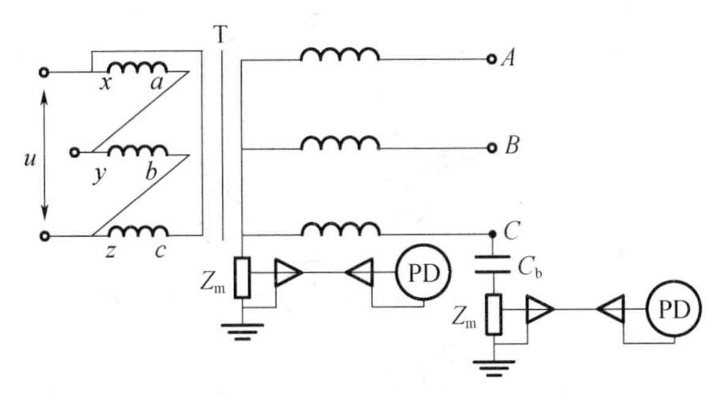

（A）变压器三倍频耐压；（B）变压器单相低电压短路阻抗；（C）变压器局部放电试验；（D）变压器零序阻抗测量。

答案：C

Lb3E3010　下图表示的是（　　）试验项目接线图。

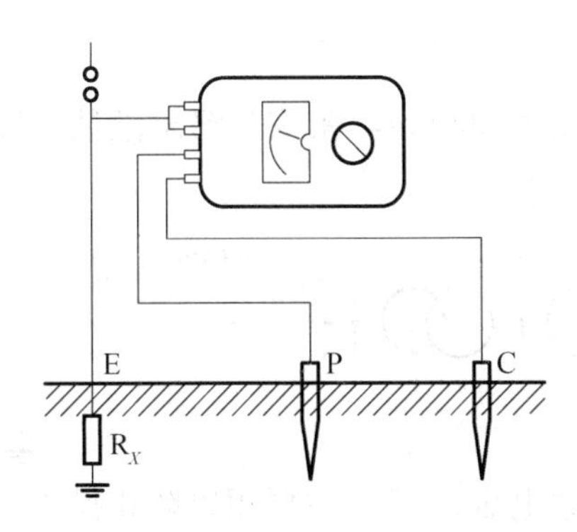

（A）回路电阻测试；（B）绝缘电阻测试；（C）接地电阻测试；（D）零序电流测试。

答案：C

Lb3E3011 下图表示的波形，波前时间为 1.2μs，波长时间为 50μs，该波形为（ ）。

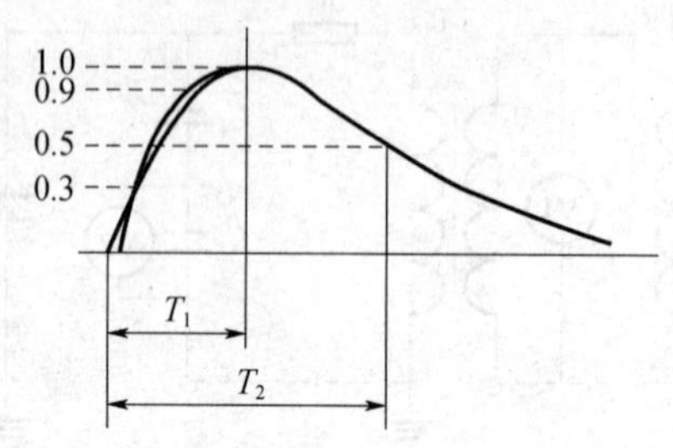

（A）标准操作冲击试验波形；（B）标准冲击电流波形；（C）标准雷电冲击试验波形；（D）标准冲击截波试验波形。

答案：C

Lb3E4012 下图表示是（ ）原理图。

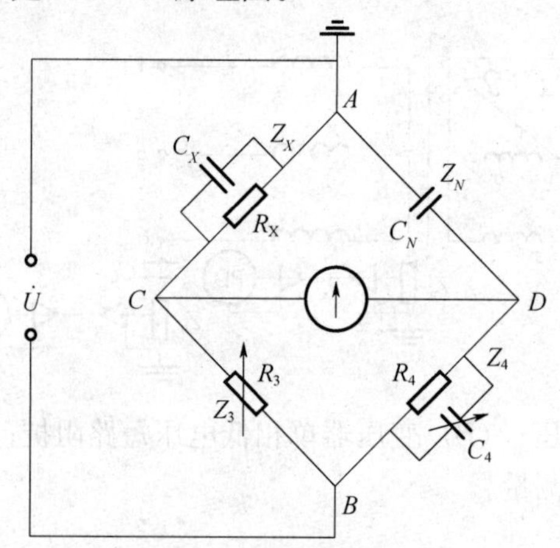

（A）单臂电桥测量电阻；（B）QJ44 双臂电桥测量电阻；（C）QS1 型西林电桥正接线测量 tanδ 值；（D）QS1 型西林电桥反接线测量 tanδ 值。

答案：D

Lc3E2013 下图线路长度为 300km，在该线路末端装有高压并联电抗器，其目的是（ ）。

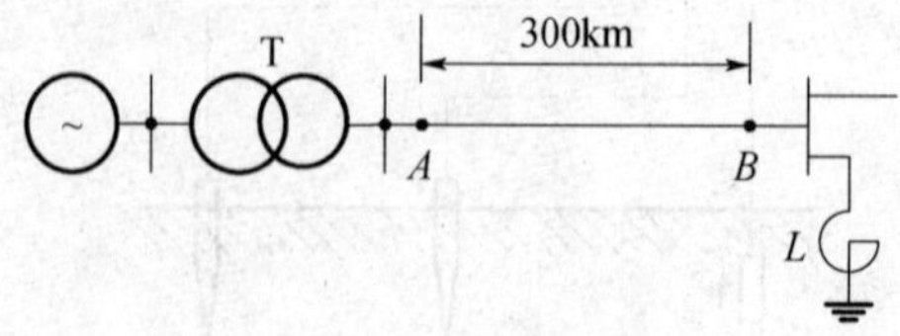

（A）主要用以防止雷电过电压；（B）主要用以防止操作过电压；（C）主要用以防止谐振过电压；（D）主要用以补偿线路电容电流。

答案：D

Lc3E3014 右图为三台单相变压器组成的（ ）原理接线图。

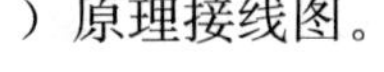

（A）三相单相变压器组成一台三相变压器；

（B）三台变压器并列运行；

（C）三台变压器串联运行；

（D）获取三倍频电源。

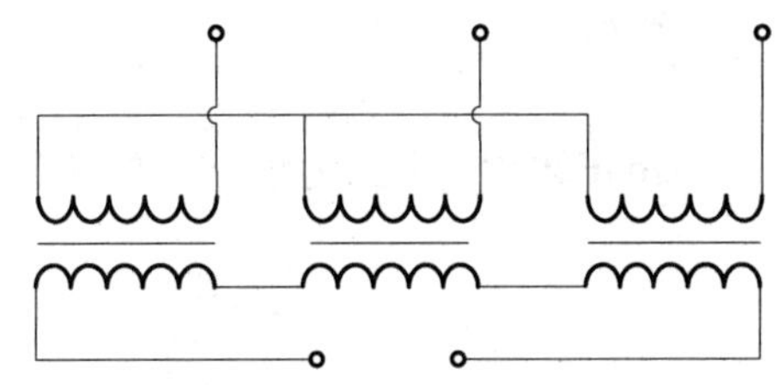

答案：D

Lc3E4015 下图为绝缘介质中产生局部放电的等值电路图，图中 C_0 表示最可能的是（ ）。

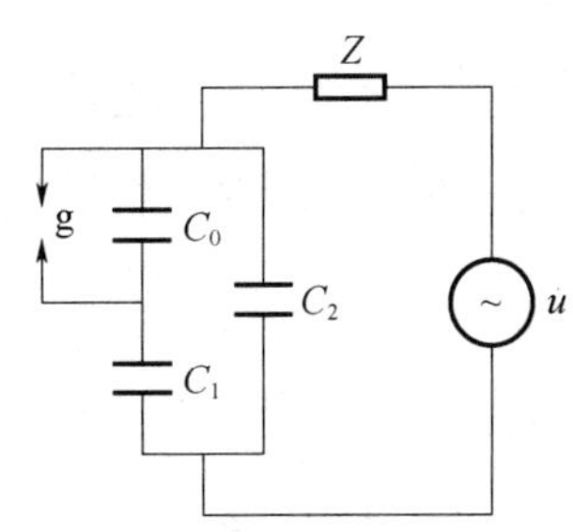

（A）绝缘介质；（B）气泡；（C）导电物质；（D）对地电容。

答案：B

Lc3E5016 下图表示变压器的接线组别为（ ）。

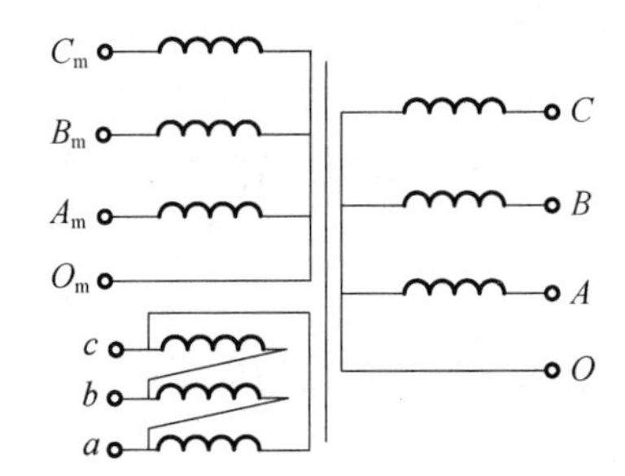

（A）YNynd11；（B）Yynd11；（C）YNynd5；（D）Yynd5。

答案：A

Jd3E1017 下图为（ ）试验接线。

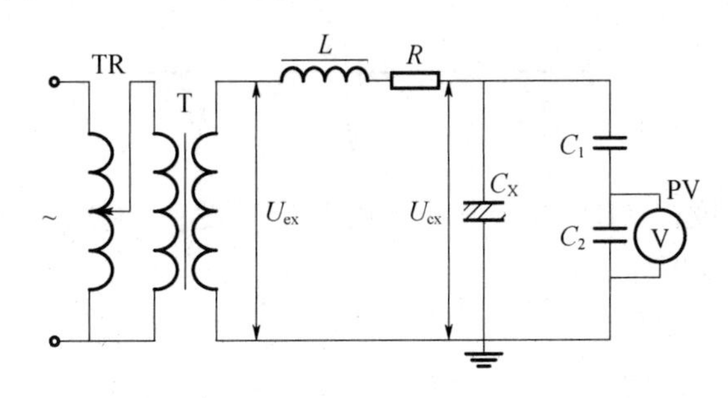

（A）串联谐振；（B）并联谐振；（C）串并联谐振；（D）直流耐压。

答案：A

Jd3E2018 下图为耐压试验接线，R 的作用为（ ）。

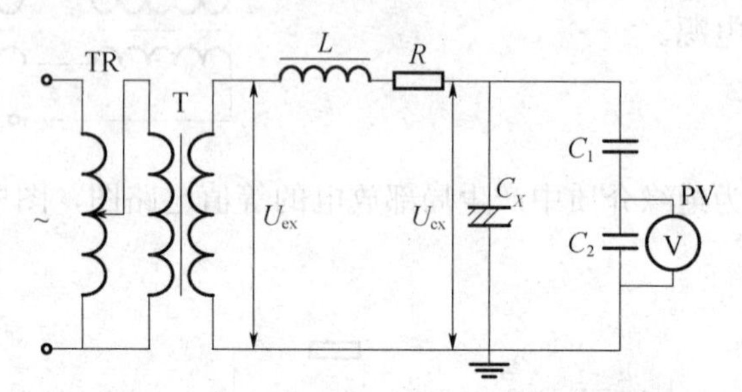

（A）限制电流；（B）分压；（C）稳压；（D）调节耐压频率。

答案：A

Jd3E3019 下图为耐压试验接线，C_2 代表（ ）。

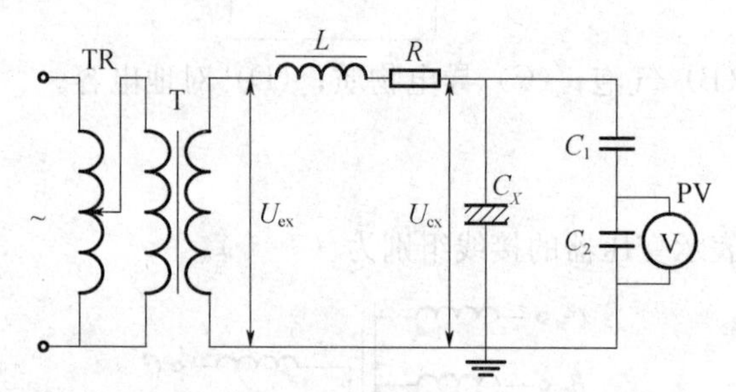

（A）被试品；（B）补偿电容；（C）分压电容；（D）等效电容。

答案：C

Jd3E3020 下图是接地电阻测量仪测量接地电阻的接线。E-P 长度（ ）。

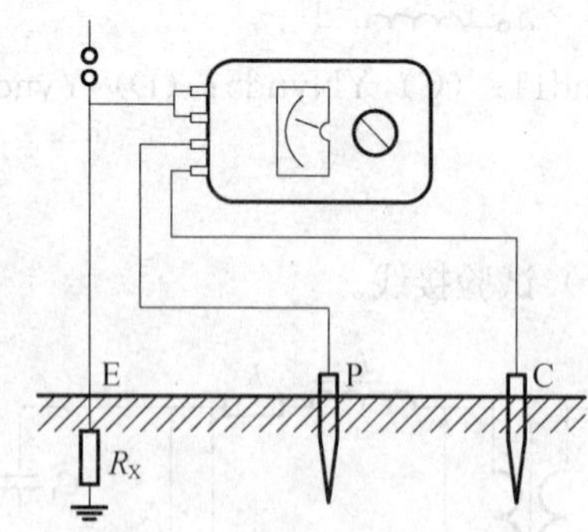

（A）等于 P-C 长度；（B）等于 0.618 倍 E-C 长度；（C）等于 0.472 倍 E-C 长度；（D）等于 1/3 倍 E-C 长度。

答案：A

Jd3E3021 下图是（ ）的原理图。

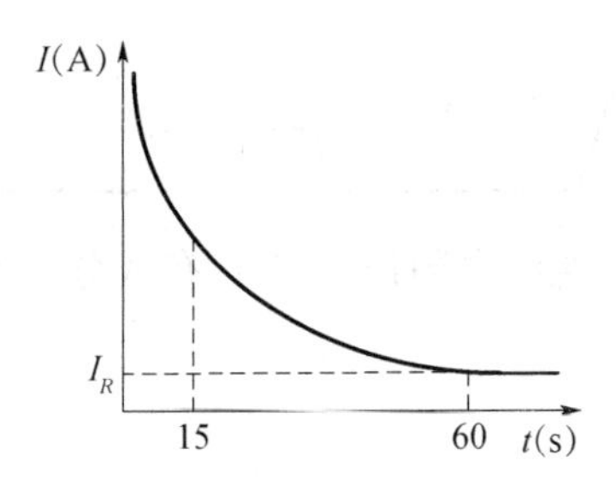

（A）地网电阻测试；（B）绝缘子交流耐压；（C）变压器吸收比测试；（D）短路电流测试。

答案：C

Jd3E4022 下图表示的是（ ）试验。

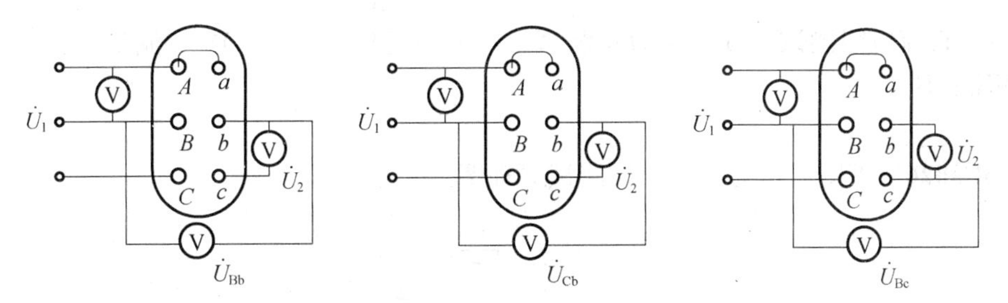

（A）双电压表法测量变压器接线组别；（B）双电压表法测量变压器变比；（C）三电压表法测量变压器空载损耗；（D）三电压表法测量变压器阻抗。

答案：A

Jd3E5023 下图为串联谐振原理试验接线，TR——调压器；T——励磁变压器；U_{ex}——励磁电压；L——电感；R——回路电阻；U_{cx}——被试品上的电压；C_x——被试品电容；C_1、C_2——电容分压器高、低压臂；PV——电压表。该试验回路的品质因数为（ ）。

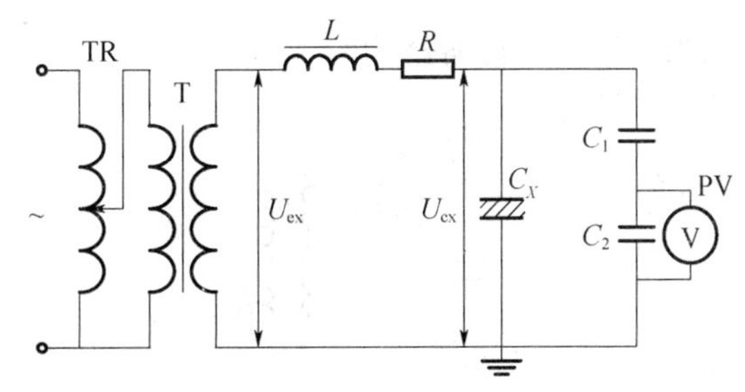

（A）$\omega C/\omega L$；（B）$R/\omega L$；（C）U_{cx}/U_{ex}；（D）U_{ex}/U_{cx}。

答案：C

Je3E2024 下图所示最有可能为（　　）测试数据波形。

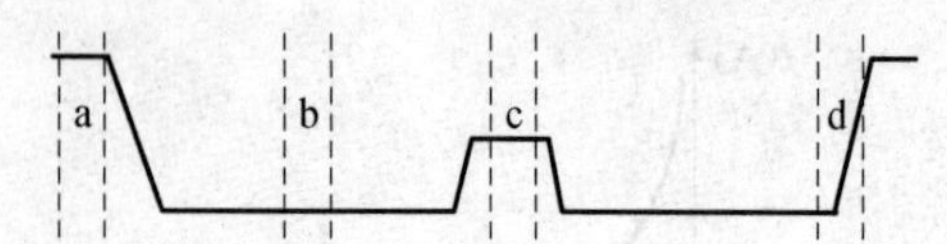

（A）耐压试验电压；（B）绝缘电阻值；（C）有载分接开关过渡曲线；（D）电缆耐压试验电流。

答案：C

Je3E3025 下图所示为（　　）测试原理图。

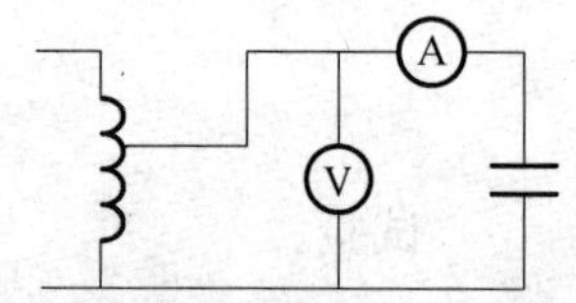

（A）直流电阻测试；（B）电容量测试；（C）电感值测试；（D）交流耐压试验。

答案：B

Je3E3026 下图所示为（　　）测试原理图。

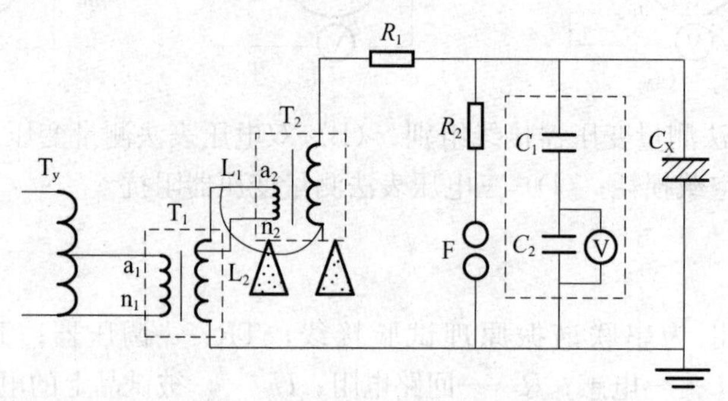

（A）串级耐压试验；（B）直流耐压试验；（C）串联谐振耐压；（D）并联谐振耐压。

答案：A

Je3E4027 下图所示为（　　）设备结构图。

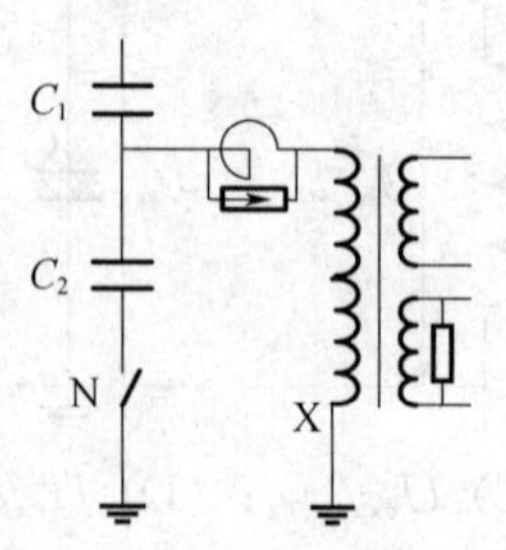

（A）电容式电流互感器；（B）电磁式电流互感器；（C）电容式电压互感器；（D）电磁式电压互感器。

答案：C

Je3E5028 下图所示设备原理图，此设备在使用前对仪器调零说法正确的（　　）。

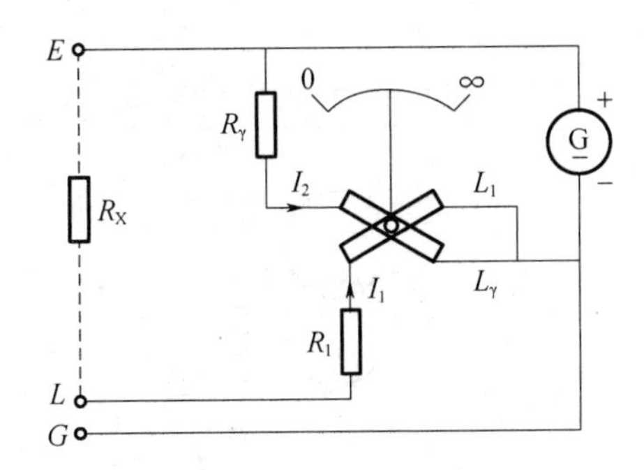

（A）机械旋钮调零；（B）电子显示调零；（C）无需调零；（D）根据情况调零。

答案：C

Jf3E2029 下图所示：G一电源；QF_1、QF_2一断路器；T一空载变压器。此接线图表示的是（　　）试验时的原理图。

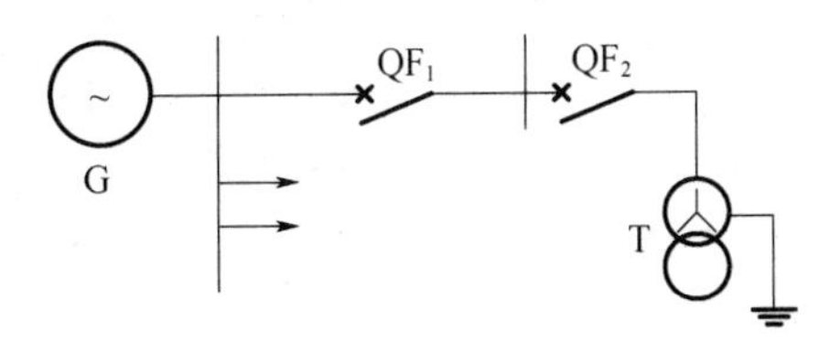

（A）断路器时间特性；（B）断路器保护性能；（C）投、切空载变压器；（D）投、切空载线路。

答案：C

Jf3E3030 下图为（　　）保护的原理接线图。

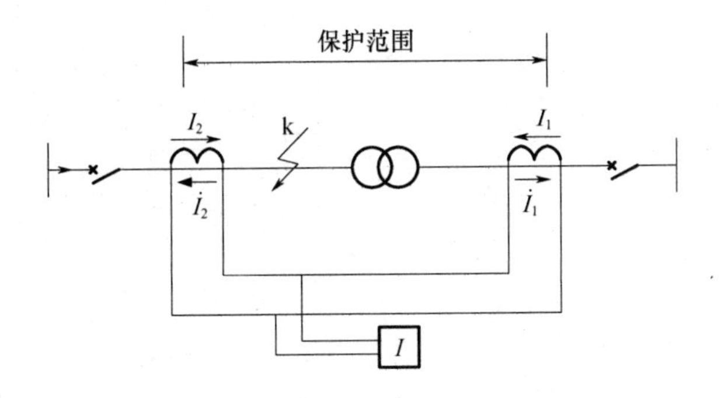

（A）变压器的过压；（B）变压器的差压；（C）变压器的差动；（D）变压器的过流。

答案：C

Jf3E4031 下图为预调式自动跟踪补偿消弧装置系统示意图，图中 L 是消弧线圈，R 是电阻，该电阻的作用是（　　）。

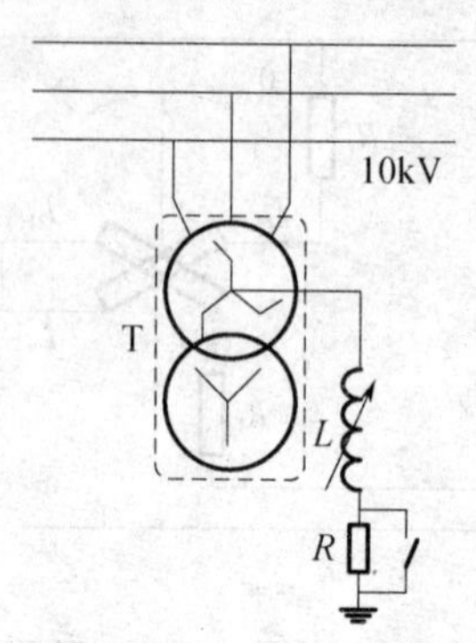

(A) 抑制串联谐振；(B) 抑制短路电流；(C) 抑制电容电流；(D) 查找接地线路。

答案：A

2 技能操作

2.1 技能操作大纲

电气试验工（高级工）技能鉴定技能操作大纲

等级	考核方式	能力种类	能力项	考核项目	考核主要内容
高级工	技能操作	专业技能	01. 绝缘电阻测试	01. 35kV 电容式电压互感器绝缘电阻测试	（1）掌握电容式电压互感器主电容、分压电容、中间变压器、二次绕组的绝缘电阻测试接线方法，并按要求进行实际操作和现场试验。 （2）能够判断被试品的绝缘电阻是否符合标准要求。 （3）能查找和分析试验中出现异常现象的原因，并提出解决办法
			02. 直流电阻测试	01. 35kV 变压器直流电阻测试	（1）熟悉变压器绕组直流电阻的接线方法。 （2）能够根据被试设备电阻的不同选择适当的测试电流。 （3）分析试验结果
			03. 泄漏电流测试	01. 110kV 氧化锌避雷器直流 1mA 电压及 $0.75U_{1mA}$ 下的漏电流测试	（1）正确选用工器具、材料、设备及线材。 （2）熟练使用直流高压发生器，正确升压并读数。 （3）正确完成试验记录及报告
			04. 介损、电容量测试	01. 电容型电流互感器末屏对地介损、电容量测试	（1）正确选用工器具、材料、设备及线材。 （2）熟练掌握介损测试仪的使用方法。 （3）正确完成试验记录及报告
				02. 110kV 电容型电压互感器自激法介损、电容量测试	（1）正确选用工器具、材料、设备及线材。 （2）熟悉常规法测量电磁式电压互感器介损的试验方法及相关标准要求。 （3）编写真实完备的试验报告，确定被试设备是否符合要求
				03. 110kV 变压器绕组介损、电容量测试	（1）正确选用工器具、材料、设备及线材。 （2）熟悉变压器工频耐压试验方法及相关标准要求。 （3）根据计算数据和试验电压出具完备的试验报告，确定被试品设备是否符合要求

续表

等级	考核方式	能力种类	能力项	考核项目	考核主要内容
高级工	技能操作	专业技能	05. 变比测试	01.10kV电流互感器变比测试	(1) 正确选用工器具、材料、设备及线材。 (2) 熟练使用电流互感器变比测试仪测试的使用方法。 (3) 正确完成试验记录及报告
			06. 接地网试验	01. 地网接地电阻测试	(1) 正确选用工器具、材料、设备及线材。 (2) 熟练使用绝缘电阻表。 (3) 编写真实完整的试验报告及记录
			07. 外施工频耐压测试。	01. 绝缘靴交流耐压试验	(1) 正确选用工器具、材料、设备及线材。 (2) 熟悉变压器工频耐压试验方法及相关标准要求。 (3) 根据计算数据和试验电压出具完备的试验报告，确定被试品设备是否符合要求
				02.10kV变压器工频交流耐压试验	(1) 正确选用工器具、材料、设备及线材。 (2) 熟悉变压器工频耐压试验方法及相关标准要求。 (3) 根据计算数据和试验电压出具完备的试验报告，确定被试品设备是否符合要求

2.2 技能操作项目

2.2.1 SY3ZY0101 35kV 电容式电压互感器绝缘电阻测试

一、作业

（一）工器具、材料、设备

（1）工器具：温湿度计 1 块、锉刀 1 把、安全围栏 1 个、“在此工作!”标示牌 1 块、绝缘垫 1 块、放电棒 1 根、绝缘电阻表 1 台、电工常用工具。

（2）材料：多股接地裸铜线、接地线 1 盘、抹布 1 块。

（3）设备：35kV 电容式电压互感器 1 台。

（二）安全要求

（1）现场设置安全围栏和标示牌。

（2）全程使用安全防护用品。

（3）测量时考生应与带电部位保持足够的安全距离。

（4）防止测试人员及其他人员触摸测试接地引下线，测试仪器应可靠接地。

（5）测试人员移动测试仪器时，确保仪器处于断电状态。

（6）变更接线或试验结束后断开试验电源，用放电棒对被试品进行充分放电。

（三）操作步骤及工艺要求（含注意事项）

1. 准备

（1）准备工作票及作业指导卡。

（2）工作前应对工具进行检查，确认完好无损并处于试验周期以内。

（3）工作前应对仪器线材进行检查，确认仪器线材完好并处于试验周期以内。

（4）进入作业现场应将使用的绝缘工具放置在绝缘垫上。

（5）检查交流电源电压，确认其为 220V。

2. 步骤

（1）做好验电、放电和接地等工作。

（2）检查绝缘电阻表是否正常。

（3）测量分压电容器极间绝缘电阻。将 C_1 高压端接绝缘电阻表的 L 端，绝缘电阻表的接地端与地线连接，电容式电压互感器 X 端接地，测量 C_1 的绝缘电阻。绝缘电阻表的 L 端接 δ 端子，绝缘电阻表的接地端与地线连接，电容式电压互感器 X 端接地，测量 C_2 的绝缘电阻。打开兆欧表电源开关，选择 2500V 电压档，读取 1min 或稳定后的绝缘电阻值，即为该绕组绝缘电阻值。

（4）测量二次绕组绝缘电阻。将电压互感器一次绕组短路接地，二次绕组分别短路，绝缘电阻表的 L 端接测量绕组，绝缘电阻表的接地端 E 端接地，非测量绕组接地。打开兆欧表电源开关，选择 2500V 电压档，读取 1min 或稳定后的绝缘电阻值，即为该绕组绝缘电阻值。

（5）类似测量其他二次绕组绝缘电阻。

（6）记录、整理试验数据。

3. 要求

根据 Q/GDW 1168—2013《输变电设备状态检修试验规程》的规定：

(1) 极间绝缘电阻≥5000MΩ（注意值）。

(2) 二次绕组绝缘电阻≥10MΩ（注意值）。

4. 注意事项

(1) 为了克服测试线本身对地电阻的影响，绝缘电阻表的 L 端测试线应使用屏蔽线。

(2) 试验中考生应站在绝缘垫上。

(3) 正确使用绝缘电阻表，防止反充电。

(4) 电压互感器二次绕组有几组，每组都要分别进行测量，直至所有绕组测量完毕。

二、考核

(一) 考核场地

(1) 考核场地应比较开阔，具有足够的安全距离，现场设置一个工位。

(2) 本项目可在室内外进行。

(3) 设置评判及写报告用的桌椅和计时秒表。

(二) 考核时间

(1) 考核时间为 30min。

(2) 选用工器具、材料、设备，准备时间为 5min，该时间不计入考核计时。

(3) 许可开工后记录考核开始时间，现场清理完毕，上交试验报告，记录结束时间。

(三) 考核要点

(1) 现场安全及文明生产。

(2) 检查被试设备外观，了解被试品状况。

(3) 检查仪器设备状态。

(4) 查勘现场，合理布置仪器设备。

(5) 熟悉电容式电压互感器绝缘电阻测量方法及相关标准要求。

(6) 熟悉绝缘电阻表的使用方法。

(7) 编写真实完备的试验报告，确定试验结果是否符合要求。

三、评分标准

行业：电力工程　　　　　工种：电气试验工　　　　　等级：三

编号	SY3ZY0101	行为领域	e	鉴定范围		电气试验高级工	
考核时限	30min	题型	A	满分	100 分	得分	
试题名称	35kV 电容式电压互感器绝缘电阻测试						
考核要点及其要求	(1) 现场安全及文明生产。 (2) 检查被试设备外观，了解被试品状况。 (3) 检查仪器设备状态。 (4) 查勘现场，合理布置仪器设备。 (5) 熟悉电容式电压互感器绝缘电阻测量方法及相关标准要求。 (6) 熟悉绝缘电阻表的使用方法。 (7) 编写真实完备的试验报告，确定试验结果是否符合要求						

续表

现场设备、工器具、材料	(1) 工器具：温湿度计1块、锉刀1把、安全围栏1个、“在此工作”标示牌1块、绝缘垫1块、绝缘电阻表1台、放电棒1根、电工常用工具。 (2) 材料：多股接地裸铜线、接地线1盘、抹布1块。 (3) 设备：35kV电容式电压互感器1台
备注	考生自备工作服、绝缘鞋、安全帽、线手套

评分标准

序号	考核项目名称	质量要求	分值	扣分标准	扣分原因	得分
1	着装	正确穿戴安全帽、工作服、绝缘鞋	5	未着装，扣5分；着装不规范，每处扣1分		
2	工器具、材料准备	(1) 所用工器具准备齐全	1	错选、漏选、物件未检查，扣1分		
		(2) 核实安全措施	1	未核实安全措施，扣1分		
		(3) 查勘现场	2	未对现场进行查勘，扣2分		
		(4) 正确接地	3	未检查接地桩扣1分，未用锉刀处理扣1分，使用缠绕接地扣3分		
		(5) 试验设备合理进场，并检查设备校验情况	1	未检查设备校验合格标签的，每处扣1分。扣完为止		
		(6) 正确设置遮栏	1	设备全部进场后，未设全封闭围栏，扣1分		
		(7) 放置干湿温度计	1	未在距被试品最近的遮栏处放置，扣1分		
3	绝缘电阻测量	(1) 对被试品进行外观检查、清扫	2	未对被试品进行外观检查、清扫，扣2分		
		(2) 检查绝缘电阻表电源	2	未检查绝缘电阻表电源，扣2分		
		(3) 检测开路指“无穷大”	2	未检测开路指“无穷大”，扣2分		
		(4) 检测短路指“0”	2	未检测短路指“0”，扣2分		
		(5) 选择合适的档位	2	未选择合适的档位，扣2分		
		(6) 检查试验接线无误后进行	2	未检查接线，扣2分		
		(7) 测试前呼唱	5	测试前未呼唱，扣5分		
		(8) 测量并读取1min绝缘电阻值	3	未在数值稳定后读取数值，扣3分		
		(9) 记录接地电阻值，断开电源	3	未正确记录接地电阻值，扣3分		
		(10) 对被试绕组放电	2	未对被试绕组放电，扣2分		
		(11) 每一绕组依次进行，共计5组	20	少测一个扣5分		

续表

序号	考核项目名称	质量要求	分值	扣分标准	扣分原因	得分
4	工器具、设备使用	工器具、设备使用正确，不发生掉落现象	5	工器具、设备使用不正确，每处扣1分；工器具、设备发生掉落现象，每次扣1分		
5	安全文明生产	（1）工作票、作业指导卡填写正确，无错误、漏填或涂改现象	5	填写不规范、有涂改每处扣1分，扣完为止		
		（2）清理测试线	1	未清理，扣1分		
		（3）恢复现场状况	2	未将现场恢复至初始状况，遗漏一处扣1分。扣完为止		
		（4）试验设备出场	2	有设备遗留，扣1分		
6	试验记录及报告	（1）环境参数齐备	3	环境参数（温度、湿度、天气）欠缺，每缺一项扣1分		
		（2）设备参数齐备	3	设备参数（型号、厂家、出厂序号）欠缺，每缺一项扣1分		
		（3）试验数据齐备	5	试验数据欠缺，每缺一项扣1分		
		（4）试验方法正确	6	未使用正确的试验方法，扣6分		
		（5）试验结论正确	8	分项结论（外观检查。要求同型号、同规格、同批次电流互感器一、二次绕组的直流电阻和平均值的差异不宜大于10%）不正确，每处扣2分；未考虑温度换算扣2分；试验整体结论不正确扣2分；扣完为止		

2.2.2 SY3ZY0201 35kV 变压器直流电阻测试

一、作业

（一）工器具、材料、设备

（1）工器具：温湿度计 1 块、万用表 1 块、220V 电源线盘 1 个、安全围栏 1 个、“在此工作!”标示牌 1 块、绝缘垫 1 块、1 台直流电阻测试仪 1 台、电工常用工具。

（2）材料：测试线、接地线 1 盘、抹布 1 块。

（3）设备：35kV 变压器 1 台。

（二）安全要求

（1）现场设置安全围栏和标示牌。

（2）全程使用安全防护用品。

（3）试验前后对被试品充分放电，确保人身与设备安全。

（4）试验时，要求测试人员及其他人员保持与带电设备安全距离，测试仪器应可靠接地。

（5）被试设备放电接地后方可更改试验接线。

（6）试验结束后断开试验电源。

（三）操作步骤及工艺要求（含注意事项）

1. 准备

（1）准备工作票及作业指导卡。

（2）工作前应对工具进行检查，确认完好无损并处于试验周期以内。

（3）工作前应对仪器线材进行检查，确认仪器线材完好并处于试验周期以内。

（4）进入作业现场应将使用的绝缘工具放置在绝缘垫上。

2. 步骤

（1）核对现场安全措施。

（2）做好验电、放电和接地等工作。

（3）试验现场应装设安全遮栏，防止无关人员进入试验区。

（4）接电源，确认其为 220V 及 380V。

（5）设备外壳接地、擦拭设备。

（6）测量高压绕组直流电阻。

（7）测量低压绕组直流电阻。

（8）记录数据。

（9）完工整理现场。

（10）编写试验报告。

3. 要求

根据 Q/GDW1168—2013《输变电设备状态检修试验规程》的规定：

（1）1600kV·A 以上变压器各相绕组的直流电阻，相间差别不应大于三相平均值的 2%。无中性点引出时的线间差别不应大于三相平均值的 1%。1600kV·A 及以下变压器各相绕组的直流电阻，相间差别不应大于三相平均值的 4%。线间差别不应大于三相平均值的 2%。

（2）所测电阻值需换算到同一温度下，与以前相同部位测得值进行比较，其变化不大于2%。

（3）变压器在交接或大修后应测量所有分接下绕组的直流电阻。在例行试验时，对无载调压变压器测量运行档位下绕组直流电阻。

二、考核

（一）考核场地

（1）考核场地应比较开阔，具有足够的安全距离，试验所需220V电源、380V电源、接地桩。

（2）本项目可在室内外进行，应具有照明、通风、电源、接地设施。

（3）设置评判及写报告用的桌椅和计时秒表。

（二）考核时间

（1）考核时间为30min。

（2）选用工器具、材料、设备，准备时间为5min，该时间不计入考核计时。

（3）许可开工后记录考核开始时间，现场清理完毕，上交试验报告，记录结束时间。

（三）考核要点

（1）现场安全及文明生产。

（2）检查安全工器具。

（3）检查仪器设备状态。

（4）检查被试设备外观，了解被试品状况。

（5）熟悉变压器直流电阻试验项目及相关标准要求。

（6）熟悉直流电阻测试仪的使用方法。

（7）试验报告真实完备。

三、评分标准

行业：电力工程　　　　工种：电气试验工　　　　等级：三

编号	SY3ZY0201	行为领域	e	鉴定范围		电气试验高级工	
考核时限	30min	题型	A	满分	100分	得分	
试题名称	35kV变压器直流电阻测试						
考核要点及其要求	（1）现场安全及文明生产。 （2）检查安全工器具。 （3）检查仪器设备状态。 （4）检查被试设备外观，了解被试品状况。 （5）熟悉35kV变压器直流电阻试验项目及相关标准要求。 （6）熟悉直流电阻测试仪的使用方法。 （7）试验报告真实完备						
现场设备、工器具、材料	（1）工器具：温湿度计1块、万用表1块、220V电源线盘1个、安全围栏1个、“在此工作！”标示牌1块、绝缘垫1块、直流电阻测试仪1台、电工常用工具。 （2）材料：测试线、接地线1盘、抹布1块。 （3）设备：35kV变压器1台						
备注	考生自备工作服、绝缘鞋、安全帽、线手套						

续表

评分标准						
序号	考核项目名称	质量要求	分值	扣分标准	扣分原因	得分
1	着装	正确穿戴安全帽、工作服、绝缘鞋	5	未着装扣5分。着装不规范，每处扣1分		
2	工器具、材料准备	（1）正确选择工器具、材料	1	错选、漏选、物件未检查，扣1分		
		（2）核实安全措施	1	未核实安全措施，扣1分		
		（3）试验设备合理进场，并检查设备校验情况	3	（1）未检查安全工具（验电器、绝缘手套、绝缘垫、放电棒）合格标签的，每处扣1分。 （2）未检查设备校验合格标签的，每处扣1分。扣完为止		
		（4）正确接地	4	未检查接地桩，扣1分；未用锉刀处理，扣1分；使用缠绕接地，扣3分		
		（5）对被试品验电、充分放电	5	未使用10kV验电器对被试品验电，扣2分；未对被试品充分放电，扣3分；扣完为止		
		（6）正确接入试验电源	2	未正确设置万用表档位（应为交流，大于220V），扣1分；未在接入电源前分别检查空气断路器分闸时上端、下端电压，扣1分；未检查电源线插头处电压，扣1分		
		（7）正确设置遮栏	1	设备全部进场后，未设全封闭围栏，扣1分		
		（8）对被试品外观进行检查、清扫被试品表面	2	未检查外观，扣1分；未清扫表面，扣1分		
		（9）放置干湿温度计	1	未在距被试品最近的遮栏处放置，扣1分		
3	直流电阻测量	（1）检查直流电阻测试仪	4	直流电阻测试仪自检错误，扣4分		
		（2）外壳接地	4	外壳未接地，扣4分		
		（3）测试方式正确	10	未使用正确的试验方法（试验接线错误、电流电压测试线接反），扣10分		
		（4）选择合适的档位	6	未选择合适的档位（测试电流应根据被测电阻大小选择），扣6分		
		（5）先开电源开关，再开电阻测试仪	3	次序错误，扣3分		
		（6）先断电阻测试仪，再断开电源开关	5	次序错误，扣3分		

续表

序号	考核项目名称	质量要求	分值	扣分标准	扣分原因	得分
3	直流电阻测量	（7）用带限流电阻的放电棒对变压器充分放电	6	先通过电阻放电，再直接放电。次序错误，扣6分		
		（8）拆除测量线	3	未拆除测量线，扣3分		
		（9）取下接地棒	4	未取下接地棒，扣3分		
		（10）拆除地线	4	未拆除地线，扣3分		
4	工器具、设备使用	工器具、设备使用正确，不发生掉落现象	5	工器具、设备使用不正确，每处扣1分；工器具、设备发生掉落现象，每次扣1分		
5	安全文明生产	（1）工作票、作业指导卡填写正确，无错误、漏填或涂改现象	5	填写不规范、有涂改每处扣1分，扣完为止		
		（2）清理测试线	1	未清理，扣1分		
		（3）恢复现场状况	2	未将现场恢复至初始状况，遗漏一处扣1分，扣完为止		
		（4）试验设备出场	2	有设备遗留，扣1分。		
6	试验记录及报告	（1）环境参数齐备	2	环境参数（温度、湿度、天气）欠缺，每缺一项扣1分		
		（2）设备参数齐备	2	设备参数（型号、厂家、出厂序号）欠缺，每缺一项扣1分		
		（3）试验数据齐备	2	试验数据欠缺，每缺一项扣1分		
		（4）试验方法正确	3	未使用正确的试验方法，扣3分		
		（5）试验结论正确	3	分项结论不正确，每处，扣2分；未考虑温度换算，扣2分；试验整体结论不正确，扣2分，扣完为止		

2.2.3 SY3ZY0301 110kV 氧化锌避雷器直流 1mA 电压及 $0.75U_{1mA}$ 下的泄漏电流测试

一、作业

（一）工器具、材料、设备

（1）工器具：直流高压发生器配套测试线、温湿度计块、万用表 1 块、220V 电源线盘 1 个、安全围栏 1 个、“在此工作!”标示牌 1 块、绝缘垫 1 块、直流高压发生器 1 台、电工常用工具。

（2）材料：接地线 1 盘、抹布 1 块。

（3）设备：氧化锌避雷器 1 台。

（二）安全要求

（1）现场设置安全围栏和标示牌。

（2）全程使用安全防护用品。

（3）试验前后对被试品充分放电，确保人身与设备安全。

（4）试验时，要求测试人员及其他人员保持与带电设备安全距离，测试仪器应可靠接地。

（5）加压时站在绝缘垫上，被试设备放电接地后方可更改试验接线。

（6）试验结束后断开试验电源。

（三）操作步骤及工艺要求（含注意事项）

1. 准备

（1）查勘现场，查看现场设备。

（2）准备工作票及作业指导卡。

（3）工作前应对工具、仪器线材进行检查，确认完好并处于试验周期以内。

2. 步骤

（1）拆除或断开避雷器对外的一切连线，将避雷器接地放电。

（2）将避雷器表面擦拭干净，进行接线。测试部位应上端加压，下端接地，保持测试线对地足够的安全距离。检查测试接线正确后，拆除接地线，开始进行试验。

（3）试验现场应装设安全遮栏，防止无关人员进入试验区。

（4）接电源，确认其为 220V 及 380V。

（5）空试。测试线不接避雷器，确认电压输出在零位，设定过电压保护值为试验电压的 1.1～1.2 倍。接通电源，缓慢升高至试验电压，记录泄漏电流值。试验电压降压至零，待电压表指示基本为零时，断开试验电源，用带限流电阻的放电棒对避雷器进行充分放电，挂接地线。

（6）将高压测试线接至避雷器上端，拆除接地线。接通电源，缓慢升高试验电压，当电流达到 1mA 时，读取并记录电压值 U_{1mA}，按下 $0.75U_{1mA}$ 按钮，将电压降至 $0.75U_{1mA}$ 时，读取并记录泄漏电流值后，降压至零。待电压表指示基本为零时，断开试验电源，用带限流电阻的放电棒对避雷器进行充分放电，挂接地线。

（7）拆除试验所接引线，完工整理现场。

3. 要求

根据 GB 50150《电气装置安装工程 电气设备交接试验标准》的规定：

U_{1mA} 的实测值与初始值或制造厂规定值比较，变化不应超过 5%。$0.75U_{1mA}$ 下的泄漏电流一般不应大于 50μA。

4. 注意事项

（1）直流 U_{1mA} 测试前，应先测试绝缘电阻，其值应正常。

（2）为了防止外绝缘的闪络和易于发现绝缘受潮等缺陷，避雷器直流 U_{1mA} 测试通常采用负极性直流电压。

（3）因泄漏电流大于 200μA 以后，随着电压的升高，电流将急剧增大，故应放慢升压速度，当电流达到 1mA 时，准确地读取相应的电压。

（4）测量泄漏电流的导线应使用屏蔽线，测试线与避雷器夹角尽可能地大。

二、考核

（一）考核场地

（1）考核场地应比较开阔，具有足够的安全距离，试验所需 220V 电源、380V 电源、接地桩。

（2）本项目可在室内外进行，应具有照明、通风、电源、接地设施。

（3）设置评判及写报告用的桌椅和计时秒表。

（二）考核时间

（1）考核时间为 30min。

（2）选用工器具、材料、设备，准备时间为 5min，该时间不计入考核计时。

（3）许可开工后记录考核开始时间，现场清理完毕，上交试验报告，记录结束时间。

（三）考核要点

（1）现场安全及文明生产。

（2）检查安全工器具。

（3）检查仪器设备状态。

（4）检查被试设备外观，了解被试品状况。

（5）熟悉氧化锌避雷器试验项目及相关标准要求。

（6）熟悉直流高压发生器的使用方法。

（7）试验报告真实完备，确定设备是否符合要求。

三、评分标准

行业：电力工程　　　　　　　　工种：电气试验工　　　　　　　　等级：三

编号	SY3ZY0301	行为领域	e	鉴定范围		电气试验高级工	
考核时限	30min	题型	A	满分	100 分	得分	
试题名称	110kV 氧化锌避雷器直流 1mA 电压及 0.75U_{1mA} 下的泄漏电流测试						
考核要点及其要求	（1）现场安全及文明生产。 （2）检查安全工器具。 （3）检查仪器设备状态。 （4）检查被试设备外观，了解被试品状况。 （5）熟悉氧化锌避雷器试验项目及相关标准要求。 （6）熟悉直流高压发生器的使用方法。 （7）试验报告真实完备，确定设备是否符合要求						

续表

现场设备、工器具、材料	（1）工器具：直流高压发生器配套测试线、温湿度计1块、万用表1块、220V电源线盘1个、安全围栏1个、“在此工作！”标示牌1块、绝缘垫1块。 （2）材料：接地线1盘、抹布1块。 （3）设备：氧化锌避雷器1台、直流高压发生器1台
备注	考生自备工作服、绝缘鞋、安全帽、线手套

评分标准

序号	考核项目名称	质量要求	分值	扣分标准	扣分原因	得分
1	着装	正确穿戴安全帽、工作服、绝缘鞋	5	未着装扣5分；着装不规范，每处扣1分		
2	工器具、材料准备	（1）正确选择工器具、材料	1	错选、漏选、物件未检查，扣1分		
		（2）核实安全措施	3	未核实安全措施，扣1分		
		（3）试验设备合理进场，并检查设备校验情况	4	未检查安全工具（验电器、绝缘手套、绝缘垫、放电棒）合格标签的，每处扣1分；未检查设备校验合格标签的，每处扣1分；扣完为止		
		（4）正确接地	4	未检查接地桩，扣1分；未用锉刀处理，扣1分；使用缠绕接地，扣3分		
		（5）对被试品验电、充分放电	2	未使用110kV验电器对被试品验电，扣2分；未对被试品充分放电，扣3分；扣完为止		
		（6）正确接入试验电源	1	未正确设置万用表档位（应为交流，大于220V），扣1分；未在接入电源前分别检查空气断路器分闸时上端、下端电压，扣1分；未检查电源线插头处电压，扣1分		
		（7）正确设置遮栏	1	设备全部进场后，未设全封闭围栏，扣1分		
		（8）对被试品外观进行检查、清扫被试品表面	1	未检查外观，扣1分；未清扫表面，扣1分		
		（9）放置干湿温度计	1	未在距被试品最近的遮栏处放置，扣1分		
3	氧化锌避雷器直流1mA电压及$0.75U_{1mA}$下的漏电流测试	（1）检查过压整定数值，空升验证	44	未检查过压整定数值，空升验证，扣2分		
		（2）合理布置机箱、倍压筒、接地线和放电棒位置		未合理布置，安全距离不符合要求，扣2分		
		（3）接入加压线，处理好与被试品角度		未处理好加压线与被试品角度，扣3分		
		（4）检查接线无误		未检查接线，扣1分		
		（5）升压前呼唱		升压前未呼唱，扣1分		
		（6）先开电源开关，再开高压开关		开关顺序错误，扣1分		

续表

序号	考核项目名称	质量要求	分值	扣分标准	扣分原因	得分
3	氧化锌避雷器直流1mA电压及$0.75U_{1mA}$下的漏电流测试	(7) 匀速升压，并监视电流表数值	44	速度错误，扣2分；未监视电流表，扣1分		
		(8) 使用粗调，至800～900μA时使用细调		未使用粗、细调，扣2分		
		(9) 至1mA时迅速读取电压数值		未在1mA时迅速读取电压数值，扣1分		
		(10) 按下$0.75U_{1mA}$按钮，稳定后读取泄漏电流值		$0.75U_{1mA}$读取泄漏电流值不准确，扣2分		
		(11) 迅速将电压降至零位，断开高压开关，断开仪器开关，拔掉电源插头		断电次序错误，扣1分		
		(12) 用带限流电阻的放电棒对避雷器充分放电，并将接地棒挂在倍压筒高压侧		放电次序错误，扣1分		
		(13) 取下接地棒		更改接线时，接地棒没有挂在倍压筒高压侧，扣2分		
		(14) 拆除接地线		未拆除加压线，扣1分		
		(15) 拆除加压线		未取下接地棒，扣1分		
4	工器具、设备使用	工器具、设备使用正确，不发生掉落现象	5	工器具、设备使用不正确，每处扣1分；工器具、设备发生掉落现象，每次扣1分		
5	安全文明生产	(1) 工作票、作业指导卡填写正确，无错误、漏填或涂改现象	5	填写不规范、有涂改每处扣1分，扣完为止		
		(2) 清理测试线	1	未清理，扣1分		
		(3) 恢复现场状况	2	未将现场恢复至初始状况，遗漏一处扣1分；扣完为止		
		(4) 试验设备出场	2	有设备遗留，扣1分		
6	试验记录及报告	(1) 环境参数齐备	2	环境参数（温度、湿度、天气）欠缺，每缺一项扣1分		
		(2) 设备参数齐备	3	设备参数（型号、厂家、出厂序号）欠缺，每缺一项扣1分		
		(3) 试验数据齐备	5	试验数据欠缺，每缺一项扣1分		
		(4) 试验方法正确	3	未使用正确的试验方法		
		(5) 试验结论正确	5	未进行数据比较、分析，扣2分；试验整体结论不正确，扣3分；扣完为止		

2.2.4 SY3ZY0401 电容型电流互感器末屏对地介损、电容量测试

一、作业

（一）工器具、材料、设备

（1）工器具：秒表1块、温湿度计1块、万用表1块、220V电源线盘1个、安全围栏1个、“在此工作!”标示牌1块、绝缘垫1块、220kV验电器1个、放电棒1根、介损测试仪1台、电工常用工具。

（2）材料：接地线1盘、抹布1块。

（3）设备：电容型电流互感器1台。

（二）安全要求

（1）现场设置安全围栏和标示牌。

（2）全程使用安全防护用品。

（3）试验前后对被试品充分放电，确保人身与设备安全。

（4）试验时，要求测试人员及其他人员不得触摸测试接地引下线，测试仪器应可靠接地。

（5）被试设备放电接地后方可更改试验接线。

（6）试验结束后断开试验电源。

（三）操作步骤及工艺要求（含注意事项）

1. 准备

（1）准备工作票及作业指导卡。

（2）工作前应对工具进行检查，确认完好无损并处于试验周期以内。

（3）工作前应对仪器线材进行检查，确认仪器线材完好并处于试验周期以内。

（4）进入作业现场应将使用的绝缘工具放置在绝缘垫上。

2. 步骤

（1）核对现场安全措施。

（2）做好验电、放电和接地等工作。

（3）试验现场应装设安全遮栏，防止无关人员进入试验区。

（4）接电源，确认其为220V及380V。

（5）合理布置介损测试仪、接地线和放电棒位置。将介损测试仪接地端接地，用专用线正确连接。拆开末屏接地线，高压线接到末屏端，处理好角度，尽量呈90°，二次绕组短接接地。

（6）启动仪器，选择反接线，试验电压2kV，打开高压，测量电流互感器末屏电容量和介损。

（7）测量完毕，先断开高压，记录数据后关闭仪器开关，再关闭电源开关，对被试品放电。

（8）整理试验数据。

（9）完工整理现场。

（10）编写试验报告。

3. 要求

根据Q/GDW 1168—2013《输变电设备状态检修试验规程》的规定：

末屏介损一般不大于0.015。

二、考核

（一）考核场地。

（1）考核场地应比较开阔，具有足够的安全距离，试验所需220V电源、380V电源、接地桩。

（2）本项目可在室内外进行，应具有照明、通风、电源、接地设施。

（3）设置评判及写报告用的桌椅和计时秒表。

（二）考核时间

（1）考核时间为30min。

（2）选用工器具、材料、设备，准备时间为5min，该时间不计入考核计时。

（3）许可开工后记录考核开始时间，现场清理完毕，上交试验报告，记录结束时间。

（三）考核要点

（1）现场安全及文明生产。

（2）检查安全工器具。

（3）检查仪器设备状态。

（4）检查被试设备外观，了解被试品状况。

（5）熟悉电容式电流互感器介损试验项目及相关标准要求。

（6）熟悉介损测试仪的使用方法。

（7）试验报告真实完备。

三、评分标准

行业：电力工程 **工种：电气试验工** **等级：三**

编号	SY3ZY0401	行为领域	e	鉴定范围		电气试验高级工	
考核时限	30min	题型	A	满分	100分	得分	
试题名称	电容型电流互感器末屏对地介损、电容量测试						
考核要点及其要求	（1）现场安全及文明生产。 （2）检查安全工器具。 （3）检查仪器设备状态。 （4）检查被试设备外观，了解被试品状况。 （5）熟悉电容式电流互感器介损试验项目及相关标准要求。 （6）熟悉介损测试仪的使用方法。 （7）试验报告真实完备						
现场设备、工器具、材料	（1）工器具：秒表1块、温湿度计1块、万用表1块、220V电源线盘1个、安全围栏1个、“在此工作！”标示牌1块、绝缘垫1块、220kV验电器1个、介损测试仪1台、放电棒1根、电工常用工具。 （2）材料：接地线1盘、抹布1块。 （3）设备：电容型电流互感器1台						
备注	考生自备工作服、绝缘鞋、安全帽、线手套						

续表

评分标准						
序号	考核项目名称	质量要求	分值	扣分标准	扣分原因	得分
1	着装	正确穿戴安全帽、工作服、绝缘鞋	5	未着装扣5分；着装不规范，每处扣1分		
2	工器具、材料准备	（1）正确选择工器具、材料	1	错选、漏选、物件未检查，扣1分		
		（2）核实安全措施	3	未核实安全措施，扣1分		
		（3）试验设备合理进场，并检查设备校验情况	4	未检查安全工具（验电器、绝缘手套、绝缘垫、放电棒）合格标签的，每处扣1分；未检查设备校验合格标签的，每处扣1分；扣完为止		
		（4）正确接地	4	未检查接地桩，扣1分；未用锉刀处理，扣1分；使用缠绕接地，扣3分		
		（5）对被试品验电、充分放电	2	未使用验电器对被试品验电，扣2分；未对被试品充分放电，扣3分；扣完为止		
		（6）正确接入试验电源	1	未正确设置万用表档位（应为交流，大于220V），扣1分；未在接入电源前分别检查空气断路器分闸时上端、下端电压，扣1分；未检查电源线插头处电压扣1分		
		（7）正确设置遮栏	1	设备全部进场后，未设全封闭围栏，扣1分		
		（8）对被试品外观进行检查、清扫被试品表面	1	未检查外观，扣1分；未清扫表面，扣1分		
		（9）放置干湿温度计	1	未在距被试品最近的遮栏处放置，扣1分		
3	介损和电容量测量	（1）合理布置介损测试仪、接地线和放电棒位置	2	未合理布置，安全距离不符合要求，扣2分		
		（2）将介损测试仪接地端接地，二次绕组短接接地，用专用线正确连接	5	介损测试仪未接地，扣2分；二次绕组未短接接地，扣3分		
		（3）拆开末屏接地线，高压线接到末屏端，处理好角度，尽量呈90°	6	未处理好角度，扣3分；接线错误，扣3分		
		（4）检查试验接线，正确无误	2	未检查试验接线，扣2分		

续表

序号	考核项目名称	质量要求	分值	扣分标准	扣分原因	得分
3	介损和电容量测量	（5）升压前呼唱	2	升压前未呼唱，扣2分		
		（6）升压过程中右手始终放在“内高压允许”上，测量结束后，先断开“内高压允许”，再断开仪器开关，最后断开电源开关，加压过程中考生应站在绝缘垫上	7	升压过程中右手未始终放在“内高压允许”上扣2分，断电顺序错误扣3分，考生未站在绝缘垫上扣2分		
		（7）用带限流电阻的放电棒对电流互感器充分放电	3	先通过电阻放电，再直接放电，次序错误扣3分		
		（8）拆除测量线	3	未拆除测量线，扣3分		
		（9）取下接地棒	2	未取下接地棒，扣2分		
		（10）拆除地线	3	未拆除地线，扣3分		
4	工器具、设备使用	工器具、设备使用正确，不发生掉落现象	5	工器具、设备使用不正确，每处扣1分。工器具、设备发生掉落现象，每次扣1分		
5	安全文明生产	（1）工作票、作业指导卡填写正确，无错误、漏填或涂改现象	5	填写不规范、有涂改每处扣1分，扣完为止		
		（2）清理测试线	2	未清理，扣2分		
		（3）恢复现场状况	3	未将现场恢复至初始状况，遗漏一处扣1分；扣完为止		
		（4）试验设备出场	3	有设备遗留，扣1分		
6	试验记录及报告	（1）环境参数齐备	3	环境参数（温度、湿度、天气）欠缺，每缺一项扣1分		
		（2）设备参数齐备	3	设备参数（型号、厂家、出厂序号）欠缺，每缺一项扣1分		
		（3）试验数据齐备	3	试验数据欠缺，每缺一项，扣1分		
		（4）试验方法正确	7	未使用正确的试验方法，扣7分		
		（5）试验结论正确	8	试验结论不正确，扣8分		

2.2.5 SY3ZY0402 110kV电容型电压互感器自激法介损、电容量测试

一、作业

（一）工器具、材料、设备

（1）工器具：秒表1块、温湿度计1块、万用表1块、220V电源线盘1个、安全围栏1个、“在此工作!”标示牌1块、绝缘垫1块、110kV验电器1个、放电棒1根、介损测试仪1台、电工常用工具。

（2）材料：测试线、多股裸铜线、接地线1盘、抹布1块。

（3）设备：电容型电压互感器1台。

（二）安全要求

（1）现场设置安全围栏和标示牌。

（2）全程使用安全防护用品。

（3）试验前后对被试品充分放电，确保人身与设备安全。

（4）试验时，要求测试人员及其他人员不得触摸测试接地引下线，测试仪器应可靠接地。

（5）被试设备放电接地后方可更改试验接线。

（6）试验结束后断开试验电源。

（三）操作步骤及工艺要求（含注意事项）

1. 准备

（1）准备工作票及作业指导卡。

（2）工作前应对工具进行检查，确认完好无损并处于试验周期以内。

（3）工作前应对仪器线材进行检查，确认仪器线材完好并处于试验周期以内。

（4）进入作业现场应将使用的绝缘工具放置在绝缘垫上。

2. 步骤

（1）核对现场安全措施。

（2）做好验电、放电和接地等工作。

（3）试验现场应装设安全遮栏，防止无关人员进入试验区。

（4）接电源，确认其为220V及380V。

（5）合理布置介损测试仪、接地线和放电棒位置。将介损测试仪接地端接地，用专用线正确连接。拆开δ端子与地的连片后接测量线，高压线接到电压互感器最上端，处理好角度，尽量呈90°，二次绕组辅助绕组接低压输出。

（6）启动仪器，选择自激法接线，试验电压2kV，打开高压，测量电容型电压互感器电容量和介损。

（7）测量完毕，先断开高压，记录数据后关闭仪器开关，再关闭电源开关，对被试品放电。

（8）整理试验数据。

（9）完工整理现场。

（10）编写试验报告。

3. 要求

根据Q/GDW 1168—2013《输变电设备状态检修试验规程》的规定：

介损一般不大于0.002。电容量初值差不超过2%（警示值）。

二、考核

（一）考核场地

（1）考核场地应比较开阔，具有足够的安全距离，试验所需220V电源、接地桩。

（2）本项目可在室内外进行，应具有照明、通风、电源、接地设施。

（3）设置评判及写报告用的桌椅和计时秒表。

（二）考核时间

（1）考核时间为30min。

（2）选用工器具、材料、设备，准备时间为5min，该时间不计入考核计时。

（3）许可开工后记录考核开始时间，现场清理完毕，上交试验报告，记录结束时间。

（三）考核要点

（1）现场安全及文明生产。

（2）检查安全工器具。

（3）检查仪器设备状态。

（4）检查被试设备外观，了解被试品状况。

（5）熟悉电容型电压互感器介损试验项目及相关标准要求。

（6）熟悉介损测试仪自激法的试验方法。

（7）试验报告真实完备。

三、评分标准

行业：电力工程 **工种：电气试验工** **等级：三**

编号	SY3ZY0402	行为领域	e	鉴定范围		电气试验高级工	
考核时限	30min	题型	A	满分	100分	得分	
试题名称	110kV电容型电压互感器自激法介损、电容量测试						
考核要点及其要求	（1）现场安全及文明生产。 （2）检查安全工器具。 （3）检查仪器设备状态。 （4）检查被试设备外观，了解被试品状况。 （5）熟悉电容型电压互感器介损试验项目及相关标准要求。 （6）熟悉介损测试仪自激法的使用方法。 （7）试验报告真实完备						
现场设备、工器具、材料	（1）工器具：秒表1块、温湿度计1块、万用表1块、220V电源线盘1个、安全围栏1个、"在此工作！"标示牌1块、绝缘垫1块、110kV验电器1个、放电棒1根、介损测试仪1台、电工常用工具。 （2）材料：接地线1盘、测试线、多股裸铜线、抹布1块。 （3）设备：电容型电压互感器1台						
备注	考生自备工作服、绝缘鞋、安全帽、线手套						

评分标准						
序号	考核项目名称	质量要求	分值	扣分标准	扣分原因	得分
1	着装	正确穿戴安全帽、工作服、绝缘鞋	5	未着装扣5分；着装不规范，每处扣1分		
2	工器具、材料准备	(1) 正确选择工器具、材料	3	错选、漏选、物件未检查，扣1分		
		(2) 核实安全措施	3	未核实安全措施，扣1分		
		(3) 试验设备合理进场，并检查设备校验情况	4	未检查安全工具（验电器、绝缘手套、绝缘垫、放电棒）合格标签的，每处扣1分；未检查设备校验合格标签的，每处扣1分；扣完为止		
		(4) 正确接地	4	未检查接地桩，扣1分；未用锉刀处理，扣1分；使用缠绕接地，扣3分		
		(5) 对被试品验电、充分放电	2	未使用验电器对被试品验电，扣2分，未对被试品充分放电，扣3分，扣完为止		
		(6) 正确接入试验电源	1	未正确设置万用表档位（应为交流，大于220V），扣1分；未在接入电源前分别检查空气断路器分闸时上端、下端电压，扣1分；未检查电源线插头处电压，扣1分		
		(7) 正确设置遮栏	1	设备全部进场后，未设全封闭围栏，扣1分		
		(8) 对被试品外观进行检查、清扫被试品表面	1	未检查外观，扣1分；未清扫表面，扣1分		
		(9) 放置干湿温度计	1	未在距被试品最近的遮拦处放置，扣1分		
3	介损和电容量测量	(1) 合理布置介损测试仪、接地线和放电棒位置	2	未合理布置，安全距离不符合要求，扣2分		
		(2) 将介损测试仪接地端接地，二次绕组辅助绕组接低压输出，用专用线正确连接	5	介损测试仪未接地，扣2分；二次绕组不是辅助绕组接低压输出，扣3分		
		(3) 拆开δ端子与地的连片后接测量线，高压线接到电压互感器最上端，处理好角度，尽量呈90°	6	未处理好角度，扣3分，接线错误，扣3分		

续表

序号	考核项目名称	质量要求	分值	扣分标准	扣分原因	得分
3	介损和电容量测量	（4）检查试验接线，正确无误	2	未检查试验接线，扣2分		
		（5）升压前呼唱	2	升压前未呼唱，扣2分		
		（6）升压过程中右手始终放在“内高压允许”上，测量结束后，先断开“内高压允许”，再断开仪器开关，最后断开电源开关，加压过程中考生应站在绝缘垫上	7	升压过程中右手未始终放在“内高压允许”上，扣2分；断电顺序错误，扣3分；考生未站在绝缘垫上，扣2分		
		（7）用带限流电阻的放电棒对电流互感器充分放电	3	先通过电阻放电，再直接放电，次序错误，扣3分		
		（8）拆除测量线	3	未拆除测量线，扣3分		
		（9）取下接地棒	2	未取下接地棒，扣2分		
		（10）拆除地线	3	未拆除地线，扣3分		
4	工器具、设备使用	工器具、设备使用正确，不发生掉落现象	5	工器具、设备使用不正确，每处扣1分；工器具、设备发生掉落现象，每次扣1分		
5	安全文明生产	（1）工作票、作业指导卡填写正确，无错误、漏填或涂改现象	5	填写不规范、有涂改每处扣1分，扣完为止		
		（2）清理测试线	2	未清理，扣2分		
		（3）恢复现场状况	2	未将现场恢复至初始状况，遗漏一处扣1分；扣完为止		
		（4）试验设备出场	1	有设备遗留，扣1分		
6	试验记录及报告	（1）环境参数齐备	3	环境参数（温度、湿度、天气）欠缺，每缺一项扣1分		
		（2）设备参数齐备	3	设备参数（型号、厂家、出厂序号）欠缺，每缺一项扣1分		
		（3）试验数据齐备	3	试验数据欠缺，每缺一项扣1分		
		（4）试验方法正确	8	未使用正确的试验方法，扣8分		
		（5）试验结论正确	8	试验结论不正确，扣8分		

2.2.6 SY3ZY0403 110kV 变压器绕组介损、电容量测试

一、作业

（一）工器具、材料、设备

（1）工器具：秒表 1 块、温湿度计 1 块、万用表 1 块、220V 电源线盘 1 个、安全围栏 1 个、“在此工作!”标示牌 1 块、绝缘垫 1 块、110kV 验电器 1 个、放电棒 1 根、梯子、安全带、介损测试仪 1 台、电工常用工具。

（2）材料：接地线 1 盘、抹布 1 块。

（3）设备：110kV 变压器 1 台。

（二）安全要求

（1）现场设置安全围栏和标示牌。

（2）全程使用安全防护用品。

（3）试验前后对被试品充分放电，确保人身与设备安全。

（4）试验时，要求测试人员及其他人员不得触摸测试接地引下线，测试仪器应可靠接地。

（5）被试设备放电接地后方可更改试验接线。

（6）试验结束后断开试验电源。

（三）操作步骤及工艺要求（含注意事项）

1. 准备

（1）准备工作票及作业指导卡。

（2）工作前应对工具进行检查，确认完好无损并处于试验周期以内。

（3）工作前应对仪器线材进行检查，确认仪器线材完好并处于试验周期以内。

（4）进入作业现场应将使用的绝缘工具放置在绝缘垫上。

2. 步骤

（1）核对现场安全措施。

（2）做好验电、放电和接地等工作。

（3）试验现场应装设安全遮栏，防止无关人员进入试验区。

（4）接电源，确认其为 220V。

（5）合理布置介损测试仪位置，将介损测试仪接地端接地，被试变压器的测试端三相用裸铜线短接，非被试端三相短路与变压器外壳连接后接地。测试按照由低压到高压的顺序。

（6）启动仪器，选择反接线，试验电压为 10kV，打开高压，测量变压器绕组电容量和介损。

（7）测量完毕，先断开高压，记录数据后关闭仪器开关，再关闭电源开关，对被试品放电。

（8）整理试验数据。

（9）完工整理现场。

（10）编写试验报告。

3. 要求

根据 Q/GDW 1168—2013《输变电设备状态检修试验规程》的规定：

（1）330kV 及以上：≤0.005（注意值）。

（2）110（66）kV～220kV：≤0.008（注意值）。

（3）35kV 及以下：≤0.015（注意值）。

4. 注意事项

（1）测试应在天气良好、试品及环境温度不低于 5℃，湿度不大于 80%的条件下进行。

（2）测量温度以上层油温为准，尽量使每次测量的温度相近，且应在变压器上层油温低于 50℃时测量，不同温度下的 tanδ 值应换算到同一温度下进行比较。

（3）当测量回路引线较长时，有可能产生较大的误差，因此必须尽量缩短引线。

（4）试验时，被试变压器的每个绕组各项应短接。当绕组中有中性点引出线时，也应与三相一起短接，否则可能使测量误差增大。

（5）试验电压的选择。变压器绕组额定电压为 10kV 及以上者，施加电压应为 10kV。绕组额定电压为 10kV 以下者，施加电压为绕组额定电压。

二、考核

（一）考核场地

（1）考核场地应比较开阔，具有足够的安全距离，试验所需 220V 电源、380V 电源、接地桩。

（2）本项目可在室内外进行，应具有照明、通风、电源、接地设施。

（3）设置评判及写报告用的桌椅和计时秒表。

（二）考核时间

（1）考核时间为 30min。

（2）选用工器具、材料、设备，准备时间为 5min，该时间不计入考核计时。

（3）许可开工后记录考核开始时间，现场清理完毕，上交试验报告，记录结束时间。

（三）考核要点

（1）现场安全及文明生产。

（2）检查安全工器具。

（3）检查仪器设备状态。

（4）检查被试设备外观，了解被试品状况。

（5）熟悉变压器绕组介损试验项目及相关标准要求。

（6）熟悉介损测试仪的使用方法。

（7）试验报告真实完备。

三、评分标准

行业：电力工程 **工种：电气试验工** **等级：高级工**

编号	SY3ZY0403	行为领域	e	鉴定范围		电气试验高级工	
考核时限	30min	题型	A	满分	100 分	得分	
试题名称	110kV 变压器绕组介损、电容量测试						

考核要点及其要求	(1) 现场安全及文明生产。 (2) 检查安全工器具。 (3) 检查仪器设备状态。 (4) 检查被试设备外观，了解被试品状况。 (5) 熟悉变压器绕组介损试验项目及相关标准要求。 (6) 熟悉介损测试仪的使用方法。 (7) 试验报告真实完备
现场设备、工器具、材料	(1) 工器具：秒表1块、温湿度计1块、万用表1块、220V电源线盘1个、安全围栏1个、“在此工作”标示牌1块、绝缘垫1块、110kV验电器1个、放电棒1根、介损测试仪1台、电工常用工具。 (2) 材料：接地线1盘、抹布1块。 (3) 设备：变压器1台
备注	考生自备工作服、绝缘鞋、安全帽、线手套

评分标准

序号	考核项目名称	质量要求	分值	扣分标准	扣分原因	得分
1	着装	正确穿戴安全帽、工作服、绝缘鞋	5	未着装扣5分；着装不规范，每处扣1分		
2	工器具、材料准备	(1) 正确选择工器具、材料	1	错选、漏选、物件未检查，扣1分		
		(2) 核实安全措施	3	未核实安全措施，扣1分		
		(3) 试验设备合理进场，并检查设备校验情况	4	未检查安全工具（验电器、绝缘手套、绝缘垫、放电棒）合格标签的，每处扣1分；未检查设备校验合格标签的，每处扣1分；扣完为止		
		(4) 正确接地	4	未检查接地桩，扣1分；未用锉刀处理，扣1分；使用缠绕接地，扣3分		
		(5) 对被试品验电、充分放电	2	未使用验电器对被试品验电，扣2分；未对被试品充分放电，扣3分；扣完为止		
		(6) 正确接入试验电源	1	未正确设置万用表档位（应为交流，大于220V），扣1分；未在接入电源前分别检查空气断路器分闸时上端、下端电压，扣1分；未检查电源线插头处电压，扣1分		
		(7) 正确设置遮栏	1	设备全部进场后，未设全封闭围栏，扣1分		
		(8) 对被试品外观进行检查、清扫被试品表面	1	未检查外观，扣1分；未清扫表面，扣1分		
		(9) 放置干湿温度计	1	未在距被试品最近遮栏处放置，扣1分		

续表

序号	考核项目名称	质量要求	分值	扣分标准	扣分原因	得分
3	介损和电容量测量	(1) 合理布置介损测试仪、接地线和放电棒位置	2	未合理布置，安全距离不符合要求，扣2分		
		(2) 将介损测试仪接地端接地，非被试绕组短接接地，被试绕组各相短路	5	介损测试仪未接地，扣2分，非被试绕组未短接接地，扣3分		
		(3) 高压线接到被试绕组，处理好角度，尽量呈90	6	未处理好角度，扣3分，接线错误，扣3分		
		(4) 检查试验接线，正确无误	2	未检查试验接线，扣2分		
		(5) 升压前呼唱	2	升压前未呼唱，扣2分		
		(6) 升压过程中右手始终放在“内高压允许”上，测量结束后，先断开“内高压允许”，再断开仪器开关，最后断开电源开关，加压过程中考生应站在绝缘垫上	7	升压过程中右手未始终放在“内高压允许”上，扣2分；断电顺序错误，扣3分；考生未站在绝缘垫上，扣2分		
		(7) 用带限流电阻的放电棒对变压器充分放电	3	先通过电阻放电，再直接放电，次序错误，扣3分		
		(8) 拆除测量线	3	未拆除测量线，扣3分		
		(9) 取下接地棒	2	未取下接地棒，扣2分		
		(10) 拆除地线	3	未拆除地线，扣3分		
4	工器具、设备使用	工器具、设备使用正确，不发生掉落现象	5	工器具、设备使用不正确，每处扣1分；工器具、设备发生掉落现象，每次扣1分		
5	安全文明生产	(1) 工作票、作业指导卡填写正确，无错误、漏填或涂改现象	5	填写不规范、有涂改，每处扣1分，扣完为止		
		(2) 清理测试线	2	未清理，扣2分		
		(3) 恢复现场状况	3	未将现场恢复至初始状况，遗漏一处扣1分；扣完为止		
		(4) 试验设备出场	3	有设备遗留，扣1分		

续表

序号	考核项目名称	质量要求	分值	扣分标准	扣分原因	得分
6	试验记录及报告	(1) 环境参数齐备	3	环境参数（温度、湿度、天气）欠缺，每缺一项扣1分		
		(2) 设备参数齐备	3	设备参数（型号、厂家、出厂序号）欠缺，每缺一项扣1分		
		(3) 试验数据齐备	3	试验数据欠缺，每缺一项扣1分		
		(4) 试验方法正确	7	未使用正确的试验方法，扣7分		
		(5) 试验结论正确	8	试验结论不正确，扣8分		

2.2.7 SY3ZY0501 10kV 电流互感器变比测试

一、作业

（一）工器具、材料、设备

（1）工器具：温湿度计 1 块、万用表 1 块、220V 电源线盘 1 个、安全围栏 1 个、“在此工作!”标示牌 1 块、绝缘垫 1 块、放电棒 1 根、绝缘手套 1 付、验电器 1 个、互感器特性测试仪 1 台、电工常用工具。

（2）材料：接地线 1 盘、抹布 1 块。

（3）设备：10kV 电流互感器 1 台。

（二）安全要求

（1）现场设置安全围栏和标示牌。

（2）全程使用安全防护用品。

（3）试验前后对被试品充分放电，确保人身与设备安全。

（4）试验时，要求测试人员及其他人员保持与带电设备安全距离，测试仪器应可靠接地。

（5）被试设备放电接地后方可更改试验接线。

（6）试验结束后断开试验电源。

（三）操作步骤及工艺要求（含注意事项）

1. 准备

（1）准备工作票及作业指导卡。

（2）工作前应对工具进行检查，确认完好无损并处于试验周期以内。

（3）工作前应对仪器线材进行检查，确认仪器线材完好并处于试验周期以内。

（4）进入作业现场应将使用的绝缘工具放置在绝缘垫上。

2. 步骤

（1）核对现场安全措施。

（2）做好验电、放电和接地等工作。

（3）试验现场应装设安全遮栏，防止无关人员进入试验区。

（4）接电源，确认其为 220V 及 380V。

（5）设备外壳接地、擦拭设备。

（6）测试电流互感器变比。

（7）记录数据。

（8）完工整理现场。

（9）编写试验报告。

3. 要求

根据 GB 50150《电气装置安装工程 电气设备交接试验标准》的规定：

电流互感器电流比符合设备技术文件要求。

二、考核

（一）考核场地

（1）考核场地应比较开阔，具有足够的安全距离，试验所需 220V 电源、380V 电源、接地桩。

（2）本项目可在室内外进行，应具有照明、通风、电源、接地设施。

（3）设置评判及写报告用的桌椅和计时秒表。

（二）考核时间

（1）考核时间为30min。

（2）选用工器具、材料、设备，准备时间为5min，该时间不计入考核计时。

（3）许可开工后记录考核开始时间，现场清理完毕，上交试验报告，记录结束时间。

（三）考核要点

（1）现场安全及文明生产。

（2）检查安全工器具。

（3）检查仪器设备状态。

（4）检查被试设备外观，了解被试品状况。

（5）熟悉10kV电流互感器变比试验项目及相关标准要求。

（6）熟悉互感器特性测试仪的使用方法。

（7）试验报告真实完备。

三、评分标准

行业：电力工程　　　　　　　　　工种：电气试验工　　　　　　　　　等级：三

编号	SY3ZY0501	行为领域	e	鉴定范围		电气试验高级工	
考核时限	30min	题型	A	满分	100分	得分	
试题名称	10kV电流互感器变比测试						
考核要点及其要求	（1）现场安全及文明生产。 （2）检查安全工器具。 （3）检查仪器设备状态。 （4）检查被试设备外观，了解被试品状况。 （5）熟悉10kV电流互感器变比试验项目及相关标准要求。 （6）熟悉互感器特性测试仪的使用方法。 （7）试验报告真实完备						
现场设备、工器具、材料	（1）工器具：温湿度计1块、万用表1块、220V电源线盘1个、安全围栏1个、“在此工作!”标示牌1块、绝缘垫1块、放电棒1根、绝缘手套1付、互感器特性测试仪1台、验电器1个。 （2）材料：接地线1盘、抹布1块。 （3）设备：10kV电流互感器1台						
备注	考生自备工作服、绝缘鞋、安全帽、线手套						

评分标准

序号	考核项目名称	质量要求	分值	扣分标准	扣分原因	得分
1	着装	正确穿戴安全帽、工作服、绝缘鞋	5	未着装扣5分；着装不规范，每处扣1分		

续表

序号	考核项目名称	质量要求	分值	扣分标准	扣分原因	得分
2	工器具、材料准备	(1) 正确选择工器具、材料	1	错选、漏选、物件未检查，扣1分		
		(2) 核实安全措施	1	未核实安全措施，扣1分		
		(3) 试验设备合理进场，并检查设备校验情况	2	未检查安全工具（验电器、绝缘手套、绝缘垫、放电棒）合格标签的，每处扣1分；未检查设备校验合格标签的，每处扣1分；扣完为止		
		(4) 正确接地	2	未检查接地桩，扣1分；未用锉刀处理扣1分；使用缠绕接地，扣3分		
		(5) 对被试品验电、充分放电	2	未使用110kV验电器对被试品验电，扣2分；未对被试品充分放电，扣3分，扣完为止		
		(6) 正确接入试验电源	1	未正确设置万用表档位（应为交流，大于220V），扣1分；未在接入电源前分别检查空气断路器分闸时上端、下端电压，扣1分；未检查电源线插头处电压，扣1分		
		(7) 正确设置遮栏	1	设备全部进场后，未设全封闭围栏，扣1分		
		(8) 对被试品外观进行检查、清扫被试品表面	1	未检查外观，扣1分；未清扫表面，扣1分		
		(9) 放置干湿温度计	1	未在距被试品最近的遮栏处放置，扣1分		
3	测量互感器变比	(1) 检查互感器特性测试仪	4	互感器特性测试仪自检错误，扣4分		
		(2) 外壳接地	4	外壳未接地，扣4分		
		(3) 测试方式正确	10	未使用正确的试验方法（一、二次接线与设备标示不相符），扣5分；试验参数设置与铭牌不相符，扣5分		
		(4) 先开电源开关，再开互感器特性测试仪	3	次序错误，扣3分		
		(5) 先断互感器特性测试仪，再断开电源开关	5	次序错误，扣3分		
		(6) 用带限流电阻的放电棒对电流互感器充分放电	6	先通过电阻放电，再直接放电。次序错误，扣6分		
		(7) 拆除测量线	3	未拆除测量线，扣3分		
		(8) 取下接地棒	4	未取下接地棒，扣3分		
		(9) 拆除地线	4	未拆除地线，扣3分		

续表

序号	考核项目名称	质量要求	分值	扣分标准	扣分原因	得分
4	工器具、设备使用	工器具、设备使用正确，不发生掉落现象	5	工器具、设备使用不正确，每处扣1分；工器具、设备发生掉落现象，每次扣1分		
5	安全文明生产	（1）工作票、作业指导卡填写正确，无错误、漏填或涂改现象	5	填写不规范、有涂改每处扣1分，扣完为止		
		（2）清理测试线	1	未清理，扣1分		
		（3）恢复现场状况	2	未将现场恢复至初始状况，遗漏一处扣1分；扣完为止		
		（4）试验设备出场	2	有设备遗留，扣1分		
6	试验记录及报告	（1）环境参数齐备	3	环境参数（温度、湿度、天气）欠缺，每缺一项扣1分		
		（2）设备参数齐备	3	设备参数（型号、厂家、出厂序号）欠缺，每缺一项扣1分		
		（3）试验数据齐备	5	试验数据欠缺，每缺一项扣1分		
		（4）试验方法正确	6	未使用正确的试验方法，扣6分		
		（5）试验结论正确	8	分项结论（外观检查。要求同型号、同规格、同批次电流互感器一、二次绕组的直流电阻和平均值的差异不宜大于10%）不正确，每处扣2分。未考虑温度换算扣2分；试验整体结论不正确扣2分；扣完为止		

2.2.8 SY3ZY0601 地网接地电阻测试

一、作业

（一）工器具、材料、设备

（1）工器具：温湿度计1块、皮尺1卷、接地钎4根、带线夹的电流引线1根、带线夹的电压引线1根、万用表1块、220V电源线盘1个、锉刀2把、安全围栏3个、“在此工作!”标示牌1块、绝缘垫1块、放电棒1根、电工常用工具。

（2）材料：接地线1盘、多股接地裸铜线、配套测试线及连接线。

（3）设备：接地网、接地电阻测试仪1台。

（二）安全要求

（1）现场设置安全围栏和标示牌。

（2）全程使用安全防护用品。

（3）测量时考生应与带电部位保持足够的安全距离。

（4）防止测试人员及其他人员触摸测试接地引下线，测试仪器应可靠接地。

（5）测试人员移动测试仪器时，确保仪器处于断电状态。

（6）仪器必须在无电流输出时方可移动测试点线夹。

（7）试验结束后断开试验电源。

（三）操作步骤及工艺要求（含注意事项）

1. 准备

（1）准备工作票及作业指导卡。

（2）工作前应对工具进行检查，确认完好无损并处于试验周期以内。

（3）工作前应对仪器线材进行检查，确认仪器线材完好并处于试验周期以内。

（4）进入作业现场应将使用的绝缘工具放置在绝缘垫上。

（5）检查交流电源电压，确认其为220kV。

2. 步骤

（1）根据接地网的形式和大小确定电流线、电压线的敷设长度，应为接地网对角线长度的4～5倍，并在接地网四周确定一个放线方向，两线夹角为30°。

（2）用皮尺测量定位电流级和电压级的位置，插入接地钎，深度不小于30cm。

（3）将接地电阻测试仪放于水平位置，接地电阻测试仪的电流线、电压线、接地极分别与电流极、电压极和接地端良好连接。

（4）操作接地电阻仪，记录试验结果并判断是否合格。

3. 要求

根据《电气装置安装工程电气设备交接试验标准》GB50150的规定：

$$Z \leqslant 2000/I \text{ 或当 } I > 4000\text{A 时，} Z \leqslant 0.5\Omega$$

式中 I——经接地装置流入地中的短路电流（A）；

Z——考虑季节变化的最大接地阻抗（Ω）。

当接地阻抗不符合以上要求时，可通过技术经济比较增大接地阻抗，但不得大于5Ω。并应结合地面电位测量对接地装置综合分析和采取隔离措施。

4. 注意事项

（1）试验应在天气良好的情况下进行，湿度小于80%，遇有雷雨情况应停止测量。

（2）试验中应对测试点擦拭、除锈、除漆，保持仪器线夹与参考点、测试点的接触良好，减小测试电阻的影响。

（3）试验时接地电阻测试仪无显示，可能是电流线断。若试验数值很大，可能是电压线断或或接地体与接地线未连接。若试验数值显示不稳定，可能是电流线、电压线与电极或接地端子接触不良，也可能是电极与土壤接触不良造成的。

二、考核

（一）考核场地

（1）考核场地应比较开阔，具有足够的安全距离，现场设置一个工位。

（2）本项目应在室外进行。

（3）设置评判及写报告用的桌椅和计时秒表。

（二）考核时间

（1）考核时间为30min。

（2）选用工器具、材料、设备，准备时间为5min，该时间不计入考核计时。

（3）许可开工后记录考核开始时间，现场清理完毕，上交试验报告，记录结束时间。

（三）考核要点

（1）现场安全及文明生产。

（2）检查安全工器具。

（3）检查仪器设备状态。

（4）查勘现场，合理布置仪器设备。

（5）熟悉电网接地电阻测量方法及相关标准要求。

（6）熟悉接地电阻测试仪的使用方法。

（7）正确确定电流、电压引线的放线角度与电流、电压极的位置，以及电极的埋入深度。

（8）连接测试线时正确处理测试点表面，减小接触电阻的影响。

（9）移动测试仪器时操作规范、正确。

（10）编写真实完备的试验报告，确定试验结果是否符合要求。

三、评分标准

行业：电力工程　　　　工种：电气试验工　　　　等级：三

编号	SY3ZY0601	行为领域	e	鉴定范围		电气试验高级工	
考核时限	30min	题型	A	满分	100分	得分	
试题名称	地网接地电阻测量						
考核要点及其要求	（1）现场安全及文明生产。 （2）检查安全工器具。 （3）检查仪器设备状态。 （4）查勘现场，合理布置仪器设备。 （5）熟悉电网接地电阻测量方法及相关标准要求。 （6）熟悉接地电阻测试仪的使用方法。 （7）正确确定电流、电压引线的放线角度与电流、电压极的位置，以及电极的埋入深度。 （8）连接测试线时正确处理测试点表面，减小接触电阻的影响。 （9）移动测试仪器时操作规范、正确。 （10）编写真实完备的试验报告，确定试验结果是否符合要求						

续表

现场设备、工器具、材料	(1) 工器具：温湿度计1块、皮尺1卷、接地钎4根、带线夹的电流引线1根、带线夹的电压引线1根、万用表1块、220V电源线盘1个、锉刀2把、安全围栏3个、"在此工作!"标示牌1块、绝缘垫1块、放电棒1根。 (2) 材料：接地线1盘、多股接地裸铜线、配套测试线及连接线。 (3) 设备：接地网、接地电阻测试仪1台
备注	考生自备工作服、绝缘鞋、安全帽、线手套

评分标准

序号	考核项目名称	质量要求	分值	扣分标准	扣分原因	得分
1	着装	正确穿戴安全帽、工作服、绝缘鞋	5	未着装扣5分；着装不规范，每处扣1分		
2	工器具、材料准备	(1) 正确选择工器具、材料	1	错选、漏选、物件未检查，扣1分		
		(2) 核实安全措施	1	未核实安全措施，扣1分		
		(3) 查勘现场	2	未对现场进行查勘，扣2分		
		(4) 正确接地	3	未检查接地桩，扣1分；未用锉刀处理，扣1分；使用缠绕接地，扣3分		
		(5) 试验设备合理进场，并检查设备校验情况	2	未检查设备校验合格标签的，每处扣1分；扣完为止		
		(6) 正确接入试验电源	1	未正确设置万用表档位（应为交流，大于220V)，扣1分		
		(7) 正确设置遮栏	1	设备全部进场后，未设全封闭围栏，扣1分		
		(8) 放置干湿温度计	1	未在距被试品最近的遮栏处放置，扣1分		
3	接地电阻测量	检查接地电阻测试仪。电阻测试仪通电开机检查确认仪器状态	5	(1) 未对电阻测试仪进行检查，扣5分		
		(2) 选取参考点，并做标示。 ① 选取接地网引下线作为基准。②做好标示	6	(1) 未选择合适的参考点，扣3分。 (2) 未做标示，扣3分		
		(3) 用夹角补偿法进行测试接线： ① 电流线、电压线的敷设长度，应为接地网对角线长度的4～5倍，并在接地网四周确定一个放线方向，两线夹角为30°。 ② 电极埋入深度至少。 ③ 将仪器端子与电压、电流、接地极正确连接	20	① 敷设长度不正确，扣5分；夹角不正确，扣5分。 ② 电极埋入深度少于30cm，扣5分。 ③ 未将引线的一端与测试仪端子正确连接，扣5分		

续表

序号	考核项目名称	质量要求	分值	扣分标准	扣分原因	得分
3	接地电阻测量	（4）操作接地电阻测试仪： ① 检查接线无误。 ② 测试前呼唱。 ③ 先开启测试仪电源，再调节测试仪电流。 ④ 记录接地电阻值，断开电源	19	① 未检查接线，扣5分。 ② 测试前未呼唱，扣5分。 ③ 次序错误，扣5分。 ④ 未正确记录接地电阻值，扣4分		
4	工器具、设备使用	工器具、设备使用正确，不发生掉落现象	5	工器具、设备使用不正确，每处扣1分；工器具、设备发生掉落现象，每次扣1分		
5	安全文明生产	（1）工作票、作业指导卡填写正确，无错误、漏填或涂改现象	5	填写不规范、有涂改每处扣1分，扣完为止		
		（2）清理测试线	1	未清理，扣1分		
		（3）恢复现场状况	2	未将现场恢复至初始状况，遗漏一处扣1分；扣完为止		
		（4）试验设备出场	2	有设备遗留，扣1分		
6	试验记录及报告	（1）环境参数齐备	3	环境参数（温度、湿度、天气）欠缺，每缺一项扣1分		
		（2）设备参数齐备	3	设备参数（型号、厂家、出厂序号）欠缺，每缺一项扣1分		
		（3）试验数据齐备	2	试验数据欠缺，每缺一项扣1分		
		（4）试验方法正确	5	未使用正确的试验方法，扣5分		
		（5）试验结论正确	5	试验整体结论不正确，扣5分		

2.2.9　SY3ZY0701　绝缘靴交流耐压试验

一、作业

（一）工器具、材料、设备

（1）工器具：秒表1块、温湿度计1块、万用表1块、220V电源线盘1个、安全围栏1个、“在此工作”标示牌1块、绝缘垫1块、验电器1个、放电棒1根、铁砂（金属电极）、盛水金属器皿1个。

（2）材料：接地线1盘、抹布1块，水。

（3）设备：绝缘靴4双，工频试验变压器1台、单相调压器1台。

（二）安全要求

（1）现场设置安全围栏和标示牌。

（2）全程使用安全防护用品。

（3）测试仪器外壳应可靠接地。

（4）试验加压人员站在绝缘垫上操作。

（5）试验结束后断开试验电源。

（三）操作步骤及工艺要求（含注意事项）

1. 准备

（1）准备作业指导卡。

（2）工作前应对工具进行检查，确认完好无损并处于试验周期以内。

（3）工作前应对仪器线材进行检查，确认仪器线材完好并处于试验周期以内。

（4）进入作业现场应将使用的绝缘工具放置在绝缘垫上。

2. 步骤

（1）对绝缘靴进行外观检查。绝缘靴一般为平跟且有防滑花纹，绝缘靴有破损、鞋底防滑纹磨平、外底磨透出绝缘层，均不得继续使用。

（2）试验现场应装设安全遮栏，防止无关人员进入试验区。

（3）检查试验接线正确，调压器在零位，接通电源开始升压试验。升压过程应保持匀速，升至试验电压后开始计时并读取泄漏电流值，时间到后迅速降压至零，然后断开电源、放电、挂接地线。

（4）立即触摸绝缘表面。如出现普遍或局部发热，则认为绝缘不良，应处理后再做耐压试验。

3. 要求

根据DL/T 878—2004《带电作业用绝缘工具试验导则》的规定：

对绝缘靴进行交流耐压试验时，加压时间保持1min，其电气性能应符合规定，以无电晕发生、闪络、击穿、明显发热为合格。

二、考核

（一）考核场地

（1）考核场地应比较开阔，具有足够的安全距离，试验所需220V电源、接地桩。

（2）本项目在室内进行，应具有照明、通风、电源、接地设施。

（3）设置评判及写报告用的桌椅和计时秒表。

（二）考核时间

（1）考核时间为30min。

（2）选用工器具、材料、设备，准备时间为5min，该时间不计入考核计时。

（3）许可开工后记录考核开始时间，现场清理完毕，上交试验报告，记录结束时间。

（三）考核要点

（1）现场安全及文明生产。

（2）检查安全工器具。

（3）检查仪器仪表状态。

（4）检查被试设备外观，了解被试品状况。

（5）熟悉绝缘靴交流耐压试验项目及相关标准要求。

（6）交流耐压试验过程中操作规范、正确。

（7）试验报告真实完备。

三、评分标准

行业：电力工程　　　　**工种：电气试验工**　　　　**等级：三**

编号	SY3ZY0701	行为领域	e	鉴定范围		电气试验高级工	
考核时限	30min	题型	A	满分	100分	得分	
试题名称	绝缘靴交流耐压试验						
考核要点及其要求	（1）现场安全及文明生产。 （2）检查安全工器具。 （3）检查仪器仪表状态。 （4）检查被试设备外观，了解被试品状况。 （5）熟悉绝缘靴交流耐压试验项目及相关标准要求。 （6）交流耐压试验过程中操作规范、正确。 （7）试验报告真实完备						
现场设备、工器具、材料	（1）工器具：秒表1块、温湿度计1块、万用表1块、220V电源线盘1个、安全围栏1个、“在此工作!”标示牌1块、绝缘垫1块、验电器1个、放电棒1根、铁砂（金属电极）、盛水金属器皿1个。 （2）材料：接地线1盘、抹布1块、水。 （3）设备：绝缘靴4双，工频试验变压器1台、单相调压器1台						
备注	考生自备工作服、绝缘鞋、安全帽、线手套						

评分标准

序号	考核项目名称	质量要求	分值	扣分标准	扣分原因	得分
1	着装	正确穿戴安全帽、工作服、绝缘鞋	5	未着装扣5分；着装不规范，每处扣1分		
2	工器具、材料准备	（1）正确选择工器具、材料	2	错选、漏选、物件未检查，扣1分		
		（2）核实现场安全措施	3	未核实安全措施，扣3分		

续表

序号	考核项目名称	质量要求	分值	扣分标准	扣分原因	得分
2	工器具、材料准备	（3）试验设备合理进场，并检查设备校验情况	4	未检查安全工具（验电器、绝缘手套、绝缘垫、放电棒）合格标签的，每处扣1分；未检查设备校验合格标签的，每处扣1分；扣完为止		
		（4）正确接地	4	未检查接地桩，扣1分；未用锉刀处理，扣1分；使用缠绕接地，扣3分		
		（5）正确接入试验电源	3	未正确设置万用表档位（应为交流，大于220V），扣1分；未在接入电源前分别检查空气断路器分闸时上端、下端电压，扣1分；未检查电源线插头处电压，扣1分		
		（6）正确设置遮栏	2	设备全部进场后，未设全封闭围栏，扣2分		
		（7）对被试品外观进行检查	2	未检查外观，扣2分		
		（8）放置干湿温度计	2	未在距被试品最近的遮栏处放置，扣2分		
3	绝缘靴交流耐压试验	（1）合理布置调压器、试验变压器、电压表、毫安表、接地线和放电棒位置	2	未合理布置，安全距离不符合要求，扣2分		
		（2）将装入铁砂的绝缘靴放置于盛水的金属器皿内	5	外水面高于绝缘靴绝缘部分以上5cm处，扣2分，露出水面部分未保持清洁干燥，扣2分		
		（3）金属器皿外壳应接地	5	金属器皿外壳未接地，扣5分		
		（4）试验电压经串接微安表接入绝缘靴铁砂中	2	未串接微安表，扣2分		
		（5）检查试验接线，正确无误	2	未检查试验接线，扣2分		
		（6）调压器调至零位	2	调压器未调至零位，扣2分		
		（7）接通电源，升压前呼唱	2	升压前未呼唱，扣2分		
		（8）升压进行试验，加压时应站在绝缘垫上	3	加压时未站在绝缘垫上，扣3分		
		（9）均匀升压到规定数值，计时并读取试验电压	2	未计时，扣1分；未读取试验电压，扣1分		
		（10）测量并记录试验电流值	2	未记录试验电流值，扣2分		

续表

序号	考核项目名称	质量要求	分值	扣分标准	扣分原因	得分
3	绝缘靴交流耐压试验	（11）时间到后迅速降压至零，断开电源、放电、挂接地线	4	次序错误，扣2分；漏项每处扣2分		
		（12）立即触摸绝缘表面，检查是否发热	2	未立即触摸检查，扣2分		
4	安全文明生产	（1）工作票、作业指导卡填写正确，无错误、漏填或涂改现象	5	填写不规范、有涂改每处扣1分，扣完为止		
		（2）清理测试线	3	未清理，扣3分		
		（3）恢复现场状况	3	未将现场恢复至初始状况，遗漏一处扣1分；扣完为止		
		（4）试验设备出场	3	有设备遗留，扣1分		
5	试验记录及报告	（1）环境参数齐备	3	环境参数（温度、湿度、天气）欠缺，每缺一项扣1分		
		（2）设备参数齐备	3	设备参数（型号、厂家、出厂序号）欠缺，每缺一项扣1分		
		（3）试验数据齐备	5	试验数据欠缺，每缺一项扣5分		
		（4）试验方法正确	7	未使用正确的试验方法，扣7分		
		（5）试验结论正确	8	试验结论不正确，扣8分		

2.2.10 SY3ZY0702 10kV 变压器工频交流耐压试验

一、作业

（一）工器具、材料、设备

（1）工器具：秒表 1 块、温湿度计 1 块、万用表 1 块、220V 电源线盘 1 个、安全围栏 1 个、“在此工作”标示牌 1 块、绝缘垫 1 块、验电器 1 个、放电棒 1 根、常用电工工具。

（2）材料：接地线 1 盘、抹布 1 块。

（3）设备：10kV 变压器 1 台，工频试验变压器 1 台、单相调压器 1 台、分压器 1 个、球隙 1 个。

（二）安全要求

（1）现场设置安全围栏和标示牌。

（2）全程使用安全防护用品。

（3）测试仪器外壳应可靠接地。

（4）试验加压人员站在绝缘垫上操作。

（5）试验结束后断开试验电源。

（6）被试变压器与其他连接部分全部拆除，铁芯可靠接地。

（三）操作步骤及工艺要求（含注意事项）

1. 准备

（1）准备作业指导卡。

（2）工作前应对工具进行检查，确认完好无损并处于试验周期以内。

（3）工作前应对仪器线材进行检查，确认仪器线材完好并处于试验周期以内。

（4）进入作业现场应将使用的绝缘工具放置在绝缘垫上。

2. 步骤

（1）将变压器各绕组接地放电，对大容量变压器应充分放电。放电时应用绝缘棒进行，不得用手碰触放电导线。拆除或断开变压器对外的一切连线。

（2）进行接线，检查试验接线正确无误、调压器在零位。被试变压器外壳和非加压绕组应可靠接地，试验回路中过电流和过电压保护应整定正确、可靠。油浸变压器的套管、升高座、入孔等部位均应充分排气，避免器身内残存气泡的击穿放电。变压器本体所有电流互感器二次短路接地。

（3）接通电源，不接试品升压，将球隙的放电电压整定在 1.2 倍额定试验电压所对应的放电距离。

（4）断开电源、降低电压为零、将高压引线接上试品，接通电源，开始升压进行试验。

（5）升压必须从零开始（或接近于零）开始，切不可冲击合闸。升压速度在 75%试验电压以前，可以是任意的，自 75%电压开始应均匀升压，约为每秒 2%试验电压的速率升压。升压过程中应密切监视高压回路和仪表指示，监听被试品有何异响。升至试验电压，开始计时并读取试验电压的数值。时间到后，迅速均匀降压到零（或 1/3 试验电压以下），然后切断电源，放电、挂接地线。试验中如无破坏性放电发生，则认为通过耐压试验。

（6）测试绝缘电阻，其值应正常（一般绝缘电阻下降不大于30%）。

3. 要求

根据Q/GDW 1168—2013《输变电设备状态检修试验规程》的规定：

分级绝缘变压器，仅对中性点和低压绕组进行。全绝缘变压器，对各绕组分别进行。耐受电压为出厂试验值的80%，时间为60s。

4. 注意事项

（1）交流耐压试验是一项破坏性试验，应在各项绝缘试验合格后进行。充油设备应在静置足够时间后方能加压，以避免耐压试验造成不应有的绝缘击穿。

（2）进行耐压试验应在良好天气下进行，试品及环境温度不低于5℃，湿度不大于80%的条件下进行。

（3）加压过程应有人监护并呼唱。

（4）试验中途断电，在查明原因、恢复电源后，应进行全时间的持续耐压试验，不可只进行补足时间的试验。

二、考核

（一）考核场地。

（1）考核场地应比较开阔，具有足够的安全距离，试验所需220V电源、接地桩。

（2）本项目在室内外进行，应具有照明、通风、电源、接地设施。

（3）设置评判及写报告用的桌椅和计时秒表。

（二）考核时间

（1）考核时间为30min。

（2）选用工器具、材料、设备，准备时间为5min，该时间不计入考核计时。

（3）许可开工后记录考核开始时间，现场清理完毕，上交试验报告，记录结束时间。

（三）考核要点

（1）现场安全及文明生产。

（2）检查安全工器具。

（3）检查仪器仪表状态。

（4）检查被试设备外观，了解被试品状况。

（5）熟悉变压器交流耐压试验项目及相关标准要求。

（6）交流耐压试验过程中操作规范、正确。

（7）试验报告真实完备。

三、评分标准

行业：电力工程　　　　**工种：电气试验工**　　　　**等级：三**

编号	SY3ZY0702	行为领域	e	鉴定范围		电气试验高级工	
考核时限	30min	题型	A	满分	100分	得分	
试题名称	10kV变压器工频交流耐压试验						

续表

考核要点及其要求	(1) 现场安全及文明生产。 (2) 检查安全工器具。 (3) 检查仪器仪表状态。 (4) 检查被试设备外观，了解被试品状况。 (5) 熟悉变压器交流耐压试验项目及相关标准要求。 (6) 交流耐压试验过程中操作规范、正确。 (7) 试验报告真实完备
现场设备、工器具、材料	(1) 工器具：秒表1块、温湿度计1块、万用表1块、220V电源线盘1个、安全围栏1个、“在此工作!”标示牌1块、绝缘垫1块、验电器1个、放电棒1根、常用电工工具。 (2) 材料：接地线1盘、抹布1块。 (3) 设备：10kV变压器1台，工频试验变压器1台、单相调压器1台、分压器1个、球隙1个
备注	考生自备工作服、绝缘鞋、安全帽、线手套

评分标准

序号	考核项目名称	质量要求	分值	扣分标准	扣分原因	得分
1	着装（共5分）	正确佩戴安全帽、工作服、绝缘鞋	5	未着装扣5分；着装不规范，每处扣1分		
2	工器具、材料准备	(1) 正确选择工器具、材料	2	错选、漏选、物件未检查，扣1分		
		(2) 核实现场安全措施	3	未核实安全措施，扣3分		
		(3) 试验设备合理进场，并检查设备校验情况	4	未检查安全工具（验电器、绝缘手套、绝缘垫、放电棒）合格标签的，每处扣1分；未检查设备校验合格标签的，每处扣1分；扣完为止		
		(4) 正确接地	4	未检查接地桩，扣1分；未用锉刀处理，扣1分；使用缠绕接地，扣3分		
		(5) 正确接入试验电源	3	未正确设置万用表档位（应为交流，大于220V），扣1分；未在接入电源前分别检查空气断路器分闸时上端、下端电压，扣1分；未检查电源线插头处电压，扣1分		
		(6) 正确设置遮栏	2	设备全部进场后，未设全封闭围栏，扣2分		
		(7) 对被试品外观进行检查	2	未检查外观，扣2分		
		(8) 放置干湿温度计	2	未在距被试品最近的遮拦处放置，扣2分		

续表

序号	考核项目名称	质量要求	分值	扣分标准	扣分原因	得分
3	变压器交流耐压试验	（1）合理布置调压器、试验变压器、分压器、球隙、接地线和放电棒位置	3	未合理布置，安全距离不符合要求，扣3分		
		（2）进行接线，被试变压器外壳、铁芯和非加压绕组应可靠接地，被试绕组各相短接检查试验接线正确无误、调压器在零位	5	未检查试验接线，扣2分；调压器未调至零位，扣2分		
		（3）将球隙的放电电压整定在1.2倍额定试验电压所对应的放电距离	3	球隙的放电电压整定的放电距离不对，扣5分		
		（4）接通电源，不接试品升压，检查球隙是否正常动作	5	未进行此项，扣5分		
		（5）断开电源、降低电压为零、将高压引线接上试品，接通电源，开始升压进行试验	4	未按步骤进行，扣4分		
		（6）升压前呼唱	3	升压前未呼唱，扣3分		
		（7）升压进行试验，加压时应站在绝缘垫上	3	加压时未站在绝缘垫上，扣3分		
		（8）均匀升压到规定数值，计时并读取试验电压的数值	3	未计时，扣1分；未读取试验电压，扣2分		
		（9）时间到后迅速降压至零，断开电源、放电、挂接地线	4	次序错误，扣2分；漏项每处扣2分		
4	安全文明生产	（1）工作票、作业指导卡填写正确，无错误、漏填或涂改现象	5	填写不规范、有涂改每处扣1分，扣完为止		
		（2）清理测试线	3	未清理，扣3分		

续表

序号	考核项目名称	质量要求	分值	扣分标准	扣分原因	得分
5	试验记录及报告	(1) 恢复现场状况	3	未将现场恢复至初始状况，遗漏一处扣1分，扣完为止		
		(2) 设备参数齐备	3	设备参数（型号、厂家、出厂序号）欠缺，每缺一项扣1分		
		(3) 试验数据齐备	5	试验数据欠缺，每缺一项，扣5分		
		(4) 试验方法正确	7	未使用正确的试验方法，扣7分		
		(5) 试验结论正确	8	试验结论不正确，扣8分		

第四部分　技　　师

1 理论试题

1.1 单选题

La2A1001 金属氧化锌避雷器与阀式避雷器相比有着最大的优点是（　　）。

（A）生产成本低；（B）通流能力大、阀片不易老化；（C）非线性电阻特性、通流能力大；（D）残压水平高、通流能力大。

答案：C

La2A2002 对电介质施加直流电压时，由电介质的弹性极化所决定的电流称为（　　）。

（A）泄漏电流；（B）电导电流；（C）吸收电流；（D）电容电流。

答案：D

La2A2003 电感线圈在施加一个直流电压过程中，对其电压、电流变化规律描述正确的是（　　）。

（A）电流不会发生突变；（B）电压保持不变；（C）储存磁能发生突变；（D）极两端电压、电流发生突变。

答案：A

La2A2004 电力设备的绝缘水平是由避雷器的（　　）决定的。

（A）残压；（B）灭弧电压；（C）保护比和切断比；（D）续流值。

答案：A

La2A2005 直流电压作用下的介质损耗主要是由（　　）引起的损耗。

（A）电导；（B）离子极化；（C）电子极化；（D）夹层式极化。

答案：A

La2A3006 以下对外施交流耐压试验的试验电压波形要求描述正确的是（　　）。

（A）试验电压的波形为两个半波相同的近似正切波；（B）试验电压的波形为两个半波相同的近似震荡波；（C）峰值和方均根（有效）值之比应在 1.414±0.05 以内；（D）某些试验回路，需允许较大的畸变，应注意到被试品，特别是有非线性阻抗特性的被试品可能使波形产生明显畸变。

答案：D

La2A3007 以下选项中，对外施交流耐压试验电压产生方式描述正确的是（ ）。

（A）通常采用高压试验变压器产生工频高电压；（B）对电容量较小的被试品，可以采用串联谐振回路产生高电压；（C）通常采用并联谐振产生工频高电压；（D）通常采用串联谐振产生工频高电压。

答案：A

La2A3008 戴维南定理可将任一有源二端网络等效成一个有内阻的电压源，该等效电源的内阻和电动势是（ ）。

（A）由所接负载的大小和性质决定的；（B）由网络的参数和结构决定的；（C）由网络结构和负载共同决定的；（D）由网络参数和负载共同决定的。

答案：B

La2A3009 同等的电流密度及磁通密度，自耦变压器的铜耗和铁耗与双绕组变压器相比（ ）。

（A）都增多；（B）都减少；（C）相等；（D）铜耗减少。

答案：B

La2A3010 电力系统稳定性的概念是（ ）。

（A）系统无故障时间的长短；（B）两电网并列运行的能力；（C）系统抗干扰的能力；（D）系统中电气设备的利用率。

答案：C

La2A4011 以下对功率放大电路的最基本要求是（ ）。

（A）输出信号电压大；（B）输出信号电流大；（C）输出信号电压、电流均大；（D）输出信号电压大，电流小。

答案：C

La2A4012 下列选项中，三相变压器的零序电抗的大小与（ ）有关。

（A）变压器正序电抗大小；（B）变压器负序电抗大小；（C）变压器导线截面大小；（D）变压器绕组联结方式及铁芯结构。

答案：D

La2A4013 电流互感器在20Hz电源下比50Hz，电流比和相位差会出现（ ）。

（A）比值差和相位差均减小；（B）比值差和相位差均增大；（C）比值差增大、相位差减小；（D）比值差减小，相位差增大。

答案：B

La2A5014 能同时考验变压器的主绝缘和匝间绝缘的试验是（　　）。

（A）工频耐压试验；（B）感应耐压试验；（C）谐振耐压试验；（D）直流耐压试验。

答案：B

Lb2A1015 对带有电磁式电压互感器的GIS进行耐压试验时，应采用（　　）方法进行。

（A）工频耐压；（B）高频耐压；（C）低频耐压；（D）直流耐压。

答案：B

Lb2A1016 变压器套管是引线与（　　）间的绝缘。

（A）高压绕组；（B）低压绕组；（C）油箱；（D）铁芯。

答案：C

Lb2A2017 三绕组电压互感器的辅助二次绕组应接成（　　）。

（A）开口三角形；（B）三角形；（C）星形；（D）曲折接线。

答案：A

Lb2A2018 交流电路中，分别用P、Q、S表示有功功率、无功功率和视在功率，而功率因数则等于（　　）。

（A）P/S；（B）Q/S；（C）P/Q；（D）Q/P。

答案：A

Lb2A2019 电场中，对均匀带电的球面来说，球内任何点的场强（　　）。

（A）等于零；（B）小于零；（C）大于零；（D）与球面场强相等。

答案：A

Lb2A2020 式$e=100\sin(\omega t-60°)$V中，当$t=0$时，e等于（　　）V。

（A）100；（B）－86．6；（C）86．6；（D）－50。

答案：B

Lb2A2021 绝缘介质在施加（　　）电压后，常有明显的吸收现象。

（A）直流；（B）工频；（C）高频；（D）低频。

答案：A

Lb2A3022 在电压互感器的电气试验项目中，（　　）的测试结果与其油中溶解气体色谱分析总烃和乙炔超标无关。

（A）空载损耗和空载电流试验；（B）绝缘电阻和介质损耗因数$\tan\delta$值测量；（C）局部放电测量；（D）引出线的极性检查试验。

答案：D

Lb2A3023 变压器的高、低压绕组绝缘纸筒端部的角环作用是，为了防止端部绝缘发生（ ）。

（A）电晕放电；（B）辉光放电；（C）沿面放电；（D）局部放电。

答案：C

Lb2A3024 由于系统短路电流所形成的动稳定和热稳定效应，对系统中的（ ）可不予考虑。

（A）变压器；（B）电流互感器；（C）电压互感器；（D）断路器。

答案：C

Lb2A3025 线路参数测试中，测量两回平行的输电线路之间的耦合电容，其目的是（ ）。

（A）为了分析运行中的带电线路，由于互感作用，在另一回停电检修线路产生的感应电压，是否危及检修人员的人身安全；（B）为了分析线路的电容传递过电压，当一回线路发生故障时，通过电容传递的过电压，是否会危及另一回线路的安全；（C）为了分析运行中的带电线路，由于互感作用，在另一回停电检修线路产生的感应电流，是否会造成太大的功率损耗；（D）为了分析当一回线路流过不对称短路电流时，由于互感作用，在另一回线路产生的感应电压、电流，是否会造成继电保护装置误动作。

答案：B

Lb2A3026 线路参数测试中，测量两回平行的输电线路之间的互感阻抗，其目的是为了分析（ ）。

（A）运行中的带电线路，由于互感作用，在另一回停电检修线路产生的感应电压，是否危及检修人员的人身安全；（B）运行中的带电线路，由于互感作用，在另一回停电检修的线路产生的感应电流，是否会造成太大的功率损耗；（C）当一回线路发生故障时，是否因传递过电压危及另一回线路的安全；（D）当一回线路流过不对称短路电流时，由于互感作用在另一回线路产生的感应电压、电流，是否会造成继电保护装置误动作。

答案：D

Lb2A4027 110kV 电容式电压互感器的周期性检查试验中不包括（ ）。

（A）红外线测温；（B）二次绕组绝缘电阻；（C）紫外线测试；（D）相对电容量比值。

答案：C

Lb2A4028 下列选项中，半导体的电导率随温度升高而（ ）。

（A）按一定规律增大；（B）呈线性减小；（C）按指数规律减小；（D）不变化。

答案：A

Lb2A4029 下列选项中，不属于目前对金属氧化物避雷器在线监测的主要方法的是（ ）。

（A）用交流或整流型电流表监测全电流；（B）用阻性电流仪损耗仪监测阻性电流及

功率损耗；(C) 用红外热摄像仪监测温度变化；(D) 用直流试验器测量直流泄漏电流。

答案：D

Lb2A5030 GIS设备不能进行直流耐压试验的原因是（　　）。

(A) GIS设备内有电磁式电压互感器，直流无法升压；(B) 直流的单极性容易使灰尘聚集在盆式绝缘子上，投运后容易引起放电；(C) 由于直流高压对 SF_6 气体成分造成破坏，使其分解产生腐蚀性物质，破坏内部绝缘；(D) 直流高压不能模拟运行状态，所以要使用交流耐压。

答案：B

Lb2A5031 变电站接地网接地电阻要求不正确的是（　　）。

(A) 有效接地系统电力设备接地电阻一般不大于1Ω；(B) 非有效接地系统电力设备接地电阻一般不大于10Ω；(C) 独立避雷针接地网接地电阻一般不大于10Ω；(D) 1kV以下电力设备的接地电阻一般不大于4Ω。

答案：A

Lc2A1032 空载损耗一般是指变压器上的（　　）之和。

(A) 漏磁通产生损耗和线圈电阻产生的损耗；(B) 铁芯的磁滞损耗和线圈电阻产生的损耗；(C) 铁芯的磁滞损耗和涡流损失；(D) 漏磁通产生损耗和涡流损失。

答案：C

Lc2A2033 电力变压器铁芯用热轧硅钢片制造时，磁通密度应选择1.4～1.5T；用冷轧硅钢片制造时，磁通密度应选择（　　）T。

(A) 1.4～1.5；(B) 1.6～1.7；(C) 1.39～1.45；(D) 1.2～1.3。

答案：B

Lc2A2034 行灯电压一般情况下不得超过（　　）V。

(A) 12；(B) 36；(C) 18；(D) 220。

答案：B

Lc2A3035 使用分裂绕组变压器主要是为了（　　）。

(A) 当一次侧发生短路时限制短路电流；(B) 改善绕组在冲击波入侵时的电压分布；(C) 改善绕组的散热条件；(D) 改善电压波形减少三次谐波分量。

答案：A

Lc2A3036 有一全长1km的220kV的交联聚乙烯电力电缆需进行交流耐压试验，在选择试验用设备装置时，一般不选用（　　）。

(A) 传统常规容量的工频试验变压器；(B) 变频式串联谐振试验装置；(C) 工频调

感式串联谐振试验装置；(D) 变频式串、并联谐振试验装置。

答案：A

Lc2A3037 下列仪器仪表中，可测定高次谐波电流的指示仪表是（　　）。

(A) 热电系仪表；(B) 感应系仪表；(C) 电动系仪表；(D) 静电系仪表。

答案：A

Lc2A4038 计算一段导线，其电阻为 R，将其从中对折合并成一段新的导线，则其电阻为（　　）。

(A) $2R$；(B) R；(C) $R/2$；(D) $R/4$。

答案：D

Lc2A4039 直流电阻并联电路中，并联各个支路（　　）都相等。

(A) 电压；(B) 电流；(C) 功率；(D) 阻值。

答案：A

Lc2A5040 能对变压器绕组直流电阻的测得值有影响的是（　　）。

(A) 变压器上层油温及绕组温度；(B) 变压器油质状况；(C) 变压器绕组绝缘受潮；(D) 环境空气湿度。

答案：A

Jd2A1041 正弦交流电的三要素是最大值、频率和（　　）。

(A) 有效值；(B) 最小值；(C) 周期；(D) 初相角。

答案：D

Jd2A1042 常用电气设备铭牌上标明的额定电压和额定电流指的是它们的（　　）。

(A) 瞬时值；(B) 平均值；(C) 有效值；(D) 最大值。

答案：C

Jd2A2043 有 n 个电容量相等的电容器并联，其中单台电容量为 C_0，总电容量 C 为（　　）。

(A) $C=C_0/n$；(B) $C=nC_0$；(C) $C=n/C_0$；(D) $C=n+C_0$。

答案：B

Jd2A2044 若某条电路中，额定功率为 10W 的三个电阻，$R_1=10\Omega$，$R_2=40\Omega$，$R_3=250\Omega$，串联接于电路中，电路中允许通过的最大电流约为（　　）mA。

(A) 200；(B) 500；(C) 1000；(D) 180。

答案：A

Jd2A2045 一般来说，电压比是指变压器在（　　）运行时，一次电压与二次电压的比值。

（A）负载；（B）空载；（C）满载；（D）欠载。

答案：B

Jd2A2046 正弦交流电流的平均值等于其有效值除以（　　）。

（A）1.11；（B）1.414；（C）1.732；（D）0.9009。

答案：A

Jd2A2047 电容 C 的大小与（　　）无关。

（A）电容器极板的面积；（B）电容器极板间的距离；（C）电容器极板所带电荷和极板间电压；（D）电容器极板间所用绝缘材料的介电常数。

答案：C

Jd2A3048 断路器之所以具有灭弧能力，主要是因为它具有（　　）。

（A）灭弧室；（B）绝缘油；（C）快速机构；（D）并联电容器。

答案：A

Jd2A3049 通过变压器的（　　）试验数据，可以求得阻抗电压。

（A）空载试验；（B）电压比试验；（C）耐压试验；（D）短路试验。

答案：D

Jd2A3050 变压器绝缘试验项目，对发现绕组绝缘进水受潮均有一定作用，而较为灵敏、及时、有效的是（　　）。

（A）测量 $\tan\delta$ 值；（B）油中溶解气体色谱分析；（C）测量直流泄漏电流和绝缘电阻；（D）测定油中微量水分。

答案：D

Jd2A3051 测量电力电容器电容量时，发现电容量变大，最有可能的原因是（　　）。

（A）介质受潮；（B）元件短路；（C）介质受潮或元件短路；（D）电容器漏油。

答案：C

Jd2A3052 在实际工作中，变压器空载损耗基本上是（　　）之和。

（A）漏磁通产生损耗和线圈电阻产生的损耗；（B）铁芯的磁滞损耗和线圈电阻产生的损耗；（C）铁芯的磁滞损耗和涡流损失；（D）漏磁通产生损耗和涡流损失。

答案：C

Jd2A3053 对于运行中的电压互感器，为避免产生很大的短路电流而烧坏互感器线圈，要求电压互感器（ ）。

（A）必须一点接地；（B）严禁过负荷；（C）要两点接地；（D）严禁二次短路。

答案：D

Jd2A3054 对 GIS 进行耐压试验，不允许使用（ ）。

（A）正弦交流电压；（B）雷电冲击电压；（C）操作冲击电压；（D）直流电压。

答案：D

Jd2A4055 在变压器试验中，如果短路损耗要比绕组电阻损耗大，其原因是（ ）。

（A）短路阻抗比电阻大；（B）交流电流是有效值；（C）增加了杂散损耗；（D）交流电流是最大值。

答案：C

Jd2A4056 油纸电容型套管的（ ）一般不进行温度换算。

（A）绝缘电阻；（B）吸收比与极化指数；（C）直流泄漏电流；（D）$\tan\delta$ 值。

答案：D

Jd2A4057 在测量 1000V 及以下配电装置和馈电线路的绝缘电阻，建议采用（ ）V 兆欧表。

（A）250；（B）1000；（C）2500；（D）5000。

答案：B

Jd2A4058 一般电力变压器励磁电流的标幺值为（ ）。

（A）0.5～0.8；（B）0.02～0.1；（C）0.4～0.6；（D）0.5～0.8。

答案：B

Jd2A5059 规程规定电力变压器、互感器交接及大修后的交流耐压试验电压值均比出厂值低，这主要是考虑（ ）。

（A）试验容量大，现场难以满足；（B）试验电压高，现场不易满足；（C）设备绝缘的积累效应；（D）绝缘裕度不够。

答案：C

Jd2A5060 电容器的电流 $I=C\cdot du/dt$，当 $u>0$，$du/dt>0$ 时，则表明电容器正在（ ）。

（A）充电；（B）放电；（C）饱和状态；（D）无法判断。

答案：A

Je2A1061 在进行电流比校核时，电流加在电流互感器一次端子上，在二次端子读取电流，非测量绕组需（ ），升压必须从零开始。

（A）短路；（B）短路接地；（C）悬空；（D）以上说法均不正确。

答案：B

Je2A1062 以下选项中对避雷器直流参考电压（U_{nmA}）及在 0.75 U_{nmA} 泄漏电流测量说法不正确的是（ ）。

（A）泄漏电流测试线应使用屏蔽线；（B）测试线与避雷器夹角应尽量小；（C）升压过程中应监视电流表，防止超过其容量；（D）应从微安表读取电流。

答案：B

Je2A2063 试验中，绝缘介质在施加（ ）电压后，常有明显的吸收现象。

（A）交流；（B）直流；（C）工频；（D）高频。

答案：B

Je2A2064 剩磁对变压器（ ）试验项目没有影响。

（A）测量电压比；（B）测量直流电阻；（C）短路测量；（D）空载测量。

答案：C

Je2A2065 在等值电路里，由 n 只不同阻值的纯电阻组成串联电路，则电路的总电压等于（ ）。

（A）任一只电阻的电压降乘以 n；（B）各电阻电压降之和；（C）各电阻电压降之差；（D）各电阻电压降的倒数和。

答案：B

Je2A2066 对任何一个闭合回路，其分段电压降之和等于电动势之和。这一概念是( )。

（A）基尔霍夫第一定律；（B）基尔霍夫第二定律；（C）楞次定律；（D）欧姆定律。

答案：B

Je2A2067 机械工程图样中，一般用的长度单位是（ ）。

（A）米（m）；（B）毫米（mm）；（C）纳米（nm）；（D）微米（μm）。

答案：B

Je2A3068 外施交流耐压试验尽量采用自耦式调压器，若容量不够，可采用（ ）调压器。

（A）移圈式；（B）励磁式；（C）感应式；（D）光电式。

答案：A

Je2A3069 外施交流耐压试验时，与（ ）串联的保护电阻器，其电阻值通常取1Ω/V。

（A）避雷器；（B）电流互感器；（C）电压互感器；（D）保护球隙。

答案：D

Je2A3070 规程规定，变压器变比测试时，额定分接要求的初值差为不大于（ ）。

（A）±1%；（B）±0.5%；（C）±0.1%；（D）±5%。

答案：B

Je2A3071 变压器油色谱测试结果显示总烃高，其中乙炔为主要成分，则判断变压器故障可能是（ ）。

（A）电弧放电；（B）连接接头过热；（C）受潮；（D）绕组变形。

答案：A

Je2A3072 在电磁式电压互感器的（ ），以达到防止和限制铁磁谐振过电压。

（A）开口三角形绕组中加装一个阻尼电阻 R，使 $R \leqslant 0.4XT$（互感器的励磁感抗）；（B）开口三角形绕组中加装一个阻尼电阻 R，使 $R \geqslant 0.4XT$（互感器的励磁感抗）；（C）中性点绕组中加装一个阻尼电阻 R，使 $R \leqslant 0.2XT$（互感器的励磁感抗）；（D）中性点绕组中加装一个阻尼电阻 R，使 $R \geqslant 0.2XT$（互感器的励磁感抗）。

答案：A

Je2A3073 进行红外测温工作时，检测与负荷电流有关的设备时，应最好选择在（ ）负荷下检测。

（A）最大；（B）最低；（C）无关系；（D）一般。

答案：A

Je2A3074 正弦交流电路在并联谐振状态时，电路中总电流与电源电压间的相位关系是（ ）。

（A）相位相同；（B）相位相反；（C）电流滞后于电压；（D）电流超前于电压。

答案：A

Je2A3075 一个电容量为50μF的电容器，若在电容器两极板之间施加50V的电压，则该电容器储存的电荷为（ ）。

（A）0；（B）0.025；（C）0.0025；（D）1。

答案：C

Je2A4076 直流试验电压的脉动幅值等于（ ）。

（A）最大值和最小值之差的二分之一；（B）最大值与平均值之差；（C）最小值与平均值之差；（D）最大值和最小值之差。

答案：A

Je2A4077 磁感应强度 B 与导体的长度 L、导体内的电流 I 及导体所受的电磁力 F 的关系式为 $B=F/IL$，该式所反映的物理量间的依赖关系是（　　）。

（A）B 由 F、I 和 L 决定；（B）F 由 B、I 和 L 决定；（C）I 由 B、F 和 L 决定；（D）L 由 B、F 和 I 决定。

答案：B

Je2A4078 220kV 等级电容型电流互感器，试验测得主电容为 1200pF，介质损耗因数为 0.272%。如果它在 1.1 倍的额定电压下运行，其绝缘介质的功率损耗 P 约为（　　）W。

（A）50；（B）40；（C）30；（D）20。

答案：D

Je2A4079 电压互感器耐压局部放电试验时，测量阻抗与被试品串联还是与耦合电容器串联，主要是考虑（　　）。

（A）测试时局部放电信号大小是否满足要求；（B）末屏接地是否容易打开；（C）流过阻抗的电流是否满足阻抗要求；（D）外界干扰源的大小和性质。

答案：C

Je2A5080 移圈式调压器的输出电压由零逐渐升高时，其输出容量是（　　）。

（A）固定不变的；（B）逐渐减小的；（C）逐渐增加的；（D）先增加后减小。

答案：D

Je2A5081 电流互感器在进行局部放电测试时，如果无法将电源侧、地网侧的干扰去掉，一般采用（　　）来有效避开干扰影响。

（A）移相法；（B）平衡法；（C）滤波法；（D）开窗法。

答案：B

Jf2A1082 在实际工作中，电机直流耐压试验易于检出端部（　　）缺陷。试验时还可通过测量泄漏电流，按其数值的变化，可判断绝缘的整体性能。

（A）表面；（B）贯通性；（C）间隙性；（D）整体性。

答案：C

Jf2A2083 油浸式电力变压器在油色谱试验中分析发现有大量 C_2H_2 存在，说明变压器箱体内存在（　　）。

（A）局部过热；（B）低能量放电；（C）高能量放电；（D）气泡放电。

答案：C

Jf2A2084 只能作为变压器的后备保护的是（　）保护。

（A）瓦斯；（B）过电流；（C）差动；（D）过负荷。

答案：B

Jf2A3085 220kV 非灭弧室气室在运行中的 SF_6 气体湿度要求：≤（　）μL/L（20℃，0.1MPa）。

（A）100；（B）150；（C）300；（D）500。

答案：D

Jf2A3086 稳定运行的电力系统若在 A 相发生金属性接地短路时，故障点的零序电压（　）。

（A）超前于 A 相电压 90°；（B）滞后于 A 相电压 90°；（C）与 A 相电压同相位；（D）与 A 相电压相位差 180°。

答案：D

Jf2A3087 高压直流试验时，每告一段落或试验结束时，应将设备（　）。

（A）直接接地；（B）过小电阻接地；（C）放电一次并短接接地；（D）放电数次并短接接地。

答案：D

Jf2A4088 母线电源频率减小时，电流互感器的（　）。

（A）比值差和相位差均增大；（B）比值差和相位差均减小；（C）比值差增大、相位差减小；（D）无法判断。

答案：A

Jf2A4089 局部放电测量时，所用的引线长度应与（　）时的引线长度保持一致。

（A）出厂试验；（B）耐压试验；（C）方波校正；（D）绝缘试验。

答案：C

Jf2A5090 进行绝缘油击穿电压试验的升压变压器及相关电路的短路电流要求为（　）mA。

（A）20～30；（B）10～50；（C）10～25；（D）1000～20000。

答案：C

1.2 判断题

La2B1001 正弦交流电路发生并联谐振时，电路的总电流与电源电压间的相位关系是同相位。(√)

La2B1002 R、L、C 并联电路处于谐振状态时，电容 C 两端的电压等于电源电压。(√)

La2B1003 对于一个非正弦的周期量，可利用傅里叶级数展开为各种不同频率的正弦分量与直流分量，其中角频率等于 ωt 的称为基波分量，角频率等于或大于 $2\omega t$ 的称为高次谐波。(√)

La2B1004 串联谐振的特点是：电路总电流达到最小值，电路总阻抗达到最大值，在理想情况下（$R=0$），总电流可达到零。(×)

La2B2005 并联谐振的特点是：电路的总阻抗最小，即 $Z=R$，电路中电流最大，在电感和电容上可能出现比电源电压高得多的电压。(×)

La2B2006 R、L、C 并联电路在谐振频率附近呈高的阻抗值，因此当电流一定时，电路两端将呈现高电压。(×)

La2B3007 R、L、C 串联电路处于谐振状态时，电容 C 两端的电压等于电容器额定电压的 Q 倍。(×)

La2B3008 在 R、L、C 并联电路中，如果以电压源供电，且令电压有效值固定不变，则在谐振频率附近总电流将不变。(×)

La2B3009 正弦交流电路发生串联谐振时，电路中的电流与电源电压间的相位关系是反相位。(×)

La2B3010 R、L、C 串联电路发生谐振时，电感两端的电压等于电源两端的电压。(×)

La2B4011 由电感线圈（可用电感 L 串电阻 R 仿真）和电容组件（电容量为 C）串联组成的电路中，当感抗等于容抗时会产生电流谐振。(×)

La2B5012 R、L、C 串联电路，在电源频率固定不变条件下，为使电路发生谐振，可用改变电路电感 L 或电容 C 参数的方法。(√)

La2B5013 在 R、L、C 串联电路中，当发生串联谐振时，电路呈现出纯电阻性质，也就是说电路中的感抗和容抗都等于零。(×)

Lb2B1014 小电流接地系统中的并联电容器可采用中性点不接地的星形接线。(√)

Lb2B1015 波在沿架空线传播过程中发生衰减和变形的决定因素是导线对地电感。(×)

Lb2B1016 波沿线路传播，如经过串联电感，则会使波的陡度增大。(×)

Lb2B1017 超高压断路器断口并联电阻是为了降低操作过电压。(√)

Lb2B1018 电介质的损耗包括电导损耗、游离损耗和极化损耗三种性质。(√)

Lb2B1019 雷电放电是雷云所引起的放电现象，其放电过程和长间隙极不均匀电场中的放电过程相同。(√)

Lb2B1020 变压器采用纠结式绕组可改善过电压侵入波的起始分布。(√)

Lb2B1021 在电流互感器一次进出线端子间加装避雷器，是为了防止过电压作用下，损坏一次绕组的匝间绝缘。(√)

Lb2B1022 避雷针是由针的尖端放电作用，中和雷云中的电荷而不致遭雷击。(×)

Lb2B1023 电网中的自耦变压器中性点必须接地是为了避免当高压侧电网发生单相接地故障时，在变压器高、低压侧出现过电压。(×)

Lb2B1024 在变压器高、低压绕组绝缘纸筒端部设置角环，是为了防止端部绝缘发生沿面放电。(√)

Lb2B1025 超高压线路两端的高压并联电抗器主要作用是用来限制操作过电压。(×)

Lb2B2026 由雷电所引起的过电压叫作内部过电压。(×)

Lb2B2027 由雷电所引起的过电压叫作大气过电压或叫作外部过电压。(√)

Lb2B2028 由于操作、故障或其他原因所引起系统电磁能量的振荡、积聚和传播，从而产生的过电压，叫作内部过电压。(√)

Lb2B2029 电晕放电有时也会出现在均匀电场中。(×)

Lb2B2030 整串绝缘子的放电电压比单个绝缘子放电电压的总和高。(×)

Lb2B2031 限制过电压的保护间隙是由一个带电极和一个接地极构成，两极之间相隔一定距离构成间隙。它平时并联在被保护设备旁，在过电压侵入时，间隙先行击穿，把雷电流引入大地，从而保护了设备。(√)

Lb2B2032 切、合空载线路不会引起过电压。(×)

Lb2B2033 输电线路沿线架设避雷线的目的是为了使导线不受直接雷击。(√)

Lb2B2034 感应耐压试验可同时考核变压器的纵绝缘和主绝缘。(√)

Lb2B2035 中性点不接地系统发生金属性接地时，因故障相对地电压变为零，故引起线电压改变。(×)

Lb2B2036 避雷针对周围高压电气设备可以产生反击过电压。(√)

Lb2B3037 在不均匀电场中增加介质厚度可以明显提高击穿电压。(×)

Lb2B3038 在中性点不直接接地的电网中，发生单相接地时，健全相对地电压有时会超过线电压。(√)

Lb2B3039 大气过电压可分为直接雷击、雷电反击和感应雷电过电压。(√)

Lb2B3040 在中性点直接接地的电网中，发生单相接地时，健全相对地电压绝不会超过相电压。(×)

Lb2B3041 在电力系统中，当切断电感电流时，若断路器的去游离很强，以致强迫电流提前过零，即所谓截流时，则不可能产生过电压。(×)

Lb2B3042 电击穿的特点是：外施电压比较高；强电场作用的时间相当短便发生击穿，击穿位置往往从场强最高的地方开始；电击穿与电场的形状有关，同时与温度有很大关系。(×)

Lb2B3043 能够限制操作过电压的避雷器是无间隙金属氧化物避雷器。(√)

Lb2B3044 当网络发生两相电压升高，一相电压降低时，属于基波谐振。(√)

Lb2B3045 发电机突然甩负荷、空载长线的电容效应及中性点不接地系统单相接地，是系统工频电压升高的主要原因。(√)

Lb2B3046 在不均匀电场中，棒－板间隙的放电电压与棒电压极性的关系是负棒时放电电压低。(×)

Lb2B3047 电极的表面状况和空气中的导电微粒，对空气间隙的击穿电压没有影响。(×)

Lb2B3048 在电场极不均匀的空气间隙中加入屏障后，在一定条件下，可以显著提高间隙的击穿电压，这是因为屏障在间隙中起到了改善电场分布的作用。(√)

Lb2B3049 中性点不接地系统发生单相接地时，线电压没有升高。(√)

Lb2B3050 气体间隙的击穿电压与多种因素有关，但当间隙距离一定时，击穿电压与电场分布、电压种类及棒电极极性无关。(×)

Lb2B3051 中性点经消弧线圈接地系统发生单相接地时，可以长期运行。(×)

Lb2B3052 局部放电起始电压是指试验电压从不产生局部放电的较低电压逐渐增加至观测的局部放电量大于某一规定值时的最低电压。(√)

Lb2B3053 由于静电感应使导体出现感应电荷。感应电荷分布在导体的表面，其分布情况取决于导体表面的形状，导体表面弯曲度越大的地方，聚集的电荷越多；较平坦的地方聚集的电荷就少。导体尖端由于电荷密集，电场强度很强，故容易形成“尖端放电”现象。(√)

Lb2B3054 电介质的击穿强度仅与介质材料及其制作工艺有关，与加压电极形状、极间距离、电场均匀程度及电压作用时间长短等因素无关。(×)

Lb2B3055 运行中的补偿用电容器组不受雷击过电压影响。(×)

Lb2B3056 脉冲电流法测量得到的视在放电量就是真实放电量。(×)

Lb2B3057 极不均匀电场中击穿电压与电极形状无关而仅与距离有关。(×)

Lb2B3058 过电压可分为大气过电压和内部过电压。(√)

Lb2B3059 变压器绕组遭受到的轴向力可使线段和线匝在竖直方向弯曲。通常最大的弯曲力产生在位于绕组端部的线段中，而最大的压缩力则出现在位于绕组高度中心的垫块上。(√)

Lb2B3060 在有较高幅值的雷电波侵入被保护装置时，避雷器首先动作放电，限制了电气设备上的过电压幅值。 (√)

Lb2B3061 局部放电量的大小与设备的额定工作电压成正比。(×)

Lb2B3062 电力设备的局部放电是指设备绝缘系统中被部分击穿的电气放电，这种放电可以发生在导体（电极）附近，也可发生在其他位置。(√)

Lb2B3063 试品在某一规定电压下发生的局部放电量用视在放电量表示，是因为视在放电量与试品实际放电点的放电量相等。(×)

Lb2B3064 局部放电试验是一种发现绝缘局部缺陷的较好方法。(√)

Lb2B3065 同一被试品的局部放电的起始电压 $U\mathrm{i}$ 和熄灭电压 $U\mathrm{e}$ 的大小关系是 $U\mathrm{i}=U\mathrm{e}$。(×)

Lb2B3066 局部放电熄灭电压，是指试验电压从超过局部放电起始电压的较高值，逐渐下降至观测的局部放电量小于某一规定值时的最低电压。(×)

Lb2B3067 局部放电测量中，视在放电量 q 是指在试品两端注入一定的电荷量，使试品端电压的变化量和试品局部放电时引起的端电压变化量相同。此时注入的电荷量即称为局部放电的视在放电量，以皮库（pC）表示。(√)

Lb2B3068 避雷器对任何过电压都能起到限制作用。(×)

Lb2B3069 在有较高幅值的雷电波侵入被保护装置时，避雷器首先动作放电，限制了流过

电气设备上的电流幅值。(×)

Lb2B3070 金属氧化物避雷器可以限制谐振过电压。(×)

Lb2B4071 一般来说，过电压的产生都是由于电力系统的能量发生瞬间突变所引起的。(√)

Lb2B4072 变压器中性点经消弧线圈接地是为了消除“潜供电流”。(×)

Lb2B4073 为了快速降低潜供电流和恢复系统的电压水平，在超高压输电线路上采取并联电抗器中性点加阻抗的补偿措施，以加快潜供电弧的熄灭。(√)

Lb2B4074 截波对变压器绕组作用比全波的作用危险性大。(√)

Lb2B5075 电晕放电是一种非自持放电。(×)

Lb2B5076 变压器的负序阻抗等于短路阻抗。(√)

Lb2B5077 热性故障是变压器正常运行时由铜损和铁损转化而来的热量，而使上层油温升高。(×)

Lc2B1078 自耦变压器的铜耗和铁耗都比双绕组变压器增加。(×)

Lc2B1079 变压器的铁损随着负载的变化而明显变化。(×)

Lc2B1080 变压器的铁损的大小基本上与负载的大小无关。(√)

Lc2B1081 变压器的铁损和铜损，均随负载的大小而变。(×)

Lc2B3082 三相五柱式电压互感器的二次侧辅助绕组接成开口三角形，其作用是监测系统的零序电压。(√)

Lc2B3083 电磁式电压互感器只有在中性点非有效接地系统中才会发生铁磁谐振。(×)

Lc2B3084 电容式电压互感器在运行中有可能产生铁磁谐振过电压，所以在其电磁式中间电压互感器的二次绕组应接有阻尼电阻或阻尼器，且运行中阻尼电阻不允许开断。(√)

Jd2B2085 用电压互感器配电压表测量和用静电电压表测量已停电的变电设备（或线路）的感应电压，结果是一样的。(×)

Jd2B3086 变频串联谐振装置依靠大功率变频电源调节电源频率，使回路达到谐振，所用电抗器的电感量也是可调的。(×)

Jd2B3087 对110～220kV全长1km及以上的交联聚乙烯电力电缆进行交流耐压试验，在选择试验用设备装置时，可选用变频式串、并联谐振试验装置。(√)

Je2B1088 悬浮电位由于电压高，场强较集中，一般会使周围固体介质烧坏或炭化。(√)

Je2B1089 变压器高压套管末屏失去接地会形成悬浮电位放电。(√)

Je2B2090 变压器负载损耗中，绕组电阻损耗与温度成正比；附加损耗与温度成反比。(√)

Je2B2091 感应耐压试验不能采用50Hz频率交流电源，而应采用100～400Hz频率的交流电源。(√)

Je2B2092 变压器感应耐压时，倍频与工频试验电压持续时间是相同的。(×)

Je2B2093 当试验变压器的额定电压不能满足所需试验电压，但电流能满足被试品试验电流的情况下，用并联谐振的方法来解决试验电压的不足。(×)

Je2B2094 当试验变压器的额定电压能满足试验电压的要求，但电流达不到被试品所需的试验电流时，采用并联谐振对电流加以补偿，以解决试验电源容量不足的问题。(√)

Je2B2095 在交流外施耐压或感应耐压试验中，正确使用并联谐振或串联谐振试验方

法，都能够获得降低试验变压器容量和电源容量的效果。(√)

Je2B2096 对额定频率50Hz的变压器，施加试验电压来进行感应耐压试验时，试验电源的频率不得低于150Hz。(×)

Je2B2097 变压器、电磁式电压互感器感应耐压试验，按规定当试验频率超过100Hz后，试验持续时间应减小至按公式 $T=6000/f$ 计算所得的时间（但不少于20s）执行，这主要是考虑到绕组绝缘介质损耗增大，热击穿可能性增加。(√)

Je2B2098 当试验变压器的额定电压能满足试验电压的要求，但电流达不到被试品所需的试验电流时，采用串联谐振对电流加以补偿，以解决试验电源容量不足的问题。(×)

Je2B2099 当试验变压器的额定电压不能满足所需试验电压的要求，但电流能满足被试品试验电流的情况下，用串联谐振的方法来解决试验电压的不足。(√)

Je2B2100 变压器的空载损耗与温度有关，而负载损耗则与温度无关。(×)

Je2B2101 对半绝缘变压器来说，因其绕组首、末端绝缘水平不同，不能采用一般的外施电压法试验其绝缘强度，只能用感应耐压法进行耐压试验。(√)

Je2B2102 在变压器负载损耗和空载损耗测量的参数中，附加损耗和短路阻抗的电抗分量参数受试验电源频率的影响可忽略不计。(×)

Je2B3103 检测 C_2H_2 气体的含量，主要是了解有无放电或高温热源。(√)

Je2B3104 由于电磁式电压互感器是一个带铁芯的电感线圈，所以在三倍频耐压试验时，其空载电流是一感性电流。(×)

Je2B3105 油中电弧放电产生的主要特征气体是 H_2，C_2H_2。(√)

Je2B3106 在变压器各种故障下，油和绝缘材料都要放出 H_2。(√)

Je2B3107 在变压器各种故障下，油和绝缘材料都要放出 CH_4。(×)

Je2B3108 测量输电线路的直流电阻，是为了检查输电线路的连接情况和施工中是否遗留有缺陷。(√)

Je2B3109 由于串级式高压电磁式电压互感器的绕组具有电感的性质，所以对其进行倍频感应耐压试验时，无须考虑容升的影响。(×)

Je2B3110 测量局部放电时，对耦合电容器的要求主要是介损 $\tan\delta$ 值要小。(×)

Je2B3111 局部放电试验测得的是“视在放电量”，不是发生局部放电处的“真实放电量”。(√)

Je2B3112 进行局部放电测量时，一定要进行方波校准。(√)

Je2B3113 局部放电试验中，典型气泡放电发生在交流椭圆的第Ⅰ、Ⅲ象限。(√)

Je2B3114 对串级式或分级绝缘的电磁式电压互感器做交流耐压试验，应用倍频感应耐压试验的方法进行。(√)

Je2B4115 测量两回平行的输电线路之间的互感阻抗，目的是为了分析：当一回线路流过不对称短路电流时，由于互感作用在另一回线路产生的感应电压、电流，是否会造成继电保护装置误动作。(√)

Je2B4116 火花放电是高能量放电，常以绕组匝层间绝缘击穿为多见，其次为引线断裂或对地闪络和分接开关飞弧等故障。(×)

Je2B4117 糠醛是绝缘纸老化的产物之一，测定变压器油中糠醛的浓度可以判断变压

器绝缘的老化程度。(√)

Je2B4118 110kV及以上电压等级变压器在遭受出口短路、近区多次短路后，应测试绕组变形。但出口短路、近区多次短路不包括中性点接地绕组的单相接地故障。(×)

Je2B4119 变压器油中的糠醛是唯有纸绝缘老化才生成的产物。因此，测试油中糠醛含量，可以反映变压器纸绝缘的老化情况。(√)

Je2B4120 测量输电线路零序阻抗时，将线路末端三相开路，始端三相短路接单相交流电源。(×)

Je2B4121 测量输电线路正序阻抗时，将线路末端三相短路接地，始端三相短路接单相交流电源。(×)

Je2B4122 测量输电线路零序阻抗时，将线路末端三相短路接地，始端三相短路接单相交流电源。(√)

Je2B4123 测量输电线路零序阻抗时，将线路末端三相短路接地，始端三相接三相交流电源。(×)

Je2B4124 在一般情况下，变压器铁芯中的剩磁对额定电压下的空载损耗的测量不会带来较大的影响。(√)

Je2B4125 绝缘介质的局部放电由于放电能量小，尽管它长时间存在，对绝缘材料产生破坏作用不大。(×)

Je2B4126 绝缘介质的局部放电虽然放电能量小，但由于它长时间存在，对绝缘材料产生破坏作用，最终会导致绝缘击穿。(√)

Je2B4127 局部放电试验可以发现被试设备的内部发热、放电及其绝缘缺陷。(×)

Je2B4128 根据局部放电水平可发现绝缘物空气隙（一个或数个）中的游离现象及局部缺陷，但不能发现绝缘受潮。(√)

Je2B4129 在测量设备的局部放电时，试验标准中包括了一个短时间比规定的试验电压值高的预加电压过程，这是考虑到在实际运行中局部放电往往是由于过电压激发的，预加电压的目的是人为造成一个过电压的条件来模拟实际运行情况，以观察绝缘在规定条件下的局部放电水平。(√)

Je2B4130 直流电压下要确定局部放电起始电压和熄灭电压是困难的，而交流则相对容易些。(√)

Je2B5131 油浸式电力变压器油中溶解气体色谱分析发现有大量C_2H_2存在，说明变压器箱体内存在低能量放电。(×)

Je2B5132 由于电压互感器的电容量较小，进行倍频感应耐压试验时可以不考虑容升电压。(×)

Je2B5133 大型电力变压器局部放电试验和感应耐压试验可以采用工频试验电源。(×)

Je2B5134 变压器在额定电压、额定频率、带额定负载运行时，所消耗的有功功率就是该变压器的负载损耗。(×)

Je2B5135 当变压器有受潮、局部放电或过热故障时，一般油中溶解气体分析都会出现氢含量增加。(√)

Je2B5136 乙炔是三价键的烃，温度需要高达千度以上才能生成。若变压器油中含有

乙炔，表示充油设备的内部故障温度很高，多数是有电弧放电了，所以要特别重视。(√)

Je2B5137 电力变压器做负载试验时，多数从低压侧加电压。(×)

Je2B5138 变压器负载损耗测量，应施加相应的额定电流，受设备限制时，可以施加不小于相应额定电流的25%。(×)

Je2B5139 电力变压器负载试验是测量额定电流下的负载损耗和阻抗电压，试验时，低压侧短路，高压侧加电压，试验电流为高压侧额定电流，试验电流较小，现场容易做到，故负载试验一般都从高压侧加电压。(√)

Je2B5140 电力变压器负载试验时，高压侧开路，低压侧加压，试验电压是低压侧的额定电压，试验电压低，试验电流为额定电流百分之几或千分之几时，现场容易进行测量，故一般都从低压侧加电压。(×)

Je2B5141 变压器负载损耗试验最好在额定电压下进行。(×)

Je2B5142 变压器负载损耗试验最好在额定电流下进行。(√)

Jf2B1143 改善断路器的同期性可以减少产生谐振的激发因素。(√)

Jf2B2144 变压器运行时，铁芯中有涡流损耗和磁滞损耗，而涡流损耗仅与负载电流有关，空载时就没有涡流损耗。(×)

1.3 多选题

La2C1001 铁磁材料的磁化现象主要表现为（ ）。

（A）广泛地应用于电子仪表与微机等设备中用以产生磁场；（B）当铁磁材料被引入外磁场时，在外磁场的作用下，内部分子磁矩排列整齐的过程称为磁化；（C）某些铁磁物质一经磁化，即使去除外磁场后，仍有很大的剩余磁感应强度；（D）铁、钢、镍、钴等铁磁材料，没有受外磁场的作用时，其分子电流所产生的合成磁矩在宏观上等于零，不呈现磁性。

答案：BCD

Lb2C1002 衡量电能质量的基本指标是（ ）。

（A）电压；（B）电流；（C）频率；（D）谐波。

答案：ACD

Lb2C1003 造成变压器空载损耗增加的原因有（ ）。

（A）绕组匝间短路、绕组并联支路短路；（B）绕组中导线电流密度不等；（C）各并联支路匝数不等；（D）绕组绝缘受潮。

答案：AC

Lb2C1004 变压器油进行色谱分析，主要是分析（ ）气体。

（A）甲烷（CH_4）、乙烷（C_2H_6）；（B）一氧化碳（CO）、二氧化碳（CO_2）；（C）氢（H_2）；（D）乙烯（C_2H_4）、乙炔（C_2H_2）。

答案：ABCD

Lb2C1005 规程对于电力电缆耐压试验要求（ ）。

（A）油纸绝缘电力电缆采用工频交流耐压试验；（B）油纸绝缘电力电缆采用直流耐压试验；（C）橡塑绝缘电力电缆采用冲击电压试验；（D）橡塑绝缘电力电缆采用变频交流耐压试验。

答案：BD

Lb2C2006 油在电弧的高温作用下，会（ ）。

（A）分解出碳粒；（B）油被氧化而生成酸；（C）使油逐渐老化；（D）油被氧化而生成水。

答案：ABCD

Lb2C2007 为保证金属氧化物避雷器安全运行，运行中应定期监测（ ）。

（A）运行中电压下的全电流；（B）持续电流的阻性分量；（C）持续电流的容性分量；（D）工频参考电流。

答案：AB

Lb2C2008　故障点的能量密度决定了电力变压器内部油纸绝缘的（　　），以及生成烃类气体的不饱和度。

（A）热裂解；（B）热裂解的产气量；（C）产气速度；（D）电流大小。

答案：ABC

Lb2C2009　绝缘在电场、热、化学、机械力、大气条件等因素作用下，其性能发生变化，但进行干燥后，又恢复其原有的绝缘性能，实质上是一种（　　）。

（A）物理变化；（B）没有触及化学结构的变化；（C）化学物理变化；（D）化学变化。

答案：AB

Lb2C2010　变压器的纵绝缘包括（　　）。

（A）高压绕组引线绝缘；（B）绕组匝间绝缘；（C）高压绕组角环；（D）绕组层间绝缘。

答案：BCD

Lb2C2011　变压器突然短路的危害主要表现在（　　）。

（A）变压器突然短路会产生很高的电压，使变压器承受过电压而损坏；（B）变压器突然短路会产生很大的短路电流，影响热稳定，可能使变压器受到损坏；（C）变压器突然短路时，过电流会产生很大的电磁力，影响动稳定，使绕组变形，破坏绕组绝缘，其他组件也会受到损坏；（D）变压器突然短路会产生很大的电流，使变压器严重过负荷。

答案：BC

Lb2C2012　变压器绕组绝缘损坏的原因主要有（　　）。

（A）过电压；（B）长时间的过负荷运行；（C）绕组绝缘受潮；（D）绕组接头及分接开关接触不良。

答案：ABCD

Lb2C2013　如果中性点出现位移，则（　　）。

（A）电源各相电压不一致；（B）负载各相电压不一致；（C）影响设备的正常工作、有可能造成设备损坏；（D）对三相负荷，容易出现零序电流，加大耗损和发热。

答案：BCD

Lb2C2014　变压器纸绝缘含水量越大，则（　　）。

（A）其绝缘状况越差，绝缘电阻的温度系数越大；（B）其绝缘状况越差，绝缘电阻的温度系数越小；（C）吸收比数值较低，且随温度上升而上升；（D）吸收比数值较低，且随温度上升而下降。

答案：AD

Lb2C2015　规程规定在90℃下测量绝缘油的 tanδ 值原因有（　　）

（A）绝缘油的 tanδ 值随温度升高而降低；（B）变压器油的温度常能达到70～90℃；（C）越是老化的油，其 tanδ 值随温度的变化也越大；（D）绝缘油的 tanδ 值随温度升高而增大。

答案：BCD

Lb2C2016　在进行变压器空载试验时，若试验频率偏差较大，则下列参数与频率无关的是（　　）。

（A）空载损耗；（B）空载电流；（C）绕组的电阻损耗；（D）阻抗电压的有功分量。

答案：CD

Lb2C2017　变压器在进行感应耐压试验时，提高试验电压的频率原因是（　　）。

（A）变压器在进行感应高压试验时，要求试验电压不低于两倍额定电压；（B）提高所施加的电压而不提高试验频率，则铁芯中的磁通必将过饱和，这是不允许的；（C）提高频率就可以提高感应电动势，在主、纵绝缘上获得所需要的试验电压；（D）提高频率可以提高试验效率。

答案：ABC

Lb2C3018　影响变压器空载试验测量准确度的主要因素有（　　）。

（A）试验电压偏离额定值的程度；（B）试验电流偏离额定值的程度；（C）正弦波形的畸变率；（D）试验接线的引入误差。

答案：ACD

Lb2C3019　当绕组频响曲线的各个对应的（　　）基本一致时，可以判定被测绕组没有变形。

（A）波峰；（B）波谷；（C）幅值；（D）频率。

答案：ABCD

Lb2C3020　对互感器进行真空干燥处理，应严格控制（　　）。

（A）真空度；（B）压力；（C）温度；（D）时间。

答案：ACD

Lb2C3021　110kV 及以上的互感器，在例行试验中测得介质损失角正切值增大时，如何分析可能是受潮引起的（　　）。

（A）绝缘电阻是否下降；（B）检查测量接线的正确性，电桥的准确性和是否存在外电场干扰；（C）油的色谱分析中氢的含量是否升高很多；（D）排除小套管的潮污和外绝缘表面的潮污。

答案：ABCD

Lb2C3022 局部放电时常见的干扰有（　　）。

（A）高压测量回路的干扰；（B）电源侧侵入的干扰；（C）高压带电部位接触不良引起的干扰；（D）空间电磁波的干扰。

答案：ABCD

Lb2C3023 绝缘内部介质损耗引起发热、温度升高，这促使（　　）。

（A）电容电流增大；（B）泄漏电流增大；（C）有损极化减小；（D）有损极化加剧。

答案：BD

Lb2C3024 如果因温差变化和湿度增大使高压互感器的 $\tan\delta$ 值超标，处理方法有（　　）。

（A）用吹风机烘干水分；（B）在规定的温度和湿度情况下测量 $\tan\delta$ 值；（C）排除大小瓷套上的水分；（D）排除绕组的水分。

答案：ABC

Lb2C3025 在工频耐压试验中应注意（　　）。

（A）电压波形畸变；（B）容升效应引起的试品两端电压升高；（C）注意设备和操作人员的安全；（D）施加电压的极性。

答案：ABC

Lb2C3026 变压器进行短路试验时应合理选择电源容量、设备容量及表计，一般表计的准确级是（　　）。

（A）互感器应不低于 0.2 级；（B）互感器应不低于 0.5 级；（C）表计应不低于 0.2 级；（D）表计应不低于 0.5 级。

答案：AD

Lb2C3027 采取以下（　　）措施，能提高气体间隙击穿电压。

（A）使用尖端电极；（B）改进电极形状，使电场分布均匀；（C）利用屏障提高击穿电压；（D）在均匀电场中增加气体压力；（E）采用高耐电强度气体；（F）采用高真空。

答案：BCDEF

Lb2C3028 均匀电场、稍不均匀电场、极不均匀电场的冲击系数各为（　　）。

（A）均匀电场的冲击系数大于 1；（B）稍不均匀电场的冲击系数等于 1；（C）极不均匀电场的冲击系数小于 1；（D）极不均匀电场的冲击系数大于 1。

答案：BC

Lb2C3029 电流互感器在排除大小瓷套上的水分后，$\tan\delta$ 值仍降不下来，主要原因有（　　）。

（A）绕组匝间短路；（B）瓷套损坏；（C）试品吸尘、吸潮；（D）绕组碰伤。

答案：CD

Lb2C3030 抑制高压端部和引线的电晕放电的方法有（　　）。

（A）加大高压引线的直径；（B）使用光滑引线；（C）降低试验电压；（D）高压端部带均压罩。

答案：ABD

Lb2C3031 电气设备绝缘中常见的老化是（　　）。

（A）电老化；（B）阳光老化；（C）臭氧老化；（D）水老化。

答案：AC

Lb2C3032 绝缘油 $\tan\delta$ 值随温度变化的关系是（　　）。

（A）$\tan\delta$ 值随温度升高而增大；（B）$\tan\delta$ 值随温度升高而减小；（C）越是老化的油，其 $\tan\delta$ 值随温度的变化也越慢；（D）越是老化的油，其 $\tan\delta$ 值随温度的变化也越快。

答案：AD

Lb2C3033 总烃是指变压器油中溶解的（　　）气体含量之和。

（A）甲烷；（B）一氧化碳、二氧化碳；（C）乙烷；（D）乙烯。

答案：ACD

Lb2C3034 影响液体介质击穿的因素有（　　）。

（A）电压作用时间；（B）温度；（C）液体介质中杂质；（D）液体介质的两极间是否加极间屏障覆盖。

答案：ABCD

Lb2C4035 电击穿的特点是（　　）。

（A）外施电压比较高；（B）强电场作用的时间相当短便发生击穿，通常不到 1s；（C）电击穿与电场的形状有关；（D）电击穿与电场的形状无关；（E）与温度无关；（F）与温度有关。

答案：ABCE

Lb2C4036 下列关于大气过电压的描述正确的是（　　）。

（A）雷电过电压是由于雷电流直接流经电气设备而产生的；（B）由于在导线附近天空中，雷云对地放电时，在导线上产生的感应过电压，感应过电压多数为正极性；（C）雷电波能从着雷点沿导线向两侧传播；（D）由于雷电直接击中架空线路发生的。

答案：BCD

Lb2C4037 设备运行中可能出现于绝缘上的电压有（ ）。

（A）正常运行时的工频电压；（B）暂时过电压（工频过电压、谐振过电压）；（C）操作过电压；（D）雷电过电压。

答案：ABCD

Lb2C4038 在绝缘有大量气泡、杂质和受潮的情况时，将使（ ）。

（A）夹层极化加剧；（B）游离损耗增加；（C）极化损耗增加；（D）电导损耗增加。

答案：ACD

Lb2C4039 （ ）条件下产生的过电压属于操作过电压。

（A）投切空载线路；（B）雷击线路；（C）投切电容器组；（D）感应雷电冲击。

答案：AC

Lc2C4040 短路阻抗 $Z_k\%$不等对变压器并联运行的影响是（ ）。

（A）阻抗 $Z_k\%$大，负载电流大；（B）阻抗 $Z_k\%$小，负载电流大；（C）若 $Z_k\%$大的满载，则 $Z_k\%$小的超载；（D）若阻抗 $Z_k\%$小的满载，则 $Z_k\%$大的欠载。

答案：BCD

Lc2C4041 变压器并列运行的条件是（ ）。

（A）极性或接线组别相同，相序一致；（B）变比相等且一、二次额定电压相等；（C）空载损耗相等及铁芯材质相同；（D）短路阻抗相等，且直流电阻 R 与短路阻抗 X 的比 R/X 相等。

答案：ABD

Lc2C4042 下列关于绝缘材料内部的电压分布的描述正确的是（ ）。

（A）直流电压下绝缘材料内部电压分布是由电感决定的；（B）直流电压下绝缘材料内部电压分布是由电阻率决定的；（C）交流电压下则基本是由介电常数决定的；（D）交流电压下则基本是由电抗决定的。

答案：BC

Lc2C4043 变压器空载损耗增加的原因有（ ）。

（A）硅钢片之间绝缘不良，穿芯螺杆、轭铁螺杆或压板的绝缘损坏；（B）设计不当致使轭铁中某一部分磁通密度过大；（C）铁芯中的油道堵塞、铁芯温度增加；（D）夹件螺栓松动，穿芯螺杆、轭铁螺杆或压板紧固力不够。

答案：AB

Lc2C4044 引起分级绝缘电磁式电压互感器损坏爆炸的原因主要有（ ）。

（A）进水受潮；（B）铁芯夹件悬浮放电；（C）绝缘支架开裂，主绝缘对地放电；（D）绝缘电阻降低。

答案：ABC

Lc2C5045 （　　）会影响变压器空载电流谐波分量的大小。

(A) 铁芯材质；(B) 磁通密度；(C) 铁芯结构；(D) 导线截面。

答案：ABC

Lc2C5046 当工频电压作用于金属氧化物避雷器时，产生（　　）电流。

(A) 感性；(B) 容性；(C) 阻性；(D) 直流。

答案：BC

Lc2C5047 变压器负载损耗中的附加损耗是指（　　）。

(A) 漏磁通引起的绕组涡流损耗；(B) 漏磁穿过绕组压板引起的涡流损耗；(C) 漏磁穿过油箱引起的涡流损耗；(D) 漏磁穿过铁芯夹件引起的涡流损耗。

答案：ABCD

Lc2C5048 暂态地电压检测的室内检测应尽量避免（　　）等干扰源对检测的影响。

(A) 气体放电灯；(B) 排风系统电机；(C) 手机；(D) 相机闪光灯。

答案：ABCD

Lc2C5049 超声波局放检测中，如果发现信号异常，则在该气室进行多点检测，延长检测时间不少于 30s 并记录多组数据进行（　　）。

(A) 幅值对比；(B) 趋势分析；(C) 相位对比；(D) 初相角分析。

答案：AB

1.4 计算题

La2D1001 已知一个空心线圈中电流 $I_0=X_1$A，自感磁链 $\Phi_0=0.01$Wb，则它的电感 $L=$________ H。如果这个线圈 $N=100$ 匝，线圈中的电流 $I_5=5$A，则线圈的自感磁链 $\Phi=$________ Wb，自感磁通 $\Phi_5=$________ Wb。(计算结果保留 5 位小数。)

X_1取值范围：8，9，10，11

计算公式：$L=\dfrac{\Phi_0}{I_0}=\dfrac{0.01}{X_1}$

$$\Phi=I_5\times L=I_5\times\frac{\Phi_0}{I_0}=5\times\frac{0.01}{X_1}=\frac{0.05}{X_1}$$

$$\Phi_5=\frac{\Phi}{N}=\frac{I_5\times\dfrac{\Phi_0}{I_0}}{N}=\frac{\dfrac{0.05}{X_1}}{100}=\frac{1}{2000X_1}$$

Lb2D1002 已知 35kV 电磁式电压互感器电压比是 $35000/\sqrt{3}$、$100/\sqrt{3}$、$100/\sqrt{3}$、100/3（V），采用二次励磁法加压进行局部放电试验，为了减小励磁电流，将两个二次绕组串联进行加压，一次感应电压 $U_1=X_1U_m/\sqrt{3}$，容升按 3%考虑，计算在 $100/\sqrt{3}$和 $100/\sqrt{3}$两绕组所加电压值 $U_2=$________ V。(计算结果保留 1 位小数)

X_1取值范围：1.1，1.2，1.3

计算公式：
$$U_2=\frac{U_1}{K}=\frac{X_1\times1.15\times\dfrac{35000}{\sqrt{3}}\times(1-0.03)}{\dfrac{\dfrac{35000}{\sqrt{3}}}{\dfrac{100}{\sqrt{3}}+\dfrac{100}{\sqrt{3}}}}=\frac{X_1\times1.15\times200\times(1-0.03)}{\sqrt{3}}$$

$$=\frac{223.1}{\sqrt{3}}X_1$$

Lb2D1003 已知一台变压器的高压侧电容量为 14000pF，$U_{1N}/U_{2N}=35/10$kV，采用变频谐振法进行交流耐压试验，试验电压 $U_s=X_1$kV，选用两台 50kV、220Hz 的电感（互感系数为 1.2），限流电阻 $R=7.2$kΩ。试验变压器高压侧电压 $U=$________ kV，流过试验变压器的电流 $I=$________ A。(计算结果保留 3 位小数)

X_1取值范围：60～72 的整数

计算公式：$U=\dfrac{U_s}{Q}\times10^{-3}=\dfrac{X_1\times10^3}{\dfrac{\omega L}{R}}\times10^{-3}$

$$=\frac{X_1\times10^3}{\dfrac{2\times\pi\times\dfrac{1}{2\pi\sqrt{(2\times220\times1.2)\times14000\times10^{-12}}}(2\times220\times1.2)}{7.2\times10^3}}\times10^{-3}$$

$$=\frac{12\times X_1\times\sqrt{1155}\times10^{-3}}{11}$$

$$I=\frac{U}{R}=\frac{\frac{12\times X_1\times\sqrt{1155}}{11}}{7.2\times1000}=\frac{\sqrt{1155}}{6600}X_1$$

Lb2D1004 某一电缆发生接地，测得首端至故障点一相的电阻为 $R_x = X_1\Omega$，电缆的截面 $S=35mm^2$，长度 $L=1250m$，电阻率 $\rho=0.0182\Omega\cdot mm^2/m$，则电缆首端至故障点的距离 $L_x=$________ m。（计算结果保留 2 位小数）

X_1取值范围：0.30～0.35 带 2 位小数的值

计算公式： $L_x=\frac{R_x}{R_L}L=\frac{R_x}{\rho\frac{L}{S}}L=\frac{S}{\rho}X_1=\frac{35}{0.0182}X_1$

Jd2D1005 一台 SFL-20000/110 变压器，电压 110/10.5kV，联接组标号 YN，d11，由 110kV 侧加压测量其零序阻抗，测量时零序电压 $U_0=240V$，零序电流 $I_0=X_1A$，计算零序阻抗 $Z_0=$________ Ω。（计算结果保留 1 位小数）

X_1取值范围：12.9，13，13.1，13.2

计算公式： $Z_0=\frac{3U_0}{I_0}=\frac{3\times240}{X_1}=\frac{720}{X_1}$

Jd2D1006 110kV 输电线路 $L= X_1$ km，送电到母线，设输电线路每公里电抗为 0.4Ω，基准容量为 100MV·A，基准电压为 110kV，计算输电线路的标幺电抗 $x_j^*=$ ________。（计算结果保留 4 位小数）

X_1取值范围：45～55 的整数

计算公式： $x_j^*=\frac{S_j}{U_j^2}\times x_j\times L=\frac{100\times10^6}{(110\times10^3)^2}\times0.4\times X_1=\frac{2}{605}X_1$

Jd2D2007 在温度为 $t_1=32℃$时测得的铜芯电缆正序阻抗 $Z_1=0.0446+j0.1927$，换算为温度为 $t_x=X_1℃$时的正序电阻值 $R_x=$________ Ω（计算结果保留 4 位小数），阻抗角 $\varphi=$________。（计算结果保留 2 位小数。）

X_1取值范围：85～95 的整数

计算公式： $R_x=R_1\times\frac{235+t_x}{235+t_1}=0.0446\times\frac{235+X_1}{267}$

$$\varphi=\arctan\left(\frac{0.1927}{0.0446\times\frac{235+X_1}{267}}\right)=\arctan\left(\frac{514509}{446\times(235+X_1)}\right)$$

Jd2D3008 一台 110kV 电压等级三相变压器，额定容量为 $S_e=X_1$ kV·A，$I_0=0.9\%$，由 $U=10kV$ 侧加压做空载试验，试估算电源容量 $S'=$________ kV·A，试验时

的电流值 I_0'=________ A。(计算结果保留 1 位小数。)

X_1取值范围：15000，20000，30000，40000

计算公式：$S'=S_e\times I_0\%=0.009X_1$

$$I'_0=\frac{S'}{\sqrt{3}U}=\frac{S_e\times I_0\%}{\sqrt{3}U}=\frac{0.009X_1}{10\sqrt{3}}$$

Jd2D4009 一台 SFS-40000/110 型变压器，联结组别为 Y，d11，U_N=110/10.5kV，I_N=310/3247.5A，铭牌阻抗电压 $U_k\%=7\%$，在现场进行负载试验，由 110kV 侧加压，负载试验电流 I_s限制在 X_1 A，计算试验时的电压 U_s=________ V。(计算结果保留 1 位小数。)

X_1取值范围：6，7，8，9，10

计算公式：$U_s=I_sZ_k=I_S\frac{U_k\%U_N}{100\%I_N}=X_1\times\frac{7\%\times110\times10^3}{100\%\times310}=\frac{770}{31}X_1$

Jd2D5010 某一 220kV 线路，全长 X_1 km，测量其正序电容，若忽略电导的影响，测得线电压的平均值 U_{LP}=500V，三相平均电流 I_{php}=0.174A，试计算每公里的正序电容 C_1=________ μF/km，额定频率 f_N=50Hz。(计算结果保留 4 位小数)

X_1取值范围：130～150 的整数

计算公式：$C_1=\frac{B_1}{2\pi f}\times10^6=\frac{\frac{\sqrt{3}I_{php}}{U_{LP}}\times\frac{1}{L}}{2\pi f}\times10^6=\frac{\frac{\sqrt{3}\times0.174}{500}\times\frac{1}{X_1}}{2\times3.14\times50}\times10^6=\frac{174\sqrt{3}}{157X_1}$

Je2D3011 某一 220kV 线路，全长 $L=X_1$ km，进行零序电容试验，测得零序电压 U_0=1500V，零序电流 I_0=1.645A，若忽略零序电导的影响，试计算每相每千米的零序电容值 C_0=________ μF/km，额定功率 f=50Hz。(计算结果保留 5 位小数)

X_1取值范围：130～150 的整数

计算公式：$C_0=\frac{B_0}{2\pi f}\times10^6=\frac{\frac{I_0}{3U_0}\times\frac{1}{L}}{2\pi f}\times10^6=\frac{\frac{1.645}{3\times1500}\times\frac{1}{X_1}}{2\times3.14\times50}\times10^6=\frac{1645}{1413X_1}$

Je2D3012 在 10.5kV 中性点不接地的配电系统中，各相对地电容 $C_0=X_1$ μF，试求单相金属性接地时的接地电流 I_R=________ A。(线路及电源侧的阻抗忽略不计)(计算结果保留 2 位小数)

X_1取值范围：2～3 带 1 位小数的值

计算公式：$I_R=I_B\cos30°+I_C\cos30°=\cos30°(\sqrt{3}\omega C_0U_{ph}+\sqrt{3}\omega C_0U_{ph})$

$$=3\omega C_0U_{ph}\frac{9.891}{\sqrt{3}}X_1$$

Je2D3013 在某 35kV 中性点不接地系统中，单相金属性接地电流 $I_g = X_1$ A，假设线路及电源侧的阻抗忽略不计，三相线路对称，线路对地电阻无限大，该系统每相对地阻抗 $Z_0 =$ ________ Ω，系统每相对地电容 $C_0 =$ ________ μF。（计算结果保留 2 位小数）

X_1 取值范围：6，7，8，9

计算公式： $C_0 = \dfrac{I_g}{3\omega U_\varphi} \times 10^6 = \dfrac{X_1}{3 \times 2 \times 3.14 \times 50 \times \dfrac{35 \times 10^3}{\sqrt{3}}} \times 10^6 = \dfrac{\sqrt{3} X_1}{32.97}$

$$Z_0 = \frac{1}{\omega C_0} = \frac{1}{\omega \dfrac{I_g}{3\omega U_\varphi}} = \frac{3U_\varphi}{I_g} = \frac{3 \times \dfrac{35 \times 10^3}{\sqrt{3}}}{X_1} = \frac{35 \times 10^3 \times \sqrt{3}}{X_1}$$

Je2D3014 用避雷器保护变压器时（避雷器与变压器之间的距离可以忽略不计），已知线路侵入波 $U_0 = 1200$kV，线路波阻抗 $Z = X_1$ Ω。当避雷器动作后流经避雷器电流 $I_m =$ 5kA 时，计算变压器上的最高电压 $U_{bm} =$ ________ kV。

X_1 取值范围：350～450 的整数

计算公式： $U_{bm} = 2U_0 - I_m Z = 2400 - 5X_1$

Je2D4015 一台 SF1-20000/110 变压器，连接组标号 YN，d11，额定电压 $U_{1N}/U_{2N} =$ 110/10.5kV，额定电流 $I_{1N}/I_{2N} = 105/1100$A，零序阻抗试验测得电压 $U = 240$V，电流 $I = X_1$ A，试计算零序阻抗的标幺值 $Z_0^* =$ ________。（计算结果保留 2 位小数）

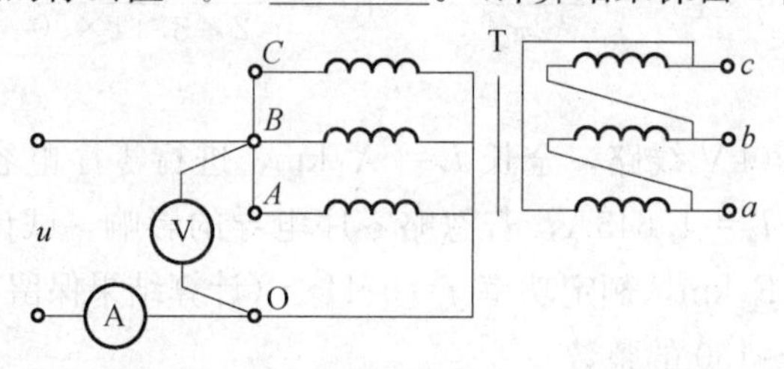

X_1 取值范围：12.9～13.5 的带 1 位小数的值

计算公式： $Z_0^* = \dfrac{Z_0}{Z_{b1}} = \dfrac{\dfrac{3U}{I}}{\dfrac{U_{ph}}{\dfrac{S_N}{3U_{1N}}}} = \dfrac{US_N}{IU_{ph}^2} = \dfrac{240 \times 20000 \times 10^3}{X_1 \left(\dfrac{110 \times 10^3}{\sqrt{3}}\right)^2} = \dfrac{144}{121 X_1}$

Je2D4016 一台单相变压器，$S_N = 20000$kV·A，$U_{1N}/U_{2N} = (220/\sqrt{3})/11$kV，$f_N =$ 50Hz，在 15℃时做空载试验，电压加在低压侧，测得 $U_1 = 11$kV，$I_0 = X_1$ A，$P_{k0} = 47$kW，折算到高压侧的励磁参数 $Z_m' =$ ________ Ω，$r_m' =$ ________ Ω，$X_m' =$ ________ Ω。标幺值 $Z_m'' =$ ________，$r_m'' =$ ________，$x_m'' =$ ________。（计算结果保留 2 位小数）

X_1 取值范围：44.4～46.4 带 1 位小数的值

计算公式：

$$Z_m' = \left(\frac{\frac{220}{\sqrt{3}}}{11}\right)^2 \frac{U_1}{I_0} = \frac{400}{3} \times \frac{11 \times 10^3}{X_1} = \frac{4400 \times 10^3}{3X_1}$$

$$r_m' = \left(\frac{\frac{220}{\sqrt{3}}}{11}\right)^2 \frac{P_{k0}}{I_0^2} = \frac{400}{3} \times \frac{47 \times 10^3}{X_1^2} = \frac{18800 \times 10^3}{3X_1^2}$$

$$x_m' = \sqrt{Z_m'^2 - r_m'^2} = \frac{4 \times 10^5}{3 \times X_1^2}\sqrt{121 \times X_1^2 - 2209}$$

$$Z_m'' = \frac{Z_m'}{Z_0} = \frac{\frac{4400 \times 10^3}{3X_1}}{\frac{U_{1N}}{I_{1N}}} = \frac{\frac{4400 \times 10^3}{3X_1}}{\frac{\left(\frac{220}{\sqrt{3}} \times 10^3\right)^2}{20000 \times 10^3}} = \frac{20 \times 10^3}{11 \times X_1}$$

$$r_m'' = \frac{r_m'}{Z_0} = \frac{r_m'}{\frac{U_{1N}}{I_{1N}}} = \frac{\frac{18800 \times 10^3}{3X_1^2}}{\frac{\left(\frac{220}{\sqrt{3}} \times 10^3\right)^2}{20000 \times 10^3}} = \frac{940 \times 10^3}{121 \times X_1^2}$$

$$x_m'' = \frac{x_m'}{Z_0} = \frac{\sqrt{Z_m'^2 - r_m'^2}}{\frac{U_{1N}}{I_{1N}}} = \frac{\sqrt{Z_m'^2 - r_m'^2}}{\frac{220 \times 11}{3}} = \frac{20000}{121 \times X_1^2}\sqrt{121 \times X_1^2 - 2209}$$

Je2D4017　三个同样的线圈，每个线圈有电阻 R 和电抗 X，且 $R=X_1\Omega$，$X=X_1\Omega$。如果它们连接为星形，并接到 380V 的三相电源上，计算线电流 $I_L=$________ A，测量功率的两个瓦特表计读数的总和 $P=$________ W。(计算结果保留 2 位小数)

X_1 取值范围：5～10 的整数

计算公式： $I_L = \frac{\frac{U_L}{\sqrt{3}}}{Z} = \frac{\frac{U_L}{\sqrt{3}}}{\sqrt{R^2+X^2}} = \frac{\frac{380}{\sqrt{3}}}{\sqrt{2X_1^2}} = \frac{380}{\sqrt{6}X_1}$

$$P = 3U_{ph}I\cos\left(\arctan\frac{X}{R}\right) = 3 \times \frac{380}{\sqrt{3}} \times \frac{380}{\sqrt{6}X_1} \times \frac{\sqrt{2}}{2} = \frac{72200}{X_1}$$

Je2D4018　三个同样的线圈，每个线圈有电阻 R 和电抗 X，且 $R=X_1\Omega$，$X= X_1\Omega$。如果它们连接为三角形，并接到 380V 的三相电源上，计算线电流 $I_L=$________ A，测量功率的两个瓦特表计读数的总和 $P=$________ W。(计算结果保留 2 位小数)

X_1 取值范围：5～10 的整数

计算公式： $I_L = \sqrt{3}I_{ph} = \sqrt{3}\frac{U_{ph}}{\sqrt{R^2+X^2}} = \sqrt{3}\frac{380}{\sqrt{2X_1^2}} = \frac{\sqrt{3} \times 380}{\sqrt{2}X_1}$

$$P = 3U_{ph}I_{ph}\cos\varphi = 3U_{ph}\frac{U_{ph}}{Z}\cos\left(\arctan\frac{X}{R}\right) = \frac{216600}{X_1}$$

Je2D4019 一台SFL-20000/110变压器，电压110/10.5kV联结组别为YN，d11，在110kV侧加压测零序阻抗，测量时零序电压$U_0=X_1$V，零序电流$I_0=13.2$A，计算零序阻抗值$Z_0=$______Ω。（计算结果保留2位小数）

X_1取值范围：230～250的整数

计算公式：$Z_0=\frac{3U_0}{I_0}=\frac{3\times X_1}{13.2}=\frac{X_1}{4.4}$

Je2D4020 有一台额定容量为$S_N=1000$kV·A，额定电压比为$U_{1N}/U_{2N}=35/10.5$kV，额定电流比为$I_{1N}/I_{2N}=16.5/55$A，联结组别为YN，d11的变压器，其空载损耗$P_0=X_1$W，空载电流I_0为$5\%I_{1N}$，求高压侧励磁电阻$R_m=$______W，励磁电抗$X_m=$______W。（计算结果保留1位小数）

X_1取值范围：4500～5000的整数

计算公式：：$R_m=\frac{P_0}{3I_0^2}=\frac{P_0}{3(I_{1N}\times 5\%)^2}=\frac{X_1}{3\times(16.5\times 5\%)^2}=\frac{X_1}{2.041875}$

$$X_m=\sqrt{Z_m^2-R_m^2}=\sqrt{\left(\frac{U_{1N}}{\sqrt{3}I_0}\right)^2-R_m^2}$$

$$=\sqrt{\left(\frac{35000}{\sqrt{3}\times 16.5\times 5\%}\right)^2-R_m^2}=\frac{16}{32.67}\sqrt{175^2\times 165^2\times 3-X_1^2}$$

Je2D5021 三相电力变压器Yyn接线，$S=100$kV·A，$U_{1N}/U_{2N}=6000/400$V，$I_{1N}/I_{2N}=9.63/144$A。在低压侧加额定电压做空载试验，测得$P_{k0}=600$W，$I_0=X_1$A，$U_{10}=400$V，$U_{20}=6000$V，计算空载电流百分值$I_0\%=$______，励磁阻抗$Z_m=$______Ω，$r_m=$______Ω，$x_m=$______Ω。（计算结果保留2位小数）

X_1取值范围：9.31～9.39带2位小数的值

计算公式：$I_0\%=\frac{I_0}{I_{2N}}\times 100\%=\frac{X_1}{144}\times 100\%$

$$Z_m=\frac{\frac{U_{10}}{\sqrt{3}}}{I_0}=\frac{\frac{400}{\sqrt{3}}}{X_1}=\frac{400}{\sqrt{3}X_1}；\ r_m=\frac{P_{k0}'}{I_0^2}=\frac{\frac{P_{k0}}{3}}{I_0^2}=\frac{\frac{600}{3}}{X_1^2}=\frac{200}{X_1^2}$$

$$x_m=\sqrt{Z_m^2-r_m^2}=\sqrt{\left(\frac{\frac{U_{10}}{\sqrt{3}}}{I_0}\right)^2-\left(\frac{\frac{P_{k0}}{3}}{I_0^2}\right)^2}=\sqrt{\left(\frac{\frac{400}{\sqrt{3}}}{X_1}\right)^2-\left(\frac{\frac{600}{3}}{X_1^2}\right)^2}$$

$$=\frac{200}{X_1}\sqrt{\frac{4}{3}-\frac{1}{X_1^2}}$$

Je2D5022 在某超高压输电线路中，线电压$U_L=22\times 10^4$V，输送功率$P=X_1\times 10^7$W，若输电线路的每一相电抗$X_L=5$W，试计算负载功率因数$\cos\varphi_1=0.9$时，线路上的电压降$U_1=$______V；若负载功率因数从$\cos\varphi_1=0.9$降为$\cos\varphi_2=0.65$，则线路上的电压降$U_2=$______V；由于功率因数降低而增加的电压降$\Delta U=$______V。（计算结果保留1

位小数）

X_1取值范围：25～35 的整数

计算公式：

$$U_1=I_1X_L=\frac{PX_L}{\sqrt{3}U_L\cos\varphi_1}=\frac{5\times X_1\times 10^7}{\sqrt{3}\times 22\times 10^4\times 0.9}=\frac{25000\times\sqrt{3}\times X_1}{297}$$

$$U_2=I_2X_L=\frac{PX_L}{\sqrt{3}U_L\cos\varphi_2}=\frac{5\times X_1\times 10^7}{\sqrt{3}\times 22\times 10^4\times 0.65}=\frac{50000\times\sqrt{3}\times X_1}{429}$$

$$\Delta U=U_2-U_1=\frac{50000\times\sqrt{3}\times X_1}{429}-\frac{25000\times\sqrt{3}\times X_1}{297}=\frac{125000\times\sqrt{3}\times X_1}{3861}$$

Je2D5023 某台 38500/6300V，15000kV·A 的三相变压器，连接组为 YN，d11，空载损耗计算值为 40.8kW，铁芯由热轧硅钢片（系数 $n\approx1.8$）制造，采用分相法测量空载损耗时，测得的数值见下表，整个测量在 50Hz 下进行，电压表的电阻 $r_v=X_1\Omega$，功率表电压线圈的电阻 $r_{wv}=15000\Omega$，则额定电压时空载损耗 $P_0=$________ W。（计算结果保留 1 位小数）

施加电压相	低压绕组被短路相	电压（V）		电流（A）		功率（W）	
		读数	×4	读数	×0.025	读数	×5
a-b	c	95.0	380	35.8	0.895	35.5	177.5
b-c	a	95.0	380	36.0	0.9	36.0	180
c-a	b	95.0	380	49.7	4.24	46.8	234

X_1取值范围：19000～21000 的整数

计算公式：

$$P_0=P'_0\left(\frac{U_n}{U'}\right)^n=\left(\frac{P'_{oab}+P'_{obc}+P'_{oac}}{2}\right)\left(\frac{U_n}{U'}\right)^{1.8}$$

$$=\left[\frac{\left(35.5\times5-\frac{X_1+r_{wv}}{X_1\times r_{wv}}\times380^2\right)+\left(36\times5-\frac{X_1+r_{wv}}{X_1\times r_{wv}}\times380^2\right)+\left(46.8\times5-\frac{X_1+r_{wv}}{X_1\times r_{wv}}\times380^2\right)}{2}\right]\left(\frac{6300}{380}\right)^{1.8}$$

$$=\left(295.75-1.5\times\frac{X_1+r_{wv}}{X_1\times r_{wv}}\times380^2\right)\left(\frac{315}{19}\right)^{1.8}$$

Jf2D3024 某台变压器，油量为 X_1t，第一次取样进行色谱分析，乙炔含量为 2.0μL/L，相隔 24 小时后又取样分析，乙炔为 3.5μL/L，则此变压器乙炔含量的绝对产气速率 $\gamma_a=$________ mL/h。（油品的密度为 $0.85g/cm^3$）（计算结果保留 2 位小数）

X_1取值范围：15～25 的整数

计算公式：$\gamma_a=\frac{C_{i,2}-C_{i,1}}{\Delta t}\times\frac{m}{\rho}=\frac{3.5-2.0}{24}\times\frac{X_1}{0.85}=\frac{5\times X_1}{68}$

Jf2D3025 某台变压器，油量为20t，第一次取样进行色谱分析，乙烯含量为4.0×10^{-6}，相隔3个月后又取样分析，乙烯为X_1×10^{-6}，则此变压器乙烯含量的相对产气速率γ_r=________/月。(计算结果保留1位小数)

X_1取值范围：5.1～5.8的带1位小数的值

计算公式：$\gamma_r=\frac{C_{i,2}-C_{i,1}}{C_{i,1}}\times\frac{1}{\Delta t}\times100\%=\frac{X_1-4.0}{4.0}\times\frac{1}{3}\times100\%=\frac{X_1-4}{12}\times100\%$

1.5 识图题

La2E1001 下图所示为（　　）的接线原理图。

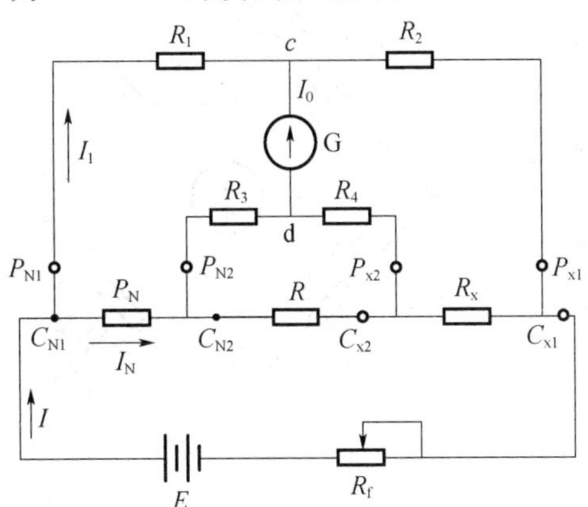

（A）西林电桥；（B）单臂电桥；（C）双臂电桥；（D）以上都不正确。

答案：C

La2E2002 根据下图推断该电路为（　　）。

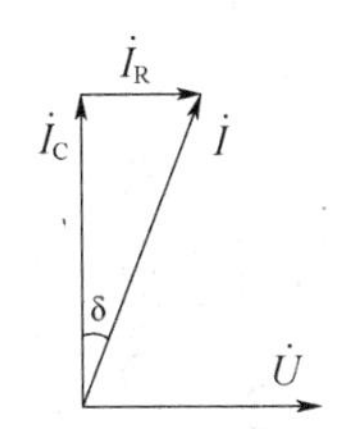

（A）R、C串联等值电路；（B）串联谐振等值电路；（C）R、C并联等值电路；（D）R、L、C串联等值电路。

答案：C

La2E2003 根据下图推断该电路为（　　）。

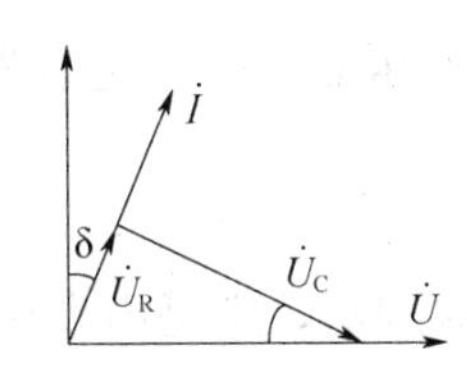

（A）R、C串联等值电路；（B）串联谐振等值电路；（C）R、C并联等值电路；（D）R、L、C串联等值电路。

答案：A

La2E3004　下图所示为（　　）原理图。

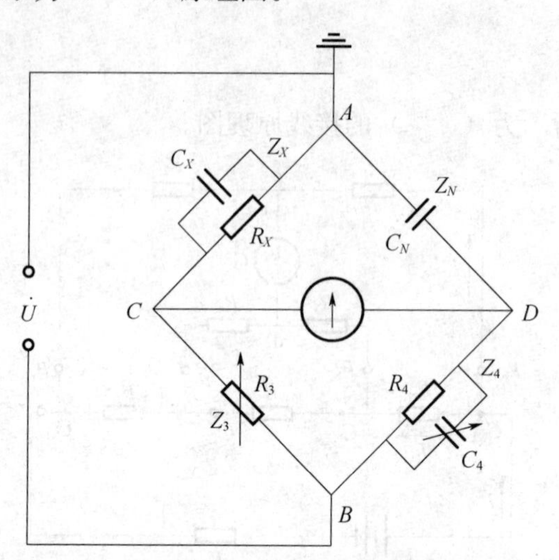

（A）QJ23a 单臂电桥测量电阻；（B）QJ44 双臂电桥测量电阻；（C）QS1 型西林电桥正接线测量 tanδ 值；（D）QS1 型西林电桥反接线测量 tanδ 值。

答案：D

La2E3005　下图所示是（　　）原理图。

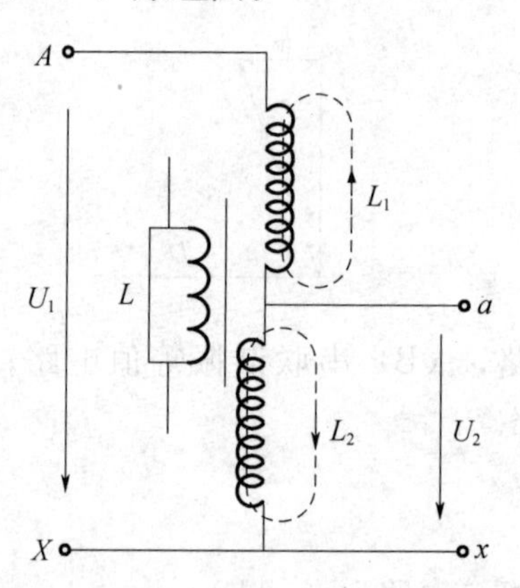

（A）电压互感器；（B）移圈式调压器；（C）电容器组放电 PT；（D）试验变压器。

答案：B

La2E4006　下图为电容分压器原理图，它是由高压臂电容 C_1 和低压臂电容 C_2 串联而成，测量信号由 C_2 两端输出，则（　　）。

（A）$U_2=U_1\ C_2/(C_1+C_2)$；（B）$U_2=U_1\ C_1/(C1+C_2)$；（C）$U_2=U_1\ C_1/(C_1-C_2)$；（D）$U_2=U_1C_2/(C_1-C_2)$。

答案：B

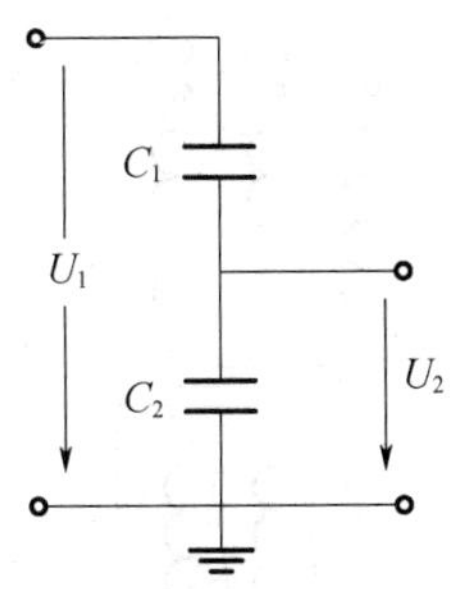

La2E5007 下图为固体绝缘介质在电压作用下，击穿电压与电压施加时间的关系图，如果电压作用下72h后发生击穿，此时的击穿往往由（ ）起主导作用。

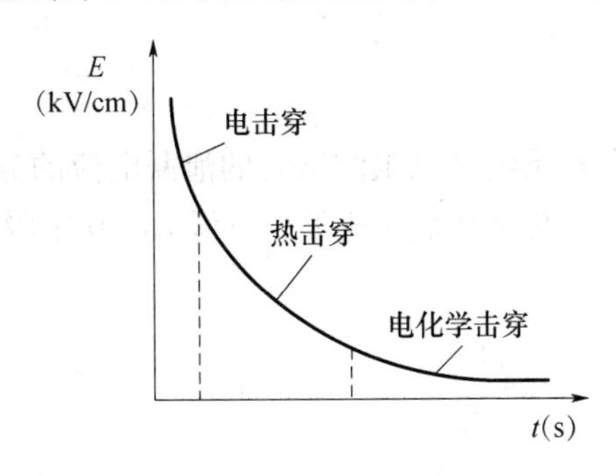

（A）电击穿；（B）热击穿；（C）电化学击穿。

答案：C

Lb2E1008 下图所示变压器绕组的接线组别为（ ）。

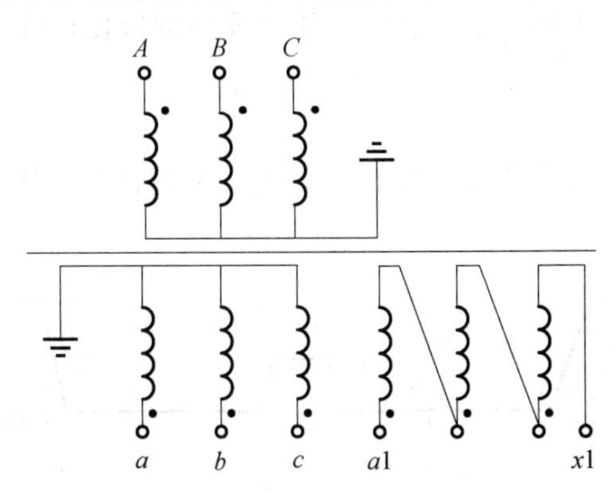

（A）YN，yn，Δ；（B）YN，y，Δ；（C）YN，Δ，d1；（D）Y，yn，d11。

答案：A

Lb2E2009 下图所示变压器绕组的接线组别为（ ）。

（A）Y，d11；（B）Y，d1；（C）Y，d7；（D）Y，d5。

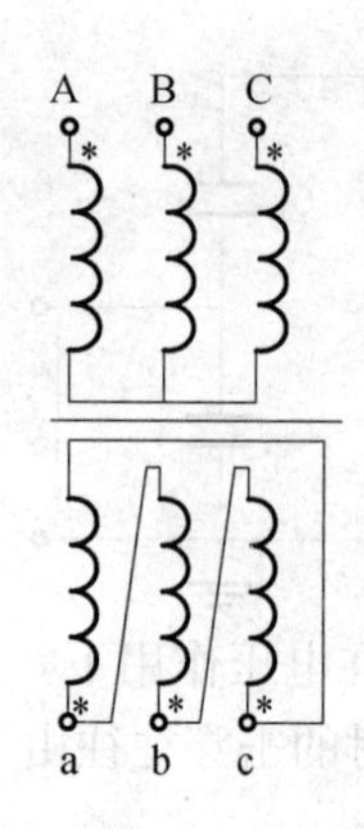

答案：A

Lb2E2010　下图表示大容量绝缘电阻测试时的泄漏电流的分解，这个泄漏电流 i 主要由三部分组成：阻性电流 i_R、电容电流 i_C和吸收电流 i_j，其中吸收电流主要是由（　　）引起的。

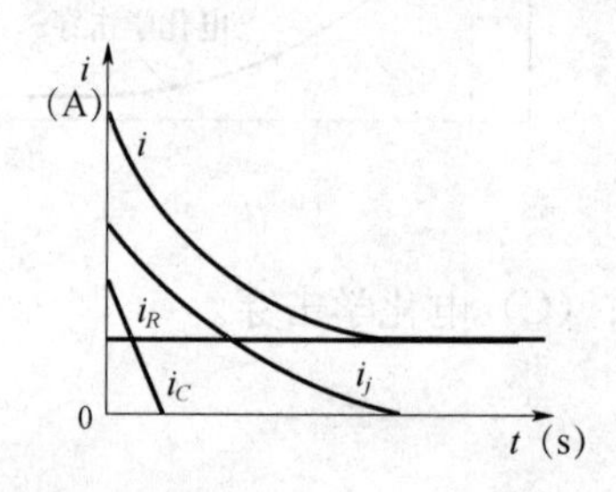

（A）表面泄漏；（B）大容量电容充电；（C）介质的极化；（D）兆欧表稳定。

答案：C

Lb2E3011　下图为变压器的某一相有载分接开关切换波形图，其中能够准确计算出过渡电阻的区域为（　　）。

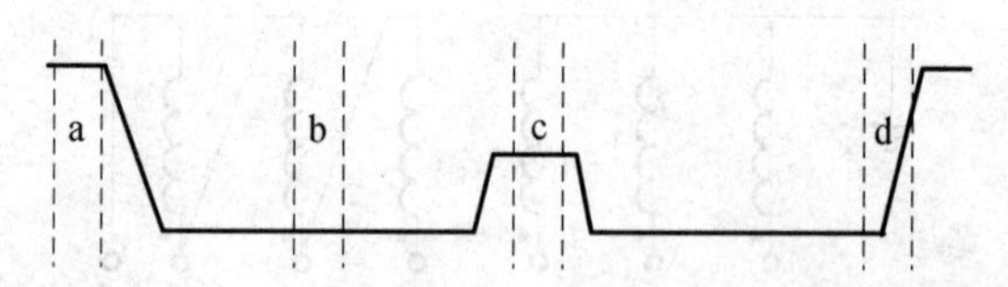

（A）a 区；（B）b 区；（C）c 区；（D）d 区。

答案：B

Lb2E3012　下图是配电变压器（　　）试验原理图。

（A）变比；（B）直流电阻；（C）三相负载损耗；（D）三相空载损耗。

答案：D

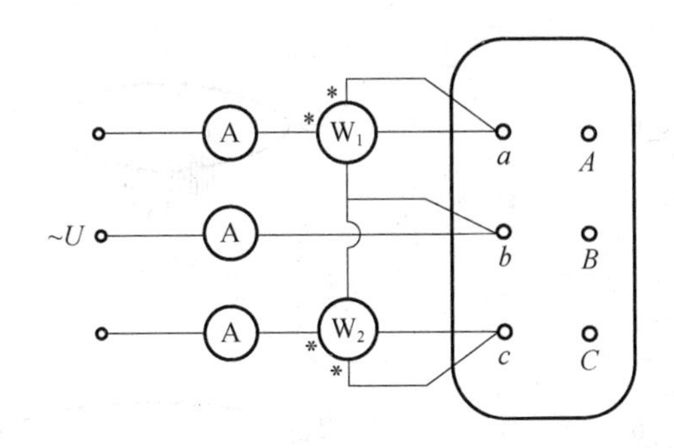

Lb2E4013 下图为（　　）原理接线图。

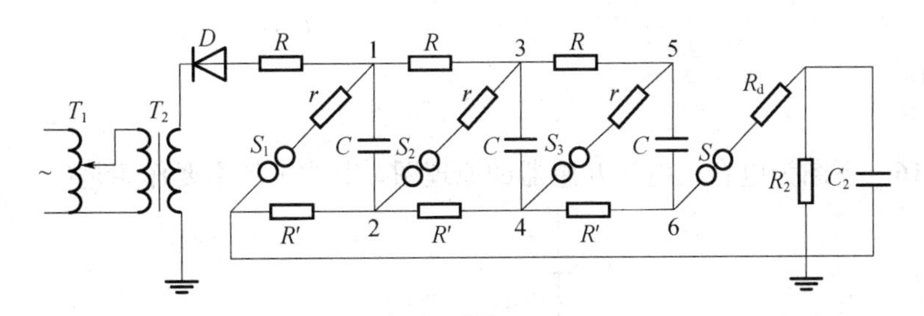

（A）直流高压发生器；（B）冲击电压发生器；（C）高压整流装置；（D）阻容分压器。

答案：B

Lb2E4014 下图为电压互感器的（　　）试验。

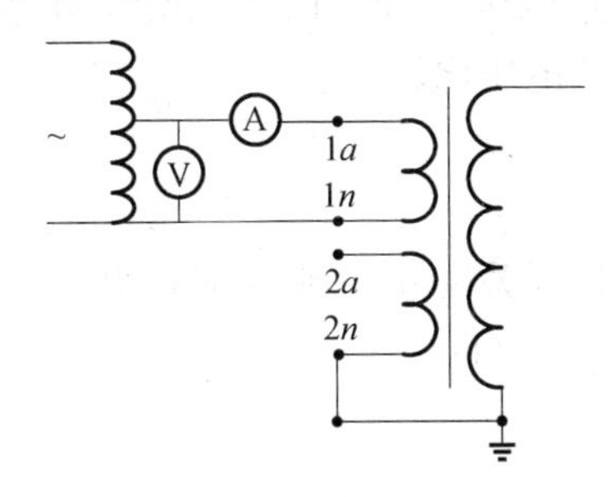

（A）自激法介损；（B）感应耐压；（C）励磁特性；（D）直流电阻。

答案：C

Lb2E5015 在进行局部放电试验前，需要进行两项重要工作：标定幅值（打方波）和标定零标，其中确定零标是在被试设备的高压端子上引下一段导线，与设备的接地外壳保持一定距离，施加较低的电压，会产生尖端放电，此时放电部位应该在270°，下边四个局部放电图谱（　　）是标定零标时的放电图谱。

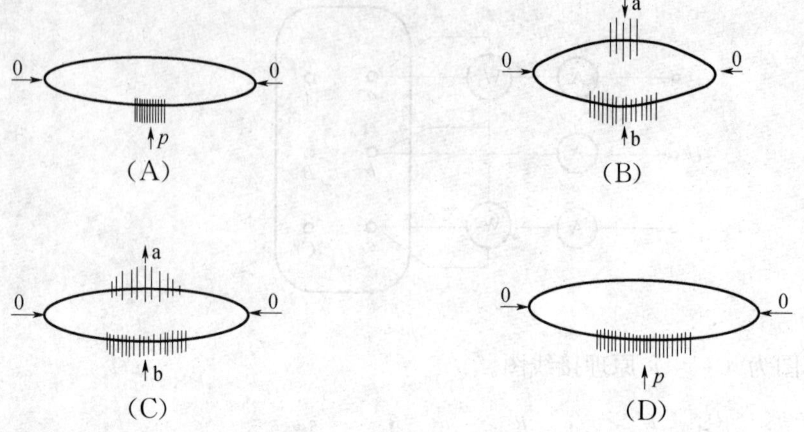

答案：D

Lc2E2016 下图为电容式电压互感器的原理图，其中 r 的主要作用是(　　)。

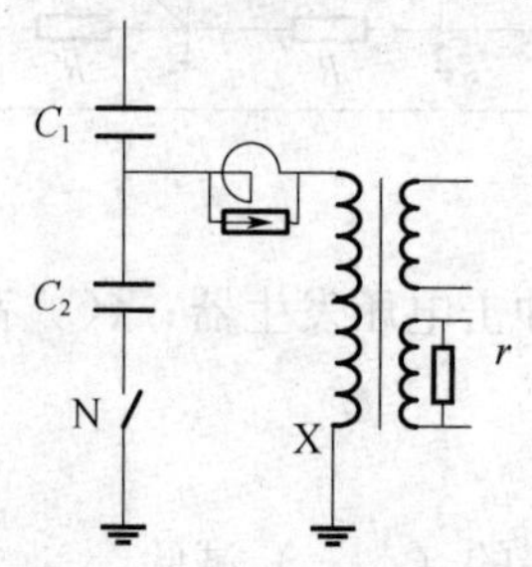

（A）防止互感器内部谐振过电压；（B）防止二次线圈通流过高；（C）调节二次电压的相位角；（D）调节二次线圈的电压比。

答案：A

Lc2E3017 下图为有载分接开关由 n→1 调压时，由（　　）分接调压的动作顺序。（A）7-6；（B）5-6；（C）4-5；（D）5-4。

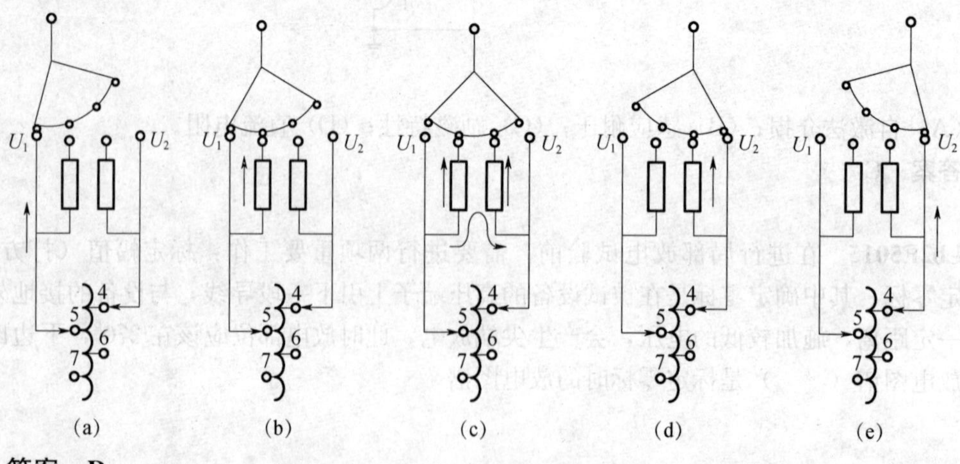

答案：D

Lc2E3018　接地变压器原理图如下图所示，该变压器为（　　）形联结绕组。

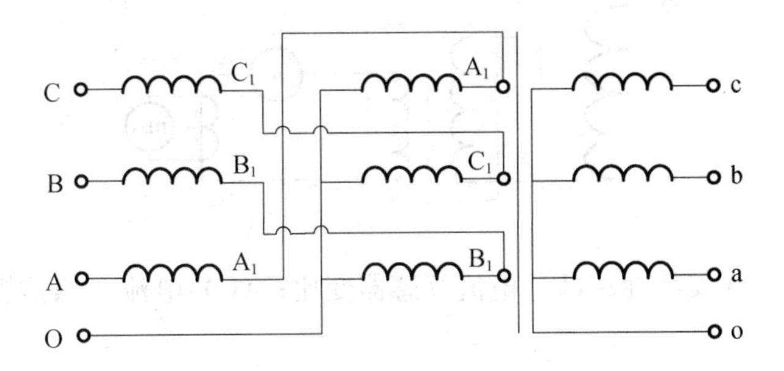

（A）Y；（B）D；（C）Z；（D）T。

答案：C

Lc2E4019　下图为（　　）保护的原理接线图。

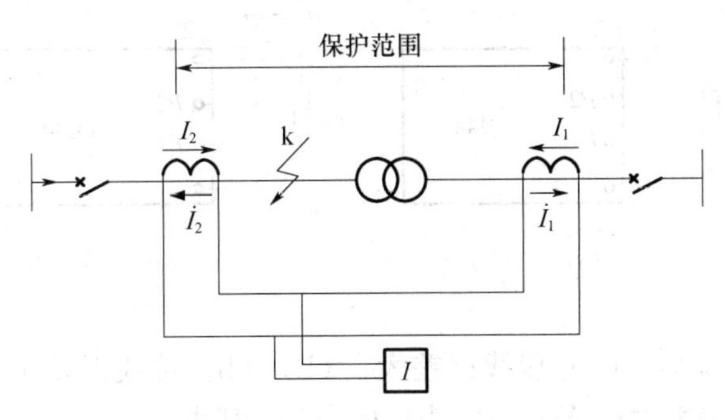

（A）变压器的过压；（B）变压器的差压；（C）变压器的差动；（D）变压器的过流。

答案：C

Jd2E1020　下图为绝缘介质的交流耐压的试验接线原理图，其中分压器所接 V2 电压表应选择（　　）。

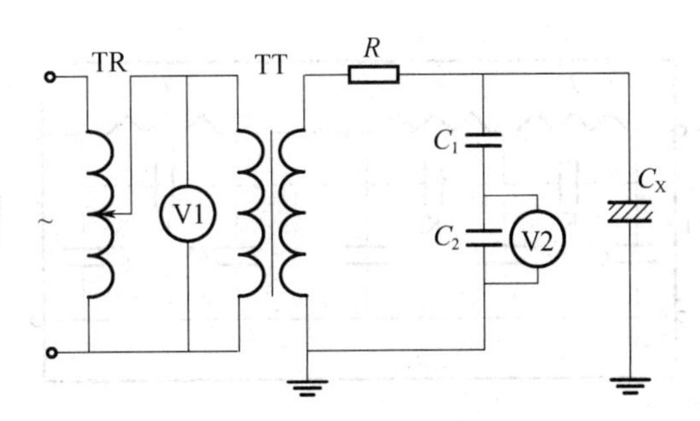

（A）电磁式电压表；（B）高阻抗电压表；（C）低阻抗电压表；（D）低损耗电压表。

答案：B

Jd2E2021　下图是（　　）试验接线原理图。

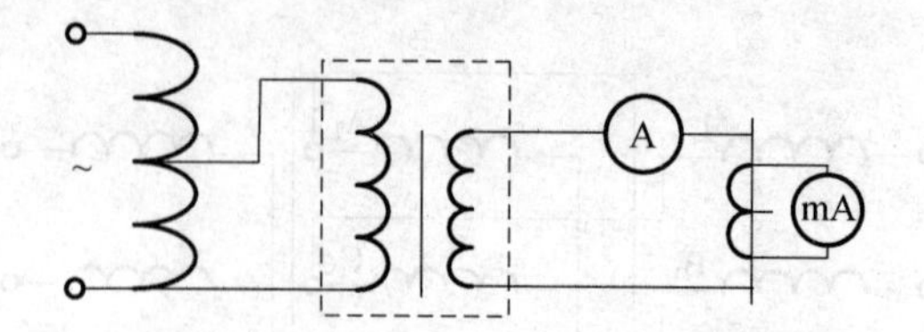

（A）电流互感器伏安特性；（B）电流互感器变比；（C）电流互感器极性检查；（D）电流互感器直流电阻。

答案：B

Jd2E2022　测量小电阻直流电阻一般采用双臂电桥，下图中两种测试接线方式相比较（　　）。

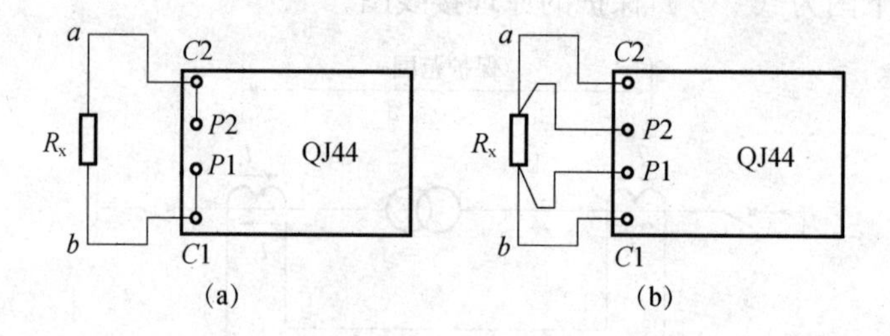

（A）（a）接线误差小，（b）接线误差大；（B）（b）接线误差小，（a）接线误差大；（C）（a）（b）接线误差都大；（D）（a）（b）接线误差都小。

答案：B

Jd2E3023　下图为频率响应分析法测试变压器绕组变形的基本检测回路原理图，该方法测试要求的扫频范围应为（　　），可分成若干频段分别检测。

（A）1kHz～1MHz；（B）1～100kHz；（C）100～600kHz；（D）600kHz～1MHz。

答案：A

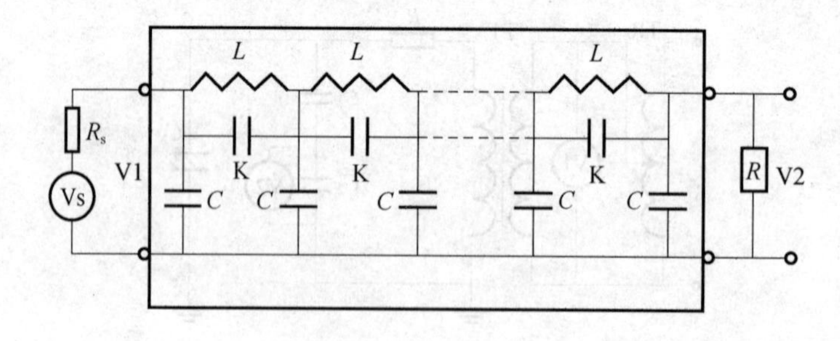

Jd2E3024　下图为QS1电桥正接线测试绝缘介质的介损方法，如果 R_4 取（　　）Ω，则 $\tan\delta = C_4$（C_4 以 μF 计）。

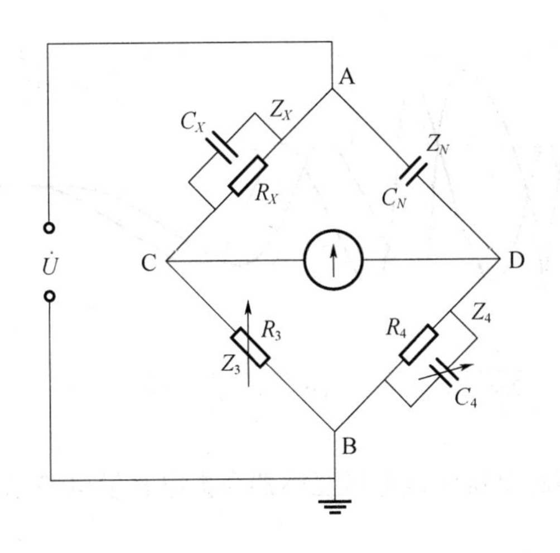

(A) 10000/π；(B) 1/100π；(C) R_3；(D) R_x。

答案：A

Jd2E4025　右图为变压器A相感应耐压试验，加压时间 $t=120\times$（额定频率/试验频率）s，但不得少于（　　）s。

(A) 60s；(B) 40；(C) 30s；(D) 15s。

答案：D

Jd2E5026　下图为（　　）试验简单接线原理图。

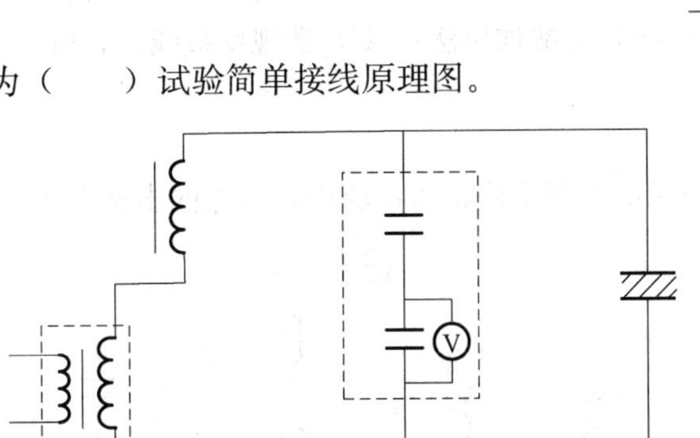

(A) 串级式交流耐压；(B) 串联谐振；(C) 倍频感应耐压；(D) 工频耐压。

答案：B

Je2E1027　下图为变压器（　　）试验波形。

(A) 雷电冲击；(B) 操作冲击；(C) 截波冲击；(D) 绕组变形。

答案：D

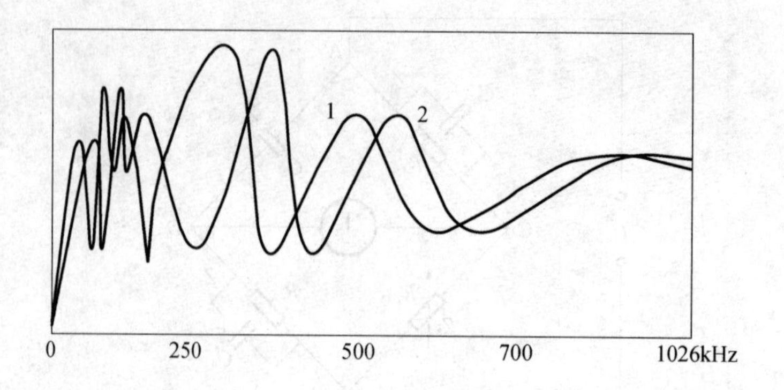

Je2E2028 下图为西林电桥测试电压互感器介损电容量试验原理图，该图采用的试验方法为（　　）。

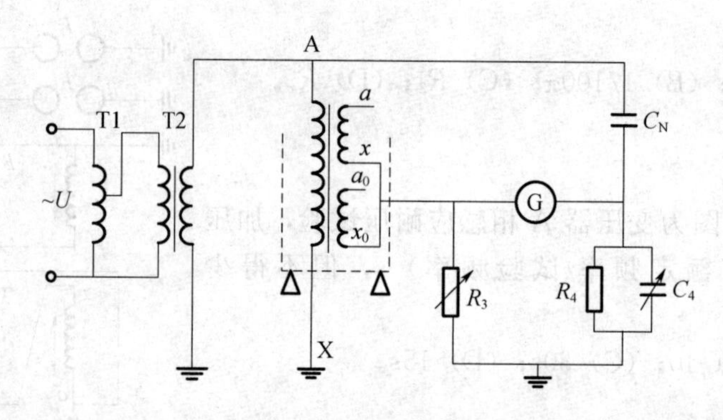

（A）末端屏蔽法；（B）末端加压法；（C）常规反接线法；（D）常规正接线法。

答案：A

Je2E3029 下图所示的工频交流耐压试验中，球隙的击穿电压一般设为（　　）。

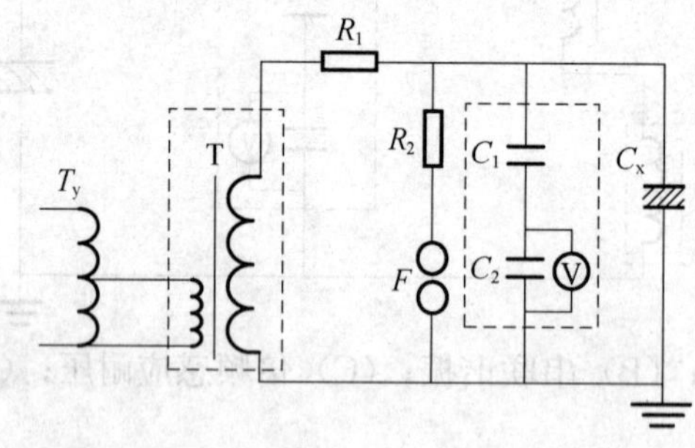

（A）1.05～1.1倍试验电压；（B）1.1～1.2倍试验电压；（C）1.15～1.2倍试验电压；（D）1.3～1.5倍试验电压。

答案：C

Je2E3030 下图所示的工频交流耐压试验中，其中保护电阻 R_1 的取值一般为（　　）Ω/V，但阻值不宜超过30kΩ，并应有足够的热容量和长度。

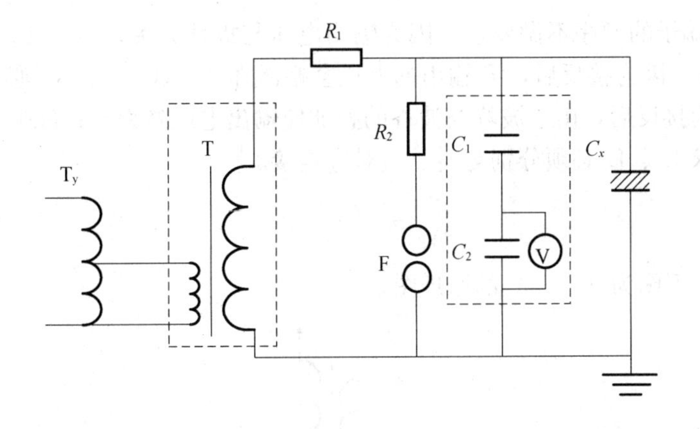

(A) 0.1～0.5；(B) 0.6～1.0；(C) 1.0～1.2；(D) 1.3。

答案：A

Je2E4031 下图为变压器长时感应耐压试验的加压程序示意图，局部放电监测在（　　）区间内无超过允许值时，视为合格。

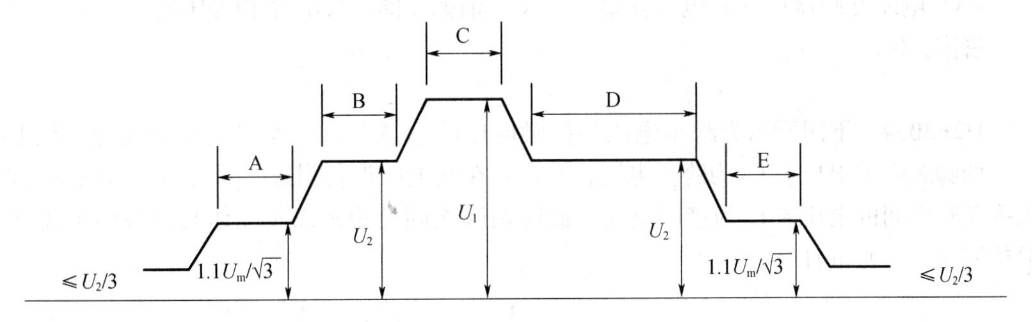

(A) A 和 E；(B) B 和 D；(C) C；(D) A、B、C、D、E。

答案：B

Je2E5032 下图为串级式工频交流耐压装置，其中第一级试验变压器输出的两个接线端 L_1、L_2 要接到第二级试验变压器输入端的 a_2、n_2，并且要求（　　）。

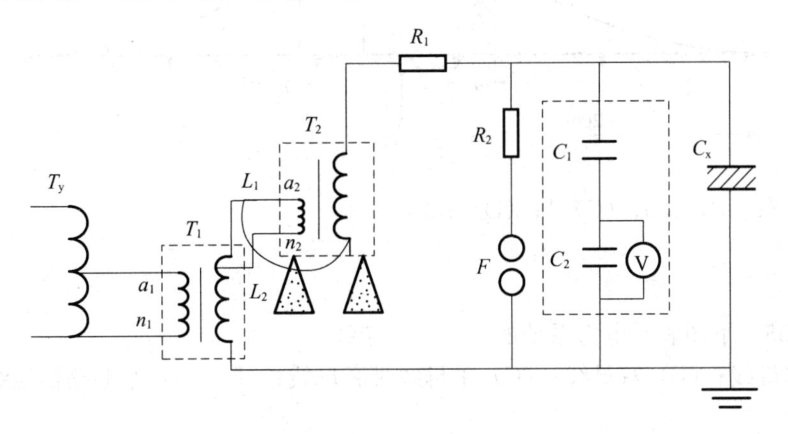

（A）接线端子的顺序不做要求，因为输出电压与极性无关；（B）L_1、L_2必须分别与 a_2、n_2对应连接，因为接反后，T_2输出的电压会略微降低；（C）L_1、L_2必须分别与 a_2、n_2对应连接，因为接反后，由于波峰与波谷的叠加使输出电压降为零；（D）不能接反，因为厂家说明书要求 L_1、L_2必须分别与 a_2、n_2对应连接。

答案：C

Jf2E2033 下图为（　　）的原理图。

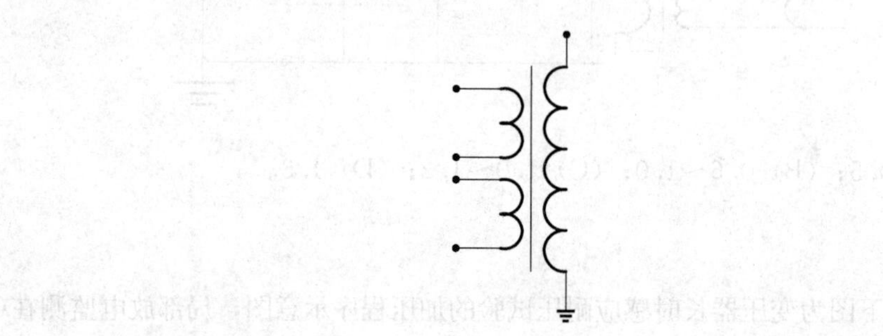

（A）电流互感器；（B）电压互感器；（C）消弧线圈；（D）单相变压器。

答案：B

Jf2E3034 下图所示为跨步电压和接触电压的示意图，一人在流过电流的大地上行走，两脚之间的电压差 U_k为跨步电压；一人站在漏电的设备附近，手接触设备的外壳时，人手与脚之间的电压差 U_j为接触电压，此时两脚之间的距离以及人体与设备的距离 d 一般按照（　　）m 计算。

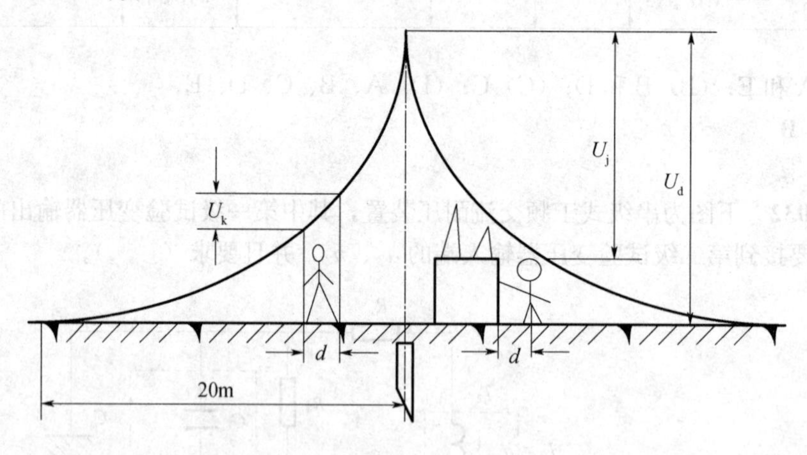

（A）0.8；（B）0.5；（C）1；（D）1.2。

答案：A

Jf2E4035 下图表示电力系统的（　　）接线。

（A）单母线；（B）双母线；（C）单母线带旁母线；（D）一台半断路器接线。

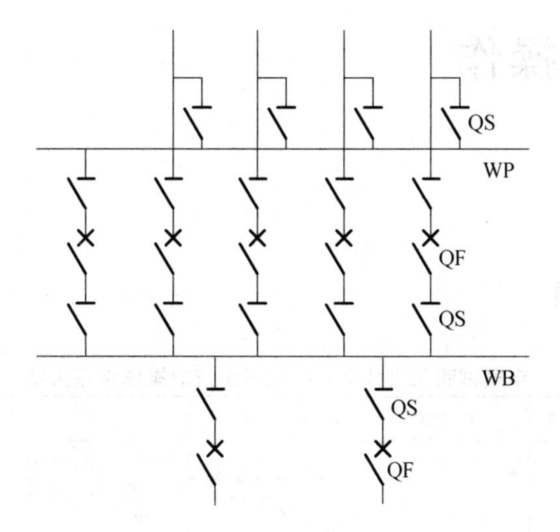

答案：C

2 技能操作

2.1 技能操作大纲

电气试验工（技师）技能鉴定技能操作考核大纲

等级	考核方式	能力种类	能力项	考核项目	考核主要内容
技师	技能操作	专业技能	01. 泄漏电流测试	01. 500kV 氧化锌避雷器直流试验	（1）正确选用工器具、材料、设备及线材。 （2）熟练使用直流高压发生器，正确升压并读数。 （3）正确完成试验记录及报告
				02. 避雷器泄漏电流的全电流和阻性电流试验	（1）正确选用工器具、材料、设备及线材。 （2）熟练使用泄漏电流测试专用仪器，正确接线并读数。 （3）正确完成试验记录及报告
			02. 电气设备故障判断	01. 110kV 变压器频响法绕组变形测试	（1）正确选用工器具、材料、设备及线材。 （2）熟悉频响法绕组变形试验。 （3）编写真实完备的试验报告，确定被试设备是否符合要求
				02. 35kV 变压器低电压短路阻抗测试。	（1）正确选用工器具、材料、设备及线材。 （2）熟悉变压器低电压短路阻抗试验项目及相关标准要求。 （3）编写真实完备的试验报告，确定被试设备是否符合要求
			03. 互感器励磁特性试验	01. 10kV 电压互感器的励磁特性试验	（1）正确选用工器具、材料、设备及线材。 （2）熟悉变压器低电压短路阻抗试验项目及相关标准要求。 （3）编写真实完备的试验报告，确定被试设备是否符合要求
			04. 交流耐压试验	01. 电磁式电压互感器三倍频感应耐压试验	（1）正确选用工器具、材料、设备及线材。 （2）熟练交流耐压设备的使用方法及安全注意事项。 （3）熟悉全绝缘电流互感器交流耐压试验的接线及方法。 （4）编写真实完备的试验报告，确定被试设备是否符合要求
				02. 电力电缆交流耐压试验	（1）正确选用工器具、材料、设备及线材。 （2）熟练选择设备，满足试验要求且掌握电源侧的最小电流。 （3）熟练制订方案。 （4）熟练掌握串并联谐振设备，正确接线并操作。 （5）编写真实完备的试验报告，确定被试设备是否符合要求

续表

等级	考核方式	能力种类	能力项	考核项目	考核主要内容
技师	技能操作	专业技能	04. 交流耐压试验	03.10kV 电流互感器交流耐压试验	（1）正确选用工器具、材料、设备及线材。 （2）熟练交流耐压设备的使用方法及安全注意事项。 （3）熟悉全绝缘电流互感器交流耐压试验的接线及方法。 （4）编写真实完备的试验报告，确定被试设备是否符合要求
				04.110kV 电流互感器串级耐压试验	（1）正确选用工器具、材料、设备及线材。 （2）计算有关重要参数，合理选择仪器设备。 （3）熟悉电流互感器串级交流耐压试验方法及相关标准要求。 （4）熟练画出试验接线原理图，并表明有关参数。 （5）根据计算数据和试验电压出具完备的试验报告，确定被试设备是否符合要求
			05. 局部放电试验	01.10kV 干式电流互感器局部放电试验	（1）掌握规程规范要求的10kV电流互感器局部放电试验方法和标准，并按要求进行实际操作和现场试验。 （2）能够判断被试品的变比是否符合标准要求。 （3）能查找和分析试验中出现异常现象的原因，并提出解决办法

2.2 技能操作项目

2.2.1 SY2ZY0101 500kV 氧化锌避雷器直流试验

一、作业

（一）工器具、材料、设备

（1）工器具：300kV 直流高压发生器 1 套、温湿度计 1 块、110kV 验电器 1 个、放电棒 1 套、绝缘手套 1 双、绝缘垫 1 块、220V 检修电源箱（带漏电保护器）1 套、安全围栏 2 盘、活动扳手 1 把。

（2）材料：$4mm^2$ 多股裸铜线接地线（20m）1 盘、$4mm^2$ 多股裸铜线短路线（1m）1 根、抹布 1 块、空白试验报告 1 份。

（3）设备：500kV 氧化锌避雷器 1 节。

（二）安全要求

（1）考生进入现场要求正确穿戴工作服、绝缘鞋和安全帽。

（2）开始工作前使用万用表检查试验电源电压是否为 220V，手动检查漏电保护器是否正确动作。

（3）试验前必须对被试品进行验电、放电、接地，变更接线及试验结束后必须对被试品进行充分放电。

（4）试验前认真检查试验接线，不发生人身触电危险，不发生人为损坏仪器、设备的安全事件。

（5）考生试验时必须站在绝缘垫上，并与带电部分保持足够的安全距离。

（三）操作步骤及工艺要求（含注意事项）

1. 准备工作

（1）根据要求，准备所使用的仪器仪表、工器具及所需试验线、接地线等材料。

（2）准备被试品历年的试验数据，了解设备运行工况。

（3）检查试验仪器、高压微安表、验电器、放电棒、绝缘垫等，确认均完好并处于检验周期内。

（4）办理开工手续。

（5）对避雷器进行验电、放电，并将避雷器底座接地。

（6）清理被试品表面的脏污，检查避雷器是否存在外绝缘损坏等情况。

（7）记录避雷器的铭牌、以往试验数据及不良工况等。

2. 实际操作步骤

（1）根据试验要求摆放好温湿度计、直流高压发生器、绝缘垫、检修电源箱等其他工器具，设置好安全围栏。

（2）使用万用表检查检修电源是否为 220V，手动操作检查漏电保护器是否能够可靠动作。

（3）检查仪器及其测试线状态是否良好。

（4）将仪器按要求接地，操作台距离直流高压发生器有足够的安全距离，将高压微安表通过保护电阻安装在直流高压发生器上，设置过压整定值为 250kV。

（5）在未进行试验接线时进行过压试验，在确保升压旋钮在零位后，打开仪器电源，按下高压通按钮后，开始升压至250kV，保证仪器能够自动断开高压。

（6）通过放电棒对直流高压发生器进行充分放电，然后将避雷器下法兰接地，将高压测试线接至避雷器高压侧，在确保升压旋钮在零位后，打开仪器电源，按下“高压通”按钮后，开始升压至微安表为1000μA，记录此时的电压值为U_{1mA}。

（7）如果有初始值，则需要降压至零位，按照初始U_{1mA}的75%电压进行升压，测量泄漏电流值；如果没有初始值，则只需按下“75%电压”按钮，记录此时的泄漏电流值即可。

（8）试验完毕，降压值零位，按下“高压断”按钮，等直流高压发生器自动放电完毕后关闭仪器电源，并拉开检修电源小闸刀，利用放电棒通过放电电阻对被试品进行多次充分放电，然后将接地线直接接至高压试验线上继续放电，最后拆除所有试验接线。

（9）记录测试数据及当前的环境温度、相对湿度。

3. 试验结束后的工作

（1）拆除所有接地线、短接线等。

（2）将试验仪器仪表、工器具等清理干净，规放整齐。

（3）撤掉所设置的安全围栏，将被试设备及现场恢复到测试前的状态。

（4）工作结束后汇报试验情况及结果。

（5）编写试验报告。

4. 注意事项

（1）试验接线应整洁、明了，高压线应短平直。

（2）避雷器底座及下法兰应接地良好。

（3）U_{1mA}初值差不超过±5%且不低于199kV；75%U_{1mA}泄漏电流≤50μA，且初值差≤30%。

二、考核

（一）考核场地

（1）试验场地应具有足够的安全距离，面积不小于9m^2。

（2）现场的试验线、接地线、短路线应满足试验要求，放电棒、验电器、绝缘垫、温湿度表、直流电阻测试仪数量上满足考生选择。

（3）现场设置1套桌椅，可供考生出具试验报告。

（4）设置1套评判用的桌椅和计时秒表。

（二）考核时间

（1）试验操作时间不超过30min。

（2）试验仪器、工器具等准备时间不超过为5min，该时间不计入考核时间。

（3）试验报告出具时间不超过20min，该时间不计入操作时间。

（三）考核要点

（1）现场安全文明生产。

（2）仪器仪表、工器具状态检查。

（3）被试品的外观、运行工况检查。

（4）仪器仪表的使用方法及安全注意事项等是否符合规范要求。

（5）是否熟悉直流高压发生器的使用及泄漏电流的测试方法。

（6）整体操作过程是否符合要求，有无安全隐患。

（7）试验报告是否符合要求。

三、评分标准

行业：电力工程　　　　　工种：电气试验工　　　　　等级：二

编号	SY2ZY0101	行为领域	e	鉴定范围		电气试验技师	
考核时限	30min	题型	B	满分	100 分	得分	
试题名称	500kV 氧化锌避雷器直流试验						
考核要点及其要求	（1）现场安全文明生产。 （2）仪器仪表、工器具状态检查。 （3）被试品的外观、运行工况检查。 （4）仪器仪表的使用方法及安全注意事项等是否符合规范要求。 （5）是否熟悉直流高压发生器的使用及泄漏电流的测试方法。 （6）整体操作过程是否符合要求，有无安全隐患。 （7）试验报告是否符合要求						
现场设备、工器具、材料	（1）工器具：300kV 直流高压发生器 1 套、温湿度计 1 块、110kV 验电器 1 个、放电棒 1 套、绝缘手套 1 双、绝缘垫 1 块、220V 检修电源箱（带漏电保护器）1 套、安全围栏 2 盘、活动扳手 1 把。 （2）材料：$4mm^2$ 多股裸铜线接地线（20m）1 盘、$4mm^2$ 多股裸铜线短路线（1m）1 根、抹布 1 块、空白试验报告 1 份。 （3）设备：500kV 氧化锌避雷器 1 节						
备注							

评分标准

序号	考核项目名称	质量要求	分值	扣分标准	扣分原因	得分
1	着装	正确穿戴安全帽、工作服、绝缘鞋	5	（1）未着工装、戴安全帽、穿绝缘鞋，每项扣 1 分。 （2）着装、穿戴不规范，每处扣 1 分。 （3）本项分值扣完为止		
2	准备工作	正确选择仪器仪表、工器具及材料	8	（1）每选错、漏选一项，扣 2 分。 （2）未进行外观检查，未检查检验合格日期，每项扣 2 分。 （3）本项分值扣完为止		
3	安全措施	（1）设置安全围栏	1	未设置安全围栏，扣 1 分		
		（2）检查检修电源电压、漏电保护器是否符合要求	2	（1）未测试检修电源电压扣 1 分。 （2）未检查漏电保护器是否能够可靠动作，扣 1 分		
		（3）对被试品进行验电、放电、接地	9	（1）未对被试品进行验电、放电，每项扣 1 分。 （2）验电、放电时未戴绝缘手套，每项扣 1 分。 （3）避雷器底座未接地扣 2 分。 （4）本项分值扣完为止		

续表

序号	考核项目名称	质量要求	分值	扣分标准	扣分原因	得分
4	避雷器直流试验	（1）办理工作开工	3	（1）未办理工作开工，扣2分。 （2）未了解被试品的运行工况及查找以往试验数据，扣1分		
		（2）检查被试品状况	2	未检查被试品外观有无外绝缘损坏等情况扣2分		
		（3）摆放温湿度计	2	（1）未摆放温湿度计，扣2分。 （2）摆放位置不正确，扣1分		
		（4）检查要求状态	5	未检查直流高压发生器的状态，扣5分		
		（5）直流 U_{1mA} 及泄漏电流试验	40	（1）接线错误致使试验无法进行，扣40分。 （2）未设定过压保护，扣10分。 （3）未进行空升验证过压保护正确动作，扣10分。 （4）避雷器下法兰未接地，扣10分。 （5）其他项目不规范，如仪器未接地、未进行呼唱、高压微安表使用不正确等，每项扣5分。 （6）本项分值扣完为止		
		（6）记录温湿度	3	未记录环境温度和相对湿度，扣3分		
		（7）试验操作应在30min内完成		（1）试验操作每超出10min扣10分。 （2）本项扣完55分为止		
5	办理完工	清理现场	5	（1）未将现场恢复到测试前状态，扣3分。 （2）每遗留一件物品，扣1分。 （3）本项分值扣完为止		
6	出具试验报告	（1）环境参数齐备	3	未填写环境温度、相对湿度，扣3分		
		（2）设备参数齐备	2	铭牌数据不正确，扣2分		
		（3）试验报告正确完整	10	（1）试验数据不正确，扣3分。 （2）判断依据未填写或不正确，扣3分。 （3）报告结论分析不正确或未填写试验是否合格，扣3分。 （4）报告没有填写考生姓名，扣1分。 （5）本项分值扣完为止		
		（4）试验报告应在20min内完成		（1）试验报告每超出5min扣2分。 （2）本项扣完15分为止		

2.2.2 SY2ZY0102 避雷器泄漏电流的全电流和阻性电流试验

一、作业

（一）工器具、材料、设备

（1）工器具：带电监测避雷器泄漏电流的专用仪器、温湿度计1块、万用表1块、220V电源线盘1个、绝缘垫1块、电工常用工具。

（2）材料：接地线1盘。

（3）设备：氧化锌避雷器1组。

（二）安全要求

（1）现场就地操作演示，不得触碰运行设备。

（2）全程使用安全防护用品。

（3）试验时，要求测试人员保持与带电设备的安全距离，测试仪器应可靠接地。

（4）需要操作运行设备二次接线，应有二次人员完成。

（三）操作步骤及工艺要求（含注意事项）

1. 准备

（1）查勘现场，查看现场设备。

（2）准备工作票及作业指导卡。

（3）工作前应对工具、仪器线材进行检查，确认完好并处于试验周期以内。

2. 步骤

（1）正确连接仪器接线。

（2）将A、B、C三相电流引线分别接到避雷器的底座，电压信号由二次人员接至电压互感器二次侧，保持测试线对地足够的安全距离。检查测试接线正确后，开始进行试验。

（3）开机，选择相应电压等级，选择有参考电压方式，进行测量。

（4）测量完毕，记录数据。

（5）拆除试验所接引线，完工后整理现场。

3. 要求

对实际测得的数据进行分析，主要有三类：

（1）纵向比较。同一产品，在相同的环境条件下，阻性电流与上次或初始值比较应≤30%，全电流与上次或初始值比较应≤20%。当阻性电流增加0.3倍时应缩短试验周期并加强监测，增加1倍时应停电检查。

（2）横向比较。同一厂家、同一批次的产品，避雷器各参数应大致相同，彼此应无显著差异。如果全电流或阻性电流差别超过70%，即使参数不超标，避雷器也有可能异常。

（3）综合分析法。当怀疑避雷器泄漏电流存在异常时，应排除各种因素的干扰，并结合红外线精确测温、高频局放测试结果进行综合分析判断，必要时应开展停电诊断试验。

4. 注意事项

（1）需他人协助完成测量接线和试验。

（2）注意安全，操作过程符合《电力安全工作规程》。

二、考核

(一) 考核场地

(1) 考核场地应比较开阔，具有足够的安全距离及试验所需220V电源、380V电源、接地桩。

(2) 本项目可在室内外进行，应具有照明、通风、电源、接地设施。

(3) 设置评判及写报告用的桌椅和计时秒表。

(二) 考核时间

(1) 考核时间为20min。

(2) 选用工器具、材料、设备，准备时间为5min，该时间不计入考核计时。

(3) 许可开工后记录考核开始时间，现场清理完毕，上交试验报告，记录结束时间。

(三) 考核要点

(1) 现场安全及文明生产。

(2) 检查安全工器具。

(3) 检查仪器设备状态。

(4) 检查被试设备外观，了解被试品状况。

(5) 熟悉带电测试氧化锌避雷器试验项目及相关标准要求。

(6) 熟悉带电测试阻性电流仪器的使用方法。

(7) 试验报告真实完备，确定设备是否符合要求。

三、评分标准

行业：电力工程　　　　工种：电气试验工　　　　等级：二

编号	SY2ZY0102	行为领域	e	鉴定范围		电气试验技师	
考核时限	20min	题型	A	满分	100分	得分	
试题名称	避雷器泄漏电流的全电流和阻性电流试验						
考核要点及其要求	(1) 现场安全及文明生产。 (2) 检查安全工器具。 (3) 检查仪器设备状态。 (4) 检查被试设备外观，了解被试品状况。 (5) 熟悉带电测试氧化锌避雷器试验项目及相关标准要求。 (6) 熟悉带电测试阻性电流仪器的使用方法。 (7) 试验报告真实完备，确定设备是否符合要求						
现场设备、工器具、材料	(1) 工器具：带电监测避雷器泄漏电流的专用仪器、温湿度计1块、万用表1块、220V电源线盘1个、绝缘垫1块、电工常用工具。 (2) 材料：材料1盘。 (3) 设备：氧化锌避雷器1组						
备注	考生自备工作服、绝缘鞋、安全帽、线手套						

评分标准

序号	考核项目名称	质量要求	分值	扣分标准	扣分原因	得分
1	着装	正确穿戴安全帽、工作服、绝缘鞋	5	未着装，扣5分；着装不规范，每处扣1分		

续表

序号	考核项目名称	质量要求	分值	扣分标准	扣分原因	得分
2	工器具、材料准备	（1）正确选择工器具、材料	1	错选、漏选、物件未检查，扣1分		
		（2）核实安全措施	3	未核实安全措施，扣1分		
		（3）试验设备合理进场，并检查设备校验情况	4	未检查安全工具（验电器、绝缘手套、绝缘垫、放电棒）合格标签，每处扣1分；未检查设备校验合格标签，每处扣1分；扣完为止		
		（4）正确接地	4	未检查接地桩，扣1分；未用锉刀处理，扣1分；使用缠绕接地，扣3分		
		（5）正确接入试验电源	1	未正确设置万用表档位（应为交流，大于220V），扣1分；未在接入电源前分别检查空气断路器分闸时上端、下端电压，扣1分；未检查电源线插头处电压，扣1分		
		（6）放置干湿温度计	1	未在距被试品最近的遮栏处放置干湿温度计，扣1分		
3	运行电压下氧化锌避雷器泄漏电流及阻性电流测试	（1）正确连接仪器接线。 （2）将 A、B、C 三相电流引线分别接到避雷器的底座，电压信号由二次人员接至电压互感器二次侧，保持测试线对地足够的安全距离。检查测试接线正确后，开始进行试验。 （3）开机，选择相应的电压等级，选择有参考电压方式，进行测量。 （4）测量完毕，记录数据。 （5）拆除试验所接引线，完工整理现场	48	（1）连接仪器接线不正确，扣10分。 （2）未检查接线，扣3分。 （3）仪器选项错误，扣10分。 （4）泄漏电流值记录不准确，扣15分。 （5）未拆除试验所接引线，扣5分。 （6）完工后未整理现场，扣5分		
4	工器具、设备使用	工器具、设备使用正确，不发生掉落现象	5	工器具、设备使用不正确，每处扣1分；工器具、设备发生掉落现象，每次扣1分		
5	安全文明生产	（1）工作票、作业指导卡填写正确，无错误、漏填或涂改现象	5	填写不规范、有涂改，每处扣1分，扣完为止		
		（2）清理测试线	1	未清理扣1分		
		（3）恢复现场状况	2	未将现场恢复至初始状况，遗漏一处扣1分；扣完为止		
		（4）试验设备出场	2	有设备遗留，扣1分		

续表

序号	考核项目名称	质量要求	分值	扣分标准	扣分原因	得分
6	试验记录及报告	（1）环境参数齐备	2	环境参数（温度、湿度、天气）欠缺，每缺一项扣1分		
		（2）设备参数齐备	3	设备参数（型号、厂家、出厂序号）欠缺，每缺一项扣1分		
		（3）试验数据齐备	5	试验数据欠缺，每缺一项扣1分		
		（4）试验方法正确	3	未使用正确的试验方法，扣3分		
		（5）试验结论正确	5	未进行数据比较、分析，扣2分；试验整体结论不正确，扣3分；扣完为止		

2.2.3 SY2ZY0201 110kV 变压器频响法绕组变形测试

一、作业

（一）工器具、材料、设备

（1）工器具：温湿度计 1 块、万用表 1 块、秒表 1 块、220V 电源线盘 1 个、安全围栏 1 个、“在此工作!”标示牌 1 块、绝缘垫 1 块、110kV 验电器 1 个、放电棒 1 根、梯子、安全带、变压器频响测试仪（TDT6）1 台、电工常用工具。

（2）材料：测试线、接地线 1 盘、抹布 1 块。

（3）设备：110kV 变压器 1 台。

（二）安全要求

（1）现场设置安全围栏和标示牌。

（2）全程使用安全防护用品。

（3）试验前后对被试品充分放电，确保人身与设备安全。

（4）试验时，要求测试人员及其他人员不得触摸测试接地引下线，测试仪器应可靠接地。

（5）被试设备放电接地后方可更改试验接线。

（6）试验结束后断开试验电源。

（三）操作步骤及工艺要求

1. 准备

（1）准备工作票及作业指导卡。

（2）工作前应对工具进行检查，确认完好无损并处于试验周期以内。

（3）工作前应对仪器线材进行检查，确认仪器线材完好并处于试验周期以内。

（4）进入作业现场应将使用的绝缘工具放置在绝缘垫上。

2. 步骤

（1）核对现场安全措施。

（2）做好验电、放电和接地等工作。

（3）试验现场应装设安全遮栏，防止无关人员进入试验区。

（4）接电源，确认其为 220V。

（5）合理布置频响测试仪位置，将频响测试仪的接地端接地。

（6）输入单元和检测单元的 TERMINAL 端分别连接到选定的激励端和响应端套管接头。

（7）通过同轴电缆把输入单元的 V_S、V_1 端与 TDT6 主机面板的 U_S、U_1 端口连接，把检测单元 V_2 端与 TDT6 主机面板的 U_2 端口连接。

（8）接线完成后，连接频响测试仪主机和笔记本电脑，接通电源进行测量。

（9）启动计算机中 TDT6 程序，进入 TDT6 绕组变形测试界面，等待 10s 后再操作计算机的测量按钮。

（10）用鼠标点击“测量”按钮，启动扫频测量，观察扫频测量的进度及扫频参数设置等信息。

① 扫频测量完成时，系统将会提出对话提示框，输入被测变压器的名称、编号、档

位、型号，以及选定本次测量激励端和响应端名称，即可对本次测量结果进行存盘，并将显示出存盘的存盘路径及文件名称，供用户记录。

② 按高压、中压、低压的顺序，每侧分别进行三相测试。

③ 采集完毕，试验完成后，检查数据文件是否保存，然后退出系统并一次关机。

④ 全部试验结束，关闭主机后，拆除试验接线。

3. 要求

根据 Q/GDW 1168—2013《输变电设备状态检修试验规程》的规定：

（1）诊断是否发生绕组变形时进行本项目。当绕组扫频响应曲线与原始记录基本一致时，即绕组频响曲线的各个波峰、波谷点所对应的幅值及频率基本一致时，可以判定被测绕组没有变形。

（2）根据试验结果，利用相间分析和前次试验结果对比的方法对变压器绕组变形情况进行准确判断。

4. 注意事项

（1）测试时，测量引线及检测端子应远离被测变压器绕组套管，接地应良好。

（2）检测信号较弱时，应检查所有接线稳定可靠，应注意试验电缆与被试变压器接触良好，减少接触电阻。

（3）幅频响应特性与分接位置有关，宜在最高分接位下检测或处于相同位置。

（4）试验中如果变压器三相频响特性不一致，应分析图谱，选择异常相，并检查设备引线排除干扰引起的测量误差后重新测量。

二、考核

（一）考核场地

（1）考核场地应比较开阔，具有足够的安全距离及试验所需 220V 电源、380V 电源、接地桩。

（2）本项目可在室内外进行，应具有照明、通风、电源、接地设施。

（3）设置评判及写报告用的桌椅和计时秒表。

（二）考核时间

（1）考核时间为 30min。

（2）选用工器具、材料、设备，准备时间为 5min，该时间不计入考核计时。

（3）许可开工后记录考核开始时间，现场清理完毕，上交试验报告，记录结束时间。

（三）考核要点

（1）现场安全及文明生产。

（2）检查安全工器具。

（3）检查仪器设备状态。

（4）检查被试设备外观，了解被试品状况。

（5）熟悉变压器绕组频响测试试验项目及相关标准要求。

（6）熟悉频响测试仪的使用方法。

（7）试验报告真实完备。

三、评分标准

行业：电力工程　　　　　　　　　　　　工种：电气试验工　　　　　　　　　　　　等级：二

编号	SY2ZY0201	行为领域	e	鉴定范围		电气试验技师
考核时限	30min	题型	A	满分	100分	得分
试题名称	110kV 变压器频响法绕组变形测试					
考核要点及其要求	(1) 现场安全及文明生产。 (2) 检查安全工器具。 (3) 检查仪器设备状态。 (4) 检查被试设备外观，了解被试品状况。 (5) 熟悉变压器绕组频响测试试验项目及相关标准要求。 (6) 熟悉频响测试仪的使用方法。 (7) 试验报告真实完备					
现场设备、工器具、材料	(1) 工器具：温湿度计1块、万用表1块、秒表1块、220V电源线盘1个、安全围栏1个、“在此工作!”标示牌1块、绝缘垫1块、110kV验电器1个、放电棒1根、梯子、安全带、变压器频响测试仪（TDT6）1台、电工常用工具。 (2) 材料：测试线、接地线1盘、抹布1块。 (3) 设备：110kV变压器1台					
备注	考生自备工作服、绝缘鞋、安全帽、线手套					

评分标准

序号	考核项目名称	质量要求	分值	扣分标准	扣分原因	得分
1	着装	正确穿戴安全帽、工作服、绝缘鞋	5	未着装扣5分；着装不规范，每处扣1分		
2	工器具、材料准备	(1) 正确选择工器具、材料	1	错选、漏选、物件未检查，扣1分		
		(2) 核实安全措施	3	未核实安全措施，扣1分		
		(3) 试验设备合理进场，并检查设备校验情况	4	未检查安全工具（验电器、绝缘手套、绝缘垫、放电棒）合格标签，每处扣1分；未检查设备校验合格标签，每处扣1分；扣完为止		
		(4) 正确接地	4	未检查接地桩，扣1分；未用锉刀处理，扣1分；使用缠绕接地，扣3分		
		(5) 对被试品验电、充分放电	2	未使用验电器对被试品验电，扣2分；未对被试品充分放电扣3分，扣完为止		
		(6) 正确接入试验电源	1	未正确设置万用表档位（应为交流，大于220V），扣1分；未在接入电源前分别检查空气断路器分闸时上端、下端电压，扣1分；未检查电源线插头处电压，扣1分		
		(7) 正确设置遮栏	1	设备全部进场后，未设全封闭围栏，扣1分		

续表

序号	考核项目名称	质量要求	分值	扣分标准	扣分原因	得分
2	工器具、材料准备	（8）对被试品外观进行检查、清扫被试品表面	1	未检查外观，扣1分；未清扫表面，扣1分		
		（9）放置干湿温度计	1	未在距被试品最近的遮栏处放置，扣1分		
3	变压器频响测量	（1）检查测试设备	5	未检查测试设备，扣2分		
		（2）确认变压器档位为上次试验时档位	5	未确认变压器档位，扣5分		
		（3）检查试验接线，正确无误		未检查试验接线，扣2分		
		（4）按照仪器使用说明书完成测量工作	10	未按照仪器使用说明书完成测量工作，扣10分		
		（5）在计算机上准确记录试验时间、地点及试验结果	5	未在计算机上准确记录试验时间、地点及试验结果，扣5分		
4	工器具、设备使用	工器具、设备使用正确，不发生掉落现象	5	工器具、设备使用不正确，每处扣1分；工器具、设备发生掉落现象，每次扣1分		
5	安全文明生产	（1）工作票、作业指导卡填写正确，无错误、漏填或涂改现象	5	填写不规范、有涂改，每处扣1分，扣完为止		
		（2）清理测试线	2	未清理扣2分		
		（3）恢复现场状况	3	未将现场恢复至初始状况，遗漏一处扣1分；扣完为止		
		（4）试验设备出场	3	有设备遗留，扣1分		
6	试验记录及报告	（1）环境参数齐备	3	环境参数（温度、湿度、天气）欠缺，每缺一项扣1分		
		（2）设备参数齐备	3	设备参数（型号、厂家、出厂序号）欠缺，每缺一项扣1分		
		（3）试验数据齐备	3	试验数据欠缺，每缺一项扣1分		
		（4）试验方法正确	7	未使用正确的试验方法，扣7分		
		（5）试验结论正确	8	试验结论不正确，扣8分		

2.2.4 SY2ZY0202 35kV 变压器低电压短路阻抗试验

一、作业

（一）工器具、材料、设备

（1）工器具：温湿度计 1 块、万用表 1 块、380V 三相电源线盘 1 个、220V 电源线盘 1 个、35kV 验电器 1 个、放电棒 1 套、绝缘手套 1 双、绝缘垫 1 块、安全围栏 2 盘、变压器低电压阻抗测试仪 1 台、工具若干。

（2）材料：$4mm^2$ 多股裸铜线接地线（20m）1 盘、$4mm^2$ 多股软铜线短路线（10m）5 根、抹布 1 块，空白试验报告 1 份。

（3）设备：35kV 变压器 1 台。

（二）安全要求

（1）考生进入现场要求正确穿戴工作服、绝缘鞋和安全帽。

（2）试验前必须对被试品进行验电、放电、接地，变更接线及变更接线及试验结束后必须对被试品进行充分放电。

（3）试验前认真检查试验接线，不发生人身触电危险，不发生人为损坏仪器、设备的安全事件。

（4）考生试验时必须站在绝缘垫上，并与带电部分保持足够的安全距离。

（三）操作步骤及工艺要求（含注意事项）

1. 准备工作

（1）根据要求，准备所使用的仪器仪表、工器具及所需的试验线、接地线等材料。

（2）准备被试品历史试验数据，了解设备运行工况。

（3）检查试验仪器、验电器、放电棒、绝缘垫等，确认均完好并处于检验周期内。

（4）办理开工手续。

（5）对被试品进行验电、放电并接地。

（6）清扫被试品表面的脏污，检查变压器是否存在外绝缘损伤等情况。

（7）记录变压器的铭牌。

2. 实际操作步骤

（1）根据试验要求摆放好温湿度计、变压器低电压阻抗测试仪、绝缘垫等，设置好安全围栏。

（2）检查变压器低电压阻抗测试仪工作状态是否良好。

（3）解开变压器对外的所有引线，测量变压器低电压阻抗：

① 测试前要先进行测试电源容量的估算。

试验电流：$I_S = U_{ks} \times I_r / (10 \times U_r \times Z_{ke})$

视在功率

三相法测试时：$S_S = \sqrt{3} U_{ks} \times I_s / 1000$

单相法测试时：$S_S = U_{ks} \times I_s / 1000$

式中 I_S——试验电流估算值，A；

S_S——视在功率，V·A；

U_{ks}——试验电压，通常三相测试用 380V，单相测试用 220V；

U_r——变压器被加压绕组在测试分接位置时，对应的标称电压，kV；

I_r——变压器被加压绕组在测试分接位置时，对应的标称电流，A；

Z_{ke}——变压器被测绕组对在测试分接位置时，对应的短路阻抗百分值。

然后核对现场电源的额定容量 S_H 和额定电流 I_H。利用站用电源时，应保证 $S_H>2S_s$，$I_H>2I_S$；否则应使用调压器降低试验电压 U_{ks} 以限制试验电流 I_s。

② 按照现场提供的变压器低压阻抗测试仪的说明书进行接线，注意区分该设备所用电源的电压（220V 或 380V）。接线完毕后，按照该仪器的操作流程进行测试。

（4）测试完毕，记录试验数据，关闭电源，然后利用放电棒对被试品进行充分放电。

（5）记录当前环境温度、相对湿度。

3. 试验结束后的工作

（1）拆除所有试验接线、接地线、短路线等。

（2）将试验仪器仪表、工器具等清理干净，摆放整齐。

（3）撤掉所设置的安全围栏，将被测试设备及现场恢复到测试前的状态。

（4）工作结束后汇报试验情况及结果。

（5）编写试验报告。

4. 注意事项及要求

（1）短接绕组时，要用测试设备所配置的专用短接线及短接夹（图 SY2ZY0203-1）。

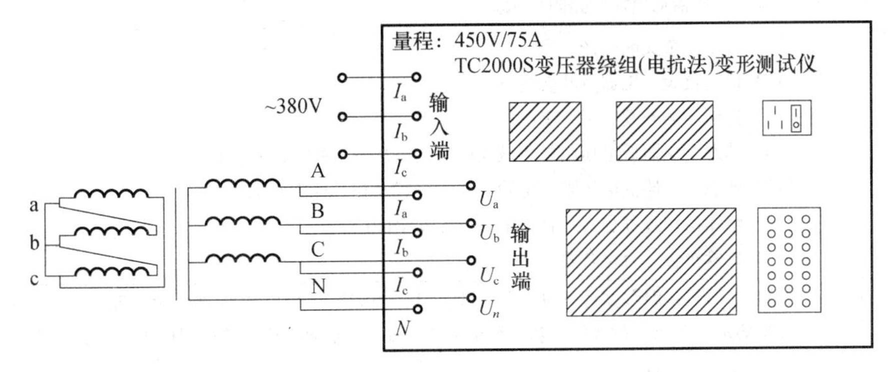

图 SY2ZY0203-1　变压器绕组变形（低电压电抗法）试验接线图

（2）根据 Q/GDW 1168—2013《输变电设备状态检修试验规程》的规定：诊断绕组是否发生变形时进行本项目。宜在最大分接头位置和相同电流下测量。试验电流可用额定电流，亦可低于额定值，但不宜小于 5A。不同容量及电压等级的变压器的要求分别如下：

① 容量 100MV·A 及以下且电压等级 220kV 以下的变压器，初值差不超过±2%。

② 容量 100MV·A 及以下且电压等级 220kV 以下的变压器，三相之间的最大相对互差不应大于 2.5%。

二、考核

（一）考核场地

（1）试验场地应具有足够的安全距离，面积不小于 $50m^2$。

（2）现场设置 1 套桌椅，可供考生出具试验报告。

（3）设置 1 套评判用的桌椅和计时秒表。

（二）考核时间

（1）试验操作时间不超过 30min。

（2）试验仪器、工器具等准备时间不超过为 5min，该时间不计入考核时间。

（3）试验报告的出具时间不超过 20min，该时间不计入操作时间。

（三）考核要点

（1）现场安全文明生产。

（2）仪器仪表、工器具状态检查。

（3）被试品的外观、运行工况检查。

（4）熟悉变压器低电压阻抗测试仪的使用方法及试验电源容量估算。

（5）熟悉变压器低电压阻抗试验方法、接线及相关标准要求。

（6）整体操作过程是否符合要求，有无安全隐患。

（7）试验报告是否符合要求。

三、评分标准

行业：电力工程 **工种：电气试验工** **等级：二**

编号	SY2ZY0202	行为领域	e	鉴定范围		电气试验技师	
考核时限	30min	题型	A	满分	100 分	得分	
试题名称	35kV 变压器低电压短路阻抗试验						
考核要点及其要求	（1）现场安全文明生产。 （2）仪器仪表、工器具状态检查。 （3）被试品的外观、运行工况检查。 （4）熟悉变压器低电压阻抗测试仪的使用方法及试验电源容量估算。 （5）熟悉变压器低电压阻抗试验方法、接线及相关标准要求。 （6）整体操作过程是否符合要求，有无安全隐患。 （7）试验报告是否符合要求						
现场设备、工器具、材料	（1）工器具：温湿度计 1 块、万用表 1 块、380V 三相电源线盘 1 个、220V 电源线盘 1 个、35kV 验电器 1 个、放电棒 1 套、绝缘手套 1 双、绝缘垫 1 块、安全围栏 2 盘、变压器低电压阻抗测试仪 1 台、工具若干。 （2）材料：$4mm^2$ 多股裸铜线接地线（20m）1 盘、$4mm^2$ 多股软铜线短路线（10m）5 根、抹布 1 块、空白试验报告 1 份。 （3）设备：35kV 变压器 1 台						
备注	考生自备符合相关要求的工作服、绝缘鞋、安全帽等						

评分标准

序号	考核项目名称	质量要求	分值	扣分标准	扣分原因	得分
1	着装	正确穿戴安全帽、工作服、绝缘鞋	5	（1）未穿工装，扣 5 分。 （2）着装、穿戴不规范，每处扣 1 分。 （3）本项分值扣完为止		
2	准备工作	正确选择仪器仪表、工器具及材料	10	（1）每选错、漏选一项，扣 2 分。 （2）未进行外观检查，未检查检验合格日期，每项扣 2 分。 （3）本项分值扣完为止		

续表

序号	考核项目名称	质量要求	分值	扣分标准	扣分原因	得分
3	安全措施	（1）办理工作开工	2	未办理工作开工，扣2分		
		（2）核实安全措施	2	未核实安全措施，扣2分		
		（3）设置安全围栏	2	未设置安全围栏，扣2分		
		（4）检查检修电源电压、漏电保护器是否符合要求	2	（1）未测试检修电源电压，扣1分。 （2）未检查漏电保护器是否能够可靠动作，扣1分		
		（5）对被试品进行验电、放电、接地	5	（1）互感器未进行验电、放电，每项扣2分。 （2）验电、放电时未戴绝缘手套，每项扣2分。 （3）变压器外壳未接地，扣2分。 （4）本项分值扣完为止		
4	变压器低电压阻抗试验	（1）摆放温湿度计	2	（1）未摆放温湿度计，扣2分。 （2）摆放位置不正确，扣1分		
		（2）了解被试品状况，外观检查、清扫	5	（1）未了解被试品的运行工况及查找以往试验数据，扣2分。 （2）未检查被试品外观有无开裂、损坏状况，扣2分。 （3）未清扫，扣1分		
		（3）正确完成试验电源容量估算	5	未正确完成估算，扣5分		
		（4）低电压阻抗测试	40	（1）考生未站在绝缘垫上进行测试，扣5分。 （2）接线不正确，致使试验无法进行，扣40分。 （3）加压前未检查确认变压器有载分接开关位置档位，扣5分。 （4）加压前未检查试验接线，扣2分。 （5）未检查调压器回零情况，扣5分。 （6）测试前未进行高声呼唱，扣3分。 （7）未按照仪器使用说明书正确完成测试工作，扣10分。 （8）测试过程中更换接线及测试结束后，未对变压器进行充分放电，扣5分。 （9）测试过程中其他不规范行为每项，扣3分。 （10）试验不合格未进行诊断、分析，扣3分。 （11）本项分值扣完为止		
		（5）试验操作应在30min内完成		（1）试验操作每超出10min扣10分。 （2）本项扣完52分为止		

续表

序号	考核项目名称	质量要求	分值	扣分标准	扣分原因	得分
5	拆除接线、清理现场	（1）拆除接线	2	（1）未拆除试验接线、接地线，每项扣1分。 （2）本项分值扣完为止		
		（2）清理现场	3	（1）未将现场恢复到测试前状态，扣2分。 （2）每遗留一件物品，扣1分。 （3）本项分值扣完为止		
6	出具试验报告	（1）环境参数齐备	2	未填写环境温度、相对湿度，扣2分		
		（2）设备参数齐备	1	铭牌数据不正确，扣1分		
		（3）试验报告正确完整	12	（1）试验数据欠缺，每项扣2分；试验数据不正确，每项扣2分。 （2）判断依据未填写或不正确，扣2分。 （3）报告结论分析不正确或未填写试验是否合格，扣5分。 （4）报告没有填写考生姓名，扣1分。 （5）本项分值扣完为止		
		（4）试验报告应在20min内完成		（1）试验报告每超出5min扣2分。 （2）本项扣完15分为止		

2.2.5 SY2ZY0301 10kV 电压互感器的励磁特性试验

一、作业

(一) 工器具、材料、设备

(1) 工器具：温湿度计 1 块、万用表 1 块、0.5 级电流表多量程（0～10A）1 只、0.5 级电压表（0～300V）1 只、10kV 验电器 1 个、安全围栏 1 个、“止步，高压危险!”标示牌 1 块、“在此工作!”标示牌 1 块、绝缘垫 1 块、单相检修电源 1 台、单相调压器 1 台（容量不小于 2kV·A)、试验变压器 1 台（容量不小于 2kV·A、输出电压不大于 2kV)。

(2) 材料：截面面积不小于 4 mm^2 的带线夹测试线（5m）3 根、配套连接导线（长度为 1m，截面面积不小于 2.5mm^2）10 根。

(3) 设备：10kV 电压互感器。

(二) 安全要求

(1) 现场设置安全围栏和标示牌。

(2) 全程使用安全防护用品。

(3) 测试仪器外壳应可靠接地。

(4) 试验加压人员站在绝缘垫上操作。

(5) 变更接线时首先断开试验电源，放电接地后进行。

(6) 试验结束后断开试验电源。

(三) 操作步骤及工艺要求（含注意事项）

1. 准备

(1) 准备作业指导卡。

(2) 工作前应对工具进行检查，确认完好无损并处于试验周期以内。

(3) 工作前应对仪器线材进行检查，确认仪器线材完好并处于试验周期以内。

(4) 进入作业现场应将使用的绝缘工具放置在绝缘垫上。

2. 步骤

(1) 对互感器进行放电，并将高压侧尾端接地，拆除电压互感器一次、二次所有接线。

(2) 加压的二次绕组开路，非加压绕组尾端、铁芯及外壳接地，按照原理图接线。试验前应根据电压互感器最大容量计算出最大允许电流。

(3) 电压互感器进行励磁特性试验时，检查加压的二次绕组尾端不应接地，检查接线无误后提醒监护人注意监护。

(4) 合上电源开关，调节调压器缓慢升压，可按相关标准要求施加试验电压，并读取各点试验电压的电流。读取电流后立即降压，将调压器回零，断开电源，对被试电压互感器放电接地。注意在任何试验电压下电流均不能超过最大允许电流。

3. 注意事项

(1) 当表计的选择档位不合适需要换档位时，应缓慢降下电压，切断电源再换档，以免剩磁影响试验结果。

(2) 互感器励磁特性试验测试仪表应采用方均根值表。

(3) 电压互感器感应耐压试验前后的励磁特性如有较大变化，应查明原因。

4. 要求

（1）用于励磁特性测量的仪表均为方均根值表，当测量结果与出厂试验报告有较大出入（＞30％）时，应核对使用的仪表种类是否正确。

（2）一般情况下，励磁曲线测量点为额定电压的20％、50％、80％、100％和120％。电压等级35kV及以下的电压互感器最高测量点为190％。

（3）对于额定电压测量点100％，励磁电流不宜大于其出厂试验报告测量值的30％，同批次、同型号、同规格电压互感器此点的励磁电流不宜相差30％。

二、考核

（一）考核场地

（1）考核场地应比较开阔，具有足够的安全距离及试验所需220V电源、接地桩。

（2）本项目在室内外进行，应具有照明、通风、电源、接地设施。

（3）设置评判及写报告用的桌椅和计时秒表。

（二）考核时间

（1）考核时间为30min。

（2）选用工器具、材料、设备，准备时间为5min，该时间不计入考核计时。

（3）许可开工后记录考核开始时间，现场清理完毕，上交试验报告，记录结束时间。

（三）考核要点

（1）现场安全及文明生产。

（2）检查安全工器具。

（3）检查仪器仪表状态。

（4）检查被试设备外观，了解被试品状况。

（5）熟悉互感器励磁特性试验项目及相关标准要求。

（6）升压过程中操作规范、正确。

（7）试验报告真实完备。

三、评分标准

行业：电力工程　　　　工种：电气试验工　　　　等级：技师

编号	SY2ZY0301	行为领域	e	鉴定范围		电气试验技师	
考核时限	30min	题型	A	满分	100分	得分	
试题名称	10kV电压互感器的励磁特性试验						
考核要点及其要求	（1）现场安全及文明生产。 （2）检查安全工器具。 （3）检查仪器仪表状态。 （4）检查被试设备外观，了解被试品状况。 （5）熟悉互感器励磁特性试验项目及相关标准要求。 （6）升压过程中操作规范、正确。 （7）试验报告真实完备						

续表

现场设备、工器具、材料	（1）工器具：温湿度计1块、万用表1块、0.5级电流表多量程（0～10A）1只、0.5级电压表（0～300V）1只、10kV验电器1个、安全围栏1个、“止步，高压危险!”标示牌1块、“在此工作!”标示牌1块、单相检修电源1台、单相调压器1台（容量不小于2kV·A），试验变压器1台（容量不小于2kV·A、输出电压不大于2kV）、绝缘垫1块。 （2）材料：截面面积不小于4 mm^2带线夹测试线（5m）3根、配套连接导线（长度为1m，截面面积不小于2.5mm^2）10根。 （3）设备：10kV电压互感器
备注	考生自备工作服、绝缘鞋、安全帽、线手套

评分标准

序号	考核项目名称	质量要求	分值	扣分标准	扣分原因	得分
1	着装	正确穿戴安全帽、工作服、绝缘鞋	5	未着装，扣5分；着装不规范，每处扣1分		
2	工器具、材料准备	（1）正确选择工器具、材料	2	错选、漏选、物件未检查，扣1分		
		（2）核实现场安全措施	3	未核实安全措施，扣3分		
		（3）试验设备合理进场，并检查设备校验情况	4	未检查安全工具（验电器、绝缘手套、绝缘垫、放电棒）合格标签的，每处扣1分；未检查设备校验合格标签，每处扣1分；扣完为止		
		（4）正确接地	4	未检查接地桩，扣1分；未用锉刀处理，扣1分；使用缠绕接地，扣3分		
		（5）正确接入试验电源	3	未正确设置万用表档位（应为交流，大于220V），扣1分；未在接入电源前分别检查空气断路器分闸时上端、下端电压，扣1分；未检查电源线插头处电压，扣1分		
		（6）正确设置遮栏	2	设备全部进场后，未设全封闭围栏，扣2分		
		（7）对被试品外观进行检查	2	未检查外观，扣2分		
		（8）放置干湿温度计	2	未在距被试品最近的遮栏处放置，扣2分		

续表

序号	考核项目名称	质量要求	分值	扣分标准	扣分原因	得分
3	10kV电压互感器励磁特性试验	（1）10kV电压互感器励磁特性试验前的检查工作： ①对互感器进行放电，并将高压侧尾端接地，拆除电压互感器一次、二次所有接线，记录被试品铭牌。 ②将加压的二次绕组开路，非加压绕组尾端、铁芯及外壳接地	6	缺少一项扣3分		
		（2）10kV电压互感器励磁特性测试仪设备的选择： ①单相调压器1台（容量不小于2kV·A）、试验变压器1台（容量不小于2kV·A、输出电压不大于2kV）。 ②电压表、电流表精度选择不低于0.5级	6	错误一项扣2分		
		（3）按照10kV电压互感器励磁特性接线图正确接线：调压器、电压表、电流表与被试品之间连接正确可靠	3	错误一处扣1分，扣完为止		
		（4）将电压表调至合适档位，将电流表调至合适档位	2	未进行此项，扣2分		
		（5）进行10kV电压互感器励磁特性测试加压： ①检查接线无误。 ②测试前呼唱。 ③合上电源开关，调节调压器缓慢升压，可按相关标准要求施加试验电压，并读取各点试验电压的电流。读取电流后立即降压，将调压器回零，断开电源，对被试电压互感器放电接地	16	①未检查扣4分，检查遗漏一处扣1分。 ②测试前未呼唱，扣4分。 ③升压错误，扣4分。 ④升压点遗漏一点，扣4分。 ⑤未正确记录各个电压相应的电流，扣4分		

续表

序号	考核项目名称	质量要求	分值	扣分标准	扣分原因	得分
4	安全文明生产	（1）工作票、作业指导卡填写正确，无错误、漏填或涂改现象	5	填写不规范、有涂改，每处扣1分，扣完为止		
		（2）清理测试线	2	未清理，扣2分		
		（3）恢复现场状况	4	未将现场恢复至初始状况，遗漏一处扣1分，扣完为止		
		（4）试验设备出场	3	有设备遗留，扣1分		
5	试验记录及报告	（1）环境参数齐备	3	环境参数（温度、湿度、天气）欠缺，每缺一项扣1分		
		（2）设备参数齐备	3	设备参数（型号、厂家、出厂序号）欠缺，每缺一项扣1分		
		（3）试验数据齐备	5	试验数据欠缺，每缺一项，扣5分		
		（4）试验方法正确	7	未使用正确的试验方法，扣7分		
		（5）试验结论正确	8	试验结论不正确，扣8分		

2.2.6 SY2ZY0401 电磁式电压互感器三倍频感应耐压试验

一、作业

（一）工器具、材料、设备

（1）工器具：温湿度计1块、万用表1块、220V电源线盘1个、安全围栏1个、“在此工作！”标示牌1块、绝缘垫1块、10kV验电器1个、放电棒1根、秒表1块、三倍频发生器1台、分压器1个、常用电工工具。

（2）材料：测试线、多股裸铜线、接地线1盘、抹布1块。

（3）设备：10kV电磁式电压互感器1台。

（二）安全要求

（1）现场设置安全围栏和标示牌。

（2）全程使用安全防护用品。

（3）测试仪器外壳应可靠接地。

（4）试验加压人员站在绝缘垫上操作。

（5）变更接线时首先断开试验电源、放电接地后进行。

（6）试验结束后断开试验电源。

（三）操作步骤及工艺要求（含注意事项）

1. 准备

（1）准备作业指导卡。

（2）工作前应对工具进行检查，确认完好无损并处于试验周期以内。

（3）工作前应对仪器线材进行检查，确认仪器线材完好并处于试验周期以内。

（4）进入作业现场应将使用的绝缘工具放置在绝缘垫上。

2. 步骤

（1）核对现场安全措施。

（2）对电压互感器验电并接地放电，放电时应用绝缘棒进行，不得用手碰触放电导线。

（3）拆除或断开电压互感器对外的一切连线。

（4）对电压互感器进行外观检查并清扫表面。

（5）将电压互感器外壳、二次绕组、辅助绕组及一次绕组尾端接地。

（6）将三倍频电源发生装置按照原理图接好，输出线与被试电压互感器的一组二次绕组接线端连接好（一般接至a～x间）。

（7）确认接线无误后，将调压器手柄调回至零位。

（8）合上三倍频电源控制箱，按下“启动”按钮，顺时针旋转调压器手柄，调压器升压到设定值，加压40s，密切注意仪表指示及被试品情况。

（9）时间到后，迅速均匀降压到零（或1/3试验电压以下），然后切断电源，对被试设备进行充分放电、挂接地线。

（10）拆除试验测试线。

① 整理试验现场。

② 编写试验报告。

3. 要求

根据Q/GDW 1168—2013《输变电设备状态检修试验规程》的规定：

（1）感应耐受电压为出厂试验值的80%。

（2）时间=120×额定频率/试验频率，但不少于15s。

4. 注意事项

（1）三倍频发生器的谐波量不能超过5%，波形要满足要求。

（2）升压设备的容量应足够大，试验前应确认高压、升压等设备功能正常。

（3）高压电压尽可能从一次绕组监测，以避免容升效应，一次电压测量应用峰值电压表。

二、考核

（一）考核场地

（1）考核场地应比较开阔，具有足够的安全距离及试验所需220V电源、接地桩。

（2）本项目在室内外进行，应具有照明、通风、电源、接地设施。

（3）设置评判及写报告用的桌椅和计时秒表。

（二）考核时间

（1）考核时间为30min。

（2）选用工器具、材料、设备，准备时间为5min，该时间不计入考核计时。

（3）许可开工后记录考核开始时间，现场清理完毕，上交试验报告，记录结束时间。

（三）考核要点

（1）现场安全及文明生产。

（2）检查安全工器具。

（3）检查仪器仪表状态。

（4）检查被试设备外观，了解被试品状况。

（5）熟悉电磁式电压互感器三倍频感应耐压试验项目及相关标准要求。

（6）感应耐压试验过程中操作规范、正确。

（7）试验报告真实完备。

三、评分标准

行业：电力工程　　　　　　　　工种：电气试验工　　　　　　　　等级：二

编号	SY20ZY0401	行为领域	e	鉴定范围		电气试验技师	
考核时限	30min	题型	A	满分	100分	得分	
试题名称	电磁式电压互感器三倍频感应耐压试验						
考核要点及其要求	（1）现场安全及文明生产。 （2）检查安全工器具。 （3）检查仪器仪表状态。 （4）检查被试设备外观，了解被试品状况。 （5）熟悉电磁式电压互感器三倍频感应耐压试验项目及相关标准要求。 （6）感应耐压试验过程中操作规范、正确。 （7）试验报告真实完备						

续表

现场设备、工器具、材料	(1) 工器具：温湿度计1块、万用表1块、220V电源线盘1个、安全围栏1个、“在此工作!”标示牌1块、绝缘垫1块、10kV验电器1个、放电棒1根、秒表1块、三倍频发生器1台、分压器1个、常用电工工具。 (2) 材料：测试线、接地线1盘、多股裸铜线、抹布1块。 (3) 设备：10kV电磁式电压互感器1台
备注	考生自备工作服、绝缘鞋、安全帽、线手套

评分标准

序号	考核项目名称	质量要求	分值	扣分标准	扣分原因	得分
1	着装	正确穿戴安全帽、工作服、绝缘鞋	5	未着装，扣5分；着装不规范，每处扣1分		
2	工器具、材料准备	(1) 正确选择工器具、材料	2	错选、漏选、物件未检查，扣1分		
		(2) 核实现场安全措施	3	未核实安全措施，扣3分		
		(3) 试验设备合理进场，并检查设备校验情况	4	未检查安全工具（验电器、绝缘手套、绝缘垫、放电棒）合格标签，每处扣1分；未检查设备检验合格日期，每处扣1分；扣完为止		
		(4) 正确接地	4	未检查接地桩，扣1分；未用锉刀处理，扣1分；使用缠绕接地，扣3分		
		(5) 正确接入试验电源	3	未正确设置万用表档位（应为交流，大于220V），扣1分；未在接入电源前分别检查空气断路器分闸时上端、下端电压，扣1分；未检查电源线插头处电压，扣1分		
		(6) 正确设置遮栏	2	设备全部进场后，未设全封闭围栏，扣2分		
		(7) 对被试品外观进行检查	2	未检查外观，扣2分		
		(8) 放置干湿温度计	2	未在距被试品最近的遮栏处放置，扣2分		
3	电磁式电压互感器感应耐压试验（共33分）	(1) 合理布置三倍频发生器、分压器、接地线和放电棒位置	3	未合理布置，安全距离不符合要求，扣3分		
		(2) 进行接线，被试电压互感器外壳、二次绕组、辅助绕组及一次绕组尾端应可靠接地，一次绕组高压端悬空	5	未接地，每处扣2分		

续表

序号	考核项目名称	质量要求	分值	扣分标准	扣分原因	得分
3	电磁式电压互感器感应耐压试验（共33分）	（3）检查试验接线正确无误、调压器在零位	3	未检查试验接线，扣2分；调压器未调至零位，扣2分		
		（4）接通电源，不接试品升压，检查升压系统及过压整定是否正常动作	5	未进行此项，扣5分		
		（5）断开电源、降低电压为零、将高压引线接上试品，接通电源，开始升压进行试验	4	未按步骤进行，扣4分		
		（6）升压前呼唱	3	升压前未呼唱，扣3分		
		（7）升压进行试验，加压时应站在绝缘垫上	3	加压时未站在绝缘垫上，扣3分		
		（8）均匀升压到规定数值，计时并读取试验电压	3	未计时扣1分，未读取试验电压扣2分		
		（9）时间到后迅速降压至零，断开电源、放电、挂接地线	4	次序错误扣2分，漏项每处扣2分		
4	安全文明生产（共14分）	（1）工作票、作业指导卡填写正确，无错误、漏填或涂改现象	5	填写不规范、有涂改，每处扣1分，扣完为止		
		（2）清理测试线	2	未清理，扣2分		
		（3）恢复现场状况	4	未将现场恢复至初始状况，遗漏一处扣1分；扣完为止		
		（4）试验设备出场	3	有设备遗留，扣1分		
5	试验记录及报告（26分）	（1）环境参数齐备	3	环境参数（温度、湿度、天气）欠缺，每缺一项扣1分		
		（2）设备参数齐备	3	设备参数（型号、厂家、出厂序号）欠缺，每缺一项扣1分		
		（3）试验数据齐备	5	试验数据欠缺，每缺一项扣5分		
		（4）试验方法正确	7	未使用正确的试验方法，扣7分		
		（5）试验结论正确	8	试验结论不正确，扣8分		

2.2.7 SY2ZY0402 电力电缆交流耐压试验

一、作业

（一）工器具、材料、设备

（1）工器具：秒表1块、温湿度计1块、万用表1块、220V电源线盘1个、安全围栏1个、“在此工作!”标示牌1块、绝缘垫1块、验电器1个、放电棒1根、10kV电力电缆1条、常用电工工具。

（2）材料：测试线、接地线1盘、抹布1块。

（3）设备：串联谐振装置1套。

（二）安全要求

（1）现场设置安全围栏和标示牌。

（2）全程使用安全防护用品。

（3）测试仪器外壳应可靠接地。

（4）试验加压人员站在绝缘垫上操作。

（5）试验结束后断开试验电源。

（三）操作步骤及工艺要求（含注意事项）

1. 准备

（1）准备作业指导卡。

（2）工作前应对工具进行检查，确认完好无损并处于试验周期以内。

（3）工作前应对仪器线材进行检查，确认仪器线材完好并处于试验周期以内。

（4）进入作业现场应将使用的绝缘工具放置在绝缘垫上。

2. 步骤

（1）核对现场安全措施。

（2）做好验电、放电和接地等工作。

（3）试验现场应装设安全遮栏，防止无关人员进入试验区。

（4）接电源，确认其为220V。

（5）合理布置串联谐振装置各部件、接地线和放电棒位置。将串联谐振装置各部件接地端接地，用专用线正确连接。将电缆两相接地，另一相用屏蔽线接串联谐振装置高压端。

（6）启动仪器，升压至规定试验电压，并按规定时间进行交流耐压试验。

（7）测量完毕，先断开高压，记录数据后关闭仪器开关，再关闭电源开关，对被测相放电。

（8）整理试验数据。

（9）完工整理现场。

（10）编写试验报告。

3. 要求

根据Q/GDW 1168—2013《输变电设备状态检修试验规程》的规定，10kV～35kV：试验电压为$2U_0$，时间为5min。

4. 注意事项

（1）交流耐压试验是一项破坏性试验，应在各项绝缘试验合格后进行。

（2）进行耐压试验应在天气良好、试品及环境温度不低于5℃、湿度不大于80%的条件下进行。

（3）加压过程应有人监护并呼唱。

（4）试验中途断电，在查明原因、恢复电源后，应进行全时间的持续耐压试验，不可只进行补足时间的试验。

二、考核

（一）考核场地

（1）考核场地应比较开阔，具有足够的安全距离及试验所需220V电源、接地桩。

（2）本项目在室内外进行，应具有照明、通风、电源、接地设施。

（3）设置评判及写报告用的桌椅和计时秒表。

（二）考核时间

（1）考核时间为30min。

（2）选用工器具、材料、设备，准备时间为5min，该时间不计入考核计时。

（3）许可开工后记录考核开始时间，现场清理完毕，上交试验报告，记录结束时间。

（三）考核要点

（1）现场安全及文明生产。

（2）检查安全工器具。

（3）检查仪器仪表状态。

（4）检查被试设备外观，了解被试品状况。

（5）熟悉电缆交流耐压试验项目及相关标准要求。

（6）交流耐压试验过程中操作规范、正确。

（7）试验报告真实完备。

三、评分标准

行业：电力工程　　　　工种：电气试验工　　　　等级：二

编号	SY2ZY0402	行为领域	e	鉴定范围		电气试验技师	
考核时限	30min	题型	A	满分	100分	得分	
试题名称	电力电缆交流耐压试验						
考核要点及其要求	（1）现场安全及文明生产。 （2）检查安全工器具。 （3）检查仪器仪表状态。 （4）检查被试设备外观，了解被试品状况。 （5）熟悉电缆交流耐压试验项目及相关标准要求。 （6）交流耐压试验过程中操作规范、正确。 （7）试验报告真实完备						

续表

现场设备、工器具、材料	(1) 工器具：秒表1块、温湿度计1块、万用表1块、220V电源线盘1个、安全围栏1个、"在此工作!"标示牌1块、绝缘垫1块、验电器1个、放电棒1根、10kV电力电缆1条、常用电工工具。 (2) 材料：测试线、接地线1盘、抹布1块。 (3) 设备：串联谐振装置1套
备注	考生自备工作服、绝缘鞋、安全帽、线手套

评分标准

序号	考核项目名称	质量要求	分值	扣分标准	扣分原因	得分
1	着装	正确穿戴安全帽、工作服、绝缘鞋	5	未着装，扣5分；着装不规范，每处扣1分		
2	工器具、材料准备	(1) 正确选择工器具、材料	3	错选、漏选、物件未检查，扣1分		
		(2) 核实现场安全措施	3	未核实安全措施，扣3分		
		(3) 试验设备合理进场，并检查设备校验情况	4	未检查安全工具（验电器、绝缘手套、绝缘垫、放电棒）合格标签，每处扣1分；未检查设备检验合格日期，每处扣1分；扣完为止		
		(4) 正确接地	4	未检查接地桩，扣1分；使用缠绕接地，扣3分		
		(5) 正确设置遮栏	2	设备全部进场后，未设全封闭围栏，扣2分		
		(6) 对被试品外观进行检查	2	未检查外观，扣2分		
		(7) 放置干湿温度计	2	未在距被试品最近遮栏处放置干湿温度计，扣2分		
3	电缆交流耐压试验	(1) 合理布置串联谐振装置、接地线和放电棒位置	5	未合理布置，安全距离不符合要求，扣5分		
		(2) 正确接线	5	接线不正确，扣5分		
		(3) 检查接线	3	未检查，扣3分		
		(4) 升压前呼唱	3	升压前未呼唱，扣3分		
		(5) 升压进行试验，加压时应站在绝缘垫上	4	加压时未站在绝缘垫上，扣4分		
		(6) 均匀升压到规定数值，计时并读取试验电压	5	未计时，扣3分；未读取试验电压，扣2分		
		(7) 时间到后迅速降压至零，断开电源、放电、挂接地线	5	次序错误，扣2分，漏项每处扣1分		

续表

序号	考核项目名称	质量要求	分值	扣分标准	扣分原因	得分
4	工器具、设备使用	工器具、设备使用正确，不发生掉落现象	5	工器具、设备使用不正确，每处扣1分；工器具、设备发生掉落现象，每次扣1分		
5	安全文明生产	（1）工作票、作业指导卡填写正确，无错误、漏填或涂改现象	5	填写不规范、有涂改，每处扣1分，扣完为止		
		（2）清理测试线	3	未清理，扣3分		
		（3）恢复现场状况	3	将现场恢复至初始状况，遗漏一处扣1分；扣完为止		
		（4）试验设备出场	3	有设备遗留，扣1分		
6	试验记录及报告	（1）环境参数齐备	3	环境参数（温度、湿度、天气）欠缺，每缺一项扣1分		
		（2）设备参数齐备	3	设备参数（型号、厂家、出厂序号）欠缺，每缺一项扣1分		
		（3）试验数据齐备	5	试验数据欠缺，每缺一项扣5分		
		（4）试验方法正确	7	未使用正确的试验方法，扣7分		
		（5）试验结论正确	8	试验结论不正确，扣8分		

2.2.8 SY2ZY0403 10kV电流互感器交流耐压试验

一、作业

（一）工器具、材料、设备

（1）工器具：温湿度计1块、万用表1块、秒表1块、220V电源线盘1个、安全围栏1个、“在此工作!”标示牌1块、绝缘垫1块、验电器1个、放电棒1根、常用电工工具。

（2）材料：测试线、接地线1盘、抹布1块。

（3）设备：10kV电流互感器1台，交流耐压试验装置1套。

（二）安全要求

（1）现场设置安全围栏和标示牌。

（2）全程使用安全防护用品。

（3）测试仪器外壳应可靠接地。

（4）试验加压人员站在绝缘垫上操作。

（5）试验结束后断开试验电源。

（三）操作步骤及工艺要求（含注意事项）

1. 准备

（1）准备作业指导卡。

（2）工作前应对工具进行检查，确认完好无损并处于试验周期以内。

（3）工作前应对仪器线材进行检查，确认仪器线材完好并处于试验周期以内。

（4）进入作业现场应将使用的绝缘工具放置在绝缘垫上。

2. 步骤

（1）核对现场安全措施。

（2）做好验电、放电和接地等工作。

（3）试验现场应装设安全遮栏，防止无关人员进入试验区。

（4）接电源，确认其为220V。

（5）合理布置交流耐压试验装置各部件、接地线和放电棒位置。将交流耐压装置各部件接地端接地，用专用线正确连接。将电流互感器低压绕组短接接地，高压绕组短接后接交流耐压试验装置高压端。

（6）启动仪器，升压至规定试验电压，并按规定时间进行交流耐压试验。

（7）测量完毕，先断开高压，记录数据后关闭仪器开关，再关闭电源开关，对被测相放电。

（8）整理试验数据。

（9）完工整理现场。

（10）编写试验报告。

3. 要求

根据Q/GDW 1168—2013《输变电设备状态检修试验规程》的规定，10kV电流互感器交流耐压值为出厂试验电压的80%，时间为1min。

4. 注意事项

（1）交流耐压试验是一项破坏性试验，应在各项绝缘试验合格后进行。充油设备应在静置足够时间后方能加压，以避免耐压试验造成不应有的绝缘击穿。

（2）进行耐压试验应在天气良好、试品及环境温度不低于5℃、湿度不大于80%的条件下进行。

（3）加压过程应有人监护并呼唱。

（4）试验中途断电，在查明原因、恢复电源后，应进行全时间的持续耐压试验，不可只进行补足时间的试验。

二、考核

（一）考核场地

（1）考核场地应比较开阔，具有足够的安全距离及试验所需220V电源、接地桩。

（2）本项目在室内外进行，应具有照明、通风、电源、接地设施。

（3）设置评判及写报告用的桌椅和计时秒表。

（二）考核时间

（1）考核时间为30min。

（2）选用工器具、材料、设备，准备时间为5min，该时间不计入考核计时。

（3）许可开工后记录考核开始时间，现场清理完毕，上交试验报告，记录结束时间。

（三）考核要点

（1）现场安全及文明生产。

（2）检查安全工器具。

（3）检查仪器仪表状态。

（4）检查被试设备外观，了解被试品状况。

（5）熟悉电流互感器交流耐压试验项目及相关标准要求。

（6）交流耐压试验过程中操作规范、正确。

（7）试验报告真实完备。

三、评分标准

行业：电力工程　　　　工种：电气试验工　　　　等级：二

编号	SY2ZY0403	行为领域	e	鉴定范围		电气试验技师	
考核时限	30min	题型	A	满分	100分	得分	
试题名称	10kV电流互感器交流耐压试验						
考核要点及其要求	（1）现场安全及文明生产。 （2）检查安全工器具。 （3）检查仪器仪表状态。 （4）检查被试设备外观，了解被试品状况。 （5）熟悉电流互感器交流耐压试验项目及相关标准要求。 （6）交流耐压试验过程中操作规范、正确。 （7）试验报告真实完备						

续表

现场设备、工器具、材料	(1) 工器具：秒表1块、温湿度计1块、万用表1块、220V电源线盘1个、安全围栏1个、“在此工作!”标示牌1块、绝缘垫1块、验电器1个、放电棒1根、常用电工工具。 (2) 材料：测试线、接地线1盘、抹布1块。 (3) 设备：10kV电流互感器1台，交流耐压试验装置1套
备注	考生自备工作服、绝缘鞋、安全帽、线手套

评分标准

序号	考核项目名称	质量要求	分值	扣分标准	扣分原因	得分
1	着装	正确穿戴安全帽、工作服、绝缘鞋	5	未着装，扣5分；着装不规范，每处扣1分		
2	工器具、材料准备	(1) 正确选择工器具、材料	3	错选、漏选、物件未检查，扣1分		
		(2) 核实现场安全措施	3	未核实安全措施，扣3分		
		(3) 试验设备合理进场，并检查设备校验情况	4	未检查安全工具（验电器、绝缘手套、绝缘垫、放电棒）合格标签，每处扣1分；未检查设备检验合格日期，每处扣1分；扣完为止		
		(4) 正确接地	4	未检查接地桩，扣1分；使用缠绕接地，扣3分		
		(5) 正确设置遮栏	2	设备全部进场后，未设全封闭围栏，扣2分		
		(6) 对被试品外观进行检查	2	未检查外观，扣2分		
		(7) 放置干湿温度计	2	未在距被试品最近的遮栏处放置干湿温度计，扣2分		
3	电流互感器交流耐压试验	(1) 合理布置串联谐振装置、接地线和放电棒位置	5	未合理布置，安全距离不符合要求，扣5分		
		(2) 正确接线	5	接线不正确，扣5分		
		(3) 检查接线	3	未检查，扣3分		
		(4) 升压前呼唱	3	升压前未呼唱，扣3分		
		(5) 升压进行试验，加压时应站在绝缘垫上	4	加压时未站在绝缘垫上，扣4分		
		(6) 均匀升压到规定数值，计时并读取试验电压	5	未计时，扣3分；未读取试验电压，扣2分		
		(7) 时间到后迅速降压至零，断开电源、放电、挂接地线	5	次序错误，扣2分，漏项每处扣1分		

续表

序号	考核项目名称	质量要求	分值	扣分标准	扣分原因	得分
4	工器具、设备使用	工器具、设备使用正确，不发生掉落现象	5	工器具、设备使用不正确，每处扣1分；工器具、设备发生掉落现象，每次扣1分		
5	安全文明生产	（1）工作票、作业指导卡填写正确，无错误、漏填或涂改现象	5	填写不规范、有涂改，每处扣1分，扣完为止		
		（2）清理测试线	3	未清理扣3分		
		（3）恢复现场状况	3	未将现场恢复至初始状况，遗漏一处扣1分；扣完为止		
		（4）试验设备出场	3	有设备遗留，扣1分		
6	试验记录及报告	（1）环境参数齐备	3	环境参数（温度、湿度、天气）欠缺，每缺一项扣1分		
		（2）设备参数齐备	3	设备参数（型号、厂家、出厂序号）欠缺，每缺一项扣1分		
		（3）试验数据齐备	5	试验数据欠缺，每缺一项扣5分		
		（4）试验方法正确	7	未使用正确的试验方法，扣7分		
		（5）试验结论正确	8	试验结论不正确，扣8分		

2.2.9 SY2ZY0404 110kV电流互感器串级耐压试验

一、作业

（一）工器具、材料、设备

（1）工器具：温湿度计、万用表1块、秒表1块、220V电源线盘1个、安全围栏1个、“在此工作！”标示牌1块、绝缘垫1块、验电器1个、放电棒1根、常用电工工具。

（2）材料：测试线、接地线1盘、抹布1块。

（3）设备：110kV电流互感器1台，串级交流耐压试验装置1套、分压器1个。

（二）安全要求

（1）现场设置安全围栏和标示牌。

（2）全程使用安全防护用品。

（3）测试仪器外壳应可靠接地。

（4）试验加压人员站在绝缘垫上操作。

（5）试验结束后断开试验电源。

（三）操作步骤及工艺要求（含注意事项）

1. 准备

（1）准备作业指导卡。

（2）工作前应对工具进行检查，确认完好无损并处于试验周期以内。

（3）工作前应对仪器线材进行检查，确认仪器线材完好并处于试验周期以内。

（4）进入作业现场应将使用的绝缘工具放置在绝缘垫上。

2. 步骤

（1）核对现场安全措施。

（2）做好验电、放电和接地等工作。

（3）试验现场应装设安全遮栏，防止无关人员进入试验区。

（4）接电源，确认其为220V。

（5）合理布置串级交流耐压试验装置各部件、接地线和放电棒位置。将交流耐压装置各部件接地端接地，用专用线正确连接。将电流互感器低压绕组短接接地，高压绕组短接后接交流耐压试验装置高压端。

（6）启动仪器，升压至规定的试验电压，并按规定时间进行交流耐压试验。

（7）测量完毕，先断开高压，记录数据后关闭仪器开关，再关闭电源开关，对被测相放电。

（8）整理试验数据。

（9）完工整理现场。

（10）编写试验报告。

3. 要求

根据Q/GDW 1168—2013《输变电设备状态检修试验规程》的规定，110kV电流互感器交流耐压值为出厂试验电压的80%，时间为1min。

4. 注意事项

(1) 交流耐压试验是一项破坏性试验，应在各项绝缘试验合格后进行。充油设备应静置足够时间后方能加压，以避免耐压试验造成不应有的绝缘击穿。

(2) 进行耐压试验应在天气良好、试品及环境温度不低于5℃、湿度不大于80%的条件下进行。

(3) 加压过程应有人监护并呼唱。

(4) 试验中途断电，在查明原因、恢复电源后，应进行全时间的持续耐压试验，不可只进行补足时间的试验。

二、考核

(一) 考核场地

(1) 考核场地应比较开阔，具有足够的安全距离及试验所需220V电源、接地桩。

(2) 本项目在室内外进行，应具有照明、通风、电源、接地设施。

(3) 设置评判及写报告用的桌椅和计时秒表。

(二) 考核时间

(1) 考核时间为30min。

(2) 选用工器具、材料、设备，准备时间为5min，该时间不计入考核计时。

(3) 许可开工后记录考核开始时间，现场清理完毕，上交试验报告，记录结束时间。

(三) 考核要点

(1) 现场安全及文明生产。

(2) 检查安全工器具。

(3) 检查仪器仪表状态。

(4) 检查被试设备外观，了解被试品状况。

(5) 熟悉电流互感器交流耐压试验项目及相关标准要求。

(6) 交流耐压试验过程中操作规范、正确。

(7) 试验报告真实完备。

三、评分标准

行业：电力工程　　　　　　工种：电气试验工　　　　　　等级：二

编号	SY2ZY0404	行为领域	e	鉴定范围		电气试验技师	
考核时限	30min	题型	A	满分	100分	得分	
试题名称	110kV电流互感器串级耐压试验						
考核要点及其要求	(1) 现场安全及文明生产。 (2) 检查安全工器具。 (3) 检查仪器仪表状态。 (4) 检查被试设备外观，了解被试品状况。 (5) 熟悉电流互感器串级交流耐压试验项目及相关标准要求。 (6) 熟悉串级交流耐压试验装置的操作与接线。 (7) 试验报告真实完备						

续表

现场设备、工器具、材料	(1) 工器具：秒表1块、温湿度计1块、万用表1块、220V电源线盘1个、安全围栏1个、"在此工作"标示牌1块、绝缘垫1块、验电器1个、放电棒1根、常用电工工具。 (2) 材料：测试线、接地线1盘、抹布1块。 (3) 设备：110kV电流互感器1条，串级交流耐压试验装置1套、分压器1个
备注	考生自备工作服、绝缘鞋、安全帽、线手套

评分标准

序号	考核项目名称	质量要求	分值	扣分标准	扣分原因	得分
1	着装	正确穿戴安全帽、工作服、绝缘鞋	5	未着装，扣5分；着装不规范，每处扣1分		
2	工器具、材料准备	(1) 正确选择工器具、材料	3	错选、漏选、物件未检查，扣1分		
		(2) 核实现场安全措施	3	未核实安全措施，扣3分		
		(3) 试验设备合理进场，并检查设备校验情况	4	未检查安全工具（验电器、绝缘手套、绝缘垫、放电棒）合格标签，每处扣1分；未检查设备检验合格日期，每处扣1分；扣完为止		
		(4) 正确接地	4	未检查接地桩，扣1分；使用缠绕接地，扣3分		
		(5) 正确设置遮栏	2	设备全部进场后，未设全封闭围栏，扣2分		
		(6) 对被试品外观进行检查	2	未检查外观，扣2分		
		(7) 放置干湿温度计	2	未在距被试品最近的遮栏处放置，扣2分		
3	电流互感器交流耐压试验	(1) 合理布置串联谐振装置、接地线和放电棒位置	5	未合理布置，安全距离不符合要求，扣5分		
		(2) 正确接线	5	接线不正确，扣5分		
		(3) 检查接线	3	未检查，扣3分		
		(4) 升压前呼唱	3	升压前未呼唱，扣3分		
		(5) 升压进行试验，加压时应站在绝缘垫上	4	加压时未站在绝缘垫上，扣4分		
		(6) 均匀升压到规定数值，计时并读取试验电压	5	未计时，扣3分；未读取试验电压，扣2分		
		(7) 时间到后迅速降压至零，断开电源、放电、挂接地线	5	次序错误，扣2分，漏项每处扣1分		

续表

序号	考核项目名称	质量要求	分值	扣分标准	扣分原因	得分
4	工器具、设备使用	工器具、设备使用正确，不发生掉落现象	5	工器具、设备使用不正确，每处扣1分；工器具、设备发生掉落现象，每次扣1分		
5	安全文明生产	（1）工作票、作业指导卡填写正确，无错误、漏填或涂改现象	5	填写不规范、有涂改，每处扣1分，扣完为止		
		（2）清理测试线	3	未清理扣3分		
		（3）恢复现场状况	3	未将现场恢复至初始状况，遗漏一处扣1分；扣完为止		
		（4）试验设备出场	3	有设备遗留，扣1分		
6	试验记录及报告	（1）环境参数齐备	3	环境参数（温度、湿度、天气）欠缺，每缺一项扣1分		
		（2）设备参数齐备	3	设备参数（型号、厂家、出厂序号）欠缺，每缺一项扣1分		
		（3）试验数据齐备	5	试验数据欠缺，每缺一项扣5分		
		（4）试验方法正确	7	未使用正确的试验方法，扣7分		
		（5）试验结论正确	8	试验结论不正确，扣8分		

2.2.10 SY2ZY0501 10kV 干式电流互感器局部放电试验

一、作业

（一）工器具、材料、设备

（1）工器具：温湿度计 1 块、10kV 验电器 1 个、万用表 1 块、钳形电流表 1 块、放电棒 1 套、绝缘手套 1 双、绝缘垫 1 块、局放装置配套检修电源箱（带漏电保护器）1 套、安全围栏 2 盘、220V 电源线盘 1 个。

（2）材料：$4mm^2$ 多股裸铜线接地线（20m）1 盘、$4mm^2$ 多股软铜线短路线（1m）5 根、抹布 1 块、空白试验报告 1 份。

（3）设备：10kV 干式电流互感器 1 台、局部放电测试仪 1 台、标准方波校准器 1 套、检测阻抗及配套测试电缆 1 套、局放升压装置。

（二）安全要求

（1）考生进入现场要求正确穿戴工作服、绝缘鞋和安全帽。

（2）开始工作前使用万用表检查试验电源电压符合要求，手动检查漏电保护器是否正确动作。

（3）试验前必须对被试品进行验电、放电、接地，变更接线及试验结束后必须对被试品进行充分放电。

（4）试验前认真检查试验接线，不发生人身触电危险，不发生人为损坏仪器、设备的安全事件。

（5）考生试验时必须站在绝缘垫上，并与带电部分保持足够的安全距离。

（三）操作步骤及工艺要求（含注意事项）

1. 准备工作

（1）根据要求，准备所使用的仪器仪表、工器具及所需的试验线、接地线等材料。

（2）准备被试品历史试验数据，了解设备运行工况。

（3）检查试验仪器、验电器、放电棒、绝缘垫等，确认均完好并处于检验周期内。

（4）办理开工手续。

（5）对被试品进行验电、放电，并将外壳接地。

（6）清扫被试品表面的脏污，检查互感器是否存在绝缘损坏等情况，油位是否满足试验要求。

（7）记录互感器的铭牌。

2. 实际操作步骤

（1）根据试验要求摆放好温湿度计、局部放电测试仪、绝缘垫、检修电源箱等，设置好安全围栏。

（2）使用万用表检查、检修电源是否符合要求，手动操作检查漏电保护器是否能够可靠动作。

（3）检查仪器及其测试线状态是否良好。

（4）在被试互感器高压端安装均压罩，短接被试品二次端子并接地。

（5）从互感器的顶端注入标准方波进行校准，按照响应标准输入标准信号，观测背景放电水平、波形特点、相位情况并进行记录。

（6）加压前由试验负责人复核试验接线，确保接线无误后方可加压。

（7）进行过电流和过电压保护整定，进行空升试验，无误后降压、断开电源，接上试品，开始测试，测量电压 $1.2U_m/\sqrt{3}$，$>$1min，U_m为设备最高工作电压。观测局部放电量有无异常，有则必须查明原因。同时观察钳形电流表数值，分析试验回路各部分是否正常。

（8）按加压程序给被试互感器加压，测试并记录局部放电起始电压、局部放电熄灭电压、各阶段局部放电量等数值。在试验过程中，一直监视局部放电量、波形、各表计数据。

（9）测试完毕，记录测试数据，降低试验电压至零，切断电源，利用放电棒对被试品进行充分放电，拆除试验接线。

（10）记录当前的环境温度、相对湿度。

3. 试验结束后的工作

（1）拆除所有接地线、试验线等。

（2）将试验仪器仪表、工器具等清理干净，摆放整齐。

（3）撤掉所设置的安全围栏，将被测试设备及现场恢复到测试前的状态。

（4）工作结束后汇报试验情况及结果。

（5）编写试验报告。

4. 注意事项及要求

（1）仔细检查试验回路，对可能引起电场较大畸变的部位进行适当的处理。

（2）局部放电试验过程中，被试变压器周围的电气施工应尽可能停止，特别是电焊作业，以减少试验干扰。

（3）试验全过程符合 DL/T 417《电力设备局部放电现场测量导则》、GB 50150《电气装置安装工程 电气设备交接试验标准》的规定要求。

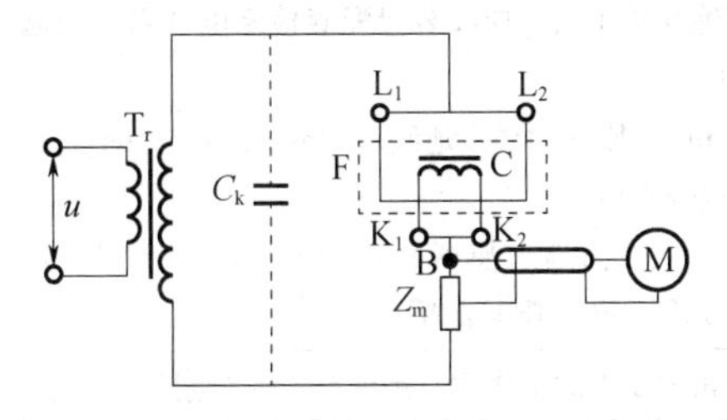

图 SY2ZY0208-1　试验回路

二、考核

（一）考核场地

（1）试验场地应具有足够的安全距离，面积不小于 50m²。

（2）现场设置 1 套桌椅，可供考生出具试验报告。

（3）设置 1 套评判用的桌椅和计时秒表。

（二）考核时间

（1）试验操作时间不超过 45min。

（2）试验仪器、工器具等准备时间不超过 5min，该时间不计入考核时间。

（3）试验报告的出具时间不超过 20min，该时间不计入操作时间。

（三）考核要点

（1）现场安全文明生产。

（2）仪器仪表、工器具状态检查。

（3）被试品的外观、运行工况检查。

（4）熟练掌握局放试验中升压装置的操作及加压过程，正确记录时间和局放量。

（5）熟悉 10kV 干式电流互感器局部放电测量方法及相关标准要求。

（6）整体操作过程是否符合要求，有无安全隐患。

（7）试验报告是否符合要求。

三、评分标准

行业：电力工程　　　　　　　　**工种：电气试验工**　　　　　　　　**等级：二**

编号	SY2ZY0501	行为领域	e	鉴定范围		电气试验技师	
考核时限	45min	题型	A	满分	100 分	得分	
试题名称	10kV 干式电流互感器局部放电试验						
考核要点及其要求	（1）现场安全文明生产。 （2）仪器仪表、工器具状态检查。 （3）被试品的外观、运行工况检查。 （4）熟练掌握局放试验中升压装置的操作及加压过程，正确记录时间和局放量。 （5）熟悉 10kV 干式电流互感器局部放电测量方法及相关标准要求。 （6）整体操作过程是否符合要求，有无安全隐患。 （7）试验报告是否符合要求						
现场设备、工器具、材料	（1）工器具：温湿度计 1 块、10kV 验电器 1 个、万用表 1 块、钳形电流表 1 块、放电棒 1 套、绝缘手套 1 双、绝缘垫 1 块、局放装置配套检修电源箱（带漏电保护器）1 套、安全围栏 2 盘、220V 电源线盘 1 个。 （2）材料：$4mm^2$ 多股裸铜线接地线（20m）1 盘、$4mm^2$ 多股软铜线短路线（1m）5 根、抹布 1 块，空白试验报告 1 份。 （3）设备：10kV 干式电流互感器 1 台、局部放电测试仪 1 台、标准方波校准器 1 套、检测阻抗及配套测试电缆 1 套、局放升压装置						
备注	考生自备符合相关要求的工作服、绝缘鞋、安全帽等						

评分标准

序号	考核项目名称	质量要求	分值	扣分标准	扣分原因	得分
1	着装	正确穿戴安全帽、工作服、绝缘鞋	5	（1）未穿工装，扣 5 分。 （2）着装、穿戴不规范，每处扣 1 分。 （3）本项分值扣完为止		
2	准备工作	正确选择仪器仪表、工器具及材料	10	（1）每选错、漏选一项，扣 2 分。 （2）未进行外观检查、未检查检验合格日期，每项扣 2 分。 （3）本项分值扣完为止		

续表

序号	考核项目名称	质量要求	分值	扣分标准	扣分原因	得分
3	安全措施	（1）办理工作开工	2	未办理工作开工，扣2分		
		（2）核实安全措施	2	未核实安全措施，扣2分		
		（3）设置安全围栏	2	未设置安全围栏，扣2分		
		（4）检查检修电源电压、漏电保护器是否符合要求	2	（1）未测试检修电源电压，扣1分。 （2）未检查漏电保护器是否能够可靠动作，扣1分		
		（5）对被试品进行验电、放电、接地	5	（1）未对被试品进行验电、放电，扣1分。 （2）验电、放电时未戴绝缘手套，扣2分。 （3）互感器外壳未接地，扣2分 （4）本项分值扣完为止		
4	电流互感器局部放电测试	（1）摆放温湿度计	2	（1）未摆放温湿度计，扣2分。 （2）摆放位置不正确，扣1分		
		（2）了解被试品状况，外观检查、清扫	5	（1）未了解被试品的运行工况及查找以往试验数据，扣2分。 （2）未检查被试品外观有无开裂、损坏状况，扣2分。 （3）未清扫，扣1分		
		（3）正确计算低压侧所加试验电压	5	试验电压计算错误，扣5分		
		（4）局部放电试验	40	（1）考生未站在绝缘垫上进行测试，扣5分。 （2）接线不正确，致使试验无法进行，扣40分；错误一处，扣2分。 （3）加压前未检查试验接线，扣2分。 （4）校准方波的注入位置错误，扣5分。 （5）测试前未进行高声呼唱，扣3分。 （6）未进行过电流和过电压保护整定设置，未进行空升试验，每项扣3分。 （7）加压过程错误，未记录背景放电量、局部放电起始放电电压、局部放电熄灭电压、各阶段局部放电量等数值，每项扣5分。 （8）测试结束后，未对电流互感器进行充分放电，扣5分。 （9）测试过程中有其他不规范行为，每项扣3分。 （10）试验不合格，未进行诊断、分析，扣3分。 （11）本项分值扣完为止		
		（5）试验操作应在45min内完成		（1）试验操作每超出10min，扣10分。 （2）本项扣完52分为止		

续表

序号	考核项目名称	质量要求	分值	扣分标准	扣分原因	得分
5	拆除接线、清理现场	（1）拆除接线	2	（1）未拆除试验接线、接地线，每项扣1分。 （2）本项分值扣完为止		
		（2）清理现场	3	（1）未将现场恢复到测试前状态，扣3分。 （2）每遗留一件物品，扣1分。 （3）本项分值扣完为止		
6	出具试验报告	（1）环境参数齐备	2	未填写环境温度、相对湿度，扣1分		
		（2）设备参数齐备	1	铭牌数据不正确，扣1分		
		（3）试验报告正确完整	12	（1）试验数据欠缺，每项扣2分；试验数据不正确，每项扣2分。 （2）判断依据未填写或不正确，扣2分。 （3）报告结论分析不正确或未填写试验是否合格，扣5分。 （4）报告没有填写考生姓名，扣1分。 （5）本项分值扣完为止		
		（4）试验报告应在20min内完成		（1）试验报告每超出5min，扣2分。 （2）本项扣完15分为止		

第五部分　高级技师

1 理论试题

1.1 单选题

La1A1001 R、L、C 串联电路中，当电流相位超前总电压相位时，则（　　）。

（A）$\omega^2LC=1$；（B）$\omega LC=1$；（C）$\omega^2LC>1$；（D）$\omega^2LC<1$。

答案：D

La1A2002 已知正弦电压的瞬时表达式为 $u=14.14\sin(\omega t+30°)$，其电压相量表达式为$\dot{U}=$（　　）。

（A）$7.07\angle 0°$；（B）$14.14\angle 30°$；（C）$10\angle 30°$；（D）$7.07\angle 30°$。

答案：C

La1A2003 已知电流相量表达式为 $\dot{I}=5\angle 30°$，其正弦电流的瞬时表达式为（　　）。

（A）$i=5\sin(\omega t+30°)$；（B）$i=5\sin(\omega t-30°)$；（C）$i=7.07\sin(\omega t+30°)$；（D）$i=7.07\sin(\omega t-30°)$。

答案：C

La1A3004 三相变压器的零序电抗的大小与（　　）有关。

（A）变压器正序电抗大小；（B）变压器负序电抗大小；（C）变压器导线截面大小；（D）变压器绕组联结方式及铁芯结构。

答案：D

La1A3005 造成变压器油流带电最主要的因素是（　　）。

（A）油流速度；（B）油路导向；（C）油品质量；（D）油的温度。

答案：D

La1A3006 在电流密度及磁通密度相等时，自耦变压器与双绕组变压器的铜损和铁损相比，（　　）。

（A）自耦变压器铁损和铜损都少；（B）自耦变压器铁损多；（C）自耦变压器铜损多；（D）自耦变压器铁损和铜损都多。

答案：A

La1A4007 电容、电感线圈串联电路（电感线圈不能忽略电阻），发生谐振时，电容两端电压$\dot{U}_1$与线圈两端电压$\dot{U}_2$的数据及相角差θ的关系是（　　）。

（A）$\dot{U}_1=\dot{U}_2$，$\theta=180°$；（B）$\dot{U}_1>\dot{U}_1$，$90°<\theta<180°$；（C）$\dot{U}_1<\dot{U}_1$，$90°<\theta<180°$；（D）$\dot{U}_1>\dot{U}_1$，$180°<\theta<270°$。

答案：C

La1A4008 R、L串联电路，在接通正弦电源的过渡过程中，电路瞬间电流的大小与电压合闸相角ψ及电路的阻抗角φ有关。当ψ与φ相差（　　）时，电流最大。

（A）0°或180°；（B）30°；（C）60°；（D）90°。

答案：D

La1A5009 已知非正弦电路的$u=50+10\sin(100\pi t+35°)+10\sin(200\pi t+25°)$（V），$i=5+2\sin(100\pi t-25°)+6\sin(300\pi t-20°)$（A），则$P=$（　　）W。

（A）330；（B）255；（C）270；（D）285。

答案：B

Lb1A1010 能同时考验变压器的主绝缘和匝间绝缘的试验是（　　）。

（A）工频耐压试验；（B）感应耐压试验；（C）谐振耐压试验；（D）直流耐压试验。

答案：B

Lb1A2011 雷电过电压作用于中性点直接接地的变压器绕组时，对变压器绕组的（　　）危害最严重。

（A）主绝缘；（B）末端匝间绝缘；（C）首端匝间绝缘；（D）首端主绝缘。

答案：C

Lb1A2012 变压器铁芯缝隙变大时，其（　　）。

（A）铁耗减小；（B）空载电流变大；（C）铜损变大；（D）空载电流变小。

答案：B

Lb1A3013 变压器绕组的频响特性曲线反映的是（　　）。

（A）绕组的绝缘强度；（B）绕组的材料特性；（C）绕组的集中参数特性；（D）绕组的分布参数特性。

答案：D

Lb1A3014 电力设备绝缘的击穿或闪络、放电取决于交流试验的电压（　　）。

（A）有效值；（B）瞬时值；（C）峰值；（D）平均值。

答案：C

Lb1A3015　500kV 系统中隔离开关切空母线时允许电容电流是（　　）A。

（A）2；（B）5；（C）10；（D）50。

答案：A

Lb1A4016　随着海拔高度的增加，电气设备的外绝缘要求增高，主要是因为（　　）。

（A）海拔高度增加，气温会下降，使绝缘性能变差；（B）海拔高度增加，遇到雷电的概率增加；（C）海拔高度增加，空气密度降低，电子的自由行程增加，空气的电气强度下降；（D）海拔高度增加，气温降低，水汽易凝结为水珠覆在设备表面。

答案：C

Lb1A4017　充油设备在交流耐压试验中，当发生击穿时，试验电流会（　　）。

（A）增大；（B）减小；（C）不变；（D）以上都有可能。

答案：D

Lb1A5018　由于自耦变压器中性点必须直接接地，所以系统的单相短路电流将（　　）。

（A）减少；（B）不变；（C）增加；（D）急剧增加。

答案：C

Lc1A1019　R、L、C 组成的并联电路谐振时，电路的总电流（　　）。

（A）为无穷大；（B）等于零；（C）等于非谐振状态时的总电流；（D）等于电源电压 U 与电阻 R 的比值。

答案：D

Lc1A2020　R、L、C 组成的串联电路处于谐振状态时，电路的总电流为（　　）。

（A）无穷大；（B）等于零；（C）等于非谐振状态时的总电流；（D）等于电源电压 U 与电阻 R 的比值。

答案：D

Lc1A3021　R、L、C 组成的串联电路处于谐振状态时，电容 C 两端的电压等于（　　）。

（A）电源电压与电路品质因数 Q 的乘积；（B）电容器额定电压的 Q 倍；（C）无穷大；（D）电源电压。

答案：A

Lc1A4022　R、L、C 组成的并联电路处于谐振状态时，电容 C 两端的电压等于（　　）。

（A）电源电压与电路品质因数 Q 的乘积；（B）电容器额定电压；（C）电源电压与电路品质因数 Q 的比值；（D）电源电压。

答案：D

Lc1A5023 三相对称电路中，有功功率的计算公式为（ ）。

（A）$3U_1I_1\cos\varphi$；（B）$3U_1I_1$；（C）$\sqrt{3}U_1I_1\cos\varphi$；（D）$\sqrt{3}U_1I_1$。

答案：C

Jd1E1024 温度上升，绝缘介质的绝缘电阻会（ ）。

（A）升高；（B）降低；（C）不变；（D）不稳定。

答案：B

Jd1E1025 进行直流高压试验后，应先采用串联有（ ）的放电棒进行多次充分放电，然后直接接地。

（A）电容；（B）电感；（C）电阻；（D）阻容。

答案：C

Jd1E2026 下列直流电阻试验中，（ ）试验需要考虑被测电路自感效应的影响。

（A）变压器绕组的直流电阻；（B）管母线焊接口直流电阻；（C）断路器导电回路电阻；（D）接地线直流电阻。

答案：A

Jd1E2027 三相变压器的三相磁路不对称，正常情况下，三相空载励磁电流不相等，三相芯柱中的磁通量为（ ）。

（A）两边相相等，且大于中间相；（B）两边相相等，且小于中间相；（C）三相相等；（D）三相不相等，且无规律。

答案：C

Jd1E3028 220kV 油浸式电流互感器主绝缘介损为 0.75%，绝缘电阻为 10000MΩ；末屏对地的绝缘电阻为 120MΩ，末屏介损为 0.025，该设备（ ）。

（A）可以继续运行，主绝缘良好，且介损值在规程规定值以内；（B）可以继续运行，可缩短试验周期；（C）可以继续运行，运行中末屏接地，末屏对地的绝缘电阻测量结果仅作参考；（D）不可以继续运行，末屏绝缘电阻和介损值都不合格。

答案：D

Jd1E3029 移圈式调压器的输出电压由零逐渐升高时，其输出容量（ ）。

（A）固定不变；（B）逐渐减小；（C）逐渐增加；（D）先增加后减小。

答案：D

Jd1E3030 感应耐压的试验电压频率一般应大于额定频率，考虑到试验时（　　），一般大于 100Hz，但不宜高于 400Hz。

（A）试验电压较高；（B）励磁电流过大铁芯饱和；（C）试验电流较大；（D）感应耐压设备的固定频率。

答案：B

Jd1E3031 当 tanδ 值随温度增加明显增大或试验电压从 10kV 升到 $U_m/\sqrt{3}$，tanδ 值增量超过（　　）%时，套管不应继续运行。

（A）±0.2；（B）±0.3；（C）±0.5；（D）±1.0。

答案：B

Jd1E3032 下列试验数据，不需要考虑温度影响的是（　　）。

（A）绝缘电阻；（B）绕组直流电阻；（C）耦合电容器的电容量；（D）变压器本体的 tanδ 值。

答案：C

Jd1E4033 电流互感器在 20Hz 电源下比 50Hz 下测试的电流比值差和相位差会出现（　　）。

（A）比值差和相位差均减小；（B）比值差和相位差均增大；（C）比值差增大，相位差减小；（D）比值差减小，相位差增大。

答案：B

Jd1E4034 交流耐压试验所使用的常用装置不包括（　　）。

（A）直流高压发生器；（B）试验变压器；（C）串联谐振装置；（D）倍频耐压装置。

答案：A

Jd1E5035 变压器铁芯不允许多点接地的主要原因是（　　）。

（A）接地点在变压器内部，接地点越多，发生故障的概率越大，维修难度太大；（B）接地点越多，内部绝缘越容易发生故障；（C）多点接地会有多个接地螺栓，越容易发生电场集中，形成极不均匀电场，产生局部放电；（D）多个接地点间、地、铁芯会形成闭合回路，又兼连部分磁通、感应电动势，并形成环流，产生局部过热，严重情况下会烧损铁芯。

答案：D

Je1A1036 无间隙氧化锌避雷器直流 1mA 电压要求实测值与初始值比较，变化不大于（　　）。

（A）±30%；（B）±10%；（C）±5%；（D）－10%～5%。

答案：C

Je1A2037 星形接线三相电力变压器的铁芯磁路不对称，空载电流数值的关系是（　）。

（A）$I_{OA} \approx I_{OC} < I_{OB}$；（B）$I_{OA} \approx I_{OC} > I_{OB}$；（C）$I_{OA} \approx I_{OB} < I_{OC}$；（D）$I_{OA} > I_{OB} = I_{OC}$。

答案：B

Je1A2038 进行变压器空、负载试验时，若试验频率偏差较大，则下列测试结果不会受到影响的是（　）。

（A）空载损耗；（B）空载电流；（C）绕组中的电阻损耗；（D）绕组中的磁滞涡流损耗。

答案：C

Je1A3039 局部放电测量时，考虑到高压引线的长度、位置和直径都会影响测量结果的准确性，所以测量时所用的引线长度与（　）时的长度应一致。

（A）方波校正；（B）出厂试验；（C）型式试验；（D）耐压试验。

答案：A

Je1A3040 局部放电熄灭电压是指当试验电压从超过局部放电起始电压较高值逐渐下降时，在试验回路中能观察到局部放电消失时的（　）。

（A）最高电压；（B）最低电压；（C）峰值电压；（D）平均电压。

答案：B

Je1A3041 在进行双绕组变压器介损、电容量试验时，已测得高压对地和低压对地的数据分别为 C_1、$\tan\delta_1$ 和 C_2、$\tan\delta_2$，高压对低压的电容量、介质损耗因数分别为 C_{12}、$\tan\delta_{12}$，则高对低及地的电容量为（　）。

（A）C_2+C_{12}；（B）$C_2C_{12}/(C_2+C_{12})$；（C）C_1+C_2；（D）C_1+C_{12}。

答案：D

Je1A3042 干式电压互感器局部放电试验时，测量阻抗与被试品串联还是与耦合电容器串联，主要考虑（　）。

（A）测试时局部放电信号大小是否满足要求；（B）末屏接地是否容易打开；（C）流过阻抗的电流是否满足阻抗要求；（D）外界干扰源的大小和性质。

答案：C

Je1A3043 采用三极法测试变电站地网接地阻抗时，要求将电压极的接地点在被测接地装置与电流极连线方向移动三次，每次移动的距离电流线长度的5%左右，当三次测试的结果误差在（　）内时即可认为测试结果有效。

（A）2%；（B）5%；（C）10%；（D）15%。

答案：B

Je1A4044 220kV 等级电容型电流互感器，试验测得主电容为 1200pF，介质损耗因数为 0.272%，如果它在 1.1 倍的额定电压下运行，其绝缘介质的功率损耗 P 约为（ ）W。

（A）50；（B）40；（C）30；（D）20。

答案：D

Je1A4045 在进行双绕组变压器介损、电容量试验时，已测得高压对地和低压对地的数据分别为 C_1、$\tan\delta_1$ 和 C_2、$\tan\delta_2$，高压对低压的电容量、介质损耗因数分别为 C_{12}、$\tan\delta_{12}$，则高对低及地的介质损耗因数为（ ）。

（A）$(C_1\tan\delta_1+C_{12}\tan\delta_{12})/(C_1+C_{12})$；（B）$(C_{12}\tan\delta_{12}+C_2\tan\delta_2)/(C_{12}+C_2)$；（C）$(C_1\tan\delta_1+C_2\tan\delta_2)/(C_1+C_2)$；（D）$(C_1\tan\delta_1-C_2\tan\delta_2)/(C_1-C_2)$。

答案：A

Je1A5046 型号为 SFP－70000/220 的变压器，接线组别为 Ynd11，额定电压为 242000±2×2.5%/13800V，额定电流为 167.3/2930A，在进行单相空载试验时，得到如下数据：①ab 激磁，bc 短路：电压为 13794V，电流 $I_{0ab}=55$A，损耗 $P_{0ab}=61380$W；②bc 激磁，ca 短路：电压为 13794V，电流 $I_{0bc}=55$A，损耗 $P_{0bc}=61380$W；③ca 激磁，ab 短路：电压为 13794V，电流 $I_{0ca}=66$A，损耗 $P_{0ca}=86460$W，则三相空载损耗是（ ）W。

（A）104600；（B）61380；（C）86460；（D）172920。

答案：A

Jf1A1047 直流输电与交流输电相比，输送同样的容量，直流线路可节省（ ）的铜芯铝线。

（A）1/2；（B）1/3；（C）1/4；（D）1/5。

答案：B

Jf1A2048 变压器油中溶解气体色谱分析发现有大量 C_2H_2 存在，说明变压器内存在（ ）。

（A）局部过热；（B）低能量放电；（C）高能量放电；（D）气泡放电。

答案：C

Jf1A3049 电力系统中，变压器中性点经（ ）接地是为了补偿系统单相接地时的电容电流。

（A）电抗器；（B）消弧线圈；（C）高电阻；（D）低电阻。

答案：B

Jf1A4050 测量两回平行的输电线路之间的互感阻抗，其目的是分析（　　）。

（A）运行中的带电线路，由于互感作用，在另一回停电检修线路产生的感应电压，是否危及检修人员的人身安全；（B）运行中的带电线路，由于互感作用，在另一回停电检修的线路产生的感应电流，是否会造成太大的功率损耗；（C）当一回线路发生故障时，是否因传递过电压危及另一回线路的安全；（D）当一回线路流过不对称短路电流时，由于互感作用在另一回线路产生的感应电压、电流，是否会造成继电保护装置误动作。

答案：D

1.2 判断题

La1B1001 分析电路中的过渡过程时，常采用经典法、拉氏变换法。(√)

La1B1002 谐振电路有一定的选频特性，回路的品质因数 Q 值越高，谐振曲线越尖锐，选频能力越强，而通频带也就越窄。(√)

La1B1003 谐振电路的品质因数 Q 的大小与电路的特性阻抗 $Z=\sqrt{L}/C$ 成正比，与电路的电阻 R（Ω）成反比，即 $Q=$（$1/R$）$\sqrt{L}/C$。(√)

Lb1B1004 为了防止雷电反击事故，除独立设置的避雷针外，应将变电站内全部室内外的接地装置连成一个整体，做成环状接地网，不出现开口，使接地装置充分发挥作用。(√)

Lb1B1005 测量两回平行的输电线路之间的耦合电容，其目的是分析运行中的带电线路，由于互感作用，在另一回停电检修线路产生的感应电压，是否危及检修人员的人身安全。(×)

Lb1B1006 雷电流是指直接雷击时，通过被击物体而泄入大地的电流。(√)

Lb1B1007 在极不均匀电场中，冲击系数小于 1。(×)

Lb1B1008 切空载变压器产生的过电压，可以用避雷器加以限制。(√)

Lb1B1009 在 10kV 电压互感器开口三角处并联电阻的目的是为防止当一相接地断线或系统不平衡时可能出现的铁磁谐振过电压。(√)

Lb1B2010 110kV 及以下系统中，防止和限制空母线带电磁式电压互感器产生铁磁谐振过电压。采取在电磁式电压互感器的二次绕组中加装一个阻尼电阻 R。(×)

Lb1B2011 当大气过电压作用在中性点直接接地变压器绕组上时，绕组上电压的分布是呈均匀分布。(×)

Lb1B2012 中性点直接接地变压器的绕组在大气过电压作用时，在最初瞬间首端几个线匝间电位梯度很大，在绕组中部电位大大减小，尾部（中性接地端）趋于平缓。(√)

Lb1B2013 大气过电压作用于中性点直接接地的变压器绕组时，对变压器绕组的首端匝间绝缘危害最严重。 (√)

Lb1B2014 操作波的极性对变压器内绝缘来讲，正极性比负极性闪络电压高得多。(×)

Lb1B2015 操作波的极性对变压器外绝缘来讲，正极性比负极性闪络电压低得多。(√)

Lb1B2016 对变压器绕组纵绝缘而言，冲击截波电压比冲击全波电压的作用危险性大。(√)

Lb1B2017 绝缘配合就是根据设备所在系统中可能出现的各种电压（正常工作电压及过电），并考虑保护装置和设备绝缘特性来确定设备必要的耐电强度，以便把作用于设备上的各种电压所引起的设备绝缘损坏和影响连续运行的概率，降低到经济上和运行上能接受的水平。(√)

Lb1B2018 电容式套管的电容心子的绝缘中，工作场强的选取几乎主要取决于长期

工作电压下不应发生有害的局部放电。(√)

Lb1B2019 中性点不接地系统装设消弧线圈可以防止系统产生弧光接地过电压。(√)

Lb1B2020 单相弧光接地过电压主要发生在中性点不接地的电网中。(√)

Lb1B2021 50%冲击击穿电压是指在多次施加电压时，其中有50%的加压次数能导致击穿的电压。(√)

Lb1B2022 变压器的零序阻抗值不仅与变压器的铁芯结构有关，而且与绕组的连接方式有关。(√)

Lb1B2023 真空断路器操作中出现的过电压有截流过电压、重击穿、多次重燃过电压。(√)

Lb1B2024 弧光接地过电压存在于任何形式的电力接地系统中。(×)

Lb1B2025 制造过程中选用了比设计值厚或质量差的硅钢片以及铁芯磁路对接部位缝隙过大，也会使短路损耗增大。(×)

Lb1B2026 雷电过电压的幅值决定于雷电参数和防雷措施，与电网额定电压无直接关系。(√)

Lb1B2027 一般110kV及以上系统采用直接接地方式，单相接地时健全相的工频电压升高不大于1.4倍相电压。(√)

Lb1B2028 感应雷过电压的幅值与雷击点到线路的距离成正比。(×)

Lb1B2029 系统发生A相金属性接地短路时，故障点的零序电压与A相电压相位差180°。(√)

Lb1B3030 用雷电冲击电压试验能考核变压器主绝缘耐受大气过电压的能力，因此变压器出厂时或改造后应进行雷电冲击电压试验。(√)

Lb1B3031 频率响应法分析变压器绕组是否变形的原理是基于变压器的等值电路可以看成是共地的两端口网络。(√)

Lb1B3032 中性点经消弧线圈接地可以降低单相弧光接地过电压，因此是提高供电可靠性的有效措施。(×)

Lb1B3033 变压器的短路阻抗值不仅与变压器的铁芯结构有关，而且与绕组的连接方式有关。(×)

Lb1B3034 对变压器进行空载试验，空载损耗和空载电流增大，可能铁芯存在故障。(√)

Lb1B3035 三相三铁芯柱变压器零序阻抗的大小与变压器铁芯截面大小有关。(×)

Lb1B3036 变压器零序磁通所遇的磁阻越大，则零序励磁阻抗的数值就越大。(×)

Lb1B3037 变压器绕组的频响特性曲线反映的是绕组的集中参数特性。(×)

Lb1B3038 当变压器的铁芯缝隙变大时，其空载电流变大。(√)

Lb1B3039 冲击放电电压不仅与间隙有关，而且与放电发生的时间有关。(√)

Lb1B3040 中性点直接接地变压器的绕组在大气过电压作用时，在最初瞬间电流不从变压器绕组的线匝中流过，只从高压绕组的匝与匝之间，以及绕组与铁芯（即绕组对地）之间的电容中流过。(√)

Lb1B3041 Y，d11 联接组变压器，因为其一次绕组是星形接线，当外施电压三相对称时，其三相空载电流则是平衡的。(×)

Lb1B3042 变压器的空载试验与电源频率有关，变压器的负载试验与电源频率无关。(×)

Lb1B3043 雷击线路附近地面时，导线上的感应雷过电压与导线的悬挂高度成正比。(×)

Lb1B3044 冲击放电时，击穿电压与冲击波的波形无关。(×)

Lb1B3045 伏秒特性主要用于比较不同设备绝缘的冲击击穿特性。(√)

Lb1B3046 变压器在额定电压、额定频率、空载状态下所消耗的有功功率，即为变压器的空载损耗。(√)

Lb1B3047 电气设备内绝缘全波雷电冲击试验电压与避雷器标称放电电流下残压之比，称为绝缘配合系数，该系数越大，被保护设备越安全。(√)

Lb1B3048 操作波的极性对变压器内绝缘来讲，正极性比负极性更容易发现缺陷。(×)

Lb1B4049 标准雷电冲击电压波的波头时间 $T_1=250\mu s$，半峰值时间 $T_2=2500\mu s$。(×)

Lb1B4050 谐振过电压比操作过电压的持续时间长，因此性质上属于暂态过电压。(√)

Lb1B4051 中性点直接接地系统中，零序电流的分布与线路零序阻抗和变压器零序阻抗有关。(×)

Lb1B5052 在均匀电场中，电力线和固体介质表面平行，固体介质的存在不会引起电场分布的畸变，但沿面闪络电压仍比单纯气体间隙放电电压高。(×)

Lb1B5053 中性点直接接地变压器的绕组在大气过电压作用时，从起始电压分布状态过渡到最终电压分布状态，绕组对地主绝缘承受的电压不大于冲击电压。(×)

Lb1B5054 沿脏污表面的闪络不仅取决于是否能产生局部电弧，还要看流过脏污表面的泄漏电流是否足以维持一定程度的热游离，以保证局部电弧能继续燃烧和扩展。(×)

Lc1B1055 变压器在空载合闸时的励磁电流基本上是感性电流。(√)

Lc1B1056 对中性点直接接地系统的变压器，在投入或停止运行时，应先拉开中性点接地刀闸。(×)

Lc1B1057 电力系统中的事故备用容量一般为系统容量的 10%左右。(√)

Lc1B1058 两绕组分裂变压器与三绕组变压器的主要区别是：两绕组分裂变压器的两个低压分裂绕组在磁的方面是弱的联系。(√)

Lc1B1059 变压器投入运行后，它的激磁电流几乎不变。(√)

Lc1B1060 变压器空载合闸时产生的励磁涌流最大值约为额定电流的 2 倍。(×)

Lc1B1061 电抗器支持绝缘子的接地线不应成为闭合环路。(√)

Lc1B1062 在中性点直接接地系统中，可以采用以电容式电压互感器替代电磁式电压互感器来消除电压互感器的串联谐振。(√)

Lc1B1063 当变压器带容性负载运行时，二次端电压随负载电流的增大而降低。(×)

Lc1B1064 变压器的寿命是由线圈绝缘材料的老化程度决定的。(√)

Lc1B1065 三相变压器的短路阻抗 Z_k、正序阻抗 Z_1 与负序阻抗 Z_2 三者之间的关系是 $Z_k=Z_1=0.5Z_2$（×）

Jd1B2066 测量输电线路零序阻抗时，可由测得的电压、电流，用 $Z_0=3U/IL$ 公式计算每相每千米的零序阻抗。(√)

Je1B1067 变压器频响试验中，如果被测绕组与同一型号其他变压器同相别的测试结果一致，就可以认定被测绕组没有变形。(×)

Je1B1068 发生单相接地短路时，零序电流的大小，等于通过故障点的电流大小。(×)

Je1B1069 在负载状态下，变压器铁芯中的磁通量比空载状态下大得多。(×)

Je1B1070 通过负载损耗试验，能够发现变压器的诸多缺陷，但不包括铁芯局部硅钢片短路缺陷。(√)

Je1B1071 变压器短路电压的百分数值和短路阻抗的百分数值相等。(√)

Je1B1072 通过负载损耗试验，可以发现变压器油箱盖或套管法兰等损耗过大而发热的缺陷。(√)

Je1B1073 变压器的短路试验主要是测量变压器的短路损耗和阻抗电压。(√)

Je1B2074 若电力电缆发生稳定性的单相接地故障，则可以采用直流伏安法测量。(√)

Je1B2075 从变压器负载损耗和短路电压及阻抗试验测得的数据中，可求出变压器阻抗电压百分数。(√)

Je1B2076 变压器的短路损耗要比绕组电阻损耗大，其原因是短路阻抗比电阻大。(×)

Je1B2077 进行变压器的负载试验时，阻抗电压和试验电流成正比。(√)

Je1B3078 某一试验波形，波前时间为 250s，波长时间为 2500μs，该波形为标准操作冲击试验波形。(√)

Je1B3079 测量输电线路的零序阻抗时，有可能存在静电干扰问题。(√)

Je1B3080 在进行变压器的空载试验和负载试验时，若试验频率偏差较大，绕组中的磁滞涡流损耗的测试结果不会受到影响。(×)

Je1B3081 进行变压器的空载试验时，不管从变压器哪一侧绕组加压，测出的空载电流百分数都是一样的。(√)

Je1B3082 电力变压器空载试验是测量额定电压下的空载损耗和空载电流，试验时，高压侧开路，低压侧加压，试验电压是低压侧的额定电压，试验电压低，试验电流为额定电流百分之几或千分之几时，现场容易进行测量，故空载试验一般都从低压侧加电压。(√)

Je1B3083 从变压器任意一侧绕组施加电压做空载试验，所测量计算出的空载电流百分数都是相同的。(√)

Je1B3084 变压器空载损耗主要是空载电流在变压器绕组中流过时，在绕组电阻上产生的损耗。(×)

Je1B3085 电力变压器空载试验时，低压侧短路，高压侧加电压，试验电流为高压侧

额定电流，试验电流较小，现场容易做到，故一般都从高压侧加电压。(×)

Je1B4086 全星形连接变压器的零序阻抗具有一定的非线性，故其零序阻抗的测试结果与试验施加的电压大小有关。(√)

Je1B4087 由于联结组标号为 YNyn0d11 的变压器的零序阻抗呈非线性，所以与试验电流大小有关。(×)

Je1B4088 进行大型变压器的空载试验时，采用低功率因数瓦特表是因为功率损耗和表观容量之比太小。(√)

Je1B4089 空载损耗的增加主要反映铁芯部分的缺陷。(√)

Je1B4090 变压器的空载试验不能发现绕组对外壳的绝缘缺陷。(√)

Je1B5091 GIS 耐压试验之前，进行净化试验的目的是使设备中可能存在的活动微粒杂质迁移到低电场区，并通过放电烧掉细小微粒或电极上的毛刺、附着的尘埃，以恢复 GIS 绝缘强度，避免不必要的破坏或返工。(√)

Je1B5092 GIS 耐压试验时，只要 SF_6 气体压力达到额定压力，则 GIS 中的电磁式电压互感器和避雷器均允许连同母线一起进行耐压试验。(×)

Je1B5093 变压器分相空载试验因 ab 相和 bc 相的磁路完全对称，所测得的 ab 相和 bc 相的损耗应相等，二者偏差不大于 3% 。(√)

Je1B5094 变压器分相空载试验因铁芯故障将使空载损耗增大，如某相短路后其他两相损耗均较大，则缺陷在被短路一相的铁芯上。(×)

Je1B5095 对 220/110/10kV 三绕组分级绝缘变压器进行空载冲击合闸试验时，变压器必须中性点与地绝缘。(×)

Je1B5096 变压器空载损耗试验结果主要反映的是变压器的附加损耗。(×)

Jf1B1097 在电力系统中采用快速保护、自动重合闸装置、自动按频率减负荷装置是保证系统稳定的重要措施。(√)

Jf1B1098 电流互感器二次回路采用多点接地，易造成保护拒绝动作。(√)

Jf1B1099 在氢气与空气混合的气体中，当氢气的含量达 4%～76%时，属于爆炸危险范围。(√)

Jf1B2100 变压器吊芯检查时，测量湿度的目的是控制芯部暴露在空气中的时间及判断能否进行吊芯检查。(√)

Jf1B2101 继电保护装置切除故障的时间，等于继电保护装置的动作时间。(×)

Jf1B3102 电流速断保护的主要缺点是受系统运行方式的影响较大。(√)

Jf1B3103 复合电压或低电压闭锁的过流保护失去电压时，应立即停用。(×)

Jf1B3104 双卷变压器的纵差保护是根据变压器两侧电流的相位和幅值构成的，所以变压器两侧应安装同型号和变比的电流互感器。(×)

Jf1B4105 短引线保护是为了消除 3/2 断路器接线中有保护死区的问题而装设的。(√)

Jf1B5106 运行后的 SF_6 断路器，灭弧室内的吸附剂不可进行烘燥处理，不得随便乱放和任意处理。(√)

Jf1B5107 用于 SF_6 电气设备的吸附剂均是一次性使用，但已使用过的吸附剂因吸附了各种有毒物质，必须进行净化处理，将有毒物质转为无毒物质，以免造成环境污染。(√)

1.3 多选题

La1C1001 如果通电线圈套在铁芯上，产生的磁通会大大地增加是因为（　　）。

（A）铁磁材料的内部分子磁矩在外磁场作用下，很容易偏转到与外磁场一致的方向；（B）排齐后的分子磁矩（磁畴）又对外产生附加磁场，这个磁场叠加在通电空心线圈产生的磁场上；（C）叠加后的总磁场比同样的空心线圈的磁场强，磁通量增加了。

答案：ABC

Lb1C1002 规程对电流互感器局部放电测量要求（　　）。

（A）$1.1U_m/\sqrt{3}$下：≤20pC（油纸绝缘）；（B）$1.2U_m/\sqrt{3}$下≤50pC（固体）（注意值）；（C）$1.2U_m/\sqrt{3}$下：≤20pC（油纸绝缘）；（D）$1.3U_m/\sqrt{3}$下：≤20pC（油纸绝缘）。

答案：BC

Lb1C1003 介质损失角 tanδ 值越大，则（　　）。

（A）介质中的有功分量越小；（B）介质中的无功分量越大；（C）介质中的有功分量越大；（D）介质损耗越小；（E）介质损耗越大。

答案：CE

Lb1C1004 规程对电流互感器的 tanδ 值标准要求（　　）。

（A）如果测量值异常（测量值偏大或增量偏大），可测量 tanδ 值与测量电压之间的关系曲线，测量电压从 10kV 到 U_m，tanδ 值的增量应不超过±0.002；（B）tanδ 值不大于 0.007（U_m 为 363kV/252kV）；（C）tanδ 值不大于 0.01（U_m 为 126kV/725kV）；（D）当末屏绝缘电阻不能满足要求时，可通过测量末屏 tanδ 值作进一步判断，测量电压为 2kV，通常要求小于 0.015。

答案：CD

Lb1C1004 在进行变压器大修后，应进行的电气试验项目有（　　）。

（A）测量绕组的绝缘电阻和吸收比；（B）测量绕组连同套管的泄漏电流、tanδ 值、交流耐压试验；（C）测量非纯资瓷套管的 tanδ 值；（D）变压器及套管中的绝缘油试验及化学分析；（E）夹件与穿心螺杆的绝缘电阻；（F）各绕组的直流电阻、变比、组别（或极性）；（G）绕组连同套管一起的感应耐压、突发短路试验。

答案：ABCDEF

Lb1C1005 电压等级为 110kV 互感器对绝缘油的介损、含水量的要求是（　　）。

（A）新油：tanδ%≤1%（90℃），微量水≤20μL/L；（B）新油：tanδ%≤2%（90℃），

微量水≤15μL/L；(C) 运行中：tanδ%≤4% (90℃)，微量水≤30μL/L；(D) 运行中：tanδ%≤4% (90℃)，微量水≤35μL/L。

答案：AD

Lb1C1006 电压等级为220kV互感器对绝缘油的介损、含水量的要求是（　　）。

(A) 新油：tanδ%≤15% (90℃)，微量水≤20μL/L；(B) 新油：tanδ%≤1% (90℃)，微量水≤15μL/L；(C) 运行中：tanδ%≤3% (90℃)，微量水≤20μL/L；(D) 运行中：tanδ%≤4% (90℃)，微量水≤25μL/L。

答案：BD

Lb1C2007 进行工频电压试验时，对加压时间的规定是（　　）。

(A) 由瓷质和液体材料组成，加压时间为1min；(B) 由多种材料组成的电器（如断路器），如在总装前已对其固体部件进行了5min耐压试验，可只对其总装部件进行1min耐压试验；(C) 对电气产品进行干燥和淋雨状态下的外绝缘试验时，电压升到规定值后，即将电压降回零，不需要保持一定时间；(D) 被试品主要是由有机固体材料组成的，加压时间为1min。

答案：ABC

Lb1C2008 系统短路电流所形成的动稳定和热稳定效应，对系统中的（　　）要予以考虑。

(A) 变压器；(B) 电流互感器；(C) 电压互感器；(D) 断路器。

答案：ABD

Lb1C2009 对局部放电测量仪器系统的一般要求是（　　）。

(A) 输入电压要高；(B) 有足够的增益；(C) 仪器噪声要小；(D) 仪器的通频带要可选择。

答案：BCD

Lb1C2010 不能测定高次谐波电流的指示仪表是（　　）。

(A) 热电系仪表；(B) 感应系仪表；(C) 电动系仪表；(D) 静电系仪表。

答案：BCD

Lb1C2011 以下属于自耦变压器的优点的是（　　）。

(A) 调压方便；(B) 调压困难；(C) 成本低；(D) 损耗少，效率高。

答案：CD

Lb1C2012 在并联电抗器的中性点串接小电抗，可限制（　　）。

(A) 短路电流；(B) 潜供电流；(C) 单相接地时工频谐振过电压；(D) 单相断线时

工频谐振过电压。

答案：BD

Lb1C2013　在中性点直接接地的电网中，变压器中性点装设避雷器的作用是（　）。

（A）防雷；（B）限制中性点电流；（C）限制中性点过电压幅值；（D）保护中性点绝缘。

答案：CD

Lb1C2014　在电力系统中采用自耦变压器后，将使（　）。

（A）三相短路电流显著减小；（B）三相短路电流显著增大；（C）绕组的过电压保护简单；（D）绕组的过电压保护复杂。

答案：BD

Lb1C2015（　）冷却方式的相同点：都是强油循环，油从箱体下部进入，吸收器身热量后从箱体上部流出，再经风扇冷却降温后，又被潜油泵重新打入箱体下部再循环。

（A）ONAF；（B）OFAF；（C）OFWF；（D）ODAF；（E）ODWF。

答案：BD

Lb1C2016　绝缘配合是（　）。

（A）不同的绝缘材料配合使用；（B）把作用于设备上的各种电压所引起的设备绝缘损坏和影响连续运行的概率，降低到经济上和运行上能接受的水平；（C）根据设备所在系统中可能出现的各种电压（正常工作电压和过电压），并考虑保护装置和设备绝缘特性来确定设备必要的耐电强度；（D）可以提高设备的绝缘水平。

答案：BC

Lb1C2017　对电磁式电压互感器励磁特性测量要求（　）。

（A）励磁电流与出厂值相比无显著差别；（B）与同一批次、同一型号的其他电磁式电压互感器相比，差异不大于20%；（C）试验时，电压施加在二次端子上，电压波形为标准正弦波；（D）测量点至少包括额定电压的0.2倍、0.5倍、0.8倍、1.0倍、1.2倍。

答案：ACD

Lb1C2018　交流感应耐压试验主要考核变压器的（　）。

（A）主绝缘；（B）中性点绝缘；（C）纵绝缘；（D）套管绝缘。

答案：AC

Lb1C2019　对变压器油进行气相色谱分析的优点是（　）。

（A）易于提前发现变压器内部存在的潜伏性故障；（B）灵敏度高，可鉴别十万分之几或百万分之几的气体组分含量；（C）可以消除变压器内部故障；（D）与其他试验配合能提高对设备故障分析准确性。

答案：ABD

Lb1C2020 工频交流耐压试验在（　　）的电位分布与运行情况下相同。

（A）电机槽部端面；（B）电机槽部表面；（C）电机端部表面；（D）复合绝缘各介质上。

答案：CD

Lb1C2021 电流互感器的末屏采用绝缘小瓷套管的末屏引出方式，不但能保证 tanδ 值在合格的范围内，而且能够提高末屏对地的绝缘水平。一般来说，（　　）。

（A）末屏对地绝缘电阻可达 2500MΩ 以上；（B）末屏对地绝缘电阻可达 5000MΩ 以上；（C）末屏对地的 1min 工频耐压可由 2kV 提高到 3kV；（D）末屏对地的 1min 工频耐压可由 2kV 提高到 5kV。

答案：BD

Lb1C2022 电流互感器的末屏引出结构方式对其介质损耗因数测量结果影响较大，下列说法正确的是（　　）。

（A）瓷套管较环氧玻璃布板结构方式绝缘电阻小；（B）瓷套管较环氧玻璃布板结构方式绝缘电阻大；（C）环氧玻璃布板结构方式较瓷套管方式在 20℃、50Hz 下的 tanδ 值和 C 值大；（D）环氧玻璃布板结构方式较瓷套管方式在 20℃、50Hz 下的 tanδ 值和 C 值小。

答案：BC

Lb1C3023 在交流耐压试验中，测量试验电压峰值的主要原因有（　　）。

（A）国标与电力行业标准规定对高压交流试验电压的测量，应测量其峰值；（B）高压试验设备结构设计问题，使输出电压波形畸变；（C）现场电源电压波形产生畸变；（D）电力设备绝缘的击穿或闪络、放电取决于交流试验电压峰值。

答案：ABCD

Lb1C3024 对变压器短路阻抗试验的标准，说法正确的是（　　）。

（A）容量 100MV·A 及以下且电压等级 220kV 以下的变压器，初值差不超过±2%；（B）容量 100MV·A 以上或电压等级 220kV 以上的变压器，初值差不超过±1.6%；（C）容量 100MV·A 及以下且电压等级 220kV 以下的变压器三相之间的最大相对互差不应大于 2.5%；（D）容量 100MV·A 以上或电压等级 220kV 以上的变压器三相之间的最大相对互差不应大于 2%。

答案：ABCD

Lb1C3025 变压器负载试验时要求短接引线（ ）。

（A）足够的截面；（B）尽可能短；（C）接触良好；（D）必须使用多股软铜线。

答案：ABC

Lb1C3026 变压器进行短路试验时，应注意的事项是（ ）。

（A）被试绕组应在额定分接上，三绕组变压器，应每次试验一对绕组，试三次，非被试绕组应开路；（B）连接短路用的导线必须有足够的截面，并尽可能短，连接处接触必须良好；（C）被试绕组应短路，非被试绕组应开路并接地；（D）试验前应反复检查试验接线是否正确、牢固，安全距离是否足够，被试设备的外壳及二次回路是否已牢固接地；（E）合理选择电源容量、设备容量及表计，一般互感器应不低于0.2级，表计应不低于0.5级。

答案：ABDE

Lb1C3027 电容式结构的试品出现（ ）现象，会造成tanδ值偏大或测不出来。

（A）电容屏短路；（B）电容屏断裂；（C）末屏短接；（D）末屏接触不良或断开。

答案：BD

Lb1C3028 现场测试表明：电流互感器的末屏引出结构方式对其tanδ值测量结果影响较大，（ ）。

（A）环氧酚醛层压玻璃布二次接线板上直接引出的末屏tanδ值一般都较小；（B）绝缘小瓷套管上直接引出的末屏tanδ值一般都较小；（C）绝缘小瓷套管上直接引出的末屏tanδ值一般都较大；（D）环氧酚醛层压玻璃布二次接线板上直接引出的末屏tanδ值一般都较大。

答案：BD

Lb1C3029 当变压器的气体继电器出现报警信号时，首先考虑的原因是（ ）。

（A）是否可能由于安装、检修等残留的气体未放尽；（B）是否严重过负荷；（C）是否有严重的出口短路故障；（D）是否气体继电器校验的气体未放尽。

答案：ABCD

Lb1C3030 （ ）不能采用外施高压进行工频交流耐压试验，应由感应耐压试验来考核。

（A）全绝缘变压器的主绝缘；（B）全绝缘变压器的纵绝缘；（C）分级绝缘变压器主绝缘；（D）分级绝缘变压器纵绝缘。

答案：BCD

Lb1C3031 超低频（0.1Hz）交流耐压试验的主要优点是（ ）。

（A）电压分布接近于直流；（B）电压分布接近于工频交流；（C）试验设备体积与工频交流试验时相仿；（D）试验设备体积与直流耐压试验时相仿。

答案：BD

Lb1C3032 通过油中溶气色谱分析来检测和判断变压器内部故障的机理是（　　）。

（A）故障类型、故障的严重程度与油中溶气的组成和含量有关；（B）有故障的油中溶气的组成和含量与故障类型、故障的严重程度有密切关系；（C）油中溶气的组成和含量与故障类型、故障的严重程度没有直接的关系；（D）当变压器存在潜伏性过热或放电故障时，油中溶气的含量与正常情况下相比不同。

答案：BD

Lb1C3033 获得中频率的电源有（　　）方法。

（A）中频发电机组；（B）串联谐振取得的试验电源；（C）用三相绕组接成开口三角形取得的试验电源；（D）可控硅变频调压逆变电源；（E）绕线式异步电动机反拖取得的试验电源。

答案：ACDE

Lb1C3034 工频交流耐压试验只检查了变压器绕组的主绝缘电气强度，即（　　）的绝缘。

（A）绕组匝间；（B）绕组层间、段间；（C）高压、中压、低压绕组间；（D）高压、中压、低压绕组对油箱、铁芯接地部分。

答案：CD

Lb1C3035 下列属于特性试验的是（　　）。

（A）变比试验；（B）耐压试验；（C）极性试验；（D）直流电阻试验。

答案：ACD

Lb1C3036 变压器的气体继电器出现报警信号时，首先应考虑（　　）检测项目。

（A）测量绕组直流电阻；（B）测量绕组的绝缘电阻；（C）铁芯回路绝缘；（D）油的色谱分析。

答案：ACD

Lb1C3037 温差变化和湿度增大会使高压互感器的 $\tan\delta$ 值超标，处理方法有（　　）。

（A）屏蔽法；（B）化学去湿法；（C）红外线灯泡照射法；（D）烘房加热法等。

答案：BCD

Lb1C3038 在进行变压器的空载试验和负载试验时，若试验频率偏差较大，则下列测试结果会受到影响的是（　　）。

（A）空载损耗；（B）空载电流；（C）绕组中的电阻损耗；（D）绕组中的磁滞涡流损耗。

答案：ABD

Lb1C3039 对于串级式电压互感器，排除互感器大小瓷套上的水分后，tanδ 值仍降不下来的主要原因是出现（ ）现象，造成 tanδ 值偏大。

（A）绕组受潮；（B）二次端子受潮；（C）胶木支撑板破损；（D）胶木支撑板干燥不透。

答案：CD

Lb1C3040 绝缘纸等固体绝缘在 120～130℃的情况下长期运行，产生的主要气体是（ ）。

（A）甲烷（CH_4）、乙烯（C_2H_4）等烃类气体；（B）氢（H_2）、乙炔（C_2H_2）；（C）一氧化碳（CO）；（D）二氧化碳（CO_2）。

答案：CD

Lb1C3041 表征电气设备外绝缘污秽程度的参数主要有（ ）。

（A）污层的泄漏电流脉冲；（B）污层的等值附盐密度；（C）污层的表面电导；（D）污层的厚度。

答案：ABC

Lb1C3042 比较典型的高压电气设备中发生的局部放电有（ ）。

（A）击穿前的先导放电；（B）气隙、金属尖端放电；（C）金属元件虚接离异、不同电位的金属间放电；（D）固体绝缘龟裂或金属电极与绝缘分离引起的放电。

答案：BCD

Lb1C3043 当大气过电压作用在中性点直接接地变压器绕组上时，一开始（ ）。

（A）绕组的感抗很大；（B）绕组的感抗很小；（C）电流从变压器绕组的线匝中流过；（D）电流从绕组对地之间的电容中流过。

答案：AD

Lb1C3044 当大气过电压作用在中性点直接接地变压器绕组上时，由于对地电容的存在，（ ）。

（A）在每线匝间电容上流过的电流都不相等；（B）在每线匝间电容上流过的电流都相等；（C）沿着绕组高度的起始电压分布，是不均匀的；（D）沿着绕组高度的起始电压分布，是均匀的。

答案：AC

Lc1C3045 绝缘介质在交流电压作用下的介质损耗有（ ）。

（A）电阻损耗；（B）电导损耗；（C）空载损耗；（D）极化损耗。

答案：BD

Lc1C4046　变压器所用硅钢片和铜线的量与绕组的额定容量有关，变压器（　　）。

（A）绕组容量降低，所消耗材料增加；（B）绕组容量增加，所消耗材料增加；（C）绕组容量降低，所消耗材料减小；（D）绕组容量增加，所消耗材料减少。

答案：BC

Lc1C4047　应根据实测并联电容器装置接入电网处的背景谐波，选择并联电容器组中的串联电抗器电抗率，当谐波（　　）。

（A）为5次及以上时，电抗率宜按4.5%～6%选取；（B）为5次及以上时，电抗率宜按0.1%～1%选取；（C）为3次及以上时，电抗率宜按12%选取；（D）为7次及以上时，电抗率宜按0.1%～1%选取。

答案：AC

Lc1C4048　下列容易产生局部放电的设备结构和制造工艺的缺陷是（　　）。

（A）绝缘内部局部电场强度过高；（B）金属部件有尖角；（C）绝缘混入杂质；（D）局部带有缺陷产品内部金属接地部件之间、导电体之间电气连接不良。

答案：ABCD

Lc1C4049　通过（　　）措施可以提高变压器绕组对冲击电压的耐受能力。

（A）加静电环；（B）增大纵向电容；（C）加强端部线匝的绝缘；（D）增大铁芯截面面积。

答案：ABC

Lc1C4050　局部放电试验中常见的干扰有（　　）。

（A）空间电磁波干扰；（B）电源侧侵入的干扰；（C）高压带电部位接触不良引起的干扰；（D）现场噪音的干扰。

答案：ABC

Lc1C4051　在进行老旧变压器的绝缘诊断时，应调查了解（　　）运行情况。

（A）变压器运行累计时间，过负荷运行累计时间；（B）上层油温的变化曲线；（C）历次试验记录报告；（D）遭受冲击短路电流的次数和幅值。

答案：ABCD

Lc1C4052　换流变压器的（　　）噪声水平一般会超过85dB。

（A）导线振动；（B）铁芯振动；（C）风扇；（D）油泵。

答案：BD

Lc1C4053　直流输电的主要特点是（　　）。

（A）结构简单，其造价约为交流的1/3；（B）结构简单，其造价约为交流的2/3；

(C) 直流线路可节省 1/3 的铜芯铝线；(D) 直流线路可节省 2/3 的铜芯铝线。

答案：BC

Lc1C4054 带电测试电流互感器相对 tanδ 值，(　　)。

(A) 适用于固体绝缘或油纸绝缘电流互感器；(B) 检测从末屏接地线上取信号，单根测试线长度应保证在 15m 以内；(C) 初值宜选取设备停电状态下的 tanδ 值；(D) 相对设备宜选择同相异类设备，如果因距离原因可选择同类异相设备，但一经确定就不可更改。

答案：ABD

Lc1C4055 对电流互感器相对介质损耗因数测量标准描述正确的是 (　　)。

(A) 适用于固体绝缘或油纸绝缘电流互感器；(B) 检测从末屏接地线上取信号，单根测试线长度应保证在 15m 以内，可取异相电流互感器或同相的套管末屏电流换算与自身末屏电流相位差值的正切值；(C) 初值宜选取设备停电状态下的介质损耗因数数值；(D) 相对设备宜选择同相异类设备，如果因距离原因可选择同类异相设备，但一经确定就不可更改。

答案：ABD

Lc1C4056 规程对感应耐压试验电源的频率要求有 (　　)。

(A) 要大于额定频率两倍以上；(B) 要大于额定频率三倍以上；(C) 一般采用100～250Hz；(D) 一般采用 150～300Hz。

答案：AC

Lc1C4057 进行工频电压试验时，对加压时间的具体规定有 (　　)。

(A) 由瓷质和液体材料组成，加压时间为 1min，由多种材料组成的电器（如断路器），如在总装前已对其固体部件进行了 5min 耐压试验，可只对其总装部件进行 1min 耐压试验；(B) 当电气产品需进行分级耐压试验时，应在每级试验电压耐受规定时间后，一般为 1min 或 5min，将电压降回零，间隔 1min 以后，再进行下一级耐压试验；(C) 对电气产品进行干燥和淋雨状态下的外绝缘试验时，电压升到规定值后，即将电压降回零，不需要保持一定的时间；(D) 被试品主要是由有机固体材料组成的，加压时间为 5min。

答案：ABCD

Lc1C4058 特高频局部放电检测系统一般由 (　　) 等组成。

(A) 内置式或外置式特高频传感器；(B) 数据采集单元；(C) 信号放大器（可选）；(D) 数据处理单元；(E) 分析诊断单元。

答案：ABCDE

Lc1C5059 特高频局部放电检测系统可提供局部放电信号的 (　　) 等信息中的一种或几种。

（A）幅值；（B）相位；（C）放电频次；（D）放电位置。

答案：ABC

Lc1C5060 特高频局部放电的检测数据分析与处理包括（ ）。

（A）首先根据相位图谱特征判断测量信号是否具备典型放电图谱特征或与背景或其他测试位置有明显不同；（B）检测相邻间隔的信号，根据各检测间隔的幅值大小（即信号衰减特性）初步定位局放部位；（C）必要时可使用工具把传感器绑置于绝缘盆子处进行长时间检测，时间不少于15min，进一步分析峰值图形、放电速率图形和三维检测图形，综合判断放电类型；（D）在条件具备时，综合应用超声波局放仪、示波器等仪器进行精确的定位。

答案：ABCD

Lc1C5061 超声波局放检测中根据（ ）判断测量信号是否具备50Hz/100Hz相关性。

（A）连续图谱；（B）时域图谱；（C）相位图谱特；（D）飞行图谱；（E）特征指数图谱。

答案：ABCE

Lc1C5062 超声波局放检测中若检测到异常信号，可借助其他检测仪器，如（ ），对异常信号进行综合分析，并判断放电的类型，根据不同的判据对被测设备进行危险性评估。

（A）特高频局部放电检测仪；（B）示波器；（C）频谱分析仪；（D）SF_6分解物检测分析仪。

答案：ABCD

Lc1C5063 变压器高频局部放电检测从（ ）取信号。

（A）套管末屏接地线；（B）高压电缆接地线（变压器为电缆出线结构）；（C）铁芯接地线；（D）夹件接地线。

答案：ABCD

Lc1C5064 紫外成像技术不能检测电气设备是否存在（ ）故障。

（A）绝缘裂化；（B）内部局部放电；（C）外表面放电；（D）油质劣化。

答案：ABD

1.4 计算题

Lb1D3001 有幅值 $u_{1q}=X_1$kV 的无限长直角电压波由架空线路（$Z_1=500\Omega$）进入电缆（$Z_2=50\Omega$），如下图所示，计算折射波电压 $U_{2q}=$____ kV，折射波电流 $i_{2q}=$____ kA。(计算结果保留 2 位小数)

X_1取值范围：100，200，300，400

计算公式： $u_{2q}=\alpha u_{1q}=\dfrac{2Z_2}{Z_1+Z_2}\times X_1=\dfrac{2\times 50}{500+50}\times X_1=\dfrac{2}{11}X_1$

$$i_{2q}=\frac{u_{2q}}{Z_2}=\frac{\dfrac{2Z_2}{Z_1+Z_2}\times X_1}{Z_2}=\frac{X_1}{275}$$

Lb1D3002 有幅值 $u_{1q}=X_1$kV 的无限长直角电压波由架空线路（$Z_1=500\Omega$）进入电缆（$Z_2=50\Omega$），如下图所示，求反射波电压 $U_{1f}=$____ kV，反射波电流 $i_{1f}=$____ kA。(计算结果保留 2 位小数)

X_1取值范围：100，200，300，400

计算公式： $u_{1f}=\beta u_{1q}=\dfrac{Z_2-Z_1}{Z_1+Z_2}\times X_1=\dfrac{50-500}{500+50}\times X_1=-\dfrac{9}{11}X_1$

$$i_{1f}=\frac{u_{1f}}{-Z_1}=\frac{\dfrac{Z_2-Z_1}{Z_1+Z_2}\times X_1}{-Z_1}=\frac{\dfrac{50-500}{500+50}\times X_1}{-500}=\frac{9X_1}{5500}$$

Lb1D3003 某台 SJ-2500/35、35/10.5kV，Y，d11 变压器，空载损耗 $P_0=4.0$kW，空载电流 $I_0\%=X_1$，则 35kV 侧励磁支路的电阻 $R_0=$____ Ω。(计算结果保留 1 位小数)

X_1取值范围：1.1，1.2，1.3，1.4，1.5

计算公式： $R_0=\dfrac{P_0}{3I_0^2}=\dfrac{P_0}{3\ (I_0\%I_{1N})^2}=\dfrac{4\times 10^3}{3\left(X_1\%\times\dfrac{2500\times 10^3}{\sqrt{3}\times 35\times 10^3}\right)^2}$

$$=\frac{98}{125\times(X_1\%)^2}$$

Lb2D3004 某台 SJ-2500/35、35/10.5kV，Y，d11 变压器，空载损耗 $P_0=4.0$kW，空载电流 $I_0\%=X_1$，则 35kV 侧励磁支路的电抗值 $X_0=$____ Ω。(计算结果保留 1 位

小数）

X_1取值范围：1.1，1.2，1.3，1.4，1.5

$$X_0=\sqrt{Z_0^2-R_0^2}=\sqrt{\left(\frac{U_N}{\sqrt{3}I_0}\right)^2-\left(\frac{P_0}{3I_0^2}\right)^2}$$

$$=\sqrt{\left(\frac{35\times10^3}{\sqrt{3}X_1\%\frac{2500\times10^3}{\sqrt{3}\times35\times10^3}}\right)^2-\left(\frac{4\times10^3}{3\left(X_1\%\frac{2500\times10^3}{\sqrt{3}\times35\times10^3}\right)^2}\right)^2}$$

$$=\frac{\sqrt{490^2\times25\times(X_1\%)^2-3.92^2}}{(X_1\%)^2\times5}$$

Lb1D3005 一台额定容量为 60000kV·A、额定电压为 110000/6600V、额定电流为 315/5250A 的三相变压器，做空载试验时，从低压侧输入 6600V 电压，测得三相电流：$I_a=19.52$A，$I_b=19.52$A，$I_c=X_1$A，则空载电流的百分数（%）I_0为____。（计算结果保留 2 位小数）

X_1取值范围：20.01～22.00 带 2 位小数的值

计算公式： $$I_0(\%)=\frac{\frac{1}{3}(I_a+I_b+I_c)}{I_N}\times100\%=\frac{19.52+19.52+X_1}{3\times5250}\times100\%$$

$$=\frac{39.04+X_1}{15750}\times100\%$$

Je1D3006 某一 220kV 线路，全长 $L=X_2$km，进行正序阻抗试验时，测得线电压平均值 $U_{av}=286$V，三相电流的平均值 $I_{av}=21.58$A，三相总功率 $P=800$W，试计算每相每千米正序阻抗 $Z_1=$____ Ω/km、正序电阻 $R_1=$____ Ω/km、正序电抗 $X_1=$____ Ω/km、正序电感 $L_1=$____ H/km。（计算结果保留 5 位小数）

X_2取值范围：20～30 带 2 位小数的值

计算公式： $$Z_1=\frac{U_{av}}{\sqrt{3}I_{av}}\cdot\frac{1}{L}=\frac{286}{\sqrt{3}\times21.58\times X_2}=\frac{11\times\sqrt{3}}{2.49\times X_2}$$

$$R_1=\frac{P}{3I_{av}^2}\cdot\frac{1}{L}=\frac{800}{3\times21.58^2\times X_2}=\frac{200}{3\times10.79^2\times X_2}$$

$$X_1=\sqrt{Z_1^2-R_1^2}=\sqrt{\left(\frac{U_{av}}{\sqrt{3}I_{av}}\frac{1}{L}\right)^2-\left(\frac{P}{3I_{av}^2}\frac{1}{L}\right)^2}$$

$$=\frac{1}{X_2}\sqrt{\left(\frac{286}{\sqrt{3}\times21.58}\right)^2-\left(\frac{800}{3\times21.58^2}\right)^2}$$

$$L_1=\frac{X_1}{2\pi f}=\frac{\sqrt{Z_1^2-R_1^2}}{2\pi f}=\frac{1}{2\pi f}\sqrt{\left(\frac{U_{av}}{\sqrt{3}I_{av}}\cdot\frac{1}{L}\right)^2-\left(\frac{P}{3I_{av}^2}\cdot\frac{1}{L}\right)^2}$$

$$=\frac{1}{314X_2}\sqrt{\left(\frac{286}{\sqrt{3}\times21.58}\right)^2-\left(\frac{800}{3\times21.58^2}\right)^2}$$

Je1D3007 一个无限大容量系统通过一条 $L=X_2$ km 的 110kV 输电线路向某一变电站供电，接线情况如下图所示。已知线路每千米的电抗值为 $X_1=0.4\Omega/\text{km}$，则变电站出线上发生三相短路时的短路电流 $I_R=$____ A。（计算结果保留 1 位小数）

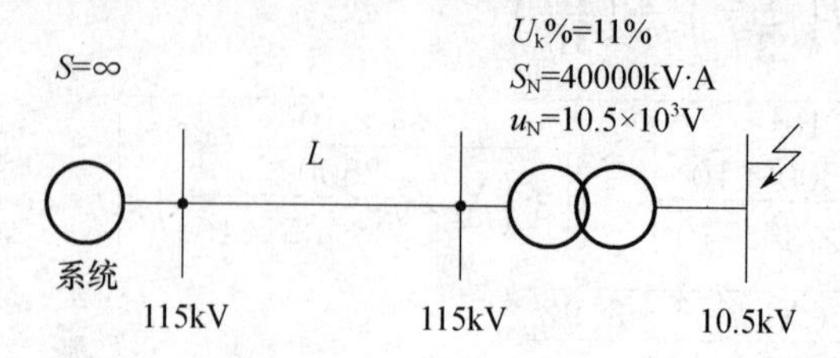

X_2取值范围：40～60 的整数

计算公式：
$$I_R=\frac{\frac{1}{\sqrt{3}}U_N}{LX_1\left(\frac{10.5}{115}\right)^2+U_k\%\frac{U_N^2}{S_N}}$$
$$=\frac{\frac{1}{\sqrt{3}}\times10.5\times10^3}{X_2\times10^3\times0.4\times10^{-3}\times\left(\frac{10.5\times10^3}{115\times10^3}\right)^2+11\%\times\frac{10.5^2\times10^6}{40000\times10^3}}$$
$$=\frac{1000}{\sqrt{3}\times\left(\frac{21\times X_2}{66125}+0.028875\right)}$$

Je1D3008 一台 SFZL-31500/110 的变压器，联接组标号为 Y，d11，U_e为 110/10.5kV，I_e为 165/1728A，$U_k\%=6.8$，试计算进行负载试验时由 110kV 侧加压，试验电压 X_1 V 所需的电源容量 $S_k=$____ kV·A。（计算结果保留 2 位小数）

X_1取值范围：450～550 的整数

计算公式：
$$S_k=S_e\cdot\frac{U_k\%}{100}\left(\frac{I_k}{I_e}\right)^2=S_e\frac{U_k\%}{100}\left(\frac{\frac{100U_kI_e}{U_eU_k\%}}{I_e}\right)^2$$
$$=\frac{31500\times6.8}{100}\left(\frac{\frac{100\times X_1\times165}{110\times10^3\times6.8}}{165}\right)^2=\frac{63}{110^2\times136}X_1^2$$

Je1D4009 某条 220kV 线路，全长 $L=X_1$ km，进行零序阻抗试验时，测得零序电压 $U_0=516$V，零序电流 $I_0=25$A，零序功率 $P_0=3220$W，计算该线路每公里的零序阻抗 $Z_0=$____ Ω/km、零序电阻 $R_0=$____ Ω/km、零序电抗 $X_0=$____ Ω/km、电感 $L_0=$____ H/km。（计算结果保留 5 位小数）

X_1取值范围：50～60 带 2 位小数的值

计算公式：$Z_0=\frac{3U_0}{I_0}\cdot\frac{1}{L}=\frac{1548}{25}\times\frac{1}{X_1}$

$$R_0=\frac{3P_0}{I_0^2}\cdot\frac{1}{L}=\frac{3\times3220}{25^2}\times\frac{1}{X_1}=\frac{1932}{125\times X_1}$$

$$X_0=\sqrt{Z_0^2-R_0^2}=\sqrt{\left(\frac{3U_0}{I_0}\frac{1}{L}\right)^2-\left(\frac{3P_0}{I_0^2}\frac{1}{L}\right)^2}=\frac{1}{X_1}\sqrt{\left(\frac{3\times516}{25}\right)^2-\left(\frac{3\times3220}{25^2}\right)^2}$$

$$=\frac{24\times\sqrt{97526}}{125\times X_1}$$

$$L_0=\frac{X_0}{2\pi f}=\frac{\sqrt{Z_0^2-R_0^2}}{2\pi f}=\frac{\sqrt{\left(\frac{3U_0}{I_0}\cdot\frac{1}{L}\right)^2-\left(\frac{3P_0}{I_0^2}\cdot\frac{1}{L}\right)^2}}{2\pi f}$$

$$=\frac{\sqrt{\left(\frac{3\times516}{25}\right)^2-\left(\frac{3\times3220}{25^2}\right)^2}}{314X_1}$$

$$=\frac{12\times\sqrt{97526}}{19625\times X_1}$$

Je1D5010 某变电站10kV母线上接有电容器、串联电抗率$K=6\%$，母线短路容量$S_K=X_1$MV·A。当母线上接有产生n次（即3次）谐波的非线性负荷，电容器容量$Q_{CX}=$____ Mvar时，将发生高次谐波并联谐振。（计算结果保留2位小数）

X_1取值范围：75～150的整数

计算公式： $Q_{CX}=S_K\left(\frac{1}{n^2}-K\right)=\left(\frac{1}{3^2}-6\%\right)X_1=\frac{23}{450}X_1$

1.5 识图题

La1E1001 如下图所示，倍压整流电路中，在负载 R_L上得到电压是（ ）。

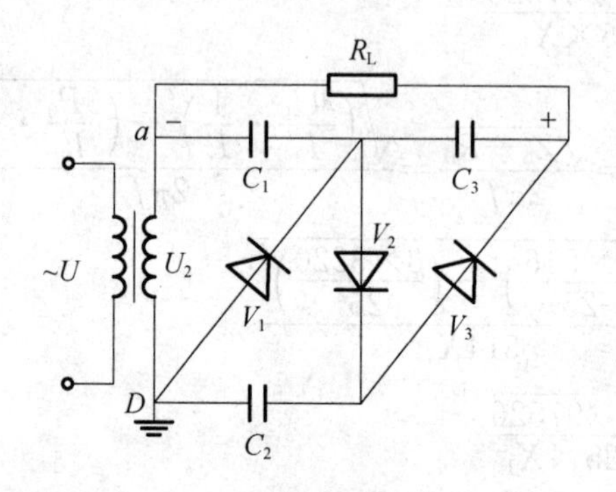

（A）$2U_{2m}$；（B）$3U_{2m}$；（C）$2U_2$；（D）$3U_2$。

答案：B

La1E2002 下图表示的是（ ）原理图。

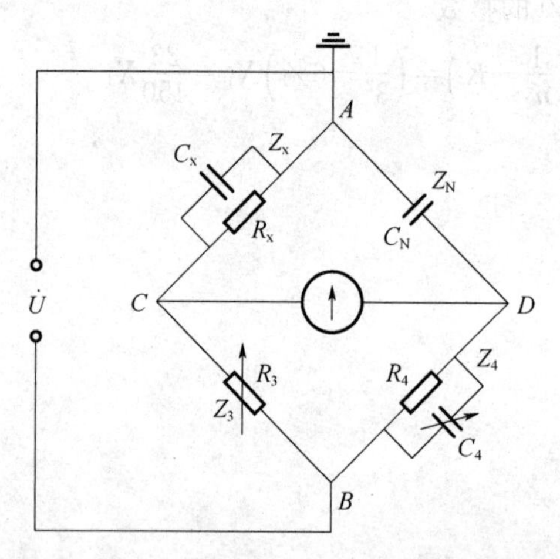

（A）QJ23a 单臂电桥测量电阻；（B）QJ44 双臂电桥测量电阻；（C）QS1 型西林电桥正接线测量 tanδ 值；（D）QS1 型西林电桥反接线测量 tanδ 值。

答案：D

La1E2003 右图表示变压器的接线组别为（ ）。

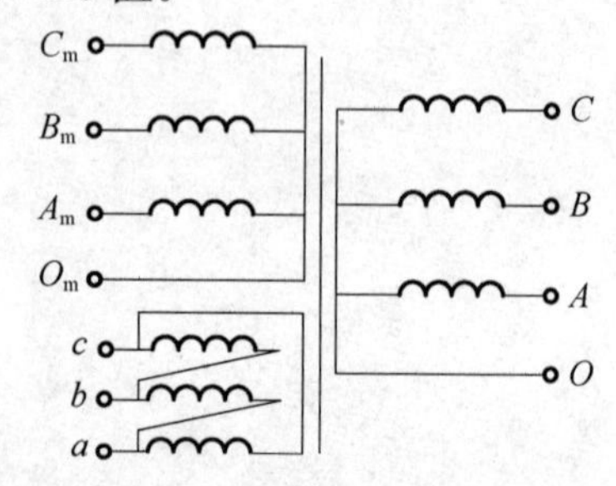

（A）YNynd11；（B）Yynd11；（C）YNynd5；（D）Yynd5。

答案：A

La1E3004　下图为预调式自动跟踪补偿消弧装置系统示意图，图中 L 是消弧线圈，R 是电阻，该电阻的作用是（　　）。

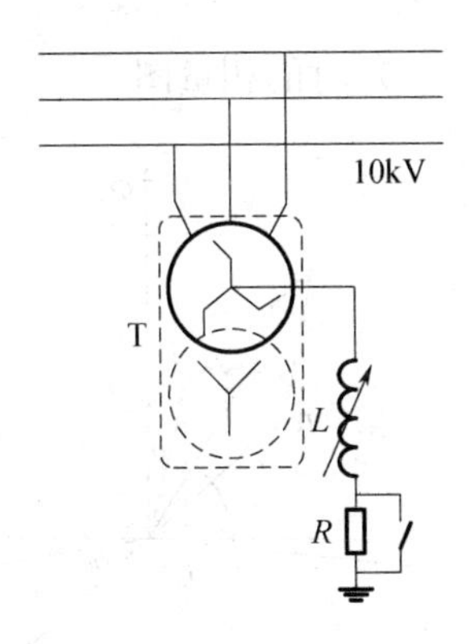

（A）抑制串联谐振；（B）抑制短路电流；（C）抑制电容电流；（D）查找接地线路。

答案：A

La1E3005　下图中 L 为消弧线圈，T 为（　　）。

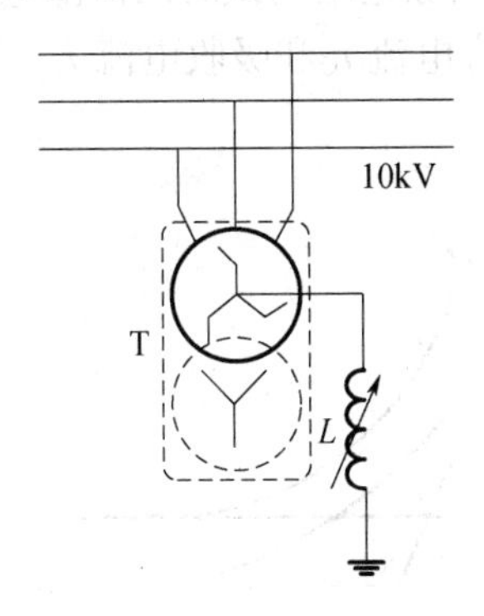

（A）配电变压器；（B）电源变压器；（C）中性点电抗器；（D）接地变压器。

答案：D

La1E4006　下图为变压器（　　）时的相量图。

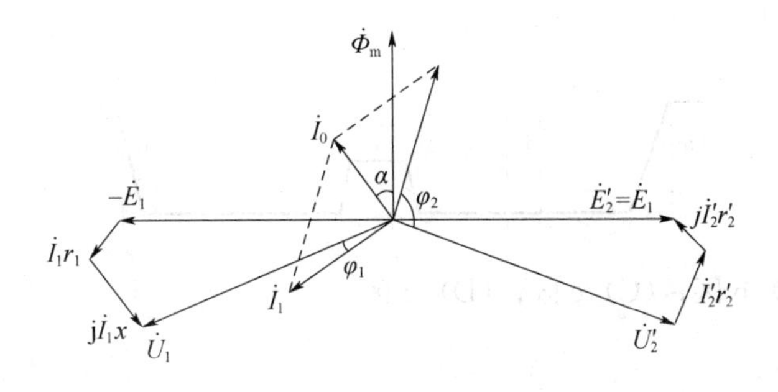

（A）容性负载；（B）感性负载；（C）阻性负载；（D）混合负载。

答案：A

La1E5007 下图为变压器（ ）时的相量图。

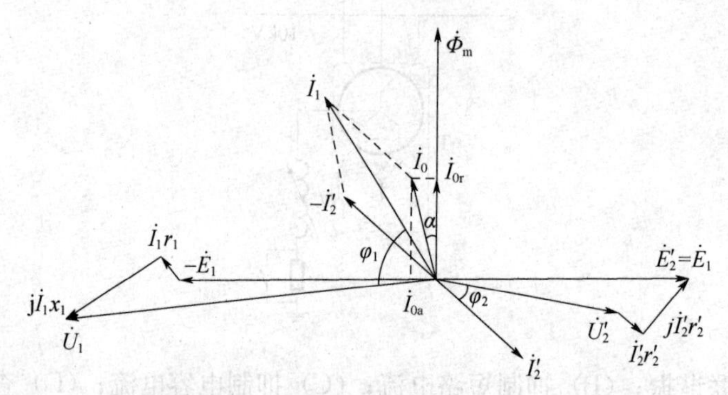

（A）容性负载；（B）感性负载；（C）阻性负载；（D）混合负载。

答案：B

Lb1E1008 下图表示大容量绝缘电阻测试时的泄漏电流的分解，该泄漏电流 i 主要是由三部分组成：阻性电流 i_R、电容电流 i_C 和吸收电流 i_j。其中，吸收电流主要是由（ ）引起的。

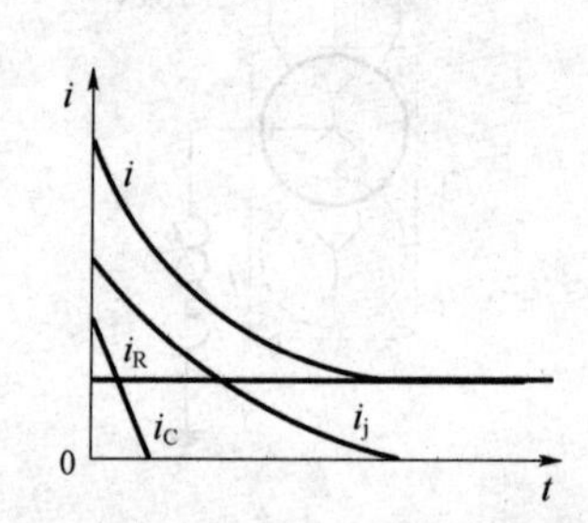

（A）表面泄漏；（B）大容量电容充电；（C）介质的极化；（D）兆欧表稳定。

答案：C

Lb1E2009 下图为变压器的某一相有载分接开关切换波形图，其中能够准确计算出过渡电阻的区域为（ ）。

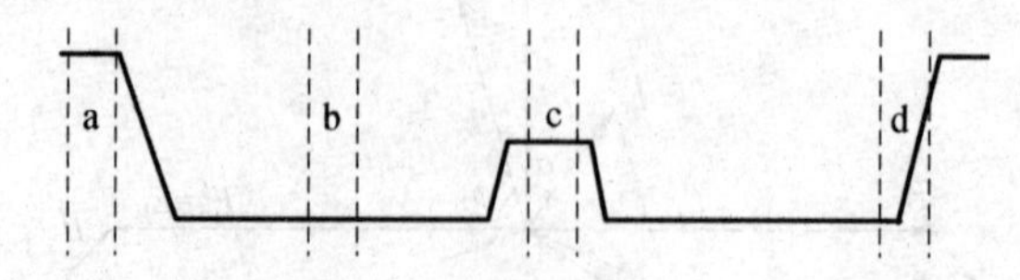

（A）a 区；（B）b 区；（C）c 区；（D）d 区。

答案：B

Lb1E2010 下图为绝缘介质中产生局部放电的等值电路图，图中C_0表示的是(　　)。

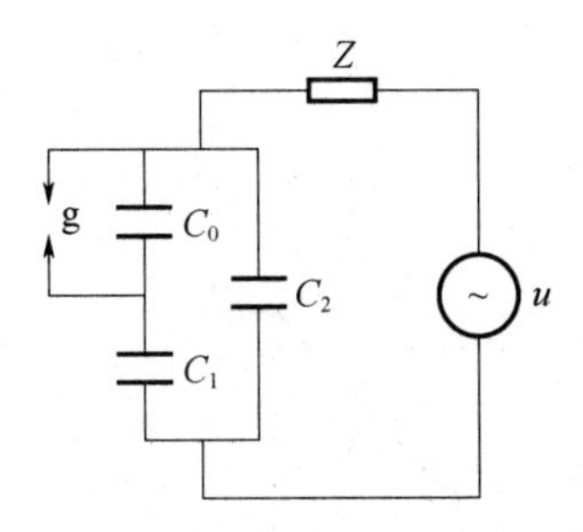

(A) 绝缘介质；(B) 气泡；(C) 导电物质；(D) 对地电容。

答案：B

Lb1E3011 下图所示波形，波前时间为 250μs，波长时间为 2500μs，该波形为(　　)。

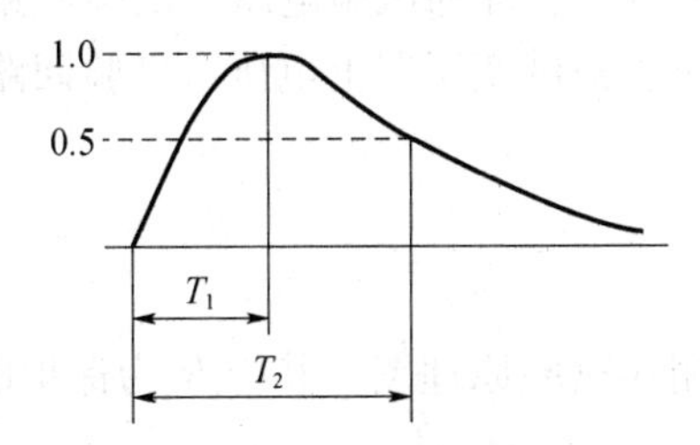

(A) 标准操作冲击试验波形；(B) 标准冲击电流波形；(C) 标准雷电冲击试验波形；(D) 标准冲击截波试验波形。

答案：A

Lb1E3012 下图所示波形，波前时间为 1.2μs，波长时间为 50μs，该波形为(　　)。

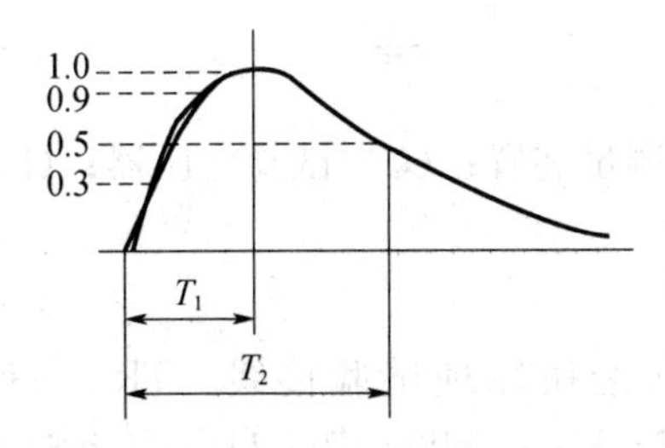

(A) 标准操作冲击试验波形；(B) 标准冲击电流波形；(C) 标准雷电冲击试验波形；(D) 标准冲击截波试验波形。

答案：C

Lb1E4013 下图为变压器交流耐压试验回路的相量图，图中$\dot{U}$为（　　）、$\dot{U}_X$为（　　）、$\dot{U}_R$为（　　）、$\dot{U}_T$为（　　）。

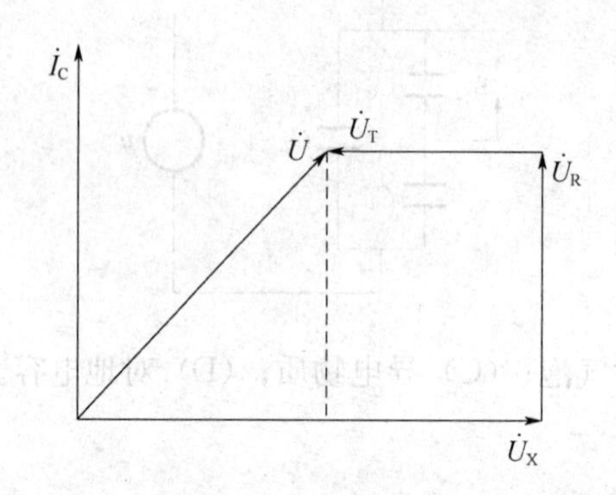

（A）外加试验电压、被试变压器上电压、试验变压器电阻的电压降、试验变压器漏抗电压降；（B）外加试验电压、被试变压器上电压、试验回路电阻电压降、试验变压器漏抗电压降；（C）被试变压器上电压、外加试验电压、试验回路电阻电压降、试验变压器漏抗电压降；（D）外加试验电压、被试变压器上电压、试验回路电阻电压降、试验回路等值电抗电压降。

答案：B

Lb1E4014 下图为交流耐压试验原理图，其中R为保护电阻，主要用来保护（　　）。

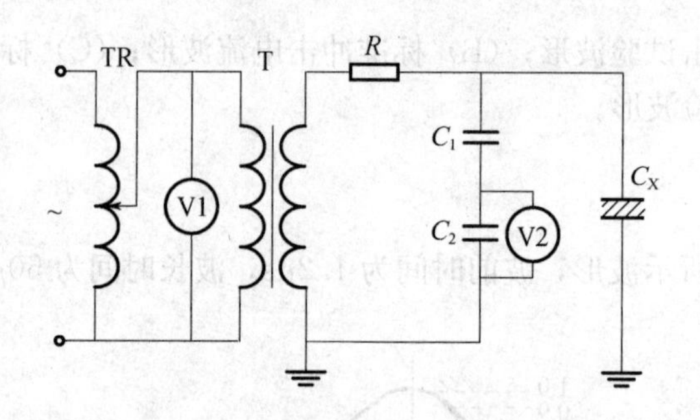

（A）被试品；（B）高压测量装置；（C）试验变压器；（D）以上所有设备。

答案：C

Lb1E5015 下图为串联谐振原理试验接线，TR——调压器；T——励磁变压器；U_{ex}——励磁电压；L——电感；R——回路电阻；U_{cx}——被试品上的电压；C_x——被试品电容；C_1、C_2——电容分压器高、低压臂；PV——电压表。该试验回路的品质因数为（　　）。

（A）$\omega C/\omega L$；（B）$R/\omega L$；（C）U_{cx}/U_{ex}；（D）U_{ex}/U_{cx}。

答案：C

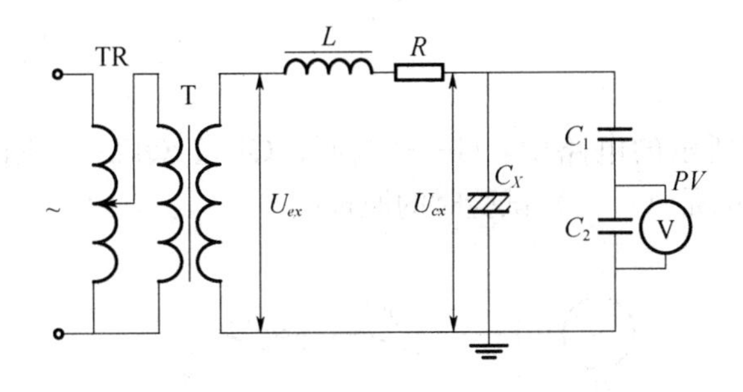

Lc1E2016　下图为（　　）保护的原理接线图。

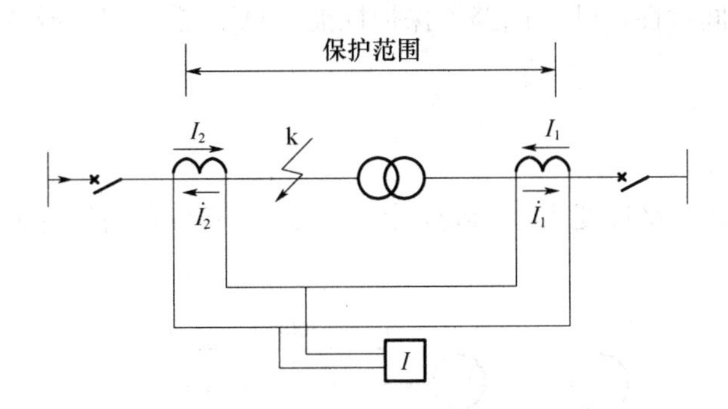

（A）变压器的过压；（B）变压器的差压；（C）变压器的差动；（D）变压器的过流。

答案：C

Lc1E3017　下图为有载分接开关切换过程，表示由（　　）分节的动作顺序。

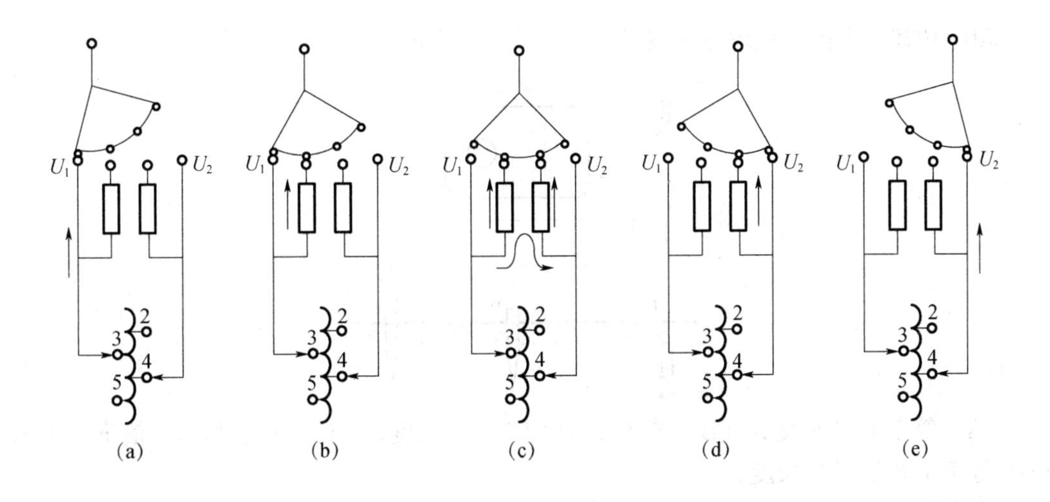

（A）2-3；（B）3-4；（C）4-3；（D）3-2。

答案：B

Lc1E3018 下图所示的电路中：G——电源；QF1、QF2——断路器；T——空载变压器。此接线图表示的是（ ）试验时的原理图。

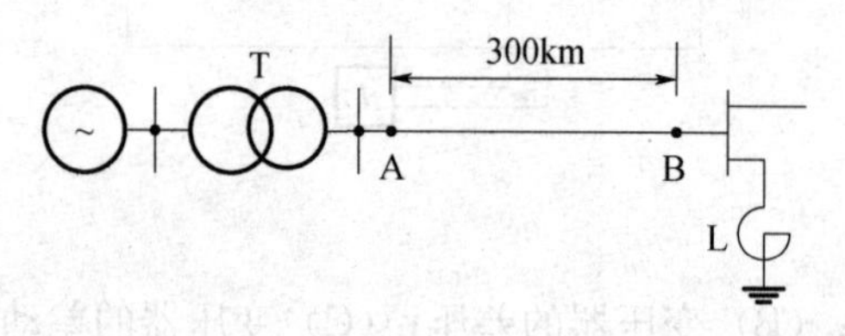

（A）断路器时间特性；（B）断路器保护性能；（C）投、切空载变压器；（D）投、切空载线路。

答案：C

Lc1E4019 下图线路长度为300km，在该线路末端装有高压并联电抗器，其目的是（ ）。

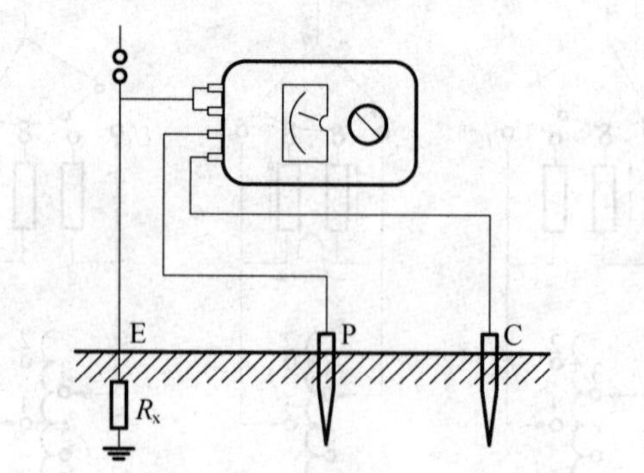

（A）防止雷电过电压；（B）防止操作过电压；（C）防止谐振过电压；（D）补偿线路电容电流。

答案：D

Jd1E1020 下图是接地电阻测量仪测量接地电阻的接线。E-P长度（ ）。

（A）等于P-C长度；（B）等于0.618倍E-C长度；（C）等于0.472倍E-C长度；（D）等于1/3倍E-C长度。

答案：A

Jd1E2021　下图是采用电压表-电流表直线法测量接地电阻的原理试验接线，E-P 长度（　　）。

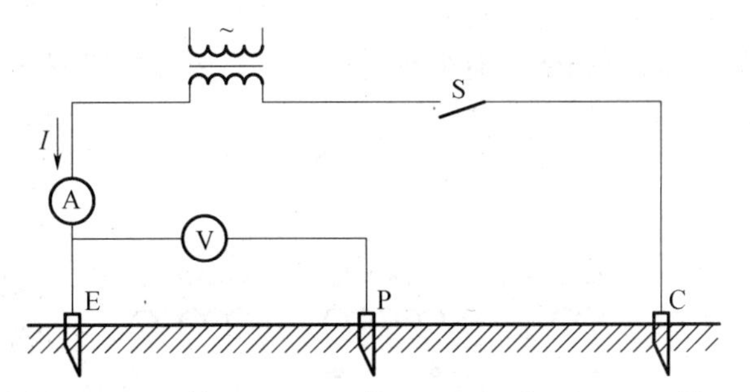

（A）等于 P-F 长度；（B）等于 0.618 倍 E-F 长度；（C）等于 0.472 倍 E-F 长度；（D）等于 1/3 倍 E-F 长度。

答案：B

Jd1E2022　下图所表示的接线图是（　　）试验原理图，其中电压表为（　　）电压表。

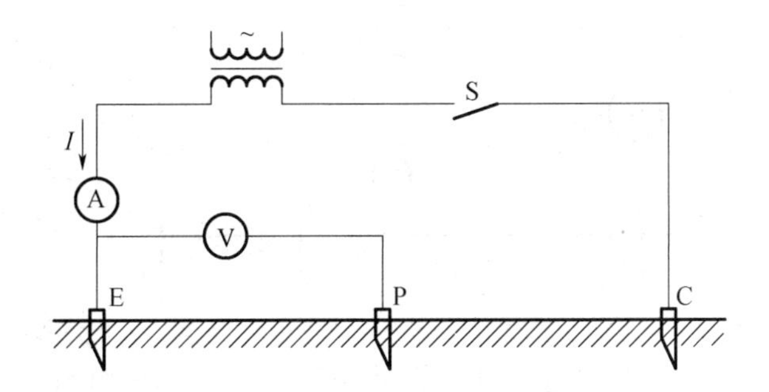

（A）三极法测量地网接地电阻、高内阻；（B）三极法测量地网接地电阻、地内阻；（C）四极法测量地网接地电阻、高内阻；（D）四极法测量地网接地电阻、地内阻。

答案：A

Jd1E3023　下图为 110kV 变压器（　　）验接线原理图，其中 C_0 为被充电的电容器电容，F 为球隙。

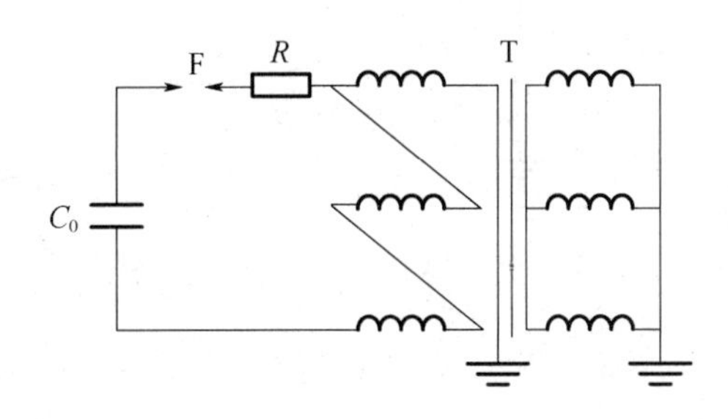

（A）操作波感应耐压；（B）三倍频耐压；（C）直流耐压；（D）谐振耐压。

答案：A

Jd1E3024　下图为三台单相变压器组成的（　　）原理接线图。

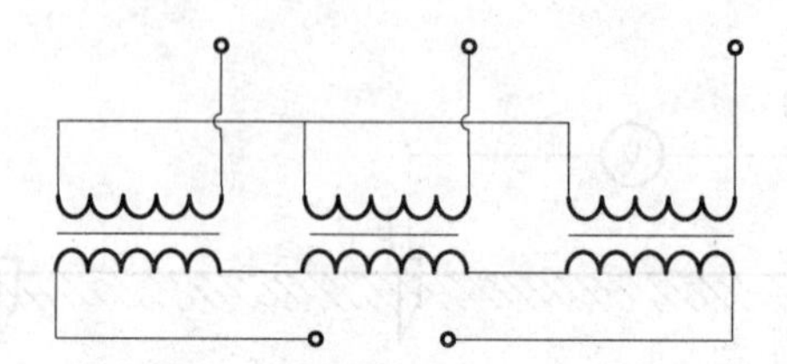

（A）三相单相变压器组成一台三相变压器；（B）三台变压器并列运行；（C）三台变压器串联运行；（D）获取三倍频电源。

答案：D

Jd1E3025　下图所表示的是用等距四级法测量（　　）的接线图。

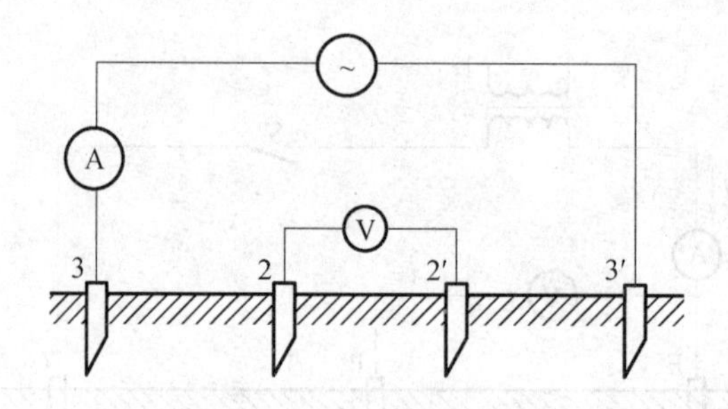

（A）接地电阻；（B）接地导通；（C）跨步电压；（D）土壤电阻率。

答案：D

Jd1E4026　下图表示的是（　　）试验项目接线图。

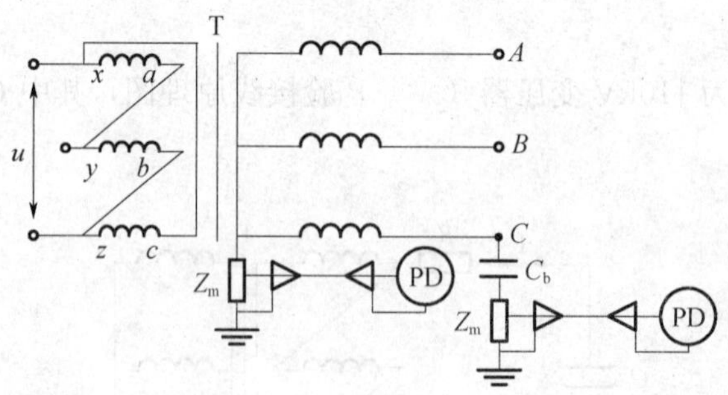

（A）变压器三倍频耐压；（B）变压器单相低电压短路阻抗；（C）变压器局部放电试验；（D）变压器零序阻抗测量。

答案：C

Jd1E5027 下图为直流泄漏试验的接线原理图，微安表的接线方法有以下三种，一般不采用第二种，主要原因是（　　）。

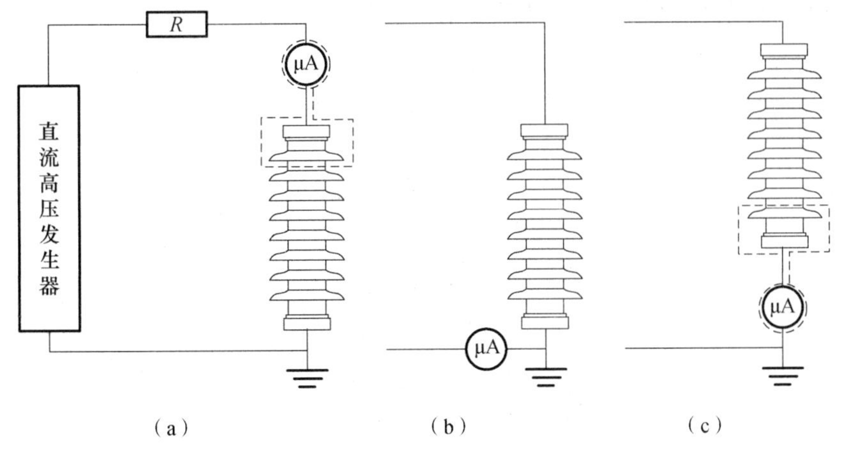

（A）泄漏电流会不经微安表直接流入地网，测试结果偏差较大；（B）不容易实现接线；（C）没有屏蔽掉表面泄漏电流，误差较大；（D）其他两种接线方法可以屏蔽掉表面泄漏电流。

答案：A

Je1E1028 电流互感器高电压介损试验中，介损值随电压的变化曲线如下图所示，其中表示互感器内部严重受潮的曲线为（　　）。

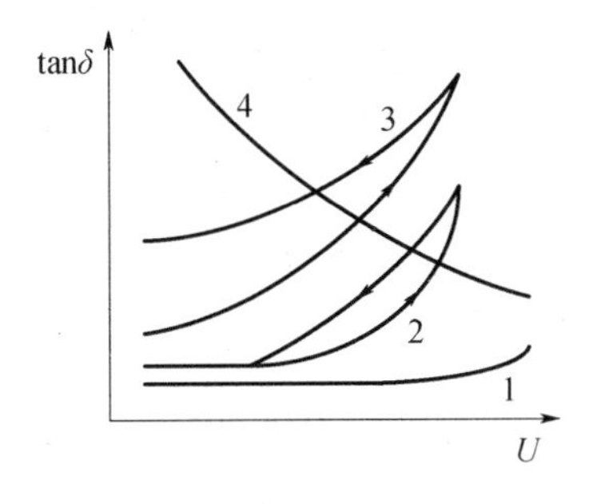

（A）1；（B）2；（C）3；（D）4。

答案：C

Je1E2029 电流互感器高电压介损试验中，介损值随电压的变化曲线如右图所示，其中曲线 4 表示电流互感器（　　）。

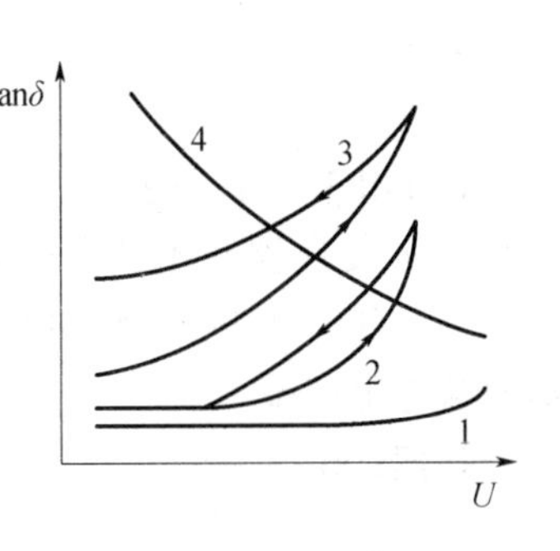

（A）绝缘良好；（B）绝缘发生气隙放电；（C）绝缘严重受潮；（D）绝缘中含有离子型杂质。

答案：D

Je1E3030 对于 YNyn0 分级变压器在进行感应耐压试验时，为了能够同时验证中性点的耐压情况，一般采用下图所示的接线方式。此时高压侧被试相相间及对地电压达到规程要求的试验电压U，那么中性点电压达到的电压为（　　）U。

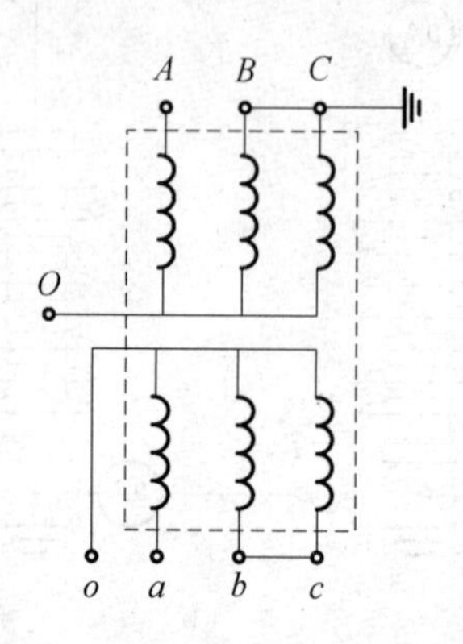

（A）1/2；（B）1/3；（C）1/4；（D）2/3。

答案：B

Je1E3031 对于 Yd 型分级变压器在进行感应耐压试验时，为了能够同时验证中性点的耐压情况，一般采用下图所示的接线方式。此时高压侧被试相相间及对地电压达到规程要求的试验电压U，那么中性点电压达到的电压为（　　）U。

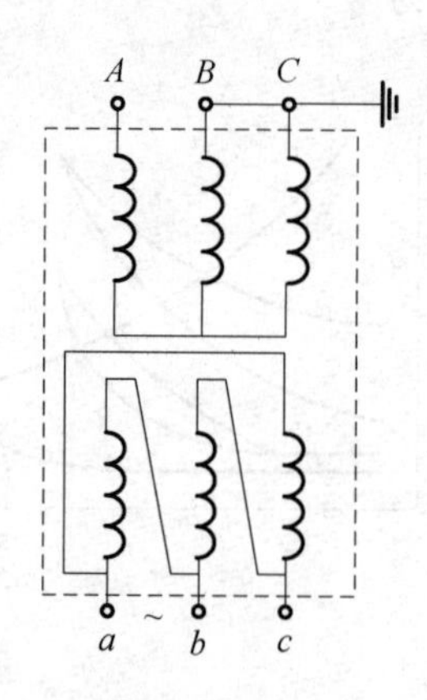

（A）1/2；（B）1/3；（C）1/4；（D）2/3。

答案：B

Je1E4032 右图表示的是（　　）试验。

（A）变压器变比试验；（B）变压器空载损耗试验；（C）变压器负载损耗试验；（D）变压器直流电阻试验。

答案：B

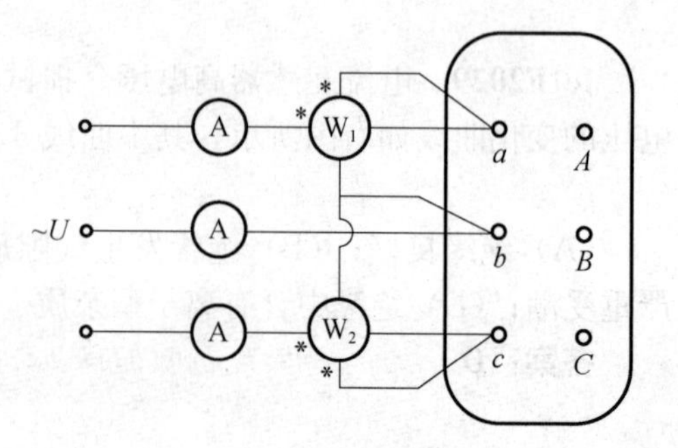

Je1E5033　下图表示的是（　　）试验。

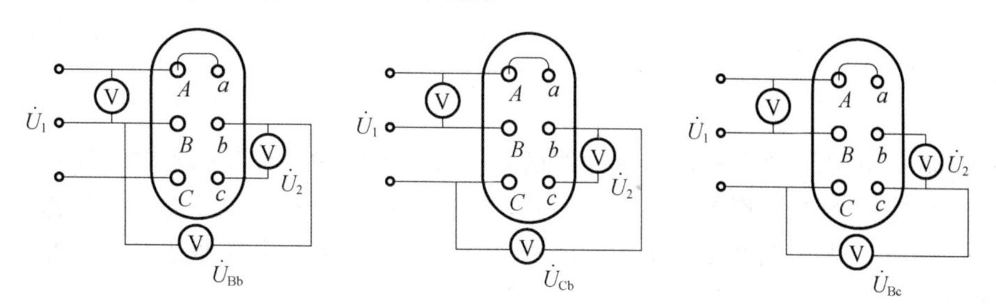

（A）双电压表法测量变压器接线组别；（B）双电压表法测量变压器变比；（C）三电压表法测量变压器空载损耗；（D）三电压表法测量变压器阻抗。

答案：A

Jf1E2034　下图为（　　）的原理图。

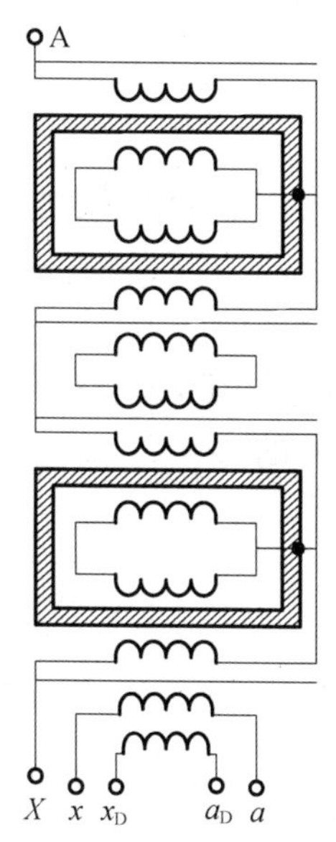

（A）220kV单相电流互感器；（B）110kV串级式单相电压互感器；（C）220kV串级式单相电压互感器；（D）110kV单相电流互感器。

答案：C

Jf1E3035　下图是（　　）的原理接线图。

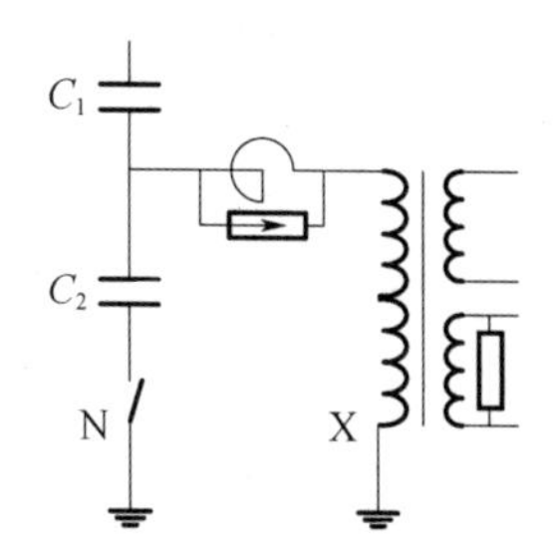

(A) 电流互感器；(B) 电容分压器；(C) 电磁式电压互感器；(D) 电容式电压互感器。

答案：D

Jf1E3036 电压互感器励磁特性曲线试验的目的主要是检查互感器铁芯质量，通过磁化曲线的饱和程度判断互感器有无匝间短路，励磁特性曲线能灵敏地反映互感器铁芯、线圈等状况。如果下图中曲线 1 表示正常的励磁特性曲线，那么出现曲线 2 的情况，下列说法不正确的是（　　）。

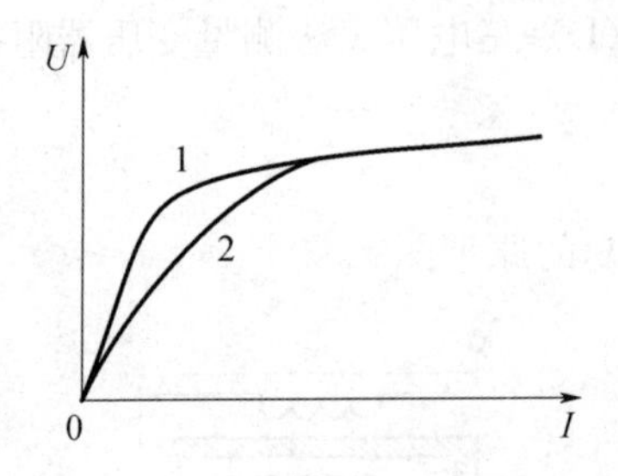

(A) 互感器有铁芯松动情况；(B) 互感器线圈匝间短路；(C) 互感器磁路有剩磁。

答案：C

Jf1E4037 下图为用两台电压互感器 TV_1、TV_2 和一块电压表，在低压侧进行母线Ⅰ（A、B、C）与母线Ⅱ（A′、B′、C′）的（　　）试验接线原理图。

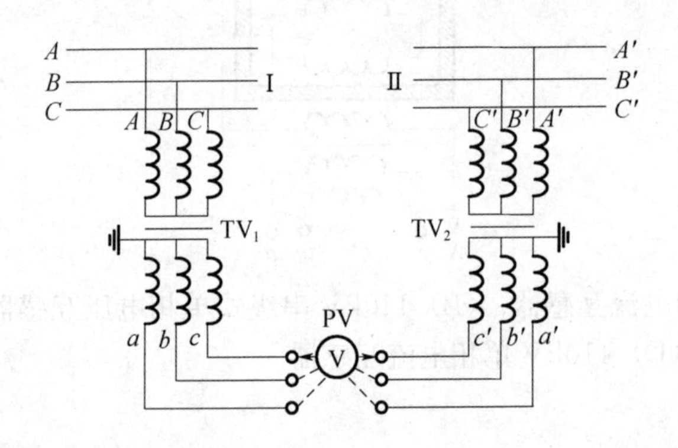

(A) 角差；(B) 比差；(C) 核相；(D) 变比。

答案：C

1.6 论述题

La1F1001 交流电压作用下的电介质损耗主要包括哪几部分？分别是如何引起的？

答：一般由下列三部分组成：

（1）电导损耗。是由泄漏电流流过介质而引起的。

（2）极化损耗。因介质中偶极分子反复排列相互克服摩擦力造成的，在夹层介质中，边界上电荷周期性的变化造成的损耗也是极化损耗。

（3）游离损耗。气隙中的电晕损耗和液、固体中局部放电引起的损耗。

La1F2002 变压器的作用是什么？为什么需要变压？

答：变压器是一种静止的电气设备，借助电磁感应作用，把一种电压的交流电能转变为同频率的另一种或几种电压的交流电能，为什么需要变压呢？这是因为当将一定数量的大功率的电能输送到远方用户时，如果用较低的电压，则电流将很大，而线路的功率损耗与电流的平方成正比，从而将造成巨大的能量损失；另一方面，大电流在线路上引起很大的电压损失，使得用户无法得到足够的电压，故必须用升压变压器把要输送电能的电压升高，以减小电流。另外，用电设备的电压相对来说却较低，因此电能送到受电端后，还必须用降压变压器将电压降低到用户所需要的数值。

Lb1F1003 影响介质绝缘强度的因素有哪些？

答：主要有以下几个方面：

（1）电压的作用。除了与所加电压的高低有关外，还与电压的波形、极性、频率、作用时间、电压上升的速度和电极的形状等有关。

（2）温度的作用。过高的温度会使绝缘强度下降甚至发生热老化、热击穿。

（3）机械力的作用。如机械负荷、电动力和机械振动使绝缘结构受到损坏，从而使绝缘强度下降。

（4）化学的作用。包括化学气体、液体的侵蚀作用会使绝缘受到损坏。

（5）大自然的作用。如日光、风、雨、露、雪、尘埃等的作用会使绝缘产生老化、受潮、闪络。

Lb1F2004 为什么要监测金属氧化物避雷器运行中持续电流的阻性分量？

答：当工频电压作用于金属氧化物避雷器时，避雷器相当于一台有损耗的电容器，其中容性电流的大小仅对电压分布有意义，并不影响发热，而阻性电流则是造成金属氧化物电阻片发热的原因。良好的金属氧化物避雷器虽然在运行中长期承受工频运行电压，但因流过的持续电流通常远小于工频参考电流，引起的热效应极微小，不致引起避雷器性能的改变。而在避雷器内部出现异常时，主要是阀片严重劣化和内壁受潮等阻性分量明显增大，并可能导致热稳定破坏，造成避雷器损坏。但这个持续电流阻性分量的增大一般是经过一个过程的，因此运行中定期监测金属氧化物避雷器的持续电流的阻性分量，是保证安全运行的有效措施。

Lb1F2005 电流互感器二次侧开路为什么会产生高电压？

答：电流互感器是一种仪用变压器。从结构上看，它与变压器一样，有一、二次绕组，有专门的磁通路；从原理上讲，它完全依据电磁转换原理，一、二次电势遵循与匝数成正比的数量关系。一般来说，电流互感器是将处于高电位的大电流变成低电位的小电流，也就是说，二次绕组的匝数比一次绕阻要多几倍，甚至几千倍（视电流变比而定）。如果二次开路，一次侧仍然被强制通过系统电流，二次侧就会感应出几倍甚至几千倍于一次绕组两端的电压，这个电压可能高达几千伏以上，进而对工作人员和设备的绝缘造成伤害。

Lb1F2006 自耦变压器具有哪些优缺点？

答：其优点如下：

(1) 消耗材料少，成本低。因为变压器所用硅钢片和铜线的量与绕组的额定感应电动势、额定电流有关，即与绕组的容量有关，自耦变压器绕组容量降低，所消耗材料也减少，成本也低。

(2) 损耗少，效率高。由于铜线和硅钢片用量减少，在同等的电流密度及磁通密度时，自耦变压器的铜耗和铁耗都比双绕组变压器少，因此效率高。

(3) 便于运输和安装。因为它比同等容量的双绕组变压器质量轻、尺寸小，占地面积小。

(4) 提高了变压器的极限制造容量。变压器的极限制造容量一般受运输条件的限制，在相同的运输条件下，自耦变压器容量可比双绕组变压器制造大一些。

其缺点如下：

(1) 使电力系统短路电流增大。由于自耦变压器的高、中压绕组之间有电的联系，其短路阻抗只有同容量普通双绕组变压器的$\left(1-\frac{1}{k}\right)^2$倍。因此，在电力系统中采用自耦变压器后，三相短路电流显著增大。又由于自耦变压器中性点必须直接接地，所以系统的单相短路电流大增大，有时甚至超过三相短路电流。

(2) 造成调压上的困难。主要是由自耦变压器的高、中压绕组之间有电的联系引起的。

(3) 使绕组的过电压保护复杂。由于高、中压绕组的自耦联系，当任一侧落入一个波幅与该绕组绝缘水平相适应的雷电冲击波时，另一侧出现的过电压冲击波的波幅则可能超出该侧绝缘水平。为了避免这种现象的发生，必须在高、中压两侧出线端都装一组避雷器。

(4) 使继电保护复杂。

Lb1F2007 500kV并联电抗器在系统中有哪些作用？

答：(1) 限制工频暂态过电压，使线路断路器的线路侧标幺值不超过1.4p，线路断路器的变电站侧标幺值不超过1.3p。

(2) 在单机带空长线运行方式下，防止自励磁发生。

（3）在并联电抗器的中性点小电抗，可限制潜供电流；限制单相断线时工频谐振过电压。

（4）提供感性无功补偿，主要是补偿线路的充电功率。

Lb1F2008 简述在110kV及以下系统中，空母线带电磁式电压互感器产生铁磁谐振过电压的预防和限制措施。

答：预防和限制铁磁谐振过电压的措施如下：

（1）排除外界强烈的冲击扰动，例如在电磁式电压互感器的中性端串入非线性阀片，当母线电压升高时非线性阀片动作，防止铁磁谐振过电压的发生。

（2）选用励磁性能好（饱和拐点比较高）的电磁式电压互感器或改用电容式电压互感器。

（3）在电磁式电压互感器的开口三角形绕组中加装一个阻尼电阻 R，使 $R \leqslant 0.4$XT（互感器的励磁感抗）。

Lb1F2009 中性点直接接地变压器的绕组在大气过电压作用时，电压是如何分布的？

答：当大气过电压作用在中性点直接接地变压器绕组上时，绕组上电压分布是呈衰减指数分布。一开始由于绕组的感抗很大，所以电流不从变压器绕组的线匝中流过，而只从高压绕组的匝与匝之间，以及绕组与铁芯（即绕组对地）之间的电容中流过。由于对地电容的存在，在每线匝间电容上流过的电流都不相等，因此，沿着绕组高度的起始电压的分布也是不均匀的，在最初瞬间的电压分布情况是首端几个线匝间，电位梯度很大，使匝间绝缘及绕组间绝缘受到很大的威胁，在绕组中部电位大大减小，尾部（中性接地端）趋于平缓。从起始电压分布状态过渡到最终电压分布状态，伴随有谐振的过程，这是由于绕组之间电容及绕组的电感的作用。在谐振过程中，绕组某些部位的对地主绝缘，甚至承受比冲击电压还要高的电压。

Lb1F2010 110kV及以上的电力变压器有哪些冷却方式？ODAF和OFAF冷却方式有哪些相同点和不同点？

答：油浸式电力变压器冷却方式如下：

（1）油浸自冷（ONAN）。

（2）油浸风冷（ONAF）。

（3）强迫油循环风冷（OFAF）。

（4）强迫油循环水冷（OFWF）。

（5）强迫导向油循环风冷或水冷（ODAF或ODWF）ODAF或OFAF冷却方式相同点：都是强油循环，油从箱体下部进入，吸收器身热量后从箱体上部流出，再经风扇冷却降温后，又被潜油泵重新打入箱体下部。再循环最大的不同点是变压器油循环冷却路径不一样：ODAF方式下变压器油从线圈底部进入，经过线圈内部吸收热量后，从线圈顶部（包括匝间、饼间）流出；OFAF方式下，油流不经过线圈内部，只在外部循环冷却。

Lb1F3011 为什么《电力设备状态检修试验规程》规定电力设备例行试验应在空气相对湿度80%以下进行?

答: 实测表明，在空气相对湿度较大时进行电力设备预防性试验，所测出的数据与实际值相差甚多。例如，当空气相对湿度大于75%时，测得避雷器的绝缘电阻由2000MΩ以上降为180MΩ以下；10kV电缆的泄漏电流由20μA以下上升为150μA以上，且三相值不规律、不对称；35kV多油断路器的介质损耗因数由3%上升为8%，从而使测量结果无法参考。造成测量值与实际值差别甚大的主要原因：一是水膜的影响。二是电场畸变的影响。当空气相对湿度较大时，绝缘物表面将出现凝露或附着一层水膜，导致表面绝缘电阻大大降低，表面泄漏电流增大。另外，凝露和水膜还可能导致导体和绝缘物表面电场发生畸变，电场分布更不均匀，从而产生电晕现象，直接影响测量结果。为准确测量，通常在65%以下的空气相对湿度下进行。

Lb1F3012 为什么要测量电力设备的吸收比?

答: 对电容量比较大的电力设备，在用绝缘电阻表测其绝缘电阻时，把绝缘电阻在两个时间下读数的比值称为吸收比。按规定，吸收比是指60s与15s时绝缘电阻读数的比值，用式$K=R''_{60}/R''_{15}$表示。测量吸收比可以判断电力设备的绝缘是否受潮，这是因为绝缘材料干燥时，泄漏电流成分很小，绝缘电阻由充电电流决定。在摇到15s时，充电电流仍比较大，于是这时的绝缘电阻R''_{15}就比较小；摇到60s时，根据绝缘材料的吸收特性，这时的充电电流已经衰减，绝缘电阻R''_{60}就比较大，所以吸收比就比较大。而绝缘受潮时，泄漏电流分量就增大，随时间变化的充电电流影响就比较小，这时泄漏电流和摇的时间关系不明显，这样R''_{60}和R''_{15}就很接近。换言之，吸收比就降低了。这样，通过所测得的吸收比的数值，可以初步判断电力设备的绝缘受潮。吸收比试验适用于电机和变压器等电容量较大的设备，其判据是，如绝缘没有受潮$K\geqslant1.3$，而对于容量很小的设备（如绝缘子），摇绝缘电阻只需几秒钟的时间，绝缘电阻的读数即稳定下来，不再上升，没有吸收现象。因此，对电容量很小的电力设备，就用不着做吸收比试验了。测量吸收比时，应注意记录时间的误差，准确或自动记录15s和60s的时间。对大容量试品，国内外有关规程规定可用极化指数R_{10min}/R_{1min}来代替吸收比试验。

Lb1F3013 为什么绝缘油击穿试验的电极采用平板型电极，而不采用球型电极?

答: 绝缘油击穿试验用平板形成电极，是因极间电场分布均匀，易使油中杂质连成“小桥”，故击穿电压较大程度上决定于杂质的多少。如用球型电极，由于球间电场强度比较集中，杂质有较多的机会碰到球面，接收电荷后又被强电场斥去，故不容易构成“小桥”。绝缘油击穿试验的目的是检查油中水分、纤维等杂质，因此采用平板形电极较好。我国规定使用直径为25mm的平板形标准电极进行绝缘油击穿试验，板间距离规定为25mm。

Lb1F3014 为什么对含有少量水分的变压器油进行击穿电压试验时，在不同的温度下有不同的耐压数值?

答：造成这种现象的原因是变压器油中的水分在不同温度下的状态不同，因而形成“小桥”的难易程度不同。在0℃以下水结成冰，油黏稠，“搭桥”效应减弱，耐压值较高；略高于0℃时，油中水呈悬浮胶状，导电“小桥”最易形成；耐压值最低温度升高，水分从悬浮胶状变为溶解状，较分散，不易形成导电“小桥”；耐压值增大到60～80℃时，达到最大值；当温度高于80℃，水分形成气泡，气泡的电气强度较油低，易放电并形成更多气泡搭成气泡桥，耐压值又下降。

Lb1F3015 为什么变压器的二次电流变化时，一次电流也随着变化？

答：变压器负载（变压器二次侧接上负载）时，二次侧有了电流，该电流建立的二次磁动势 N_2 也作用于主磁路上，会使主磁通 Φ 发生改变，电动势 E_1 也随之发生改变，从而打破了原来的平衡状态，而在外施电压 U_1 不变的前提下，主磁通 Φ 应不变（因 $U_1 \approx E_1 \propto \Phi$）。因此，由 I_1 建立的一次磁动势和二次磁动势的合成磁动势所产生的主磁通将仍保持原来的值，所以二次电流变化，一次电流也随着变化。

Lb1F3016 为什么变压器绝缘受潮后电容值随温度升高而增大？

答：水分子是一种极强的偶极子，它能改变变压器中吸收电容电流的大小。在一定频率下，温度较低时，水分子呈现出悬浮状或乳脂状，存在于油中或纸中，此时水分子偶极子不易充分极化，变压器吸收电容电流较小，则变压器电容值较小；温度升高时，分子热运动使黏度降低，水分扩散并呈溶解状态分布在油中，油中的水分子被充分极化，使电容电流增大，故变压器电容值增大。

Lb1F3017 SF_6 气体中混有水分有何危害？

答：SF_6 气体中混有水分造成的危害有以下两个方面：

（1）水分引起化学腐蚀。干燥的 SF_6 气体是非常稳定的，在温度低于500℃时一般不会自行分解，但是在水分较多时，200℃以上就可能产生水解：$2SF_6+6H_2O_2SO_2+12HF+O_2$。生成物中的HF具有很强的腐蚀性，且是对生物肌体有强烈腐蚀的剧毒物；SO_2 遇水生成硫酸，也有腐蚀性。

水分的危险更重要的是在电弧作用下，SF_6 分解过程中的反应。在反应中的最后生成物中有 SOF_2、SO_2F_4、SOF_4、SF_4 和HF，都是有毒气体。

（2）水分对绝缘的危害。水分的凝结对沿面绝缘也是有害的，通常气体中混杂的水分以水蒸气形式存在，在温度降低时可能凝结成露水附着在零件表面，在绝缘件表面可能产生沿面放电（闪络）而引起事故。

Lb1F3018 耦合电容器在电网中的作用是什么？耦合电容器的工作原理是什么？

答：耦合电容器是载波通道的主要结合设备，它与结合滤波器共同构成高频信号的通路，并将电力线上的工频高电压和大电流与通信设备隔开，以保证人身设备的安全。我们知道，电容器的容抗与电流的频率 f 成反比。高频载波信号通常使用的频率为30～500kHz，对于50Hz工频来说，耦合电容器呈现的阻抗要比前者呈现的阻抗值大600～

10000倍，即开路对高频载波信号来说接近于短路，所以耦合电容器可作为载波高频信号的通路，并可隔开工频高压。

Lb1F4019 为什么油纸电容型套管的 $\tan\delta$ 值一般不进行温度换算，有时又要求测量 $\tan\delta$ 值随温度的变化？

答： 油纸电容型套管的主绝缘为油纸绝缘，其 $\tan\delta$ 值与温度的关系取决于油与纸的综合性能。良好绝缘套管在现场测量温度范围内，其 $\tan\delta$ 值基本不变或略有变化，且略呈下降趋势，因此一般不进行温度换算。对受潮的套管，其 $\tan\delta$ 值随温度的变化而有明显的变化，绝缘受潮的套管的 $\tan\delta$ 值随温度升高而显著增大。综上所述，当 $\tan\delta$ 值的测量值与出厂值或上次测试值比较有明显增长或接近于要求值时，应综合分析 $\tan\delta$ 值与温度、电压的关系，当 $\tan\delta$ 值随温度升高明显增大或试验电压从10kV升到 $U_m/\sqrt{3}$，$\tan\delta$ 值增量超过±0.3%时，不应继续运行。鉴于近年来电力部门频繁发生套管试验合格而在运行中爆炸的事故，以及电容型套管 $\tan\delta$ 值的要求值提高到8%～10%，现场认为再用准确度较低的西林电桥（绝对误差为 $|\Delta\tan\delta|\leqslant 0.3\%$）进行测量值得商榷，建议采用准确度高的测量仪器，其测量误差应达到 $|\Delta\tan\delta|\leqslant 0.1\%$，以准确测量小介质损耗因数 $\tan\delta$ 值。

Lb1F4020 为什么变压器空载试验能发现铁芯的缺陷？

答： 空载损耗基本上是铁芯的磁滞损耗和涡流损失之和，仅有很小一部分是空载电流流过线圈形成的电阻损耗。因此，空载损耗的增加主要反映铁芯部分的缺陷。如硅钢片间的绝缘漆质量不良、漆膜劣化造成硅钢片间短路，可能使空载损耗增大10%～15%；穿心螺栓、轭铁梁等部分的绝缘损坏，都会使铁芯涡流增大，引起局部发热，也使总的空载损耗增加。另外，制造过程中选用了比设计值厚或质量差的硅钢片以及铁芯磁路对接部位缝隙过大，也会使空载损耗增大。因此，测得的损失情况可反映铁芯的缺陷。

Lb1F4021 35kV变压器的充油套管为什么不允许在无油状态下做耐压试验，但又允许做 $\tan\delta$ 值及泄漏电流试验？

答： 由于空气的介电常数为1，电气强度 $E_1=30\text{kV/cm}$，而油的介电常数为22，电气强度 E_2 可达80～120kV/cm，若套管不充油做耐压试验，导杆表面出现的场强会大于正常空气的耐受场强，造成瓷套空腔放电，电压加在全部瓷套上，导致瓷套击穿损坏。若套管在充油状态下做耐压试验，因油的电气耐受强度比空气高得多，能够承受导杆表面处的场强，不会引起瓷套损坏，因此不允许在无油状态下做耐压试验。套管不充油可做 $\tan\delta$ 值和泄漏试验，是因为测 $\tan\delta$ 值时，其试验电压 $U_{exp}=10\text{kV}$，测泄漏电流时，施加的电压规定为充油状态下 U_{exp} 的50%，都比较低，不会出现导杆表面的场强大于空气的耐受电气强度的现象，也就不会造成瓷套损坏，故允许在无油状态下测量 $\tan\delta$ 值和泄漏电流。

Lb1F4022 在固体绝缘、液体绝缘以及液固组合绝缘上施加交流或直流电压进行局部放电测量时，两者的局部放电现象主要有哪些差别？

答： 主要有如下几点差别：

（1）直流电压下局部放电的脉冲重复率可能比交流电压下局部放电的脉冲重复率低很多。这是因为直流电压下单脉冲的时间间隔是由与绝缘材料特性有关的电气时间常数决定的，而交流电压下单个脉冲的时间间隔是由外施电压的频率决定的。

（2）因绝缘材料内部的电压分布不同而引起的局部放电现象不同。直流电压下绝缘材料内部电压分布是由电阻率决定的，而交流电压下则基本是由介电常数决定的。

（3）当电压变化时，如电压升高或降低，都将有电荷的再分配过程，这个过程在交流电压下和直流电压下是不同的，同时，直流电压的脉冲和温度参量变化都可能对直流局部放电有显著的影响。

（4）交流电压下局部放电的视在放电量、脉冲重复率等基本量，对直流电压下的局部放电来说也是适用的。但是，用以表征交流电压下放电量和放电次数综合效应的那些累积量表达式，不适用于直流电压下的局部放电。

（5）直流电压下要确定局部放电起始电压和熄灭电压是困难的，因为它们与绝缘内部的电压分布有关，后者是变化无常的，而交流则相对容易些。

Lb1F4023 在交流耐压试验中，为什么要测量试验电压的峰值？

答：在交流耐压试验和其他绝缘试验中，规定测量试验电压峰值的主要原因如下：

（1）波形畸变。近几年来，用电单位投入了许多非线性负荷，增大了谐波电流分量，使地区电网电压波形产生畸变的问题越来越严重。此外，还发现高压试验变压器等设备由于结构和设计问题，也引起高压试验电压波形发生畸变。例如，交流高压试验变压器铁芯饱和，使励磁电流出现明显的3次谐波，试验电压出现尖顶波，特别是近年来国内流行的体积小、质量轻的所谓轻型变压器，铁芯用得小，磁密选得高，使输出电压波形畸变更严重；又如某些阻抗较大的移圈调压器和部分磁路可能出现饱和的感应调压器，也使输出电压波形发生畸变。试验电压波形畸变对试验结果带来明显的误差和问题，引起了人们的关注。

（2）电力设备绝缘的击穿或闪络、放电取决于交流试验电压峰值。在交流耐压试验和其他绝缘试验中，被试电力设备被击穿或产生闪络、放电，通常主要取决于交流试验电压的峰值。这是由于交流电压波形在峰值时，绝缘中的瞬时电场强度达到最大值，若绝缘不良，一般在此时发生击穿、闪络或放电。这个现象已被长期的实践和理论研究所证实，而且对内绝缘击穿（大多数为由严重的局部放电发展为击穿）和外绝缘的闪络、放电都是如此。交流高压试验常遇到试验电压波形畸变的情况，因此形成了交流高电压试验电压值应以峰值为基准的理论基础。

Lb1F4024 为什么绝缘油内稍有一点杂质，它的击穿电压会下降很多？

答：以变压器油为例来说明这种现象，在变压器油中，通常含有气泡（一种常见杂质），而变压器油的介电系数比空气大2倍多，由于电场强度与介电常数是成反比的，再加上气泡使其周围电场畸变，所以气泡中内部电场强度也比变压器油高2倍多，气泡周边的电场强度更高了，而气体的耐电强度本来就比变压器油低得多，所以，在变压器油中的气泡就很容易游离，气泡游离之后，产生的带电粒子再撞击油的分子，油的分子又分解出气体，由于这种连锁反应或称恶性循环，气体增长将越来越快，最后气泡就会在变压器油中沿电场方向排列成行，最终导致击穿。如果变压器油中含有水滴，特别是含有带水分的纤维（棉纱或纸类），对绝缘油的绝缘强度影响最为严重。杂质虽少，但由于会发生连锁反应，并可以构成贯通性缺陷，所以会使绝缘油的放电电压下降很多。

Lb1F4025 何谓悬浮电位？试举例说明高压电力设备中的悬浮放电现象及其危害。

答：高压电力设备中，某一金属部件由于结构上的原因或运输过程和运行中造成断裂而失去接地，处于高压与低压电极间，按其阻抗形成分压，而在这一金属上产生一对地电位，称之为悬浮电位。由于电压高、场强较集中，一般会使周围固体介质烧坏或炭化，也会使绝缘油在悬浮电位作用下分解出大量特征气体，从而使绝缘油色谱分析结果超标。变压器高压套管末屏失去接地会导致悬浮电位放电。

Lb1F5026 为什么要对变压器类设备进行交流感应耐压试验？如何获得中频率的电源？

答：交流感应耐压试验是考核变压器、电抗器和电压互感器等设备电气强度的一个重要试验项目。以变压器为例，工频交流耐压试验只检查了绕组主绝缘的电气强度，即高压、中压、低压绕组间和对油箱、铁芯等接地部分的绝缘，而纵绝缘（即绕组匝间、层间、段间的绝缘）没有检验。交流感应耐压试验就是在变压器的低压侧施加比额定电压高一定倍数的电压，靠变压器自身的电磁感应在高压绕组上得到所需的试验电压来检验变压器的主绝缘和纵绝缘，特别是对中性点分级绝缘的变压器，由于不能采用外施高压进行工频交流耐压试验，其主绝缘和纵绝缘均由感应耐压试验来考核。为了提高试验电压，又不使铁芯饱和，多采用提高电源频率的方法，这可从变压器的电势方程式（$E=KfB$）来理解，式中 E 为感应电动势，K 为常数，f 为频率，B 为磁通密度。由此可见，欲使磁通密度不变，当电压增大一倍时，频率 f 就要相应地增加一倍，因此感应耐压试验电源的频率要大于额定频率两倍以上，一般采用 100～250Hz 的电源频率。

获得中频率的电源有以下几种方法：

（1）中频发电机组，它是由一个电动机拖动一个中频的同步。发电机组成的发电机组的调压是通过改变励磁机的励磁变阻器，用励磁机来调节对发电机转子的励磁，从而达到发电机的定子输出电压平滑可调的目的。这种方法多在制造厂中应用。

（2）绕线式异步电动机反拖取得两倍频的试验电源，这种方法称为反拖法，实际上是将绕线式异步电动机作为异步变频机应用的一个例子。

（3）用三相绕组接成开口三角形取得三倍频试验电源，是现场进行感应耐压试验较易实现的一种方法，可以由 3 台单相变压器组合而成，也可采用五柱式变压器作为专用三倍频电源。

（4）可控硅变频调压，逆变电源应用可控硅逆变技术来产生中频，用作感应耐压试验电源，具有显著优点，如质量轻、可利用 380V 低压交流电源、装置兼有调压作用、节省大量调压设备等，因此是一种前景广阔倍频感应耐压试验的电源装置。

Lb1F5027 试述工频交流耐压试验、直流耐压试验及超低频交流耐压试验各有什么优缺点？

答： 耐压试验项目包括工频交流耐压试验、直流耐压试验以及 20 世纪 60 年代初发展起来的 0.1Hz 超低频交流耐压试验，三者各有优缺点。工频交流耐压试验历史最久，在复合绝缘各介质上的电压分布以及电机端部表面的电压分布与运行情况下相同，但工频交流耐压试验设备笨重，这促使在 20 世纪 50 年代就广泛使用了直流耐压试验，易于检出端部缺陷和间隙性缺陷，试验时还可测量泄漏电流，按泄漏电流的变化，可判断绝缘的整体性能（如受潮、局部缺陷等）。但直流耐压试验时，在介质内部的电位分布与工频时不同，使得直流耐压试验不能取代工频交流耐压试验。超低频（0.1Hz）交流耐压试验从 1962 年起就已实际使用，其主要优点是电压分布接近于工频，而试验设备体积又与直流耐压试验时相仿，可兼顾两者。

Lb1F5028 试验变压器的输出电压波形为什么会畸变？如何改善？

答： 电压波形畸变可能是由调压器和高压试验变压器的特性引起的，因为试验变压器在试品放电前实际上几乎处于空载状态，此时只有励磁电流 i_e 通过变压器的一次侧，当变压器铁芯工作在饱和状态时，励磁电流是非正弦的，含有 3、5 次等谐波分量，因而是尖顶波形。由于变压器的磁化特性曲线（Φ-i 曲线）的起始部分及饱和部分是非线性的，因此即使正弦电压作用到一次侧，其磁通为正弦的，但励磁电流仍为非正弦的。如果计及磁化曲线的磁滞回线，励磁电流波形将左右不对称，这一非正弦的励磁电流将流过调压器的漏抗，产生非正弦的电压降，因此试验变压器的一次电压变为非正弦，其中含有调压器漏抗压降中的高次谐波（主要是 3 次谐波），于是试验变压器的高压输出电压就被畸变了。试验变压器的铁芯越饱和（即电压越接近额定值），调压器的漏抗越大，波形畸变就越严重。由于移圈式调压器漏抗大，因此当用它调压时，波形畸变颇为严重。实际运行情况表明，波形畸变在输出电压较低时也同样严重，这是因为此时移圈式调压器本身漏抗最大，使非正弦漏抗压降在试验变压器一次电压中占很大的比重。为了改善试验变压器的输出电压波形，可以在它的一次侧并联适当数值的电容器、滤波装置或在高压侧接电容电感串联谐振电路，如下图所示。

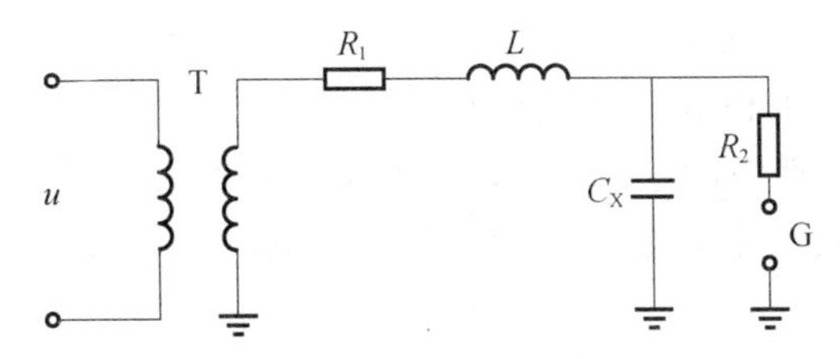

对于 100kV 的试验变压器，在其一次侧及移圈调压器之间并联 16μF 的电容后，其电压波形可以得到很大的改善，基本上满足要求。对 150kV、25kV·A 的试验变压器，对 3 次谐波可取 $C_3=250\mu F$，$L_3=458mH$；对 5 次谐波，可取 $C_5=110\mu F$，$L_5=366mH$，构成谐振电路，使谐波分量被低阻抗分路。

Lb1F5029 为什么要在变压器空载试验中采用低功率因数的瓦特表?

答: 有的单位在进行变压器空载试验时，不管功率表的额定功率因数是多少，拿起来就测量。例如有用 D26－W、D50－W 等型 $\cos\varphi_W=1$ 的功率表来测量的，殊不知前者的准确度虽达 0.5 级，后者甚至达到 0.1 级，但其指示值反映的是 U、I、$\cos\varphi$ 三个参数综合影响的结果，仪表的量程是按 $\cos\varphi=1$ 来确定的。而在测量大型变压器的空载或负载损耗时，因为功率因数很低，甚至达到 $\cos\varphi\leqslant0.1$，若用它测量，则必然出现功率表的电压和电流都已达到标准值，但表头指示值和表针偏转角却很小的情况，给读数造成很大的误差。设功率表的功率常数为 C_W（W/格），则有 $C_W=U_nI_n\cos\varphi/a_N$，式中 U_n 为功率表电压端子所处位置的标称电压，V；I_n 为功率表电流端子所处位置的标称电流，A；$\cos\varphi$ 为功率表的额定功率因数；a_N 为功率表的满刻度格数。举一个例子来说明这个问题：若被测量的电压和电流分别等于功率表的额定值 100V 和 5A，当功率表和被测量的功率因数皆等于 1 时，则功率表的读数为满刻度 100 格，功率常数等于 5W/格；当被测量的功率因数为 0.1 时，同样采用上面那块功率因数等于 1 的功率表来测量，则功率表的读数只有 10 格，很明显，在原来的 1/10 刻度范围内读出的数的准确性很差，假如换用功率因数也是 0.1 的功率表来测量，则读数可提高到满刻度 100 格，功率常数为 0.5W/格。从两个读数来看，采用低功率因数的功率表的读数误差小很多。

Lc1F2030 直流输电的主要特点是什么?

答: 直流输电的主要特点如下：

(1) 直流架空线路结构简单、造价低、损耗小。与交流输电相比，输送同样的容量，直流线路可节省 1/3 的铜芯铝线，其造价约为交流的 2/3，并且在此条件下直流线路损耗仅为交流的 1/2。

(2) 直流输电无交流输电的稳定问题。对于远距离大容量输电，输送功率不受稳定极限的限制，也不需要提高稳定性的各种措施，具有良好的技术经济性能。

(3) 采用直流输电实现电网互联，可不增加被联电网的短路容量，被联电网可用不同频率或不同步独立运行，增强各电网的独立性和可靠性，运行管理也方便。

(4) 利用直流的快速控制，可改善交流系统的运行性能。根据交流系统的要求，可快速改变直流输送的有功和换流器消耗的无功，对交流系统的有功和无功平衡起快速调节作用，从而提高交流系统频率和电压的稳定性。

(5) 在直流输电中只有电阻起作用，电感和电容均不起作用，利用大地为回路，直流电流则向电阻率很低的大地深层流去，可很好地利用大地这个良导体，提高直流输电系统的运行可靠性和经济性。

(6) 直流输电换流站较交流变电站增加了换流装置、滤波和无功补偿装置，致使换流站结构复杂、损耗大、可靠性低、造价和运行费用高。

Jd1F1031 在局部放电试验时，可采取哪些措施减少干扰?

答: (1) 采用屏蔽式电源隔离变压器及低通滤波器抑制电源干扰。

(2) 试验回路采用一点接地，减少接地干扰。

（3）将试品置于屏蔽良好的试验室，并采用平衡法、对称法和模拟天线法的测试回路，抑制辐射干扰。

（4）远离不接地金属物产生的感应悬浮电位放电或采用接地的方式消除悬浮电位放电干扰。

（5）在高压端部采用防晕措施（如防晕环等）、高压引线采用无晕的导电圆管，以及保证各连接部位的良好接触等措施，消除电晕放电和各连接处接触放电的干扰。

（6）使用的试验变压器和耦合电容器的局部放电水平应控制在一定的允许量以下，减少其内部放电干扰。建议采用无局部放电变压器。

Jd1F3032 为什么用绝缘电阻表测量大容量、绝缘良好的设备的绝缘电阻时，其数值随时间延长而越来越大？

答：用绝缘电阻表测量绝缘电阻实际上是给绝缘物加上一个直流电压，在此电压作用下，绝缘物中产生一个电流 i，所测得的绝缘电阻 $R_1=U/i$。由研究和试验分析得知，在绝缘物上加直流后，产生的总电流 i 由三部分组成：电导电流、电容电流和吸收电流。测量绝缘电阻时，由于绝缘电阻表电压线圈的电压是固定的，而流过绝缘电阻表电流线圈的电流随时间的延长而变小，故兆欧表反映出来的电阻值越来越大。设备容量越大，吸收电流和电容电流越大，绝缘电阻随时间升高的现象就越显著。

Je1F1033 测量工频交流耐压试验电压有几种方法？

答：测量工频交流耐压试验电压有如下方法：

（1）在试验变压器低压侧测量。对于一般瓷质绝缘、断路器、绝缘工具等，可测取试验变压器低压侧的电压，再通过电压比换算至高压侧电压。它只适用于负荷容量比电源容量小得多、测量准确性要求不高的情况。

（2）用电压互感器测量。将电压互感器的一次侧并接在被试品的两端头上，在其二次侧测量电压，根据测得的电压和电压互感器的变压比计算出高压侧的电压。

（3）用高压静电电压表测量。用高压静电电压表直接测量工频高压的有效值。这种形式的表计多用于室内的测量。

（4）用铜球间隙测量。球间隙是测量工频高压的基本设备，其测量误差在 3% 的范围内。球隙测的是交流电压的峰值，如果所测电压为正弦波，则峰值除以$\sqrt{2}$即为有效值。

（5）用电容分压器或阻容分压器测量。由高压臂电容器 C_1 与低压臂电容器 C_2 串联组成的分压器，用电压表测量 C_2 上的电压 U_2，然后按分压比算出高压 U_1。

Je1F2034 测量绝缘油的 $\tan\delta$ 值时，为什么一般要将油加温到约 90℃后再进行？

答：绝缘油的 $\tan\delta$ 值随温度升高而增大，越是老化的油，其 $\tan\delta$ 值随温度的变化越快。例如，老化了的油在 20℃时，$\tan\delta$ 值仅相当于新油 $\tan\delta$ 值的 2 倍，在 100℃时可相当于 20 倍。也常遇到这种情况，20℃时油的 $\tan\delta$ 值不大，而 90℃时测得的 $\tan\delta$ 值远远超过标准，所以应尽量在高温时测量油的 $\tan\delta$ 值。另外，变压器油的温度常能达到 70～90℃，所以测量 90℃绝缘油的 $\tan\delta$ 值对保证变压器安全运行是一个较重要的参数。综上所述，规程规定在 90℃下测量绝缘油的 $\tan\delta$ 值。

Je1F3035 为什么电力设备绝缘带电测试要比停电例行试验更能提高检测的有效性?

答: 停电例行试验一般仅进行非破坏性试验，其试验电压一般小于 10kV；而带电测试则是在运行电压下，采用专用仪器测试电力设备的绝缘参数，它能真实地反映电力设备在运行条件下的绝缘状况。由于试验电压通常远高于 10kV（如 110kV 系统为 64～73kV，220kV 系统为 127～146kV)，因此有利于检测出内部绝缘缺陷。另一方面带电测试可以不受停电时间限制，随时可以进行，也可以实现计算机监控的自动检测，在相同温度和相似运行状态下进行测试，其测试结果便于相互比较，并且可以测得较多的带电测试数据，从而可以对设备绝缘可靠地进行统计分析，有效地保证电力设备的安全。运行因此带电测试与停电预防性试验比较，更能提高检测的有效性。

Je1F3036 简述特高频局部放电检测的检测步骤。

答:（1）按照设备接线图连接测试仪各部件，将传感器固定在盆式绝缘子非金属封闭处，传感器应与盆式绝缘子紧密接触并在测量过程中保持相对静止，并避开紧固绝缘盆子螺栓，将检测仪相关部件正确接地，计算机、检测仪主机连接电源，开机。

（2）开机后，运行检测软件，检查仪器通信状况、同步状态、相位偏移等参数。

（3）进行系统自检，确认各检测通道工作正常。

（4）设置变电站名称、检测位置并做好标注。对于 GIS 设备，利用外露的盆式绝缘子或内置式传感器，在断路器断口处、隔离开关、接地开关、电流互感器、电压互感器、避雷器、导体连接部件等处均应设置测试点。一般每个 GIS 间隔取 2～3 点，对于较长的母线气室，可 5～10m 左右取一点，应保持每次测试点的位置一致，以便于进行比较分析。

（5）将传感器放置在空气中，检测并记录为背景噪声，根据现场噪声水平设定各通道信号检测阈值。

（6）打开连接传感器的检测通道，观察检测到的信号，测试时间不少于 30s。如果发现信号无异常，保存数据，退出并改变检测位置，继续下一点检测；如果发现信号异常，则延长检测时间并记录多组数据，进入异常诊断流程。必要的情况下，可以接入信号放大器。测量时应尽可能保持传感器与盆式绝缘子的相对静止，避免因为传感器移动引起的信号而干扰正确判断。

（7）记录三维检测图谱，在必要时记录二维图谱。每个位置的检测时间要求为 30s，若存在异常，应出具检测报告。

（8）如果特高频信号较大，影响 GIS 本体的测试，则需采取干扰抑制措施，排除干扰信号。干扰信号的抑制可采用关闭干扰源、屏蔽外部干扰、软硬件滤波、避开干扰较长时间、抑制噪声、定位干扰源、比对典型干扰图谱等方法。

Je1F3037 用双臂电桥测量电阻时，为什么按下测量电源按钮的时间不能太长?

答: 双臂电桥的主要特点是可以排除接触电阻对测量结果的影响，常用于对小阻值电阻的精确测量。正因为被测电阻的阻值较小，双臂电桥必须对被测电阻通以足够大的电流，才能获得较高的灵敏度，以保证测量精度。所以，在被测电阻通电截面面积较小的情况下，电流密度较大，如果通电时间过长，就会因被测电阻发热而使其电阻值变化，影响测量准确性。另外，长时间通以大电流还会使桥体的接点烧结而产生一层氧化膜，影响正常测量。在测量前应对被测电阻的阻值有一估计范围，这样可缩短按下测量电源按钮的时间。

Je1F3038 为什么测量大电容量、多元件组合的电力设备绝缘的 $\tan\delta$ 值对反映局部缺陷并不灵敏？

答：对小电容量电力设备的整体缺陷，$\tan\delta$ 值确有较高的检测力。比如，纯净的变压器油耐压强度为 250kV/cm，坏的变压器油是 25kV/cm，相差 10 倍，但测量介质损耗因数时，$\tan\delta$ 值（好油）＝0.01％，$\tan\delta$ 值（坏油）＝10％，相差 1000 倍，可见，介质损耗试验灵敏得多。但是，对于大容量、多元件组合的设备，如发电机、变压器、电缆、多油断路器等，实际测量的总体设备介质损耗因数 $\tan\delta$ 值则是介于各个元件的介质损耗因数的最大值与最小值之间。这样，对于局部的严重缺陷，测量 $\tan\delta$ 值反映并不灵敏，从而有可能使隐患发展为运行故障。鉴于上述情况，对大容量、多元件组合体的电力设备，测量 $\tan\delta$ 值必须解体试验，才能从各元件的介质损耗因数值的大小上检验其局部缺陷。

Je1F3039 简述铁芯接地电流检测的检测数据分析与处理内容。

答：（1）铁芯接地电流检测结果应符合以下要求：

① 1000kV 变压器：小于或等于 300mA（注意值）。

② 其他变压器：小于或等于 100mA（注意值）。

③ 与历史数值比较无较大变化。

（2）综合分析如下：

① 当变压器铁芯接地电流检测结果受环境及检测方法的影响较大时，可通过历次试验结果进行综合比较，根据其变化趋势作出判断。

② 数据分析还需综合考虑设备历史运行状况、同类型设备参考数据，同时结合其他带电检测试验结果，如油色谱试验、红外精确测温及高频局部放电检测等手段进行综合分析。

③ 接地电流大于 300mA 时应考虑铁芯（夹件）存在多点接地故障，必要时串接限流电阻。

④ 当怀疑有铁芯多点间歇性接地时，可辅以在线检测装置进行连续检测。

Je1F4040 为什么温差变化和湿度增大会使高压互感器的 $\tan\delta$ 值超标？如何处理？

答：互感器外部主要有底座、储油柜、接有一次绕组出线的大瓷套和二次绕组出线的小瓷套，当它们内部和外部的温度变化时，$\tan\delta$ 值也会变化，因此 $\tan\delta$ 值与温度有一定的关系。当大、小瓷套在湿度较大的空气中，瓷套表面附上了肉眼看不见的小水珠，这些小水珠凝结在试品的大、小瓷套上，造成试品绝缘电阻和电容量减小，对电容量较大的 U

形电容式互感器，电容改变相当大，导致出现负 tanδ 值。如果想减小 tanδ 值，一是按照技术条件和标准要求，在规定的温度和湿度情况下测量 tanδ 值；二是在实际温度下想办法排除大、小瓷套上的水分，使试品恢复原来本身实际的电容量和绝缘电阻，以达到测出试品的 tanδ 值的真实数据。处理方法有化学去湿法、红外线灯泡照射法、烘房加热法等。若采用上述方法处理后，个别试品 tanδ 值仍降不下来，就要从试品的制造工艺和干燥水平上找原因。根据经验，如果是电流互感器，造成 tanδ 值偏大的主要原因有试品包扎后时间过长，试品吸尘、吸潮或有碰伤等现象；如果是电容式结构的试品，还可能出现电容屏断裂或地屏接触不良、断开现象，造成 tanδ 值偏大或测不出来；如果是电压互感器，可能出现试品的胶木支撑板干燥不透或有开裂现象，造成 tanδ 值偏大，因为胶木支撑板的好坏直接影响试品的 tanδ 值。

2 技能操作

2.1 技能操作大纲

电气试验工（高级技师）技能鉴定技能操作考核大纲

等级	考核方式	能力种类	能力项	考核项目	考核主要内容
高级技师	技能操作	专业技能	01. 绝缘电阻测试	01. 110kV 电容式电压互感器绝缘电阻试验	（1）掌握电容式电压互感器主电容、分压电容、中间变压器、二次绕组的绝缘电阻测试接线方法，并按要求进行实际操作和现场试验。 （2）能够判断被试品的绝缘电阻是否符合标准要求。 （3）能查找和分析试验中出现异常现象的原因，并提出解决办法
			02. 介损、电容量测试	01. 110kV 电磁式电压互感器一次绕组对二次绕组末端屏蔽法测试介损、电容量	（1）掌握 110kV 电磁式电压互感器一次绕组对二次绕组末端屏蔽法测试介损、电容量的方法及注意事项，并按要求进行实际操作和现场试验。 （2）能够判断被试品的介损、电容量是否符合标准要求。 （3）能查找和分析试验中出现异常现象的原因，并提出解决办法
				02. 110kV 电流互感器高电压介损试验	（1）掌握规程和规范要求的 110kV 电流互感器高电压介损试验方法和标准，并按要求进行实际操作和现场试验。 （2）能够判断被试品的试验数据是否符合标准要求。 （3）能查找和分析试验中出现异常现象的原因，并提出解决办法
			03. 变比试验	01. 10kV 变压器变比试验	（1）掌握 10kV 变压器变比试验的方法及注意事项，并按要求进行实际操作和现场试验。 （2）能够判断被试品的变比是否符合标准要求。 （3）能查找和分析试验中出现异常现象的原因，并提出解决办法

续表

等级	考核方式	能力种类	能力项	考核项目	考核主要内容
高级技师	技能操作	专业技能	04. 空载电流试验	01. 10kV 变压器空载电流试验	(1) 掌握规程和规范要求的 10kV 变压器空载电流试验方法和标准，并按要求进行实际操作和现场试验。 (2) 能够判断被试品的试验数据是否符合标准要求。 (3) 能查找和分析试验中出现异常现象的原因，并提出解决办法
			05. 交流耐压试验	01. 10kV 全绝缘电压互感器交流耐压试验	(1) 掌握 10kV 全绝缘电压互感器交流耐压试验的方法及注意事项，并按要求进行实际操作和现场试验。 (2) 能够判断被试品的试验结果是否符合标准要求。 (3) 能查找和分析试验中出现异常现象的原因，并提出解决办法
				02. 10kV 变压器串级耐压试验	(1) 掌握规程规范要求的 10kV 变压器串级耐压试验方法和标准，并按要求进行实际操作和现场试验。 (2) 能够判断被试品的试验结果是否符合标准要求。 (3) 能查找和分析试验中出现异常现象的原因，并提出解决办法
				03. 110kV 变压器中性点交流耐压（谐振）试验	(1) 掌握规程规范要求的 110kV 变压器中性点交流耐压（谐振）试验方法和标准，并按要求进行实际操作和现场试验。 (2) 能够判断被试品的试验结果是否符合标准要求。 (3) 能查找和分析试验中出现异常现象的原因，并提出解决办法
			06. 电气设备故障判断	01. 110kV 变压器低电压短路阻抗试验	(1) 掌握规程和规范要求的 110kV 变压器低电压短路阻抗试验方法和标准，并按要求进行实际操作和现场试验。 (2) 能够判断被试品的试验数据是否符合标准要求。 (3) 能查找和分析试验中出现异常现象的原因，并提出解决办法
			07. 局部放电试验	01. 110kV 电流互感器局部放电试验	(1) 掌握规程和规范要求的 110kV 电流互感器局部放电试验方法和标准，并按要求进行实际操作和现场试验。 (2) 能够判断被试品的局部放电量是否符合标准要求。 (3) 能查找和分析试验中出现异常现象的原因，并提出解决办法

2.2 技能操作项目

2.2.1 SY1ZY0101 110kV 电容式电压互感器绝缘电阻试验

一、作业

（一）工器具、材料、设备

（1）工器具：2500V 和 1000V 绝缘电阻表各 1 块、温湿度计 1 块、110kV 验电器 1 个、放电棒 1 套、绝缘手套 1 双、绝缘垫 1 块、安全围栏 2 盘、工具若干。

（2）材料：4mm^2 多股裸铜线接地线（20m）1 盘、2.5mm^2 带线夹测试线（1m）10 根、抹布 1 块、空白试验报告 1 份。

（3）设备：110kV 电容式电压互感器 1 台。

（二）安全要求

（1）考生进入现场要求正确穿戴工作服、绝缘鞋和安全帽。

（2）试验前必须对被试品进行验电、放电、接地，变更接线及试验结束后必须对被试品进行充分放电。

（3）试验前认真检查试验接线，不发生人身触电危险，不发生人为损坏仪器、设备的安全事件。

（4）考生试验时必须站在绝缘垫上，并与带电部分保持足够的安全距离。

（三）操作步骤及工艺要求（含注意事项）

1. 准备工作

（1）根据要求，准备所使用的仪器仪表、工器具及所需试验线、接地线等材料。

（2）查找被试品历史试验数据，了解设备运行不良工况。

（3）检查试验仪器、验电器、放电棒、绝缘垫等，确认均完好并处于检验周期内。

（4）办理开工手续。

（5）对被试品进行验电、放电，并接地。

（6）清扫电容式电压互感器表面的脏污，检查是否存在外绝缘损伤等情况。

（7）记录电容式电压互感器的铭牌。

2. 实际操作步骤

（1）根据试验要求摆放好温湿度计、绝缘电阻表、绝缘垫等，设置好安全围栏。

（2）检查绝缘电阻表工作状态是否良好。

（3）测量电容式电压互感器主电容 C_1 绝缘电阻：如下图（a）所示，将互感器的中间变压器 X 端、电容 C_2 的 N 端与地断开，将绝缘电阻表 L 端接 C_1 的高压端，E 端接中间变压器 X 端，二次绕组分别短路接地。测试完毕，关闭绝缘电阻表电源，利用放电棒对测试部位进行充分放电。

（4）测量电容式电压互感器分压电容 C_2 绝缘电阻：如下图（b）所示，将互感器的中间变压器 X 端、电容 C_2 的 N 端与地断开，将绝缘电阻表 L 端接 N 端，E 端接中间变压器的 X 端，二次绕组分别短路接地。测试完毕，关闭绝缘电阻表电源，利用放电棒对测试部位进行充分放电。

（5）测量电容式电压互感器中间变压器的绝缘电阻：如下图（c）所示，将互感器的中间变压器X端、电容C_2的N端与地断开，将绝缘电阻表L端接中间变压器X端，E端接地，二次绕组分别短路接地。测试完毕，关闭绝缘电阻表电源，利用放电棒对测试部位进行充分放电。

（6）测量电容式电压互感器二次绕组绝缘电阻：二次绕组分别短路，绝缘电阻表L端接测试绕组，E端接地，非测试绕组接地。测试完毕，关闭绝缘电阻表电源，利用放电棒对所测二次绕组进行充分放电。类似测量其他二次绕组绝缘电阻。

（7）记录绝缘电阻数据、当前环境温度、相对湿度。

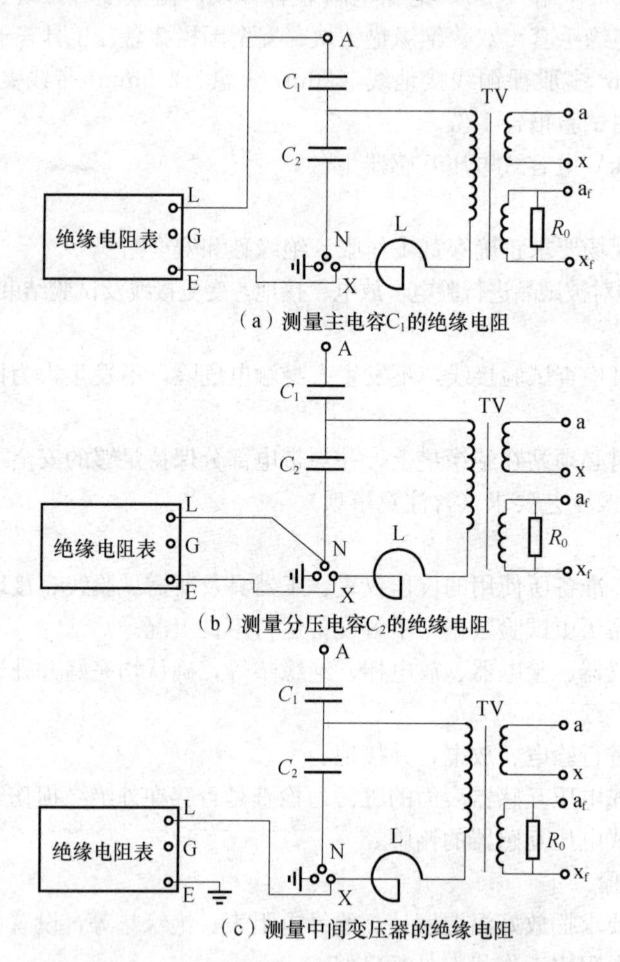

（a）测量主电容C_1的绝缘电阻

（b）测量分压电容C_2的绝缘电阻

（c）测量中间变压器的绝缘电阻

图 SY1ZY0101　电容式电压互感器绝缘电阻试验的接线图

C_1—主电容；C_2—分压电容；L—电抗器；TV—中间变压器；R_0—阻尼电阻

3. 试验结束后的工作

（1）拆除所有试验接线、接地线、短路线等。

（2）将试验仪器仪表、工器具等清理干净，摆放整齐。

（3）撤掉所设置的安全围栏，将现场恢复到测试前的状态。

（4）工作结束后汇报试验情况及结果。

（5）编写试验报告。

4. 注意事项

（1）试验接线应整洁、明了，无两根测试线在一起缠绕的现象。

（2）电压互感器二次绕组有几组，每组都要分别进行测量，直至所有绕组测量完毕。

（3）试验数据符合 Q/GDW 1168—2013《输变电设备状态检修试验规程》的要求。

二、考核

（一）考核场地

（1）试验场地应具有足够的安全距离，不小于 $10m^2$。

（2）现场设置 1 套桌椅，可供考生出具试验报告。

（3）设置 1 套评判用的桌椅和计时秒表。

（二）考核时间

（1）试验操作时间不超过 30min。

（2）试验仪器、工器具等准备时间不超过 5min，该时间不计入操作考核时间。

（3）试验报告出具时间不超过 20min，该时间不计入操作考核时间。

（三）考核要点

（1）现场安全文明生产。

（2）仪器仪表、工器具状态检查。

（3）被试品的外观、运行工况检查。

（4）绝缘电阻表的使用方法及安全注意事项等是否符合规范要求。

（5）熟悉电容式电压互感器绝缘电阻试验方法及相关标准要求。

（6）整体操作过程是否符合要求，有无安全隐患。

（7）试验报告是否符合要求。

三、评分标准

行业：电力工程　　　　　　　　　　　工种：电气试验工　　　　　　　　　　　等级：一

编号	SY1ZY0101	行为领域	e	鉴定范围		电气试验高级技师	
考核时限	30min	题型	A	满分	100 分	得分	
试题名称	110kV 电容式电压互感器绝缘电阻试验						
考核要点及其要求	（1）现场安全文明生产。 （2）仪器仪表、工器具状态检查。 （3）被试品的外观、运行工况检查。 （4）绝缘电阻表的使用方法及安全注意事项等是否符合规范要求。 （5）熟悉电容式电压互感器绝缘电阻试验方法及相关标准要求。 （6）整体操作过程是否符合要求，有无安全隐患。 （7）试验报告是否符合要求						
现场设备、工器具、材料	（1）工器具：2500V 和 1000V 绝缘电阻表各 1 块、温湿度计 1 块、110kV 验电器 1 个、放电棒 1 套、绝缘手套 1 双、绝缘垫 1 块、安全围栏 2 盘、工具若干。 （2）材料：$4mm^2$ 多股裸铜线接地线（20m）1 盘、$2.5mm^2$ 带线夹测试线（1m）10 根、抹布 1 块、空白试验报告 1 份。 （3）设备：110kV 电容式电压互感器 1 台						
备注	考生自备符合相关要求的工作服、绝缘鞋、安全帽等						

续表

评分标准						
序号	考核项目名称	质量要求	分值	扣分标准	扣分原因	得分
1	着装	正确穿戴安全帽、工作服、绝缘鞋	5	（1）未穿工装，扣5分。 （2）着装、穿戴不规范，每处扣1分。 （3）本小项5分扣完为止		
2	准备工作	正确选择仪器仪表、工器具及材料	10	（1）每选错、漏选一项，扣2分。 （2）未进行外观检查，未检查试验合格日期，每项扣2分。 （3）本小项10分扣完为止		
3	安全措施	（1）办理工作开工	2	未办理工作开工，扣2分		
		（2）核实安全措施	2	未核实安全措施，扣2分		
		（3）设置安全围栏	2	未设置安全围栏，扣2分		
		（4）对被试品进行验电、放电、接地	8	（1）未对被试品进行验电、放电，每项扣2分。 （2）验电、放电时未戴绝缘手套，每项扣1分。 （3）互感器底座未接地，扣2分。 （4）本小项8分扣完为止		
4	绝缘电阻试验	（1）摆放温湿度计	2	（1）未摆放温湿度计，扣2分。 （2）摆放位置不正确，扣1分		
		（2）了解被试品状况，外观检查、清扫	5	（1）未了解被试品的运行工况及查找以往试验数据，扣2分。 （2）未检查被试品外观有无裂纹、绝缘损坏状况，扣2分。 （3）未进行互感器表面清扫，扣1分		
		（3）绝缘电阻表检查	5	（1）未检查绝缘电阻表电量，扣2分。 （2）未检查绝缘电阻表开路、短路指示是否正确，扣3分		
		（4）绝缘电阻测试	40	（1）考生未站在绝缘垫上进行测试，扣5分。 （2）绝缘电阻表选择试验电压档位不正确，扣5分。 （3）接线错误致使试验无法进行，扣10分；L、E试验线接反，扣5分。其他接线不规范，每项扣3分。 （4）加压前未检查试验接线，扣2分。 （5）测试前未进行高声呼唱，扣5分。 （6）测试时间不正确，扣5分。 （7）测试结束后未对被试品进行充分放电，扣5分；未关闭绝缘电阻表，扣5分		

续表

序号	考核项目名称	质量要求	分值	扣分标准	扣分原因	得分
4	绝缘电阻试验	（4）绝缘电阻测试	40	（8）测试过程中其他不规范行为，每项扣2分。 （9）试验不合格未进行诊断、分析，扣3分。 （10）本小项40分扣完为止		
		（5）试验操作应在30min内完成		（1）试验操作每超出10min，扣10分。 （2）本大项52分扣完为止		
5	拆除接线清理现场	（1）拆除接线	2	未拆除试验接线、接地线，每项扣1分。本小项2分扣完为止		
		（2）清理现场	2	（1）未将现场恢复到初始状况，扣2分。 （2）每遗留一件物品，扣1分。本小项2分扣完为止		
6	出具试验报告	（1）环境参数齐备	2	未填写环境温度、相对湿度，扣2分		
		（2）设备铭牌数据齐备	1	铭牌数据不正确，扣1分		
		（3）试验报告正确完整	12	（1）试验数据欠缺，每项扣2分；试验数据不正确，每项扣2分。 （2）判断依据未填写或不正确，扣2分。 （3）报告结论分析不正确或未填写试验是否合格，扣5分。 （4）报告没有填写考生姓名，扣1分。 （5）本小项12分扣完为止		
		（4）试验报告应在20min内完成		（1）试验报告每超出5min扣2分。 （2）本大项15分扣完为止		

2.2.2 SY1ZY0201 110kV电磁式电压互感器一次绕组对二次绕组末端屏蔽法测试介损、电容量

一、作业

（一）工器具、材料、设备

（1）工器具：温湿度计1块、110kV验电器1个、放电棒1套、绝缘手套1双、绝缘垫1块、安全围栏2盘、介损测试仪1台、220V电源线盘1个、工具若干。

（2）材料：$4mm^2$ 多股裸铜线接地线（20m）1盘、$2.5mm^2$ 带线夹测试线（1m）10根、抹布1块、空白试验报告1份。

（3）设备：110kV电磁式电压互感器1台。

（二）安全要求

（1）考生进入现场要求正确穿戴工作服、绝缘鞋和安全帽。

（2）试验前必须对被试品进行验电、放电、接地，变更接线及试验结束后必须对被试品进行充分放电。

（3）试验前认真检查试验接线，不发生人身触电危险，不发生人为损坏仪器、设备的安全事件。

（4）考生试验时必须站在绝缘垫上，并与带电部分保持足够的安全距离。

（三）操作步骤及工艺要求（含注意事项）

1. 准备工作

（1）根据要求，准备所使用的仪器仪表、工器具及所需试验线、接地线等材料。

（2）查找被试品历史试验数据，了解设备运行工况。

（3）检查试验仪器、验电器、放电棒、绝缘垫等，确认均完好并处于检验周期内。

（4）办理开工手续。

（5）对被试品进行验电、放电，并接地。

（6）清扫电磁式电压互感器表面的脏污，检查是否存在外绝缘损伤等情况。

（7）记录电磁式电压互感器的铭牌。

2. 实际操作步骤

（1）根据试验要求摆放好温湿度计、介损测试仪、绝缘垫等，设置好安全围栏。

（2）检查介损测试仪工作状态是否良好。

（3）合理布置介损测试仪、接地线与放电棒位置，然后按照介损测试仪的使用说明将介损测试仪接地端接地，电压互感器二次端子X、X_d与C_x端连接，高压尾端X端接地，电磁式电压互感器首端A端加10kV电压，二次端子a、a_d端悬空，电压互感器底座接地，如下图所示。

（4）启动试验设备，选择正接线，试验电压为10kV，启动高压，测量完毕先断高压，记录试验数据后关闭仪器开关，再断电源开关，然后利用放电棒对被试品进行充分放电。

（5）记录当前环境温度、相对湿度。

3. 试验结束后的工作

（1）拆除所有试验接线、接地线、短路线等。

（2）将试验仪器仪表、工器具等清理干净，摆放整齐。

（3）撤掉所设置的安全围栏，将现场恢复到测试前的状态。

(4) 工作结束后汇报试验情况及结果。

(5) 编写试验报告。

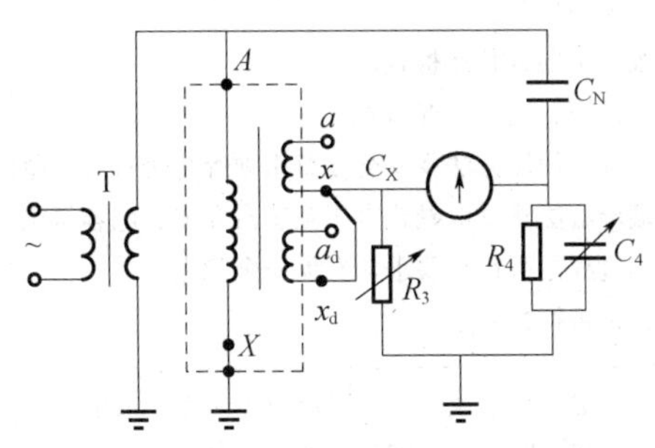

图 SY1ZY0102　末端屏蔽法测量一次绕组对二次绕组 tanδ 值的接线图

4. 注意事项及要求

(1) 试验接线应整洁、明了，无两根测试线在一起缠绕的现象。

(2) 尽量减小高压引线对互感器的杂散电容，高压引线与瓷套的角度尽量大一些，尽量呈 90°。

(3) 试验数据符合 Q/GDW 1168—2013《输变电设备状态检修试验规程》的要求。

二、考核

(一) 考核场地

(1) 试验场地应具有足够的安全距离，面积不小于 $10m^2$。

(2) 现场设置 1 套桌椅，可供考生出具试验报告。

(3) 设置 1 套评判用的桌椅和计时秒表。

(二) 考核时间

(1) 试验操作时间不超过 30min。

(2) 试验仪器、工器具等准备时间不超过 5min，该时间不计入操作考核时间。

(3) 试验报告出具时间不超过 20min，该时间不计入操作考核时间。

(三) 考核要点

(1) 现场安全文明生产。

(2) 仪器仪表、工器具状态检查。

(3) 被试品的外观、健康状况检查。

(4) 介损测试仪的使用方法及安全注意事项等是否符合规范要求。

(5) 熟悉末端屏蔽法测试电磁式电压互感器介损、电容量试验方法及相关标准要求。

(6) 整体操作过程是否符合要求，有无安全隐患。

(7) 试验报告是否符合要求。

三、评分标准

行业：电力工程　　　　**工种：电气试验工**　　　　**等级：一**

编号	SY1ZY0201	行为领域	e	鉴定范围		电气试验高级技师	
考核时限	30min	题型	A	满分	100 分	得分	
试题名称	110kV 电磁式电压互感器一次绕组对二次绕组末端屏蔽法测试介损、电容量						

续表

考核要点及其要求	(1) 现场安全文明生产。 (2) 仪器仪表、工器具状态检查。 (3) 被试品的外观、运行工况检查。 (4) 介损测试仪的使用方法及安全注意事项等是否符合规范要求。 (5) 熟悉末端屏蔽法测试电磁式电压互感器介损、电容量试验方法及相关标准要求。 (6) 整体操作过程是否符合要求，有无安全隐患。 (7) 试验报告是否符合要求
现场设备、工器具、材料	(1) 工器具：温湿度计1块、110kV验电器1个、放电棒1套、绝缘手套1双、绝缘垫1块、安全围栏2盘、介损测试仪1台、220V电源线盘1个、工具若干。 (2) 材料：$4mm^2$多股裸铜线接地线（20m）1盘、$2.5mm^2$带线夹测试线（1m）10根、抹布1块、空白实验报告1份。 (3) 设备：110kV电磁式电压互感器1台
备注	考生自备符合相关要求的工作服、绝缘鞋、安全帽等

评分标准

序号	考核项目名称	质量要求	分值	扣分标准	扣分原因	得分
1	着装	正确穿戴安全帽、工作服、绝缘鞋	5	(1) 未穿工装，扣5分。 (2) 着装、穿戴不规范，每处扣1分。 (3) 本小项5分扣完为止		
2	准备工作	正确选择仪器仪表、工器具及材料	10	(1) 每选错、漏选一项，扣2分。 (2) 未进行外观检查，未检查检验合格日期检查，每项扣2分。 (3) 本小项10分扣完为止		
3	安全措施	(1) 办理工作开工	2	未办理工作开工，扣2分		
		(2) 核实安全措施	2	未核实安全措施，扣2分		
		(3) 设置安全围栏	2	未设置安全围栏，扣2分		
		(4) 对被试品进行验电、放电、接地	8	(1) 未对被试品进行验电、放电，每项扣2分。 (2) 验电、放电时未戴绝缘手套，每项扣1分。 (3) 互感器底座未接地，扣2分。 (4) 本小项8分扣完为止		
4	一次绕组对二次绕组末端屏蔽法测试介损、电容量	(1) 摆放温湿度计	2	(1) 未摆放温湿度计，扣2分。 (2) 摆放位置不正确，扣1分		

续表

序号	考核项目名称	质量要求	分值	扣分标准	扣分原因	得分
4	一次绕组对二次绕组末端屏蔽法测试介损、电容量	（2）了解被试品状况，外观检查、清扫	5	（1）未了解被试品的运行工况及查找以往试验数据，扣2分。 （2）未检查被试品外观有无裂纹、绝缘损坏状况，扣2分。 （3）未进行互感器表面清扫，扣1分		
		（3）合理布置介损测试仪、接地线与放电棒位置	3	未合理布置，安全距离不符合要求扣3分		
		（4）接入加压线，处理好与被试品角度，尽量呈90°	1	未处理好加压线与被试品角度，扣1分		
		（5）介损、电容量测试	40	（1）考生未站在绝缘垫上进行测试，扣5分。 （2）接线不正确，致使试验无法进行或不能测试出介损、电容量，扣40分；其他接线不规范，每项扣3分。 （3）未检查介损测试仪参数设置情况，扣2分；加压前未检查试验接线，扣2分。 （4）测试前未进行高声呼唱，扣3分。 （5）未先开“总电源”开关，再开“内高压”允许开关，扣3分。 （6）先断“内高压允许”开关，再断仪器开关，最后断电源开关，次序错误扣5分。 （7）测试结束后未对被试品进行充分放电，扣5分。 （8）测试过程中其他不规范行为，每项扣3分。 （9）试验不合格未进行诊断、分析，扣3分。 （10）本小项40分扣完为止		
		（6）试验操作应在30min内完成		（1）试验操作每超出10min，扣10分。 （2）本大项51分扣完为止		
5	拆除接线清理现场	（1）拆除接线	2	（1）未拆除试验接线、接地线，每项扣1分。 （2）本小项2分扣完为止		

续表

序号	考核项目名称	质量要求	分值	扣分标准	扣分原因	得分
5	拆除接线清理现场	（2）清理现场	3	（1）未将现场恢复到测试前的状态，扣2分。 （2）每遗留一件物品，扣1分。 （3）本小项3分扣完为止		
6	出具试验报告	（1）环境参数齐备	2	未填写环境温度、相对湿度，扣2分		
		（2）设备铭牌数据齐备	1	铭牌数据不正确，扣1分		
		（3）试验报告正确完整	12	（1）试验数据欠缺，每项扣2分。试验数据不正确，每项扣2分。 （2）判断依据未填写或不正确，扣2分。 （3）报告结论分析不正确或未填写试验是否合格，扣5分。 （4）报告没有填写考生姓名，扣1分。 （5）本小项12分扣完为止		
		（4）试验报告应在20min内完成		（1）试验报告每超出5min扣2分。 （2）本大项15分扣完为止		

2.2.3 SY1ZY0202 110kV 电流互感器高电压介损试验

一、作业

（一）工器具、材料、设备

（1）工器具：温湿度计 1 块、110kV 验电器 1 个、放电棒 1 套、绝缘手套 1 双、绝缘垫 1 块、检修电源箱（带漏电保护器）2 套、安全围栏 2 盘、高电压介损测试仪 1 台、成套串联谐振升压装置（含变频电源、励磁变压器、电抗器、电容分压器）1 套、工具若干。

（2）材料：$4mm^2$ 多股裸铜线接地线（20m）1 盘、$2.5mm^2$ 测试线（1m）10 根、测试线夹 20 个、$4mm^2$ 多股裸铜线短路线（1m）10 根、抹布 1 块、空白试验报告 1 份。

（3）设备：110kV 电流互感器 1 台。

（二）安全要求

（1）考生进入现场要求正确穿戴工作服、绝缘鞋和安全帽。

（2）开始工作前使用万用表检查试验电源电压是否符合要求，手动检查漏电保护器是否正确动作。

（3）试验前必须对被试品进行验电、放电、接地，变更接线及试验结束后必须对被试品进行充分放电。

（4）试验前认真检查试验接线，不发生人身触电危险、不发生人为损坏仪器、设备的安全事件。

（5）考生试验时必须站在绝缘垫上，并与带电部分保持足够的安全距离。

（三）操作步骤及工艺要求（含注意事项）

1. 准备工作

（1）根据要求，准备所使用的仪器仪表、工器具及所需试验线、接地线等材料。

（2）准备被试品历史试验数据，了解设备运行工况情况。

（3）检查试验仪器、验电器、放电棒、绝缘垫等，确认均完好并处于检验周期内。

（4）办理开工手续。

（5）对互感器进行验电、放电，并将互感器外壳接地。

（6）清理被试品表面的脏污，检查互感器是否存在外绝缘损坏、漏油，油位是否满足要求等情况。

（7）记录互感器的铭牌。

2. 实际操作步骤

（1）根据试验要求摆放好温湿度计、仪器、绝缘垫、检修电源箱等，设置好安全围栏。

（2）使用万用表检查、检修电源是否符合要求，手动操作检查漏电保护器是否能够可靠动作。

（3）检查仪器及其测试线状态是否良好。

（4）电流互感器主绝缘高电压电容量和介损测试采用正接线，测试一次绕组和末屏之间的 $\tan\delta$ 值和电容量。测试时，一次绕组短接，高压引线接至一次绕组和标准电容高压端，标准电容下，法兰接地电流互感器末屏接电桥 C_x 端，二次绕组短接后接地，电流互感器外壳接地。

（5）取下接地线，检查接线无误后，进行过电流和过电压保护整定及空升试验，无误后降压、断开电源，接上试品。从零升至测试电压进行测试，测试电压范围为 10kV～$U_m/\sqrt{3}$，升压过程中在多点电压下测试 tanδ 值，读取测试数据；降压过程中在相应各点电压下测试 tanδ 值。

（6）测试完毕后，将高压降到零，记录测试数据，关闭仪器电源，拉开检修电源刀闸，将被试品放电接地，拆除试验接线，特别注意末屏接地引线的恢复。

（7）记录当前的环境温度、相对湿度。

3. 试验结束后的工作

（1）拆除所有接地线、短接线等。

（2）将试验仪器仪表、工器具等清理干净，摆放整齐。

（3）撤掉所设置的安全围栏，将被试设备及现场恢复到测试前的状态。

（4）工作结束后汇报试验情况及结果。

（5）编写试验报告。

4. 注意事项及要求

（1）测试应在良好天气、湿度小于 80%、互感器本体及环境温度不低于 5℃情况下进行。

（2）互感器表面脏污、潮湿时，应采取擦拭或烘干等措施减少表面泄漏电流的影响，互感器电容量较小时，加屏蔽环会影响电场分布，不宜采取。

（3）互感器附近的木梯、构架、引线等所形成的杂散损耗，会对测量结果产生较大影响，应予拆除。高压引线与被试品互感器的角度应尽量大，尽量远离被试品法兰，有条件时，高压引线最好自上部向下引到被试品，以免杂散电容影响测量结果，同时注意电场磁场干扰。

（4）被试电流互感器外壳可靠接地，电桥本体应直接与被试互感器外壳或接地点连接且尽量短。

（5）依据 Q/GDW 1168—2013《输变电设备状态检修试验规程》，测量介质损耗因数与测量电压之间的关系曲线，测量电压范围为 10kV～$U_m/\sqrt{3}$，介质损耗因数的增量不超过±0.003，且介质损耗因数不大于 0.01。

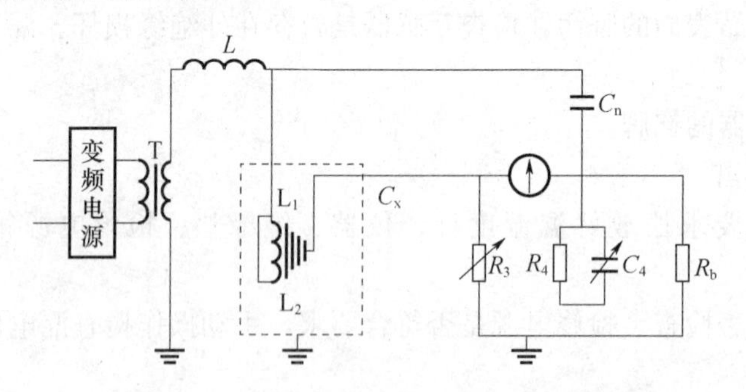

图 SY1ZY0207-1　变频谐振升压法原理接线图

二、考核

（一）考核场地

（1）试验场地应具有足够的安全距离，面积不小于 20m²。

（2）现场设置1套桌椅，可供考生出具试验报告。
（3）设置1套评判用的桌椅和计时秒表。
（二）考核时间
（1）试验操作时间不超过45min。
（2）试验仪器、工器具等准备时间不超过5min，该时间不计入考核时间。
（3）试验报告出具时间不超过20min，该时间不计入操作时间。
（三）考核要点
（1）现场安全文明生产。
（2）仪器仪表、工器具状态检查。
（3）被试品的外观、运行工况检查。
（4）熟练操作高电压介损测试仪，正确升压降压并读数。
（5）熟练完成高电压介损测试仪、变频电源、励磁变压器、电抗器和电容分压器的接线。
（6）熟悉试验项目及相关标准要求。
（7）整体操作过程是否符合要求，有无安全隐患。
（8）试验报告是否符合要求。

三、评分标准

行业：电力工程　　　　工种：电气试验工　　　　等级：一

编号	SY1ZY0202	行为领域	e	鉴定范围		电气试验高级技师	
考核时限	45min	题型	A	满分	100分	得分	
试题名称	110kV电流互感器高电压介损试验						
考核要点及其要求	（1）现场安全文明生产。 （2）仪器仪表、工器具状态检查。 （3）被试品的外观、运行工况检查。 （4）熟练操作高电压介损测试仪，正确升压降压并读数。 （5）熟练完成高电压介损测试仪、变频电源、励磁变压器、电抗器和电容分压器的接线。 （6）熟悉试验项目及相关标准要求。 （7）整体操作过程是否符合要求，有无安全隐患。 （8）试验报告是否符合要求						
现场设备、工器具、材料	（1）工器具：温湿度计1块、110kV验电器1个、放电棒1套、绝缘手套1双、绝缘垫1块、检修电源箱（带漏电保护器）2套、安全围栏2盘、高电压介损测试仪1台、成套串联谐振升压装置（含变频电源、励磁变压器、电抗器、电容分压器）1套、工具若干。 （2）材料：$4mm^2$多股裸铜线接地线（20m）1盘、$2.5mm^2$测试线（1m）10根、测试线夹20个、$4mm^2$多股裸铜线短路线（1m）10根、抹布1块，空白试验报告1份。 （3）设备：110kV电流互感器1台						
备注	考生自备符合相关要求的工作服、绝缘鞋、安全帽等						

续表

评分标准						
序号	考核项目名称	质量要求	分值	扣分标准	扣分原因	得分
1	着装	正确穿戴安全帽、工作服、绝缘鞋	5	（1）未穿工装扣5分。 （2）着装、穿戴不规范，每处扣1分。 （3）本项分值扣完为止		
2	准备工作	正确选择仪器仪表、工器具及材料	6	（1）每选错、漏选一项扣2分。 （2）未进行外观检查，未检查检验合格日期，每项扣2分。 （3）本项分值扣完为止		
3	安全措施	（1）办理工作开工	1	未办理工作开工，扣2分		
		（2）核实安全措施	1	未核实安全措施，扣2分		
		（3）设置安全围栏	1	未设置安全围栏，扣2分		
		（4）检查检修电源电压、漏电保护器是否符合要求	2	（1）未测试检修电源电压，扣1分。 （2）未检查漏电保护器是否能够可靠动作，扣1分		
		（5）对被试品进行验电、放电、接地	5	（1）未对被试品进行验电、放电，每项扣2分。 （2）验电、放电时未戴绝缘手套，每项扣1分。 （3）互感器外壳未接地，扣2分。 （4）本项分值扣完为止		
4	高电压介损试验	（1）摆放温湿度计	2	（1）未摆放温湿度计，扣2分。 （2）摆放位置不正确，扣1分		
		（2）了解被试品状况，外观检查、清扫	5	（1）未了解被试品的运行工况及查找以往试验数据，扣2分。 （2）未检查被试品外观有无开裂、损坏状况，扣2分。 （3）未清扫，扣1分		
		（3）接线： ①合理布置高电压介损测试仪、变频电源、励磁变压器、电抗器、电容分压器、接地线与放电棒位置。 ②按要求正确短接一次绕组。 ③按要求正确短接二次绕组并接地。 ④打开末屏接地线，将电桥C_x端与末屏相连接。 ⑤将高压引线接至一次绕组和标准电容高压端。 ⑥标准电容下法兰接地	25	①未合理布置，安全距离不符合要求，扣2分。 ②未正确短接，扣2分。 ③未正确短接并接地，扣2分。 ④未正确连接，扣4分。 ⑤未正确连接，扣4分。 ⑥未正确接地，扣2分		

续表

序号	考核项目名称	质量要求	分值	扣分标准	扣分原因	得分
4	高电压介损试验	（4）过程： ①取下接地线。 ②检查接线无误。 ③接通电源，升压前呼唱。 ④升压进行试验，加压时必须站在绝缘垫上。 ⑤升压过程中在多点电压测试 $\tan\delta$ 值，并记录； ⑥降压过程中在多点电压测试 $\tan\delta$ 值，并记录。 ⑦测试完毕将高压降到零，断开电源，放电，挂接地线。 ⑧恢复末屏接地引线	25	①未取接地线，扣3分。 ②未检查接线，扣3分。 ③未用万用表检查电源电压，扣2分；升压前未呼唱，扣1分；未进行过电流和过电压保护整定设置，未进行空升试验，每项扣3分。 ④未站在绝缘垫上，扣6分。 ⑤升压未在多点电压测试并记录，扣3分。 ⑥降压未在多点测试电压下测试并记录，扣3分 ⑦次序错误扣3分，漏项每处扣3分。 ⑧未正确恢复末屏接地引线，扣3分		
		（5）试验操作应在45min内完成		（1）试验操作每超出10min扣10分。 （2）本项扣完57分为止		
5	拆除接线清理现场	（1）拆除接线	2	（1）未拆除试验接线、接地线，每项扣1分。 （2）本项分值扣完为止		
		（2）清理现场	5	（1）未将现场恢复到测试前的状态，扣3分。 （2）每遗留一件物品，扣1分。 （3）本项分值扣完为止		
6	出具试验报告	（1）环境参数齐备	2	未填写环境温度、相对湿度，扣2分		
		（2）设备参数齐备	1	铭牌数据不正确，扣1分		
		（3）试验报告正确完整	12	（1）试验数据欠缺，每项扣2分；试验数据不正确，每项扣2分。 （2）判断依据未填写或不正确，扣2分。 （3）报告结论分析不正确或未填写试验是否合格，扣5分。 （4）报告没有填写考生姓名，扣1分。 （5）本项分值扣完为止		
		（4）试验报告应在20min内完成		（1）试验报告每超出5min扣2分。 （2）本项扣完15分为止		

2.2.4 SY1ZY0301 10kV变压器变比试验

一、作业

（一）工器具、材料、设备

（1）工器具：温湿度计1块、10kV验电器1个、放电棒1套、绝缘手套1双、绝缘垫1块、220V检修电源箱（带漏电保护器）1套、安全围栏2盘、变压器变比测试仪1台、工具若干。

（2）材料：4mm^{2}多股裸铜线接地线（20m）1盘、抹布1块、空白试验报告1份。

（3）设备：10kV变压器1台。

（二）安全要求

（1）考生进入现场要求正确穿戴工作服、绝缘鞋和安全帽。

（2）开始工作前使用万用表检查试验电源电压是否为220V，漏电保护器是否正确动作。

（3）试验前必须对被试品进行验电、放电、接地，试验结束后必须对被试品进行充分放电。

（4）试验前认真检查试验接线，不发生人身触电危险，不发生人为损坏仪器、设备的安全事件。

（5）考生试验时必须站在绝缘垫上，并与带电部分保持足够的安全距离。

（三）操作步骤及工艺要求（含注意事项）

1. 准备工作

（1）根据要求，准备所使用的仪器仪表、工器具及所需试验线、接地线等材料。

（2）查找被试品历史试验数据，了解设备运行情况。

（3）检查试验仪器、验电器、放电棒、绝缘垫等，确认均完好并处于检验周期内。

（4）办理开工手续。

（5）对被试品进行验电、放电，并将被试品外壳接地。

（6）清扫变压器表面的脏污，检查被试品是否存在外绝缘损伤等情况。

（7）记录变压器的铭牌。

2. 实际操作步骤

（1）根据试验要求摆放好温湿度计、变压器变化测试仪、绝缘垫、检修电源箱等，设置好安全围栏。

（2）使用万用表检查、检修电源是否符合要求，手动操作检查漏电保护器是否能够可靠动作。

（3）检查变压器变化测试仪及其试验线工作状态是否良好。

（4）将变压器变比测试仪按要求接地，分别将高压和低压接线柱用专用测试线接入10kV变压器高压UVW和低压uvw接线柱，按变压器铭牌组别在测试仪设置组别，按变压器铭牌计算出变比值，在测试仪设置额定变比值（图SY1ZY0203-1）。

（5）测试完毕，记录测试数据，关闭仪器电源并拉开检修电源刀闸，利用放电棒对被试品进行充分放电，拆除试验接线。

（6）记录测试数据、当前环境温度、相对湿度。

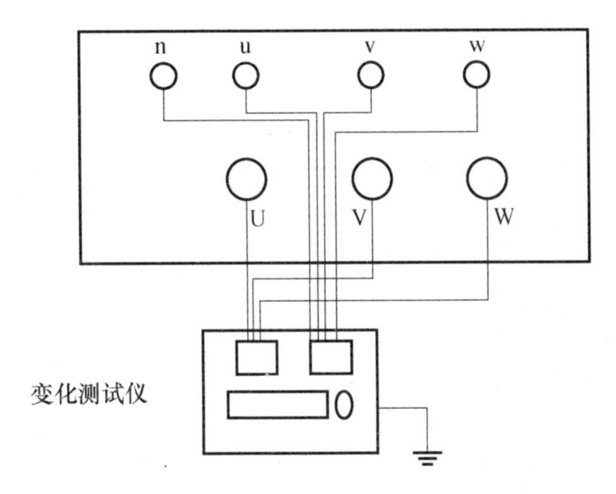

图 SY1ZY0203-1　图量 10kV 变压器变化试验接线

3. 试验结束后的工作

(1) 拆除所有接地线等。

(2) 将试验仪器仪表、工器具等清理干净，摆放整齐。

(3) 撤掉所设置的安全围栏，将被试设备及现场恢复到测试前的状态。

(4) 工作结束后汇报试验情况及结果。

(5) 编写试验报告。

4. 注意事项

(1) 试验接线应整洁、明了，无两根测试线在一起缠绕现象。

(2) 变压器外壳应接地良好。

(3) 试验数据符合 Q/GDW 1168—2013《输变电设备状态检修试验规程》的要求。

二、考核

(一) 考核场地

(1) 试验场地应具有足够的安全距离，面积不小于 $10m^2$。

(2) 现场设置 1 套桌椅，可供考生出具试验报告。

(3) 设置 1 套评判用的桌椅和计时秒表。

(二) 考核时间

(1) 试验操作时间不超过 30min。

(2) 试验仪器、工器具等准备时间不超过 5min，该时间不计入考核时间。

(3) 试验报告出具时间不超过 20min，该时间不计入操作时间。

(三) 考核要点

(1) 现场安全文明生产。

(2) 仪器仪表、工器具状态检查。

(3) 被试品的外观、运行工况检查。

(4) 变比测试仪的使用方法及安全注意事项等是否符合规范要求。

(5) 熟悉变压器变比试验方法及相关标准要求。

(6) 整体操作过程是否符合要求，有无安全隐患。

（7）试验报告是否符合要求。

三、评分标准

行业：电力工程　　　　　　　　　工种：电气试验工　　　　　　　　　等级：一

编号	SY1ZY0301	行为领域	e	鉴定范围		电气试验高级技师	
考核时限	30min	题型	A	满分	100分	得分	
试题名称	10kV变压器变比试验						
考核要点及其要求	（1）现场安全文明生产。 （2）仪器仪表、工器具状态检查。 （3）被试品的外观、运行工况检查。 （4）变压器变比测试仪的使用方法及安全注意事项等是否符合规范要求。 （5）熟悉变压器变比试验方法及相关标准要求。 （6）整体操作过程是否符合要求，有无安全隐患。 （7）试验报告是否符合要求						
现场设备、工器具、材料	（1）工器具：温湿度计1块、10kV验电器1个、放电棒1套、绝缘手套1双、绝缘垫1块、220V检修电源箱（带漏电保护器）1套、安全围栏2盘、变压器变比测试仪1台、工具若干。 （2）材料：4mm²多股裸铜线接地线（20m）1盘、抹布1块、空白试验报告1份。 （3）设备：10kV变压器1台						
备注							

评分标准

序号	考核项目名称	质量要求	分值	扣分标准	扣分原因	得分
1	着装	正确穿戴安全帽、工作服、绝缘鞋	5	（1）未穿工装，扣5分。 （2）着装、穿戴不规范，每处扣1分。 （3）本项分值扣完为止		
2	准备工作	正确选择仪器仪表、工器具及材料	10	（1）每选错、漏选一项，扣2分。 （2）未进行外观检查，未检查检验合格日期，每项扣2分。 （3）本项分值扣完为止		
3	安全措施	（1）办理工作开工	2	未办理工作开工，扣2分		
		（2）核实安全措施	2	未核实安全措施，扣2分		
		（3）设置安全围栏	2	未设置安全围栏，扣2分		
		（4）检查检修电源电压、漏电保护器是否符合要求	2	（1）未测试检修电源电压，扣1分。 （2）未检查漏电保护器是否能够可靠动作，扣1分		
		（5）对被试品进行验电、放电、接地	8	（1）未对被试品进行验电、放电，每项扣2分。 （2）验电、放电时未戴绝缘手套，每项扣1分。 （3）变压器外壳未接地，扣2分。 （4）本项分值扣完为止		

续表

序号	考核项目名称	质量要求	分值	扣分标准	扣分原因	得分
4	变比试验	（1）摆放温湿度计	2	（1）未摆放温湿度计，扣2分。 （2）摆放位置不正确，扣1分		
		（2）了解被试品状况、外观检查、清扫	5	（1）未被试品的运行工况及查找以往试验数据，扣2分。 （2）未检查被试品外观有无裂纹、损坏状况，扣2分。 （3）未清扫，扣1分		
		（3）变比测试	40	（1）接线不正确（试验高低压接线错误、变压器与试验设备接线相序不对应、未按铭牌进行参数设置），致使试验无法进行，扣34分。 （2）其他不规范，如仪器未接地、未进行呼唱等，每项扣5分。 （3）加压前未检查试验接线，扣3分。 （4）未选择测量所有的档位，扣4分。 （5）测试结束后未对被试品进行充分放电，扣5分；先通过电阻放电再直接放电，次序错误，扣4分。 （6）试验不合格未进行诊断、分析，扣3分。 （7）本项分值扣完为止		
		（4）试验操作应在30min内完成		（1）试验操作每超出10min扣10分。 （2）本项扣完30分为止		
5	拆除接线清理现场	（1）拆除接线	2	（1）未拆除试验接线、接地线，每项扣1分。 （2）本项分值扣完为止		
		（2）清理现场	5	（1）未将现场恢复到测试前的状态，扣3分。 （2）每遗留一件物品，扣1分。 （3）本项分值扣完为止		

续表

序号	考核项目名称	质量要求	分值	扣分标准	扣分原因	得分
6	出具试验报告	（1）环境参数齐备	2	未填写环境温度、相对湿度，扣2分		
		（2）设备参数齐备	1	铭牌数据不正确扣1分		
		（3）试验报告正确完整	12	（1）试验数据欠缺，每项扣2分；试验数据不正确，每项扣2分。 （2）判断依据未填写或不正确，扣2分。 （3）报告结论分析不正确或未填写试验是否合格，扣5分。 （4）报告没有填写考生姓名，扣1分。 （5）本项分值扣完为止		
		（4）试验报告应在20min内完成		（1）试验报告每超出5min扣2分。 （2）本项扣完15分为止		

2.2.5 SY1ZY0401 10kV 变压器空载电流试验

一、作业

（一）工器具、材料、设备

（1）工器具：温湿度计 1 块、10kV 验电器 1 个、放电棒 1 套、绝缘手套 1 双、绝缘垫 1 块、380V 检修电源箱（带漏电保护器）1 套、安全围栏 2 盘、工具若干。0.5 级电流表 3 只、0.5 级电压表 3 只、0.5 级功率表 3 只（$\cos\varphi \leqslant 0.2$）、50A 三相检修电源、三相隔离开关 1 台、三相调压器 1 台、0.2 级电流互感器 2 台、0.2 级电压互感器 2 台。

（2）材料：$4mm^2$ 多股裸铜线接地线（20m）1 盘、截面面积不小于 4 mm^2 的带线夹测试线 3 根（5m）、抹布 1 块、配套连接导线（长度为 1m，截面面积不小于 2.5 mm^2）30 根、配套连接导线（长度为 2m，截面面积不小于 2.5 mm^2）10 根、空白试验报告 1 份。

（3）设备：10kV 变压器 1 台。

（二）安全要求

（1）考生进入现场要求正确穿戴工作服、绝缘鞋和安全帽。

（2）开始工作前使用万用表检查试验电源电压是否为 380V，手动检查漏电保护器是否正确动作。

（3）试验前必须对被试品进行验电、放电、接地，变更接线及试验结束后必须对被试品进行充分放电。

（4）试验前认真检查试验接线，不发生人身触电危险，不发生人为损坏仪器、设备的安全事件。

（5）考生试验时必须站在绝缘垫上，并与带电部分保持足够的安全距离。

（三）操作步骤及工艺要求（含注意事项）

1. 准备工作

（1）根据要求，准备所使用的仪器仪表、工器具及所需试验线、接地线等材料。

（2）查找被试品历史试验数据了解设备运行工况情况。

（3）检查试验仪器、验电器、放电棒、绝缘垫等，确认均完好并处于检验周期内。

（4）办理开工手续。

（5）对被试品进行验电、放电，并将被试品外壳接地。

（6）清扫变压器表面的脏污，检查变压器是否存在外绝缘损伤情况。

（7）记录变压器的铭牌。

2. 实际操作步骤

（1）根据试验要求摆放好温湿度计、绝缘垫、检修电源箱等，设置好安全围栏。

（2）使用万用表检查、检修电源是否符合要求，手动操作检查漏电保护器是否能够可靠动作。

（3）检查仪器及其测试线状态是否良好。

（4）将各设备及被试品用引线接入回路中，变压器非被试绕组均开路，不能短接。检查接线，特别注意电流互感器、功率表的“极性”。将三相加压线加到被试变压器的低压侧，将隔离开关合上，调整调压器，慢慢增大电压，观察仪表是否正常，若无异常，将电压升至额定电压，同时读取并记录仪表指示值。

（5）测试完毕，记录测试数据，将调压器回零，关闭仪器电源，并拉开检修电源刀闸，利用放电棒对被试品进行充分放电，拆除试验接线。

（6）记录当前的环境温度、相对湿度。

3. 试验结束后的工作

（1）拆除所有接地线、试验线等。

（2）将试验仪器仪表、工器具等清理干净，摆放整齐。

（3）撤掉所设置的安全围栏，将被试设备及现场恢复到测试前的状态。

（4）工作结束后汇报试验情况及结果。

（5）编写试验报告。

4. 注意事项

（1）试验应在额定分接头下进行，要求施加的电压为正弦波形和额定频率的额定电压。

（2）在做三相变压器额定空载试验时，试验电源应有足够的容量。

（3）试验电压应保持稳定，采用三相电源法试验时，要求三相电压对称，即负序分量不超过正序分量的5%，三相电压相差不超过2%。

（4）接线时（图SY1ZY0204-1）必须注意功率表电流线圈和电压线圈的极性，功率的指示可能是正值也可能是负值。

（5）在试验过程中，若发现表计指示异常，被试变压器有放电、异响、冒烟、喷油等异常情况，应立即断开电源停止试验，查明原因，加以处理，否则不能继续试验。

（6）在进行空载试验时，应在绝缘电阻、泄漏电流测量之前进行测量，以避免剩磁的影响。

（7）试验数据符合Q/GDW 1168—2013《输变电设备状态检修试验规程》的要求。

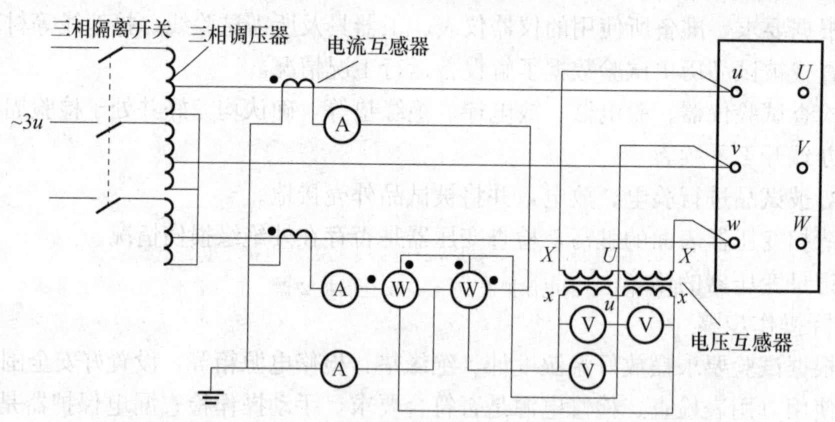

图SY1ZY0204-1　10kV变压器空载电流网接测量试验接线

二、考核

（一）考核场地

（1）试验场地应具有足够的安全距离，面积不小于10m²。

（2）现场设置1套桌椅，可供考生出具试验报告。

（3）设置1套评判用的桌椅和计时秒表。

（二）考核时间

（1）试验操作时间不超过45min。

（2）试验仪器、工器具等准备时间不超过5min，该时间不计入考核时间。

（3）试验报告出具时间不超过20min，该时间不计入操作时间。

（三）考核要点

（1）现场安全文明生产。

（2）仪器仪表、工器具状态检查。

（3）被试品的外观、运行工况检查。

（4）熟练正确地完成隔离开关、调压器、电流表、电压表、电流互感器、电压互感器、功率表与被试品的接线。

（5）熟悉变压器空载电流试验方法及相关标准要求。

（6）整体操作过程是否符合要求，有无安全隐患。

（7）试验报告是否符合要求。

三、评分标准

行业：电力工程　　　　**工种：电气试验工**　　　　**等级：一**

编号	SY1ZY0401	行为领域	e	鉴定范围		电气试验高级技师	
考核时限	45min	题型	A	满分	100分	得分	
试题名称	10kV变压器空载电流试验						
考核要点及其要求	（1）现场安全文明生产。 （2）仪器仪表、工器具状态检查。 （3）被试品的外观、运行工况检查。 （4）熟练正确也完成隔离开关、调压器、电流表、电压表、电流互感器、电压互感器、功率表与被试品的接线。 （5）熟悉变压器空载电流试验方法及相关标准要求。 （6）整体操作过程是否符合要求，有无安全隐患。 （7）试验报告是否符合要求						
现场设备、工器具、材料	（1）工器具：温湿度计1块、10kV验电器1个、放电棒1套、绝缘手套1双、绝缘垫1块、380V检修电源箱（带漏电保护器）1套、安全围栏2盘、工具若干。0.5级电流表3只、0.5级电压表3只、0.5级功率表3只（cosφ≤0.2）。 （2）材料：$4mm^2$多股裸铜线接地线（20m）1盘、抹布1块、截面面积不小于4 mm^2的带线夹测试线3根（5m）、配套连接导线（长度为1m，截面面积不小于2.5 mm^2）30根、配套连接导线（长度为2m，截面面积不小于2.5 mm^2）10根、空白试验报告1份。 （3）设备：10kV变压器1台、50A三相检修电源，三相隔离开关1台、三相调压器1台、0.2级电流互感器2台，0.2级电压互感器2台						
备注	考生自备符合相关要求的工作服、绝缘鞋、安全帽等						

续表

评分标准						
序号	考核项目名称	质量要求	分值	扣分标准	扣分原因	得分
1	着装	正确穿戴安全帽、工作服、绝缘鞋	5	(1) 未穿工装扣5分。 (2) 着装、穿戴不规范，每处扣1分。 (3) 本项分值扣完为止		
2	准备工作	正确选择仪器仪表、工器具及材料	10	(1) 每选错、漏选一项，扣2分。 (2) 未进行外观检查，未检查检验合格日期每项扣2分。 (3) 测试仪设备的选择，错误一项扣2分： ①根据被试变压器容量确定调压器容量。 ②电压表、电流表精度选择不低于0.5级，互感器精度不低于0.2级。 ③功率表（$\cos\varphi \leqslant 0.2$、准确度不低于0.5级）。 (4) 本项分值扣完为止		
3	安全措施	(1) 办理工作开工	2	未办理工作开工，扣2分		
		(2) 核实安全措施	2	未核实安全措施，扣2分		
		(3) 设置安全围栏	2	未设置安全围栏，扣2分		
		(4) 检查检修电源电压、漏电保护器是否符合要求	2	(1) 未测试检修电源电压，扣1分。 (2) 未检查漏电保护器是否能够可靠动作，扣1分		
		(5) 对被试品进行验电、放电、接地	7	(1) 未对被试品进行验电、放电，每项扣2分。 (2) 验电、放电时未戴绝缘手套，每项扣1分。 (3) 变压器底座未接地，扣2分。 (4) 本项分值扣完为止		
4	空载电流试验	(1) 摆放温湿度计	2	(1) 未摆放温湿度计，扣2分。 (2) 摆放位置不正确，扣1分		
		(2) 了解被试品状况，外观检查、清扫	5	(1) 未了解被试品的运行工况及查找以往试验数据，扣2分。 (2) 未检查被试品外观有无裂纹、是否存在渗漏油情况，被试品的油位是否符合试验要求，扣2分。 (3) 未进行清扫，扣1分		

续表

序号	考核项目名称	质量要求	分值	扣分标准	扣分原因	得分
4	空载电流试验	（3）空载测试	44	（1）调压器、电压表、电流表等接线错误致使试验无法进行，错误一处扣3分，扣完为止。 （2）未将有载分接开关调至额定档，扣4分。 （3）加压前未检查试验接线，扣2分。 （4）其他项目不规范，如未进行呼唱、升压错误等，每项扣3分。 （5）未正确计算相应的空载电流和空载损耗扣4分。 （6）测试结束后未对被试品进行充分放电，扣5分。 （7）试验不合格未进行诊断、分析扣3分。 （8）本项分值扣完为止		
		（4）试验操作应在45min内完成		（1）试验操作每超出10min扣10分。 （2）本项扣完51分为止		
5	拆除接线清理现场	（1）拆除接线	2	（1）未拆除试验接线、接地线，每项扣1分。 （2）本项分值扣完为止		
		（2）清理现场	2	（1）未将现场恢复到初始状况，扣2分。 （2）每遗留一件物品，扣1分。 （3）本项分值扣完为止		
6	出具试验报告	（1）环境参数齐备	2	未填写环境温度、相对湿度，扣2分		
		（2）设备参数齐备	1	铭牌数据不正确，扣1分		
		（3）试验报告正确完整	12	（1）试验数据欠缺，每项扣2分；试验数据不正确，每项扣2分。 （2）判断依据未填写或不正确扣2分。 （3）报告结论分析不正确或未填写试验是否合格，扣5分。 （4）报告没有填写考生姓名，扣1分。 （5）本项分值扣完为止		
		（4）试验报告应在20min内完成		（1）试验报告每超出5min扣2分。 （2）本项扣完15分为止		

2.2.6 SY1ZY0501 10kV 全绝缘电压互感器交流耐压试验

一、作业

（一）工器具、材料、设备

（1）工器具：温湿度计1块、10kV验电器1个、放电棒1套、绝缘手套1双、绝缘垫1块、220V检修电源箱（带漏电保护器）1套、安全围栏2盘、50kV工频试验变压器1台（附操作箱）、工具若干。

（2）材料：$4mm^2$ 多股裸铜线接地线（20m）1盘、$2.5mm^2$ 带线夹的测试线（2m）2根、抹布1块、空白试验报告1份。

（3）设备：10kV全绝缘电压互感器1台。

（二）安全要求

（1）考生进入现场要求正确穿戴工作服、绝缘鞋和安全帽。

（2）开始工作前使用万用表检查试验电源电压是否为220V，手动检查漏电保护器是否正确动作。

（3）试验前必须对被试品进行验电、放电、接地，变更接线及试验结束后必须对被试品进行充分放电。

（4）试验前认真检查试验接线，不发生人身触电危险，不发生人为损坏仪器、设备的安全事件。

（5）考生试验时必须站在绝缘垫上，并与带电部分保持足够的安全距离。

（三）操作步骤及工艺要求（含注意事项）

1. 准备工作

（1）根据要求，准备所使用的仪器仪表、工器具及所需试验线、接地线等材料。

（2）查找被试品历史试验数据，了解设备运行工况。

（3）检查试验仪器、验电器、放电棒、绝缘垫等，确认均完好并处于检验周期内。

（4）办理开工手续。

（5）对被试品进行验电、放电，并将底座接地。

（6）清扫被试品表面的脏污，检查被试品外观有无裂纹。

（7）记录互感器的铭牌。

2. 实际操作步骤

（1）根据试验要求摆放好温湿度计、测试仪、绝缘垫、检修电源箱等，设置好安全围栏。

（2）使用万用表检查、检修电源是否符合要求，手动操作检查漏电保护器能否能够可靠动作。

（3）检查仪器及其测试线状态是否良好。

（4）将互感器一次绕组尾端的接地线脱开，将互感器一次绕组首尾短接并与互感器本体及地保持足够的安全距离，将互感器的二次绕组短接接地。将试验变压器与操作箱连接，检查操作箱的调压器是否能正常回零，保护能否正常动作。进行过电流和过电压保护整定，进行空升试验，无误后降压、断开电源，接上试品，进行测试，加压到试验电压后，计时1min（图SY1ZY0205-1）。

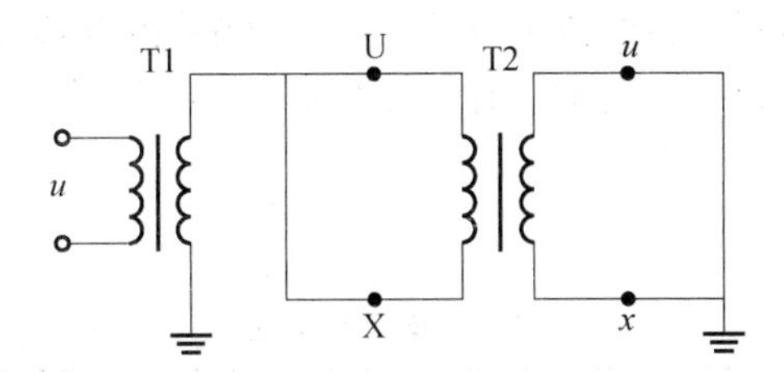

图 SY1ZY0205-1　10kV 全绝缘电压互感器交流耐压试验原理接线图

（5）测试完毕，记录测试数据，放电完毕后关闭仪器电源并拉开检修电源刀闸，利用放电棒对被试品进行充分放电，拆除试验接线。

（6）记录当前的环境温度、相对湿度。

3. 试验结束后的工作

（1）拆除所有接地线、试验线等。

（2）将试验仪器仪表、工器具等清理干净，摆放整齐。

（3）撤掉所设置的安全围栏，将被试设备及现场恢复到测试前的状态。

（4）工作结束后汇报试验情况及结果。

（5）编写试验报告。

4. 注意事项

（1）加压前要再次检查试验接线，特别是所有接地点必须可靠接地。

（2）加压前必须检查调压器回零情况及保护装置是否能正常动作。

（3）加压过程中要密切关注被试品情况及电流表的数据，如有异常则迅速降压并切断电源。

（4）耐压前后都要进行测试绝缘电阻，确认其绝缘电阻值正常。

（5）试验数据符合 Q/GDW 1168—2013《输变电设备状态检修试验规程》的规定要求。

二、考核

（一）考核场地

（1）试验场地应具有足够的安全距离，面积不小于 10m^2。

（2）现场设置 1 套桌椅，可供考生出具试验报告。

（3）设置 1 套评判用的桌椅和计时秒表。

（二）考核时间

（1）试验操作时间不超过 30min。

（2）试验仪器、工器具等准备时间不超过 5min，该时间不计入考核时间。

（3）试验报告出具时间不超过 20min，该时间不计入操作时间。

（三）考核要点

（1）现场安全文明生产。

（2）仪器仪表、工器具状态检查。

（3）被试品的外观、运行工况检查。

（4）熟悉工频交流耐压设备的使用方法及安全注意事项。

（5）熟悉全绝缘电压互感器交流耐压试验方法及相关标准要求。

（6）整体操作过程是否符合要求，有无安全隐患。

（7）试验报告是否符合要求。

三、评分标准

行业：电力工程　　　　　　工种：电气试验工　　　　　　等级：一

编号	SY1ZY0501	行为领域	e	鉴定范围		电气试验高级技师	
考核时限	30min	题型	A	满分	100分	得分	
试题名称	10kV全绝缘电压互感器交流耐压试验						
考核要点及其要求	（1）现场安全文明生产。 （2）仪器仪表、工器具状态检查。 （3）被试品的外观、运行工况检查。 （4）熟悉工频交流耐压设备的使用方法及安全注意事项。 （5）熟悉全绝缘电压互感器交流耐压试验的接线及测试方法。 （6）整体操作过程是否符合要求，有无安全隐患。 （7）试验报告是否符合要求						
现场设备、工器具、材料	（1）工器具：温湿度计1块、10kV验电器1个、放电棒1套、绝缘手套1双、绝缘垫1块、220V检修电源箱（带漏电保护器）1套、安全围栏2盘、50kV工频试验变压器1台（附操作箱）、工具若干。 （2）材料：$4mm^2$多股裸铜线接地线（20m）1盘、$2.5mm^2$带线夹的测试线（2m）2根、抹布1块、空白试验报告1份。 （3）设备：10kV全绝缘电压互感器1台						
备注	考生自备符合相关要求的工作服、绝缘鞋、安全帽等						

评分标准

序号	考核项目名称	质量要求	分值	扣分标准	扣分原因	得分
1	着装	正确穿戴安全帽、工作服、绝缘鞋	5	（1）未穿工装扣5分。 （2）着装、穿戴不规范，每处扣1分。 （3）本项分值扣完为止		
2	准备工作	正确选择仪器仪表、工器具及材料	10	（1）每选错、漏选一项，扣2分。 （2）未进行外观检查，未检查检验合格日期，每项扣2分。 （3）本项分值扣完为止		

续表

序号	考核项目名称	质量要求	分值	扣分标准	扣分原因	得分
3	安全措施	（1）办理工作开工	2	未办理工作开工，扣2分		
		（2）核实安全措施	2	未核实安全措施，扣2分		
		（3）设置安全围栏	2	未设置安全围栏，扣2分		
		（4）检查检修电源电压、漏电保护器是否符合要求	2	（1）未测试检修电源电压，扣1分。 （2）未检查漏电保护器是否能够可靠动作，扣1分		
		（5）对被试品进行验电、放电、接地	5	（1）未对被试品进行验电、放电，每项扣2分。 （2）验电、放电时未戴绝缘手套，每项扣1分。 （3）互感器未接地，扣2分。 （4）本项分值扣完为止		
4	10kV全绝缘电压互感器交流耐压试验	（1）摆放温湿度计了解	2	（1）未摆放温湿度计，扣2分。 （2）摆放位置不正确，扣1分		
		（2）了解被试品状况，外观检查、清扫	5	（1）未被试品的运行工况及查找以往试验数据，扣2分。 （2）未检查被试品外观有无开裂、损坏状况，扣2分。 （3）未清扫，扣1分		
		（3）交流耐压测试	43	（1）考生未站在绝缘垫上进行测试，扣5分。 （2）接线不正确，致使试验无法进行扣40分。 （3）加压前未检查试验接线，扣2分。 （4）未检查调压器回零情况，扣5分。 （5）未进行过电流和过电压保护整定设置，未进行空升试验，每项扣3分。 （6）测试前未进行高声呼唱，扣3分。 （7）测试结束后未对被试品进行充分放电，扣5分。 （8）测试过程中其他不规范行为，每项扣3分。 （9）试验不合格未进行诊断、分析，扣3分。 （10）本项分值扣完为止		
		（4）试验操作应在30min内完成		（1）试验操作每超出10min扣10分。 （2）本项扣完50分为止		

续表

序号	考核项目名称	质量要求	分值	扣分标准	扣分原因	得分
5	拆除接线清理现场	（1）拆除接线	2	（1）未拆除试验接线、接地线，每项扣1分。 （2）本项分值扣完为止		
		（2）清理现场	5	（1）未将现场恢复到测试前的状态，扣3分。 （2）每遗留一件物品，扣1分。 （3）本项分值扣完为止		
6	出具试验报告	（1）环境参数齐备	2	未填写环境温度、相对湿度，扣2分		
		（2）设备参数齐备	1	铭牌数据不正确，扣1分		
		（3）试验报告正确完整	12	（1）试验数据欠缺，每项扣2分；试验数据不正确，每项扣2分。 （2）判断依据未填写或不正确，扣2分。 （3）报告结论分析不正确或未填写试验是否合格，扣5分。 （4）报告没有填写考生姓名，扣1分。 （5）本项分值扣完为止		
		（4）试验报告应在20min内完成		（1）试验报告每超出5min扣2分。 （2）本项扣完15分为止		

2.2.7 SY1ZY0502 10kV 变压器串级耐压试验

一、作业

（一）工器具、材料、设备

（1）工器具：温湿度计 1 块、10kV 验电器 1 个、放电棒 1 套、绝缘手套 1 双、绝缘垫 1 块、220V 检修电源箱（带漏电保护器）1 套、安全围栏 2 盘、串级交流耐压试验装置 1 套、工具若干。

（2）材料：4mm^2 多股裸铜线接地线（20m）1 盘、2.5mm^2 带线夹的测试线（1m）6 根、抹布 1 块、空白试验报告 1 份。

（3）设备：10kV 变压器 1 台。

（二）安全要求

（1）考生进入现场要求正确穿戴工作服、绝缘鞋和安全帽。

（2）开始工作前使用万用表检查试验电源电压是否为 220V，手动检查漏电保护器是否正确动作。

（3）试验前必须对被试品进行验电、放电、接地，变更接线及试验结束后必须对被试品进行充分放电。

（4）试验前认真检查试验接线，不发生人身触电危险，不发生人为损坏仪器、设备的安全事件。

（5）考生试验时必须站在绝缘垫上，并与带电部分保持足够的安全距离。

（三）操作步骤及工艺要求（含注意事项）

1. 准备工作

（1）根据要求，准备所使用的仪器仪表、工器具及所需试验线、接地线等材料。

（2）查找被试品历史试验数据，了解设备运行工况。

（3）检查试验仪器、验电器、放电棒、绝缘垫等，确认均完好并处于检验周期内。

（4）办理开工手续。

（5）对被试品进行验电、放电、接地。

（6）清扫变压器表面的脏污，检查变压器是否存在外绝缘损坏等情况。

（7）记录变压器的铭牌。

2. 实际操作步骤

（1）根据试验要求摆放好温湿度计、耐压装置、绝缘垫、检修电源箱等，设置好安全围栏。

（2）使用万用表检查、检修电源是否符合要求，手动操作检查漏电保护器是否能够可靠动作。

（3）检查仪器及其测试线状态是否良好。

（4）合理布置串级交流耐压试验装置各部件、接地线和放电棒位置。将交流耐压装置各部件接地端接地，由控制箱供给第Ⅰ级试验变压器绕组电源，第Ⅰ级高压绕组尾端和外壳接地，首端和第Ⅱ级试验变压器高压尾及外壳连接，由第Ⅰ级串激抽头供给第Ⅱ级低压绕组的励磁电源，此时第Ⅱ级试验变压器输出为第Ⅰ级和第Ⅱ级输出叠加（图 SY1ZY0206-1）。将变压器低压绕组短接接地，高压绕组短接后接交流耐压试验装置高压端。

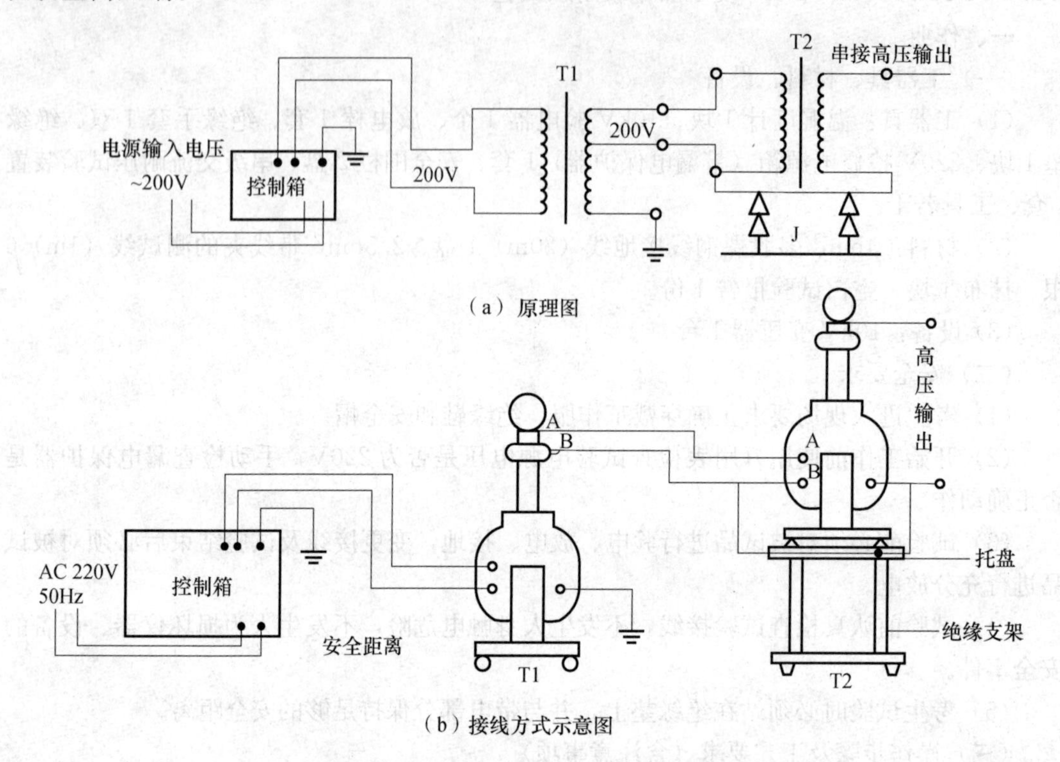

图 SY1ZY0206-1　串级试验原理、示意图

（5）进行过电流和过电压保护整定，进行空升试验，无误后降压、断开电源，接上试品。启动仪器，升压至规定试验电压，并按规定时间进行交流耐压试验。

（6）测试完毕，记录测试数据，关闭仪器电源并拉开检修电源刀闸，利用放电棒对被试品进行充分放电，拆除试验接线。

（7）记录当前的环境温度、相对湿度。

3. 试验结束后的工作

（1）拆除所有接地线、试验线等。

（2）将试验仪器仪表、工器具等清理干净，摆放整齐。

（3）撤掉所设置的安全围栏，将被试设备及现场恢复到测试前的状态。

（4）工作结束后汇报试验情况及结果。

（5）编写试验报告。

4. 注意事项

（1）试验接线应整洁、明了，无两根测试线在一起缠绕现象。

（2）当两台试验变压器作串级连接时，第Ⅱ级变压器必须放置在绝缘支架上，以保证对地绝缘。

（3）试验数据符合 Q/GDW 1168—2013《输变电设备状态检修试验规程》的规定要求。

（4）耐压前后都要进行测试绝缘电阻，确认其绝缘电阻值正常。

二、考核

（一）考核场地

（1）试验场地应具有足够的安全距离，面积不小于 $20m^2$。

（2）现场设置 1 套桌椅，可供考生出具试验报告。

（3）设置 1 套评判用的桌椅和计时秒表。

（二）考核时间

（1）试验操作时间不超过 30min。

（2）试验仪器、工器具等准备时间不超过 5min，该时间不计入考核时间。

（3）试验报告出具时间不超过 20min，该时间不计入操作时间。

（三）考核要点

（1）现场安全文明生产。

（2）仪器仪表、工器具状态检查。

（3）被试品的外观、运行工况检查。

（4）熟悉串级交流耐压设备的使用方法及安全注意事项。

（5）熟悉 10kV 变压器的串级交流耐压试验方法及相关标准要求。

（6）整体操作过程是否符合要求，有无安全隐患。

（7）试验报告是否符合要求。

三、评分标准

行业：电力工程　　　　**工种：电气试验工**　　　　**等级：一**

编号	SY1ZY0502	行为领域	e	鉴定范围		电气试验高级技师	
考核时限	30min	题型	A	满分	100 分	得分	
试题名称	10kV 变压器串级耐压试验						
考核要点及其要求	（1）现场安全文明生产。 （2）仪器仪表、工器具状态检查。 （3）被试品的外观、健康状况检查。 （4）仪器仪表的使用方法及安全注意事项等是否符合规范要求。 （5）熟悉串级交流耐压设备的使用方法及安全注意事项。 （6）熟悉 10kV 变压器的串级交流耐压试验方法及相关标准要求。 （7）试验报告是否符合要求						
现场设备、工器具、材料	（1）工器具：温湿度计 1 块、10kV 验电器 1 个、放电棒 1 套、绝缘手套 1 双、绝缘垫 1 块、220V 检修电源箱（带漏电保护器）1 套、安全围栏 2 盘、串级交流耐压试验装置 1 套、工具若干。 （2）材料：$4mm^2$ 多股裸铜线接地线（20m）1 盘、$2.5mm^2$ 带线夹的测试线（1m）6 根、抹布 1 块、空白试验报告 1 份。 （3）设备：10kV 变压器 1 台						
备注	考生自备符合相关要求的工作服、绝缘鞋、安全帽等						

续表

序号	考核项目名称	评分标准 质量要求	分值	扣分标准	扣分原因	得分
1	着装	正确穿戴安全帽、工作服、绝缘鞋	5	(1) 未穿工装，扣5分。 (2) 着装、穿戴不规范，每处扣1分。 (3) 本项分值扣完为止		
2	准备工作	正确选择仪器仪表、工器具及材料	10	(1) 每选错、漏选一项，扣2分。 (2) 未进行外观检查，未检查检验合格日期，每项扣2分。 (3) 本项分值扣完为止		
3	安全措施	(1) 办理工作开工	2	未办理工作开工，扣2分		
		(2) 核实安全措施	2	未核实安全措施，扣2分		
		(3) 设置安全围栏	2	未设置安全围栏，扣2分		
		(4) 检查检修电源电压、漏电保护器是否符合要求	2	(1) 未测试检修电源电压，扣1分。 (2) 未检查漏电保护器是否能够可靠动作，扣1分		
		(5) 对被试品进行验电、放电、接地	6	(1) 未对被试品进行验电、放电，每项扣1分。 (2) 验电、放电时未戴绝缘手套，每项扣2分。 (3) 变压器未接地，扣2分。 (4) 本项分值扣完为止		
4	10kV变压器串级耐压试验	(1) 摆放温湿度计	2	(1) 未摆放温湿度计，扣2分。 (2) 摆放位置不正确，扣1分		
		(2) 了解被试品状况，外观检查、清扫	5	(1) 未查找被试品的不良工况及以往试验数据，扣2分。 (2) 未检查被试品外观有无开裂、损坏状况，扣2分。 (3) 未清扫，扣1分		

续表

序号	考核项目名称	质量要求	分值	扣分标准	扣分原因	得分
4	10kV变压器串级耐压试验	(3) 交流耐压测试	44	(1) 考生未站在绝缘垫上进行测试，扣5分。 (2) 接线不正确，致使试验无法进行扣40分。 (3) 加压前未检查试验接线，扣2分。 (4) 未检查调压器回零情况，扣5分。 (5) 未进行过电流和过电压保护整定设置，未进行空升试验，每项扣3分。 (6) 测试前未进行高声呼唱，扣3分。 (7) 测试结束后未对被试品进行充分放电，扣5分。 (8) 测试过程中其他不规范行为，每项扣3分。 (9) 试验不合格未进行诊断、分析，扣3分。 (10) 本项分值扣完为止		
		(4) 试验操作应在30min内完成		(1) 试验操作每超出10min扣10分。 (2) 本项扣完51分为止		
5	拆除接线清理现场	(1) 拆除接线	2	(1) 未拆除试验接线、接地线，每项扣1分。 (2) 本项分值扣完为止		
		(2) 清理现场	3	(1) 未将现场恢复到测试前的状态，扣3分。 (2) 每遗留一件物品，扣1分。 (3) 本项分值扣完为止		
6	出具试验报告	(1) 环境参数齐备	2	未填写环境温度、相对湿度，扣2分		
		(2) 设备参数齐备	1	铭牌数据不正确扣1分		
		(3) 试验报告正确完整	12	(1) 试验数据欠缺，每项扣2分；试验数据不正确，每项扣2分。 (2) 判断依据未填写或不正确，扣2分。 (3) 报告结论分析不正确或未填写试验是否合格，扣5分。 (4) 报告没有填写考生姓名，扣1分。 (5) 本项分值扣完为止		
		(4) 试验报告应在20min内完成		(1) 试验报告每超出5min扣2分。 (2) 本项扣完15分为止		

2.2.8 SY1ZY0503 110kV 变压器中性点交流耐压（谐振）试验

一、作业

（一）工器具、材料、设备

（1）工器具：温湿度计 1 块、万用表 1 块、380V 三相电源线盘 1 个、220V 电源线盘 1 个、110kV 验电器 1 个、放电棒 1 套、绝缘手套 1 双、绝缘垫 1 块、安全围栏 2 盘、成套串联谐振升压装置（含变频电源、励磁变压器、电抗器、电容分压器）1 套、工具若干。

（2）材料：$4mm^2$ 多股裸铜线接地线（20m）1 盘、$4mm^2$ 多股软铜线短路线（5m）5 根、抹布 1 块、空白试验报告 1 份。

（3）设备：110kV 变压器 1 台。

（二）安全要求

（1）考生进入现场要求正确穿戴工作服、绝缘鞋和安全帽。

（2）试验前必须对被试品进行验电、放电、接地，变更接线及试验结束后必须对被试品进行充分放电。

（3）试验前认真检查试验接线，不发生人身触电危险，不发生人为损坏仪器、设备的安全事件。

（4）考生试验时必须站在绝缘垫上，并与带电部分保持足够的安全距离。

（三）操作步骤及工艺要求（含注意事项）

1. 准备工作

（1）根据要求，准备所使用的仪器仪表、工器具及所需试验线、接地线等材料。

（2）准备被试品历史试验数据，了解设备运行工况。

（3）检查试验仪器、验电器、放电棒、绝缘垫等，确认均完好并处于检验周期内。

（4）办理开工手续。

（5）对被试品进行验电、放电，并接地。

（6）清扫被试品表面的脏污，检查变压器是否存在外绝缘损坏、漏油等情况，油位是否满足要求。

（7）记录变压器的铭牌。

2. 实际操作步骤

（1）根据试验要求摆放好温湿度计、耐压装置、绝缘垫等，设置好安全围栏。

（2）检查装置工作状态是否良好。

（3）根据标准计算出交流耐压值，分别计算出谐振频率、谐振电流及三相电源输入电流值。确保谐振频率在标准要求范围内，谐振电流小于谐振电抗器的额定电流，三相电源输入电流值在额定电流值范围内。设备参数选择确定之后，空升试验设备，空升电压正常后将高压引线接至被试品，按照试验电压及耐压时间进行交流耐压试验。实验原理如下图所示。

（4）测试完毕，关闭试验按钮，关闭电源，然后利用放电棒对被试品进行充分放电。

（5）记录数据、当前环境温度、相对湿度。

3. 试验结束后的工作

（1）拆除所有试验接线、接地线、短路线等。

(2) 将试验仪器仪表、工器具等清理干净，摆放整齐。

(3) 撤掉所设置的安全围栏，将被试设备及现场恢复到测试前的状态。

(4) 工作结束后汇报试验情况及结果。

(5) 编写试验报告。

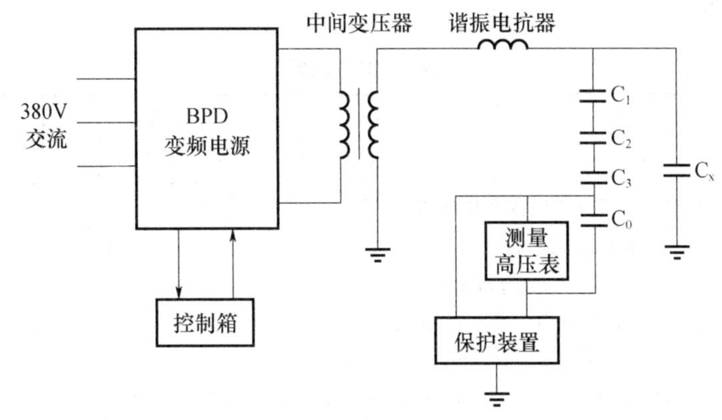

图 SY1ZY0108　110kV 变压器中性交流耐压试验原理图

C_1，C_2，C_3—分压器；C_0—测压电容；C_X—被试品电容

4. 注意事项

(1) 中性点所在绕组短接，非被试绕组短接接地。

(2) 被试变压器各侧套管 TA 的二次端子全部短接接地。

(3) 被试变压器外壳及铁芯可靠接地。

(4) 中性点交流耐压试验前，被试变压器的全部常规试验（包括绝缘油试验）的结果合格。

(5) 试验数据符合 Q/GDW 1168—2013《输变电设备状态检修试验规程》的要求。

二、考核

(一) 考核场地

(1) 试验场地应具有足够的安全距离，不小于 $50m^2$。

(2) 现场的试验线、接地线、短路线应满足试验要求，放电棒、验电器、绝缘垫、温湿度表在数量上满足考生选择。

(3) 现场设置 1 套桌椅，可供考生出具试验报告。

(4) 设置 1 套评判用的桌椅和计时秒表。

(二) 考核时间

(1) 试验操作时间不超过 45min。

(2) 试验仪器、工器具等准备时间不超过 5min，该时间不计入考核时间。

(3) 试验报告出具时间不超过 20min，该时间不计入操作时间。

(三) 考核要点

(1) 现场安全文明生产。

(2) 仪器仪表、工器具状态检查。

(3) 被试品的外观、运行工况检查。

（4）计算有关重要参数，合理选择仪器设备。

（5）熟悉 110kV 变压器中性点交流耐压试验方法及相关标准要求。

（6）整体操作过程是否符合要求，有无安全隐患。

（7）试验报告是否符合要求。

三、评分标准

行业：电力工程　　　　　　　　　　工种：电气试验　　　　　　　　　　等级：一

编号	SY1ZY0503	行为领域	e	鉴定范围		电气试验高级技师	
考核时限	45min	题型	A	满分	100 分	得分	
试题名称	110kV 变压器中性点交流耐压谐振试验						
考核要点及其要求	（1）现场安全文明生产。 （2）仪器仪表、工器具状态检查。 （3）被试品的外观、运行工况检查。 （4）计算有关重要参数，合理选择仪器设备。 （5）熟悉 110kV 变压器中性点交流耐压试验方法及相关标准要求。 （6）整体操作过程是否符合要求，有无安全隐患。 （7）试验报告是否符合要求						
现场设备、工器具、材料	（1）工器具：温湿度计 1 块、万用表 1 块、380V 三相电源线盘 1 个、220V 电源线盘 1 个、110kV 验电器 1 个、放电棒 1 套、绝缘手套 1 双、绝缘垫 1 块、安全围栏 2 盘、成套串联谐振升压装置（含变频电源、励磁变压器、电抗器、电容分压器）1 套、工具若干。 （2）材料：$4mm^2$ 多股裸铜线接地线（20m）1 盘、$4mm^2$ 多股软铜线短路线（5m）5 根、抹布 1 块、空白试验报告 1 份。 （3）设备：110kV 变压器 1 台						
备注	考生自备符合相关要求的工作服、绝缘鞋、安全帽等						

评分标准

序号	考核项目名称	质量要求	分值	扣分标准	扣分原因	得分
1	着装	正确穿戴安全帽、工作服、绝缘鞋	5	（1）未穿工装，扣 5 分。 （2）着装、穿戴不规范，每处扣 1 分。 （3）本小项 5 分扣完为止		
2	准备工作	正确选择仪器仪表、工器具及材料	10	（1）每选错、漏选一项，扣 2 分。 （2）未进行外观检查，未检查试验合格日期，每项扣 2 分。 （3）本小项 10 分扣完为止		
3	安全措施	（1）办理工作开工	2	未办理工作开工，扣 2 分		
		（2）核实安全措施	2	未核实安全措施，扣 2 分		
		（3）设置安全围栏	2	未设置安全围栏，扣 2 分		
		（4）检查检修电源电压、漏电保护器是否符合要求	2	（1）未测试检修电源电压，扣 1 分。 （2）未检查漏电保护器是否能够可靠动作，扣 1 分		

续表

序号	考核项目名称	质量要求	分值	扣分标准	扣分原因	得分
3	安全措施	（5）对被试品进行验电、放电、接地	6	（1）未对被试品进行验电、放电，每项扣2分。 （2）验电、放电时未戴绝缘手套，每项扣2分。 （3）变压器外壳未接地，扣2分。 （4）本小项6分扣完为止		
4	耐压试验	（1）摆放温湿度计	2	（1）未摆放温湿度计，扣2分。 （2）摆放位置不正确，扣1分		
		（2）了解被试品状况，外观检查、清扫	5	（1）未了解被试品的运行工况及查找以往试验数据，扣2分。 （2）未检查被试品外观有无开裂、损坏状况，扣2分。 （3）未清扫，扣1分		
		（3）试验前检查	4	未检查被试变压器的全部常规试验（包括绝缘油试验）的结果是否合格，扣1分		
				未检查各侧套管TA的二次端子全部短接接地，扣1分		
				未检查被试变压器外壳及铁芯可靠接地，扣1分		
				未检查被试变压器真空注油后静置时间是否满足试验要求，扣1分		
		（4）重要参数计算	5	（1）引用标准错误，扣1分。 （2）谐振频率、谐振回路电流计算错误，每项扣1分。 （3）三相电源输入电流、励磁变压器变比、电抗器选择计算错误，每项扣1分。 （4）本小项5分扣完为止		
		（5）耐压测试	35	（1）考生未站在绝缘垫上进行测试，扣5分。 （2）接线不正确，致使试验无法进行，扣35分。 （3）加压前未检查试验接线，扣2分。 （4）未检查调压器回零情况，扣5分。 （5）未进行过电流和过电压保护整定设置、未进行空升试验，每项扣3分		

续表

序号	考核项目名称	质量要求	分值	扣分标准	扣分原因	得分
4	耐压试验	（5）耐压测试	35	（6）测试前未进行高声呼唱，扣3分。 （7）测试结束后未对被试品进行充分放电，扣5分。 （8）测试过程中其他不规范行为，每项扣3分。 （9）试验不合格未进行诊断、分析，扣3分。 （10）本小项35分扣完为止		
		（6）试验操作应在45min内完成		（1）试验操作每超出10min，扣10分。 （2）本大项51分扣完为止		
5	拆除接线清理现场	（1）拆除接线	2	（1）未拆除试验接线、接地线，每项扣1分。 （2）本小项2分扣完为止		
		（2）清理现场	3	（1）未将现场恢复到测试前的状态，扣2分。 （2）每遗留一件物品，扣1分。 （3）本小项3分扣完为止		
6	出具试验报告	（1）环境参数齐备	2	未填写环境温度、相对湿度，扣2分		
		（2）设备参数齐备	1	铭牌数据不正确，扣1分		
		（3）试验报告正确完整	12	（1）试验数据欠缺，每项扣2分；试验数据不正确，每项扣2分。 （2）判断依据未填写或不正确，扣2分。 （3）报告结论分析不正确或未填写试验是否合格，扣5分。 （4）报告没有填写考生姓名，扣1分。 （5）本小项12分扣完为止		
		（4）试验报告应在20min内完成		（1）试验报告每超出5min，扣2分。 （2）本大项15分扣完为止		

2.2.9 SY1ZY0601　110kV 变压器低电压短路阻抗试验

一、作业

（一）工器具、材料、设备

（1）工器具：温湿度计 1 块、万用表 1 块、380V 三相电源线盘 1 个、220V 电源线盘 1 个、110kV 验电器 1 个、放电棒 1 套、绝缘手套 1 双、绝缘垫 1 块、安全围栏 2 盘、变压器低电压阻抗测试仪 1 台、工具若干。

（2）材料：$4mm^2$ 多股裸铜线接地线（20m）1 盘、$4mm^2$ 多股软铜线短路线（10m）5 根、抹布 1 块、空白试验报告 1 份。

（3）设备：110kV 变压器 1 台。

（二）安全要求

（1）考生进入现场要求正确穿戴工作服、绝缘鞋和安全帽。

（2）试验前必须对被试品进行验电、放电、接地，变更接线及试验结束后必须对被试品进行充分放电。

（3）试验前认真检查试验接线，不发生人身触电危险，不发生人为损坏仪器、设备的安全事件。

（4）考生试验时必须站在绝缘垫上，并与带电部分保持足够的安全距离。

（三）操作步骤及工艺要求（含注意事项）

1. 准备工作

（1）根据要求，准备所使用的仪器仪表、工器具及所需试验线、接地线等材料。

（2）准备被试品历史试验数据和不良工况情况。

（3）检查试验仪器、验电器、放电棒、绝缘垫等，确认均完好并处于检验周期内。

（4）办理开工手续。

（5）对被试品进行验电、放电，并接地。

（6）清扫被试品表面的脏污，检查变压器是否存在外绝缘损伤等情况。

（7）记录变压器的铭牌。

2. 实际操作步骤

（1）根据试验要求摆放好温湿度计、变压器低电压阻抗测试仪、绝缘垫等，设置好安全围栏。

（2）检查变压器低电压阻抗测试仪工作状态是否良好。

（3）解开变压器对外的所有引线，测量变压器低电压阻抗。

① 测试前要先进行测试电源容量的估算。

试验电流：$I_S=U_{ks}\times I_r/(10\times U_r\times Z_{ke})$

视在功率：

a. 三相法测试时 $S_S=\sqrt{3}U_{ks}\times I_s/1000$

b. 单相法测试时 $S_S=U_{ks}\times I_s/1000$

式中　I_S——试验电流估算值，A；

S_S——视在功率，V·A；

U_{ks}——试验电压，通常三相测试用 380V，单相测试用 220V；

U_r——变压器被加压绕组在测试分接位置时，对应的标称电压，kV；

I_r——变压器被加压绕组在测试分接位置时，对应的标称电流，A；

Z_{ke}——变压器被测绕组对在测试分接位置时，对应的短路阻抗百分值。

然后，核对现场电源的额定容量 S_H 和额定电流 I_H。利用站用电源时，应保证 $S_H > 2S_s$，$I_H > 2I_S$；否则，应使用调压器降低试验电压 U_{ks} 以限制试验电流 I_s。

② 按照现场提供的变压器低压阻抗测试仪的说明书进行接线，注意区分该设备所用电源的电压（220V 或 380V）。接线完毕后，按照该仪器的操作流程进行测试。

（4）测试完毕，记录试验数据，关闭电源，然后利用放电棒对被试品进行充分放电。

（5）记录当前环境温度、相对湿度。

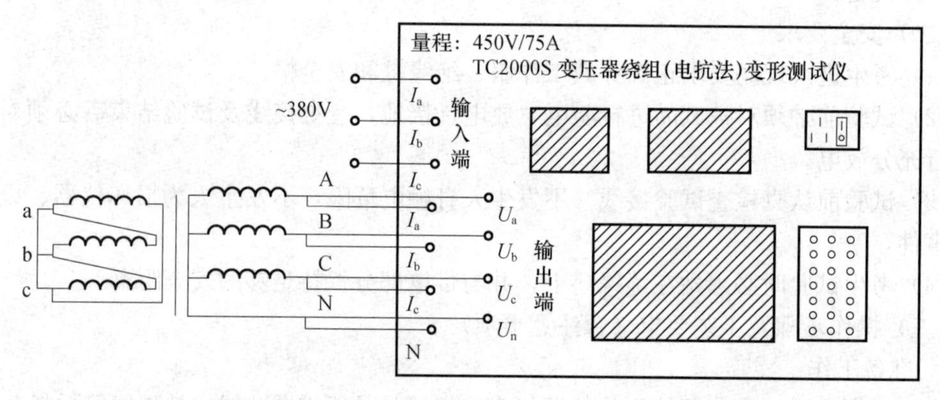

图 SY1ZY0109　变压器绕组变形（低电压电抗法）试验接线图

3. 试验结束后的工作

（1）拆除所有试验接线、接地线、短路线等。

（2）将试验仪器仪表、工器具等清理干净，摆放整齐。

（3）撤掉所设置的安全围栏，将被试设备及现场恢复到测试前的状态。

（4）工作结束后汇报试验情况及结果。

（5）编写试验报告。

4. 注意事项及要求

（1）短接绕组时，要用测试设备所配置的专用短接线及短接夹。

（2）根据 Q/GDW 1168—2013《输变电设备状态检修试验规程》的规定，诊断绕组是否发生变形时进行本项目。宜在最大分接头位置和相同电流下测量。试验电流可用额定电流，亦可低于额定值，但不宜小于 5A。不同容量及电压等级的变压器，要求分别如下：

① 容量 100MV · A 及以下且电压等级 220kV 以下的变压器，初值差不超过±2%。

② 容量 100MV · A 及以下且电压等级 220kV 以下的变压器，三相之间的最大相对互差不应大于 2.5%。

二、考核

（一）考核场地

（1）试验场地应具有足够的安全距离，面积不小于 50m²。

（2）现场设置 1 套桌椅，可供考生出具试验报告。

（3）设置1套评判用的桌椅和计时秒表。

（二）考核时间

（1）试验操作时间不超过30min。

（2）试验仪器、工器具等准备时间不超过5min，该时间不计入考核时间。

（3）试验报告出具时间不超过20min，该时间不计入操作时间。

（三）考核要点

（1）现场安全文明生产。

（2）仪器仪表、工器具状态检查。

（3）被试品的外观、运行工况检查。

（4）熟悉变压器低电压阻抗测试仪的使用方法及试验电源容量估算。

（5）熟悉变压器低电压阻抗试验方法、接线及相关标准要求。

（6）整体操作过程是否符合要求，有无安全隐患。

（7）试验报告是否符合要求。

三、评分标准

行业：电力工程　　　　**工种：电气试验工**　　　　**等级：一**

编号	SY1ZY0601	行为领域	e	鉴定范围		电气试验高级技师	
考核时限	30min	题型	A	满分	100分	得分	
试题名称	110kV变压器低电压短路阻抗试验						
考核要点及其要求	（1）现场安全文明生产。 （2）仪器仪表、工器具状态检查。 （3）被试品的外观、运行工况检查。 （4）熟悉变压器低电压阻抗测试仪的使用方法及试验电源容量估算。 （5）熟悉变压器低电压阻抗试验方法、接线及相关标准要求。 （6）整体操作过程是否符合要求，有无安全隐患。 （7）试验报告是否符合要求						
现场设备、工器具、材料	（1）工器具：温湿度计1块、万用表1块、380V三相电源线盘1个、220V电源线盘1个、110kV验电器1个、放电棒1套、绝缘手套1双、绝缘垫1块、安全围栏2盘、变压器低电压阻抗测试仪1台、工具若干。 （2）材料：$4mm^2$多股裸铜线接地线（20m）1盘、$4mm^2$多股软铜线短路线（10m）5根、抹布1块、空白实验报告1份。 （3）设备：110kV变压器1台						
备注	考生自备符合相关要求的工作服、绝缘鞋、安全帽等						

评分标准

序号	考核项目名称	质量要求	分值	扣分标准	扣分原因	得分
1	着装	正确穿戴安全帽、工作服、绝缘鞋	5	（1）未穿工装，扣5分。 （2）着装、穿戴不规范，每处扣1分。 （3）本小项5分扣完为止		

续表

序号	考核项目名称	质量要求	分值	扣分标准	扣分原因	得分
2	准备工作	正确选择仪器仪表、工器具及材料	10	（1）每选错、漏选一项，扣2分。 （2）未进行外观检查未检查试验合格日期，每项扣2分。 （3）本小项10分扣完为止		
3	安全措施	（1）办理工作开工	2	未办理工作开工，扣2分		
		（2）核实安全措施	2	未核实安全措施，扣2分		
		（3）设置安全围栏	2	未设置安全围栏，扣2分		
		（4）检查检修电源电压、漏电保护器是否符合要求	2	（1）未测试检修电源电压，扣1分。 （2）未检查漏电保护器是否能够可靠动作，扣1分		
		（5）对被试品进行验电、放电、接地	5	（1）互感器未进行验电、放电，每项扣2分。 （2）验电、放电时未戴绝缘手套，每项扣2分。 （3）变压器外壳未接地，扣2分。 （4）本小项5分扣完为止		
4	变压器低电压阻抗试验	（1）摆放温湿度计	2	（1）未摆放温湿度计，扣2分。 （2）摆放位置不正确，扣1分		
		（2）了解被试品状况，外观检查、清扫	5	（1）未了解被试品的运行工况及查找以往试验数据，扣2分。 （2）未检查被试品外观有无开裂、损坏状况，扣2分。 （3）未清扫，扣1分		
		（3）正确完成试验电源容量估算	5	未正确完成估算，扣5分		
		（4）低电压阻抗测试	40	（1）考生未站在绝缘垫上进行测试，扣5分。 （2）接线不正确，致使试验无法进行，扣40分。 （3）加压前未检查确认变压器有载分接开关位置档位，扣5分。 （4）加压前未检查试验接线，扣2分。 （5）未检查调压器回零情况，扣5分。 （6）测试前未进行高声呼唱，扣3分		

续表

序号	考核项目名称	质量要求	分值	扣分标准	扣分原因	得分
4	变压器低电压阻抗试验	（4）低电压阻抗测试	40	（7）未按照仪器使用说明书正确完成测试工作，扣10分。 （8）测试过程中更换接线及测试结束后，未对变压器进行充分放电，扣5分。 （9）测试过程中其他不规范行为，每项扣3分。 （10）试验不合格未进行诊断、分析，扣3分。 （11）本小项40分扣完为止		
		（5）试验操作应在30min内完成		（1）试验操作每超出10min，扣10分。 （2）本项52分扣完为止		
5	拆除接线、清理现场	（1）拆除接线	2	（1）未拆除试验接线、接地线，每项扣1分。 （2）本小项2分扣完为止		
		（2）清理现场	3	（1）未将现场恢复到测试前的状态，扣2分。 （2）每遗留一件物品，扣1分。 （3）本小项3分扣完为止		
6	出具试验报告	（1）环境参数齐备	2	未填写环境温度、相对湿度，扣2分		
		（2）设备参数齐备	1	铭牌数据不正确，扣1分		
		（3）试验报告正确完整	12	（1）试验数据欠缺，每项扣2分。试验数据不正确，每项扣2分。 （2）判断依据未填写或不正确，扣2分。 （3）报告结论分析不正确或未填写试验是否合格，扣5分。 （4）报告没有填写考生姓名，扣1分。 （5）本小项12分扣完为止		
		（4）试验报告应在20min内完成		（1）试验报告每超出5min扣2分。 （2）本大项15分扣完为止		

2.2.10 SY1ZY0701 110kV 电流互感器局部放电试验

一、作业

（一）工器具、材料、设备

（1）工器具：温湿度计 1 块、110kV 验电器 1 个、万用表 1 块、钳形电流表 1 块、放电棒 1 套、绝缘手套 1 双、绝缘垫 1 块、局放装置配套检修电源箱（带漏电保护器）1 套、安全围栏 2 盘、220V 电源线盘 1 个、标准方波校准器 1 套、检测阻抗及配套测试电缆 1 套、局放升压装置（变频电源柜 1 台、中间励磁变压器 1 台、电容分压器 1 组等）。

（2）材料：4mm^2 多股裸铜线接地线（20m）1 盘、4mm^2 多股软铜线短路线（1m）5 根、抹布 1 块、空白实验报告 1 份。

（3）设备：110kV 电流互感器 1 台、局部放电测试仪 1 台。

（二）安全要求

（1）考生进入现场要求正确穿戴工作服、绝缘鞋和安全帽。

（2）开始工作前使用万用表检查试验电源电压符合要求，手动检查漏电保护器是否正确动作。

（3）试验前必须对被试品进行验电、放电、接地，变更接线及试验结束后必须对被试品进行充分放电。

（4）试验前认真检查试验接线，不发生人身触电危险，不发生人为损坏仪器、设备的安全事件。

（5）考生试验时必须站在绝缘垫上，并与带电部分保持足够的安全距离。

（三）操作步骤及工艺要求（含注意事项）

1. 准备工作

（1）根据要求，准备所使用的仪器仪表、工器具及所需试验线、接地线等材料。

（2）准备被试品历史试验数据和不良工况情况。

（3）检查试验仪器、验电器、放电棒、绝缘垫等，确认均完好并处于检验周期内。

（4）办理开工手续。

（5）对被试品进行验电、放电，并将外壳接地。

（6）清扫被试品表面的脏污，检查互感器是否存在绝缘损坏等情况，油位是否满足试验要求。

（7）记录互感器的铭牌。

2. 实际操作步骤

（1）根据试验要求摆放好温湿度计、局部放电测试仪、绝缘垫、检修电源箱等，设置好安全围栏。

（2）使用万用表检查检修电源是否符合要求，手动操作检查漏电保护器是否能够可靠动作。

（3）检查仪器及其测试线状态是否良好。

（4）在被试互感器高压端安装均压罩，短接被试品二次端子并接地。接线图如下图所示。

（5）从互感器的顶端注入标准方波进行校准，按照响应标准输入标准信号，观测背景放电水平、波形特点、相位情况并进行记录。

（6）加压前由试验负责人复核试验接线，确保接线无误后方可加压。

（7）进行过电流和过电压保护整定，进行空升试验，无误后，降压、断开电源。接上试品，开始测试，预加电压为 $0.7\times1.3U_m$，10s；测量电压 $1.1U_m/\sqrt{3}$，>1min，U_m为设备最高工作电压。观测局部放电量有无异常，有则必须查明原因。同时观察钳形电流表数值，分析试验回路各部分是否正常。

（8）按加压程序给被试互感器加压，测试并记录局部放电起始放电电压、局部放电熄灭电压、各阶段局部放电量等数值。在试验过程中，一直监视局部放电量、波形、各表计数据。

（9）测试完毕，记录测试数据，降低试验电压至零，切断电源，利用放电棒对被试品进行充分放电，拆除试验接线。

（10）记录当前的环境温度、相对湿度。

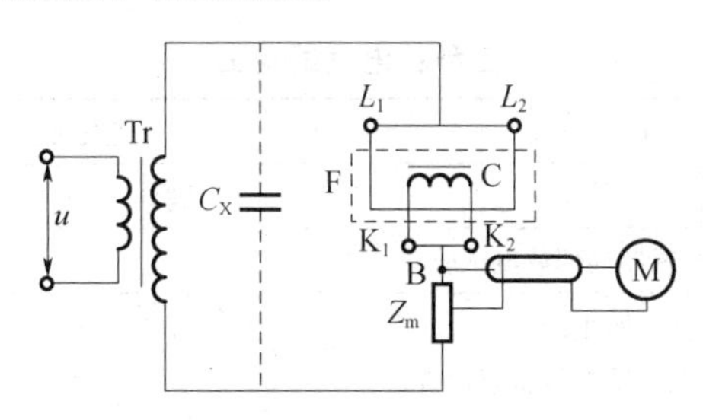

图 SY1ZY0110　电流互感器试验接线图

3. 试验结束后的工作

（1）拆除所有接地线、试验线等。

（2）将试验仪器仪表、工器具等清理干净，摆放整齐。

（3）撤掉所设置的安全围栏，将被试设备及现场恢复到测试前的状态。

（4）工作结束后汇报试验情况及结果。

（5）编写试验报告。

4. 注意事项及要求

（1）仔细检查试验回路，对可能引起电场较大畸变的部位，进行适当的处理。

（2）局部放电试验过程中，被试变压器周围的电气施工应尽可能停止，特别是电焊作业，以减少试验干扰。

（3）试验全过程符合 DL/T417《电力设备局部放电现场测量导则》、GB 50150《电气装置安装工程 电气设备交接试验标准》的规定要求。

二、考核

（一）考核场地

（1）试验场地应具有足够的安全距离，面积不小于 $50m^2$。

（2）现场设置 1 套桌椅，可供考生出具试验报告。

（3）设置 1 套评判用的桌椅和计时秒表。

（二）考核时间

（1）试验操作时间不超过 45min。

（2）试验仪器、工器具等准备时间不超过5min，该时间不计入考核时间。

（3）试验报告出具时间不超过20min，该时间不计入操作时间。

（三）考核要点

（1）现场安全文明生产。

（2）仪器仪表、工器具状态检查。

（3）被试品的外观、运行工况检查。

（4）熟练掌握局放试验中升压装置的操作及加压过程，正确记录时间和局放量。

（5）熟悉110kV电流互感器局部放电测量方法及相关标准要求。

（6）整体操作过程是否符合要求，有无安全隐患。

（7）试验报告是否符合要求。

三、评分标准

行业：电力工程　　　　工种：电气试验工　　　　等级：一

编号	SY1ZY0701	行为领域	e	鉴定范围		电气试验高级技师	
考核时限	45min	题型	A	满分	100分	得分	
试题名称	110kV电流互感器局部放电试验						
考核要点及其要求	（1）现场安全文明生产。 （2）仪器仪表、工器具状态检查。 （3）被试品的外观、运行工况检查。 （4）熟练掌握局放试验中升压装置的操作及加压过程，正确记录时间和局放量。 （5）熟悉110kV电流互感器局部放电测量方法及相关标准要求。 （6）整体操作过程是否符合要求，有无安全隐患。 （7）试验报告是否符合要求						
现场设备、工器具、材料	（1）工器具：温湿度计1块、110kV验电器1个、万用表1块、钳形电流表1块、放电棒1套、绝缘手套1双、绝缘垫1块、局放装置配套检修电源箱（带漏电保护器）1套、安全围栏2盘、220V电源线盘1个、局部放电测试仪1台，标准方波校准器1套、检测阻抗及配套测试电缆1套、局放升压装置（变频电源柜1台、中间励磁变压器1台、电容分压器1组等）。 （2）材料：4mm² 多股裸铜线接地线（20m）1盘、4mm² 多股软铜线短路线（1m）5根、抹布1块、空白实验报告1份。 （3）设备：110kV电流互感器1台						
备注	考生自备符合相关要求的工作服、绝缘鞋、安全帽等						

评分标准

序号	考核项目名称	质量要求	分值	扣分标准	扣分原因	得分
1	着装	正确穿戴安全帽、工作服、绝缘鞋	5	（1）未穿工装，扣5分。 （2）着装、穿戴不规范，每处扣1分。 （3）本小项5分扣完为止		
2	准备工作	正确选择仪器仪表、工器具及材料	10	（1）每选错、漏选一项，扣2分。 （2）未进行外观检查，未检查检验合格日期，每项扣2分。 （3）本小项10分扣完为止		

续表

序号	考核项目名称	质量要求	分值	扣分标准	扣分原因	得分
3	安全措施	（1）办理工作开工	2	未办理工作开工，扣2分		
		（2）核实安全措施	2	未核实安全措施，扣2分		
		（3）设置安全围栏	2	未设置安全围栏，扣2分		
		（4）检查检修电源电压、漏电保护器是否符合要求	2	（1）未测试检修电源电压，扣1分。 （2）未检查漏电保护器是否能够可靠动作，扣1分		
		（5）对被试品进行验电、放电、接地	5	（1）未对被试品进行验电、放电，扣1分。 （2）验电、放电时未戴绝缘手套，扣2分。 （3）变压器外壳未接地，扣2分 （4）本小项5分扣完为止		
4	电流互感器局部放电测试	（1）摆放温湿度计	2	（1）未摆放温湿度计，扣2分。 （2）摆放位置不正确，扣1分		
		（2）了解被试品状况，外观检查、清扫	5	（1）未了解被试品的运行工况及查找以往试验数据，扣2分。 （2）未检查被试品外观有无开裂、损坏状况，扣2分。 （3）未清扫，扣1分		
		（3）正确计算低压侧所加试验电压	5	试验电压计算错误，扣5分		
		（4）局部放电试验	40	（1）考生未站在绝缘垫上进行测试，扣5分。 （2）接线不正确，致使试验无法进行，扣40分；错误一处，扣2分。 （3）加压前未检查试验接线，扣2分。 （4）校准方波的注入位置错误的，扣5分。 （5）测试前未进行高声呼唱，扣3分。 （6）未进行过电流和过电压保护整定设置，未进行空升试验，每项扣3分。 （7）加压过程错误、未记录背景放电量、局部放电起始放电电压、局部放电熄灭电压、各阶段局部放电量等数值，每项扣5分		

续表

序号	考核项目名称	质量要求	分值	扣分标准	扣分原因	得分
4	电流互感器局部放电测试	（4）局部放电试验	40	（8）测试结束后，未对电流互感器进行充分放电，扣5分。 （9）测试过程中其他不规范行为，每项扣3分。 （10）试验不合格未进行诊断、分析，扣3分。 （11）本小项40分扣完为止		
		（5）试验操作应在45min内完成		（1）试验操作每超出10min扣10分。 （2）本大项52分扣完为止		
5	拆除接线、清理现场	（1）拆除接线	2	（1）未拆除试验接线、接地线，每项扣1分。 （2）本小项2分扣完为止		
		（2）清理现场	3	（1）未将现场恢复到测试前的状态，扣3分。 （2）每遗留一件物品，扣1分。 （3）本小项3分扣完为止		
6	出具试验报告	（1）环境参数齐备	2	未填写环境温度、相对湿度，扣1分		
		（2）设备参数齐备	1	铭牌数据不正确，扣1分		
		（3）试验报告正确完整	12	（1）试验数据欠缺，每项扣2分；试验数据不正确，每项扣2分。 （2）判断依据未填写或不正确，扣2分。 （3）报告结论分析不正确或未填写试验是否合格，扣5分。 （4）报告没有填写考生姓名，扣1分。 （5）本小项12分扣完为止		
		（4）试验报告应在20min内完成		（1）试验报告每超出5min扣2分。 （2）本大项15分扣完为止		